“十四五”国家重点出版物
出版规划项目

中国肥料研究与应用全书
Books of Fertilizer Research and Application in China

钾肥、中微量元素肥料制造与加工

王孝峰　陈国福　主编

Manufacturing and Processing of Potash Fertilizers and Medium/Trace Element Fertilizers

化学工业出版社
·北京·

内容简介

本书是对我国钾肥、中微量元素肥行业制造加工工艺的一次系统性总结。上卷是钾肥生产制造的内容，从钾矿资源的勘探开采到钾肥的生产加工，及钾肥主要品种的生产原理、工艺技术、产品规格和应用情况，都进行了详细的介绍和系统的论述。下卷是中微量元素肥生产制造的内容，对中微量元素肥的原料来源、生产技术和应用领域进行了系统性论述，特别是对近年来行业工艺创新等取得的进展进行了重点描述。

本书对化肥工业生产，特别是钾肥、中微量元素肥生产企业和使用单位，以及农业科学研究等行业的相关人员具有重要参考价值，可作为化学、化工、农业行业相关从业人员、工程技术人员的参考书，同时还可作为高职高专化工类专业学生的参考用书。

图书在版编目（CIP）数据

钾肥、中微量元素肥料制造与加工 / 王孝峰，陈国福主编. -- 北京 : 化学工业出版社，2025. 8. --（中国肥料研究与应用全书）. -- ISBN 978-7-122-48091-0

Ⅰ. TQ445; S143.7

中国国家版本馆CIP数据核字第2025CV1480号

责任编辑：刘　军　陈思逸　冉海滢　孙高洁　文字编辑：王丽娜
责任校对：王鹏飞　装帧设计：王晓宇

出版发行：化学工业出版社
（北京市东城区青年湖南街13号　邮政编码100011）
印　　装：北京建宏印刷有限公司
787mm×1092mm　1/16　印张31　字数755千字
2025年11月北京第1版第1次印刷

购书咨询：010-64518888　售后服务：010-64518899
网　　址：http://www.cip.com.cn
凡购买本书，如有缺损质量问题，本社销售中心负责调换。

定　　价：268.00元

《中国肥料研究与应用全书》编辑委员会

本书编写人员名单

主　　编：王孝峰　陈国福

副 主 编：周　月　叶丽君

编写人员：（按姓名汉语拼音排序）

卜俊芬　蔡生吉　陈　清　陈国福　陈绍荣　陈胜男
程　帅　程先明　戴斌联　董广峰　方　丽　封宽裕
甘顺鹏　高鹏程　葛昌志　顾　帅　郭锦先　郭　璐
郭小甫　韩昫身　胡海龙　黄　柯　季　荣　江志阳
雷光元　冷寿兵　李国华　李宏毅　李辉林　李汝会
李守江　李学斌　李玉晓　栗　歆　林钰青　刘斌山
刘国才　刘建明　刘万平　刘小力　罗孟杰　吕中友
牛仁杰　庆　玥　热沙来提·司马义　任先顺　石　磊
史忠录　宋彭生　孙成高　孙小虹　孙玉柱　孙媛媛
谭光勇　汤建伟　童阳春　王国胜　王建萍　王罗海
王　敏　王　奇　王石军　王淑平　王孝峰　王雁峰
魏　明　问立宁　吴盛斌　吴锡林　吴志刚　武　娜
夏循峰　邢恩袁　邢明振　熊思健　熊云生　杨灿辉
杨国敏　杨能红　姚超美　叶丽君　于广武　于建国
俞秋平　贠红卫　袁俊生　张宝全　张朝春　张斗群
张广忠　张　娟　张守祥　张雪梅　赵　晨　赵海平
赵家春　赵颖颖　郑绵平　周　扬　周　勇　周　月

序 言

肥料是粮食的“粮食”，是保障国家粮食安全、人类营养健康和生态环境安全的重要的战略物资。肥料产业是关乎“粮食－资源－能源－环境”乃至经济社会绿色可持续发展的巨大产业。

进入新时代，绿色低碳发展成为高质量发展的主旋律。国家在“十二五”至“十四五”期间不断出台政策来优化肥料产业结构，其中2015年工业和信息化部下发了《推进化肥行业转型发展的指导意见》，农业部出台《到2020年化肥使用量零增长行动方案》，从肥料生产端和消费端同时推动肥料产业升级以及产品结构调整，加之不断优化的肥料施用技术以及不断改进的农化服务技术体系实现了我国化肥消费总量在2015年达到峰值后连续10年持续下降。

当前，我国提出了2030年实现“碳达峰”、2060年实现“碳中和”的战略目标，在环境保护的高压态势下，新的肥料产品标准不断出台，肥料行业准入条件和环保标准不断提升，肥料产品质量逐渐提高，推动着肥料产业结构向着绿色低碳转型。因此，系统梳理中国肥料工业进步、分析肥料产业结构演变、了解行业技术现状等情况，对推动行业转型升级、提升国际竞争力、保障国家粮食安全、促进农业绿色发展以及提供国家政策制定依据都具有重要意义。基于此，受化学工业出版社的委托，我们组织了国内肥料领域的一线专家学者，编写了这套《中国肥料研究与应用全书》（以下简称《全书》）。

《全书》由十一个分卷组成，在强调历史性、阶段性、创新性的前提下，全面系统介绍了近年来我国肥料研究与应用领域，包括肥料创制、肥料产业、各大类肥料生产与加工、有机肥料制造、肥料生态环境效应、肥料精准科学施用技术等领域所取得的成果，充分反映了当前国内外肥料创新、生产与精准科学施用技术的最新进展。《全书》还通过成功案例分享和经验总结，结合国际前沿研究，细致分析了国家“十四五”

“十五五”肥料领域的研究现状、趋势和对策，针对农业可持续发展和行业绿色低碳转型的需要，对中国肥料发展方向和产品创新做了深入思考，提出了建议。

《全书》以独特的论述体系、编排方法和新颖丰富的内容，进一步开阔相关专业师生和肥料产业领域研发、管理人员的视野，提高科研工作者的系统思维和创新能力，创新绿色、清洁、可持续发展的肥料生产工艺，有助于高效率地发挥现有肥料品种的特长，提高现有肥料的应用效率，对我国新肥料的创制与科学施用具有重要的参考价值。

《全书》已顺利入选“十四五”国家重点出版物出版规划项目，这是对本书系的最大肯定与鼓励。

《全书》的编写得到了全国农业技术推广服务中心、中国氮肥工业协会、中国磷复肥工业协会、中国无机盐工业协会、中国化肥信息中心、中国农业科学院农业资源与农业区划研究所、中国科学院南京土壤研究所、北京市农林科学院、中国农业大学、南京农业大学、四川大学、西南大学、华东理工大学等单位的鼎力支持，这里表示衷心的感谢。

张福锁
2025 年 1 月

前 言

钾盐工业是现代化学工业的重要组成部分，是国民经济发展的重要基础，是发展高新技术的重要支撑。钾肥作为保障粮食安全的主要农资品种，在国民经济建设中占有非常重要的地位，对国计民生发挥着越来越重要的作用。我国钾肥产业经过“十五”和“十一五”时期的快速发展、“十二五”和“十三五”时期的稳定发展，已基本形成了科研、设计、设备制造、生产、贸易和技术服务等完整配套的工业体系，产生了一批具有较强技术创新能力和竞争优势的大型龙头企业，产业布局和产品结构调整日趋合理，产品品种更加丰富，国际市场竞争力不断增强。

中微量元素肥是植物健康生长发育不可缺少的营养元素，注重中微量元素的研究和应用，科学施用中微量元素肥料，是当下提高肥料利用率及农作物中微量元素含量、实现减施增效、改善作物品质的重要途径。中微量元素肥行业作为新兴产业，近年来得到了快速发展并取得了较好成绩。

一方面，钾肥、中微量元素肥产业的快速发展，使得钾肥和中微量元素肥生产、科研、教学等方面的相关技术人员和读者对钾肥产业知识和信息的渴求日益旺盛，但目前有关钾肥、中微量元素肥生产制造方面的专著却十分稀缺，广大读者和肥料工作者迫切希望能出版一本较为全面的关于钾肥、中微量元素肥生产制造方面的论著。另一方面，我国钾肥产业经过几十年来的发展与进步，涌现出一大批知名的专家与工程技术专业人才，他们创造了众多的科研成果，积累了丰富的生产经验，总结这些成果与经验，既可促进钾肥产业的进一步发展，也有助于钾肥、中微量元素肥之间科技成果的相互转化，真正使钾肥、中微量元素肥科学技术转化为生产力。

为系统总结中国肥料产业 70 年研究、创制与应用所取得的新技术、新成果和新方向，张福锁院士牵头，组织了中国氮肥工业协会、中国磷复肥工业协会、中国无机盐工业协会、中国农业大学、中国农业科学院、全国农技推广服务中心等行业协会、科研院校、政府部门等多家单位参与，联合编纂《中国肥料研究与应用全书》，以国家绿色发展和乡村振兴为契机，通过总结归纳与国内外对比，提出国家肥料发展战略。基于上述原因，中国无机盐工业协会承担了钾肥、中微量元素肥相关的编写工作，由中国工程院郑绵平院士担任顾问，组织国内钾肥界、中微量元素肥界的知名人士、企业家和专家学者组成编委会，经过大量的调研工作，共同编写了《钾肥、中微量元素肥料制造与加工》一书。通过总结中国钾肥行业及中微量元素肥行业主要产品的研究、制造与应用的新技术、新成果、新方向和新思路，促进化肥行业和其他农业学科之间的交叉融合与协调发展，提升行业原始创新能力，推动钾肥及中微量元素肥行业的可持续发展。

本书共 17 章，分上、下两卷。上卷为钾肥，包括第 1 章到第 11 章；下卷为中微量元素肥，包括第 12 章到第 17 章。第 1 章对钾肥及其国内外发展概况进行了简要介绍；第 2 章讲述了钾矿资源的成因和储量，重点阐述了我国钾矿资源的特点、成因及钾矿勘探的历程；第 3 章论述了钾矿的开采技术，着重讲述可溶性钾矿的开采技术和设备；第 4 章到第 10 章介绍了不同钾肥主要品种氯化钾、硫酸钾、硫酸钾镁、硝酸钾、磷酸二氢钾、碳酸钾和其他钾肥的性质、制备原理、工艺技术和产品用途；第 11 章在概述肥料助剂分类的基础上，重点讲述不同助剂品种的作用机理和使用功效；第 12 章是对中微量元素肥的主要种类、在农业中的作用及发展历程的概述；第 13 章介绍了中微量元素肥中不同肥种的资源情况和储量分布；第 14 章重点论述了中微量元素肥主要产品的结构与性质、制备技术和应用；第 15 章讲述了含中微量元素肥料产品的品种及生产技术；第 16 章着重介绍中微量元素肥的营养原理和施用技术；第 17 章简要论述发展中微量元素肥的重要性，提出我国中微量元素肥今后的研究方向和未来发展趋势。

本书由王孝峰和陈国福担任主编，周月和叶丽君担任副主编，各章参编人员有：第 1 章（周月、陈国福、武娜、王奇，中国无机盐工业协会；陈胜男、谭光勇，中化化肥有限公司；杨国敏，中农集团控股股份有限公司；张朝春，中国农业大学），第 2 章（王敏、王建萍，中国科学院青海盐湖研究所；孙小虹、姚超美，中化地质矿山总局；邢恩袁，中国地质科学院），第 3 章（王石军、周扬、蔡生吉、胡海龙、高鹏程，青海汇信资产管理有限责任公司；童阳春、吴盛斌、黄柯、吕中友、甘顺鹏、周勇、刘小力，中蓝长化工程科技有限公司），第 4 章（贠红卫、俞秋平、刘万平、史忠录、王罗海、刘斌山、张娟，青海盐湖工业股份有限公司；张守祥、赵海平、张宝全、李宏毅、吴志刚、孙媛媛，中蓝连海设计研究院有限公司；程先明、夏循峰，中蓝长化工程科技有限公司；袁俊生、郭小甫、赵颖颖，河北工业大学；方丽，格尔木藏格钾肥有限公司；封宽裕，江苏科伦多食品配料有限公司），第 5 章（李守江、张斗群、雷光元、程帅、热沙来提 • 司马义、董广峰，国投新疆罗布泊钾盐有限责任公司；冷寿兵、刘国才，米高集团），第 6 章（季荣、杨灿辉、戴斌联、卜俊芬、杨能红、刘小力，中蓝长化工程科技有限公司），第 7 章（杨灿辉、戴斌联、夏循峰、孙成高，中蓝长化工程科技有限公司；魏明、郭锦先，中国科学院青海盐湖研究所；赵家春、赵晨，金钾科技有限公司），第 8 章（葛昌志，武汉联德化学品有限公司），第 9 章（王石军，青海汇信资产管理有限责任公司），第 10 章（李国华，以色列化工集团；刘建明，中国科学院地质与地球物理研究所；李玉晓，金正大生态工程集团股份有限公司；王淑平、邢明振，根力多生物科技股份有限公司），第 11 章（于建国、孙玉柱、罗孟杰、韩昫身、顾帅、林钰青，华东理工大学），第 12 章（石磊，华中农业大学），第 13 章（叶丽君、郭璐、张雪梅，中国无机盐工业协会），第 14 章（石磊，华中农业大学；吴锡林，天津中材工程研究中心有限公司；王国胜，沈阳化工大学；李学斌，大连金玛硼业科技集团股份有限公司；江志阳，中国科学院沈阳应用生态研究所；叶丽君，中国无机盐工业协会），第 15 章（于广武，中国科学院黑龙江农业现代化研究所；任先顺，中化化肥控股有限公司；张广忠，史丹利农业集团股份有限公司），第 16 章（陈清，中国农业大学；石磊，华中农业大学；任先顺，中化化肥控股有限公司），第 17 章（汤建伟，郑州大学；王雁峰，新洋丰农业科技股份有限公司）。

全书由陈国福审阅，由王孝峰终审定稿。上卷由中国工程院郑绵平院士、中国科学院青海盐湖研究所宋彭生研究员、青海盐湖工业股份有限公司李辉林等专家审阅；下卷由陈绍荣、熊思健等专家审阅。青海盐湖工业股份有限公司、国投新疆罗布泊钾盐有限责任公司、青海汇信资产管理有限责任公司、中国科学院青海盐湖研究所、中蓝长化工程科技有限公司、中蓝连海设计研究院有限公司和华东理工大学的主要领导和专家也提出了许多宝贵的意见和建议，在此，向参与此次书籍编写审阅的各位领导、专家、学者表示衷心的感谢!

由于钾肥产品广泛应用于国民经济的各个方面，其基础理论和生产技术涵盖的学科知识面广，涉及许多领域和众多行业；中微量元素肥行业在我国的生产和应用起步较晚，行业涉及的知识面广，编写人员的知识和经验有限，书中疏漏和不妥之处在所难免，敬请广大读者批评指正。

编者

2024 年 8 月

目 录

上卷
钾肥

下卷
中微量元素肥

FERTILIZER

上卷

钾肥

中国肥料研究与应用全书

Books of Fertilizer Research and Application in China

FERTILIZER

第 1 章

钾肥发展概况

1.1 钾肥品种分类

钾肥，全称钾素肥料。自 1865 年 Lucanus 及 1866 年 Bimer 和 Lucanus 率先提出钾是高等植物生长发育所必需的营养元素之后，钾元素研究取得了很大进展 [1]。钾是农作物种植中所必需的养分，植物体内的钾一般占干物质重的 0.2% ～ 4.1%，仅次于氮。在植物生长发育过程中，钾参与 60 种以上酶系统的活化、光合作用、同化产物的运输、碳水化合物的代谢和蛋白质的合成等过程，能促使植物较好地利用氮，增加蛋白质的含量，并能促进糖分和淀粉的生成，使核仁、种子、果实及块茎、块根增大，形状和色泽美观。钾肥施用适量时，能使作物茎秆长得强壮，防止倒伏，增强抗旱、抗寒、抗病虫害的能力。钾肥肥效的大小取决于其氧化钾含量。

钾肥属于强碱酸盐，其命名取决于对应的酸根，和硝酸根对应的叫硝酸钾，和硫酸根对应的叫硫酸钾，和盐酸根（也叫氢氯酸根）对应的叫氯化钾，和碳酸根对应的叫碳酸钾，和磷酸根对应的叫磷酸钾（磷酸二氢钾、磷酸氢二钾、磷酸三钾、聚磷酸钾、多聚磷酸钾等），和有机酸根对应的叫有机酸钾（甲酸钾、醋酸钾、柠檬酸钾等），和硅酸根对应的称为硅酸钾。

钾肥的种类虽然很多，常见的有氯化钾、硫酸钾、硝酸钾、磷酸钾（磷酸二氢钾、磷酸氢二钾、聚磷酸钾、多聚磷酸钾）、有机钾、草木灰，还有硫酸钾镁肥、硅钾肥、腐植酸钾肥等，但实际市场上被大家广泛认可、国内外有进出口贸易并规模化生产的主要是氯化钾、硫酸钾、硫酸钾镁、硝酸钾、磷酸二氢钾等 5 种钾肥，它们应用比较广泛。其他品种钾肥大多产量较少，没有形成规模，只在特定土壤或作物中试验应用。钾肥有多种分类方式（见表 1-1）：根据成分组合差异，可分为单质钾肥、二元复合钾肥和三元复合钾肥；根据化学组成不同，可分为含氯钾肥和不含氯钾肥。具体分类如下所述。

表1-1　钾肥分类及主要品种

分类依据	分类	主要品种
成分组合	单质钾肥	氯化钾、硫酸钾、碳酸钾、硅酸钾等
	二元复合钾肥	硝酸钾、磷酸二氢钾、（多）聚磷酸钾等
	三元复合钾肥	氮磷钾三元复合肥等
化学组成	含氯钾肥	氯化钾
	不含氯钾肥	硫酸钾、硫酸钾镁、硝酸钾、碳酸钾、磷酸二氢钾等

资料来源：中国无机盐工业协会钾盐钾肥行业分会。

1.1.1 单质钾肥

单质钾肥主要有氯化钾、硫酸钾、碳酸钾、硅酸钾等。

1.1.1.1 氯化钾

氯化钾为无色细长菱形，或呈立方晶体，或呈白色结晶的小颗粒粉末，外观如同食盐，无臭，味咸，常用于低钠盐、矿物质水的添加剂。氯化钾也是临床上常用的电解质平衡调节药，临床疗效确切，广泛运用于临床各科。

氯化钾，在农业上是一种钾肥，其肥效快，可直接施用于农田，能使土壤下层水分上升，有抗旱的作用，但在盐碱地及烟草、甘薯、甜菜等作物上相对施用较少；用于无机工业，是制造各种钾盐如氢氧化钾、硫酸钾、硝酸钾、氯酸钾、重铬酸钾等的基本原料；在医药工业中，用作利尿剂及防治缺钾症的药物；在染料工业中，用于生产G盐、活性染料等。此外，氯化钾还用于制造枪口或炮口的消焰剂、钢铁热处理剂以及用于照相。

食品行业中，氯化钾可用作食盐代用品，添加于农产、水产、畜产、发酵、调味、罐头、方便食品等中，制作低钠产品，以降低钠含量过高对机体的不良影响；也用于强化钾（供人体电解质用），配制运动员饮料等。我国规定氯化钾可用于低钠盐产品的最大使用量为350g/kg，在低钠盐酱油中最大使用量为60g/kg，在运动员饮料中最大使用量为0.2g/kg。

1.1.1.2 硫酸钾

硫酸钾是由硫酸根离子和钾离子组成的盐，通常状况下为无色或白色结晶、颗粒或粉末，无气味，味苦，质硬，密度2.66g/cm^3，熔点1069℃，化学性质不活泼，在空气中稳定。其水溶液呈中性，常温下pH值约为7，1g硫酸钾可溶于8.3mL水、4mL沸水、75mL甘油，不溶于乙醇。

硫酸钾在农业上是常用的钾肥，也是制造各种钾盐如过硫酸钾等的基本原料。硫酸钾是一种速效钾肥，可作基肥、种肥和追肥，是农业生产最重要的无氯钾肥，适用于多种经济作物，可显著提高经济作物产量，并明显改善其质量。硫酸钾的吸湿性小，不易结块，物理性状良好，施用方便，属国家鼓励产品，也是制作无氯的氮、磷、钾三元复合肥的主要原料。硫酸钾为化学中性、生理酸性肥料，适用于多种土壤（不包括淹水土壤）和作物。施入土壤后，钾离子可被作物直接吸收利用，也可以被土壤胶体吸附。在缺硫土壤上对十字花科作物等需硫较多的作物施用硫酸钾，效果更好。硫酸钾在玻璃工业用作澄清剂，在染料工业用作中间体，在香料工业用作助剂等，在医药工业还用作缓泻剂、治疗可溶性钡盐中毒等。

1.1.1.3 碳酸钾

碳酸钾是重要的无机化工产品之一，为白色结晶粉末，是钾盐行业中主要用于化工、医药、轻工和食品等行业的基本原料之一，主要应用于食品和医药、化肥和农药、石油和天然气、建材（特种水泥）、电子和玻璃、橡胶和钢铁冶炼等生产。目前国内碳酸钾规格分为轻质和重质两类，重质碳酸钾主要利用氢氧化钾碳化工艺生产，主要应用于玻璃、陶瓷、助剂等行业；轻质碳酸钾主要通过离子交换法进行生产，在医药、农药、食品及高端应用领域具有独特的优点。

碳酸钾产品过去主要用于工业生产，并没有普遍用于农业。然而，随着我国水溶性肥料的快速发展，同时钾肥的施用越来越受到我国农民的重视和青睐，碳酸钾作为高端水溶性碱性气泡肥，以其独特的物理和化学性质成为优质的水溶性肥料的原料。一方面，碳酸钾可以提供植物必需的钾元素养分；另一方面，碳酸钾可以通过反应释放二氧化碳，增加土壤或大棚里的二氧化碳释放量。目前，在许多农业发达国家，碳酸钾已经被用作优质化肥的原料。

1.1.1.4 硅酸钾

硅酸钾俗称钾水玻璃，是无色或微黄色半透明至透明玻璃状物，有吸湿性，有强碱性反应，在酸中易分解而析出二氧化硅，慢溶于冷水或几乎不溶于水（依其成分组成而不同），不溶于乙醇。硅酸钾通常用于制造电焊条、焊接用电极、还原染料、防火剂，也用作荧光屏涂料层和肥皂填料。硅酸钾稳定状态时为透明质黏稠状液体，呈蓝绿色；易溶于水和酸，并析出胶状硅酸，钾含量越高则越易溶。

硅酸钾的用途广泛，其中之一就是可以用作肥料。土壤中存在很多硅肥料，但有些硅元素并不能被农作物吸收，通过生产试验改进，硅酸钾可作为肥料用于农业生产。硅酸钾是一种营养性很高的养分元素肥料，如在水稻种植过程中，要想生产出 1000kg 稻谷，需要吸收的二氧化硅量就高达 150kg，硅氧化物的占比是其他肥料氧化物的 16% ～ 61%。同时，硅酸钾肥料对于改善土壤的酸碱度、促进土壤养分的分化具有良好作用，使用后能够在很大程度上保证作物增产增收。研究表明，很多硅酸钾类肥料还能帮助提高农作物的光合效果，使农作物表皮细胞硅质化，作物茎叶生长笔挺。如在给水稻施硅肥后，水稻叶片的角度缩小，冠层的光合效果会提高 10% 以上。

1.1.2 复合钾肥

复合肥是一种含有氮、磷、钾等主要营养元素中两种或两种以上营养元素的肥料。复合钾肥主要有硝酸钾、磷酸二氢钾、硫酸钾镁等。复合肥具有养分含量高、副成分少且物理性状好等优点，对于平衡施肥、提高肥料利用率、促进作物高产稳产有着十分重要的作用。

1.1.2.1 硝酸钾

硝酸钾是钾的硝酸盐，化学式为 KNO_3。外观为透明无色或白色粉末，无味，相对密度为 2.11。0℃时在水中的溶解度为 13g/100mL，温度越高溶解度越大。在化学物质中，硝酸钾的溶解度随温度的变化是相当明显的。硝酸钾的潮解性较硝酸钠低，有冷却刺激盐味。

在工业上，硝酸钾的主要用途为用作分析试剂和氧化剂，也用于钾盐的合成和配制炸药。在食品工业用作发色剂、护色剂、抗微生物剂、防腐剂，如用于腌肉，在午餐肉中起防腐作用。同时也是制造黑色火药，如矿山火药、引火线、爆竹等的原料。当硝酸钾用在烟花中时，可以产生紫色火焰。在机械热处理中硝酸钾用作淬火的盐浴，在陶瓷工业中用于制造陶瓷釉药，也可用于制造汽车灯玻壳、光学玻璃显像管玻壳等，在医药工业中用于生产青霉素钾盐、利福平等药物，在化学中用作催化剂。硝酸钾也是中国允许使用的发色剂，它在肉制品中由于细菌作用而还原成亚硝酸钾从而起护色和抑菌的作用。中国规定硝酸钾可用于肉类制品，最大使用量为 0.5g/kg，残留量不得超过 0.03g/kg。硝酸钾还可用于制造火柴、肥料等，工业硝酸钾还广泛应用于强化玻璃制作工艺和熔盐储能原料。

在农业生产中，硝酸钾是一种无氯的氮钾复合肥，具有高溶解性，其有效成分氮和钾均能迅速被作物吸收，无化学物质残留。硝酸钾可用作农作物和花卉的复合肥料，宜施于蔬菜、水果和花卉，及一些氯敏感作物（如马铃薯、草莓、豆类、结球甘蓝、莴苣、花生、胡萝卜、洋葱、蓝莓、烟草、杏、柚子和鳄梨等）。

1.1.2.2 磷酸二氢钾

磷酸二氢钾在空气中稳定，在400℃时失去水变成偏磷酸盐。磷酸二氢钾可用于配制缓冲液，测定砷、锑、磷、铝和铁，配制磷标准液，配制培养基，测定血清中无机磷、碱性磷酸酶活力。

工业上磷酸二氢钾用作缓冲剂、培养剂，也用作细菌培养剂、合成清酒的调味剂、制偏磷酸钾的原料，以及酿造酵母的培养剂、强化剂、膨松剂、发酵助剂；农业上用作高效磷钾复合肥。磷酸二氢钾是一种高浓度的无氯磷钾复合肥，它同时包含磷、钾这两种对植物生长、开花、结果具有关键作用的元素。其中磷的含量为52%，可以促进植物生根、促进花芽分化、为果实提供能量；钾的含量为34%，在植株生长期可提高光合作用、促进氮的吸收、使作物早熟、增加果实的糖分、增强植株抗逆性。

1.1.2.3 硫酸钾镁

硫酸钾镁肥是指从盐湖卤水或固体钾镁盐矿中仅经物理方法提取或直接除去杂质制成的一种含镁、硫等中量元素的化合态钾肥。硫酸钾镁肥是一种无氯肥料，它能同时向作物提供钾、镁、硫三种营养元素，是一种优质的天然化肥品种。除含钾、硫、镁外，硫酸钾镁肥还含有钙、硅、硼、铁、锌等元素，呈弱碱性，特别适合在酸性土壤上施用，广泛施用于粮食和经济作物。硫酸钾镁肥一般作基肥，也可作追肥，能给作物的生长提供长期稳定肥效，并能提高作物的品质，增强作物的抗旱、抗寒、抗药害的能力，增产效果十分明显。它适用于水稻、玉米、甘蔗、花生、烟草、马铃薯、甜菜、水果、蔬菜、苜蓿等农作物。与等钾量（K_2O）的单质钾肥氯化钾、硫酸钾相比，农用硫酸钾镁肥的施用效果优于氯化钾，略优于硫酸钾。

硫酸钾镁肥是多元素硫酸钾的系列产品之一，是一种非常重要的肥料，不仅能给植物提供镁及硫元素且能疏松土壤，促进植物的叶、枝及根系的生长发育，使植物根系庞大；同时能促使植物加快吸收土壤中的氮、磷等元素，增加植物抵抗疾病的能力。它被称为“植物生长和高产的营养剂”。植物缺镁时不能正常生长，因此要提高生产率和农业产量，必须及时地补充镁。镁元素是叶绿素的重要成分，对于光合作用是不可缺少的；也是许多酶的活化剂，能促进糖类的新陈代谢、核酸的合成、磷酸盐的转化等。

1.1.3 其他含钾肥料

其他含钾肥料包括草木灰、硫酸钾钙镁、腐植酸钾、窑灰钾肥等。

1.1.3.1 草木灰

植物（草本和木本植物）燃烧后的残余物称为草木灰。因草木灰为植物燃烧后的灰烬，所以凡是植物所含的矿质元素，草木灰中几乎都含有。草木灰质轻且呈碱性，干时易随风而去，湿时易随水而走，与氮肥接触易造成氮素挥发损失。草木灰的主要成分是碳酸钾（K_2CO_3），其中含量最多的是钾元素，一般含钾6%～12%，其中90%以上是水溶性的，以碳酸盐形式存在；其次是磷，一般含磷1.5%～3%；还含有钙、镁、硅、硫、铁、锰、铜、锌、硼、钼等微量营养元素。不同植物的灰分，其养分含量不同，以向日葵秸秆的含钾量为最高。在等钾量施用草木灰时，其肥效好于化学钾肥。所以，它是一种来源广泛、成本低廉、养分齐全、肥效明显的无机农家肥。

1.1.3.2 硫酸钾钙镁

硫酸钾钙镁又被称为杂卤石，呈深灰色至灰色、暗红色，半透明，细腻，呈微晶至细晶结构。其结晶形态多种多样，其中双晶状、条板状和放射状杂卤石最为常见。其晶体呈细小板状，集合体呈粒状、块状、纤维状，玻璃至蜡状光泽，部分溶于水而无味。它的外观极似硬石膏，唯断面常见黑色斑晶，晶面比较特别，硬度为3.5，密度为2.7g/cm^3。

杂卤石是一种纯天然的矿物肥料。国内曾使用杂卤石矿石对粮食、油料、经济作物3大类12个品种连续5年进行盆栽、小区对比、大田示范3个不同层次的试验，结果表明对缺钾的土壤肥效良好，一般可使农作物增产10%～20%。此外，在提高农产品的品质，如延长农产品存储期、增加果实硬度、提高糖分和改善口感等方面具有显著效果。

1.1.3.3 腐植酸钾

腐植酸钾是缓效性有机固态钾肥的一种，属于碱性肥料，因为含有生物活性强的腐植酸，所以具有十分强的吸附、络合、螯合性，可以促进作物对钾更加有效的吸收利用，对于活化土壤、促进作物长势和抗性等都具有较好的效果。尤其是复合型的腐植酸钾，还能为作物提供氮、磷、钾、有机质和中微量元素等多种营养成分，能够广泛用作各种作物的基肥、追肥和叶面喷肥。

1.1.3.4 窑灰钾肥

窑灰钾肥是水泥工业的副产品，呈灰黄色或灰褐色粉末。它吸水后会发热，很容易烧坏种子。窑灰钾肥所含的钾90%是作物能直接吸收利用的水溶性钾，主要是硫酸钾、碳酸钾等；1%～5%是能溶于2%柠檬酸的钾，主要是铝酸钾和硅铝酸钾；还含有少量未分解的钾长石、黑云母等含钾矿物。窑灰钾肥是强碱性肥料，最适合在酸性土壤上施用，或施在需钙较多的作物上。窑灰钾肥除含有效氧化钾外，还含有50%左右的枸溶性氧化钙、氧化镁、氧化硅等有效养分。

1.2 国内钾肥发展状况

1.2.1 国内钾肥产能产量

1.2.1.1 产能

我国资源型钾肥生产始建于1958年，直到1966年才建成年产1万吨的生产车间，开始形成实际产能[2-3]。国家统计局数据显示，1980年，中国的钾肥产量是2.6万吨，生产企业仅仅只有青海钾肥厂一家。1988年之前，年产能只有4万吨；1989～1995年，建成一套年产能20万吨的生产装置，产能维持在20万吨。2000年之后，青海地区通过不断扩产，钾肥产能达到近 50 万吨（K_2O）。2004 年起，青海盐湖工业股份有限公司 100 万吨反浮选-冷结晶工艺氯化钾生产线投产，使得中国的钾肥产量跃上了百万吨级平台，2005 年产能为 121 万吨 / 年（K_2O），2010 年为 353 万吨 / 年（K_2O），2015 年为 645 万吨 / 年（K_2O）。“十三五”后，钾肥行业进入产品结构不断调整，企业兼并重组，行业发展逐步进入成熟期，产能基本保持稳定的状态。中国目前已经是世界上钾肥品种最丰富的国家之一。

在经历了资源整合后，青海察尔汗和新疆罗布泊两大钾肥生产基地相继建成，我国资源型钾肥产能、产量达到了一个新的高度[4]。截止到 2020 年，我国共有资源型钾肥企业 25 家，加工型钾肥企业 200 多家，成为世界第四大钾肥生产国。生产规模大于 100 万吨的大型钾肥企业有 3 家，占资源型钾肥总产能的 71%，行业集中度不断提高，初步形成以大中型企业为主的格局。到 2021 年年底，我国资源型钾肥总产能达 684 万吨（K_2O），与 2010 年相比增长了 94%；产量为 553 万吨（K_2O），比 2010 年增长了 56%。其中青海盐湖工业股份有限公司氯化钾产能达到 500 万吨，格尔木藏格钾肥有限公司氯化钾产能为 200 万吨，国投新疆罗布泊钾盐有限责任公司硫酸钾产能为 160 万吨。1958 ～ 2021 年国产钾肥产能变化如图 1-1 所示。我国钾肥已形成科研、设计、设备制造、施工安装、生产、销售、农化服务等一套完整的工业体系，市场竞争力不断增强。国产钾肥的自给能力有了大幅度提高，可满足国内 50% 左右的钾肥需求，长期依赖进口的局面有了结构性的转变。国内钾肥市场产销、供需的结构性变化，推动我国钾肥行业逐步形成了“供应稳定、竞争有序、理性发展”的“新常态”[5]。

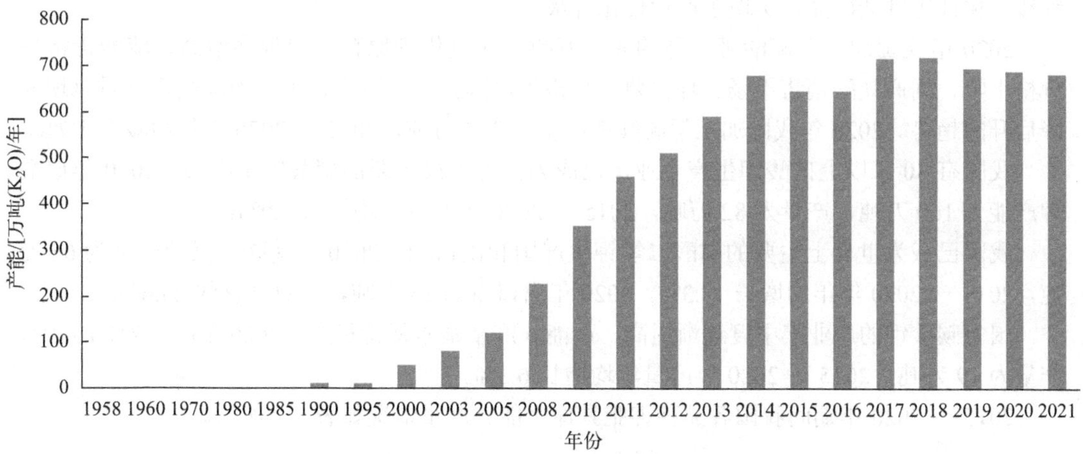

图 1-1 1958 ～ 2021 年国产钾肥产能变化

1.2.1.2 产量

自 1981 年以来，受国内钾肥需求增长及国际市场的刺激，我国钾肥产量增势明显。1981 年我国钾肥产量仅为 2.44 万吨，1991 年首次突破 10 万吨，2005 年首次突破 100 万吨（K_2O），2016 年产量达到了 578.3 万吨（K_2O）。2016 ～ 2021 年，我国钾肥行业通过对钾肥资源和生产能力的挖潜，钾肥产能、产量排名均达世界第四，生产技术和单套装置生产能力均达到或接近国际先进水平[6]。2019 ～ 2021 年国内钾肥产量基本保持稳定，略有小幅下降，2021 年产量为 525 万吨（K_2O），国产钾肥的自给率在近 9 年维持在 50% 以上[7]。1958 ～ 2021 年国产钾肥产量变化如图 1-2 所示。

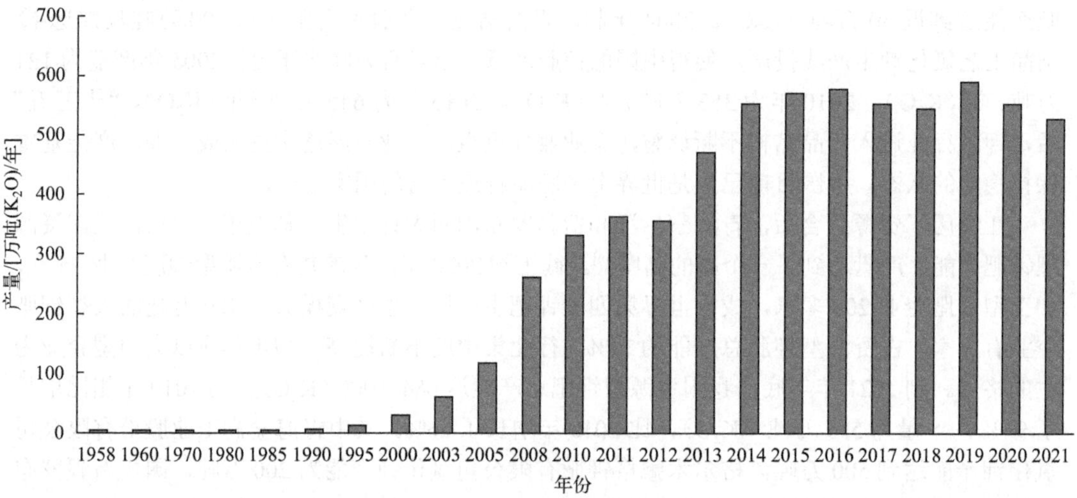

图 1-2　1958 ～ 2021 年国产钾肥产量变化

除资源型钾肥产品外，行业还加强了钾盐再加工产品的应用开发，产品品种更加丰富，产品调整柔性增强。其中，重点发展了硝酸钾、磷酸二氢钾等不同规格、不同品质的高效钾肥品种，优化了品种结构。同时，还发展了熔盐级硝酸钾、全水溶钾肥、食品级氯化钾、高纯级氯化钾等钾盐产品，实现了产业优化升级。

2020 年我国加工型硫酸钾产能约 422 万吨。在氯化钾原料供应价格增高、硫酸钾市场价格下降、副产盐酸销售不畅、环保要求严格等诸因素的影响下，加工型硫酸钾产量呈现先降后升的趋势。2020 年我国加工型硫酸钾产量为 224 万吨，2015 ～ 2020 年年均减少 1.7%。

我国有 30 家以上硝酸钾生产企业，已成为世界上最主要的硝酸钾生产国。2020 年硝酸钾产能为 160 万吨，产量为 82 万吨，2015 ～ 2020 年产量年均增长 2.9%。

我国已成为世界上主要的磷酸二氢钾生产国和出口国。2020 年磷酸二氢钾产量为 65 万吨，2015 ～ 2020 年年均增长 18.3%。2020 年出口量为 16 万吨，占总产量的 24.6%。

国内碳酸钾的产业集中度逐渐提高，产能、产量基本保持稳定，2020 年产能为 24 万吨，产量为 19 万吨，2015 ～ 2020 年产量年均增长 6.3%。

2015 ～ 2020 年期间我国各品种钾肥具体产能、产量情况如表 1-2 所示。

表1-2　2015 ~ 2020年期间我国各品种钾肥具体产能、产量情况　　单位：万吨（实物量）

钾肥品种	2015 年		2016 年		2017 年		2018 年		2019 年		2020 年	
	产能	产量	产能	产量	产能	产量	产能	产量	产能	产量	产能	产量
氯化钾	803	778	803	752	862	716	877	703	877	775	862	729
资源型硫酸钾	287	196	287	239	301	238	315	243	315	244	325	220
硫酸钾镁	84	29	84	29	84	19	84	9	84	13	84	15
加工型硫酸钾	402	244	445	227	460	198	400	189	430	180	422	224
硝酸钾	131	71	140	78	160	80	160	80	160	85	160	82
磷酸二氢钾	64	28	72	36	87	43	82	40	82	32	90	65

1.2.2 国内钾肥生产企业分布

1.2.2.1 资源型钾肥生产企业分布

我国资源型钾肥生产几乎全部集中分布在青海和新疆两省区。其中，氯化钾生产全部集中在青海，区域占比100%。最大的龙头企业是青海盐湖工业股份有限公司，产能达到500万吨，产能全国占比58.21%；其次是格尔木藏格钾肥有限公司，产能200万吨，产能全国占比23.28%；其他企业产能全国占比18.51%。资源型硫酸钾生产主要集中在新疆和青海，共有10家企业，总产能310万吨。其中，新疆产能占比为54%，青海占比45.4%，山东占比0.6%。硫酸钾镁肥的生产企业也全部集中在青海和新疆，其中青海占比77.8%，新疆占比22.2%。

1.2.2.2 加工型钾肥生产企业分布

加工型钾肥生产企业分布广泛，更加靠近市场。其中加工型硫酸钾企业数量较多，除部分自产自销企业使用硫铵法工艺外，市场上销售的硫酸钾基本都是采用曼海姆工艺。据统计，国内现有加工型硫酸钾生产企业95家，分布在除西藏、海南、浙江、江苏、北京、上海之外的各个省区市。加工型硫酸钾产能占比中，河北、山东等省份企业数量较多，广东企业产能集中度最高，主要生产企业还是集中在东北、华北、华东一带。从区域分布来看，山东占比最高，达14%；其次是河北，占13%；湖北和广东分别占10%和9%；黑龙江、辽宁和广西各占6%。加工型硫酸钾生产企业产能布局最多的省份是山东与河北，这两省是传统的化肥生产消费大省，许多大型复合肥企业都在该省份布局。此外，东三省和湖北省等粮食主产区加工型硫酸钾企业布局也较多；广东由于地理位置优越，该地区的加工型硫酸钾产能较高，效益也较好。

加工型硝酸钾的生产主要受原料供应的影响，早期生产企业多集中在山西、湖南等地，后期有部分企业向资源地靠拢，目前分布主要集中在山西、山东、四川、青海、湖南、江西等地。

加工型磷酸二氢钾生产企业多为化工型综合性企业，更多地靠近磷资源产地，目前主要分布在重庆、湖北、四川、云南等地。其中，重庆产能占比最高，占64%。

1.2.3 国内大型钾肥生产企业

全国现有钾肥生产企业236家，其中资源型钾肥生产企业（直接从事钾盐矿加工生产钾肥)25家，加工型钾肥生产企业（主要利用氯化钾生产硫酸钾、硝酸钾、碳酸钾等钾肥品种）211家。我国资源型钾肥生产企业产能见表1-3。

表1-3　我国资源型钾肥生产企业产能

序号	地区	企业名称	产能 / 万吨	产能占比 /%
1	青海	青海盐湖工业股份有限公司	500	41.19
2	青海	格尔木藏格钾肥有限公司	200	16.47

续表

序号	地区	企业名称	产能 / 万吨	产能占比 /%
3	新疆	国投新疆罗布泊钾盐有限责任公司	170	14.00
4	青海	青海滨地钾肥股份有限公司	48	3.95
5	青海	茫崖兴元钾肥有限公司	40	3.29
6	青海	青海中信国安科技发展有限公司	40	3.29
7	青海	青海锦泰矿业有限公司	35	2.88
8	青海	五矿盐湖有限公司	30	2.47
9	青海	青海联宇钾肥有限公司	20	1.65
10	青海	青海中航资源有限公司	20	1.65
11	青海	青海省茫崖康泰钾肥开发有限责任公司	15	1.24
12	青海	茫崖金鑫华隆钾肥有限公司	15	1.24
13	青海	青海柴达木盐湖化工有限公司	10	0.82
14	青海	青海柴达木地矿化工有限公司	10	0.82
15	新疆	新疆新雅泰化工有限公司	10	0.82
16	青海	地矿集团格尔木盐湖资源开发有限公司	8	0.66
17	青海	海西地原钾肥有限公司	7	0.58
18	青海	青海高端盐湖科技有限公司	5	0.41
19	青海	青海黄河实业集团建安有限公司钾肥厂	5	0.41
20	青海	青海京柯盐化有限公司	5	0.41
21	青海	北京昆龙伟业格尔木有限公司	5	0.41
22	青海	青海香江盐湖开发有限公司	5	0.41
23	青海	大柴旦大华化工有限公司	5	0.41
24	青海	青海晶达科技股份有限公司	4	0.33
25	山东	山东海化股份有限公司硫酸钾厂	2	0.16
合计			1214	100.00

在所有资源型钾肥生产企业中，青海盐湖工业股份有限公司钾肥产能 500 万吨（KCl），2021 年氯化钾产量为 502 万吨，占全国钾肥总产量约 57.5%；格尔木藏格钾肥有限公司产能 200 万吨，2021 年氯化钾产量为 108 万吨，占全国钾肥总产量约 12.3%；国投新疆罗布泊钾盐有限责任公司硫酸钾产能 160 万吨，硫酸钾镁肥产能 10 万吨，2021 年产量为 170 万吨（实物量），占全国钾肥总产量约 15.8%。三家大型企业的年产量占 2021 年钾肥总产量的 85.6% 产量集中度较高。

1.2.3.1 青海盐湖工业股份有限公司

青海盐湖工业股份有限公司是我国目前最大的钾肥生产企业，是我国钾肥制造行业排头兵，也是国家级柴达木循环经济试验区内的龙头骨干企业。公司始建于1958年，前身为青海察尔汗钾肥厂，1996年更名为青海盐湖工业集团有限公司，1997年将氯化钾生产经营主业重组为青海盐湖钾肥股份有限公司，并于1997年9月4日在深圳证券交易所上市。

作为国内首家大型钾肥工业生产企业，地区的艰苦性和钾盐资源的集中性，构成了该企业的鲜明特征。经过多年的发展，公司已形成了一套比较完善的集科研开发、生产经营、化工产品生产、后勤服务于一体的生产体系，成为集化工生产建筑安装、工程监理、酒店和物业管理、百货、资本运作于一体的大型现代化公司。

（1）资源情况　察尔汗盐湖总面积为5856平方公里，蕴藏了极为丰富的钾、钠、镁、硼、锂、溴等自然资源，总储量为600多亿吨，其中氯化钾资源量为5.4亿吨，占全国首位。

（2）生产情况　该公司氯化钾产能为500万吨，硝酸钾产能为40万吨，氢氧化钾产能为40万吨，碳酸钾产能为8万吨。2015年氯化钾产量突破500万吨，实现销售收入110亿元；2021年氯化钾产量为502万吨，占全国资源型钾肥总产量的57.5%。

该公司在钾盐资源开采方面研发了低品位固体钾矿的浸泡式溶解转化开发技术，形成了世界上唯一的低品位固体钾盐开采工程，溶采技术使固体钾盐工业品位由8%降至2%，进一步增加了低品位固体钾矿的利用，可采储量成倍增加。在钾盐加工方面开发了利用光卤石生产氯化钾的反浮选-冷结晶技术，通过调整工艺路线、优化工艺操作条件、改进关键设备等技术手段，形成新一代高品位、高回收率氯化钾生产集成技术，能够稳定生产98%氯化钾产品。

1.2.3.2　格尔木藏格钾肥有限公司

格尔木藏格钾肥有限公司是成立于2002年的一家民营企业，公司总部地处格尔木市，厂部位于市区以北70公里的察尔汗盐湖，目前已发展成为国内氯化钾行业第二大生产企业，是青海省30家重点企业之一。

（1）资源情况　该公司钾肥资源也来源于察尔汗盐湖，公司拥有察尔汗盐湖开采面积724.3493平方公里。2017年10月，公司收购大浪滩黑北钾盐矿，获得青海省茫崖行委大浪滩黑北钾盐矿详查探矿权，面积为492.56平方公里。该钾盐矿预测将新增卤水氯化钾盐资源量3000万吨（察尔汗盐湖一半的资源量）。在后期取得大浪滩黑北钾盐矿采矿权后，公司开采矿区面积将达到1216.91平方公里，资源储备进一步扩大。

（2）生产情况　2013年，格尔木藏格钾肥有限公司整合了铁路以东的13家企业，关停了小规模的生产装置，后新建一套年产48万吨氯化钾的生产装置。经过近几年的快速发展，该公司钾肥产能扩大至200万吨（KCl）。2021年氯化钾产量为108万吨，占全国资源型钾肥总产量的12.3%。该公司采用冷结晶-正浮选技术，单条线年生产能力为10万吨，成品氯化钾含量为90%～93%；兑卤脱钠、控速分解工艺（简称4#工艺）生产线，可生产精制氯化钾，成品氯化钾含量为95%～98%。

1.2.3.3　国投新疆罗布泊钾盐有限责任公司

国投新疆罗布泊钾盐有限责任公司成立于2000年9月，2004年成为我国最大的投资控股公司——国家开发投资公司的控股企业，以开发罗布泊天然卤水资源制取硫酸钾为主业。

2006 年 4 月，新疆罗布泊钾肥基地年产 120 万吨硫酸钾工程正式开工建设，2008 年 11 月投料试车成功，2012 年 6 月通过国家发展改革委组织的项目验收，该公司成为世界上最大的硫酸钾生产企业。

（1）资源情况　罗布泊盐湖位于新疆巴音郭楞蒙古自治州若羌县境内，处于塔里木盆地东端，是世界上最大的干盐湖之一，也是我国继柴达木盆地之后发现的第二大钾盐成矿聚集区，蕴藏有我国最大的硫酸盐型卤水钾矿床。盐湖南北长 115 公里，东西宽 90 公里，盐类沉积区面积达 18000 多平方公里，现已探明的罗北凹地及东西台地三个区段就有孔隙度储量 2.99 亿吨（折 KCl）。同时，卤水富含钠、镁、锂、铯、硼等多种元素，具有巨大的综合开发利用价值。

其中，罗北凹地钾盐资源条件较好，是一个以液相矿为主，固液并存，并以钾盐为主，同时共（伴）生有钠、镁盐等可综合利用的大型矿床。南北长 60 公里，东西宽 25 公里，分布面积 1534.5 平方公里。硫酸钾资源量总计孔隙度储量为 3.107 亿吨，给水度储量为 1.528 亿吨。潜卤水矿分布面积广，埋藏浅，矿层厚，含钾量较高，富水性极强，KCl 含量为 0.92% ～ 1.83%，平均品位 1.52%，是罗布泊钾肥基地前期开发利用的主要对象。

（2）生产情况　国投新疆罗布泊钾盐有限责任公司的钾肥项目采用的是以盐湖卤水为原料，通过兑卤人为改变原卤水的结晶点和结晶路线，从而获得较高产量和质量的钾混盐及光卤石盐田产品，再经过分解、转化、浮选、结晶直接生产硫酸钾的生产工艺。该“罗布泊硫酸镁亚型卤水制取硫酸钾”工艺技术获得了国家科学技术进步奖一等奖。该公司主要生产硫酸钾，产能为 160 万吨，硫酸钾镁产能为 10 万吨。2021 年硫酸钾产量为 163 万吨，占全国资源型钾肥总产量（折 K_2O）的 15.8%。

1.2.4　我国钾肥消费

1.2.4.1　钾肥消费变化

据中国无机盐工业协会钾盐钾肥行业分会统计，1981 年以来我国钾肥表观消费量快速增加，2004 年突破 500 万吨（K_2O），成为全球第一消费大国。2000 ～ 2007 年我国钾肥表观消费量由 399.9 万吨（K_2O）增加到 778.6 万吨（K_2O），年均增长率达 10%。2008 ～ 2009 年，由于受金融危机影响，钾肥价格大幅提高，我国钾肥表观消费量显现出明显的下降趋势，2009 年钾肥表观消费量最低，仅 419.3 万吨（K_2O）。随着经济好转，“十二五”期间钾肥表观消费量增速较快，2010 年我国钾肥表观消费量上升至 649.6 万吨（K_2O），2015 年达到 1142 万吨（K_2O），比 2010 年增长 75.8%。“十三五”期间，钾肥需求仍保持小幅增长态势。2014 年后钾肥表观消费量稳定在 950 万～ 1100 万吨（K_2O）之间，钾肥农用施用量在 2015 年达到峰值。2016 ～ 2020 年受化肥施用零增长倡议的影响，钾肥农业用量逐年下降，总需求基本保持稳定 [8]。

1.2.4.2　农业消费情况

钾是植物生长发育所必需的三大营养元素之一，它对于植物的功效没有替代品，仅靠土壤自身所含有的钾元素难以满足植物的需求，因此世界农业种植对于钾肥的需求极其旺盛。

世界超过一半用量的钾肥用于果蔬、谷物和油籽作物，其余主要用于棉花、咖啡、烟叶、棕榈油和糖类等经济作物的增产增收，钾肥被誉为“粮食的粮食”。

根据国家统计局统计，化肥的农用施用量在2015年达到峰值。2016～2020年受化肥施用零增长倡议的影响，化肥农用施用量逐年下降，钾肥施用量也有所下降。

1.2.4.3 钾肥消费结构

2012～2021年，我国钾肥消费量由789万吨（K_2O）增加到1044万吨（K_2O）。其中，农业用钾肥表观消费量约占总消费量的90%。

1.2.5 我国钾肥进出口

中国是世界钾肥消费大国之一，钾肥消费量占世界钾肥消费总量的20%左右。由于我国可溶性钾资源缺乏，国产钾肥不能满足农业发展的需要，施用的钾肥主要是氯化钾，需要部分依靠进口来解决，因此，进口钾肥是我国钾肥市场重要的组成部分。从20世纪70年代，我国开始从加拿大进口钾肥并向国内推广。随着人们对钾肥产品的认识和使用的不断提升，我国的钾肥贸易也在不断拓展和变化[9]。

1.2.5.1 钾肥进口发展历史

20世纪80年代以前，中国主要以有机肥投入为主，土壤中钾元素一直处于匮缺状态，年亏缺150万吨左右。当时由于国产钾肥产量较少，每年需要大量从国外进口钾肥来满足我国农业领域的需求。由于当时还是计划经济体制，钾肥的进口主要由中国化工进出口总公司（中国中化集团有限公司的前身）来经营。1972年12月，第一船加拿大钾肥由Canpotex公司销售给中国化工进出口总公司，尽管当年氯化钾的进口量只有1.86万吨，但从此拉开了我国大规模进口钾肥的序幕。

80年代以后，我国粮食作物产量的大幅度增长进一步促进了钾肥的施用。1980～1990年间，我国氯化钾进口量不断攀升，由61万吨快速增至200万吨，钾肥的进口量占表观消费量的90%以上，氯化钾的平均对外依存度达到95.1%，国内钾肥的需求基本靠进口钾肥来满足。

90年代开始，我国增加了与其他钾肥生产国的贸易往来。1992年，俄罗斯国际钾肥公司（IPC）成立，负责代理俄罗斯和白俄罗斯两国三家工厂的氯化钾贸易活动。同年，IPC开始向中国推销钾肥，一开始是易货贸易形式。直到1995年，IPC与中国化工进出口总公司成交第一船钾肥，正式开始向中国市场推广施用俄罗斯钾肥。2000年以前，国产氯化钾的产能和规模还没有形成百万吨级以上，产量仅有几十万吨。而氯化钾的进口量却快速增长，1999年的进口量已经增长到500万吨以上，氯化钾对外依存度在92%左右，进口钾肥依然保持着绝对的统治地位。

进入21世纪后，2003～2007年是我国钾肥进口量增长最快的时期，年平均增长率为12.8%。2008～2009年，由于受金融危机影响，国际钾肥价格大幅提高，我国钾肥进口量大幅下降，2009年氯化钾进口量最低，仅198.3万吨。2010～2015年间钾肥进口量逐渐恢复且再次快速增长，2015年氯化钾进口量达到942.9万吨。2016～2018年氯化钾进口量小幅下降，2019年再次增加至为907.6万吨。近5年氯化钾进口量平均在807万吨。

2001～2021 年我国钾肥进出口量和进出口单价对比情况见图 1-3。

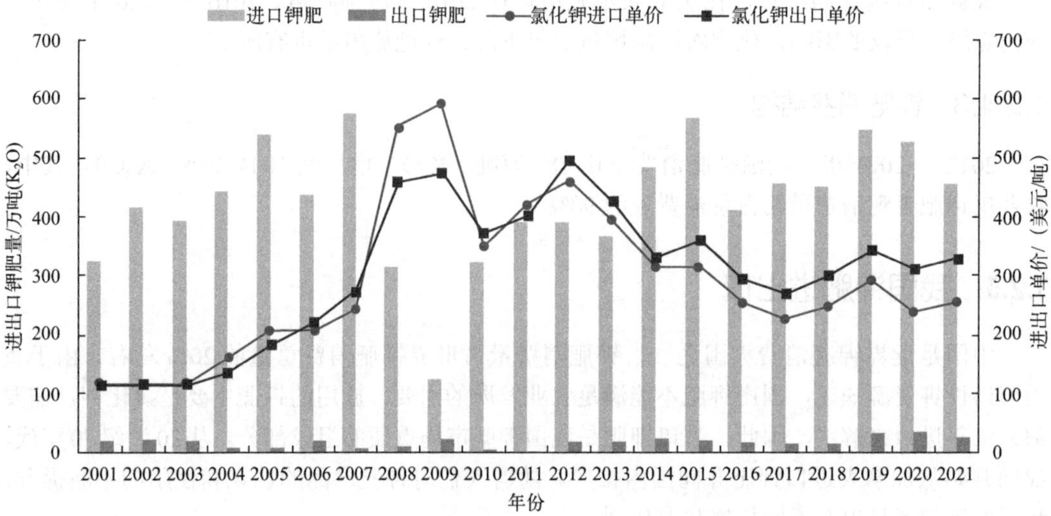

图 1-3　我国钾肥进出口量和进出口单价对比（来源：中国海关）

1.2.5.2　钾肥进口来源

（1）氯化钾　目前，我国氯化钾主要进口国有加拿大、俄罗斯、白俄罗斯、以色列、约旦等国。2014～2021 年，我国氯化钾进口来源国前五名始终为加拿大、俄罗斯、白俄罗斯、以色列和约旦。加拿大、俄罗斯、白俄罗斯三大国进口量合计占比由 2014 年的 70.7% 增加到 2021 年的 79.9%。2021 年，俄罗斯成为第一大进口来源国，加拿大、白俄罗斯分别为第二、第三大进口来源国。

（2）硫酸钾　2014 年以前，我国一直是硫酸钾净进口国。2017 年以前中国硫酸钾进口量逐渐上升，自 2017 年起，随着国内资源型硫酸钾企业的规模化生产，我国硫酸钾的供给结构逐步改善，对进口硫酸钾的需求数量逐渐稳定，2017～2019 年硫酸钾进口量趋于稳定。2020 年由于受到新冠疫情的影响，国内高端硫酸钾产量减少。为了满足国内的需求，加大了硫酸钾进口，2020 年硫酸钾进口量达到 7.53 万吨，相对于 2019 年上升了 14.61%。2021 年国内硫酸钾生产恢复到正常水平，对于进口硫酸钾的需求量降低，使得 2021 年硫酸钾进口量相对于 2020 年同期下降了 18.56%。2016～2021 年间，硫酸钾进口量平均在 6 万吨左右，进口价格在 330～430 美元 / 吨之间，价格较 2015 年之前有大幅下跌。

从进口来源国看，国际供货商较为稳定且集中，俄罗斯和德国一直是中国硫酸钾最主要的供应商，从这两国进口的硫酸钾合计占中国硫酸钾进口量的 80% 以上。其他来源国还有朝鲜、比利时、瑞典、印度尼西亚等。根据中国海关数据显示，2020 年中国进口的来自俄罗斯的硫酸钾量为 3.98 万吨，占整个中国进口量的 52.94%；来自德国的硫酸钾进口量为 2.51 万吨，占整个中国进口量的 33.29%。近两年受国内产能总体过剩影响，硫酸钾进口总量略有萎缩，进口硫酸钾主要收货地为黑龙江、内蒙古、山东、辽宁、北京等。

1.2.5.3 钾肥出口税率变化

2008年，国际钾肥价格飞涨，为了保护国内钾肥的应用限制出口，从2008年4月1日起，国务院开始征收钾肥的出口关税。其中钾肥（税号：28342110、31402090、31043000、31049010、31049090）品种征收30%的出口暂定关税。同时，自2008年4月20日至11月30日，还对HS28342190非肥料用硝酸钾在现有出口关税税率基础上，加征100%的特别关税。2008年12月1日，海关总署第84号公告调整了部分产品的出口关税，钾肥产品关税再加码。五种钾肥、钾盐、钾矿产品（税号：28342110、31402090、31043000、31049010、31049090）除征收30%的出口关税外，加征75%的特别关税。非肥料用硝酸钾也加征75%的特别关税。

从2009年开始，钾肥的出口关税逐渐下调。2009年7月非肥料用硝酸钾不再征收75%的出口特别关税，只征收10%出口关税；其他钾肥产品出口关税不变。2010年1月1日起，非肥料用硝酸钾不再征收出口关税，肥料用硝酸钾出口关税调整至7%。氯化钾、硫酸钾、硫酸钾镁和其他粗钾盐继续征收30%的出口关税和75%的特别关税，执行至2012年年底。2013年，氯化钾、硫酸钾出口关税调整至2000元/t，其他不变。2014年，肥料用硝酸钾出口关税下降至5%，氯化钾、硫酸钾出口关税下降至600元/t，其他仍为30%，特别关税不再征收，此税率一直持续至2018年。同时，2014年，分析纯氯化钾（HS31042010）改为纯氯化钾（HS31042020），不再征收出口关税，海关验收氯化钾纯度是否≥99.5%，优级纯、分析纯、化学纯和食品级纯度达到99.5%的氯化钾均可按此税目归类报关。

2019年，钾肥出口关税迎来重大利好，所有含钾肥料的出口关税均降为零，从2019年1月1日起，钾肥出口实施零关税政策。从2008年征收30%的出口关税，到2019年彻底放开出口零关税，标志着我国钾肥逐步走向市场化，同时也为国内过剩的加工型钾肥产品提供了新的商机。

1.2.5.4 钾肥出口量

（1）氯化钾　我国自产氯化钾是不出口的，海关统计的氯化钾出口量是保税货物或者海关特殊监管货物的转口，在最近5年均维持在20万～30万吨之间。2021年，中国出口氯化钾22.54万吨。其中从贸易方式看，保税仓库进出境货物占出口总量的53.9%，保税区仓储转口货物占35.2%。主要出口目的地是韩国、日本和菲律宾。

（2）硫酸钾　近几年，我国加工型硫酸钾产能一直处于过剩状态，开工率只有60%左右。但是，由于出口关税的限制，硫酸钾每年的出口量仅有几万吨，2018年的出口量甚至下滑至几千吨。国家为了在扩大我国农化产品对外出口数量与种类的同时，能够有效缓解国内化肥产能过剩局面，于2019年1月1日起实施了化肥对外出口零关税政策。在出口政策的支持下，2019年我国硫酸钾对外出口量出现了历史性的增长，全年对外出口量达到了32.64万吨，同比增长了31.72万吨。2020年在新冠疫情的影响和出口政策的支持下，中国硫酸钾出口量继续保持增长。中国海关数据显示，2020年中国硫酸钾出口量为37.5万吨，同比上升15.07%。2021年，世界硫酸钾产能逐渐恢复，中国硫酸钾出口量下降至22.2万吨。2011～2021年中国钾肥出口量统计见图1-4。

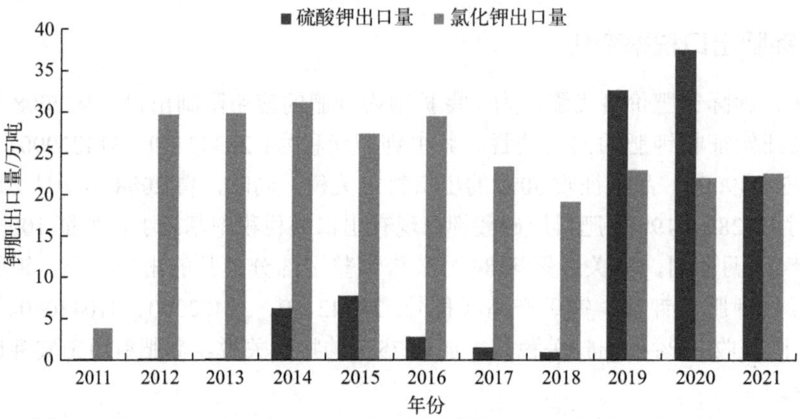

图 1-4　2011 ~ 2021 年中国钾肥出口量统计

1.2.5.5　钾肥出口方向

（1）硫酸钾出口地　我国硫酸钾主要出口到亚洲、拉丁美洲和非洲，主要是亚非拉发展中国家工业基础薄弱，农业占整个国家产业的比重大，对于化肥的需求量较高，但是由于每年生产的化肥不足以满足需求，因此需要大量进口。

根据中国海关数据显示，2021 年中国出口硫酸钾的国家和地区中，位于拉丁美洲的有 16 个，位于非洲的有 15 个，位于亚洲的有 33 个。2021 年中国出口到拉丁美洲的硫酸钾量为 12.39 万吨，占中国总出口量的 55.8%；出口到亚洲的硫酸钾量为 5.77 万吨，占总出口量的 26.0%；出口到非洲的硫酸钾量为 3.48 万吨，占总出口量的 15.7%。

（2）硫酸钾出口国家　2020 年是中国硫酸钾出口量最高的一年。其中，中国出口到墨西哥的硫酸钾量最多，达到 57617t；其次为秘鲁，出口量达到 48579t；第三为伊朗，出口量为 42463t。

1.3　世界钾肥发展状况

1.3.1　世界钾肥产能产量

世界钾肥产业起步于 19 世纪中叶，以 1861 年德国利用光卤石矿生产氯化钾为标志。20 世纪初期（1900 ～ 1910 年）德国的钾肥产业进入迅速发展时期；加拿大从 1952 年开始发展钾肥产业，发展速度最快，迄今已成为世界上最大的钾肥产业基地[10]。经过一个多世纪的发展，目前世界上已有 15 个国家拥有钾肥生产企业，产品以氯化钾、硫酸钾、硝酸钾和硫酸钾镁肥为主。

世界上的钾肥生产相当集中，主要钾肥生产国有 12 个，有加拿大、俄罗斯、白俄罗斯、中国、德国、以色列、约旦、智利、老挝、西班牙、美国、英国和巴西等[11-12]。其中，加拿大、俄罗斯、白俄罗斯分别位于第一、第二、第三位。前 11 家企业的产能占到世界总产能的99%，前三位国家的产量占到世界总产量的60%，产品以氯化钾为主。据国际肥料协会（IFA）数据，2011～2020年，世界钾肥产能由2011年的4290万吨（K_2O）逐渐增加到2020年的6260万吨（K_2O）。2011年世界钾肥总产量为3540万吨（K_2O），2020年达到4210万吨（K_2O）。2011～2020年世界钾肥产能产量总体上呈缓慢增长趋势（见图1-5）。

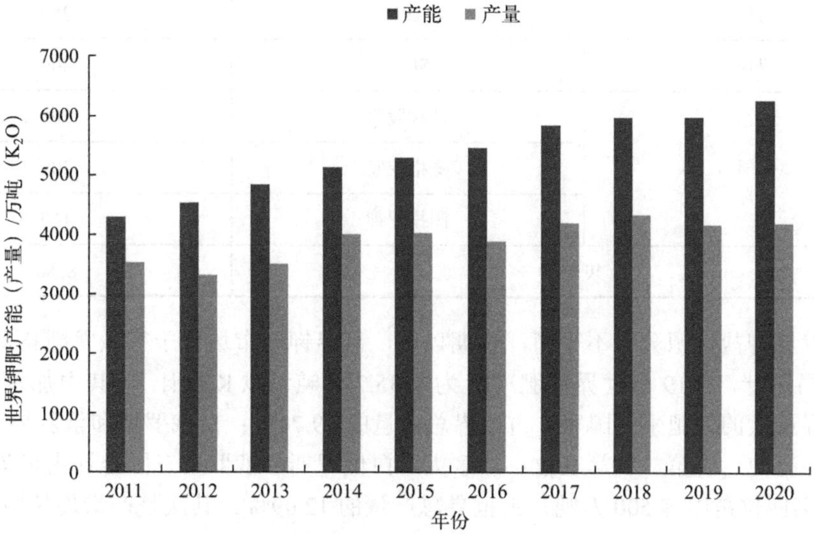

图1-5 2011～2020年世界钾肥产能产量变化

除现有产能外，世界钾肥的产能仍在不断增长，至少有40个钾盐开发项目正在推进之中，但绝大多数处于初期发展阶段，仅有个别项目已经达到了预生产阶段。

1.3.2 世界钾肥生产分布

世界钾肥主要生产国有加拿大、俄罗斯、白俄罗斯、中国、德国、以色列、约旦、智利、西班牙、美国、英国和巴西12个国家，其中，加拿大、俄罗斯、白俄罗斯分别位于第一、第二、第三位。2018年中国钾肥产量560万吨（K_2O），约占世界钾肥总产量的12.9%，位居第四位。约92%的钾肥产能集中在加拿大、俄罗斯、白俄罗斯、德国、以色列、约旦和中国这7个国家的11家企业，具体企业产能明细见表1-4。

表1-4 世界百万吨级钾肥企业产能

国家	企业	产能（以KCl计）/万吨
加拿大	Nutrien	2200
	Mosaic	1270
俄罗斯	Uralkali	1330
	Eurochem	230
白俄罗斯	Balaruskali	1290

续表

国家	企业	产能（以KCl计）/万吨
德国	K+S	680
以色列	ICL	400
约旦	APC	260
智利	SQM	260
中国	盐湖股份	500
	藏格控股	200
	国投罗钾	160
共计		8780

由于世界钾盐资源分布不平衡，长期以来，世界钾肥市场处于寡头垄断格局。据美国地质调查局统计，2019 年世界钾肥产量为 4135.7 万吨（以 K_2O 计）。其中加拿大 1230 万吨，是世界最大的钾肥生产国家，占世界总产量的 29.74%；白俄罗斯和俄罗斯分别为 735 万吨和 734 万吨，居第二和第三位，加拿大、白俄罗斯和俄罗斯三国合计占世界总产量的 65.26%；第四位是中国 500 万吨，占世界总产量的 12.09%；其次是产量均超过 80 万吨的德国、以色列、约旦、智利，上述 8 国合计占世界总产量的 95.24%（见表 1-5）。

表1-5　2019年世界钾肥产量

国家	产量（以 K_2O 计）/万吨
加拿大	1230
白俄罗斯	735
俄罗斯	734
中国	500
德国	300
以色列	204
约旦	152
智利	84
美国	51
西班牙	50
老挝	40
巴西	24.7
其他	31
总计	4135.7

1.3.3　世界钾肥消费

世界钾肥消费主要集中在东亚、拉丁美洲和北美三个地区。据国际肥料协会（IFA）数据，2000 ～ 2020 年，世界钾肥消费量由 2209.5 万吨（K_2O）增加到 4246.8 万吨（K_2O），增长的贡献主要来自东亚、拉丁美洲、加勒比地区以及南亚。西欧和中欧的钾肥消费量则呈减少趋势，其他地区变化不大。据国际钾肥生产公司统计，2016 ～ 2020 年世界钾肥需求从 3600 万吨（K_2O）提升至 4140 万吨（K_2O），年复合增长率为 2.83%。其中，中国、巴西、美国与印度是世界主要的钾肥消费国，约占世界总消费量的 84%。2020 年中国钾肥消费量占世界总消费量的 25% ～ 27%，位居世界第一。

2020 年，东亚钾肥消费量为 1522.9 万吨（K_2O），占世界总消费量的 35.9%，居世界首位；拉丁美洲和加勒比地区钾肥消费量为 938.2 万吨（K_2O），占世界总消费量的 22.1%；北美钾肥消费量为 628.3 万吨（K_2O），占世界总消费量的 14.8%。以上三个地区合计约占世界钾肥消费总量的 72.7%。

1.3.4　世界钾肥进出口

1.3.4.1　世界钾肥出口

世界钾肥贸易主要从钾肥生产区流向钾肥消费区，主要出口地区为东欧、中亚和北美，其次是西欧、中欧和西亚。据 IFA 统计，2000 ～ 2020 年，世界钾肥出口量由 2330.95 万吨（K_2O）增加到 2917.2 万吨（K_2O）。2020 年北美出口量为 1471.08 万吨（K_2O），占世界总出口量的 50.4%，居世界首位；东欧和中亚出口量为 1276.68 万吨（K_2O），占世界总出口量的 43.8%。以上三个地区合计约占世界钾肥出口总量的 94.2%。

加拿大、俄罗斯与白俄罗斯是世界主要的钾肥出口国。2020 年加拿大钾肥出口量为 1275 万吨（K_2O），占世界总出口量的 43.71%，位居世界第一；白俄罗斯出口量为 705 万吨（K_2O），占世界总出口量的 24.17%，位居第二；俄罗斯出口量为 571 万吨（K_2O），占世界总出口量的 19.58%，位居第三；美国出口量占世界总出口量的 6.7%，老挝和智利各占 1.2%。以上六国合计约占世界总出口量的 96.55%。

1.3.4.2　世界钾肥进口

世界钾肥主要进口地区为东亚、拉丁美洲和加勒比地区，其次是北美、西欧和中欧。据 IFA 统计，2000 ～ 2020 年，世界钾肥进口量由 2320.56 万吨（K_2O）增加到 3313.6 万吨。2020 年拉丁美洲和加勒比地区进口量为 728.0 万吨（K_2O），占世界总进口量的 22.0%，居世界首位；北美进口量为 713.3 万吨（K_2O），占世界总进口量的 21.5%，居第二位；南亚及东南亚进口量为 661.2 万吨（K_2O），占世界总进口量的 20.0%，居第三位；东亚进口量为 641.11 万吨（K_2O），占世界总进口量的 19.3%。以上四个地区合计约占世界钾肥进口总量的 82.8%。

巴西、美国、中国、印度、印度尼西亚以及马来西亚是主要的钾肥进口国。2020 年美国钾肥进口量为 713.3 万吨（K_2O），占世界总进口量的 21.5%，位居世界第一；巴西钾肥进口量为 674.2 万吨（K_2O），占世界总进口量的 20.3%，位居第二；中国钾肥进口量为 529.8

万吨（K_2O），占世界总进口量的 16.0%，位居第三；印度、印度尼西亚、马来西亚分别占世界总进口量的 9.2%、5.2%、2.3%。以上六国合计约占世界总进口量的 74.6%。

1.4 钾肥与农业发展

1.4.1 土壤钾素形态

土壤钾素形态是指土壤中含钾物质的化学结合形式和存在状态，通常借助不同化学提取剂予以区分。土壤钾素形态可分为水溶性钾、交换性钾、非交换性钾和结构态钾[13]。水溶性钾是以离子状态存在于土壤溶液中的钾；交换性钾是土壤胶体表面负电荷所吸附的钾；非交换性钾是在八面体的层状硅酸盐矿物层间和颗粒边缘上的一部分钾；结构态钾是矿物晶格中或深受晶格束缚的钾，如长石、白云母中的钾。从植物营养角度可将钾分为速效钾（包括吸附于颗粒表面的钾以及溶液中的钾）、缓效钾和矿物钾，此三种形态钾占土壤全钾的相对含量分别为 0.1% ～ 2%、2% ～ 8% 和 90% ～ 98%。速效钾是植物可吸收的钾。矿物钾只有经过风化作用后，才能变为速效钾，其过程相当缓慢，对速效钾的贡献微不足道。缓效钾则是速效钾的储备库，其含量和释放速率因土壤而异。

（1）土壤溶液中的钾　存在于土壤溶液中的钾离子是植物钾素营养的直接来源。一般情况下，土壤溶液中的钾含量在 0.2 ～ 10mmol/L 范围内，热带和亚热带地区的酸性土平均为 0.7mmol/L，这些钾仅够生长旺盛的作物用 1 ～ 2 天。由于在任何时刻，土壤溶液中钾浓度都是极低的，所以从其他形态向土壤溶液补充钾，是决定土壤钾素肥力状况极其重要的因素。土壤向土壤溶液中补充钾的能力取决于各种形态钾之间的转化和它们各自与土壤溶液的平衡特性。

（2）土壤交换性钾　交换性钾是被土壤胶体负电荷吸附，可以被中性盐在相当短时间内从交换点上交换下来的钾离子。它是土壤速效钾的主要部分，占土壤全钾含量的 0.1% ～ 2.0%。交换作用进行得强弱则受交换性钾的吸附位置、黏粒矿物种类、协同离子和钾饱和度等的影响。

（3）土壤非交换性钾　也称缓效性钾，是存在于层状硅酸盐矿物层间和颗粒边缘上的钾，即那些处在强吸附点上、不能被中性盐溶液在短时间内提取的钾，数量占土壤全钾量的 2% ～ 8%，是速效钾的储备库，可以缓慢地转变为速效钾，从而对植物有效。

（4）矿物钾　存在于原生矿物或次生矿物结晶构造中的钾。矿物钾占土壤全钾量的 90% ～ 98%，不溶于水，不易被溶液中的阳离子所代换，有效性低。只有经过风化作用后，矿物钾才能转变为速效性钾。风化过程相当缓慢，对速效钾的贡献微不足道。含钾矿物风化的容易程度依次为黑云母＞白云母＞正长石＞倾斜长石。

1.4.2 土壤钾转化的影响因素

土壤中各种形态的钾之间存在着动态平衡，这些平衡受一定因素的影响。研究钾在土壤中转化的影响因素，对了解钾养分在土壤固相表面的作用机理及评价土壤保持、供应钾素能力有重要的理论与实践意义。土壤中钾素转化过程中的主要影响因素有土壤黏土矿物类型和含量、电荷密度、土壤水分、温度、pH 值、协同离子、肥料施用等[14]。

1.4.2.1 土壤黏土矿物类型、含量及电荷密度

黏土矿物的类型和含量对土壤交换性钾的保持力有很大的影响，它们控制着土壤溶液中钾的浓度及再补充钾的能力。土壤中的黏土矿物如高岭石、伊利石和蛭石等对钾的吸附和固定能力不同，这种区别主要归因于黏粒矿物楔形区域电荷点位的不同。通过对黏粒矿物研究表明，蒙脱石对钾的选择吸附能力较低，由于产生负电荷的同晶置换作用大多发生在八面体晶层中，电荷距晶层表面距离较远，因此这些点位对钾没有特殊的选择吸附能力。而在同一母质类型的土壤中，质地黏重的土壤钾素含量一般较高。在同一土壤中，不同粒径的土壤颗粒的矿物组成和数量比例是不同的，其缓效钾的含量和矿物钾的释放能力也就不同。土壤中黏粒含量越多，吸附钾的能力越强。小于 0.25mm 土壤颗粒的缓效钾含量和矿物钾的释放能力均大于原土壤，0.25 ～ 1.00mm 土壤颗粒的缓效钾含量和矿物钾的释放能力小于原土壤。

目前，关于土壤 K^+ 吸附、解吸机理较肯定的观点是：K^+ 在土壤中主要发生物理化学吸附，吸附位点主要在黏粒上，而不在有机质上。土壤电荷通过电荷数量和电荷密度 2 种方式对土壤性质产生影响。土壤溶液中的 K^+ 和吸附在土壤表面的 K^+ 处于动态平衡中。K^+ 吸附量除受本身浓度影响外，主要由表面电荷和电位决定。可变电荷土壤含有大量的铁、铝氧化物，其表面电荷随 pH 值变化而变化。土壤中仅含少量铁、铝氧化物时，其表面电荷随 pH 值变化不明显。土壤在 pH 值 3 ～ 7 范围内，负电荷量随 pH 值升高而增加，从北到南不同土壤类型的负电荷量依次为 24%、29%、54%、56%、71%，表明土壤的电荷可变性以砖红壤最强，红壤、棕红壤次之，黄棕壤、黄褐土的最弱，这与土壤吸附 K^+ 的能力次序一致。说明土壤中电荷量的多少直接影响土壤中 K^+ 的化学行为，可以将它视为判断土壤保持或固定 K^+ 能力强弱的参数。

同样，钾肥对土壤的影响主要有两个方面。

（1）土壤的供钾能力　我国的土壤供钾能力不足，超过 30% 的土壤缺钾。我国的钾矿资源贫乏，而钾是植物正常生长发育所必需的矿质营养元素之一，也是土壤中常因供应不足而影响作物产量和品质的一个重要元素。植物含钾（K）量占干物质重的 0.2%～4.1%，仅次于氮。钾参与植物生长发育过程中60种以上的酶系统活化、光合作用、糖类的代谢和蛋白质的合成等。钾是肥料三要素之一，对作物产量、品质、抗性的提高都有很大的影响。土壤许多性质都会影响钾肥施用效果，其中土壤供钾水平和质地的影响较大。

影响钾肥肥效的诸因素中，土壤的供钾能力是最重要的。目前，国内评价土壤供钾能力主要是根据土壤速效性钾的含量，同时也考虑土壤缓效性钾的储量。

各地大量钾肥试验和土壤分析结果表明，土壤速效性钾的水平是决定当季作物施用钾肥肥效的重要因素，钾肥肥效的高低主要取决于土壤速效性钾含量的多少。土壤速效性钾的丰缺指标，因各地气候、土壤、作物等条件不同而略有差异。中国科学院南京土壤研究所综合各地试验结果，提出了以水稻、小麦为对象的土壤速效性钾水平与钾肥肥效的划分标准，可供参考（表 1-6）。

表1-6　土壤速效性钾水平与当季作物钾肥肥效的关系

速效性钾（K_2O）/（mg/kg）	等级	对钾肥的反应
＜40	极低	钾肥反应极明显
40～83	低	施用钾肥一般有效
83～150	中	在一定条件下施用钾肥有效
150～200	高	施用钾肥一般无效
＞200	极高	不需要施用钾肥

土壤缓效性钾是土壤速效性钾的补充来源，它的储量和释放速率会影响到土壤速效性钾的含量，且与当季作物钾肥的肥效也有较好的相关性。因此，对于速效性钾含量较低，而缓效性钾储量不同的土壤，仅根据速效性钾的含量来评价土壤供钾能力是不够全面的，还必须同时考虑缓效性钾的储量，这样才能较准确地估计土壤的供钾水平。

（2）土壤质地　缓效性钾多存在于黏土矿物晶格中，交换性钾则被黏土矿物表面吸附。因此，土壤质地不同，钾的含量就有差异。含黏粒多的黏土或黏壤土含钾量较高，砂土含钾量低。各地试验证明，砂性土壤施用钾肥的效果比黏性土壤好（表 1-7）。

表1-7　不同土壤质地对钾素含量和钾肥肥效的影响

土壤质地	组成 /%			钾素含量				施钾肥效果
	砂料	粉粒	黏粒	全钾 /(g/kg)	缓效性钾 /（mg/kg）	速效性钾 /（mg/kg）		增产 /%
砂质土	76	14	9.2	11.1	71	50	53.0	22.7
砂泥田	56	28.8	13.2	14.1	159	79	37.0	12.9
泥田	30	39.2	30.4	19.1	198	84	27.3	7.7
成田	26	32.6	41.4	9.6	398	133	1.2	0.5

土壤条件，尤其是土壤供钾能力是决定钾肥肥效的先决条件。在钾肥紧缺情况下，应首先把钾肥施用在土壤速效性钾含量低，缓效性钾储量小、释放速率慢的土壤上，使钾肥获得较大的增产效果和经济效益。对于通气不良、氧化还原电位低的潜育性水稻土及其他低湿土壤，即使土壤速效性钾含量较高，也要注意施用钾肥。

1.4.2.2　土壤水分

水分是影响土壤钾素释放和固定的重要因素。在稻田淹水情况下，土壤溶液中有大量的可溶性 Fe^{2+}、Mn^{2+}，它们能从黏土复合体中取代出交换性钾，使交换性钾保持在较高的水平。因而淹水后可溶性钾的增加量与土壤溶液中 Fe^{2+} 的含量有密切关系。

大量研究证实，旱作对地力的消耗比水作大，旱地改水田以及水旱轮作一般能获得增产效果，有效钾的变化是其中的重要因素之一。干湿交替由于改变了土壤溶液中离子的活性，因而能影响离子吸附 / 解吸的化学平衡，也能发生简单的物理作用。淹水可以减少土壤对外源钾素的固定，而干湿交替的土壤则会发生明显的固钾作用。土壤含钾量越高，固钾能力越强。土壤的干湿变化对钾固定的影响，因土壤速效钾含量水平的高低而迥异。对含速效钾丰富的土壤而言，频繁的干湿交替会促进钾的固定；但如果土壤速效钾水平不高，则不仅不会固定钾，而且还可能发生释钾现象。

1.4.2.3 环境温度

在 0 ～ 40℃温度范围内，升温能使交换性的钾离子减少，并使溶液钾离子浓度相应增加。当土壤供钾水平高时（质流是提供根系钾素的主要方式时），则不论高温或低温，植物根部都能吸收到足够的钾。但当土壤中钾素不足时，则根的大小和活力以及土壤中钾的扩散和强度，是寒冷地带钾素吸收的主要限制因素。当作物生长后期吸钾能力减弱时，地温升高可以促进缓效钾释放，使土壤速效钾含量提高。温度效用对施肥实践是有意义的。在比较寒冷的气候条件下，尤其是对早播的谷类作物如玉米等，钾肥条施可能取得更大的肥效。对于多年生豆科作物如苜蓿，在温度较低时，需要提高钾肥施用水平才能获得一定的产量。我国南方地区高温多雨，能促进长石、云母等硅酸盐土壤矿物脱硅富铝化过程，形成极黏细的次生黏土矿物，释放大量的钾素，提高了土壤钾素的有效性。而我国北方地区，由于成土母质和气候条件的影响，土壤的含钾量和供钾能力一般高于南方。

1.4.2.4 土壤pH值

在 K^+ 吸附过程中，土壤表面有 H^+ 的释放，土壤体系的 pH 值明显下降，说明 K^+ 的吸附是离子交换与离子吸附同时进行的结果。通常情况下，提高土壤 pH 值可以使土壤固钾能力提高。相对较高的 pH 值有利于土壤钾素的固定，固定能力强的土壤几乎都是钙质土。酸性土的平均吸钾量明显高于中性土，在 $pH < 5.5$ 时，溶液中的钾更易被土壤吸附。我国南方地区土壤通过施用石灰来增强保钾能力，减少钾的淋失。但是，石灰不宜连续大量地施用，施用过量将导致 Fe、Mn、B、Zn、Cu 等养分的有效性下降，甚至诱发营养元素缺乏症，还会减少作物对 K^+ 的吸收，反而不利于作物生长。

1.4.2.5 协同离子

钾离子与其他离子之间的相互作用有拮抗作用和协同作用，如：NH_4^+、Rb^+、Cs^+ 与 K^+ 之间，Fe^{2+} 与 K^+ 之间存在拮抗作用；而阴离子如 NO_3^-、$H_2PO_4^-$、MnO_4^- 等一些阴离子与 K^+ 之间存在协同作用。土壤溶液的 pH 值不但会影响到阳离子的形态，而且 H^+ 也会同 K^+ 争夺吸附位点。

1.4.2.6 肥料施用

在肥料中铵与钾的关系是研究最多的内容，氮肥中的 NH_4^+ 具有和 K^+ 相似的离子半径和水化能，很容易脱去水化层而进入矿物层间，进而对土壤钾素的有效性产生影响。铵、钾施用次序对钾素释放、固定有影响，其影响程度与黏土矿物类型有关。长期定位施肥会影响土壤钾素的平衡状况，而长期不施钾肥或施钾量较低均会导致土壤钾素出现亏缺。

1.4.3 钾肥在农业生产中的作用

总的来说，钾肥在农业生产中的作用可以分为以下几个方面：①保持较高的土壤钾素含量，是高产稳产的基础；②增施钾肥可以提高作物品质；③钾能增强作物的抗逆性，在作物的稳产中发挥重要作用；④配施钾肥，调整肥料比例，可以充分发挥其他肥料的效应；⑤钾肥与氮、磷肥配合施用，氮、磷、钾的交互效应（作用）能使氮、磷促进作物对钾的吸收，提高钾肥的利用率[15]。

1.4.3.1 增产作用

良好的营养和生殖生长是获得优质高产的物质基础。适当地施用钾肥可以增加可溶性固形物、糖分和淀粉的含量和蛋白质的有机质含量，增强籽粒的成熟度，促进早熟，使茎秆坚硬抗倒伏，促进开花结实。钾通过促使光能转变为化学能促进植物的光合作用和物质运输、改善氮素养分。施用钾肥能明显提高氮、磷养分的有效利用率，使植株叶色发绿，叶绿素含量提高，光合作用增强。增施钾肥具有明显的增产作用。例如，棉花等纤维作物生理上需要吸收大量的钾素，在生产中常出现大量因缺钾而早衰减产、品质降低的现象。

1.4.3.2 提质作用

钾能促进光合作用，提高光合效率，促进光合产物向存储器官的运输。钾素充足时，单糖向蔗糖、淀粉合成方面进行，因此钾对淀粉类、糖类作物产量和品质有良好的影响。钾还能促进作物对氮的吸收和利用，促进蛋白质的合成，改善谷粒的品质。因此钾供应充足，不仅能增加产量，还能增加籽粒中蛋白质的含量，改善品质。钾在改善产品品质方面的良好作用，除了表现在基本营养物质（如蛋白质、糖类等）的含量提高外，还可增加矿物质含量、改善果实的外观形态以及增加水果的耐储藏性等。香味对水果和蔬菜十分重要，钾充足时可以提高游离糖和有机酸的含量。来自有机酸的酸性是很多果树作物提高其风味的一项重要指标。同时，对于大多数水果来说，钾可以加深果品的着色，使其颜色鲜艳，避免水果熟度不均，大小不均。衡量蔬菜好坏的三个标准是养分的组成和含量、外形及有无病虫害、技术加工的适宜性（储藏、烹调）。大量研究数据表明，钾肥对于蔬菜的品质有很大的改善。

随着人民生活水平和农产品商品率的提高，对产品品质更为重视，特别是为了占领国际市场，对品质的要求更高，应发挥钾肥在这方面的作用。

1.4.3.3 抗逆作用

（1）抗干旱和耐霜冻　导管和筛管是作物输送水分、养分的器官，施钾植株根茎叶的导管和筛管都十分发达，有利于吸收水分和养分。当钾素供应充分时，根系发育好，有利于从土壤中吸收水分。钾素对气孔开闭的调节也有重要作用，当钾素充足时，气孔调节灵敏，干旱条件下可减少水分蒸发。同时，钾素还能提高细胞液的渗透压，保持细胞壁的弹性，高钾植物有更好的耐霜冻和耐盐分的能力。

（2）抗病害　当钾素充足时，大分子量的物质优先合成，作物体内的低分子化合物减少，病原菌、寄生菌缺少主要食物（水溶性物质）来源，便阻止了病害的发展。钾素使植物细胞壁增厚、茎秆坚韧、抗寄生菌穿透的机械阻力增加。此外，钾能促进植物体内对害虫有毒的有抗虫效力的酚及其衍生物的积累，防止害虫的侵袭。故钾在增强作物抗病害方面的作用是很明显的。

（3）抗不良土壤环境　水稻在排水不良的土壤中常常出现生理失调，施用钾肥可以克服，降低土壤活性还原物质，提高氧化还原电位（Eh），水稻根系的Eh降低。而在还原条件下，增施钾肥可以明显降低水稻体内铁的含量，使白根数量增多，根系氧化能力增强。

此外，钾在增强植物抗倒伏、抗高温、抗低温方面也有重要的作用。这是因为良好的钾素供应可以促进根系的良好生长、维管束的良好发育，提高作物体内淀粉、糖类、可溶性蛋白质、各种盐分的含量等。

1.4.4　我国钾肥施用情况

1.4.4.1　总体情况

中国统计年鉴数据显示，1980 ～ 2015 年我国钾肥施用量逐年增加，总共增长了 607.7 万吨，其中，1980 ～ 2005 年钾肥施用量增长最快，可以看出我国的钾肥生产以及使用对比过去得到了巨大的发展 [16]。1957 年在青海察尔汗盐场，我国利用盐湖中的光卤石研制出第一批 50% 的 KCl，从此翻开了我国生产钾肥的历史。经过漫长的探矿过程和产品开发阶段，直到 80 年代末才基本摸清盐湖资源，提出可行性的开发技术，采用反浮选-冷结晶工艺在青海钾肥厂建设氯化钾生产装置。到 1990 年，产能达到 25 万吨，2004 年，新增 150 万吨产能。自此，我国的钾肥开启了快速发展进程。由于技术和装备的不断更新加强，钾肥行业快速发展，产能不断提升。后来化肥产能由自给转为过剩，与多年以前化肥产品的供不应求相比，此时化肥产品供给端产能严重过剩又让化肥工业的发展处在了一个新的局面，也影响到了钾肥的施用量。在 2015 年，农业部出台《到 2020 年化肥使用量零增长行动方案》，提出到 2020 年，我国主要农作物化肥使用量要实现零增长；工业和信息化部发布《关于推进化肥行业转型发展的指导意见》，明确了我国化肥产业的发展目标和发展方向。2015 ～ 2020 年期间，钾肥施用量逐年下降（见图 1-6）。

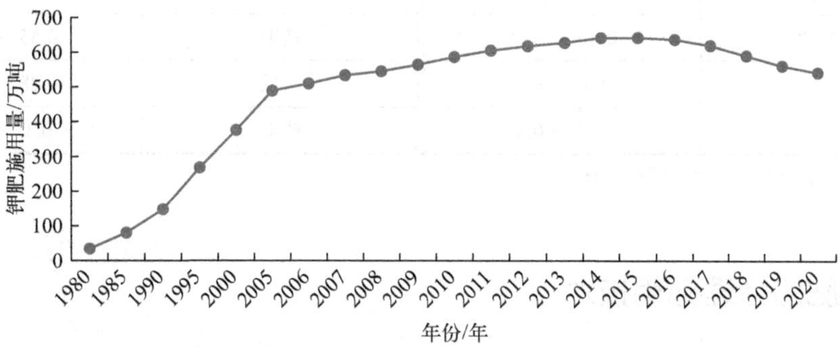

图 1-6　我国农用钾肥施用量随年份的变化（来源：国家统计局）

1.4.4.2　不同作物钾肥需求情况

根据 2012 年我国钾肥农业施用情况及主要作物用钾肥量计算，当年农业消费钾肥 539 万吨，占年表观消费量的 72.6%。其中，林渔牧业消费 50 万吨，占 9.3%；种植业消费 488 万吨，占 90.5%。种植业中，粮食作物消费 155 万吨，经济作物消费 333 万吨。具体来看，小麦消费 45 万吨，占 9.2%；玉米消费 21.8 万吨，占 4.5%；水稻消费 88.6 万吨，占 18.1%；蔬菜消费 138.8 万吨，占 28.4%；果树消费 143.4 万吨，占 29.4%；薯棉油（马铃薯、棉花、油菜）消费 25.8 万吨，占 5.3%；豆茶消费 3.1 万吨，占 0.6%；其他作物消费 21.9 万吨，占 4.5%。总体来说，块根和块茎类作物、糖料作物、纤维作物、烟草和牧草都属于喜钾作物，油菜、大豆和玉米属于中等需钾作物，而小麦和水稻的需钾量相对较少。每种作物每 100kg 产量所需吸钾量情况见表 1-8。

表1-8 主要作物每100kg产量吸钾量 单位：kg（K_2O）

作物	吸钾量	作物	吸钾量
水稻	1.8 ～ 3.8	花生	3.0 ～ 3.2
小麦	2.0 ～ 4.0	甜菜	0.62 ～ 0.7
棉花（皮棉）	12 ～ 15	甘蔗	0.28 ～ 0.30
玉米	2.3 ～ 5.5	麻（皮）	4.0
油菜	8.5 ～ 12.3	黄麻（皮）	4.6
马铃薯（鲜薯）	0.8 ～ 1.02	茶叶	0.45 ～ 0.75
甘薯（鲜薯）	1.05 ～ 1.15	烟草	4 ～ 6
芝麻	6.5 ～ 7.0	桑叶	1.0 ～ 1.1
向日葵	6.3 ～ 13.9	紫云英	0.8 ～ 1.0
大豆	2.0 ～ 4.0	柑橘	0.2
苹果	1.36	菠萝	1.44
桃	0.3 ～ 0.7	香蕉	3.7
葡萄	1.66	梨	0.4 ～ 0.6
草莓	0.4 ～ 0.83	荔枝	0.7
白菜（鲜重）	0.2 ～ 0.35	莴苣	0.2 ～ 0.33
甘蓝（鲜重）	0.49 ～ 0.68	辣椒	0.55 ～ 0.72
茄子	0.3 ～ 0.56	西瓜	0.28 ～ 0.37
番茄	0.28 ～ 0.42	黄瓜	0.3 ～ 0.46

资料来源：中国农科院数据网络整理。

1.4.5 钾肥的合理施用技术

（1）施于喜钾作物 有限的钾肥应优先施于喜钾作物，钾肥对喜钾但吸收能力弱的作物不仅能明显提高产量，而且还能改善产品品质。不同作物对钾的需求量不同，对供钾的敏感性也不同。豆科作物对钾最敏感，施钾肥增产显著。含糖类多的薯类作物和含糖较多的甜菜、甘蔗以及经济作物中的棉花、麻类和烟草等也是需钾较多的作物。

（2）施于缺钾土壤 钾肥应优先分配给缺钾严重的土壤，使有限的钾肥发挥其最大增产效果。土壤质地粗的砂性土大多是缺钾土壤，施钾肥后效果十分明显。因此，有限的钾肥应优先施用于质地轻的土壤上，以争取获得较高的经济效益。砂性土施钾肥时应控制用量，采取“少量多次”的办法，以免钾的流失。但在酸性土壤上施用氯化钾和硫酸钾，宜结合施用石灰，既可降低土壤可溶性铝的含量，又可增加钾素的固持，减少钾素因浸出而损失。

（3）施于高产田 一般来讲，低产田产量水平不高，需钾不迫切。当作物产量逐年提高后，作物每次收获都要带走大量的养分（也包括钾）。然而值得注意的是，我国大多数农民施氮、磷肥的意识很强，却很少注意补充钾肥，因此许多高产田上出现供钾不足的现象。这在一定程度上成为作物高产的限制因素。因此钾肥应重点施于高产田，以充分发挥其增产作用。常年大量施用有机肥料或秸秆还田数量较多的高产田，钾肥可酌情减少或者隔年施用。

（4）根据钾肥的特性合理施用　钾肥在土壤中移动性小，宜作基肥施于根系密集的土层中。对砂质土壤，钾肥可一半作基肥，一半作追肥。作追肥应在作物生长前期尽早施用，后期追施的效果较差。有资料表明，钾肥的肥效在气候条件不好的年份比正常年份好。如遇作物生长条件恶劣、病虫害严重时，及时补施钾肥可以增强作物的抗逆性，能争取获得较好的收成。钾肥有一定的后效，在连年施用钾肥或前茬施钾肥较多的条件下，钾肥的肥效常有下降的趋势。因此，合理施钾肥也应注意到这一点。

（5）钾肥一般作基肥，同时结合氮、磷肥平衡施肥　因为作物生育过程中需要多种养分，只有平衡施肥方能满足作物的要求。钾肥因迁移性小宜作基肥，作追肥应在作物生长前期尽早施用。如果基肥和追肥相结合，需因作物种类而异：棉花提倡基肥和追肥相结合，追肥可在现蕾后开花前施用；油菜宜作基肥施用；甘蔗宜分次施用。钾肥宜深施，施入水分状况较好的湿土层中，既有利于钾的扩散和减少土壤对钾的固定，又有利于作物的吸收。固钾能力强和有效钾水平低的土壤上，钾肥宜施在根系周围。对砂质土壤，可基肥和追肥相结合，各占一半，以减少钾的流失。

1.4.6 提高钾肥利用率的途径

1.4.6.1 选择合适的钾肥品种

我国钾肥品种主要有氯化钾、硫酸钾、硝酸钾、磷酸二氢钾、硫酸钾镁等。目前我国应用最广泛的钾肥品种是氯化钾，含 K_2O 50% ～ 60%，养分含量高，价格低，易溶于水，是速效性钾肥，在种植小麦、玉米、花生等旱地作物中施用较为普遍，并且特别适宜淋溶性较强的潮土、棕壤、褐土等，但有协同离子氯离子，不宜作种肥。硫酸钾含 $K_2O \geqslant 50\%$，生产成本较氯化钾高，是无色结晶体，吸湿性小，不易结块，不仅含养分钾，而且是一种硫肥，对缺硫地区尤为重要。硫酸钾也是化学中性、生理酸性肥料，是一种无氯、优质高效钾肥，在酸性土壤上长期施用可能会引起土壤酸度增加，在烟草、葡萄、甜菜、茶树、马铃薯、亚麻及各种果树等作物的种植中施用更为适宜。硝酸钾是无氯钾、氮二元复合肥料，植物营养素钾、氮的总含量可达 60% 左右，具有良好的物理化学性质，水溶性好，肥效高，易吸收，主要用于灌溉施肥。磷酸二氢钾由于其良好的水溶性主要作叶面肥，可用于农作物种子培育、叶面喷施追肥。磷酸二氢钾产品广泛适用于粮食、瓜果、蔬菜等几乎全部类型的作物，特别是经济作物。磷酸二氢钾叶面喷施克服了作物生长后期根系衰老吸收能力下降而导致的营养不足问题，也有部分磷酸二氢钾应用于滴灌、喷灌系统中。硫酸钾镁是含 $K_2O > 18\%$、$Mg > 12\%$ 的钾镁肥，有研究表明它用于烟草、水稻、红薯效果较好，超过用硫酸钾、氯化钾。其他的含钾肥料有工业副产品的硅酸钾、窑灰钾等小品种钾肥。从植物营养学养分归还学说角度考虑，各种钾肥都能为作物提供钾表营养，有利于作物增产，同时维持土壤钾素平衡。农业生产中钾肥品种的选择要考虑各种条件，综合选择。钾肥品种选择的原则是：

（1）土壤理化性质　淋溶性强的土壤一般施用氯化钾，对于硫养分不足的土壤应选用硫酸钾。水田由于还原性较强，如水稻田，施用硫酸钾不如施用氯化钾，主要缺点是硫酸钾容易产生硫化氢气体的毒害。滨海盐碱地由于盐分较高不应施氯化钾，而要选用硫酸钾，避免选用氯化钾增加盐渍土的氯离子含量。

（2）作物种类　烟草、甜菜、马铃薯、葡萄、茶树等忌氯的作物，优先选用硫酸钾。但也有研究表明低氯的钾肥对忌氯的作物影响不大。十字花科的油菜、萝卜以及葱、姜、蒜等喜硫的作物也应优先选用硫酸钾，而纤维作物棉花、麻类等应该优先选用氯化钾。

（3）肥料成本　加工型硫酸钾是由氯化钾为原料生产的，成本较高，农业生产中应尽量选用氯化钾，可以降低成本，即使忌氯作物也可以施用部分低氯钾肥，以降低成本。

（4）土壤灌溉和排水条件　在多雨的地区或灌溉条件、排水条件较好的地区，大多数作物均可选用氯化钾，一般对作物产量和品质无影响。

1.4.6.2　通过测土配方施肥，确定合理钾肥用量

测土配方施肥是提高钾肥肥效的方法之一，土壤中有效钾的含量越低，施用钾肥增产效果越显著，钾肥的施用经济效益越显著。有研究表明，土壤有效钾含量低于 80×10^{-6}mg /kg，尤其是低于 50×10^{-6}mg /kg 的极缺钾土壤，土壤肥力低，施用钾肥的增产效果显著。

1.4.6.3　提高钾素有效性，确定合理施肥时期

合理的施肥时期可以提高施钾肥的有效性，因此要充分考虑植物营养临界期和植物营养最大效率期。植物营养临界期是指植物对某种养分的需求量不多但却十分迫切的时期，若供应不足，作物生长就会受到严重抑制，会使生长发育受到很大影响，即使以后补充这种养分也难以弥补前期营养缺失所造成损失。所以在生产中一定注意植物营养临界期钾素的供应。植物营养最大效率期是指植物生长发育的旺盛期，其根系吸收养分的能力强，植株生长迅速，若能及时施肥，增产效果十分显著，经济效益最大。生产中也应该注意土壤对钾素的固定作用，最终也会影响土壤中钾素的植物有效性。钾在土壤中主要发生物理化学吸附，一般不发生配位吸附。固定现象的产生可以减少钾肥的流失，又防止了作物对钾的“奢侈吸收”。作物生产中钾肥的施用宜分次适量，避免一次过量，以减少钾的流失与固定。

1.4.6.4　选择合理施肥方法，减少土壤对钾肥固定

钾肥可以作基肥，也可以作追肥，10～25cm 耕层是作物根系密集区，因此钾肥作基肥时应该深施于耕层。但水田是在水层掩盖下，通气性能较差，施用钾肥时水层不应过深，同时施后 1 周不得进出水，防止钾素流水，影响肥效。在作物生长后期，为了提高钾肥的利用效率，尽可能采用叶面喷施追肥。同时为了避免钾肥的流失和固定，提倡根区施肥，提高钾肥利用率。

钾肥施用应与氮肥、磷肥配合，同时配施有机肥。因为氮、磷、钾等多种养分配合施用，可以产生协同效应，促进植物生长，可提高肥效和施肥的经济效益。我国是以家庭为单位分散的小农经济，利用钾肥加工生产复合肥，特别是各种有机无机复合肥，是适合我国国情的提高钾肥利用率的有效措施之一。

研究提高钾肥利用率的途径，为优化钾肥资源管理提供依据，对于提高钾肥利用率、提高作物产量和品质有重大的意义。我国在钾素营养的研究中虽然取得了许多成就，但是农业生产是一个系统工程，钾肥施用也受到耕作制度、作物种类、气候条件等多因素的影响。所

以，在今后有必要研究钾素评价的科学有效的方法，同时运用新技术和新方法从菌根、微生物角度提高钾肥施用的有效性。

1.5 钾肥发展趋势展望

近年来，世界钾盐总体上处于供过于求的状态，未来供应产能可能还会增长，供应商产能进一步扩张，绿地项目成为增产主力。虽然需求增长依然强劲，但是供应增速将大于需求增速。

1.5.1 我国钾盐需求潜力预测

1.5.1.1 钾肥需求潜力

我国作为农业大国，目前约 90% 的钾盐产品作为钾肥用于农业领域，10% 左右用于工业领域。在农业领域消耗的钾肥中，种植粮食作物（谷类、薯类和豆类）消耗占 44.4%，经济作物（蔬菜、果类、油料、棉花、糖料、烟叶、茶叶和麻类）消耗约占 48.9%，非传统农业领域（药材、花卉、林业草业和渔业）消耗约占 6.7%。

2010 ～ 2020 年间，我国粮食作物产量保持稳步上涨，2020 年粮食总产量 6.69 亿吨，连续 6 年稳定在 6.6 亿吨以上。在粮食生产保持稳定，经济作物提质增效的前提下，我国钾肥需求仍将保持稳中有升的态势。根据我国未来 10 年粮食产量展望以及作物的养分需求，综合考虑土壤中养分流失量、难溶钾溶出速度以及我国秸秆还田比例等因素，我国钾肥需求潜力较大，从农作物养分需求量预测我国钾肥需求量应超过 1500 万吨 [17]。

1.5.1.2 钾肥供应潜力

从世界范围看，钾肥产能产量逐年提升，随着新产能的不断达产，钾肥供应量将进一步增加，国际钾肥市场总体供应量完全可以满足需求。从国内钾肥供需格局来看，虽然我国钾肥对外依存度在不断降低，但是供需基本接近平衡。近年来农业发展较快，肥料需求强劲，其中钾肥需求超过 1000 万吨（以 K_2O 计）。从国内供给方面来看，随着资源量的逐年减少、服务年限的下降，资源型钾肥产能扩张已经不可持续，国产钾肥产能增幅放缓，未来国内钾肥供应总量保持稳定的情况下，仍需大量进口国外钾肥。

1.5.1.3 钾肥消费量预测

“十一五”到“十二五”期间，我国钾肥消费保持稳定增长，2015 年农业部下发《到 2020 年化肥使用量零增长行动方案》之后，通过促进农民改进施肥方式，提高肥料利用率，钾肥施用量小幅下降。经过两年的行动，2017 年全国已经提前三年实现化肥零增长，化肥利用率比 2015 年提高了 2.2%。随着“化肥使用零增长”行动方案的实现、耕地休耕轮作制度与退耕还林还草的进行，近两年我国钾肥消费总量呈小幅下降。但从长远来看，根据作物需钾潜力分析，我国钾肥消费还有增长空间 [18]。

均衡施肥对粮食增产至关重要。在我国已有大量研究对氮、磷、钾养分平衡进行了计算和分析，所得的结论较为一致：在氮、磷、钾养分收支中，氮素有盈余，磷素基本平衡，而钾素是亏损。我国土壤的土质普遍严重缺钾，尤其在南方砖红土壤地区，含钾量仅为0.4%。根据2018年氮肥、磷肥和钾肥农业用消费量，我国氮、磷、钾消费比例是1∶0.49∶0.38。但是，我国农业农村部结合土壤普查结果提出，氮、磷、钾肥，在玉米、小麦、水稻、大豆等大田粮食作物上的提倡施用比例为1∶0.42∶0.42；在棕榈油、油菜籽、水果、蔬菜、棉花和糖类等经济作物上的提倡比例为1∶0.50∶0.70；粤西地区香蕉配方肥料氮、磷、钾提倡比例为1∶0.3∶1.3。纵观我国大田作物和经济作物，对钾肥的施用量还远低于推荐比例，在一定时期内，我国钾肥的施用应逐步增加以达到养分平衡。

1.5.1.4 钾肥需求预期

（1）长期：钾肥作为世界战略资源，供给或逐步趋紧。钾与“粮食安全”息息相关，对各国而言均是重要的战略资源。目前行业开采的钾矿资源多为中低埋深、高含量的钾矿，预计随着低成本矿的逐步开采消耗，钾矿的开采难度及开采成本将逐步提升，预计行业的供给将持续放缓，供给端或逐步趋紧。

（2）中期：钾肥行业垄断格局有望延续，农产品周期带动钾肥周期。钾肥行业的高资本开支限制了新玩家进入。至2027年，行业新增规划产能超过1000万吨，多为头部企业的低成本扩产项目，预计行业龙头主导格局有望长期持续。预计在龙头主导下，行业呈现偏紧供给，钾肥价格主要受到下游粮食价格的影响，二者呈现高度的相关性，且存在着近10个月的滞后效应。

（3）短期：近两年世界钾肥高景气持续，价格总体维持高位。2021年初世界主要的农产品价格均处于近10年高位阶段，判断2021年是农产品新景气周期的起步阶段。2022年伴随经济持续复苏，世界农产品需求依旧旺盛，将助推农产品价格偏强运行。高粮价带动了钾肥高需求，叠加国际政治因素的不确定性，短期内钾肥供需仍处于偏紧张态势，钾肥价格维持高位。

1.5.2 我国钾肥行业发展建议及展望

1.5.2.1 我国钾肥发展路径及建议

（1）发挥政府在钾肥产业发展中的引导作用，实现“稳产”目标 为保持50%的自给率，合理控制产能，科学开采有限的钾盐资源，实现稳产战略。一是通过政府宏观调控和资源配置手段，合理控制国内钾肥产能及钾盐资源的消耗速率，保持钾盐资源供给能力总体处于动态平衡状态。二是产业部门协调农业部门组织专家团队，确定我国钾肥合理需求量。三是围绕提升资源监管水平，建立和完善盐湖资源管理长效体制，探索资源开发利用的约束性机制，经济可行的情况下加快推广盐湖综合利用技术。

（2）发挥市场对钾肥供应的导向作用，实现“稳进口”目标 一是继续实施大合同联合谈判机制。二是建立多渠道且稳定的钾肥进口体系。三是增加国内钾肥生产商与贸易商之间的互动，根据国内产量和需求总量来协调进口钾肥的数量与进口时间，缓解市场供需矛盾，满足国内农业对钾肥的需求。

（3）建设资源综合开发示范基地，实施“创新型”战略，提高资源利用效率 一是以青海察尔汗及新疆罗布泊钾盐资源为中心，加强科技创新，建立以钾盐开发为龙头的循环经济和盐湖资源综合利用基地，加大锂、镁、硼等资源综合开发的产业化技术攻关。二是设立盐湖资源综合利用的科技重大专项，建立专项基金和国家技术创新中心。三是大力支持低品位固液转化技术的进一步研发与应用，开发提升钾肥加工回收率的技术和装备，加强盐湖含钾卤水可采性技术开发及评价技术攻关，综合提高我国钾资源的利用率。

（4）继续加大在国内找钾的力度，实现“增储”目标 一是继续加大在国内找钾的力度，支持寻找钾盐资源的地质工作，培养一支精干队伍从事钾盐资源的调查勘探工作，重点是加大投入资金和人员力量，从国家层面整合找矿的队伍，产学研一体化，形成合力。二是加强基础理论研究和技术手段的攻关，运用理论知识指导勘探实际工作。三是认真落实“油钾兼探”政策，重点研究油盐共存盆地的古代钾盐成矿远景，继续在油气勘查区寻找和勘探钾盐资源。

（5）整合境外钾盐资源，实现“走出去”目标 鉴于目前我国境外钾盐开发存在的困难和问题，建议应依托“一带一路”国际合作，统筹规划，有序引导中国企业“走出去”实施境外钾盐开发。一是将资源可靠性作为项目选择的第一要素，项目定位在世界现有的重要钾盐成矿区，地质资料完整，可信度高，确保资源规模和矿石质量。二是建立钾盐项目联合体，与国内大型勘探、生产、销售企业等实现联合开发，建立钾盐“勘探-开发-生产”“技术-金融-安全”的合作机制，整合资源，优势互补，形成合力。三是支持行业龙头企业积极参与境外钾肥项目建设。

1.5.2.2 政策建议

（1）完善产业政策，实行总量控制 根据钾盐资源储量，对钾矿资源开发实行总量控制，合理规划钾肥生产建设规模，有序开发。对于已开发资源，需充分挖掘矿藏潜力，优化资源配置，推动资源整合，使优势资源向优势企业倾斜。

对有限的水资源进行合理配置。地方政府应对青海柴达木盆地、新疆罗布泊周边的水资源进行系统规划，增加盐湖资源的水资源优先配置，通过推广固体钾矿溶解转化技术提升钾盐可采量，保证国内钾肥长期稳定生产。

（2）完善财税政策，扶持钾肥发展 保障钾肥在青海和新疆地区的铁路运输，将国标GB/T 6549—2011 与 GB/T 37918—2019 均纳入铁路运输优惠目录；减免或降低钾肥过路过桥费，或给予相应的运输补贴。

资源税合理确定计征对象与税率。目前氯化钾适用税率在 3% ～ 8%，建议按卤水或光卤石矿计征，激励企业对低品位钾矿和尾矿进行综合利用。氯化钾矿适用税率应控制在 5% 以下。

（3）完善监督管理政策，提高资源利用率 制定钾矿资源开发利用监督管理细则，完善节约与综合利用评价指标体系，加强日常监督考核，将盐田回收率、加工回收率和尾矿综合利用率“三率”纳入年度检查，对实际开发过程中没有达到国家规定最低指标要求的，要采取严格的限制措施，防止资源浪费。

由政府部门组织编制青海盐湖资源综合高效循环利用中长期发展规划，与“中国制造 2025”等国家规划相衔接，全方位协同推进盐湖资源综合高效循环利用的合力。落实科技强国政策，持续对钾肥生产技术开发、重大装备研制给予科技攻关、重大专项等技术资金支持。

（4）完善投资支持政策，推动境外开发 保障粮食安全是国家的头等大事，应从国家层面加强对境外钾盐资源勘探开发工作的组织领导；考虑项目所在地国家的政策、民族和社会关系，充分开展资源外交政策，争取通过外交渠道获得该地区国家政府的支持，实现共建、共享、共赢。

发挥财政性资金的引导作用，对于特别重大项目给予资金支持；对于特定国家重点项目给予“一带一路产业基金”“丝路基金”“中非发展基金”等财政性资金支持。加大海外投资的信贷额度，把资源整合后的境外钾矿联合开发项目纳入国家银行风险投资的优先支持范围，帮助企业通过中国投资银行等银行获得项目融资。

（5）完善沟通机制，发挥协会作用 对于国内钾肥行业发展，建议国家有关政府部门在制定相关产业政策时，充分发挥协会与企业联系紧密的优势，主动征求协会发现的行业发展中的重大问题和企业诉求，向政府部门提出相关政策建议。

对于境外钾资源开发项目，在政府有关部委的指导下，由协会牵头建立境外项目专家咨询委员会，开展项目资源评估和项目可行性研究评审；协调企业之间合作开发的可能性，促进形成项目合作共同体。

参考文献

[1] 李廷强，王昌全．植物钾素营养研究进展 [J]．四川农业大学学报，2001, 19(3):281-285.
[2] 王孝峰．我国与世界钾资源及开发利用现状 [J]．磷肥与复肥，2005(02):10-13.
[3] 王孝峰．我国与世界钾资源及开发利用现状（续完）[J]．磷肥与复肥，2005(02):14-17.
[4] 中国无机盐工业协会钾盐钾肥行业分会．峥嵘岁月：中国钾盐钾肥 70 年发展史 [M]．化学工业出版社，2020.
[5] 白仟，袁俊宏，王章俊．国内外水溶性钾盐资源及我国钾盐产业发展现状 [J]．资源与产业，2014, 16(02)：37-46.
[6] 王孝峰．2021 年钾肥行业形势分析及 2022 年预测 [J]．肥料与健康，2022, 49(1):1-5.
[7] 李刚．中国钾盐钾肥发展历程及“十三五”发展愿景 [J]．国土资源情报，2015(10):10-14.
[8] 周月，武娜，孙小虹．2020 年我国钾肥行业运行情况及 2021 年预测 [J]．磷肥与复肥，2021, 35(8):1-4.
[9] 周月，武娜，孙小虹，等．我国钾肥进出口贸易发展历程及近年来情况分析 [J]．磷肥与复肥，2020，35(9):1-7.
[10] 杨卉芃，曹飞．世界钾资源研究系列之一——资源概况及供需分析 [J]．矿产保护与利用，2015(1):75-78.
[11] 杨卉芃，曹飞．世界钾资源研究系列之二——国外典型钾盐公司概况 [J]．矿产保护与利用，2015(2):67-72.
[12] 曹飞，杨卉芃．世界钾资源研究系列之三——国内外钾盐开发利用对比 [J]．矿产保护与利用，2015(3):76-78.
[13] 中国农业百科全书——农业化学卷 [M]．北京：农业出版社，1996.
[14] 丛日环，李小坤，鲁剑巍．土壤钾素转化的影响因素及其研究进展 [J]．华中农业大学学报，2007, 26(6):907-913.
[15] 张险峰．钾肥在农业生产中的重要作用 [J]．现代农业，2005(10):22-23
[16] 孙爱文，张卫峰，杜芬，等．中国钾资源及钾肥发展战略 [J]．现代化工，2009, 29(9):10-14.
[17] 王石军．21 世纪我国钾肥工业的发展与展望 [J]．化肥工业，2001, 28(3):15-17.
[18] 周月．我国钾盐钾肥改革开放 40 年硕果累累 [J]．磷肥与复肥，2018, 33(12):9-11.

中国肥料研究与应用全书

Books of Fertilizer Research and Application in China

FERTILIZER

第2章 钾矿勘探及资源状况

2.1 钾资源状况

2.1.1 钾在自然界中的存在

钾（K）是一种碱金属元素，位于元素周期表第4周期的第Ⅰ族，原子序数19，原子量39.10。钾是一种银白色的软质金属，蜡状，可用小刀切割，熔沸点低，密度比水小，化学性质极度活泼（比钠还活泼），属于碱金属。钾在自然界没有单质形态存在，钾元素以盐的形式广泛地分布于陆地和海洋中，也是人体肌肉组织和神经组织中的重要成分之一。钾是亲石元素，在地壳中分布占第7位[1]，在地壳中储量为2.59%，主要以氯化物型、硫酸盐型和氯化物-硫酸盐过渡亚型钾矿床存在于自然界，碳酸盐型钾矿物极少。

钾资源对国民经济发展具有举足轻重的作用，是农业发展必需的三大矿物之一[2]。地球上能够为人类提供钾元素的主要矿物有两种类型：按赋存状态有固态钾矿和液态含钾卤水两类。固态钾矿按其加工性质分为水溶性钾矿（即钾盐矿）和非水溶性钾矿。前者主要包含钾石盐、光卤石、杂卤石等，是目前世界上钾肥制造的主要原料；后者包括明矾石矿、钾长石矿、含钾砂页岩、霞石矿、海绿石砂岩、伊利石黏土岩等，统称含钾岩石，均属硅酸盐类含钾矿物。如用它制钾肥需将硅酸钾转变成水溶性钾，工艺过程复杂，生产成本高，故当前除明矾石矿正在开展综合开发利用技术研究外，其余含钾岩石尚未进行正规开发。液态含钾卤水主要包括井盐苦卤（深部古代卤水）、富钾盐湖卤水和海盐苦卤。目前为我们提供钾元素的矿物主要为可溶性钾盐矿物，只有很少一部分来源于非水溶性钾矿。

全球大型的水溶性固体钾盐矿都以海相成因为主，形成于大约55000万年前寒武纪时期以来的几乎所有地质系统的海水蒸发过程。相关理论研究从19世纪开始，由于当时工业对石膏盐、钾盐的需求，西欧各国加强了对蒸发岩的研究，逐渐形成专门的盐类学科。特别是1839年以来，在德国首先发现二叠纪钾盐，形成了海相成钾的“沙洲说”（G. Bischoff，1855；Ochsenius，1877）（见图2-1），基本内容是成盐盆地是一个海湾，由于强蒸发作用，海水依次沉积：白云石→石膏→石盐→钾镁盐。这个过程重复了几百万年，产生了几百米厚的岩盐层和钾矿接缝层，这些底层相互叠积，在随后的地质时期，不渗水的黏土层沉积在盐类矿藏上（在干涸平整的盐床上，这些盐矿被风吹散），因此阻止了盐矿的再次溶解。随后，据现代盐湖成盐研究，又提出了“陆相沙漠说”（G. Walter，1894）理论，基本成盐作用：盐分主要来自陆源岩石的长期风化，易溶盐迁移到沙漠盆地中，由于蒸发作用，各种盐类物质（包含钾盐）形成。此后，关于钾盐成因出现了许多争论，但仍多以“沙洲说”为主导地位。对蒸发岩的物理化学理论认识也是从德国发展起来的。在19世纪末至20世纪初，形成了德国的范特霍夫（Van’t Hoff）学派。随后，苏联基于古代钾盐和现代盐湖的大量研究，提出了新的物理化学理论认识，形成了库尔纳科夫（H.C. Курнаков）学派，从而推动了蒸发岩成因理论的发展。1957年，我国学者郑绵平等发现察尔汗陆相钾盐，实践研究表明陆相卤水承袭演化亦可形成大规模钾盐矿床；随后，我国学者又在罗布泊发现了钾盐资源。“青钾”和“罗钾”两大陆相钾盐基地的发现和建成，不仅终结了国外学术界“陆相不可能成钾”

的论断，而且在陆相成钾理论和特种盐湖研究方面发展和形成了一套钾盐成矿理论框架和找矿方法[3]。

图 2-1　钾盐的形成机理示意图

2.1.2　钾矿石的品位

含钾的可溶性固体矿物主要包括钾石盐、光卤石、钾盐镁矾、无水钾镁矾、杂卤石等，含钾的不溶性固体矿物包括明矾石矿、钾长石矿、含钾砂页岩、霞石矿、海绿石砂岩、伊利石黏土岩等。除了上述固体矿物外，还有大量的钾矿物以液态存在于海水、盐湖卤水、地下卤水中，并常共伴生有钠、镁、锂、硼、溴、铷、铯等有益组分[4]。不同的含钾矿物钾含量不同，目前全球可用于提钾的大规模开发的矿物为水溶性含钾矿物，而非水溶性含钾矿物由于开发成本高等因素，至今尚未用于工业化提钾，只是用于其他用途，如钾长石用于陶瓷、墙砖等。不过目前国内外已有许多企业、科研机构致力于非水溶性含钾矿物的提钾技术研究，并取得了一定进展，一旦实现大规模应用，将大大提高我国钾资源保障程度。全球主要含钾矿物品位见表 2-1。

表2-1　全球主要含钾矿物品位

类别	矿物名称	化学成分	纯矿物 K_2O 含量 /%
水溶性含钾矿物	钾石盐	KCl	63.1
	光卤石	$MgCl_2\cdot KCl\cdot 6H_2O$	17.0
	钾盐镁矾	$KCl\cdot MgSO_4\cdot 3H_2O$	18.9
	无水钾镁矾	$K_2SO_4\cdot 2MgSO_4$	22.6
	钾镁矾	$K_2Mg(SO_4)_2\cdot 4H_2O$	25.5
	软钾镁矾	$K_2Mg(SO_4)_2\cdot 6H_2O$	23.4
	杂卤石	$K_2MgCa_2(SO_4)_4\cdot 2H_2O$	15.5
	钾石膏	$K_2SO_4\cdot CaSO_4\cdot H_2O$	28.7

续表

类别	矿物名称	化学成分	纯矿物 K_2O 含量 /%
非水溶性含钾矿物	钾长石	$K_2O \cdot Al_2O_3 \cdot 6SiO_2$	16.8
	海绿石	$K_{1-x}(Al, Fe)_2$ [$Al_{1-x}Si_{3-x}O_{10}$] $(OH)_2$	2.3 ～ 8.6
	明矾石	$K_2SO_4 \cdot Al_2(SO_4)_3 \cdot 2Al_2O_3 \cdot 6H_2O$	11.4
	霞石	$KNa_3[AlSiO_4]_4$	0.8 ～ 7.1

2.1.3 全球钾资源分布

钾矿在地壳中的分布比磷矿更不均衡。全球可溶性钾矿床类型主要分为固体可溶性钾盐矿床和液体钾盐矿床，前者主要由海水中的或溶解在地表水中的钾盐在半封闭或封闭的盆地中蒸发沉积而成，后者主要以盐湖和封闭在地下卤水矿体的形式存在。全球钾资源丰富，绝大部分分布在北半球，大型典型钾盐矿床都在北纬 40°～ 60°之间 [5]。

就全球钾资源而言，绝大部分钾资源主要以钾石盐型和光卤石型等固体可溶性钾盐矿床为主，如加拿大、俄罗斯等钾资源大国；其次是盐湖卤水或地下卤水钾资源，如中国、以色列、约旦等国 [6]。全球钾矿绝大部分为固体钾盐，加拿大、俄罗斯、白俄罗斯等国家的优质固体钾矿，氯化钾品位高达 20% ～ 30%，采、选稳定、容易，生产成本逐年下降。我国与全球钾资源开发相比具有不同特点，我国钾资源以含钾卤水为主，分布面积大，氯化钾品位仅 0.5% ～ 2%，采、选流程复杂，开采难度逐年加大。中国固体钾矿以共、伴生矿为主，品位较低，开发利用技术难度较大，开采企业原来仅有一家，受资源等因素影响现已停产，这与以开采地下固体钾盐为主的加拿大、俄罗斯等钾盐生产大国明显不同，且在生产规模、经济效益等方面也具有较大差距。全球典型的钾盐矿区矿石类型见表 2-2。

表2-2 全球典型钾盐矿区矿石类型

矿石类型	可选性	典型矿区
钾石盐型 一般 KCl 品位 10% ～ 40%	品位高，易选矿和加工；可用浮选或溶解结晶法提纯，是全球钾盐的主要来源	加拿大萨斯喀彻温、俄罗斯乌拉尔、白俄罗斯 Starobin、法国阿尔萨斯
光卤石型 一般 KCl 品位 15% 左右	吸湿性强，不便运输，加工工艺较复杂；可用浮选和溶解结晶法提纯，也是钾资源的重要来源	德国布莱谢罗德、中国柴达木
硫酸盐型 钾盐镁矾 无水钾镁矾 杂卤石	成分复杂，加工工艺复杂，一般加工成硫酸钾类肥料	德国斯塔斯孚特、乌克兰喀尔巴阡山、中国四川
混合型 由钾石盐和其他硫酸盐类钾矿石构成	成分复杂，加工工艺复杂，一般加工成硫酸钾类肥料	德国部分地区、中国罗布泊
氯化物型盐湖卤水	成分复杂，一般需要采用盐田分离工艺、浮选工艺和溶解结晶法提纯	约旦和以色列死海、中国察尔汗

续表

矿石类型	可选性	典型矿区
硫酸盐型盐湖卤水	成分复杂，一般需要盐田工艺、浮选工艺和化工工艺提纯	南美阿塔卡玛盐湖、中国罗布泊、美国犹他大盐湖
碳酸盐型盐湖卤水	成分复杂，一般需要采用盐田分离工艺、浮选工艺和溶解结晶法提纯	美国西尔兹盐湖

2.1.3.1 北美钾资源分布

北美（加拿大和美国）是世界上最重要的钾资源分布区之一，跨越劳亚成矿域的北美成矿省，钾盐储量占全球35%。其中，加拿大钾盐储量11亿吨（K_2O），基础储量约110亿吨；美国钾盐总资源量达70亿吨以上。主要成钾时代为泥盆纪、石炭纪、志留纪、二叠纪及第四纪。根据成钾盆地地理位置、成钾时代的不同，将北美洲划分为以下8个钾盐成矿区。加拿大主要是萨斯喀彻温省钾盐成矿区、新不伦瑞克省Marinetimes盆地钾盐成矿区；美国主要有密歇根盆地钾盐成矿区、犹他州Paradox盆地钾盐成矿区、新墨西哥州Delaware盆地钾盐成矿区、犹他州大盐湖钾盐成矿区、加利福尼亚州西尔斯盐湖钾盐成矿区和亚利桑那州Holbrook盆地钾盐成矿区[7]。

2.1.3.2 欧洲钾资源分布

欧洲也是全球钾资源主要分布地区，已发现钾资源的国家主要有德国、英国、俄罗斯、白俄罗斯、西班牙、意大利等，跨越劳亚成矿域和特提斯成矿域。其中劳亚成矿域包含乌拉尔—蒙古成矿省和欧洲成矿省，特提斯成矿域包含地中海成矿省。美国地质调查局资料显示，欧洲主要钾资源分布国家的钾盐储量之和为4亿吨，占全球钾盐储量的10%；俄罗斯与白俄罗斯的钾盐储量之和为13.5亿吨，占全球钾盐储量的36%。主要成钾时代为二叠纪、古近纪、新近纪、寒武纪及泥盆纪。根据成钾盆地地理位置、成钾时代的不同，将欧洲划分为以下8个钾盐成矿区，分别是：俄罗斯—乌克兰前喀尔巴阡坳陷钾盐成矿带、俄罗斯东西伯利亚涅帕盆地钾盐成矿区、俄罗斯—哈萨克斯坦前乌拉尔边缘拗陷带钾盐成矿带、白俄罗斯彼里皮亚特盆地钾盐成矿区、德国—英国—荷兰—波兰蔡希斯坦盆地钾盐成矿带、法国—德国莱茵地堑南部钾盐成矿区、西班牙埃布罗盆地钾盐成矿区和意大利中西西里盆地硫酸盐型钾盐成矿区。

2.1.3.3 亚洲钾资源分布

亚洲已勘探的钾资源相对于北美洲和欧洲来说较为贫乏，相对于南半球的南美洲、非洲、大洋洲和南极洲来说则较为丰富，但分布极不平衡。大部分钾资源储量集中分布于8个国家（俄罗斯、中国、老挝、泰国、约旦、以色列、乌兹别克斯坦、土库曼斯坦）、7个盆地（西伯利亚涅帕盆地、柴达木盆地、塔里木盆地、兰坪-思茅盆地、呵叻盆地、中亚盆地、死海盆地）、13个矿床（死海钾盐矿床、涅帕钾盐矿床、万象钾盐矿床、卡尔留克钾盐矿床、卡拉比尔钾盐矿床、察尔汗钾盐矿床、罗布泊钾盐矿床、勐野井钾盐矿床、秋别加坦钾盐矿床、高尔达克钾盐矿床、Udon South钾盐矿床、农波钾盐矿床、农诺钾盐矿床）。主要成钾时代为寒武纪、二叠纪、侏罗纪、白垩纪、第三纪和第四纪。其中寒武纪、侏罗纪是全球仅在亚洲出现的成钾时代，也是亚洲的主要成钾时代。

根据成钾盆地地理位置和成钾时代的不同，将亚洲除中国之外的钾资源成矿区带划分为以下 7 个钾盐成矿区，分别是：俄罗斯东西伯利亚涅帕盆地钾盐成矿区、以色列—约旦死海钾盐成矿区、泰国—老挝呵叻盆地—沙空那空盆地钾盐成矿区、乌兹别克斯坦—土库曼斯坦中亚盆地钾盐成矿区、哈萨克斯坦滨里海盆地钾盐成矿区、巴基斯坦—印度前寒武纪—寒武纪钾盐成矿区和伊朗 Zagros 褶皱带前寒武纪—寒武纪钾盐成矿区。

2.1.3.4　非洲钾资源分布

非洲钾资源主要分布在刚果（布）、埃塞俄比亚、厄立特里亚、埃及和摩洛哥等国家，跨越冈瓦纳成矿域的非洲—阿拉伯成矿省和特提斯成矿域的地中海成矿省。主要成钾时代为白垩纪、新近纪、第四纪以及三叠纪。根据成钾盆地地理位置和成钾时代的不同，将非洲划分为以下 4 个钾盐成矿区，分别是：加蓬—刚果盆地钾盐成矿区（光卤石型为主）、埃塞俄比亚—厄立特里亚达纳吉尔盆地钾盐成矿区（钾石盐 + 光卤石型）、埃及苏伊士湾盆地钾盐成矿区和摩洛哥赫米赛特盆地钾盐成矿区。

2.1.3.5　拉丁美洲钾资源分布

拉美地区拥有钾资源的国家有巴西、阿根廷、玻利维亚、智利、秘鲁等，多为盐湖型钾盐。近年来，拉美国家通过钾盐普查发现了一些钾资源，如阿根廷的科罗拉多（Rio Colorado）钾盐矿床和昆卡 · 阿特利阿娜（Huitrín）钾盐矿床、巴西的亚马孙（Amazon）和塞尔希培盆地钾盐矿床、玻利维亚的乌尤尼盐湖钾盐和智利的阿塔卡玛盐湖钾盐等。拉美地区钾盐主要分布在沿海岸山脉和安第斯山脉之间的高原及亚马孙盆地地区，成矿时代有晚二叠世、早白垩世和第四纪等，类型有大陆盐湖型和沉积型，以盐湖型为主，分布主要受北北东向深大断裂控制。以国家将拉丁美洲划分为以下 5 个钾盐区块，分别是：巴西亚马孙及塞尔希培盆地钾盐矿床；阿根廷的科罗拉多河钾盐矿床、昆卡 · 阿特利阿娜钾盐矿床、印加瓦西钾盐矿床、奥布莱莫埃尔多钾盐矿床；玻利维亚的乌尤尼盐湖、科伊巴萨盐湖（Coipasa）、帕斯托兰德盐湖（Lagunas Pastos Grandes）等盐湖钾盐矿床；智利的阿塔卡玛、马利亚 · 埃伦娜（María Elena）及马里昆加（Maricunga）盐湖等钾盐矿床；秘鲁的巴约瓦尔（Bayovar）卤水钾盐矿等。

2.1.4　全球钾矿储量

据美国地质调查局和中国自然资源部统计，2021 年世界探明钾盐储量大于 35 亿吨（可采矿石折 K_2O 量，下同）。其中加拿大 11 亿吨，其探明储量约占全球的 31%，白俄罗斯和俄罗斯分别为 7.5 亿吨和 4 亿吨，三者合计约占世界总储量的 64%；其次是中国、美国、德国、智利，上述 7 国约占全球总储量的 87.7%。2019 年前，死海的钾盐储量统计为 5.4 亿吨，平均分配给以色列和约旦；2019 年后，死海钾盐储量不再包含在统计储量范围内。预计现有储量可保障全球钾盐供应 130 年以上。2016 ～ 2021 年全球主要钾生产国储量见表 2-3。

表2-3　2016～2021年全球主要国家钾盐储量　　单位：亿吨（K_2O）

国家	2016 年	2017 年	2018 年	2019 年	2020 年	2021 年
加拿大	10	10	12	10	11	11
俄罗斯	8.6	5	20	6	6	4
白俄罗斯	7.5	7.5	7.5	7.5	7.5	7.5
中国	3.4	3.1	3.1	3.5	3.5	3.5
以色列	2.7	2.7	2.7	—	—	—
约旦	2.7	2.7	2.7	—	—	—
美国	2.7	2.1	2.2	2.2	2.2	2.2
英国	0.7	0.4	1.7	—	—	—
德国	1.5	1.5	1.5	1.5	1.5	1.5
智利	1.5	1.5	1	1	1	1
其他国家	1.87	1.66	3.76	4.12	4.66	4.66
全球	42.8	38.5	57.6	＞36	＞37	＞35

资料来源：美国地质调查局地质报告（2017—2022）。

2.2　我国钾矿勘探历程

我国钾资源的勘探在新中国成立之前几乎是一片空白。盐类矿床奠基人袁见齐先生在1946年发表的《西北盐矿概论》就提出中国的找钾问题："在茶卡母液中，已证明钾之存在，但成分多寡，尚未测定；能否利用，亦未可必？钾为制钾肥、炸药之重要原料，吾国尚无大量发现，尤宜特予注意"[8]。新中国成立后，国家领导和老一辈科学家高度重视钾盐找矿及以找钾、硼为主要任务的盐湖科学考察工作，我国的广大矿床学和沉积学科学家们就开始进行钾盐普查和寻找大型钾矿工作。

2.2.1　我国第一个钾矿的发现

1957年，察尔汗盐湖钾盐的发现，结束了中国无钾盐和无钾肥的历史，揭开了陆相钾盐理论的序幕。

1963年国家科委设立盐湖专业组，与化学工业部制定了"盐湖科技发展十年规划"，提出在青海察尔汗盐湖建立年产10万吨钾肥工厂构想。为此，国家对察尔汗盐湖钾镁矿床于1958～1967年进行了系统的勘探工作，其中前3年以固体钾镁盐矿为主，后3年以卤水矿为主。1958年4月～1960年6月，青海省地质局海西地质队对察尔汗盐湖固体钾镁矿（察尔汗、达布逊区段）进行了初步勘探，1959年5月～1960年9月对别勒滩区段固体钾镁盐矿进行了普查勘探。通过上述勘探工作基本查明了固体钾镁盐矿床地质特征，圈定了矿体，提交了储量。与此同时发现了盐类地层中广泛存在着晶间卤水矿，并具有一定含钾量，但未进行系统评价，直到 1965 年才对卤水矿进行详细勘探。[9]

2.2.2 我国盐湖钾矿调查与勘探

按照我国经济社会发展阶段，我国钾盐矿资源勘探可以分为三个时期：计划经济时期（1949 ～ 1978 年）、改革开放时期（1979 ～ 2000 年）和现代化建设新时期（2001 年至今）。

2.2.2.1 计划经济时期（1949～1978年）

为了满足农业生产对钾肥的急需，在老一辈盐矿及钾盐专家主导下，全国开展了以找钾、硼为主的盐矿地质普查和科学研究。1956 年 10 月，化学工业部地质矿山局李悦言总工组织盐湖普查组的郑绵平等赴大柴旦、察尔汗和马海等进行盐湖考察，检测出察尔汗盐湖含钾 1.1%，指出找钾有希望。1957 年柳大纲、郑绵平等到格尔木察尔汗机场实地考察研究，首次发现辛辣味的光卤石钾盐矿物，并做了钾盐资源量估算，取得了找钾零的突破，从此揭开了青海省柴达木盆地察尔汗钾镁盐矿床的钾盐勘探、开发和综合利用等生产活动。第一个五年计划后期，在青海柴达木盆地内陆盐湖进行盐类矿产普查找矿时，先后发现了青海察尔汗、冷湖昆特依、大柴旦马海和茫崖大浪滩 4 处固液相共存、以液相为主的第四纪现代盐湖型大型钾镁盐矿床（表 2-4）。我国古代固体钾盐找矿工作，开始于 20 世纪 60 年代初，由于钾盐是盐类蒸发沉积的最后产物，较易溶解，除了极干旱地区外，地表很难找到。为此，地质部对我国主要钾盐找矿远景区的普查找矿工作进行了专门部署。1962 年 3 月，在云南勐野井发现了我国第一个固体钾盐矿，之后对云南兰坪—思茅盆地白垩系—古近系，新疆库车、莎车盆地古近系和新近系，四川盆地三叠系，河西走廊石炭系，滇东北、贵州震旦系—寒武系等地区相继开展了海相地层钾盐找矿工作。

表2-4 中国计划经济时期主要大中型钾盐矿床发现时间表

矿床名称	发现时间
青海格尔木察尔汗盐湖钾镁盐矿床	1956 ～ 1957 年
青海省冷湖镇昆特依盐湖钾盐矿床	1957 年
青海省大柴旦镇巴伦马海钾盐矿床	1958 ～ 1959 年
青海省茫崖镇大浪滩盐湖钾盐矿床	1959 年
云南省江城县勐野井钾盐矿床	1962 年

1972 年，由地质部矿床所郑绵平带队与江汉油田合作，开展“油钾兼探”和验证“陆相成钾”，首次发现杂卤石矿层，后经郑直、吴必豪领导的矿床所钾盐团队与江汉油田合作研究发现了潜江蚌湖硫酸钾矿床，估算资源量 2000 余万吨。为了推动钾盐找矿工作，1975 年 8 月地质部门对有钾盐找矿前景的 19 个省（区）开展了钾盐成矿预测。1976 年 2 月，地质部地质科学院地质矿产所和西南地质矿产所在 19 个省（区）所作找钾远景预测的基础上，编制了全国新元古代、寒武纪、奥陶纪、石炭纪、二叠纪、三叠纪、侏罗纪、白垩纪、新近纪九个成矿时代的钾盐找矿远景区分布图件，共划分出Ⅰ级找矿远景区 9 个，Ⅱ级找矿远景区 20 个，并先后在四川省和山东省组建了两支钾盐找矿专业队伍，对Ⅰ、Ⅱ级找钾远景区

开展了普查找矿工作[10]。

1967 年 3 月和 12 月，青海省地质局第一地质队分别提交了《青海察尔汗盐湖钾镁盐矿床霍布逊—达布逊区段储量勘探报告》和《别勒滩区段钾镁盐矿床储量勘探报告》，1973 年经省计委组织审查，批准液体 KCl 工业储量 1.455 亿吨，固体 KCl 储量 9758 万吨，其中霍布逊—达布逊区段液体 KCl 储量 3667 万吨，固体 KCl 储量 369 万吨，为我国青海钾盐矿第一期工程设计建设提供了地质资料。截至 1978 年年底，全国共有钾盐产地 13 处，保有钾盐 KCl 储量 2.15 亿吨。

2.2.2.2 改革开放时期（1979～2000年）

为了满足农业生产对钾肥的急需，地质部门在改革开放时期加大了固体钾盐找矿力度，重点在柴达木盆地（第四系）、四川盆地（三叠系）、兰坪—思茅盆地（白垩系—古近系）、新疆库车和莎车盆地（古近系）、江苏洪泽（古近系）、山东大汶口（古近系）、湖北江汉（古近系）等中新生代盆地开展新一轮以找钾为目标的资源远景调查。20 世纪 70 年代化工部门配合地质部在江苏淮安、山东鱼台、河南午阳、陕西左溪等白垩系—新近系盆地也开展了找钾工作，施工找钾钻孔 5 个。

1980 年，袁见齐先生首次提出“高山深盆”陆相成盐成钾模式；1983 年发表了“高山深盆的成盐环境——一种新的成盐模式剖析”文章，为中国陆相盐湖找钾提高了信心。

1981 年 4 月，地矿部第三地质大队在大汶口 ZK8 孔 1085.65 ～ 1086.23m 处发现无水钾镁矾矿层，矿层厚 1.18m，K_2O 平均含量 10.92%，但规模小，不宜采用水溶法开采。

1982 年 6 月，建材部西南地质公司第一地质队在四川省渠县农乐地区勘查石膏矿时发现小型杂卤石矿。

1985 年，化工部组织王炳铨、钱自强等人对德国蔡希斯坦盆地钾盐矿床地质和找矿勘探方法进行考察，了解该国钾盐矿床地质情况和形成条件，详细了解了钾盐找矿和勘探方法，初步了解了钾盐矿床开采技术条件和对地质工作的要求[11]。

1989 年 6 ～ 10 月，我国盐湖型液体钾盐找矿取得了重要成果，新疆地矿局区测大队和中国地质科学院郑绵平等人分别在新疆维吾尔自治区罗布泊龟背山和大耳朵发现光卤石和含钾晶间卤水，后经中国地质科学院王弭力团队和新疆地质局第三地质大队勘查证实为硫酸镁亚型大型钾矿床。

1990 年，四川石油管理局川西北矿区在平落坝构造的平落 4 井中，在三叠系雷口坡组第四段获得高压、高产的富钾卤水，其钾、溴、碘、锂等含量大大超过了工业品位。1991 年，在平落坝构造的平落 4 井中发现 K^+ 含量达 53.27g/L 的富钾卤水。

1992 ～ 1993 年，青海省柴达木综合地质勘查大队三分队在收集前人资料的基础上，通过野外工作和室内整理提交的《青海省茫崖镇南翼山钾盐矿床普查报告》，提出古近系—新近系构造中的深层卤水具有良好的锂、硼、钾等盐类的矿化现象，具有进一步研究的价值。

1995 年，中国地质科学院矿产资源研究所王弭力研究员等依据多年青海柴达木盆地找钾经验，依托“罗布泊远景区成钾”专题组联合多个单位，在新疆罗布泊“罗北凹地”证实大型卤水钾矿的存在，成功探获得资源量 2.5 亿吨的硫酸盐型特大型卤水钾盐矿[12]。这是我国相隔 40 年之后找到的第二大钾盐成矿聚集区，“罗布泊地区钾资源开发利用研究”项目获得 2004 年度国家科学技术进步奖一等奖。

改革开放时期，钾盐地质勘查工作重点对青海钾盐矿第二期工程别勒滩区段液体钾盐矿开展系统的验证评价和卤水抽卤试验工作，对云南江城勐野井固体钾盐矿进行了勘探，对计划经济时期发现的茫崖大浪滩和冷湖昆特依、大柴旦马海液体钾盐等 13 个矿床分别进行了普查和详查工作，共探明液体钾盐矿 2.6 亿吨，其中工业储量 6640 万吨，对共伴生固体钾盐也进行了综合评价。截至 2000 年年底，全国共有钾盐矿产地 36 处 [13]。

2.2.2.3 现代化建设新时期（2001年至今）

新时期的钾盐地质勘查工作，根据对以往我国钾盐成矿预测成果的综合分析，开展了“我国西部钾资源成矿预测”、“新疆莎车—罗布泊地区钾资源评价”和“内蒙古腾格里地区第四系潜在钾资源评价”等地质大调查工作，重点勘查评价了新疆罗布泊罗北凹地、青海茫崖大浪滩矿田梁中矿段大型卤水钾盐矿床、青海柴达木东西台吉乃尔盐湖钾锂盐矿床和昆特依大盐滩液体卤水钾盐矿床。

2000 ～ 2002 年，青海省地质调查院通过对青海油田近 50 年以来在柴达木盆地西部取得的有关油田水方面的资料，进行收集整理、分析和综合研究，对油田水进行了系统的调查和取样，提交了《青海省柴达木盆地西部富钾、硼、锂、碘油田水资源远景区评价报告》。该报告认为在柴达木盆地西部古近系—新近系储油构造上大多有富含钾、硼、锂、碘油田水资源分布，尤以南翼山、油泉子为资源的富集部位。

为满足我国新疆罗布泊钾肥基地建设 120 万吨 / 年钾肥项目的需要，国投新疆罗布泊钾盐开发有限公司出资，通过招标确定由新疆宝地工程勘察院承担对新疆罗布泊的罗北凹地钾盐矿床 W1 ～ W4 矿层进行了补充详查工作，2006 年 6 月提交了该矿区的详查地质报告，2006 年 8 月国土资源部储量评审中心组织评审通过，批准探矿权内晶间卤水钾盐 KCl 8467.9 万吨。青海冷湖镇昆特依钾盐矿田大盐滩钾盐矿床和青海钾盐矿田梁中矿段详查报告，探明 KCl 晶间卤水资源量 5312 万吨。

2006 年，青海盐湖工业股份有限公司在反浮选工艺的基础上，结合国外的冷结晶技术，研究开发出氯化钾生产新工艺，成功应用于察尔汗盐湖年产 100 万吨项目工程，荣获国家专利发明金奖。

2004 ～ 2009 年，青海盐湖工业股份有限公司在省科委支持下开展了察尔汗盐湖固体钾盐溶解转化试验及工厂化研究，成功研究开发了低品位固体钾矿固液型转化利用。固体钾矿溶解转化率达 80% ～ 85%，固体钾矿边界品位由原来的 2% 降低为 0.5%，可利用资源储量增加近 3 亿吨，为青海盐湖集团扩大生产提供了依据。在钾盐加工方面，研发反浮选-冷结晶法制取氯化钾技术、冷结晶-浮选法技术、尾盐溶解转化热溶结晶技术等，整体达到国际先进水平，实现高质量、高回收率、高效率发展。

2010 年开始，郑绵平院士主持的“全国钾盐资源调查评价”计划项目中设置了“柴达木盆地西部新近纪以来固液相钾资源调查评价”工作项目，在柴达木西部黑北凹地首次发现以大厚度的“砂砾型”卤水钾盐、石盐为含卤介质的晶间孔隙卤水钾盐矿层。随后，在大浪滩、察汗斯拉图、马海等干盐湖凹地均发现有“砂砾型”卤水钾盐。深部这些矿层富水性呈中等～丰富、氯化钾平均品位为 0.49%，含矿层厚大稳定、分布规模巨大，具有工业开采价值，为近年来柴达木盆地西部找钾工作提供了新思路。2012 年，国家部署了柴达木盆地深层卤水钾资源整装勘查区。作为公益性资金投入的衔接，中央地勘基金和青海省基金在梁中凹地、黑北凹地、昆特依马海凹地投入相关工作量，进一步扩大了“砂砾型”卤水钾盐找矿成果。统计显示，自2008年开始深层卤水钾资源勘查至今，地勘单位完成单孔钻孔深度700～1600m，单孔揭露含卤水层深度为65～1550m，卤水钾盐平均厚度为25～800m，单井涌水量每天107～6000m^3，卤水氯化钾品位为0.36%～1.96%（边界品位为0.3%）[14]。

2010～2018年，中国地质科学院负责实施的钾盐调查评价计划项目和二级项目，联合青海省柴达木综合地质矿产勘查院，通过公益性资金和地勘基金投入，在柴达木盆地大浪滩—黑北凹地、察汗斯拉图、昆特依马海等地区深部地层发现厚度巨大的“砂砾型”深层卤水矿层，成为新的钾资源——深部孔隙卤水矿勘查基地，新提交氯化钾资源储量累积达到7亿吨（333+334）。该研究成果实现了钾资源类型的突破，也揭示了柴达木盆地深层卤水钾盐矿的巨大潜力[15]。

此外，滇西南大量隐伏盐盆地的发现提供了深部找钾的广阔前景；塔里木库车拗陷古近系深部40余米钾石盐的发现，预示了塔里木盆地良好的成钾前景。

2.2.3 中国钾盐矿勘查程度

截至2017年年底，我国已发现钾盐矿产地有120处，其中达到勘探程度8处，占总矿床的6.67%，主要为青海省、西藏自治区和云南省等省区的盐湖型矿床；详查程度22处，占18.33%，主要为新疆维吾尔自治区、青海省和西藏自治区等省区的盐湖型矿床，部分为云南省、山东省和四川省等的盐湖型矿床；普查程度23处，占19.17%，主要为新疆维吾尔自治区、西藏自治区、青海省等地的盐湖型矿床，部分为四川省、湖北省的深层地下卤水型矿床和云南省的化学沉积型矿床；预查程度4处，占3.33%，主要为西藏自治区的盐湖型矿床，少数为青海省等的深层地下卤水型和化学沉积型矿床；远景评价63处，占52.50%[16]。

2.3 我国可溶性钾资源现状

2.3.1 我国钾资源储量

1964年我国钾资源的储量开始列入全国矿产资源储量通报，当年我国钾盐的基础储量为8603.1万吨（KCl），资源量10219.9万吨（KCl），查明资源量18823万吨（KCl）。1965年资源量和查明资源量有所增加，但基础储量下降了一半。1972年的基础储量比1965年增加了三倍多，一直到2000年的近30年间，我国的钾资源基础储量一直维持在1.4亿吨（KCl）左右。自2001年以来，中国钾盐基础储量总体呈上升趋势，2019年比2001年共计增加3.07亿吨（KCl）。其中青海省与新疆维吾尔自治区两省区增加尤为明显，青海省钾盐基础储量2001年仅为1.81亿吨（KCl），2019年增至3.69亿吨（KCl）；而新疆维吾尔自治区则由0.00334亿吨（KCl）增长到1.22亿吨（KCl），增幅显著。我国钾盐查明资源储量具体统计见表2-5。

表2-5　我国钾盐查明资源储量统计

年份	查明资源储量（KCl）/ 万吨	增减变化 /%	基础储量 /（KCl）/ 万吨	增减变化 /%	经济可采储量（KCl）/ 万吨
2006	88108.23		27314.86		
2007	83544.5	−5.18	33752.04	23.57	
2008	86475.43	3.51	36367.66	7.75	
2009	85961	−0.59	35840.9	−1.45	
2010	93012.25	8.20	43885.63	22.45	
2011	106930.29	14.96	60800.03	38.54	
2012	103483.98	−3.22	57774.78	−4.98	
2013	100534.51	−2.85	53491.55	−7.41	
2014	111893.17	11.30	59475.91	11.19	
2015	107799.12	−3.66	57582.34	−3.18	
2016	105656.69	−1.99	56211.97	−2.38	
2017	102695.03	−2.80	52325.58	−6.91	
2018	101573.28	−1.09	51078.57	−2.38	
2019	101539.28	−0.03	50158.68	−1.80	
2020					28059.54
2021					28424.65

资料来源：全国矿产资源储量数据库。

注：2020 年统计口径调整，变为经济可采储量。

我国钾资源以卤水矿为主，固体矿少。钾资源 98% 以上为卤水矿，固体钾盐只占 2% 左右，与全球钾资源截然相反。矿床以第四纪现代盐湖型为主，青海省柴达木盆地、新疆维吾尔自治区罗布泊盐湖和西藏自治区藏北盐湖区等地的钾盐矿床均属此类型 [17]，第四纪前的古代钾盐矿床较少。我国周边国家分布有多个大型固体钾盐矿床，而我国目前一直未发现能与之相比的大型固体钾盐矿床。我国钾资源主要分布在地处西北的青海柴达木盆地、新疆罗布泊洼地两处，青海探明钾盐基础储量占 70.51%，新疆探明钾盐基础储量占 28.31%。另外，西藏、甘肃、山东、四川、云南有少量分布 [18]。

2.3.2　我国钾盐矿产地和矿化点分布

按钾盐矿床成矿时代、矿床成因以及矿床特征，我国钾矿分为第四纪现代盐湖型、深藏地下卤水型、古代化学沉积型 [19]。其中以第四纪现代盐湖型卤水钾盐矿为主，占全国钾资源储量的 73.28%，主要分布于青海省、新疆维吾尔自治区、西藏自治区和甘肃省等地。

我国发现钾盐矿产地（矿床、矿点）和矿化点共计 120 个，其中钾盐矿产地 93 处，矿化点 27 处，分布于青海省、新疆维吾尔自治区、西藏自治区、云南省等 11 个省（直辖市、自治区）。

超大型矿床 1 处（KCl 储量＞大型的 5 倍），为青海省格尔木市察尔汗盐湖钾镁盐矿床，位于青海省海西蒙古族藏族自治州，属第四纪现代盐湖型。

大型矿床 8 处（液态 KCl 储量＞ 5000 万吨，固态 KCl 储量＞ 1000 万吨）。第四纪盐湖型 5 处，其中青海省有 3 处，为青海省茫崖镇大浪滩盐湖钾盐矿床、青海省冷湖镇昆特依盐湖钾盐矿床和青海省茫崖镇尕斯库勒盐湖钾盐矿床；新疆维吾尔自治区有 2 处，为新疆维吾尔自治区若羌县罗布泊罗北凹地钾盐矿床、新疆维吾尔自治区若羌县罗布泊罗南钾盐矿床。第四纪深层地下卤水型 1 处，为青海省茫崖镇大浪滩东北部深层卤水钾盐矿床。白垩纪化学沉积型 1 处，为云南省江城县勐野井钾盐矿床。古近纪深层地下卤水型 1 处，为青海省茫崖镇南翼山富钾卤水矿床。

深层地下卤水型钾资源具有巨大的找矿前景。近几年在柴达木盆地西部赋存的储量巨大的第四系及古近系—新近系砂砾岩、石盐储卤层中发现孔隙卤水钾盐矿和晶间卤水钾盐矿，找矿前景不断扩大[20]。深层地下卤水型钾盐矿占全国钾资源储量的 24.52%，分布于青海省、四川省、重庆市和湖北省等地。共发现大型矿床 2 处，达到普查工作程度的 1 处，为青海省茫崖镇大浪滩东北部深层卤水钾盐矿[21]，远景评价的 1 处，为青海省茫崖镇南翼山富钾卤水矿；中型矿床 1 处，处于预查工作阶段，为青海省冷湖镇昆特依深层卤水钾盐矿；小型矿床 1 处，达到普查工作阶段，为四川省邛崃市平落坝构造富钾卤水矿；矿点和矿化点共计 7 处。

化学沉积型固体钾盐矿床很少，且品位不高，规模小，占全国钾资源储量的 2.20%，主要分布在云南省、四川省、山东省、湖北省和陕西省。共发现大型矿床 1 处，达到勘探工作阶段，为云南省江城县勐野井钾盐矿；中型矿床 1 处，达到详查工作阶段，为四川省渠县农乐杂卤石矿；矿点和矿化点共计 8 处。

2.3.3 我国钾资源特点

总体来看，我国钾资源具有以下特点：一是资源短缺，分布极不均匀，我国目前查明钾资源储量仅占全球储量的 5% 左右；二是钾资源以卤水钾矿为主，固体钾矿极少；三是矿床以第四纪现代盐湖型为主，第四纪前的古代钾矿床极少，缺乏可开采经济性；四是钾盐矿床品位低，共伴生组分多，有利于综合利用、梯级利用、循环利用[22]。

（1）查明资源量少，分布不均　我国钾资源相对较少，钾盐已成为短缺的重要战略资源，远不适应我国农业发展和粮食安全的需要。我国查明钾资源量 98% 以上分布于青海柴达木盆地和新疆维吾尔自治区罗布泊盐湖，其他省区查明资源量极少。

（2）矿床类型以盐湖型卤水钾盐矿为主，固体钾盐矿较少　我国矿床类型分为盐湖型、深层地下卤水型和化学沉积型。其中以盐湖卤水钾盐为主，占全国钾资源量的 98% 以上，如察尔汗盐湖钾盐矿床和罗布泊盐湖钾盐矿床。我国化学沉积型钾盐矿床分布少，规模小，主要分布在云南省江城勐野井地区。

值得特别说明的是，我国卤水钾资源既具有与加拿大和俄罗斯固体钾矿床不同的特性，还具有与美国、以色列和智利等国的含钾卤水不同的禀赋，固液并存，相互转化，具有可变性和转换性，遵循溶解度理论和水盐体系相图规律[23-24]。

① 可变性。卤水钾盐赋存于固体盐岩孔隙中，固体盐岩中通常含有固体钾盐，固体钾盐是氯化物型含钾卤水高度浓缩析出的产物。卤水钾矿具有流动性、再生性、固体钾盐溶解转化动态性和固液相互转化性，驱动开采可使低品位和贫钾资源变为基础储量开采出来，为钾矿开采工程一次建设和多次利用提供了经济保障。

② 易浓缩性。盐湖地区具有独特的气候条件，日照时间长，干燥少雨，为卤水蒸发提供了廉价能源。青海柴达木盆地年日照时数可达 3000h，年降水量在 50mm 以下，蒸发量高达 3000mm 以上，新疆罗布泊洼地蒸发量达 3800mm，为卤水蒸发浓缩析出钾盐矿物创造了便利。

③ 封闭性。我国青海柴达木盐湖地处昆仑山下游河流的尾闾和最低洼地，是地表水的最终归宿和排泄地，格尔木河年径流量 7 亿立方米，那棱格勒河年径流量 10 亿立方米，丰富的周边水资源，有利于固体钾矿的溶解转化，这为固体钾矿的溶解转化提供了充足水源保障。

④ 隔水性。柴达木盆地和罗布泊洼地等钾矿区地形开阔，地势平坦，湖区内部没有任何植被，为“天上无飞鸟，地上不长草”的荒漠干盐滩，有利于修建大面积蒸发盐田；湖区周边是广阔的湖积平原带，蕴藏着较厚的盐渍黏土或粉细砂层，防渗性能好，是天然隔水层，为大规模开发就地修建蒸发盐田提供了良好空间。

（3）固液相钾盐矿品位低　我国钾盐矿品位一般相对较低。卤水钾盐矿一般含氯化钾 10 ～ 20g/L，最高 K^+ 含量达 53.27g/L；第四纪固体钾盐矿含氯化钾 5% ～ 12%。

（4）现代盐湖型钾盐矿共伴生组分多，可综合开发利用　我国的钾盐资源伴生组分较多，如卤水中共伴生的元素种类，常富含 NaCl、镁盐、B、Li、I、Br、Rb、Cs 等有用矿产，可进行综合开发利用。如青海省察尔汗盐湖含钾卤水矿床共生的固体钾盐矿。固体钾盐一般与钠盐共生，还共生石盐、芒硝等矿产。钾盐矿层层数多、厚度小，KCl 含量一般为 2% ～ 7%，低于工业指标。固相溶解转化技术已成功应用于此类型矿床，大大增加了各矿山的可采资源储量，有效延长了服务年限。除此之外，钾肥生产过程中形成的老卤可作为固体钾盐矿溶解转化技术的溶剂配制原料，有利于资源循环利用及推进绿色矿山建设，降低对外部环境的负面影响。

此外，盐湖中发育着大量有重要经济和科技价值的稀有生物，如嗜盐杜氏藻、螺旋藻、卤虫、轮虫、嗜盐菌和嗜碱菌等，可供人类提取蛋白质、天然食用色素和新材料等[25]。如山西运城盐湖年产卤虫卵量约 40t，青海省尕海和小柴旦 1989 年开始开发，年产卵量分别为 40t 和 20t；盐藻制品已在吉兰泰和天津生产；褶皱臂尾轮虫和蒙古裸腹蚤开发也有 30 余年历史；西藏自治区拟藻培植也做了一些试验。

盐湖区的特殊风光、盐湖泥疗的美容与保健功能、卤水漂浮浴的特殊功能（促进脑垂体分泌、消除疲劳等）都将有益于盐湖旅游业的发展。此外，原生沉积石盐（粗盐）和母卤沉积石盐、光卤石等，往往含微量元素较高，可作为浴盐，这也是近年来开发出来的盐类矿物的一种新用途。如运城盐湖就开发了盐湖漂浮、盐浴等游泳项目，也研究了一系列的护肤品业务。

2.4 我国难溶性及不溶性钾资源现状

2.4.1 我国难溶性钾资源分布

难溶性钾资源主要为杂卤石，它是内陆盐湖在蒸发浓缩条件下形成的矿物，多产生于硫酸盐型钾盐矿床，分布广泛。杂卤石的化学式为 $K_2SO_4 \cdot MgSO_4 \cdot 2CaSO_4 \cdot 2H_2O$，属钾、镁、钙的硫酸复盐，其 K_2O 理论含量为 15.6%。

根据杂卤石的相对富集程度、矿石类型及工业开发利用前景，可分为两大类型：一类是以硫酸盐型钾盐矿物为主的杂卤石钾盐矿床，杂卤石含量占 50% 以上，品位较高，矿石储量大，是当前开发利用的主要矿床类型；另一类是含杂卤石的硫酸盐-氯化物型钾盐矿，杂卤石含量不足 50%，K_2SO_4 品位相对较低，但 K_2O 品位相对较高，宜用于钾石盐和杂卤石综合开发利用，经济价值较高。

杂卤石资源在北纬 20°～ 50°这一环带内相对富集，我国地理位置恰好处于这一环带之中。杂卤石矿在新近纪和古近纪盐湖沉积中分布较广，资源丰富，但矿体埋藏较深，多与硬石膏、菱镁矿、石盐等矿物共生。我国首例杂卤石矿床于四川渠县发现后，又在四川三叠纪成盐盆地、湖北江汉盆地、山东大汶口盆地、新疆罗布泊罗北凹地、青海察尔汗盐湖别勒滩区段等地分别发现了杂卤石及其伴生的含钾矿物。在现有勘探中，四川盆地和江汉盆地的杂卤石矿量大、矿层厚、富集程度高。

（1）四川盆地杂卤石　四川盆地是我国重要的成盐聚钾盆地，杂卤石是四川盆地钾的主要固相载体矿物，具有分布广泛、层数多、累计厚度大等特点，主要发育“硬石膏—岩盐—杂卤石—岩盐—硬石膏”“硬石膏—杂卤石—硬石膏”两种成钾序列。

据原西南石油地质局第二地质大队钾盐勘查报告，四川盆地杂卤石远景资源量约 100 亿吨以上。2015 年，中国地质调查局“钾盐矿产调查与勘查示范”项目部署开展了“四川杂卤石型钾盐矿调查”子项目，初步圈定龙女寺—广安、农乐—亭子铺、邻水—垫江 3 个杂卤石型钾盐矿富集区，预测资源量约为 103 亿吨（K_2O），其中，中浅层杂卤石钾盐资源量为 2 亿吨以上。

近年来，中国地质科学院矿产资源研究所郑绵平院士团队在川东北宣汉地区下三叠统碳酸盐—蒸发岩沉积序列中发现了一种与石盐共生的碎屑颗粒杂卤石。区别于与硬石膏共生的较难溶于水的层状杂卤石，此种分布于石盐基质中的碎屑颗粒杂卤石易溶于水，便于低成本、规模化溶采，被认为是一种具有工业经济利用价值的大型整装优质硫酸盐型钾盐矿，命名为“新型杂卤石钾盐矿”。2020 年 8 月，该团队项目组设计部署实施的川宣地 1 井已经完工，完钻井深 3797m，在下三叠统嘉陵江组四—五段（井深 2900 ～ 3400m），发现总厚度 387m 的海相含钾盐系、累计厚达 62.8m 的厚层“新型杂卤石钾盐”工业矿层和 4 个富锂钾卤水层（“黑卤”），其预测资源量（以 KCl 计）达数亿吨，引起了业界的普遍关注。

（2）湖北江汉盆地潜江凹陷杂卤石　江汉盆地是我国东部第三系陆相含油盐湖盆地中的典型一例，由枝江、江陵、陈沱口、潜江、小板、云应、沔阳 7 个凹陷组成。其中，潜江凹陷是中、新生代的内陆断陷盆地，位于江汉盆地的中心，面积为 3470km^2。潜江凹陷的杂卤石发现于 1972 年底，埋深 1410 ～ 2800m，分布于石盐、镁盐范围之内。该地区的杂卤石主要产状及岩石类型有四种：①产于盐岩中，组成含杂卤石石盐岩；②产于泥岩夹层之上，组成泥质杂卤石岩；③产于钾矿层中，组成微含杂卤石钾芒硝岩；④产于泥质钙芒硝岩中，组成含杂卤石泥质钙芒硝岩。

（3）山东大汶口凹陷杂卤石　大汶口盆地是我国著名的蒸发岩沉积盆地，是鲁西地区最大的沉积赋矿盆地，蕴藏有丰富的石膏、岩盐等蒸发岩型矿产资源。盆地总面积约 320km^2，其中岩盐矿盆地面积 45km^2。累计查明资源量石膏 151 亿吨、岩盐 15 亿吨。杂卤石主要呈薄层状或分散状分布于石盐岩、钠镁盐岩、硫镁矾岩、无水钾镁矾岩里。层状杂卤石岩可与石盐岩等构成韵律性互层，并集中出现在含盐段的中上部。

（4）新疆罗布泊杂卤石　罗布泊盐湖不仅蕴藏有超大型规模的卤水钾盐矿床，同时也沉积了一定规模的固体钾盐矿。罗布泊杂卤石资源主要分布于罗北凹地内部，分布区长轴走向与罗北凹地走向一致，面积约 326km^2；剖面上，杂卤石分布区呈不对称的扁透镜体状。杂卤石以杂卤石岩或含杂卤石钙芒硝岩等形式产出，呈薄层状分布，最多达 12 层，埋深 10 ～ 38m，钻孔资料显示，杂卤石层累计厚度 1 ～ 9m。其 KCl 含量一般为 3% ～ 10%，最高达 15.48%。

（5）柴达木盆地的大盐滩、察尔汗别勒滩区段杂卤石　在柴达木盆地西北部昆特依盐湖的更新统地层中，也发现存有丰富的杂卤石矿。杂卤石主要分布于昆特依盐湖大盐滩矿区中南部，面积约 302km^2，储量 2.08 亿吨，主要产出于石盐粒晶间及淤泥或黏土层中，呈薄层状分布，埋深 12 ～ 65m，钻孔岩芯化学分析结果揭示，K_2SO_4 品位在 2.43% ～ 8.78% 之间，平均为 3.95%。察尔汗盐湖固体钾盐矿物以光卤石为主，杂卤石资源主要分布于别勒滩中西部地区，整个别勒滩区段自西向东出现以杂卤石为主渐变为以钾石盐、光卤石为主的分布规律，22.42m 以内 KCl 平均含量为 2.16%，资源量约为 2.5 亿吨。主要赋存层位为 0 ～ 0.4m、2.9 ～ 8.1m、8.90 ～ 9.70m、11.4 ～ 12.4m 和 15.99 ～ 16.33m，共 5 段，其钾含量均高于工业品位，具有工业利用价值。

2.4.2 我国不溶性钾资源分布

不溶性钾矿资源在地壳中分布广泛，在火成岩、变质岩、沉积岩中都有分布。我国不溶性钾矿资源十分丰富，分布于全国各地，常见的岩石有：富钾火山沉积凝灰岩（绿豆岩）、含钾砂页岩、霞石正长岩、云母片岩等。可作钾矿资源的含钾矿物有：钾长石、明矾石、霞石、伊利石、海绿石等。国内已知的富钾硅酸盐岩石资源量超过 100 亿吨（K_2O），含 K_2O 一般为 8% ～ 10%，最高可达 15% 以上。含钾岩石边界品位是 K_2O 含量≥ 7%，可采厚度≥ 2m。

据统计，我国含钾砂页岩矿区主要分布于江苏、河南等地区，江苏省基础储量约占全国的 82.45%；霞石正长岩查明资源储量约 2.6 亿吨，主要分布于河南、吉林、云南、四川等地区。

下面分别介绍钾长石、明矾石和霞石三种主要的含钾矿物资源及分布概况。

2.4.2.1 钾长石

钾长石（$KAlSi_3O_8$）是透长石、正长石和微斜长石的总称，K_2O 理论含量为 16.9%。钾长石不溶于水，也不溶于醋酸以及硝酸、硫酸等无机酸，但能溶于氢氟酸。

钾长石矿是含钾量较高、分布最广、储量最大的不溶性钾资源，主要存在于伟晶岩、花岗闪长岩、花岗岩、正长岩、二长岩等岩石中，在地壳中储量大、分布广，是许多含钾硅铝盐岩石的主要成分。我国钾长石资源丰富，储量约 200 亿吨，山西、安徽、内蒙古、新疆、四川等地的钾长石分布相对集中，储量丰富，成为当地的优势非金属矿产资源。制钾肥用钾长石其 K_2O 边界品位要求＞ 6%，工业品位要求 K_2O ＞ 9%、Na_2O ＜ 3%、MgO+CaO ＜ 2%，可采厚度为 2m。

山西钾长石储量根据目前储量报道居全国第一，仅山西临县钾长石储量就达到 30 亿吨。

山西古交和静乐钾长石中 K_2O 的含量在 12.86% ～ 13.52%，Fe_2O_3 含量＜ 1%，Al_2O_3 含量＞ 18%，具有 K_2O 品位高、Fe_2O_3 含量低、Al_2O_3 含量高的特点，在工业应用指标中属于优质矿石。

安徽省共发现钾长石矿产地 12 处，主要分布在寿县、宁国、马鞍山、来安、舒城等地。其中寿县孔家山钾长石矿规模大，属混合岩化变质矿床；舒城县平田钾长石通过选矿可以使钾长石斑晶富集，再经除铁，产品可以达到工业要求；马鞍山钾长石属凝灰熔岩型矿床，K_2O+Na_2O ＞ 14%，Al_2O_3 ＞ 18%，具有钾铝含量高、露天开采条件优良等特点。

新疆钾长石集中分布在阿尔泰地区，主要富含在花岗伟晶岩矿脉和钾长花岗岩中，钾长石矿床矿石的化学成分中 K_2O 的含量一般在 11.71% ～ 13.54%，Fe_2O_3 多数＜ 1%，个别或局部达到 0.13% ～ 0.24%，具有 K_2O 品位高、Fe_2O_3 含量低的特点，在工业应用指标中属于优质矿石，现已探明储量 1.169 亿吨。

四川宝兴地区钾长石矿床矿石的化学成分中 K_2O 的含量一般在 9% ～ 15.2%，储量达 4.5 亿吨，在工业应用指标中属于优质矿石。

2.4.2.2 明矾石

明矾石是一种含水的钾铝硫酸盐矿，化学式 $KAl_3(SO_4)_2(OH)_6$，K_2O 理论含量 11.37%，主要矿物成分：明矾石 20% ～ 50%，石英 40% ～ 60%，其次为高岭石、叶蜡石、绢云母、黄铁矿。通常因 K 含量高而称为钾明矾石。明矾石不溶于水，几乎不溶于盐酸、硝酸、氢氟酸和氨水等，但能溶于氢氧化钾、氢氧化钠、浓热的硫酸或高氯酸中，具有强烈的热电效应。

我国明矾石矿资源丰富，储量居世界第三位，主要分布在东南沿海及长江中下游一带。据全国矿产资源储量通报，截至 2019 年年底，我国明矾石资源储量约 2.6 亿吨，基础储量 0.3 亿吨，主要分布于浙江、安徽、山东、福建、新疆等地区。其中，浙江和安徽两省明矾石基础储量约占全国的 97.1%。另外，在江苏、吉林、甘肃等省（区）亦见有明矾石矿床、矿点。

2.4.2.3 霞石

霞石是一种含钾的铝硅酸盐矿物，它的化学式为 $(Na,K)_2O \cdot Al_2O_3 \cdot 2SiO_2$，是一种含铝、钾、钠、硅等多种成分的宝贵资源。

在我国云南个旧、四川南江和会理、山西临县等地都发现有霞石矿。云南个旧地区霞石资源丰富，已探明储量为 2.82 亿吨，其中含 K_2O 约 2700 万吨，Al_2O_3 约 7000 万吨，远景储量达 30 亿吨。且成矿条件较好，矿层厚度大且矿体出露地表适于露天开采。矿石属霞石正长岩型，含 K_2O 6% ～ 8%，矿石中还含有 Ga、Nb、Ce、La 等稀有金属，其品位达到综合利用工业指标，不需选矿。矿石中所含 Al、K、Na 皆可用烧结法提取出来，经估算每生产 1t 铝氧可附带产纯碱 0.13t、钾碱 0.45t、水泥 13t。

参考文献

[1] 白仟，张寿庭，袁俊宏，等. 中国钾盐产业发展环境与发展战略 [M]. 北京：地质出版社，2017.

[2] 孙小虹，唐尧，陈春琳，等. 世界钾盐产业现状 [J]. 现代化工，2015, 35(12):1-3.

[3] 郑绵平. 全球盐湖地质研究与展望 [J]. 国外矿床地质 (国外盐湖地质专集), 1989(3-4):1-34.

[4] 中华人民共和国国土资源部. 盐湖和盐类矿产地质勘查规范：DZ/T 0212—2002[S]. 北京：地质出版社，2003.

[5] 杨卉芃，曹飞．世界钾资源研究系列之一：资源概况及供需分析 [J]．矿产保护与利用，2015(1) :75-78.
[6] 钱自强，曲一华，刘群，等．钾盐矿床 [M]．重版．北京：地质出版社，2010.
[7] 曹烨，郑厚，要梅娟，等．世界钾盐资源分布特征与找矿战略区划探讨 [J]．无机盐工业，2015, 47(10):1-4.
[8] 袁见齐．西北盐产调查实录 [M]．财政部盐政总局，1946.
[9] 青海省地质局第一地质队．察尔汗盐湖钾镁盐矿床储量报告 [R]．1967.
[10] 杨谦，吴必豪，王绳祖，等．察尔汗盐湖钾盐矿床地质 [C]．1995.
[11] 青海钾肥厂．青海省格尔木市察尔汗盐湖钾镁盐矿床地质综合报告 [R]．1988.
[12] 王弭力，刘成林，焦鹏程，等．罗布泊盐硝钾盐资源 [M]．北京：地质出版社，2001.
[13] 王淑丽，熊先孝，王炳铨．中国矿产地质志．钾盐矿卷 [M]．北京：地质出版社，2021.
[14] 杨谦．察尔汗钾盐矿的发现和勘探过程 [J]．柴达木开发研究，2021(1):74-78.
[15] 李洪普，郑绵平．柴达木盆地西部深层卤水钾盐矿成矿地质特征 [J]．矿床地质，2014, 33（增刊 1）:935-936.
[16] 青海省地质调查局．“2015 年度青海省地质勘查成果汇报会”总结材料 [R]．2015.
[17] 宋彭生．盐湖资源的开发利用 [J]．盐湖研究，1993, 1(3):13.
[18] 唐尧．我国钾盐资源概况及需求预测 [J]．化肥工业，2015(4): 75-78.
[19] 宣之强．中国盐湖及盐类矿产资源研究回顾与展望 [J]．化肥工业，2018(1):53-59.
[20] 商朋强，祁才吉，焦森，等．中国钾盐矿产预测评价模型和资源潜力分析 [J]．地质通报，2019，38(10):1758-1767.
[21] 焦鹏程，刘成林，王石军，等．青海别勒滩低品位固体钾矿液化开发技术 [M]．北京：科学出版社，2020.
[22] 谭生禄．国内外盐湖资源综合开发利用的实践对青海盐湖资源的启示 [J]．盐科学与化工，2017, 46(8):1-5.
[23] 王石军．察尔汗盐湖钾镁盐矿床可采储量特征及其开采探讨 [J]．化工矿物与加工，2005, 34(1):3.
[24] 王石军．察尔汗盐湖固体钾矿储量分析与钾肥规模研究 [J]．化工矿物与加工，2014, 43(2):20-23.
[25] 齐文，郑绵平．西藏扎布耶湖 ZK91-2 钻孔沉积特征与气候环境演化 [J]．湖泊科学，1995(2):133-140.

中国肥料研究与应用全书

Books of Fertilizer Research and Application in China

FERTILIZER

第3章

钾矿开采

3.1 可溶性钾矿开采方法及设备

可溶性钾盐矿床的开采主要包括卤水矿床的开采、固体矿床的传统地下开采和选择性溶解开采三种方法。

1856年，在德国发现了世界上第一个可溶性固体钾矿矿藏，当时在萨克森—安哈尔特州马格德堡附近的岩盐矿藏中进行下沉开发作业，无意中发现含钾地层。5年后，开始开采处于自然状态的钾盐，这标志着钾矿开发正式启动。直到20世纪初，钾矿开采的实践仅限于德国。1930年以后，在欧洲其他国家及世界各地，众多钾盐矿藏开始投入开采。

当前，世界上天然钾盐矿藏仍主要采用干式竖井采矿法，以固体方式进行提取。在地表下几百米深的矿床上，使用炸药或切割的方式开采粗盐，然后通过竖井输送到地面工厂进行处理。

湿式溶解采矿法[1]几十年前就开始使用了，这种方法适用于那些用干式竖井采矿法无法开采的钾盐矿藏。它通过较深的钻孔，用淡水溶解矿藏中易溶解的钾盐，并将含钾的溶液抽回到地面的大容器中。中国察尔汗盐湖在湿式溶解采矿的基础上，针对浸染状零星分布的低品位固体钾矿发明了浸泡式溶解转化开采方法[2-3]，大幅度提升了钾资源利用率。干式竖井采矿法和湿式溶解采矿法的对比见图3-1。

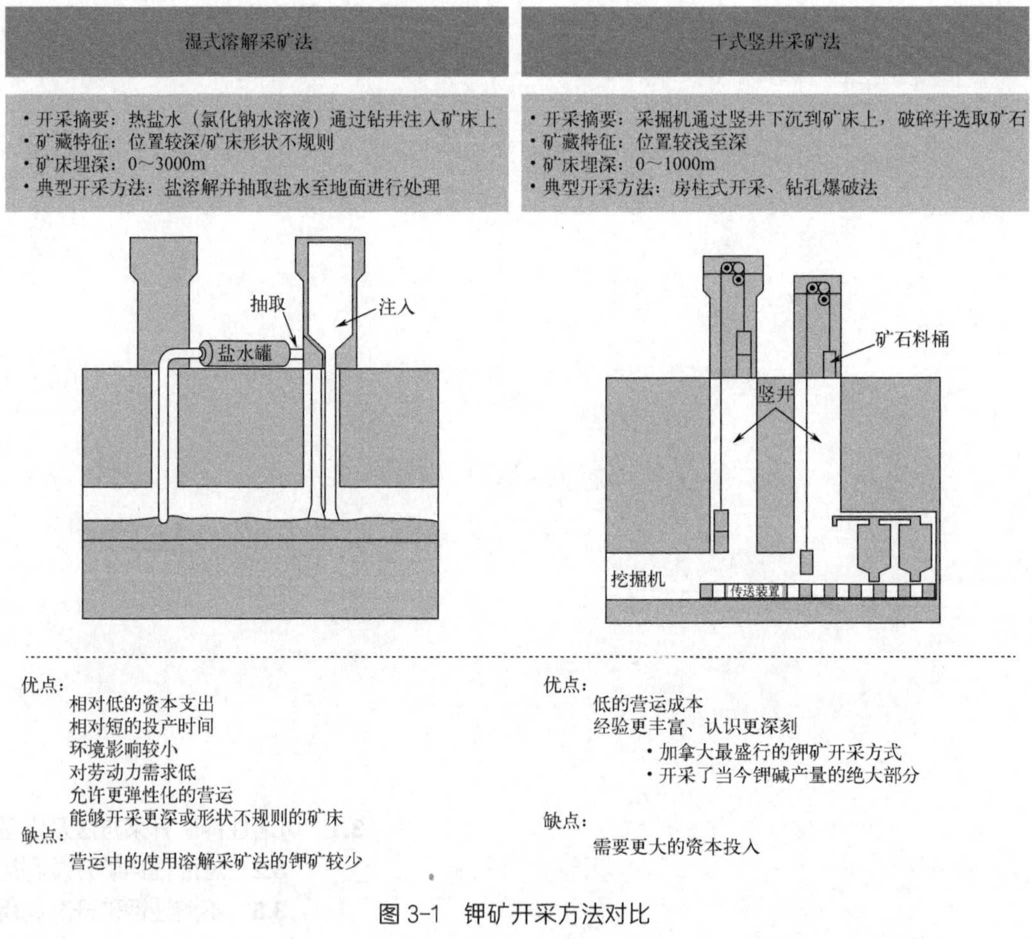

图3-1 钾矿开采方法对比

干式竖井采矿法的不足：由于钾盐矿床属于易溶盐，透水事故对固体钾矿是致命的。

国外钾肥行业的主力矿山都是20世纪60～70年代建成的接近退出的老矿井。固体钾肥主力矿山都是深部地下矿床，在含水层以下，钾石盐又极易溶于水，因此透水事故是致命的，会导致大型矿床的永久性退出。老矿接近采完的几年更容易出现这种事故，这体现了钾肥作为超长周期投资项目的规律。

3.1.1 盐湖卤水矿开采方法及设备

3.1.1.1 概述

盐湖是指湖水含盐量达到50g/L以上或湖内有盐类存在或湖盆虽然无（地表）水但有盐类沉积的湖泊。现代盐湖是指第四纪地质时期或现代形成的盐湖，简称盐湖。卤水是指矿化度大于或等于50g/L的湖表水或赋存在地层（盐层）中的地下水。卤水按出露和埋藏情况可分为地表卤水、潜卤水和承压卤水。地表卤水是指直接出露地层或盐层以上的湖泊卤水；潜卤水是指存在于地表地层中但上部没有隔水地层的卤水；承压卤水是指上部有隔水层并带有一定承压水头的地下卤水。盐湖矿产可分为固体矿和卤水矿。固体矿是指以固体形态形成的盐层中含有益组分达到当前技术经济条件下可单独或综合工业利用的矿产。卤水矿是指卤水中含有益组分达到当前技术经济条件下可单独或综合工业利用的卤水。

目前开采盐湖卤水矿主要是指近代和现代盐湖中的地表卤水、晶间卤水、孔隙卤水及浅层承压卤水矿床，以地表卤水和晶间卤水为主[4]。我国有较丰富的盐湖卤水资源，据《中国盐湖志》统计，全国大于1km^{2}的内陆盐湖有813个，集中分布在西藏（213个）、青海（71个）、新疆（112个）、内蒙古（375个）四省区。我国盐湖卤水中富含60多种化学组分，其中以Na^+、K^+、Mg^{2+}、Ca^{2+}、Cl^-、SO_4^{2-}、HCO_3^-和CO_3^{2-}为主，其他还包括重金属元素、放射性元素、稀有元素等，共同构成了我国金属和非金属元素组成的综合性盐湖卤水矿床[5]。

我国20世纪50年代最早在青海察尔汗盐湖发现钾盐资源，并于1958年采用较原始的方法生产了第一袋钾肥，从而开始了我国钾盐开发的新纪元。由于特殊的盐湖地理环境、薄弱的盐湖卤水开发基础等，我国盐湖开发历经了较长时期的探索、研究发展阶段，几代盐湖人为此付出了艰辛努力，终于取得了各项技术的突破[6]。2000年“青海盐湖年产100万吨钾肥项目”列入国家实施西部大开发首批十大重点工程之一，标志着我国盐湖卤水钾盐资源的开发技术进入世界先进行列。该项目的成功建设，为我国众多盐湖资源的开发起到了良好的示范作用，随后我国一批盐湖卤水矿相继开发利用，促使盐湖卤水资源大规模开发达到新的高潮，盐湖卤水矿开采技术进行了大量创新，整体技术水平得到了很大的提升。目前我国钾盐资源开发主要依赖盐湖卤水矿床[7]。

3.1.1.2 盐湖卤水矿开采特性

盐湖卤水矿，开采对象为卤水，除地表卤水矿外，属于疏干式开采。盐湖卤水矿一般开采面积较大，一个采区的面积常为几十至几百平方公里，甚至可达上千平方公里，影响因素众多。盐湖具有特殊的地理气候环境条件，卤水也有其自身特殊性，且一般它的开采与加工密不可分，构成采、选、化大工艺系统。因此对盐湖卤水矿进行开采时必须充分认识其特殊性，从大系统上考虑各影响因素，利用有利因素，转化或避免不利因素，从而优化和创新开采系统。就开采而言，一般应考虑下列特殊性：

（1）易变性　卤水矿具有可流动性，是一种“活矿”，在一定条件下相对稳定，但随着开采进行或某些条件的改变，卤水矿会不断地变化。这些变化包括：卤水组分的变化，尤其是当主要有益组分含量降低时，会对生产系统的能力及其开采的经济性产生不利影响；液态与固态之间的转换，大部分卤水矿固液相矿共存，在一定条件下它们之间可相互转换，相对而言固相矿因品位低而难以开采利用，甚至可称为“呆矿”，一般应采取措施防止液转固，促使固转液，使低品位不能利用的固体“呆矿”转化为可利用的液体矿；卤水赋存的变化，随着开采的进行，卤水赋存空间状态、各区域卤水组分等也会不断变化，一般需要建立观测系统掌握其变化规律和趋势，以便指导生产等[8]。

（2）易结盐性　卤水矿含盐量高，且有不均匀性，卤水在开采、输送过程中因温度变化、日晒蒸发、不同组分卤水混合兑卤等极易结盐，影响赋卤水层的渗透性，影响采卤、输卤、导卤工程的有效性。采卤、输卤工程需要考虑防结盐和清盐措施[9]。

（3）腐蚀性　卤水矿含氯根、硫酸根离子高，对混凝土结构、钢结构等腐蚀性强，影响工程使用寿命和安全。采卤、输卤工程（尤其是设备、管道）需要考虑防腐措施。同时盐湖地区空气中含盐相对较高，供电设备、仪表等一般也需要考虑防盐雾措施[10]。

（4）遇水易溶性　盐湖赋卤水矿层和周边地层一般为盐层和盐渍土，遇淡水或淡卤水极易因其中的盐组分溶解而造成盐土层结构破坏。盐湖卤水矿开采过程中，淡水资源是重要的资源之一，但也是影响工程安全最主要的隐患之一。一般盐湖是区域汇水中心，汇水面积很大，有些盐湖汇水面积甚至可达盐湖面积的上千倍，一旦遇周边高山融雪期或降雨季，洪水来势迅猛，可能给采卤、输卤工程造成灾难性破坏。对于盐湖周边淡水资源较丰富的盐湖，必须考虑防洪、调洪、蓄洪措施，既能防止洪水可能造成的破坏，又可充分利用洪水期宝贵的淡水资源为盐湖卤水开采（采补平衡、固液转化等）及改善周边生态环境服务。同时采卤、输卤工程也必须考虑日常的防淡水或淡卤水溶解的措施[11]。

（5）卤水渗漏性　卤水开采过程中需要建设大面积的集卤、输卤渠道和储存、蒸发卤水的盐田（池）。卤水具有易渗漏性，而盐湖地区一般缺失防渗性能优良的黏土地层，必须采取加强防渗措施以减少卤水资源渗漏损失、提高开采效率和防止卤水渗漏影响周边生态环境[12]。

（6）特殊气候性　由于盐湖地区特殊的地理条件，常有一些特殊的气候条件，如低温低、高温高、温差大、日照时间长、紫外线强度大、大风多、风力强等，需要根据当地气候条件，在工程建设中采取防冻、防高温、防老化、防冲刷等措施。

（7）开采疏干性　潜卤水、承压卤水矿层开采是疏干式开采，一般只能开采利用在重力作用下能自流出来的那部分卤水即给水度资源储量，而赋卤水矿层给水度数值大多只有孔隙度数值的一半左右，卤水开采率较低。随着开采进行，降落漏斗不断扩大，采卤工程间会形成相互影响和干扰，降低单个或区域性采卤工程的开采能力。为了不使开采能力降低过快，一般需要采取“轮采”或间隔式采卤方式，尤其是当周边有淡水或淡卤水补给时，应采取工程措施实施采补平衡，既要维持正常的开采强度，又要促使持水度（孔隙度－给水度）资源储量通过置换和低品位固体矿通过固液转化等得到开采利用，提高资源利用率[13]。

（8）开采综合性　卤水矿虽然是以“抽取”的方式进行开采，看似简单，但它是一种可变化的“活矿”，尤其是固液相矿共存，考虑固液转化、采补平衡等时，它又包含了溶解开采、化学开采、钻井开采等属性。开采与加工一般又是密不可分的大系统，相互影响和制约。卤水矿采区面积大，涉及周边因素众多，周边淡水资源、黏土资源等利用都是开采需要考虑的重要因素，开采工程往往需要与周边的防洪工程、引水工程等统筹兼顾，甚至还需与发展盐湖农牧业、盐湖旅游业等统筹兼顾。因此盐湖卤水矿开采是综合性非常强的技术，需要多学科技术支撑，也需要从大系统和大范围的条件进行综合研究分析，以达到最优的经济效益和社会效益[14]。

3.1.1.3 盐湖卤水矿开采方法

盐湖卤水矿开采方法可分为泵站式开采、采卤渠开采（简称渠采）和采卤井开采（简称井采）[15]。泵站式开采是指直接设置抽卤泵站抽取卤水的开采方式。渠采是指在地表通过开挖渠道或渠沟呈线状揭露含水地层并在渠道内（端部）设泵站抽取卤水的开采方式。井采是指在地表通过钻井或开挖大口井揭露和穿越含水地层并在井内设泵抽取卤水的开采方式[16]。泵站式开采只适用于湖表卤水矿。渠采抽卤与输卤集于一身，一般用于开采埋藏较浅的（一般≤ 20m）潜卤水矿层和承压卤水矿层。井采只用于抽卤，需要配套地面渠道或管道进行集卤与输卤，可用于开采潜卤水和承压卤水矿层，尤其适用于埋藏较深的卤水矿层。一般根据卤水矿出露、埋藏情况以及赋卤水层岩性、厚度、物理力学参数等选择开采方式，当井采与渠采方式都可用时，则结合采卤工程、输卤工程、供电工程等工程方案技术经济比较后确定。

（1）泵站式开采　在湖表卤水矿的湖岸或挖一段引水渠离开湖岸一定距离设置抽卤泵站，直接抽取湖表卤水，是最简单的开采方式[17]。这种开采方式的采卤能力就是水泵的抽卤能力。为了适应丰水期、平水期、枯水期湖水面标高波动和满足水泵有效吸程要求（卤水密度、黏度较淡水大，相应水泵的吸程高度较小），泵站的布置可分为浮箱式（也称屯船式）和台阶式。浮箱式[18]就是将采卤泵安装在密闭式浮箱上，浮箱箱体内设有若干隔板，分隔成多个区域，每个区域用套筒贯穿，采卤泵和电机安装在箱体的甲板上，采卤泵的进水管穿过套筒进入渠道卤水中。由于泵站设备连同浮箱随水面的波动而波动，固定吸程的泵可随水位的变化而自由变化，进而达到了安全、节能的目标，浮箱大小可随卤水量的多少设置泵的数量为 3 个、5 个、7 个、9 个、11 个等不同（图 3-2 和图 3-3）。台阶式就是根据湖水面标高的波动情况，泵站前池侧并列设置一定高差的台阶平台，水泵安装在台阶平台上，根据湖水水面的波动情况启用不同的台阶泵运行（图 3-4 和图 3-5）。由于卤水水位一般随着补给量的变化而变化，泵吸程不稳定，造成气蚀损坏较大，而且遇到突如其来的停电事故时，极易引起电机淹没被烧的风险。泵站式采卤多在露天，多采用混流泵，单台泵流量一般选择为 200 ～ 1000m^3/h，电机功率 30 ～ 75kW。

（2）渠采　采卤渠断面开挖深度需能有效揭露地下卤水矿层，受目前常用施工机械能力、经济合理性和安全稳定性限制，采卤渠道开挖深度一般不宜超过 20m。常用渠道断面有矩形或近矩形、倒梯形、两层或多层台阶型、咬合桩型，实际应用时需结合渠道深度、施工机械能力及特性、断面内地层开挖难度、边帮地层自稳性、渠道日常维护便利性等因素合理选择。采卤渠配套采卤泵站多设置于渠道端部，将地下卤水由采卤渠导入邻近输卤渠或盐田；泵站一般可设置为固定式泵站或浮箱式泵站，实际应用时需结合运行期间泵站前池水位降深、最低水位值、卤水泵性能等因素合理选择[19]。

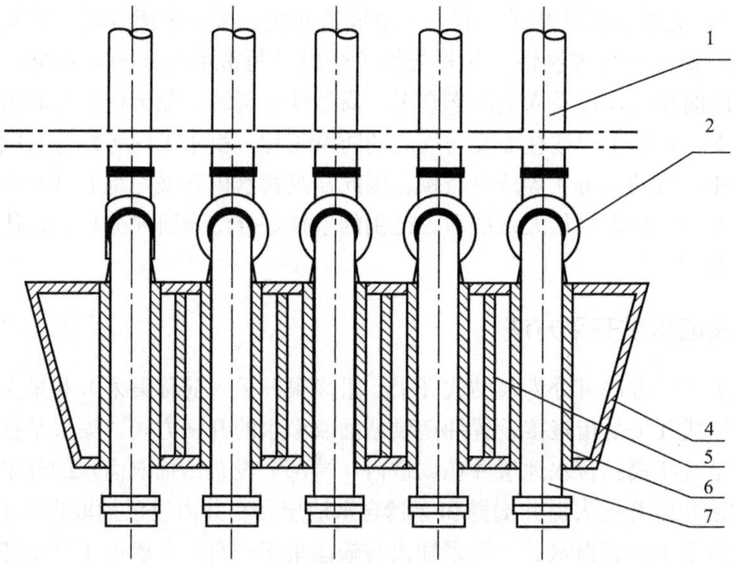

(a) 结构示意图

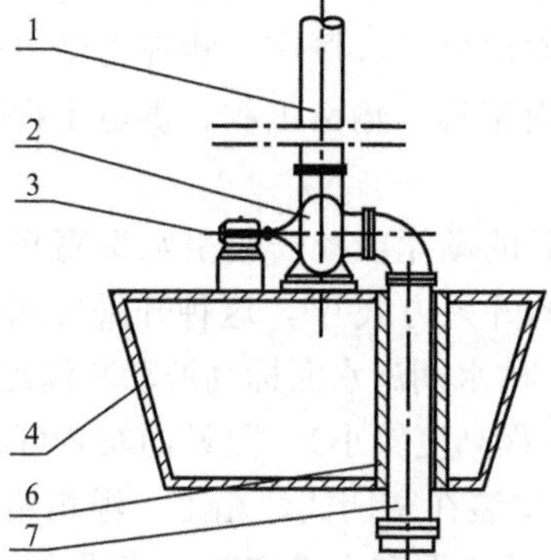

(b) 剖视图

图 3-2　盐湖卤水开采浮箱式泵站典型结构

1—导卤胶管；2—采卤泵；3—电动机；4—浮箱体；5—隔板；6—套筒；7—进水管

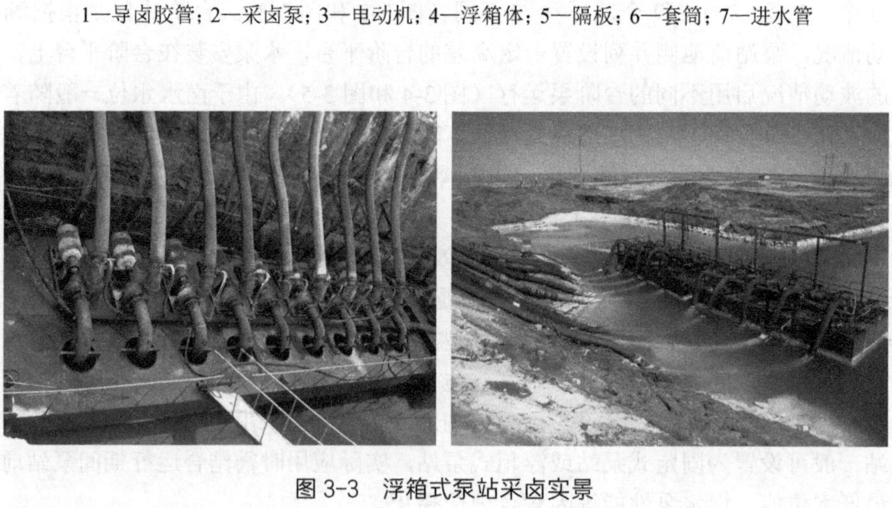

图 3-3　浮箱式泵站采卤实景

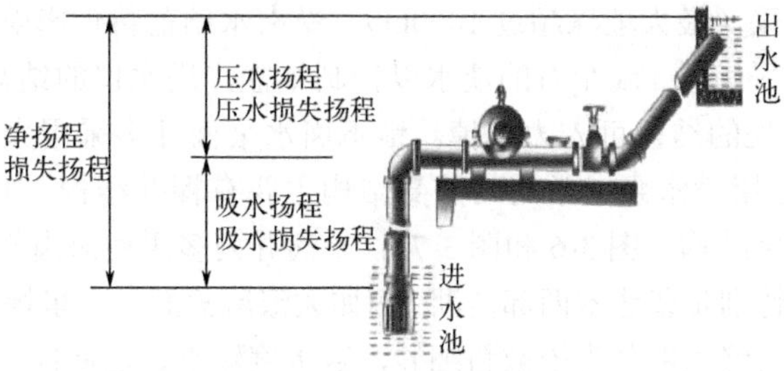

图 3-4 台阶式泵站（固定）典型结构

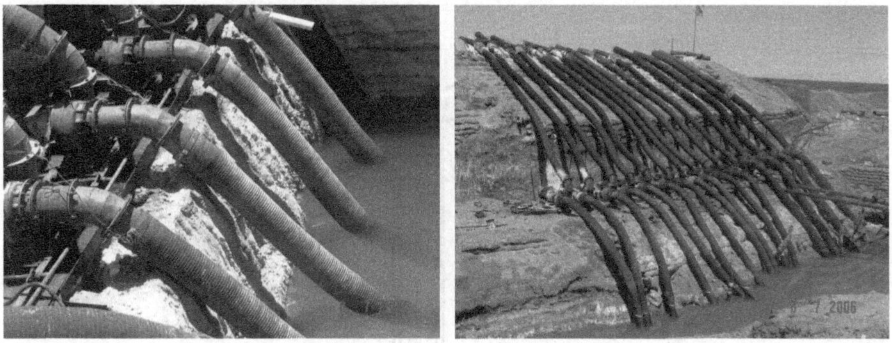

图 3-5 台阶式泵站（固定）采卤实景

采卤渠涌水量大小与渠道长度、水位降深、卤水矿层厚度及富水特性等因素有关，一般可根据卤水矿层类型、边界条件、采卤渠形式，对应选择潜卤水矿层或承压卤水矿层完整式或非完整式渗渠水文地质模型理论公式进行估算[20]。如式（3-1）和式（3-2）分别是潜卤水矿层和承压卤水矿层可视为无界含水层时，常用的完整式单渠双侧进水涌水量估算理论公式。另外，也可利用试验渠或周边已有生产渠实测数据，通过比拟法的方式估算采卤渠涌水量。由于采卤渠道裸露在大气中，卤水处于过饱和状态，极易结盐。

$$Q = LK\frac{H^2 - h^2}{R} \tag{3-1}$$

$$Q = 2LKM\frac{H - h}{R} \tag{3-2}$$

式中 Q——涌水量，m³/d;

L——渠道长度，m；

K——渗透系数，m/d；

M——承压卤水矿层厚度，m；

H——静水位至卤水矿层隔水底板距离，m；

h——动水位至卤水矿层隔水底板距离，m；

R——影响半径，m。

（3）井采 井采主要用于开采埋深大的地下卤水矿，一般而言，地下卤水埋深越大，井采可能面临的技术难度也越大，开采成本可能也越高。目前国内盐湖矿山地下卤水矿井采深度普遍小于 200m，对于更深部地下卤水矿的井采开发仍处于试验探索阶段，如青海大浪滩盐湖深部地下卤水开采（最大埋深超过 1000m）。受卤水结盐特性影响，特别是泵叶轮及管壁结盐，通常需加入采卤量 1% 左右的淡水以抑制结盐，进水口的结盐可用淡水冲洗干净，出水管壁与管壁连接处的结盐可人力敲掉。地下卤水采卤井多采用大口径井，一般直径为 500 ～ 1200mm，泵多用潜水泵；常用的井身结构主要有裸井结构、井口护管 + 裸井结构、井管结构、井管 + 填砾结构（图 3-6 和图 3-7）；采卤井内多采用潜卤水泵抽卤，也有部分矿山采用空压机抽卤。特别是柴达木西部盐湖（例如大浪滩盐湖、一里坪盐湖等）卤水矿层多，埋深大，深部含卤介质绝大部分为松散粉细砂，给水度较小、连通性差、透水性较弱，还存在严重的流砂、涌砂等工程地质问题，井采及渠采难以保障连续性规模化开采，因此需优化

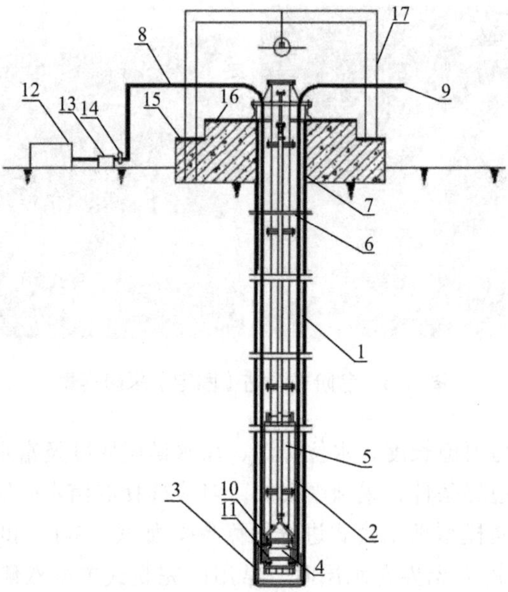

图 3-6　盐湖卤水井采结构示意图

1—采卤井；2—电动机；3—筛管；4—潜卤泵；5—井内管；6—固管槽钢；7—井口管；8—淡水管；9—出水管；10—电动机入口；11—叶轮入口；12—淡水调节箱；13—淡水加压站；14—淡水控制阀门；15—固井平台；16—井盖板；17—起吊架

(a)　(b)

图 3-7　钻井采卤（a）及内部叶轮结盐（b）实景

井径及其施工工艺，先试验探索可驱动开采的连续稳定的注气量、采卤流量，确定井群的开采量和单位面积上的井采涌水量，实测开采井的影响半径和降落漏斗的空间分布；然后通过向赋水层注入压缩空气的方法，成功将难开采的附着于碎屑颗粒上的卤水解吸脱离，实现利用空气驱动开采深部卤水的目标[21]。

采卤井涌水量大小与井径、水位降深、卤水矿层厚度及富水特性等因素有关，与采卤渠类似，采卤井涌水量一般可根据卤水矿层类型、边界条件、采卤井形式，对应选择潜卤水矿层或承压卤水矿层完整式或非完整式井水文地质模型理论公式进行估算。如式（3-3）和式（3-4）分别是潜卤水矿层和承压卤水矿层可视为无界含水层时，常用的完整式单井涌水量估算理论公式。另外，也可利用试验井或周边已有生产井实测数据，通过比拟法的方式估算采卤井涌水量。

$$Q = 1.36K\frac{H^2 - h^2}{\lg(\frac{R}{r})} \tag{3-3}$$

$$Q = 2.73KM\frac{H - h}{\lg(\frac{R}{r})} \tag{3-4}$$

式中 Q——涌水量，m³/d；

K——渗透系数，m/d；

M——承压卤水矿层厚度，m；

H——静水位至卤水矿层隔水底板距离，m；

h——动水位至卤水矿层隔水底板距离，m；

R——影响半径，m；

r——采卤井半径，m。

（4）卤水矿开采淡化　当盐湖卤水矿床周边存在淡水或淡卤水的补给条件时，随着开采的进行，卤水的淡化是不可避免的（图 3-8）。一方面由于卤水淡化，一定产品规模需要的开采卤水量会逐渐增大，相应后续盐田工程的面积和工艺参数以及其他后续工程都需要考虑适应这种卤水组分与含量的变化，尤其是地表卤水矿当淡化到一定程度后有可能失去开采经济

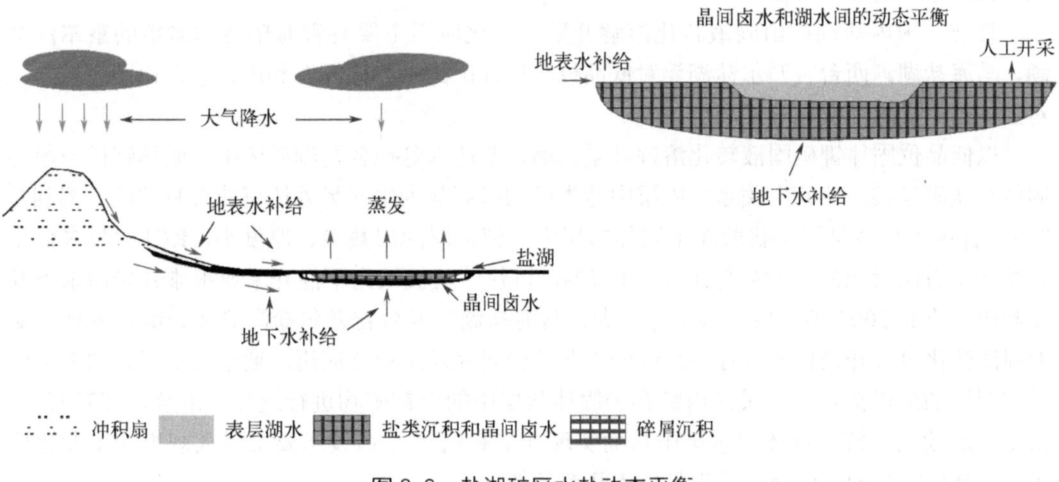

图 3-8　盐湖矿区水盐动态平衡

价值，这时需要采取措施减缓淡化的进行；另一方面卤水淡化又可使部分持水度卤水通过置换得到利用，尤其是当固液相矿共存时，部分难利用固体矿可通过固液转化转变为易开采的液体矿而得到利用，增加可利用资源储量，这时可适当利用或促进淡化的进行[22]。

通过水盐平衡分析计算可初步预测淡化的进行趋势，在工程设计时做好预防措施。生产中根据长观网监测掌握卤水的淡化、变化情况，及时指导和调整生产组织、管理。

一般潜卤水和承压卤水矿开采卤水淡化较缓慢或不明显，卤水组分变化不大，设计时在各生产环节根据卤水淡化的趋势考虑一定的预防措施[23]。而对于地表卤水矿开采，卤水淡化较快或明显，卤水组分变化较大，初始品位维持时间短，要保持加工产品规模，年采卤量增加较快，此时就需要设计有专门的措施进行防止和减缓卤水淡化的发生。

卤水淡化分析计算涉及面积大，影响因素众多，且其中涉及的许多参数都是动态变化和相互影响的，很难做到精确求解，设计时宜设定合理（偏差范围内）的假定条件来简化分析计算。对于地表卤水矿而言，年末某组分量 = 上年或初始某组分量 − 当年开采消耗量 + 当年补给量；年末某组分品位 ={ 年末某组分盐量（万吨）/[年末卤水量（万立方米）× 密度]}×100%，假定不计组分补给量、（湖泊）卤水量和密度值不变，则可粗略估算组分的品位变化。

预防卤水矿开采淡化的主要措施有：

① 合理布置采卤工程和安排采卤工作制度，宜避开或远离补给源、错开丰水期；

② 将采卤工程与引水工程、分水工程、拦水工程、防洪工程等统筹考虑，将补给淡水或淡卤水用于加工装置生产、发展盐湖农牧业、矿区周边绿化等；

③ 采取合适的隔离措施，避免淡水或淡卤水直接进入采卤工程；

④ 加工装置提取有益组分后的尾液、尾盐等设置堆存和排放场所（装置），避免直接排放到采区引起卤水组分的变化；

⑤ 采卤工程、输卤工程、盐田工程等根据卤水淡化的变化趋势，预留充分的富余。

（5）卤水矿开采固液转化[24-25]　在盐湖矿床中，固体盐层一般是液体卤水矿的载体，为其提供稳定可靠的储卤空间。液体卤水矿是固体盐层形成的基础，卤水浓缩析盐结晶沉积后即形成固体盐层。两者在一定的自然条件下可以实现固液相互转化，如洪水期卤水受洪水影响淡化对固体盐层进行溶解，使部分固体盐类矿物溶解至液体卤水；而干旱期卤水蒸发浓缩并出现饱和析盐现象，使部分固体盐类矿物从卤水中析出。自然条件下的固液转化受气候影响较大，整个过程不可控。

目前，国内盐湖矿山固液转化溶解开采工业化应用主要有青海柴达木盆地的察尔汗盐湖、马海盐湖、西台吉乃尔盐湖等对低品位固体钾矿的工业化开发利用，以及山西运城盐湖对固体芒硝矿的工业化开发利用。

以低品位固体钾矿固液转化溶解开采为例，柴达木盆地各盐湖矿床中，固体钾矿一般与固体石盐矿呈共（伴）生关系，矿层中盐类矿物以石盐为主（另外还可能含有芒硝、泻利盐等），含钾矿物多呈浸染状散布于固体盐层中，钾矿层的层数多、厚度小，KCl 含量多低于传统开采方法对应的一般最低工业指标 8%，以往一直被认为不能开采或很难开采而未被开发利用。直到 2007 年以后，察尔汗盐湖、马海盐湖、西台吉乃尔盐湖等才相继对固体钾矿的固液转化溶解开采技术进行系统性的工业试验研究及工业化应用，通过人工干预向采区回灌配制好的溶矿溶剂，对采区内赋存于固体盐层中的含钾矿物进行选择性溶解，使其有序、稳定、连续地溶解至液体卤水矿中从而实现开采利用[26]。该技术要实现大规模的工业化应用，对具体的盐湖矿山而言需满足以下几个条件：

① 固体钾矿矿物类型应以光卤石、钾石盐、软钾镁矾等易溶矿物为主；

② 矿区周边应有较丰富的淡水资源可供溶解转化生产使用；

③ 固体钾矿埋深不宜过大。

目前，国内各盐湖矿山固液转化溶剂制取方式一般有两种：一种是通过淡水与老卤按比例混合；另一种是引入淡水或淡卤水就地溶盐（或尾盐）。溶剂适用与否直接决定了固液转化溶解开采能否成功工业化应用，其配制方案的选择一般应遵循以下三个原则：

① 可实现对固体盐层中主要目标矿物的选择性溶解，尽量减少对固体盐层骨架结构的溶解破坏；

② 用于配制溶剂的原料应充足且来源稳定可靠，宜就地取材并优先考虑循环利用生产过程排放的固液相废物，降低溶剂配制成本，尽量实现资源循环利用，降低环境影响；

③ 固液转化溶解生成的卤水应与原液体卤水矿的组分相近，尽可能减小对原盐田工艺的调整。

3.1.1.4　卤水矿开采输卤渠道

各泵站开采出的卤水需要集卤和输卤，送至盐田或后续加工装置，集卤、输卤有管道和渠道两种方式，考虑易结盐堵管和降低能耗等因素，大多选用渠道方式。

输卤渠工程选线应避开有不良地质影响的区域和受洪水或淡水影响的区域，当不能避开时，应采取防范措施，根据盐湖地区特殊的自然环境条件及卤水的特殊性，采取防结盐、防腐、防冻、防水、防洪、防冲刷等措施。一般矿区周边有黏土的地段，多采用天然黏土防渗渠道；对于矿区内部或缺少黏土的地段，多采用铺设防渗材料的方式（图 3-9）。

(a) 黏土防渗渠道

(b) HDPE防渗渠道

图 3-9　盐湖矿区典型输卤渠道

（1）输卤渠水力计算　输卤渠一般采用（分段）同一梯形断面和相同纵坡，可简化为明槽均匀流进行水力计算。水力计算按式（3-5）和式（3-6）进行：

$$v=(R^{2/3}/n)i^{1/2} \tag{3-5}$$

$$Q=(AR^{2/3}/n)i^{1/2} \tag{3-6}$$

式中　v——断面平均流速，m/s；

R——水力半径，m；

A——过水断面，m^2；

n——糙率系数；

i——渠槽底纵坡；

Q——流量，m^3/s。

上述公式引自水利工程计算，由于卤水的黏度比淡水偏大，卤水流动沿程阻力相对亦较大，在取糙率系数时应根据卤水的特性适当取偏大值（与淡水比）。

（2）输卤渠输送能力[27-28] 输卤渠输送能力即输卤渠流量，要按最大输送流量进行设计。盐湖卤水开采一般后接蒸发盐田，而盐湖蒸发季节性较强，蒸发旺季的蒸发量与年平均蒸发量可能相差几倍，有些盐湖考虑周边水补给、采补平衡、与后续加工配套等因素，以及采卤带有一定季节性，采卤旺季的采卤能力与平均采卤能力亦会相差较大。因此需要根据采卤能力和后续加工需卤量的波动范围综合确定输卤渠最大输送流量。在渠道水力计算时，在此基础上还需考虑一定的富余系数，其值一般可取 1.1 ～ 1.2。

（3）渠槽参数 按水力计算最优断面往往是“窄深”型，但考虑盐湖地区一般地表荒芜、平坦等因素，为了降低输卤渠工程投资、预防结盐堵塞、让输卤渠起到一定的蒸发作用等，输卤渠一般采用“浅宽”型断面。

渠槽底纵坡根据输卤渠沿线地形坡度、地层岩性、地下水位埋深以及地表河沟等条件确定，一般可取 0.001 ～ 0.0001。当地形条件较复杂时，如需跨越较多河沟、需较大反坡输送等，需要与导卤泵站配套进行多方案技术经济比较后确定。实际上影响输卤渠能力的关键是渠槽纵坡即渠槽水面坡度，在实际工程中由于施工高程控制误差、考虑渠道堤坝挖填方平衡等因素，可能局部地段渠槽底纵坡不能保持一致或反坡，只要有效运行水深不小于设计水深，则对输送能力是没有影响的。

渠槽深度 = 预留结盐厚度 + 最大运行水深 + 波浪爬高 + 安全加高。预留结盐厚度根据卤水结盐特性和当地的蒸发条件计算确定，一般需考虑 3 ～ 5 年的卤水结盐厚度。最大运行水深按渠道最大流量时水力计算确定。波浪爬高根据当地最大风力、有效吹程等计算分析确定，因输卤渠宽度一般不大，该值一般较小，有时可不单独考虑，而放在安全加高值中一并考虑。安全加高应根据水位涌动、渠堤沉降、安全余量等因素确定，其值一般取 0.5 ～ 1.0m。

渠槽及渠堤内边坡应根据边坡岩层稳定性和便于施工等因素确定，一般挖方边坡≥ 1∶1、填方边坡≥ 1∶1.5。

渠槽底宽根据水力计算并考虑预留结盐厚度等因素确定，根据卤水年结盐厚度，一般需在水力计算基础上加宽 1 ～ 4m。当输卤渠沿线地层有防渗性能良好的黏土层即渠槽底部可利用黏土层防渗时，可将渠槽底宽更大幅度加宽，让输卤渠起到后续加工初级盐田的蒸发浓缩作用，减少盐田的建设面积，以降低输卤工程和盐田工程的总投资。

渠堤顶宽度应根据堤坝稳定性、生产运行管理和施工碾压的需要等因素确定，当不需考虑其他生产需要时，堤顶宽一般≥ 2m；当作为设备运行通道或加设管线通道等其他生产用时，则应按相应的安全要求进行加宽设置。

渠槽各参数之间是相互影响和制约的，有时还需与防渗工程、清盐工程、导卤泵站工程、后续加工工程等统筹兼顾，需要通过技术经济分析综合确定。

（4）输卤渠防渗 输卤渠道防渗方式一般有利用或填筑当地黏土层防渗和铺设土工膜卷材防渗以及黏土层与卷材联合防渗。当输卤渠沿线或附近有防渗性能良好的黏土资源时，宜优先采用黏土层为主的防渗方式，否则就只能采用土工膜卷材为主的防渗方式。

输卤渠渗漏损失参照水利工程经验，一般可按下列公式进行计算：

$$q=\frac{K\left(B+Ah\right)}{1+\frac{A\delta}{B}\left(\frac{K}{K_1}-1\right)} \tag{3-7}$$

式中 q——渠道防渗后单位渠长的渗漏量，$(m^3 \cdot km)/s$；

A——系数，由渠道过水断面的参数 b/h 和 m 确定，查《水力计算手册》确定；

K——原渠床土层的渗透系数，m/s；

K_1——土质防渗层的渗透系数，m/s；

B——渠道水面宽度，m；

δ——土质防渗层的厚度，m；

b——渠槽底宽度，m；

h——渠道水深，m；

m——渠道内边坡系数。

上述公式只适用土质防渗层，渗流状态为自由渗漏。如果为顶托渗漏，则先按自由渗漏计算公式计算渗漏量，再乘以顶托渗漏条件下的校正系数。当采用土工膜卷材防渗时，则先要将土工膜厚度换算为土质防渗层厚度再按上述公式进行计算。土工膜的换算厚度可按式（3-8）进行：

$$\delta_{土}=(K_{土}/K_{膜})\times\delta_{膜} \tag{3-8}$$

式中 $\delta_{土}$——土质防渗层换算厚度，m；

$\delta_{膜}$——土工膜卷材的厚度，m；

$K_{土}$——土质防渗层的渗透系数，m/s；

$K_{膜}$——土工膜卷材的渗透系数，m/s。

假定土工膜的渗透系数为 1×10^{-13}m/s，膜的厚度为 5×10^{-4}m，土质防渗层的渗透系数为 1×10^{-8}m/s，则换算为土质防渗层的厚度为 50m。

卤水的经济性比淡水高，而且渗漏可能会影响或破坏周边环境，因此防渗要求较高。当采用自然黏土层防渗时，一般要求其渗透系数达到≤ 10^{-8}m/s 的数量级，黏土防渗层厚度一般要求≥ 1m；当填筑黏土层防渗时，应分层压实，压实度一般要求≥ 0.9；当采用土工膜卷材防渗时，卷材厚度一般要求≥ 0.5mm，并尤其要重视卷材的搭接质量和其垫层、保护层的设置。

（5）输卤渠道防护　输卤渠工程一般分布面积较大，有些工程可能受周边条件影响较大，尤其是周边淡水或淡卤水的影响，在设计时需要根据当地的建设条件，配套做好防洪工程、防（淡）水工程等防护措施工程。

当输卤渠水力坡度较大、渠道流速达到筑堤（边坡）材质产生冲刷速度和泵站后池侧段受管道流速冲刷时应采取护坡措施防止冲刷破坏。护坡可采取铺设防冲刷硬质板材、软排体和堆砌盐壳体等方法，要考虑充分利用卤水易结盐形成盐板的特性，采取措施促使尽快形成盐板护坡，以降低护坡工程投资。

输卤渠工程一般长度较大，一段长度可达几十公里，由于水力坡度，起始端和终端或输（导）卤泵站前池端的运行水位标高相差较大，当这个高差超过渠道预留安全超高时，一旦输（导）卤泵站因突发供电等故障停止运行，储存在输卤渠道中的卤水会引起低标高水面不断涌高，导致漫流发生，引发破坏渠堤和淹浸泵站等事故。因此对于有可能发生漫流的输卤渠应配套建设好溢流工程和分流工程。

输卤渠沿线工程地质条件如地层岩性、地下水位、地层含盐类型和含盐量等可能存在较大的差异性，设计和建设过程中很难全面准确地掌握和控制，而且有些影响因素会不断地变化，如土层中含芒硝时，随着温度变化带十个结晶水的芒硝会变成无水芒硝，其体积会发生较大变化，还有些地层可能发生冻融现象等，这些都可能导致输卤渠生产运行中存在一定的安全威胁隐患。因此需要配备输卤渠道的日常巡视和维护措施，尤其是洪水期、降雨季等期间要加强巡视，发现隐患及时处理和消除。

盐湖卤水矿卤水含盐量高，一般达到饱和或接近饱和，在渠道输送过程中随着日晒蒸发，会在输卤渠中结晶析出盐层，当有不同组分的卤水汇入输卤渠时局部地段兑卤结盐现象会较严重，而且卤水析盐存在不均匀性，在一定条件下极易在局部地段形成盐坝。因此除在设计渠槽参数时考虑预留一定的结盐厚度，一般还需配套生产运行中的清盐措施（工程）。清除输卤渠中结盐一般可采取引淡水溶盐和机械设备铲运方式。当周边淡水资源较丰富时，引淡水溶盐方式是较经济的方式，但需要考虑相应工程的防淡水溶解破坏措施；机械设备清盐是常用的方式，但需要考虑防护措施防止机械设备作业可能对渠道防渗（层）造成破坏。

（6）其他　一些盐湖卤水矿根据当地的建设条件，可采取一些较灵活的输卤渠布置方式，需要设计充分考虑可利用因素和条件，通过多种方案比较择优选取，达到最经济有效的效果。如高位渠（填方渠）、低位渠（挖方渠）、半高半低位渠（半填半挖渠）不同布置方案，这就需要根据沿线工程地质条件、输卤泵站设置等综合比较选择；另外在特定条件下，可采取半边堤坝的输卤渠方式。如某盐湖项目老卤输送根据当地特殊的条件采用了修筑半边渠道堤坝，另外半边利用荒芜自然地形坡度边坡作为渠道堤坝的输卤渠方案，不仅较大幅度降低了输卤渠工程投资，而且可利用沿线周边季节性河流的淡水资源自动清除输卤渠中结盐。

3.1.1.5　采输卤泵站

（1）一般要求　应根据工程地质条件并结合其他工程的布置，经方案比较后确定采卤、输卤泵站的布置形式和泵设备类型。采卤、输卤设备应近、远期结合，减少临时性措施；采卤、输卤设备宜集中布置，工况相同或相近时宜选用同一类型的水泵，并宜实施自动化控制；根据采卤、输卤泵的结盐情况确定不宜少于工作台数 50% 的备用台数；采卤、输卤泵站应根据卤水的特性采取水泵防结盐措施，宜用淡水除盐；泵站管道上不宜设置阀门、流量计、压力表等仪表，必须设置时应加淡水或其他防结盐措施。

（2）泵站形式　影响泵站结构的因素有：地质条件、水泵类型、起吊设备型式、前池水位变化、环境的腐蚀性、地区气象条件等。盐湖泵站可分为固定式泵站和浮箱式泵站。其中固定式泵站按结构形式又可分为钢筋混凝土结构、钢结构和台阶式泵站；按泵房型式可分为露天型、屋盖型和全封闭型，全封闭型主要用于淡水泵站冬季的保温。

① 钢筋混凝土泵站　钢筋混凝土泵站按水泵布置形式分为压入式和吸上式布置，大多都为屋盖型结构，选用的泵型有立式蜗壳泵、卧式混流泵、单级双吸离心泵。由于卤水的黏度和密度比淡水大，且盐湖项目所处地区一般海拔较高，泵的有效吸程会明显降低，泵易产生汽蚀和振动。基于上述原因，钢筋混凝土泵站一般采用压入式布置。钢筋混凝土结构的泵站经过数十年的使用，其缺点也逐渐暴露出来，主要存在以下几个问题：钢筋混凝土结构长

期处于强腐蚀环境中，卤水在混凝土空隙中结晶产生盐胀作用，导致底板和迎水挡墙腐蚀和渗漏严重，泵站内易积水，工作环境较差；混凝土底板基础腐蚀后，导致泵基础不平整，部分受力点承载能力弱，泵动平衡被破坏，振动加剧，进一步破坏基础；出现渗漏的泵站泵设备基本需要降频运行，运行频率一般控制在40Hz左右，泵的使用效率不高，立式布置的电机和泵基础因沉降不一致，轴的同心度难以调整，联轴器需要经常检修，影响生产的连续性；钢筋混凝土结构在后期维护性较差，一旦遭到腐蚀，往往需要花费较长时间进行混凝土修补工作，且不易修复。

多年的实践表明，钢筋混凝土压入式泵站不宜在盐湖地区使用，从2015年开始钢筋混凝土泵站逐步被淘汰。

② 钢结构泵站　钢结构泵站一般采用吸上式布置，对前池的水位控制要求高，一般用于盐田和输卤渠输导卤。泵房型式根据起吊设备的要求分为露天型、屋盖型。选用的泵型有长轴立式蜗壳泵、立式长轴混流泵和自吸泵。钢结构在表面防腐蚀涂层不完善或者遭到破坏后，与卤水直接接触时，耐久性较混凝土结构弱。根据现场实践经验，在钢结构表面采取完善的防腐蚀措施后，使用年限较长。钢结构若非主要结构构件（如框架柱等）发生腐蚀，则可以通过如现场除锈、补刷防腐漆等措施来进行维护，也可以直接替换钢构件来保证泵站的稳固性。近几年新建的大型采输卤泵站大都采用吸上式钢结构型式，泵站露天布置，泵站两侧钢结构基础只需做到高于泵平台1m，利用两侧基础配置门式起重机，减少了钢构件的使用量，缩短了施工周期。

③ 台阶式泵站　台阶式泵站一般布置于堤坝边坡侧，盐渍土夯实后直接铺设泵站平台钢板，水泵与电机的共用机座在钢平台上焊接固定。因不需做结构基础，泵站的投资费用低，施工周期较短。一般采用小型卧式混流泵，水泵重量宜小于400kg，电机功率宜选择55kW以下，5台为1组，可多组合建，单座泵站导卤量不宜过大。台阶式泵站设置较为灵活，可根据生产需要在不同盐田间进行移置。但水泵自动化程度低，如泵设置过多，生产操作管理较为不便。

④ 浮箱式泵站　浮箱式泵站主要是为了考虑水泵吸程不足而设置的，适合于采卤渠这种水位变化很大的工况。泵站配套的泵型有卧式混流泵和单级双吸离心泵。为保持泵站的稳定性，满足动、静荷载要求，单泵的重量和尺寸不宜过大。每座浮箱空载重量约为25t，箱体平面尺寸为10m（长）×5m（宽），吃水深度不大于0.5m，箱内充填泡沫材料，浮箱用钢丝绳或四角套管锚固，防止漂移。盐湖卤水开采根据生产需求，目前已开发有3泵站、5泵站、7泵站、9泵站、11泵站等。

（3）水泵设备的选用　一般盐湖卤水采输的泵类型有卧式混流泵、立式蜗壳泵、立式长轴混流泵和自吸泵。300HWG型卧式混流泵为盐湖开采最常使用的采卤主力泵型，小型台阶式采卤泵站和浮箱式采卤泵站一般采用300HWG型，单泵流量700m^3/h，扬程12m，配套电机功率55kW。其主要特点是：功率曲线比较平坦，高效率范围较广，运行效率较高，工作范围广，能适应水位的变化；泵站基础投资费用小，施工周期短；泵设备价格便宜，泵的重量轻，零部件少，生产调度灵活，结盐清理和设备检修便捷；水泵的启动较为烦琐，底阀存在结盐问题，需经常冲洗，生产的连续性短。

立式蜗壳泵可分为普通型、长轴型、厢式普通型。前2种泵型已在盐湖采输卤作业中使用近十年，如600LCSY型立式蜗壳混流泵（图3-10），单泵流量2700～4700m^3/h，扬程10～13.5m，配套电机功率220～280kW。其中普通型立式蜗壳泵暴露的问题较多，其主要问题是必须采用压入式布置，前文已论述钢筋混凝土压入式泵站不宜在盐湖地区使用；堵水装置腐蚀严重，丧失堵水功能，检修工作非常不便；电机重心高，泵基础不平整后，运行振动大；泵吸入口处距离泵坑底净高只有 1.5m，机械设备和人员清淤空间受限。长轴型立式蜗壳泵电机布置在钢平台上，泵体布置在液下，泵站工作环境良好，经过运行多年，整体工作情况良好。

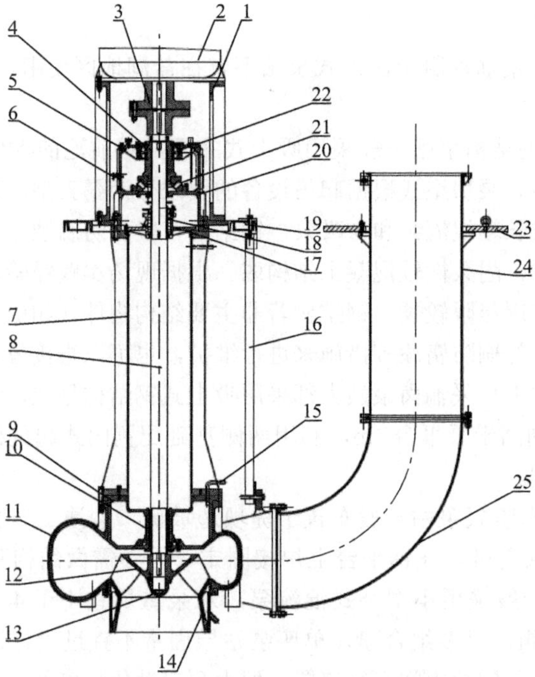

图 3-10 600 LCSY 型立式蜗壳混流泵结构示意图

1—电机座；2—电机；3—联轴器组件；4—轴承套；5,21—轴承；6—冷却管套件；7—支撑管；8—主轴；9—后泵盖；10—导轴承；11—泵体；12—叶轮；13—引流帽；14—进口管；15—淡水冲洗管；16—泵支撑部件；17—轴承座；18—填实；19—底板；20—油室；22—上轴承座；23—小底板；24—直管；25—弯管

立式长轴混流泵在采输卤泵站中也经常使用，如 700HD 型混流泵，单泵流量 3200 ～ 5400m^3/h，扬程 7.5 ～ 11.0m，配套电机功率 250 ～ 315kW。其主要特点是：单泵流量大，并具有很宽的高效区，工作效率高；叶轮淹没在液下，发生汽蚀的可能性小，能适应水位变化较大的工况；泵和电机的重量大，两者用刚性轴连接，竖向尺寸长，检修时需要的辅助人员多；泵轴较长，如泵基础水平度不够，轴易发生偏心转动，轴承和轴承支架损坏率较高。综合各种泵型，目前来说立式长轴混流泵是盐湖矿区比较适用的大型采输卤设备（图 3-11）。

近几年，部分盐田采输卤相继引进自吸泵用于采输卤水。自吸泵根据现场工况，经过了适当改造，增加了结盐自动清洗功能。如 700CJB 型自吸泵，单泵流量 4000m^3/h，扬程 14.0m，配套电机功率 355kW。自吸泵的主要特点是：根据电机电流判定泵的结盐情况，在泵腔内和吸水管内设置淡水冲洗装置，实现自动清洗，使得带入卤水中的淡水量减少；水泵运行平稳，维修维护量较小，维修简单，泵站基本可实现无人值守；自吸泵性能曲线为离心泵曲线，对水位的变化适应能力较小，像青海盐湖这种高原地带，这种吸上式水泵容易产生气蚀，有效吸程降低，水泵运行效率不高。

(a) 前池

(b) 泵站主体

图 3-11 盐湖矿区典型输卤泵站

自吸泵和立式长轴混流泵孰优孰劣，不能光从能耗角度看，还需从设备在使用寿命周期内的综合成本去考量。自吸泵在盐湖项目中使用时间不长，使用效果还待时间去检验。

（4）井采设备 近几年随着钾肥产量的不断提升，相应的盐田规模和采卤规模不断扩大，大部分区域未能实现轮采，从而不能保障有效的养卤时间，导致开采期间的卤水水位不能有效恢复，且采出卤水品位下降较为明显。现有的采卤渠道需要不断地加深改造，以维持目前的采卤规模，以至于渠道开挖和维护的工程量巨大。为保证钾肥生产的可持续性，盐湖服务后期将逐渐过渡成以井采为主。

采卤井泵用于从采卤井中抽出卤水至输卤渠，可供选择的水泵类型有长轴深井泵和潜卤电泵。长轴深井泵的电机和泵体分开设置，通过扬水管和传动轴悬吊泵体，分离的泵体和电机采用较长的传动轴连接，导致传动距离过长，机械传导损失过大；长轴及轴承安装于扬水管内，使阻力损失增加，浪费电能；泵运行时易产生较大的振动，导致与轴连接的轴承和支架易损；传动距离较长，导致泵的零部件组成复杂，整体重量大，运行维护成本高，检修周期长。对于采深超过 10m 的采卤井不推荐采用长轴深井泵。潜水电泵在抽卤过程中，泵的流道、叶轮和扬水管中结盐现象严重，设备利用效率不高；大部分井组中，电机和泵体周边也存在结盐现象，导致电机散热效果差，运行效率低；部分结盐严重的井组，主泵和井壁结死，无法吊起。针对上述问题，需对潜水电泵进行防结盐改造，主要措施是：在泵的叶轮处设置淡水接口，根据抽卤量按一定比例注入淡水，可有效防止结盐；泵内过流部件表面喷涂耐磨耐蚀涂层材料，并有足够的附着力，涂装后的内表面在感官上做到最大化的光洁；悬吊扬水管采用内外衬（涂）塑无缝钢管，井口至输卤渠的扬水管采用聚乙烯（PE）管，管线上的阀门全部取消；检修时目视电机的结盐情况，对于电机主要散热部位设置淡水接口，间断性地注入淡水。经过改造后的潜水电泵使用效果大为改善，现已在井采工程中广泛采用。采卤井在高水位时，扬程小，流量大，电机功率大，电机选择要适应此时的工况，需选用专用潜水泵电机并可变频控制。

结盐是盐湖生产中广泛存在的现象，目前没有有效的防护措施。实际生产过程中主要采用淡水稀释、冲洗和浸泡等方式进行清理。每个井组应配置淡水系统，并应对进入井组的淡水流量、成分、泥沙含量等进行控制。淡水的流量应根据卤水成分控制注入比例，注入量一般为卤水流量的 1% ～ 2%。如淡水注入过多，会造成卤水浓度稀释，影响后续的盐田工序，还容易造成输卤渠的渗漏和盐田堤坝坍塌，安全隐患严重；过量的淡水进入井组后，因淡水密度比卤水小，在卤水中缓慢上升，最后富集在表层水位波动处，引起井壁坍塌。夏季生产时，淡水供给系统运行正常的情况下，采卤泵可实现自动控制，大大减轻了劳动强度。冬季生产时，为保证淡水的管线输送，需对淡水的成分进行控制，按比例掺混一定量的卤水，此时淡水的实际性质是微盐水，矿化度维持在 1.0g/L 以上，使淡水管不易冻结，维持采卤井的正常生产。如矿化度过高，设备结盐不易冲洗，泵工需实时监控抽卤和冲洗的情况，防止冲洗时间过长，造成电机过热后故障。目前淡水和卤水掺混主要有 3 种方式：在泵站前端数公里的引水渠道混合；泵在抽吸过程中通过泵的叶轮搅动混合；在泵的管道出口设管道混合器。因卤水的黏度和密度较淡水大，并受气象条件的影响，混合后的卤水存在较严重的分层现象，只采用一种混合方式在生产过程中效果不理想，目前最常用的方式是 3 种方式组合使用。淡水管线中泥沙等固体颗粒物含量往往过高，进入采卤井的淡水管线流量调节阀时常产生堵塞，影响采卤井生产的连续性。在生产过程中需对泥沙来源进行控制，如对受风浪影响较大的堤坝进行防护处理，避免泥沙进入水源中；对流速过快的引水渠道进行加宽处理、局部边坡防护；泵站前池设置沉沙段，并及时清淤处理。

适宜的井身结构、设备型号、阶段降深、井间距、采卤量等，不仅能保证生产的连续性，延长相关设施的使用寿命，创造良好的经济效益，还能为后续生产积累技术经验。井采设备在国内钾肥生产中使用时间尚短，仍需要在后续生产应用中不断加以改进和完善。如采卤井所用井采泵故障率偏高，不利于采卤井采卤能力的有效释放；采区淡水管网供水能力不足，导致部分采卤井因结盐问题，正常生产运行时间偏短；采卤井井壁未设防护措施，在集水过程中因水流的影响造成井壁坍塌，再者因淡水的加入更加剧了上述现象，造成采卤井底部沉沙淤积较严重，影响采卤井的使用寿命。

3.1.2 地下开采方法及设备

世界钾肥约 75% 的产量是通过固体钾盐矿传统地下开采方式（简称“地下开采”）实现的，在开采技术条件和矿山安全环保允许的情况下，固采是优先考虑的开采方式。

3.1.2.1 地下开采适用条件

① 矿体埋藏于地表以下一定深度，矿体埋藏深度一般宜＜1000m（与矿岩物理机械性质有关）；

② 矿体及其顶底板稳定；

③ 水文地质条件简单，矿体及其顶底板为隔水层，且有一定的厚度；

④ 开采区不受地质构造影响，如断层、盐溶、盐溶塌陷、盐丘和气体等；

⑤ 合适的地温是 2℃＜地温（湿球温度）＜27℃，低于 2℃时应有空气加热设施，27～30℃需采取制冷措施，高于 30℃时应停止作业。

3.1.2.2 开拓运输方案

钾盐矿山的原矿规模普遍为几百万至上千万吨，通常选择竖井开拓或斜井开拓，中段胶带运输矿石。

（1）竖井开拓　在矿体埋深大时，多采用竖井开拓。主竖井用于矿石提升，兼作进风井和安全出口，采用双箕斗提升，矿体埋深不大时亦可采用斗式提升机（能耗较低）。副竖井用于人员、设备、材料等辅助提升，兼作进风井和安全出口，多采用单罐 + 平衡锤提升。竖井是不允许有涌水的，即使少量的涌水也会缩短其使用寿命，因此多采用冷冻法或帷幕注浆法施工通过含水层，复合防水支护。

（2）斜井开拓 在矿体埋藏浅和技术条件允许时，应优先考虑斜井开拓。主斜井用胶带提升矿石，兼作进风井和安全出口。胶带连续运输提升，提升能力大，能耗低。辅助斜坡道是无轨的，作为人员、设备和材料等的运输，兼作进风井和安全出口。斜井 / 斜坡道也是不允许有涌水的，即使少量的涌水也会缩短其使用寿命，因此多采用掘进工作面注浆施工通过含水层，复合防水支护。

（3）中段开拓运输系统 通常中段巷道由两条及以上平行巷道组成，并平行布置，这些巷道一般在矿层内布置，不支护。巷道主要有：胶带运输巷道，用来运输矿石，但当矿体产状变化大时宜用汽车运输矿石；无轨运输巷道，用来运输人员、设备和材料等；回填胶带运输巷道，用来运输回填尾盐，有时与胶带运输巷道合并；此外，还有通风巷道（如有需要时）等。

3.1.2.3 采矿方法

从矿山水安全的角度考虑，钾盐矿山不允许地表塌陷和超过环境影响评价（EIA）允许的变形，所以应根据矿体的赋存特征选择适合的采矿方法。常用的采矿方法有房柱法采矿法、长壁法、分段空场法和混合采矿法等。

采矿方法结构参数需要结合矿体赋存条件和矿岩物理机械性质，通过岩石力学和安全稳定性研究确定。一般选择高产高效的机械切割回采落矿，采下矿石通过可伸缩胶带和可移动的转载破碎机转运至主运输胶带。

3.1.2.4 采空区处理

采空区长期暴露会导致收敛变形，甚至矿房顶板冒落和矿柱失稳，为了矿山安全有必要对采空区进行回填和 / 或充填处理。

充填材料选择工厂生产工业废料，如尾盐（主要成分固体 NaCl 和吸附的母液）、老卤（主要成分 $MgCl_2$ 液体）和热电站产生的粉煤灰。有条件时添加固体胶混料膏体充填，充满度应满足安全稳定性研究提出的要求。

充填目的有两个：一是出于矿山安全的考虑；二是解决或减少工业废料地表堆存造成的环境污染问题。

3.1.2.5 主要设备

（1）提升设备 主竖井提升设备普遍选择多绳摩擦提升机、双箕斗提升。矿井深度不是很大时，亦可以考虑斗式提升机，虽然这种提升设备应用案例较少，但由于其可实现连续提升运输、产能大和节能的突出优点而被重视。

副井提升设备用多绳摩擦提升机、单层或多层单罐 + 平衡锤提升，主要提升人员设备、材料等。

主斜井提升设备宜采用胶带提升，选择防腐胶带。胶带提升具有能实现连续提升、提升能力大、能耗低和操作控制简单等优点。

辅助斜坡道运输一般选择胶轮车，运送人员设备材料直接至工作面或其他使用地点。

（2）中段运输设备　中段胶带运输矿石时，选择防腐胶带，以满足大规模原矿运输的要求。当矿体产状变化大时，可局部汽车运输矿石。

中段废石运输量小，尽量不出地表，可选择汽车运输。

中段辅助运输用胶轮车运送人员、设备和材料。

（3）掘进设备　掘进设备用掘进机掘进，再通过梭车或桥式转载机转载至胶带运输机。

（4）回采设备　机械切割回采配套设备为 1 台连采机 +1 台或 2 台梭车 + 可伸缩胶带 + 移动破碎机。JOY 连采机 + 梭车单套设备能力可达 8×10^5t/a。

凿岩爆破回采设备用凿岩机凿岩，装药机装药，铲运机装转载至可移动胶带，再转运至主运输胶带。

（5）充填设备　尾盐回填设备用胶带运输，铲运机转载至采空区。

浆体充填设备用渣浆泵或柱塞泵，通过管道充填至采空区，滤水返回地面。

膏体充填设备用柱塞泵，通过管道充填至采空区。

3.1.3　固体钾矿钻井水溶开采方法及设备

钻井水溶采矿法属于特殊开采方法，是一种在开采盐类矿床时，通过钻井把溶剂注入矿层，溶解生成富含开采矿物成分的卤水，再从钻井中采出卤水的开采方法。该方法与常规地下开采相比，具有生产工序简单、开采深度大、劳动条件好、生产效率高和环境友好等优点，适用于开采埋藏较深或开采技术条件差不适于采用常规地下开采的钾盐矿床。

钻井水溶开采的一般工艺流程如图 3-12 所示，该种开采方法地下工程为注水井和采卤井（出水井），地面工程主要有采集卤泵站、输卤泵站、溶剂和采出卤水储存设施及配套输送管道等。用于溶解矿体的溶剂一般由淡水、加工厂的工业废水、老卤和不合格卤水等组成，溶剂组分及溶剂温度根据矿体组分、矿石溶解试验以及加工工艺综合确定，并在生产过程中逐步优化调整，尽量减少淡水用量和外排卤（废）水量。

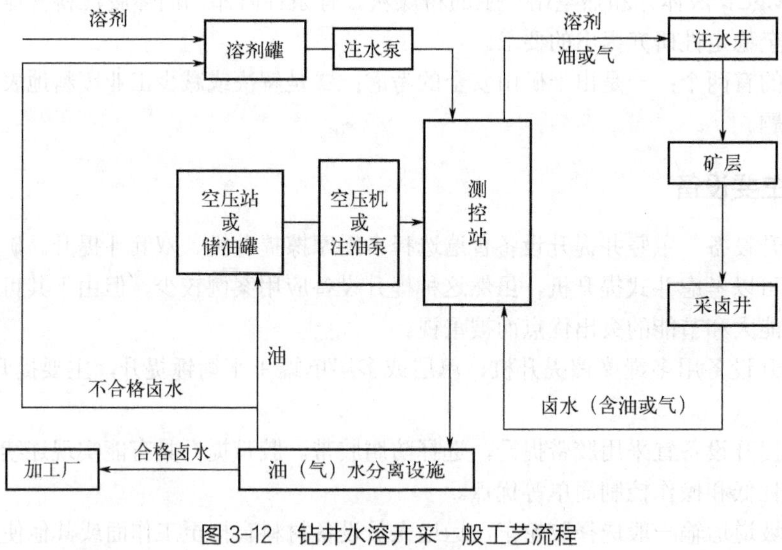

图 3-12　钻井水溶开采一般工艺流程

3.1.3.1 钻井水溶开采方法及适用条件

钻井水溶开采方法可分为单井对流法和井组连通法两大类，井组连通法根据连通方式又可分为双井自然连通开采、双井油（气）垫连通开采、双井压裂连通开采和定向水平井连通开采。单井对流法和双井连通法见图3-13、图3-14，各种开采方法的一般适用条件见表3-1。

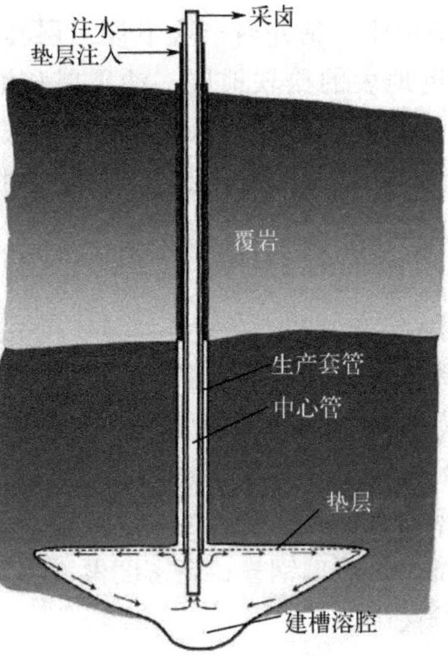

图 3-13 单井对流法

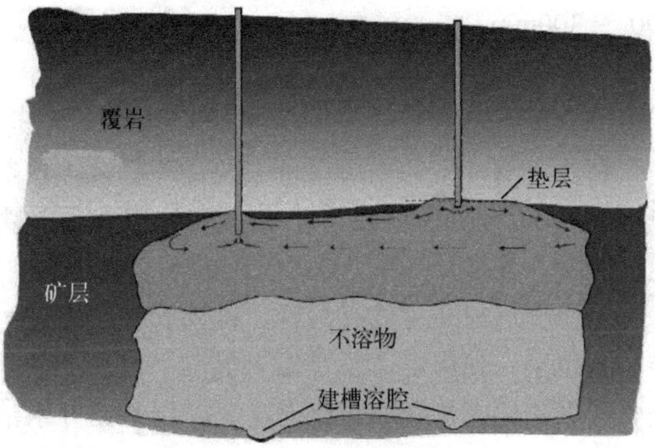

图 3-14 双井连通法

表3-1 钻井水溶各类采矿方法的一般适用条件

开采方法	开采工艺	适用范围
单井对流开采		无法形成连通井组和无法布置井组的地段，上覆岩层稳定性一般，溶腔面积不宜过大
	气垫	矿层封闭性良好，埋深视气泵能力一般小于600m，开采层厚度较大且直接顶板易溶
	油垫	矿层封闭性良好，矿石和夹石具有良好的非亲油性，开采层厚度较大且直接顶板易溶
井组溶蚀连通		上覆岩层稳定性较好，溶腔面积大，矿层厚度小于10m，夹层厚度较大且难溶
	气垫	上覆岩层稳定性较好，埋深视气泵能力一般小于600m，矿层厚度大于10m且夹层为易溶的其他盐类（对加工不利）岩层
	油垫	上覆岩层稳定性较好，矿层厚度大于10m且夹层为易溶的其他盐类（对加工不利）岩层
井组压裂连通		矿层、夹层为多个互层且分界明显、层理性好，埋深大于400m，无破碎、断层构造
井组定向井连通		上覆岩层稳定性好，溶腔面积大，矿层小于10m，夹层厚度较小且为难溶岩层
	气垫	上覆岩层稳定性较好，埋深视气泵能力一般小于600m，矿层厚度大于10m且夹层为厚度较小易溶的其他盐类（对加工不利）岩层
	油垫	上覆岩层稳定性较好，矿层厚度大于10m且夹层为厚度较小易溶的其他盐类（对加工不利）岩层

3.1.3.2 钻井工程

单井对流法开采的钻井通常呈“梅花状”成排布置，井距 80 ～ 100m，排距 80 ～ 100m，溶腔直径 80 ～ 100m；对流井溶蚀连通法开采的钻井一般以 2 ～ 3 口井为一个井组（开采单元），井距 60 ～ 80m，组距 100 ～ 120m，溶腔直径 60 ～ 80m；定向水平井连通法开采的井距一般为 300 ～ 350m，组距 200m，溶腔直径 80 ～ 100m，井间未溶矿层作为保安矿柱。

对于含多个工业矿层的矿体，采用自下向上的开采顺序。钻井内一般下设三层套管，即表层套管、技术套管和中心管。表层套管用于封隔近地表的松软地层、沙砾层和地下含水层；技术套管用于封隔开采矿层上部的盐层；中心管用于单井注入溶剂或柴油。套管与井壁或内套管间注入油井水泥密封。套管材质为钢材，钢级一般为 J55，直径一般为 100 ～ 300mm。

3.1.3.3 采卤设备及输卤管道材质

钻井水溶开采的采卤设备主要是离心泵，溶剂通过离心泵注入井下，溶矿卤水通过离心泵形成的压差返出地表。离心泵具有体积小、重量轻、转速快、效率高、流量大、操作简单、运行可靠、维修方便等优点，常用的采卤离心泵主要为 D 型、DG 型单吸多级节段式离心泵。

输卤管道材质主要有钢管、铸铁管和塑料管。由于塑料管道具有耐腐蚀、重量轻、易安装、摩阻小、使用寿命长等显著优点，目前如硬聚氯乙烯管、玻璃钢管、高密度聚乙烯管和钢骨架聚乙烯管等塑料管道已广泛应用于钻井水溶开采输卤中。

3.1.4 低品位固体钾矿的溶解转化开采方法

我国柴达木盆地盐湖主要盐类矿物为 NaCl、KCl、$MgCl_2$，及少量 $MgSO_4$、$CaCl_2$、$CaSO_4$。盐类矿物的溶解过程是一个熵变过程，在某种盐不饱和时它就会产生溶解，当接近饱和时溶解速率会变得极慢。目前可选择的固体钾矿转化溶剂有：淡水、石盐水、淡化老卤水以及三者的综合溶剂。

3.1.4.1 固转液工艺与相图理论

盐湖钾镁盐矿主要开采晶间卤水，通过盐田滩晒析出光卤石，然后从盐田采收光卤石矿输送到加工厂生产钾肥。卤源是钾肥生产的龙头。以察尔汗盐湖为例，卤水蒸发、结晶工艺控制以 Na^+、K^+、Mg^{2+}/Cl^--H_2O 四元水盐体系相图为理论基础，盐田结晶矿物主要为光卤石，而赋存于盐湖中的低品位固体钾也主要以光卤石形式存在、少量为钾石盐，在一定的自然和人为条件下，光卤石溶解、结晶是可逆的，因此固体钾向液体钾的转化规律同样遵从 Na^+、K^+、Mg^{2+}/Cl^--H_2O 四元水盐体系相图[29]。应用相图可以定性地进行溶剂选择、控制和分析固体钾向液体钾的转化路线，同时通过相图理论数据和察尔汗盐湖大量试验分析数据，应用数理统计和计算机建立数学模型，可以定量计算转化过程，预测固转液方向和程度。

固液转化的基本工艺路线是向盐层中注入不饱和卤水（溶剂）。卤水在与各种易溶盐接触过程中，首先溶解光卤石、钾石盐，进而溶解氯化钠，直到饱和。固液转化主要是为了得到氯化钾，使固体钾（光卤石和钾石盐）溶解进入液相被开采，因此根据固体钾的赋存形式、空间分布特征，如何预测、控制好溶剂组成、溶剂加入量和转化后溶液组成是转化过程的关键[30]。

根据 Na^+、K^+、Mg^{2+}/Cl^--H_2O 四元水盐体系相图，察尔汗盐湖饱和卤水只有两类。第Ⅰ类是镁钾比值低于 E 点（光卤石点）的卤水，如图 3-15 中的 A_1、A_2 点，其特点是光卤石点只与温度相关，而且光卤石点液相中 NaCl 基本恒定。该类卤水进入盐田蒸发首先析出钾石盐。对于该类型卤水，在生产管理中必须注意两种趋势：镁钾比值远远低于 E 点者（A_2），需在钠盐池阶段掺兑一定比例老卤，提高镁钾比值，缩短钾石盐析出阶段，提高光卤石矿质量；对于镁钾比值稍低于或接近 E 点者，当蒸发到钾石点时，可直接导入光卤石池，减少钾资源的损失。第Ⅱ类是原卤中镁钾比值高于 E 点的卤水，如图 3-15 中 B_1、B_2 点。对于固液转化，力求溶剂溶解钾的速率和效率最大化，并尽可能使溶出液接近光卤石点，以缩短盐田钾石盐结晶段、减少盐田老卤兑入量和有利于提高光卤石质量。由此可以定性确定：①溶剂中 $MgCl_2$ ＜ 25.0%；②溶出液达到饱和后，首批卤水为光卤石点卤水，其组成较稳定，第 2 批至固体钾盐溶解完后的第 n 批卤水为近光卤石点卤水或钾石盐卤水。也即固液转化后卤水全部为第Ⅰ类卤水，由此可根据第Ⅰ类卤水的相图理论来分析推理固液转化的相关规律。

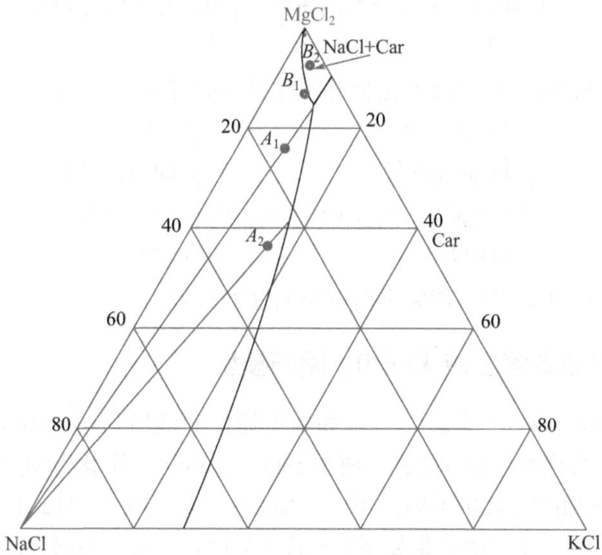

图 3-15 某盐湖饱和卤水类型在相图（10℃）中位置

A_1、A_2—钾石盐卤水；B_1、B_2—光卤石相卤水

3.1.4.2 固转液的基本原理

固转液的基本原理就是向地层中注入不饱和溶剂，破坏原有的相平衡，依据相图理论，使溶剂与盐层中石盐、光卤石或钾石盐发生交换，形成新的溶液，析出新的固体，达到新的平衡状态，其基本关系式主要有四种类型［见式（3-9）～式（3-12）］。根据相图理论和多年的生产实践，卤水的饱和状态主要由 KCl、NaCl、$MgCl_2$ 和卤水温度所决定，由于固转液矿层埋深一般超过气温影响的临界深度，地下卤水温度相对稳定，因此采用一定温度作为固液转化工艺计算温度。工艺控制的目标就是配制适当溶剂，使固体钾尽可能多地溶解进入液相中，使固体中的氯化钠保持基本不变（控制其结晶和溶解），并使溶出液中 $MgCl_2$/KCl 比值接近相应温度下的光卤石点，即 7 ～ 12 之间[31-32]。

$$\gamma_1 V_1 \begin{cases} \mathrm{KCl} \\ \mathrm{NaCl}(\text{溶剂}) \\ \mathrm{MgCl_2} + \mathrm{G_{Car0}} + \mathrm{S_{NaCl}} \\ \mathrm{H_2O} \end{cases} = \gamma_2 V_2 \begin{cases} \mathrm{KCl} \\ \mathrm{NaCl}(\text{溶液}) \\ \mathrm{MgCl_2} + \mathrm{G_{Car1}} + \mathrm{S_{NaCl}} + \mathrm{G_{KCl}} \\ \mathrm{H_2O} \end{cases} \tag{3-9}$$

式中，$\gamma_1 < \gamma_2$，$V_1 \approx V_2$[γ_1、γ_2 为密度，V_1、V_2 为体积，其他为组成（质量分数），下同]，即溶剂不完全分解光卤石和部分溶解光卤石的过程。

$$\gamma_1 V_1 \begin{cases} \mathrm{KCl} \\ \mathrm{NaCl}(\text{溶剂}) \\ \mathrm{MgCl_2} + \mathrm{G_{Car0}} + \mathrm{S_{NaCl}} \\ \mathrm{H_2O} \end{cases} = \gamma_2 V_2 \begin{cases} \mathrm{KCl} \\ \mathrm{NaCl}(\text{溶液}) \\ \mathrm{MgCl_2} + \mathrm{S_{NaCl}} + \mathrm{G_{KCl}} \\ \mathrm{H_2O} \end{cases} \tag{3-10}$$

式中，$\gamma_1 < \gamma_2$，$V_1 \approx V_2$，即溶剂完全分解和部分溶解光卤石的过程。

$$\gamma_1 V_1 \begin{cases} \mathrm{KCl} \\ \mathrm{NaCl}(\text{溶剂}) \\ \mathrm{MgCl_2} + \mathrm{G_{KCl}} + \mathrm{S_{NaCl}} \\ \mathrm{H_2O} \end{cases} = \gamma_2 V_2 \begin{cases} \mathrm{KCl} \\ \mathrm{NaCl}(\text{溶液}) \\ \mathrm{MgCl_2} + \mathrm{S_{NaCl}} + \mathrm{G_{KCl}} \\ \mathrm{H_2O} \end{cases} \tag{3-11}$$

式中，$\gamma_1 < \gamma_2$，$V_1 \approx V_2$，即溶剂不完全溶解钾石盐的过程。

$$\gamma_1 V_1 \begin{cases} \mathrm{KCl} \\ \mathrm{NaCl}(\text{溶剂}) \\ \mathrm{MgCl_2} + \mathrm{G_{KCl}} + \mathrm{S_{NaCl}} \\ \mathrm{H_2O} \end{cases} = \gamma_2 V_2 \begin{cases} \mathrm{KCl} \\ \mathrm{NaCl}(\text{溶液}) \\ \mathrm{MgCl_2} + \mathrm{S_{NaCl}} \\ \mathrm{H_2O} \end{cases} \tag{3-12}$$

式中，$\gamma_1 < \gamma_2$，$V_1 \approx V_2$，即溶剂完全溶解钾石盐的过程。

3.1.4.3 转化质量参数溶出液（饱和）回归模型

（1）理论数据与数学模型的建立[33]　如前所述，固液转化溶出液主要为钾石盐或光卤石点附近卤水，因此将卤水中少量 $CaCl_2$ 或 $MgSO_4$、$CaSO_4$，换算为 $MgCl_2$ 后计入 $MgCl_2$ 中，NaCl、KCl 随卤水中 $MgCl_2$ 含量不同而不同，NaCl、KCl 分别是 $MgCl_2$ 的因变量，由表 3-2 数据通过计算机进行回归计算的结果如下 [见式（3-13）～式（3-18）]。

表3-2　理论相图数据　　单位：%

-10℃			0℃			10℃			25℃			固相
$MgCl_2$	KCl	NaCl	$MgCl_2$	KCl	NaCl	$MgCl_2$	KCl	NaCl	$MgCl_2$	KCl	NaCl	
0.00	6.50	21.70	0.00	7.35	22.35	0.00	8.90	21.50	0.00	11.15	20.40	NaCl+KCl
4.40	5.59	17.35	4.55	6.30	17.40	9.50	6.59	12.30	4.75	9.40	16.00	NaCl+KCl
9.04	4.84	12.87	9.20	5.40	12.70	18.59	4.43	5.42	9.70	8.00	11.55	NaCl+KCl
16.76	4.58	10.10	14.20	4.45	8.20				15.05	6.40	7.25	NaCl+KCl
20.41	2.70	4.10	20.75	3.20	3.85				21.95	4.40	3.25	NaCl+KCl
24.80	1.80	1.95	25.02	2.30	1.90	25.43	2.67	1.92	25.85	3.35	1.80	NaCl+KCl+Car
34.19	0.10	0.35	34.30	0.11	0.35	34.78	0.07	0.28	35.40	0.10	0.35	NaCl+Car+Bis

① 钾石盐阶段：

KCl（直线）：$KCl(\%)=[7.27025+0.14767T(℃)]-[0.19826+0.00401T(℃)]MgCl_2(\%)$

$$(T \geqslant 0℃，r=0.9993) \tag{3-13}$$

$$KCl(\%)=(6.839+0.0340T)-(0.1779-0.00124T)\times MgCl_2\ (T<0℃, r=0.9999)$$

NaCl（多项式）：$NaCl(\%)=[22.47623-0.07623T(℃)]+[-1.21944+0.00597T(℃)]$

$$MgCl_2(\%)+[0.01574-0.00011T(℃)][MgCl_2(\%)]^2\ (r=0.9998) \tag{3-14}$$

② 光卤石点：

$$MgCl_2/KCl=11.18306e^{-0.01639T}\quad(-10℃ \leqslant T \leqslant 30℃，r=0.9917) \tag{3-15}$$

$$MgCl_2(\%)=25.055+0.0320T(℃)\quad(r=0.9998) \tag{3-16}$$

$$KCl(\%)=2.2832+0.04405T(℃)\quad(r=0.9940) \tag{3-17}$$

$$NaCl(\%)=1.90 \pm 0.15 \tag{3-18}$$

（2）数学模型的应用方法及意义　需要说明的是，上述数学模型是在没有考虑各种微量组分、现场条件、测量设备、分析误差等影响的条件下建立的，稳定平衡体系计算值与理论值（或实测值）具有良好的吻合性，经大量实测数据检验，证实偏差很小，因此完全可以作为固液转化工程定量计算的指导依据[34]。

① 根据第 1 次溶剂注入后的溶液分析结果和卤水密度，可以判断固体钾是以光卤石还是钾石盐形式存在；

② 根据溶剂注入后定时采集卤水样品进行分析，依据卤水密度，分析结果中钾、钠、镁关系，以及总含盐量判断是否达到饱和状态，进而推算溶解周期及溶解速率、转化率；

③ 根据第 1 次转化后的饱和溶液密度和 $MgCl_2$ 含量，可以初步判断固体钾品位的高低，进而预测溶剂加入量和转化次数；

④ 根据推荐溶剂和回归模型，可以预测转化后溶液的卤水质量。

3.1.4.4　固转液相图模拟分析及参数计算

以青海柴达木察尔汗盐湖别勒滩区段为例[35-36]，其固体 KCl 平均品位为 1.23%，上部 S_3 盐层中 KCl 平均品位高于 2.0%，一般在 3.0% ～ 4.0%，在此以 KCl 2.0% 做详细模拟分析和计算（参见图 3-16），KCl 1.23% 补充计算（计算前提条件：①假定盐层平均孔隙度 20%，体重 1.54t/m^3，而且每次浸泡、采出后盐层的孔隙度、体重都不发生变化；②溶剂分别设为 A 溶剂、B 溶剂，相对密度为 1.180 ～ 1.200，为简化计算过程统一以 1.200 计；③溶质中 NaCl 永远是无限富余的；④溶解方式均为完全浸泡式，每次加水体积等于孔隙体积）。

（1）某固体盐层（KCl 2.0%，光卤石形式）多次注入 A 溶剂浸泡相图分析

① 第 1 次注入溶剂（图 3-16 中的 $A \to A_1$）：根据水盐体系相图理论的直线规则和向背法则，不饱和溶剂注入盐层中，首先溶解水氯镁石、光卤石和钾石盐、氯化钠，直到饱和状态，卤水组成点向着溶剂与光卤石、氯化钠连线方向运动；在运动过程中，$MgCl_2$ 溶解度远大于氯化钠、氯化钾，继续溶解，由于同离子效应卤水中 NaCl 要析出，从而使最终卤水向着光卤石相区方向移动，直到完全平衡。

② 第 1 次溶液全部排出、第 2 ～ 3 次注入溶剂（图 3-16 中的 $A \to A_2$、A_3）：由于第 1 次注入溶剂后，$MgCl_2$ 大量溶解，氯化钾次之，而氯化钠溶解的比例很小，因此依据相图理论的向背法则，溶剂继续溶解光卤石，但同离子效应要减弱，最终溶液卤水点保持在光卤石

点附近，并向氯化钠顶点方向缓慢运动。

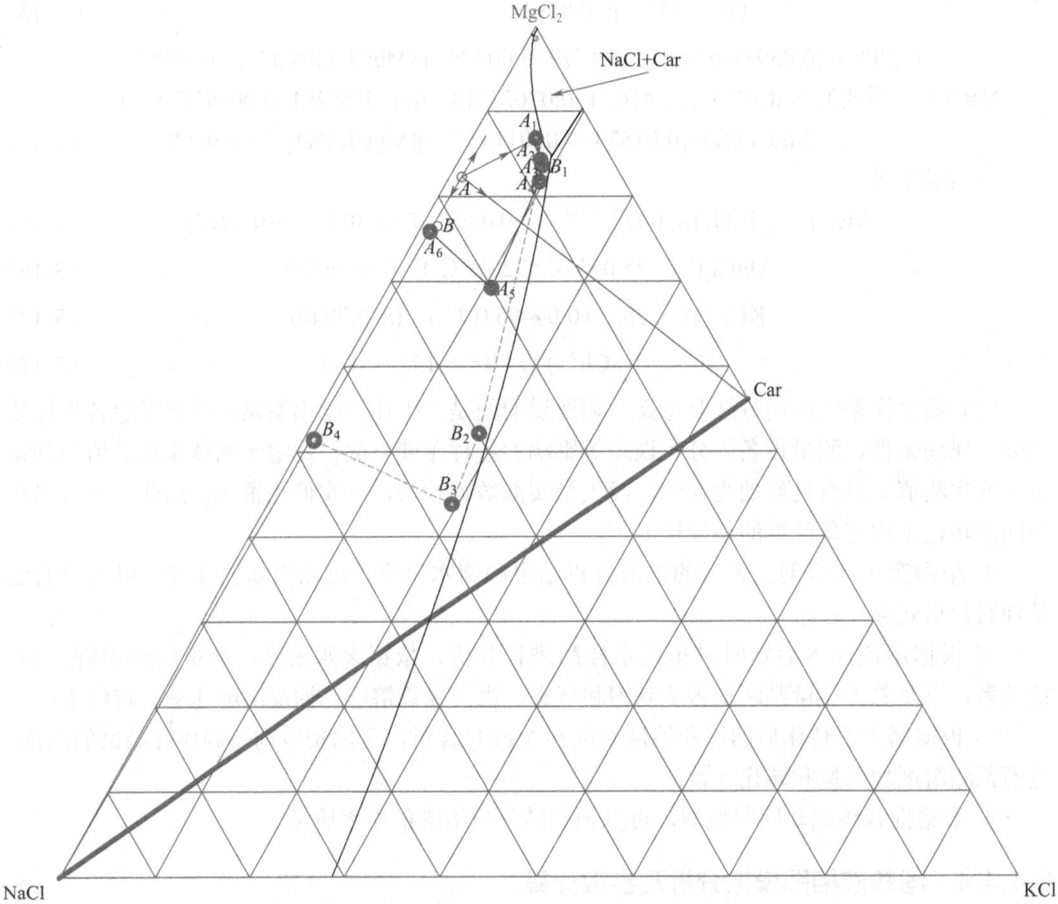

图 3-16　某溶质固液转化过程中的相图分析（10℃）

A—溶剂中 KCl 0.30%、NaCl 4.0%、$MgCl_2$ 20.0%；B—溶剂中 KCl 0.30%、NaCl 4.0%、$MgCl_2$ 14.0%

③ 第 2、3 次溶液全部排出、第 4 次注入溶剂（图 3-16 中的 $A \rightarrow A_4$）：其过程同②，溶剂继续溶解光卤石，同离子效应继续进一步减弱，最终溶液点向氯化钠顶点进一步靠近。

④ 第 4 次溶液全部排出、第 5 次注入溶剂（图 3-16 中的 $A \rightarrow A_5$）：由于第 1 次、第 2 次、第 3 次注入溶剂后，$MgCl_2$ 全部溶解，固相中只剩下少量氯化钾、巨额氯化钠（理论上处于氯化钾、氯化钠共饱和线上），因此依据相图理论的向背法则，溶剂溶解钾石盐，并向着钾石盐线运动，最终溶液点（A_5）在钾石盐线附近。

⑤ 第 6 次注入溶剂（图 3-16 中 $A \rightarrow A_6$）：由于前 5 次注入溶剂后，溶质中氯化镁、氯化钾全部溶解，因此溶剂周围只余下固体氯化钠，根据相图理论的向背法则，溶剂溶解氯化钠，直到饱和，最终溶液点位于溶剂与氯化钠顶点的连线上。

（2）某固体盐层（KCl 2.0%，光卤石形式）多次注入 B 溶剂后的相图分析　详细分析过程同前。由图 3-16 可知，由于 B 溶剂 $MgCl_2$ 含量低，在第 1 次溶液抽出、第 2 次溶剂注入后，溶质中的 $MgCl_2$ 就已经全部溶解完，故在以后的转化过程中，最终溶液始终沿着钾石盐、石盐的共饱和线向氯化钠顶点运动。

（3）某固体盐层（KCl 1.23%，以光卤石或钾石盐形式存在）多次注入 A 溶剂后的相图分析 详细分析过程同前。不同点是溶质中 KCl 含量低，需要加入溶剂的数量和溶解次数减少，溶出液卤水组成较稳定。

（4）理论计算结果（见表 3-3）。

表3-3 固液转化相图分析过程理论计算结果

溶质类型	溶剂类型	第 i 次	溶出液组成 /%				固相组成	备注
			相对密度	KCl	NaCl	$MgCl_2$		
光卤石	A 溶剂（KCl 0.30%、NaCl 4.0%、$MgCl_2$ 20.0%）	1	1.263	1.96	1.96	25.85	Car+NaCl	KCl 2.0%
		2	1.262	2.48	2.19	25.11	Car+NaCl	
		3	1.262	2.63	2.24	24.91	Car+KCl+NaCl	
		4	1.258	2.80	2.57	24.09	KCl+NaCl	
		5	1.235	2.97	5.54	19.12	NaCl	
		5	1.225	1.66	5.74	19.35	NaCl	2 倍 $V_孔$
		5	1.223	0.84	5.87	19.31	NaCl	5 倍 $V_孔$
		5	1.220	0.57	5.92	19.55	NaCl	10 倍 $V_孔$
	B 溶剂（KCl 0.30%、NaCl 4.0%、$MgCl_2$ 14.0%）	1	1.262	2.63	2.24	24.91	Car+KCl+NaCl	KCl 2.0%
		2	1.240	5.07	8.41	14.69	KCl+NaCl	
		3	1.240	5.45	10.35	12.34	KCl+NaCl	
		4	1.215	0.29	11.90	12.89	NaCl	
钾石盐	A 溶剂（KCl 0.30%、NaCl 4.0%、$MgCl_2$ 20.0%）	1	1.240	3.99	5.39	18.96	KCl+NaCl	KCl 2.0%
		2	1.240	3.99	5.39	18.96	KCl+NaCl	
		3	1.240	3.99	5.39	18.96	KCl+NaCl	
		4	1.225	0.46	5.95	19.59	NaCl	
	B 溶剂（KCl 0.30%、NaCl 4.0%、$MgCl_2$ 14.0%）	1	1.231	5.68	10.30	12.30	KCl+NaCl	KCl 2.0%
		2	1.231	5.68	10.30	12.30	KCl+NaCl	
		3	1.220	1.37	11.57	12.77	KCl+NaCl	
		4	1.215	0.29	11.90	12.89	NaCl	
光卤石	A 溶剂（KCl 0.30%、NaCl 4.0%、$MgCl_2$ 20.0%）	1	1.263	2.63	2.24	24.91	Car+KCl+NaCl	KCl 1.23%
		2	1.257	2.86	2.72	23.78	KCl+NaCl	
		3	1.235	2.96	5.52	19.20	NaCl	
		3	1.230	1.64	5.72	19.43	NaCl	2 倍 $V_孔$
		3	1.227	0.84	5.85	19.20	NaCl	5 倍 $V_孔$
		3	1.225	0.57	5.90	19.59	NaCl	10 倍 $V_孔$
钾石盐	A 溶剂（KCl 0.30%、NaCl 4.0%、$MgCl_2$ 20.0%）	1	1.240	3.99	5.34	19.00	KCl+NaCl	KCl 1.23%
		2	1.240	3.99	5.34	19.00	KCl+NaCl	
		3	1.225	0.61	5.90	19.59	NaCl	

（5）不同溶剂在固液转化过程中的优缺点比较及转化参数推论　由表3-3可知，溶剂A与溶剂B理论上均能全部溶解盐层中的氯化钾；溶出液中KCl含量均高于1.50%；溶解过程中不会对地层结构造成破坏。

由相图分析可知，如果使用高钠低镁溶剂，固体钾也能取得较高的溶解率，并且溶出卤水中KCl含量很高。但由于同离子效应，NaCl在固体钾转化过程中会大量析出，进而改变地层结构，使有效孔隙度减小、渗透流速变缓，不利于开采和后期转化，因此不宜采用高钠溶剂进行固液转化工程化推广。

溶剂推荐：根据盐田生产实际经验、相图理论及回归数学公式推算，为避免盐层溶解破坏地层结构、减少转化过程中溶剂组分NaCl的大量析出，以选择综合溶剂为妥，最佳溶剂范围为密度1.180～1.220g/cm^3，$MgCl_2$ 18.0%～22.0%，KCl≤0.30%，NaCl 3.0%～5.0%。

淡水溶矿存在以下缺点：一是理论和实践表明，淡水首先会迅速溶解大量石盐层，造成地层溶陷；二是溶解石盐和钾盐层后溶液为高钠高钾水，不能正常晒制光卤石，使盐田生产经济效益低下；三是采输卤设施安全保证程度差，因此不能作为固液转化工程化实施的溶剂。

高钠石盐水和淡化后的高镁老卤水都能溶解钾矿，但前者转化过程中有大量氯化钠析出会导致地层结构破坏，不利于卤水流动，溶解液对盐田工艺不利；后者溶解效率低、溶解速率慢，溶解液光卤石产率低，因此也不宜作为溶剂。

淡化低钠中镁老卤水是一种最理想的综合溶剂，其优点为：一是制取容易，一般人工盐田排放老卤中成分为KCl（0.2%～0.4%）、NaCl（0.3%～0.6%）、$MgCl_2$（32%～33%），相对密度1.32～1.34，用体积比1.2∶1与淡水混合，输送途中溶解少量盐层，就是固液转化初期最佳溶剂，此时溶剂中$MgCl_2$含量在20%左右；二是这种溶剂能满足实际生产需要，溶解速率快，溶出的卤水质量接近光卤石点，有利于盐田生产，光卤石产率高，溶剂利用可率高；三是输送较安全；四是老卤中B_2O_3、LiCl、KCl、Br^-、I^-、Rb^+、Cs^+参与循环，可待技术成熟后再大规模提取[37]。

（6）转化参数推算

① 转化次数　转化次数以及溶出液达到饱和后的化学组成与固体钾形态、品位有关。

转化次数n：假定溶剂中$MgCl_2$含量始终能够调整到使溶出液卤水$MgCl_2$＞20%，则溶出液中KCl理论上推算为2%～3%，平均按2.50%计，累计转化率应在90%以上，在此按60%的保守转化率推算转化次数（不考虑转化过程中的体积、含水量变化，并忽略溶剂本身的影响）。

$$n=[C_{sKCl}V\gamma(1-\omega)\xi]/V\mu\rho C_{lKCl} \quad (3\text{-}19)$$

式中　n——固体钾矿转化次数；

C_{sKCl}——固体盐层中KCl含量，%；

V——盐层体积，m^3；

γ——固体钾镁盐的体重；

ω——固体钾镁盐的含湿量；

ξ——累计转化率；

μ——地层卤水给水度；

ρ——转化后采出卤水密度；

C_{lKCl}——转化后溶出液卤水中KCl平均含量。

② 转化完成后溶液组成

a．溶出液密度：当固体钾为光卤石时，溶出液达到饱和后，依据固体钾的品位高低，前 1 ～ i 次转化（i 由固体 KCl 品位决定）密度在 1.255 ～ 1.265 之间，后 i ～ n 次转化密度在 1.235 ～ 1.245 之间。当固体钾为钾石盐时，溶出液达到饱和后，其密度由 1.245 逐次降低到 1.220。

b．溶出液组成：当固体钾为光卤石时，溶出液达到饱和后，其化学组成始终保持在光卤石点附近，KCl、NaCl、$MgCl_2$ 三者关系满足式（3-16）～式（3-18），预测溶液中 KCl 在 2.30% ～ 3.00%，NaCl 在 2.00% 左右，且总盐量之和为 30%±0.50%；直到固体钾绝大部分溶解完成后，卤水 KCl 低于 2.0% 时，KCl、NaCl、$MgCl_2$ 三者关系满足式（3-13）、式（3-14），总盐量之和为 28%±0.50%。当固体钾为钾石盐时，溶出液达到饱和后，其化学组成始终保持在钾石盐阶段，KCl、NaCl、$MgCl_2$ 三者关系满足式（3-13）、式（3-14），提高溶剂中 $MgCl_2$ 含量，预测溶液中 KCl 在 3.50% ～ 4.00%，NaCl 在 3.00% ～ 4.00%，总盐量之和为 28%±0.50%，直到固体钾全部溶解完成后，卤水 KCl 低于 1.0%。

③ 转化临界品位　由溶解度理论可知，向盐层中注入不饱和溶剂，固体钾镁盐可全部溶解。再由前述相图分析可知，固体钾镁盐累计转化率达到 90% 左右时，再次注入溶剂后，少量溶质与大量溶剂充分接触，最后一次固体钾转化率接近 100%，由此推算临界品位为：

$$P_{KCl}=(V\mu\rho C_{lKCl}-V\mu\rho_0 C_{lKCl0})/V\gamma(1-\omega)\times\xi \tag{3-20}$$

式中　P_{KCl}——固体盐层中KCl临界溶解品位，%；

V——盐层体积，m^3；

μ——地层卤水给水度；

ρ——转化后采出卤水密度；

C_{lKCl}——转化后溶出液卤水中 KCl 平均含量，%；

ρ_0——加入溶剂卤水密度；

C_{lKCl0}——加入溶剂卤水中 KCl 平均含量，%；

γ——固体钾镁盐的体重；

ω——固体钾镁盐的含湿量；

ξ——累计转化率。

④ 累计转化率　忽略固体钾矿溶解前后体积、体重的变化，根据临界溶解品位、固体钾矿的原始品位，可推算以固体钾矿品位变化计算的累计转化率：

$$\xi=(C_{lKCl}-P_{KCl})/C_{lKCl} \tag{3-21}$$

式中　ξ——以固体钾计算的累计转化率，%

其他符号意义同前。

3.1.4.5　低品位固体钾矿溶解转化后卤水开采方法与装备

固体钾矿溶解转化开采工艺流程为：引淡水＋引老卤→合格溶剂制取→溶剂输送→溶剂渗入→溶解动态观测→卤水开采。柴达木盆地的察尔汗盐湖低品位固体钾矿溶解转化开采工艺流程见图 3-17。低品位固体钾矿溶解转化后，卤水的开采方法及装备同盐湖卤水矿的开采方法及装备，不再重述。

图 3-17　察尔汗盐湖低品位固体钾矿溶解转化开采流程

3.2　难溶性钾矿开发利用

杂卤石属于难溶性钾盐，难溶于水，呈现构溶性特点。相对于水溶性（速效性）而言，杂卤石是优质的缓释性复合钾肥，可作为天然无氯的钾、镁、硫复合矿物肥料直接施用，对于烟草、甜菜、麻类、柑类等经济作物具有良好的增产效果。

3.2.1　国外杂卤石开发利用

国外对杂卤石的综合开发利用研究较早，早在 20 世纪 30 年代初期就进行了逆流萃取杂卤石中 K_2SO_4 和 $MgSO_4$ 的中间试验。之后，有研究者相继采用有机溶剂萃取、无机酸分解、复分解反应等方法对杂卤石分解提取硫酸钾进行了试验研究，但由于加工技术不成熟，杂卤石资源一直未能得到充分利用。近年来，国外在杂卤石分解提取的关键技术上已经取得了一系列实质性突破和工业性经济实效，主要工艺技术如表 3-4 所示，这对我国杂卤石的开发利用无疑具有重要的技术指导作用。

表3-4　国外杂卤石开发利用工艺技术

<table>
<tr><th>类别</th><th colspan="2">工艺方法</th><th>国家</th></tr>
<tr><td rowspan="6">单一肥料（SOP）制取工艺</td><td colspan="2">高温焙烧分解法</td><td>苏联、波兰</td></tr>
<tr><td rowspan="3">焙烧热水浸出法</td><td>加氯化钾转化法</td><td>苏联</td></tr>
<tr><td>加钾镁矾转化法</td><td>苏联</td></tr>
<tr><td>醇类节能助析法</td><td>德国</td></tr>
<tr><td colspan="2">热水直接浸出转化法</td><td>苏联</td></tr>
<tr><td colspan="2">热水浸出氨化法</td><td>波兰</td></tr>
</table>

续表

类别	工艺方法	国家
复合肥料制取工艺	水洗去盐分离法	苏联、波兰
	富钾卤水加石膏制取法	美国
	硝酸分解标准水洗法	苏联
	硝酸分解磷灰石引入杂卤石法	苏联
	磷酸分解氨化法	苏联、波兰
	磷酸分解杂卤石法	苏联

以色列化工集团是世界上目前唯一实际生产杂卤石产品的企业。该集团在英国的克利夫兰钾肥公司于2002年收购了英国的Boulby钾矿，2005年氯化钾产量超过100万吨/年。由于钾石盐矿层采完，2018年第二季度该集团关闭了Boulby钾矿的钾盐生产，改为全部生产杂卤石。Boulby钾矿的杂卤石矿层位于钾盐矿层下方150～170m处，2019年产量约100万吨。该杂卤石生产的肥料包含硫、镁、钾和钙四种养分，为枸溶性物质。与掺混肥或复合肥不同，杂卤石在开采、粉碎、筛选和装袋的过程中，没有使用化学分离方法或其他工业过程。

英国天狼星矿业公司也在投资建设杂卤石项目。该公司在英国北部一个生态环境敏感区北约克沼泽国家公园（North York Moors National Park）附近发现了一个大型杂卤石矿，其杂卤石矿资源储量约22亿吨。开发的杂卤石拟通过矿井采出矿石，直接破碎，进加工厂脱水、干燥、粒化，即可生产出成品。该公司的目标是在2021年年底之前进行开采，一旦矿井全面运转，项目的年产能将高达2000万吨。

3.2.2 我国杂卤石开发利用

我国关于杂卤石的综合利用研究开始于1982年，在四川渠县农乐发现首例杂卤石矿床。1990年，有研究者对渠县农乐杂卤石分别做了提纯试验和农业肥效试验，探索了杂卤石直接作为一种无氯硫酸型钾肥提纯制备高纯度钾盐的可行性。21世纪以来，国内的专家学者对杂卤石的溶解性能、溶浸机理、溶浸动力学、溶浸热力学等也进行了一系列的研究。目前杂卤石的研究重点还都集中在水溶开采和溶浸提取等方面，虽然已取得一定的科研成果，但距离工业化规模开发还有很大差距。通过试验发现，现有的杂卤石溶浸工艺尚存在溶浸效率低、溶浸速度慢、溶矿条件苛刻等技术缺陷，大规模工业化实施难度较大。

在成都理工大学的技术支持下研究者对四川农乐浅层杂卤石矿曾做过一些研究和开发，建立了年产2000吨的中试试验。目前，四川宣汉地区“新型杂卤石钾盐矿”提钾产业化正在稳步推进。中国地质科学院矿产资源研究所与达州恒成能源（集团）公司进行合作开发，建设“新型杂卤石钾盐矿”溶采、富锂钾卤水综合利用一期工程，计划年产氯化钾（当量）6万吨、碳酸锂1000吨。2018年起，恒成公司开始对新型杂卤石钾盐矿进行对接井水溶法开采初试，2019～2020年，建成卤水蒸发量50m^3/d MVR中试车间，开展溶矿和提取试验，已成功提取工业盐。

3.3 不溶性钾矿开发利用

3.3.1 国外不溶性钾资源开发利用

加拿大、德国等国家可溶性钾盐矿床资源丰富，因而利用不溶性钾资源制造钾肥的研究工作进行得较少。而可溶性钾盐资源短缺的国家，在不同程度上都对不溶性钾资源开发利用做了一些探索研究工作，取得了一些成绩。苏联于 20 世纪 60 年代初在阿塞拜疆用热解法建立了明矾石加工厂，年产氧化铝 20 万吨和硫酸钾 10 万吨；1975 年美国在科罗拉多州建立明矾石生产氧化铝（50 万吨 / 年）和硫酸钾（25 万吨 / 年）的工厂。墨西哥等国则利用明矾石的综合开发利用制取硫酸钾，同时还进行了含钾岩石直接应用于农业的研究。日本曾利用高压碱熔分解法提取钾长石中的钾；美国曾用高温焙烧硫酸法分解钾长石；印度等国曾研究了水泥窑法提钾工艺，但窑灰钾肥的产量受水泥生产规模的限制，且易导致混凝土制品中出现集料反应破坏问题，因而未实现工业化。

到目前为止，仅苏联开发利用霞石生产 Al_2O_3 联产 K_2CO_3、水泥的工艺被应用于大规模工业生产中，但也主要是为了提取其中的氧化铝，副产碳酸钠和碳酸钾，同时得到水泥。其中氧化铝、碳酸钾产量仅分别相当于水泥产量的 10% 和 2%。这一技术存在高污染、高能耗（1360℃煅烧）、高物耗（1t 霞石精矿需消耗约 3t 石灰石）、产品结构不合理等难以克服的问题。其他工艺由于经济或技术上的问题仍未能进行大规模工业化应用。

3.3.2 我国不溶性钾资源开发利用

我国对不溶性钾矿资源的开发利用始于 20 世纪 50 年代，已利用的含钾矿种和岩石有 20 多种，包括钾长石、“绿豆岩”、明矾石、海绿石、霞石、含钾砂页岩、磷钾矿石、白榴石、粗面岩、含钾水云母、黏土岩、云母类矿物、石煤渣、石膏泥等，其中利用较多且含钾量也较高的有钾长石、明矾石等。目前开采利用的含钾岩石 K_2O 含量多为 8% ～ 12%，最高可达 14%，一般要求 K_2O 大于 10%。

不溶性钾资源的开发利用在 1963 年曾被化工部列为重点项目，但由于技术、成本和环保瓶颈，早期一直未能产业化。近几年来，国内科技工作者从产品综合开发、工艺路线优化、节能降耗等多方面入手，开发出了一些新的实用工艺技术和新型钾肥品种。随着我国钾肥需求量的持续上升和对有限的可溶性钾资源持续加速消耗的担忧，各方加大了技术攻关力度，并且在开发利用思路上从“分离提纯”转变为“整体活化利用”，从而突破了技术、成本瓶颈，进入了一定规模的产业化阶段。

3.3.2.1 钾长石开发利用现状

钾长石资源虽然丰富，但除部分可作水泥、玻璃、陶瓷原料外，多数未被利用，仅有少数用作硅钙钾镁肥，由地方小规模开采。自从 2006 年不溶性钾资源开发利用技术在中国科学院获得突破以来，我国钾长石生产硅钙钾镁肥这一类土壤调理剂获得了业内人士的广泛关注，生产能力不断扩大（见图 3-18），但因推广施用困难等，2021 年产量仅 18 万吨左右。

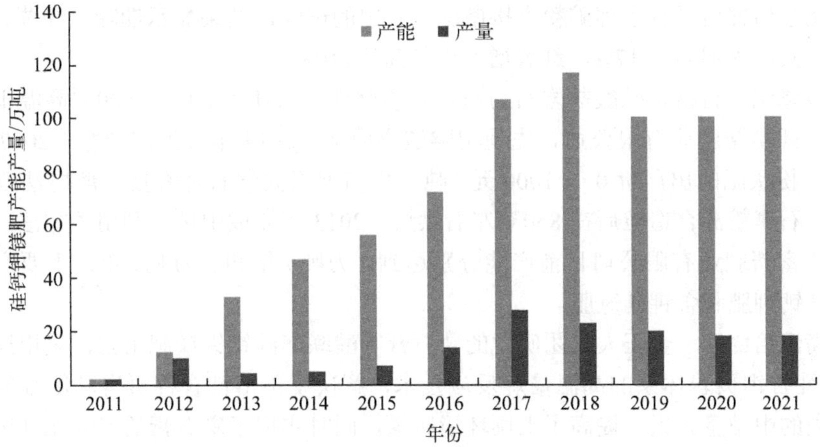

图 3-18 2011 ~ 2021 年我国硅钙钾镁肥产能产量变化趋势

我国对利用钾长石提取制钾肥先后进行了多种工艺研究，主要包括低温分解法、水热分解法、微生物分解法、熔盐离子交换法、烧结法、高炉冶炼法、高温熔融法、高压水化法、微波辐射法等。目前我国不溶性钾资源主要研发机构和企业生产情况如表 3-5 所示。

表3-5 我国不溶性钾资源开发利用概况一览表

单位	工艺技术	产品品类	生产状况
中国科学院地质与地球物理研究所	水热化学法	硅钙钾镁肥	于 2012 年 11 月拿到农业部的登记证并开始产业化运作，共建成 4 条线，北京的生产线已于 2018 年停止生产，另外三条线产能共计 10 万多吨，实际产量在 5 万吨以下
中国地质大学	水热碱法	硫酸钾、硅酸钙和高岭土	在陕西建成了 3 万吨的装置，未生产
金正大集团	磷石膏制酸联产硅钙钾镁肥	硅钙钾镁肥	产能 60 万吨
天津水泥院 / 中材鼎元公司		硅钙钾镁肥	产能 5 万吨
山西富邦公司	煅烧法	硅钙钾镁肥	产业化最早的一种生产工艺，近几年市场销售和反应状况良好，产能 3 万吨
华南理工大学	中温焙烧法	矿物质土壤调理剂（钾钙硅矿物肥）	2011 年，完成中试的省部级成果鉴定，技术达到国际先进水平。2014 年，国家产业基金确定投资该项目。在袁隆平水稻实验基地做肥效试验。2017 年该技术已被东莞、贵州和辽宁三家企业推广应用，年产量达 9 万吨
山西紫光钾业有限公司	转晶活化工艺	硅钙钾镁肥	在河南郑州产量 1000 吨 / 年
清华大学	微晶化工艺	硅钙钾镁肥	此工艺的中试装置已建成并产出产品，正在产业化运作中

（1）粉碎-直接施用法　是将难溶性钾矿粉不经湿法或热法等处理，直接撒施在农田中。该法能有效地改善和提高土壤钾肥力以及供钾潜力，促进农业保质、增量、增效。20世纪50年代挪威将粉碎的黑云母矿直接撒施于农田中用作钾肥，效果较为显著。20世纪中国科学院地球化学研究所进行了钾矿粉直接撒施于农田的试验，结果显示烟叶、红薯、水稻增产较为明显，其中水稻增产17%，红薯增产更是高达50%。

（2）煅烧法　将富钾硅酸盐岩石与石灰石粉磨拌匀后在1300～1500℃高温下煅烧。典型代表是山西富帮肥业有限公司，先使用隧道窑煅烧，2014年改为回转窑，2007年就开始上市销售，粉状肥的出厂价0～1000元/吨。华南理工大学石林教授将煅烧法改进为把富钾岩石粉与石膏粉混合造粒后在850℃左右烘烤，2013年完成中试。利用该方法，中材鼎元公司和山西富帮肥业有限公司目前产能分别达到5万吨/年和3万吨/年，主要产品品种是硅钾肥、硅钙钾肥和含钾硅氮肥。

（3）高温焙烧法　金正大集团研发的磷石膏制酸联产硅钙钾镁肥工艺，采用煤粉还原磷石膏-不溶性含钾页岩体系的高温焙烧反应技术，解决了不溶性含钾页岩利用难问题，补充了土壤缺失的中微量元素，提高了土壤环境质量，同时实现了磷石膏的资源化利用。目前硅钙钾镁肥的产能为60万吨/年。

（4）水热化学反应法　将富钾岩石与石灰粉磨拌匀后在热水溶液中发生化学反应，技术难点是水的比例往往较大（水固比通常为5～15）、蒸干水分所需能耗较大。中国地质大学研究钾长石制钾肥的综合利用技术，创新开发出钾长石水热碱法生产硫酸钾工艺，在比较低的温度下分解钾长石，可高效清洁地利用钾长石资源生产硫酸钾、硅酸钙和高岭土等产品。典型代表是中国地质大学（北京）在山西紫光钾业有限公司的改进技术基础上已经成功生产出高含量的钾硅肥。目前山西紫光钾业有限公司利用紫金山霞石正长岩生产钾肥已处于停产状态，在河南郑州利用钾长石生产硅钙钾镁肥产量达1000吨/年。

（5）加压蒸养法　其原理与水热化学法类似，但在技术工艺上有较大的改进和升级。其优势在于水固比降低到了约1；化学反应过程是在半湿的固体状态下、在静态条件下进行的，不用搅拌和旋转、不用分离，因此工艺简单、容易实现，成本较低；整个生产过程没有废气、废水、固体废物的排放，是绿色生产技术；把富钾岩石中的所有矿物质元素整体转化成了能够被植物吸收的有效营养成分，使产品拥有与天然土壤类似的矿物质营养元素组合；产品具有特殊的微孔结构，可防治土壤板结。中国科学院地质与地球物理研究所研制的钾硅钙微孔矿物肥料产品，是将富钾岩石中的钾和所有中微量元素整体转化为植物可吸收的有效营养形态，使钾长石变成天然生态型多元素微孔矿物肥料，从而为土壤补充中微量元素，促进农作物全营养平衡施肥，恢复土壤生产力。目前粉状产品的出厂价约为1000元/吨。每亩地施用量20～80kg/亩，农民投入成本为40～160元/亩，但因为可以适当减少化肥和农药的用量，农民每亩地的投入增加并不多。

（6）其他方法　微生物法是利用各种解钾、解硅细菌来分解富钾硅酸盐岩石，但分解过程缓慢，没有工业化应用。固体废物利用方法，华南理工大学自2004年开始致力于钙基工业固体废弃物，如脱硫灰渣、纸厂白泥、冶炼厂金属渣、电石渣、建材厂下脚料、碱厂碱渣等资源化利用的研究。其利用钾长石和脱硫灰渣生产的钾钙硅肥在广东地区进行的大田试验表明：增产率高达11.12%～23.30%，作物品质有所改善，且对土壤有很好的改良作用。

3.3.2.2 明矾石开发利用现状

明矾石是一种具有综合利用价值的多元素矿产资源，可生产 40 多种产品。在工业上主要用于提取明矾，同时也是炼铝和制造钾肥、硫酸的矿物原料。在工业生产中，主要采用水浸法、还原热解法、氨浸法和酸氨法等 4 种工艺。采用不同的工艺，可得到明矾及其系列产品：不含氯的钾肥、工业钾盐、氧化铝系列原料、催化剂载体和硫酸等。还原热解法工艺生产的主要产品为硫酸钾、氢氧化铝及硫酸，同时排放矾烟、矾渣和赤泥；氨浸法工艺生产的主要产品为钾氮肥，同时排放矾烟和氨浸渣；酸氨法工艺生产的主要产品为β-三水氧化铝和钾氨混肥，同时排放矾烟和酸浸渣；水浸法工艺生产的产品为明矾，同时排放矾烟、矾浆和矾渣。

3.3.2.3 霞石开发利用现状

霞石是一种重要的非金属矿，具有综合利用价值。工业上加工霞石主要是为了生产三氧化铝，副产碳酸钾和水泥，开发霞石矿对发展铝工业、化学工业及水泥工业等将起到一定促进作用。

3.3.2.4 不溶性钾资源开发利用前景

以钾长石等不溶性钾矿为原料生产钾肥的最大问题是生产成本。在现阶段，利用钾长石生产硅钙钾镁肥只能作为钾肥的少量补充，不宜大规模开发利用；明矾石和霞石综合开发利用价值较高，可加大研究并拓展延伸产业链。基于钾长石、明矾石和霞石等不溶性钾资源综合开发利用进展及硫酸钾钙镁作为土壤调理剂的应用效果，应因地制宜、小规模地对不溶性钾资源进行全元素综合开发利用。继续加强不溶性钾资源生产钾肥工艺的研发，优化现有生产工艺流程和设备，进一步降低能耗和成本，提高产品的质量及其稳定性，并制定相应的国家标准，推动科研、技术成果的转化。

参考文献

[1] 延平. 溶解采矿法及其在盐湖的应用 [J]. 盐湖科技资料，1977(2):41-51.
[2] 青海盐湖工业股份有限公司. 固体钾矿的浸泡式溶解转化方法: CN101402462B[P]. 2008-09-21.
[3] 青海中航资源有限公司. 一种低品位固体钾矿的开采方法: CN107152280B[P]. 2017-07-07.
[4] 王方强，鲍永恩，刘振湖，等. 盐湖矿床开采 [M]. 北京：化学工业出版社，1983.
[5] 李海民，程怀德，张全有. 卤水资源开发利用技术述评 [J]. 盐湖研究，2003(3):51-64.
[6] 王石军. 察尔汗盐湖钾镁盐矿床可采储量特征及其开采探讨 [J]. 化工矿物与加工，2005, 34(1):3.
[7] 韩积斌，许建新，安朝，等. 盐湖地下卤水的开采技术及其展望 [J]. 盐湖研究，2015(1):67-72.
[8] 孙大鹏，吕亚萍. 察尔汗盐湖首采区溶解光卤石试验的初步研究 [J]. 盐湖研究，1995(4):40-43.
[9] 江梅. 盐湖卤水输送设备的防结盐及防腐蚀 [J]. 化工矿物与加工，2006(7):33-34.
[10] 江梅. 浅谈盐湖卤水采输设备的选用及配置 [J]. 海湖盐与化工，2004(2):8-10.
[11] 童阳春，廖鹏飞，朱真见，等. 盐湖开采工程防渗卷材的选择 [J]. 化工矿山技术，1998(3):15-18.
[12] 童阳春，王有才，廖鹏飞. 现代盐湖矿床开采防洪工程的多功能应用 [J]. 化工矿物与加工，2007 (5):21-23.
[13] 童阳春，廖鹏飞. 盐湖卤水开采工程输卤渠设计优化浅谈 [J]. 化工矿物与加工，2005(2):28-29.
[14] 熊增华，王石军. 察尔汗盐湖资源开发利用现状及关键技术进展 [J]. 化工矿物与加工，2021(1):33-37.
[15] 王清明. 盐类矿床水溶开采 [M]. 北京：化学工业出版社，2003.
[16] 刘传福. 井采技术在罗布泊盐湖开发中的应用 [J]. 化工矿物与加工，2010(1):31-33.
[17] 于升松，等. 察尔汗盐湖首采区钾卤水动态及其预测 [M]. 北京：科学出版社，2000.
[18] 青海盐湖工业股份有限公司. 一种浮箱式采卤泵站: CN2881174Y[P]. 2006-01-16.
[19] 武永猛，童阳春，吴盛斌. 盐湖卤水开采中输卤渠道实用经济断面的确定 [J]. 化工矿物与加工，2016(4):65-68.
[20] 刘万平，王海平. 浅论察尔汗盐湖晶间卤水工程化采输卤技术 [J]. 盐科学与化工， 2012(7):17-19.
[21] 陈元军，郭福平. 西台吉乃尔盐湖大规模应用采卤井技术方案研究 [J]. 山东化工，2015(11)：101-103.

[22] HG/T 22816—2016 化工矿山盐湖卤水矿采矿设计规范.
[23] 梁卫国. 盐类矿床控制水溶开采理论及应用 [M]. 北京：科学出版社，2007.
[24] 王盼盼，刘鲤君，金世红，等. 察尔汗盐湖溶矿研究进展 [J]. 中国资源综合利用，2021(9):110-112.
[25] 青海盐湖工业股份有限公司. 一种卤水钻井开采系统及封闭循环动态清洗抗结盐方法: CN104196498A[P]. 2014-08-21.
[26] 王罗海，王石军，刘万平，等. "固转液"技术应用及其对资源和环境的影响分析 [J]. 化工矿产地质，2020(4):378-381.
[27] 王晓，琚振闯，张聪. 低品位固体钾矿驱动溶解开采扩大试验研究 [J]. 中国矿业，2015(7):100-103.
[28] 王晓，姜虹，王爱丽. 氯化物型盐湖低品位钾矿溶浸开采的工艺条件 [J]. 青岛科技大学学报（自然科学版）, 2015(5):534-537.
[29] 牛自得，程芳琴. 水盐体系相图及其应用 [M]. 天津：天津大学出版社，2002.
[30] 许广森. 盐湖卤水中固液相转化效应的均衡法计算 [J]. 地质科学，1982(1):98-104.
[31] 王文祥，李文鹏，刘振英，等. 涩聂湖湖水驱动溶解固体钾矿固液转化量计算 [J]. 中国矿业，2013 (4):102-105.
[32] 王文祥，李文鹏，安永会，等. 察尔汗盐湖单级与增程驱动溶解固体钾矿试验对比研究 [J]. 地质评论，2015(5):1177-1182.
[33] 李瑞琴，刘成林，焦鹏程，等. 现代盐湖低品位固体钾盐溶矿数值模拟研究 [J]. 地质学报，2017 (7):2150-2157.
[34] 宣之强. 青海昆特依和马海盐湖区钾镁盐矿床固体矿的基本特征 [J]. 盐湖研究，1995 (4):1-9.
[35] 李瑞琴，刘成林，赵艳军，等. 青海别勒滩试验区低品位固体钾盐液化开采的野外实验研究 [J]. 岩石矿物学杂志，2021 (1):76-88.
[36] 焦鹏程，刘程林，王石军，等. 青海别勒滩低品位固体钾矿液化开发技术 [M]. 北京：科学出版社，2020.
[37] 王罗海，王石军，金青明，等. 青海别勒滩矿区采出晶间卤水与矿层晶间卤水 KCl 品位关系研究 [J]. 化工矿物与加工，2020(12):1-3,8.

中国肥料研究与应用全书

Books of Fertilizer Research and Application in China

FERTILIZER

第 4 章

氯化钾

4.1 概述

4.1.1 基本理化性质

氯化钾是钾肥的主要品种，其生产与消费占全部钾肥品种的90%以上。与其他钾肥品种相比，其所含K_2O量高于硫酸钾、硝酸钾等产品。氯化钾，英文名称为potassium chloride或muriate of potash，简称MOP，分子式为KCl，分子量为74.55，K_2O理论含量为63.17%，含K 52.45%。纯氯化钾为白色立方晶体，味极咸，无臭，无毒性。工业生产中从水溶液中结晶出来的氯化钾大多呈乳白色，也有呈粉红色、灰色的，不透明。密度（20℃）为1984kg/m^3，折射率为1.334，熔点为771℃，沸点为1417℃，摩氏硬度为2～2.5。氯化钾易溶于水，水溶液呈中性，pH值接近于7；也易溶于醚、甘油及碱类，微溶于乙醇，但不溶于无水乙醇，有吸湿性，易结块；在水中的溶解度随温度的升高而迅速地增加，与钠盐常发生复分解反应而生成新的钾盐。氯化钾在水中的溶解度见表4-1。

表4-1　氯化钾在水中溶解度

温度/℃	0	10	20	30	40	50	60	70	80	90	100
溶解度/(g/100g水)	28.0	31.2	34.4	37.4	40.3	42.8	45.8	48.1	51.1	53.6	56.0

氯化钾的化学性质基本同氯化钠，氯化钾可以作工业制备金属钾的原料（用金属钠在850℃高温条件下置换：$KCl+Na \rightleftharpoons K+NaCl$，经冷却、蒸馏、捕集，制得金属钾成品，这是个可逆反应，从热力学性质上来讲有利于可逆反应的进行，因为钾达到沸点温度774℃时变成钾蒸气溢出，有利于反应方向右移）。

电解氯化钾溶液可制备苛性钾，氯化钾溶液中的氯离子可以被银离子沉淀，钾离子可以被四苯硼钠沉淀。氯化钾与浓硫酸反应可生成硫酸氢钾和氯化氢，还可以用作有机反应。工作基准氯化钾可用于标定硝酸银标准液。氯化钾的晶格能为715kJ/mol。

4.1.2 产品质量标准

中华人民共和国国家标准《氯化钾》（GB/T 6549—2011）规定了氯化钾的产品标准（表4-2），此标准2011年7月20日发布，2012年6月1日起实施。原为强制性标准，后改为推荐性标准。该标准将氯化钾产品划分为两种类别：Ⅰ类为工业用氯化钾，适用于化工行业各种钾盐的生产；Ⅱ类为农业用氯化钾，适用于配制复合肥或者直接作为肥料施用。

2019年，国家标准化管理委员会发布了国家标准《肥料级氯化钾》（GB/T 37918—2019），于2020年3月1日正式实施。该标准仅为农业肥料级氯化钾标准。新标准首次规定了钠离子、水不溶物这类“杂质”的含量限定指标，将氧化钾含量指标从55%～62%提升至57%～62%；水分含量缩减为原来的一半及以下。新标准出台后，原国标GB/T 6549—2011依旧继续实施。

表4-2 氯化钾主要指标（GB/T 6549—2011）

项目	Ⅰ类			Ⅱ类		
	优等品	一等品	合格品	优等品	一等品	合格品
氯化钾（K_2O）的质量分数/%	≥ 62.0	≥ 60.0	≥ 58.0	≥ 60.0	≥ 57.0	≥ 55.0
水分（H_2O）的质量分数/%	≤ 2.0	≤ 2.0	≤ 2.0	≤ 2.0	≤ 4.0	≤ 6.0
钙镁（Ca+Mg）的质量分数/%	≤ 0.3	≤ 0.5	≤ 1.2	—	—	—
氯化钠（NaCl）的质量分数/%	≤ 1.2	≤ 2.0	≤ 4.0	—	—	—
水不溶物的质量分数/%	≤ 0.1	≤ 0.3	≤ 0.5	—	—	—

新标准并未按 GB/T 6549—2011 将农业氯化钾分为优等品、一等品、合格品三大类，而是将氯化钾肥料分为粉末结晶状、颗粒状两大类型，对应有Ⅰ型、Ⅱ型、Ⅲ型三档，且技术指标大幅提升（表 4-3）。新标准规定，颗粒状钾与粉末结晶状钾Ⅰ型、Ⅱ型、Ⅲ型氧化钾含量分别为≥ 62%、≥ 60%、≥ 57%，这三档指标均高出农用氯化钾优等品（≥ 60%）、一等品（≥ 57%）、合格品（≥ 55%）2% ～ 3%，有利于提升氯化钾品位与质量，避免低品位氯化钾充斥市场，维护行业稳定健康发展。

表4-3 肥料级氯化钾主要指标（GB/T 37918—2019）

项目		粉末结晶状			颗粒状		
		Ⅰ型	Ⅱ型	Ⅲ型	Ⅰ型	Ⅱ型	Ⅲ型
氯化钾（K_2O）质量分数/%		≥ 62.0	≥ 60.0	≥ 57.0	≥ 62.0	≥ 60.0	≥ 57.0
水分（H_2O）质量分数/%		≤ 1.0	≤ 2.0	≤ 2.0	≤ 0.3	≤ 0.5	≤ 1.0
氯化钠（NaCl）质量分数/%		≤ 1.0	≤ 3.0	≤ 4.0	≤ 1.0	≤ 3.0	≤ 4.0
水不溶物质量分数/%		≤ 0.5	≤ 0.5	≤ 1.5	≤ 0.5	≤ 0.5	≤ 1.5
粒度/%	1.00 ～ 4.75mm	—	—	—	90		
	2.00 ～ 4.00mm	—	—	—	70		
颗粒平均抗压碎力/N		—	—	—	≥ 25.0		

除工业和农业用氯化钾标准外，还有《化学试剂　氯化钾》（GB/T 646—2011）、《工业氯化钾》（GB/T 7118—2008）等其他氯化钾相关标准。

4.1.3 产品分析方法

工业氯化钾按 GB/T 6549—2011 标准中规定的方法测定，农业氯化钾可按 GB/T 6549—2011 或 GB/T 37918—2019 标准中规定的方法测定。其中主产品氯化钾的测量方法为四苯硼钾重量法，主要是利用钾离子与四苯硼钠进行反应生成四苯硼钾沉淀，根据四苯硼钾的质量确定氯化钾含量。试剂级氯化钾采用硝酸银滴定法测定。

4.1.4 产品发展历史

1840 年，在德国施塔斯富特盐矿中发现了钾盐，为工农业所需的钾提供了丰富的资源。之后在德国境内又发现了和施塔斯富特同属二叠纪的几个钾盐矿床，同时也在法国、意大利、西班牙发现了几个规模较小的钾盐矿床。1861 年，德国人从盐水中提取并开始使用氯化钾[1-2]，氯化钾首次在市场出现。直到第一次世界大战开始，德国仍垄断着钾盐生产。在国外 150 余年的发展历程中，从产量上看，氯化钾的产销量逐步上升，1900 年全世界氯化钾的产量为 33.3 万吨，并且在相当长的时期内全世界的磷、钾肥用量高于氮肥。20 世纪 20 年代，苏联的上卡姆和美国的新墨西哥钾盐矿床先后被发现，打破了德国的垄断。40 年代，加拿大人萨斯喀彻温和白俄罗斯的泥盆纪钾盐矿床和东土库曼斯坦侏罗纪钾盐矿床先后被发现，丰富了钾盐矿床成矿时代的资料。英国的约克郡钾盐矿床的发现，也大大地扩大了西北欧二叠纪钾盐盆地的愿景。到 1959 年全球氯化钾产量达到 788 万吨，到 1970 年氯化钾产量直线上升到 1690 万吨。进入 21 世纪，钾肥产能产量逐步增长，到 2020 年产量超过 7000 万吨。

我国从 20 世纪 50 年代中期开始部署钾盐矿找矿工作，1956 年在青海柴达木发现大型钾矿，1958 年建成钾肥厂[3-6]，当年产量 953 吨。1969 年，氯化钾建成万吨装置，到 1972 年产量越过万吨大关。到 2010 年，全球氯化钾的产量比 1970 年时的产量增长了 3.08 倍，我国钾肥产量增长了 360 倍。到 2020 年，国内氯化钾产量达到 730 万吨，实现了稳定增长。

4.2 氯化钾生产工艺

目前生产氯化钾的原料主要来自两个方面：一是可溶性固体钾盐矿；二是含钾卤水。固体钾盐矿主要为钾石盐矿、光卤石矿及钾石盐-光卤石混合矿等；含钾卤水主要包括盐湖含钾卤水和海水等。目前世界上共有 15 个国家生产氯化钾，主要分布在北美、欧洲、南美、中东和亚洲等地，其中加拿大、俄罗斯、白俄罗斯三国氯化钾生产总量超过总产量的 60%，其主要原料为固体钾石盐。我国固体钾盐矿缺乏，已探明钾资源以含钾卤水为主，主要集中在青海柴达木盆地和新疆罗布泊两个地区。

依据钾矿资源的不同，氯化钾生产工艺路线各不相同[7]。对于钾石盐型固体钾盐矿，主要生产方法有正浮选法、溶解-结晶法、重介质浮选联合法，其中浮选法和溶解-结晶法应用最为普遍；对于光卤石型固体钾盐矿，主要生产方法有冷分解-浮选法、冷结晶-浮选法、冷分解-热溶结晶法、反浮选-冷结晶法等；对于含钾卤水，分两步生产氯化钾，第一步主要通过蒸发盐田生产出钾石盐或光卤石矿，第二步再在加工厂里采用上述方法生产出氯化钾产品。

4.2.1 正浮选法

正浮选法就是根据矿物颗粒表面物理化学性质的不同，即矿物可浮性的差异，通过加入浮选药剂浮选出有用矿物的方法。正浮选法主要适用于以钾石盐为原料的固体钾盐矿，该方法主要根据氯化钾和氯化钠表面物理化学性质的不同，利用氯化钾与氯化钠在捕收剂作用下疏水性的差异，直接分离出氯化钾这一有用矿物，从而使氯化钾和氯化钠分离。

4.2.1.1 浮选法的基本原理

钾石盐中氯化钾和氯化钠的晶体表面具有不同程度被水润湿的能力，这种性能上的差异是由晶体表面和水分子的结合力强弱不同所引起的。在一般情况下，这种差异对氯化钾和氯化钠来说是不显著的，但当加入某种药剂后，即能改变其表面性质，扩大二者之间表面湿润性能的差别。当需要浮选出氯化钾时，可加入脂肪胺类捕收剂，即能增加氯化钾矿物表面的疏水性。如果再往料浆中鼓入空气，氯化钾表面的水层会迅速破裂并和气泡紧密地结合成泡沫，上升到矿浆表面，然后将这些带有氯化钾矿粒的泡沫刮出，经过滤、干燥后即可得到氯化钾成品。而氯化钠由于晶体表面湿润性强，不能附着于气泡上升，故残留在矿浆中。这就是浮选法分离氯化钾和氯化钠的物理化学基础[8]。

4.2.1.2 钾石盐浮选工艺

（1）加拿大钾石盐浮选工艺　加拿大萨斯喀彻温钾盐矿床是世界上最大的固体钾盐矿床，矿层埋藏深度为 1000 ～ 3000m，估计总的资源储量为 1230 亿吨（KCl），其矿石类型为典型的钾石盐矿，主要盐类矿物为石盐和钾石盐，并含有少量光卤石及水不溶物。该矿床矿石品位比较高，K_2O 含量一般为 15% ～ 20%，局部地区超过 30%。

目前加拿大萨斯喀彻温省共有 10 个钾盐矿山生产钾肥，隶属于 2 家钾肥生产商，其中有 5 个矿山采用浮选法来生产氯化钾，其常规浮选工艺流程见图 4-1[9]。

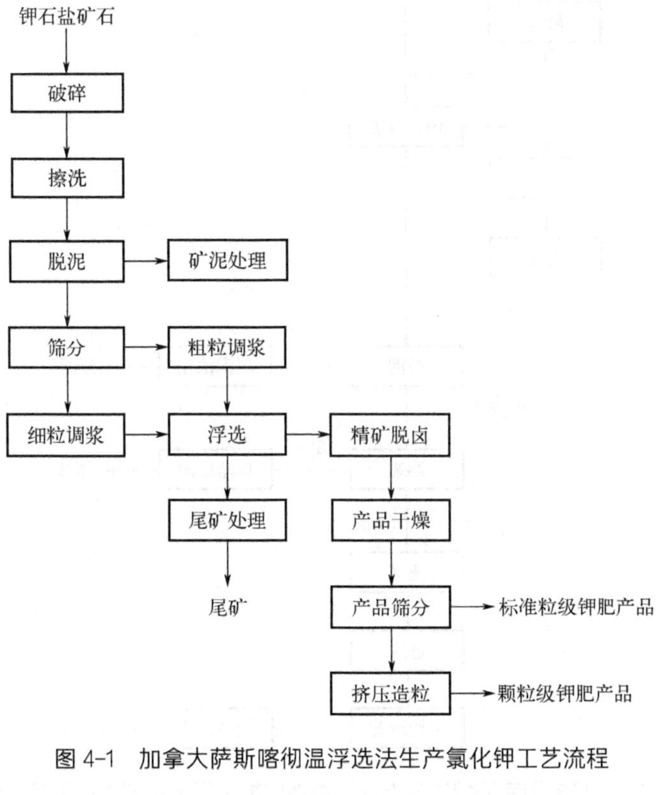

图 4-1　加拿大萨斯喀彻温浮选法生产氯化钾工艺流程

主要生产过程为：钾石盐矿石经破碎机破碎后，用饱和盐水擦洗矿石脱除矿泥，然后添加浮选药剂进行调浆（为了降低浮选药剂用量和促进粗颗粒浮选，粗颗粒和细颗粒分开进行调浆），调浆后进行氯化钾浮选，钾石盐浮选采用正浮选工艺，浮选药剂采用胺类捕收剂；浮选精矿经过离心脱水、干燥和筛分分级，得到标准粒级钾肥产品，部分细粒产品通过辊压机进行挤压造粒，制成颗粒级钾肥产品。

（2）乌兹别克斯坦钾石盐浮选工艺　乌兹别克斯坦丘别加坦钾盐矿床位于乌兹别克斯坦西南部的卡什卡达里亚州德赫卡那巴德市境内，矿床平均埋深 300 ～ 400m。根据勘探报告，丘别加坦矿区在乌兹别克斯坦境内钾石盐矿的储量氯化钾 27620.1 万吨，平均品位 KCl 含量 35.8%，为高品质钾盐矿。

乌兹别克斯坦丘别加坦钾盐矿以钾石盐形式赋存，主要矿石组成有石盐（NaCl）、钾石盐（NaCl+KCl）、硬石膏（$CaSO_4$）及少量的光卤石，原矿品位较高，杂质含量低，有利于采用浮选法进行选别。

乌兹别克斯坦德赫卡那巴德钾肥加工厂一期 20 万吨 / 年、二期 40 万吨 / 年氯化钾生产装置。该加工厂工艺采用钾石盐粗颗粒浮选工艺技术，浮选入料粒度约为 1mm。其中一期 20 万吨 / 年生产装置设计原矿组成为 KCl 31.93%、NaCl 61.37%、$MgCl_2$ 0.51%、$CaSO_4$ 1.25%、水不溶物 3.25%，其加工工艺流程见图 4-2。

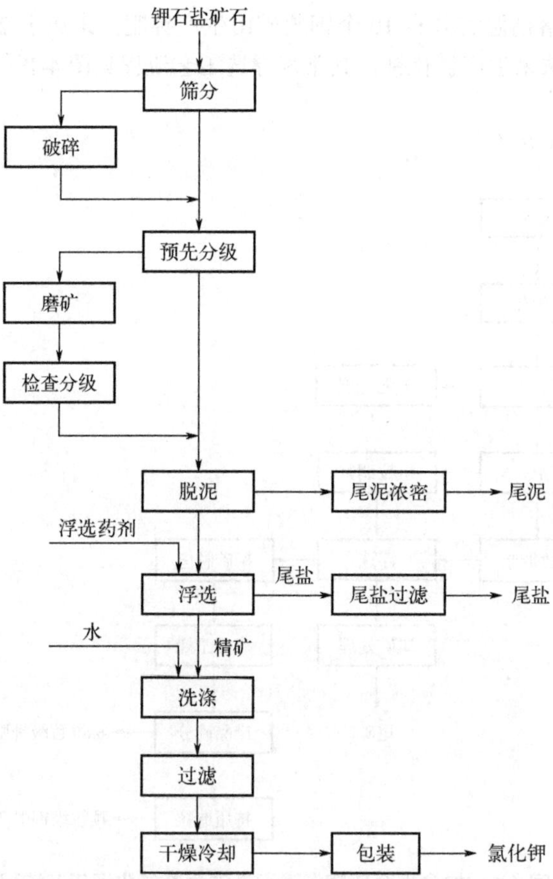

图 4-2　乌兹别克斯坦德赫卡那巴德钾肥加工厂氯化钾生产工艺流程

氯化钾生产流程包括：破碎筛分、磨矿分级、脱泥、浮选、精矿洗涤脱滤、干燥冷却及包装等工序。

其主要生产过程为：钾石盐矿石首先经过带有预筛分的一段开路破碎流程，将矿石破碎至约 10mm；然后采用棒磨机和振动筛进行闭路磨矿分级，并将磨矿产品粒度控制在约 1mm；再对磨矿后物料进行脱泥，脱泥采用旋流器二级脱泥，二级旋流器溢流进入尾泥浓密机进行浓缩，为了加快沉降速度，浓密机内加入聚丙烯酰胺絮凝剂。尾泥浓密机溢流用作循环母液，底流用泵输送至尾泥库堆存。

经过旋流器脱泥后的物料进入浮选系统，在浮选搅拌槽中加入浮选药剂后，进入浮选机对钾石盐进行粗颗粒浮选，浮选机采用白俄罗斯生产的用于钾石盐粗颗粒浮选的专用浮选机。经过一次粗选，三次精选，精矿泡沫进入精矿洗涤槽，加水进行洗涤，除去残余的氯化钠。洗涤后的精矿再经过过滤、干燥、冷却及包装得成品氯化钾。浮选后尾盐经过浓密过滤得尾盐，送尾盐库堆存。

4.2.2 溶解-结晶法

溶解-结晶法就是利用氯化钾和氯化钠在不同温度下溶解度的变化差异来实现二者的分离，即在高温下溶解出钾石盐矿石中的氯化钾，并和盐渣分离，然后再将溶浸液冷却、结晶，分离出氯化钾。

4.2.2.1 溶解结晶法加工原理

溶解结晶法加工原理见图 4-3。

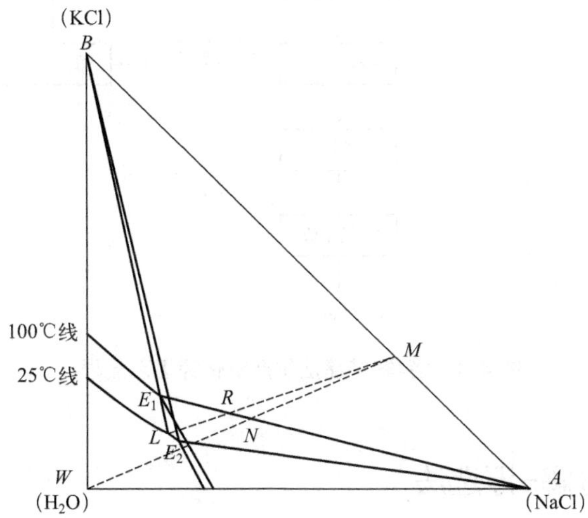

图 4-3 钾石盐溶解结晶法制氯化钾相图原理

图 4-3 表示的是 KCl-NaCl-H_2O 系统在 25℃、100℃下的相图。图中 E_1 及 E_2 分别为 100℃和 25℃时 KCl、NaCl 两盐共饱点，M 点是钾石盐的组成点，在 100℃下加水至 N 点，KCl 全部溶解于液相 E_1 中，分离出固相 NaCl 后，E_1 点处于 25℃时 KCl 的结晶区内，故母液 E_1 冷却到 25℃时便有大量 KCl 析出；析出 KCl 后液相点为 L，分离固相 KCl 后，把母液

L 重新加热到 100℃，这时 *L* 点对 KCl、NaCl 均不饱和，可以用液相 *L* 溶浸钾石盐，控制适当的加料量，可使 *M* 与 *L* 配料点为 *R*，分离 NaCl 固相后，又得到母液 E_1，这样就构成了 *R*—E_1—*L*—*R* 的循环操作过程 [10]。

溶解-结晶法所得的氯化钾 KCl > 96%，副产品食盐 NaCl > 95%（湿基）。

4.2.2.2 溶解-结晶法加工工艺流程

溶解-结晶法是用钾石盐矿生产氯化钾最早采用的生产工艺，亦称化学法或水热法。一般来说，溶解-结晶法能耗较大，通常适用于不能用浮选法加工的钾石盐矿物，如粒度细而含泥较多的原矿以及浮选过程分离出的黏土矿物和尾矿，以回收其中残留的氯化钾。国外杂质较多的钾石盐矿大多采用此种工艺生产氯化钾。

俄罗斯乌拉尔钾肥公司（Uralkali）是世界上最大的氯化钾生产商之一，氯化钾总产能达 1300 万吨，目前正在开发并经营 Berezniki 地区和 Solikamsk 地区的几个钾盐矿，其中 Solikamsk 地区有两家加工厂采用溶解-结晶法生产氯化钾。溶解-结晶法生产氯化钾加工工艺流程见图 4-4[11]。

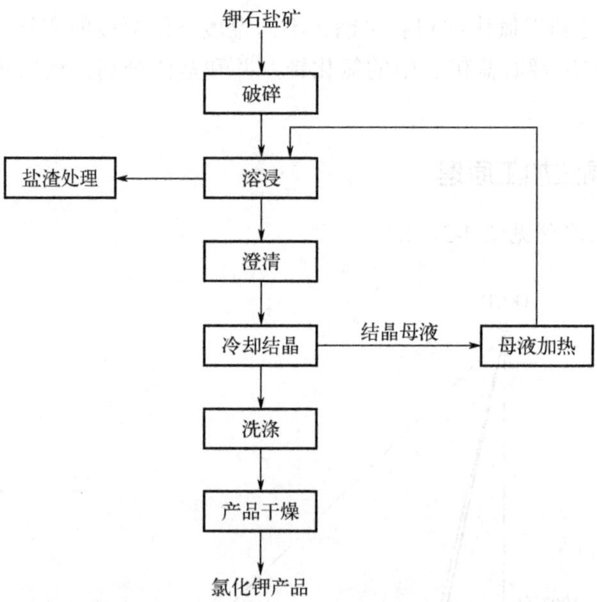

图 4-4 溶解-结晶法生产氯化钾工艺流程

4.2.3 光卤石冷分解-浮选法

4.2.3.1 冷分解-浮选法工艺原理

冷分解-浮选法主要针对光卤石型固体钾盐矿，其工艺原理是利用氯化钾、氯化钠和氯化镁三者溶解度差异（氯化钾和氯化钠的溶解度远小于氯化镁），在常温下加水使光卤石分解，其中氯化镁全部进入液相，而绝大部分氯化钾和氯化钠仍留在固相中，反应式如下：

$$KCl\cdot MgCl_2\cdot 6H_2O+NaCl+nH_2O = KCl(s)+NaCl(s)+KCl(l)+NaCl(l)+MgCl_2(l)+(6+n)H_2O$$

上述光卤石分解后，得到与钾石盐类似的氯化钾与氯化钠混合盐，也叫人造钾石盐，然后加入胺类捕收剂及起泡剂，用浮选方法使氯化钾和氯化钠分离，再经过滤、洗涤及干燥得到最终氯化钾产品[12]。

4.2.3.2 冷分解-浮选法工艺研发历程

冷分解-浮选法工艺技术最初由以色列于20世纪50年代开发出来，1953年成立的死海工程有限公司采用此工艺建成20万吨/年的氯化钾工厂。20世纪60年代在我国察尔汗盐湖地区开始研发推广，1968年依据中国科学院青海盐湖研究所的试验成果，青海察尔汗钾肥厂年产1万吨/年氯化钾生产装置建成投产，这也是我国第一座冷分解-浮选法生产厂，从而替代了冷分解-洗涤法工艺，使钾肥生产技术得到了一个大的提升。1984年，采用冷分解-浮选法工艺，青海钾肥厂第一选矿厂4万吨/年生产装置建成投产并获得成功，为青海钾肥厂一期工程提供了设计依据。在此基础上，1989年由化工部化工矿山设计研究院（现中蓝连海设计研究院有限公司）为总体设计单位，化工部长沙设计研究院、沈阳铝镁设计研究院等8家设计院所参加设计，国家“七五”重点建设项目青海钾肥厂一期工程20万吨/年氯化钾生产装置建成投产，1992年9月通过国家正式验收。

4.2.3.3 冷分解-浮选法工艺流程

我国原青海钾肥厂一期工程20万吨/年氯化钾生产装置，设计采用青海察尔汗盐湖盐田光卤石为原料，盐田光卤石组成见表4-4。

表4-4 原青海钾肥厂盐田光卤石组成（干基）

项目	KCl	NaCl	$MgCl_2$	$CaSO_4$	H_2O	水不溶物
含量/%	21.5	20.0	25.5	0.5	32.3	0.2

青海钾肥厂一期工程氯化钾生产工艺采用冷分解-浮选工艺，工艺流程见图4-5。

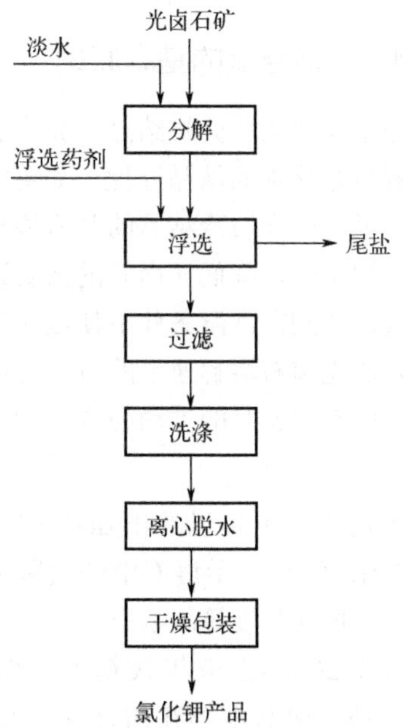

图4-5 冷分解-浮选法生产氯化钾工艺流程

冷分解-浮选法生产过程如下：光卤石矿经螺旋加矿机及皮带输送机送入分解槽，分解槽中加入淡水，使光卤石在常温下分解，氯化镁进入液相，得到固相为氯化钾和氯化钠混合物的分解料浆；然后在调浆槽中加入十八胺（捕收剂）、2号油（起泡剂）、羧甲基纤维素（抑制剂）浮选药剂，混合均匀后进入浮选装置，通过浮选作业，氯化钾以泡沫形式上浮至浮选机表面被刮出，氯化钠则随浮选机底流排出系统；浮选泡沫经过滤脱除母液得粗钾，粗钾再经洗涤、离心脱水和干燥包装得到氯化钾产品。

冷分解-浮选法工艺是青海察尔汗盐湖地区使用的第一个真正意义上的氯化钾生产工艺，经过不断改进和完善，迄今已成为使用时间最长，相对而言也最为成熟的氯化钾生产工艺。

国内的钾肥生产企业如青海盐湖元通钾肥有限公司、青海盐湖三元钾肥股份有限公司、格尔木藏格钾肥有限公司、青海中航资源有限公司、青海滨地钾肥股份有限公司、青海联宇钾肥有限公司都采用过该工艺生产氯化钾。此外，柴达木盆地的许多小企业基本采用冷分解-浮选法工艺生产氯化钾[13-18]。

经过多年的生产实践，冷分解-浮选法工艺作为生产氯化钾的传统工艺具有如下独特的优点：

① 工艺成熟可靠。由于该工艺的开发与研究较早，经过多年的不断发展和完善之后，生产工艺和技术已成熟。氯化钾浮选使用胺类捕收剂，选别效果明显，捕收剂性能优良。

② 工艺流程简单，操作控制方便。冷分解-浮选法主要分为两部分，即光卤石的分解和分解料浆的浮选，工艺简单易行，对原矿质量要求不高，适用性强。

但冷分解-浮选法工艺也存在一些缺陷：

① 工艺回收率较低，产品质量不高。生产实践证明，采用冷分解-浮选法工艺，氯化钾回收率仅为50%左右，氯化钾最高品位为92%左右。

② 产品粒度细，不易脱水和干燥。该工艺所得产品粒度约为0.088mm的占81.09%，脱水困难。

因该工艺存在回收率较低、产品质量不高、产品粒度细、市场竞争力差等缺点，目前在大型工业化生产装置中应用正在逐渐减少，国内已逐渐被冷结晶-浮选工艺、反浮选-冷结晶工艺所取代，现仅有小型钾肥生产企业仍在使用。

4.2.4 光卤石冷结晶-浮选法

冷结晶-浮选法是在传统工艺冷分解-浮选法基础上，结合光卤石冷结晶技术研发出的一种新的氯化钾生产工艺。

4.2.4.1 冷结晶的基本原理

冷结晶也叫冷分解结晶，光卤石冷结晶的理论基础是：光卤石分解时同时存在着光卤石的分解与氯化钾的结晶过程，如果能很好地控制氯化钾结晶条件就得能够得到较粗的氯化钾颗粒。因此光卤石冷结晶的基本原理是在常温条件下对光卤石进行控速分解，即通过控制光卤石分解条件，降低光卤石的溶解速率，来控制溶液中氯化钾过饱和度，从而减少氯化钾晶体数量，达到在常温条件下使氯化钾晶体长大的目的。

降低光卤石溶解速率的方法是：利用具有一定组成的循环母液对其进行冷分解结晶，即降低光卤石溶解时的推动力 ΔC，其溶解过程的动力学公式：

$$dG/dT=KA(C_0-C) \tag{4-1}$$

从式（4-1）可以看出 dG/dT 即溶解速率正比于 ΔC。其中，C_0 表示在溶解温度下饱和溶液的浓度；C 表示溶液中的实际浓度；A 表示固体 / 颗粒的表面积；K 表示溶解速率系数，与温度、搅拌强度等因素有关。

早在20世纪50年代初期，以色列的R.Bloch等指出，光卤石冷分解时存在两个过程，先是光卤石溶解在溶液中，形成氯化钾的过饱和溶液，再使氯化钾自溶液中析出结晶。H.Suanoe在1972年申请的专利中也明确指出：光卤石冷分解时存在着这两个串联的过程，并指出要得到较粗的氯化钾颗粒，必须控制第一个反应过程，即光卤石的溶解速率不要太快，否则会形成过高的氯化钾过饱和度，产生大量的氯化钾细晶。此外，H.H.Emons、A.F.Nylander、D.E.Garrett 等也对光卤石分解机理进行过研究，并得到相同的结论。在此基础上逐渐形成了光卤石冷结晶法制取粗粒氯化钾的新方法。D.E.Garrett 申请的专利《粗粒氯化钾的生产方法》可以算是这方面的一个代表，该专利提出粗粒氯化钾生产方法的实质是：仔细控制光卤石的分解条件，减慢光卤石的溶解速率，以得到粗颗粒的氯化钾结晶，并且采用筛分的办法将氯化钾结晶与氯化钠进行分离，再对氯化钾结晶进行洗涤即可得到纯度较高的氯化钾产品。

4.2.4.2 冷结晶-浮选法工艺流程

20 世纪 80 年代，针对冷分解-浮选法产品质量差、粒度细，给过滤和干燥作业带来困难等缺点，化工部上海化工研究院、化工部化工矿山设计研究院和原青海钾肥厂三家单位共同合作，在吸收消化国外冷结晶技术的基础上，对青海察尔汗盐湖盐田光卤石进行了冷结晶-浮选法制取氯化钾工艺技术研发。1984 年完成了冷结晶-浮选联合流程的实验室试验，同时针对低品位盐田光卤石矿，1985 年进行了实验室补充试验，在此基础上，1989 年 10 月完成了年产氯化钾 4 万吨冷分解结晶浮选技术工业性生产试验。最终试验结果为：当光卤石原矿品位为 KCl 17.61%、NaCl 22.12%、KCl 29.16%、$CaSO_4$ 1.19%，采用冷结晶-浮选法工艺，得到氯化钾产品纯度为 96.02%，回收率为 66.34%，氯化钾产品粒度 0.237mm。

冷结晶-浮选法生产氯化钾工艺流程见图 4-6。

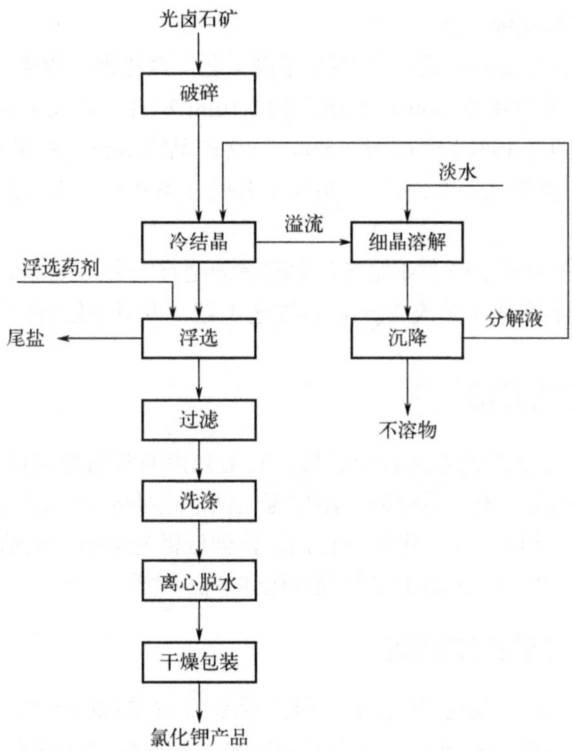

图 4-6 冷结晶-浮选法生产氯化钾工艺流程

冷结晶-浮选法生产过程如下：光卤石矿经螺旋加矿机和皮带输送机送入破碎机破碎，破碎后的光卤石矿再经皮带输送机送入光卤石冷分解结晶器，冷分解结晶器内同时加入分解液，使光卤石分解和氯化钾结晶在冷结晶器中同时完成；粗粒氯化钾和氯化钠从冷结晶器底部排出并送往浮选系统，细粒氯化钾和氯化钠从冷结晶器上部溢流排出并进入细晶溶解槽，在细晶溶解槽中加入淡水和氯化钾洗涤液，使细粒氯化钾溶解得以回收；细晶溶解槽排出悬浮液用泵输送至浓密机进行沉降，浓密机上部溢液排出的母液返回冷结晶器作为光卤石分解液用，氯化钠细晶和不溶物由浓密机底部排出。

来自冷结晶系统氯化钾和氯化钠混合物的分解料浆进入浮选系统，然后以十八胺作捕收剂，2 号油作起泡剂，经一次粗选两次精选，分离氯化钾和氯化钠，得到氯化钾浮选精矿，氯化钠尾矿则随浮选机底流排出系统，浮选精矿经过滤脱除母液得粗钾，粗钾再经洗涤、离心脱水和干燥包装得氯化钾产品。

冷结晶-浮选工艺的关键设备是冷分解结晶器，由于此前国内对结晶器研究较晚，结晶器特别是大型冷分解结晶器设计制作一直是此工艺瓶颈，从而影响了冷结晶-浮选工艺的推广应用。直到最近十年，青海盐湖工业股份有限公司开发出适用于盐田光卤石的大型冷分解结晶器，冷结晶-浮选工艺才得到快速发展。这种冷分解结晶器为敞口的带有细晶分离的 DTB 结晶器，采用这种结晶器可以达到很好的细晶消除效果，从而得到较粗的氯化钾结晶。

由于冷结晶-浮选工艺在光卤石分解时引入了控速结晶理论，可使氯化钾晶体粒度长大，得到结晶粒度较粗的氯化钾产品，因而改善了产品的物理性能，克服了冷分解-浮选法中氯化钾产品粒度细、产品过滤和干燥存在困难的缺点，使产品质量和回收率得到改善。因此冷结晶-浮选工艺得到越来越广泛的应用，成为目前国内生产氯化钾的主要方法之一，逐渐取代冷分解-浮选法生产氯化钾工艺。

青海盐湖元通钾肥有限公司采用冷结晶-浮选工艺，氯化钾回收率由应用前的 56.76% 提高到 60.52%，产品粒度由 0.038mm 左右增大到 0.1mm 左右，最大可增大到 0.25mm ；粗钾产品含湿量由原来的超过 19% 降到低于 15%，最终产品离心机含湿量由原来的超过 12% 降到低于 8%；产品品位由原来的 KCl 含量 90% 左右提升到 95%，水分含量由 6% 降低到 2%，取得了非常好的效果。

目前国内其他大型钾肥生产企业如格尔木藏格钾肥有限公司、五矿盐湖有限公司等钾肥生产企业也将原冷分解-浮选工艺改成冷结晶-浮选工艺，取得了较好的经济效益。

4.2.5 反浮选-冷结晶法

反浮选-冷结晶法是以含钠光卤石为原料，利用光卤石和氯化钠的晶体表面具有不同的被水润湿的能力，在高镁母液介质中通过添加氯化钠浮选捕收剂，增加氯化钠矿物表面疏水性，进行反浮选作业，去除光卤石中的氯化钠，得到低钠光卤石，低钠光卤石再用冷结晶技术加以处理得到粗钾，粗钾经洗涤干燥得到氯化钾产品 [19-25]。

4.2.5.1 反浮选-冷结晶工艺原理

通常盐田光卤石矿主要是由光卤石和氯化钠组成的混合物，NaCl 含量一般介于 15% ～ 17%。在饱和的浮选介质下，光卤石和氯化钠的晶体表面具有不同程度被水润湿的性能，一般来讲，这种性能差异对光卤石和氯化钠是不明显的，但通过加入脂肪酰胺或烷基吗啉等捕收剂，就能够增加氯化钠表面的疏水性。在料浆中鼓入空气并被均匀弥散后，当气泡与经氯化钠捕收剂处理后的氯化钠晶体接触时，氯化钠晶体表面水层迅速破裂，并和气泡紧密结合，形成矿化泡沫层，上浮到矿浆表面被刮出。而光卤石由于亲水性较强，不能吸附在气泡上，仍留在矿浆中，经过脱卤得到低钠光卤石，这种光卤石通常 NaCl 含量小于 7%。之所以称为反浮选，乃是因为所浮选出的泡沫精矿氯化钠为废弃矿，而留在浮选槽中的尾矿为光卤石，才是需要回收利用的有用矿物。这就是反浮选分离光卤石和氯化钠的原理。

反浮选工序得到的低钠光卤石进入结晶器，加水进行分解，通过控制分解条件，控制光卤石的溶解速率和氯化钾结晶速率，使溶液中氯化钾达到过饱和状态，氯化钾在常温下结晶析出，而氯化镁和氯化钠在液相中未达到饱和不能析出，从而得到结晶颗粒较大的氯化钾产品。

4.2.5.2 反浮选-冷结晶工艺研发历程

反浮选-冷结晶工艺最早出现于中东的死海地区，由以色列死海工程有限公司于 1979 年开发出来，并建成生产能力 45 万吨 / 年氯化钾的一期工程，随后又相继建成 45 万吨 / 年氯化钾的二期工程，总设计生产能力达到 90 万吨 / 年氯化钾。

根据青海察尔汗盐湖的盐田光卤石特点，由青海盐湖工业股份有限公司、化工部连云港设计研究院、中国科学院青海盐湖研究所、青海省化工设计研究院、上海化工研究院及天津大学等多家单位共同合作，历时十二年，经过“六五”“七五”国家科技重点攻关，1996 年青海盐湖工业股份有限公司成功开发出适应高原条件的反浮选-冷结晶工艺。1997 年应用反浮选-冷结晶工艺对青海钾肥一期工程年产 20 万吨氯化钾生产装置进行技术改造，其中装置核心设备冷结晶器由化工部连云港设计研究院设计，反浮选药剂（即氯化钠捕收剂）由青海盐湖工业股份有限公司与青海省化工设计研究所共同研发。改造完成后取得了一次试车成功，氯化钾产品质量和回收率均达到设计指标，从而使我国钾肥生产技术取得了突破性进展。在此基础上，1999 年青海盐湖工业股份有限公司又建成 10 万吨 / 年氯化钾的反浮选-冷结晶生产示范装置，这些为青海钾肥二期工程年产 100 万吨氯化钾项目提供了强有力的技术支撑。

2002 年由国家批准的西部大开发首批十大重点工程之一的“青海钾肥二期工程年产 100 万吨氯化钾项目”开工建设，项目采用反浮选-冷结晶工艺，2003 年项目建成投产，2006 年全面达产达标，各项生产工艺指标均优于设计指标。青海钾肥二期工程建成投产及达产达标，表明我国钾肥生产技术达到了国际先进水平，使察尔汗盐湖成为中国最大的钾肥生产基地，目前采用反浮选-冷结晶工艺装置总生产能力已达到 400 万吨 / 年，取得了显著的经济效果。

4.2.5.3 反浮选-冷结晶工艺流程

反浮选-冷结晶工艺流程主要分为：光卤石筛分浓密、反浮选、低钠光卤石浓密脱卤、冷结晶、粗钾浓密与脱卤、精矿洗涤及产品干燥包装。反浮选-冷结晶法生产氯化钾工艺流程见图 4-7。

工艺过程为：来自盐田的光卤石矿料浆先经浓密机浓缩达到所控制的底流浓度后，由泵输往浮选系统，经浮选脱除部分氯化钠而成为低钠光卤石；低钠光卤石再经浓缩、脱除母液后，由皮带运输机送入冷结晶系统；由冷结晶系统排出的粗钾经筛分作业筛分脱除大颗粒氯化钠后，进入再浆洗涤系统，所得精钾经干燥、包装即得氯化钾成品。浮选尾盐用泵排往废盐池，低钠光卤石滤液及浓密机溢流经回卤系统排往盐田，继续蒸发，晒制光卤石矿。

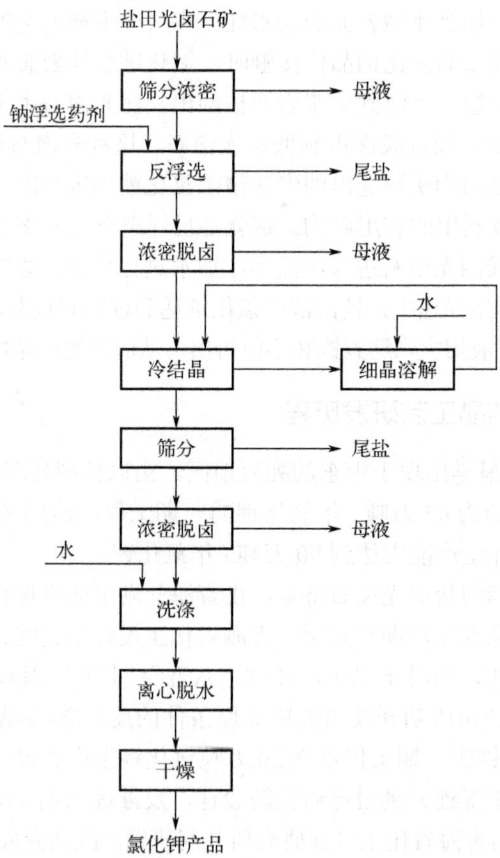

图 4-7 反浮选-冷结晶法生产氯化钾工艺流程

反浮选-冷结晶法工艺设计指标为：原矿光卤石品位（干基），KCl 22.13%、NaCl 17.09%、$MgCl_2$ 28.26%；产品，氯化钾品位≥ 95%，回收率≥ 55%，平均粒度为 0.2mm。产品达到国家标准《氯化钾》（GB 6549—2011）Ⅱ类一等品以上质量标准。

经过多年的生产实践，反浮选-冷结晶工艺作为一种成熟、先进的氯化钾生产工艺，具有如下优点：

① 氯化钾产品质量和回收率高。由于该工艺首先采用反浮选技术选出原矿中的细料氯化钠和部分水不溶物，生产出低钠光卤石，克服了冷分解-浮选工艺中存在的细粒级氯化钠和水不溶物影响氯化钾质量的问题；低钠光卤石经冷结晶器分解结晶后，通过筛分手段筛出浮选过程中不能选出的大颗粒氯化钠，再经洗涤作业可确保产品质量达到 KCl ≥ 95%；同时在整个系统中，控制好操作条件，减少跑冒滴漏，即可取得满意的回收率指标。

② 氯化钾晶体粒度大，易于脱水和干燥。由于低钠光卤石分解采用冷结晶技术，氯化钾晶体粒度长大，平均粒径为 0.2mm，干燥后水分可控制在 2% 以下。

③ 生产在常温下进行，设备腐蚀性小，能耗低。

反浮选-冷结晶工艺在生产中也存在一定的缺点：

① 工艺流程复杂，操作控制条件要求比较严格。相比较冷分解-浮选工艺，反浮选-冷结晶工艺中采用了冷结晶技术，同时生产工艺中增加了筛分设备，并采用了较多的浓缩设备和物料的输送设备。因此工艺流程复杂，操作要求严格，特别是冷结晶系统较难控制。

② 浮选系统尚待进一步完善，以期取得最佳的效果。由于此工艺需要通过浮选系统获得氯化钠含量小于 7% 的低钠光卤石，故对于捕收剂性能要求较高，捕收剂不仅要对氯化钠具有良好的捕收性能，同时对水不溶物也要有一定的捕收能力。另外，反浮选作业对细粒级氯化钠浮选容易，粗粒级氯化钠浮选困难，要保证低钠光卤石的质量，除浮选出细粒级氯化钠外，如能浮选出部分粗粒级氯化钠，就能得到更为满意的浮选效果，这就需要改进浮选设备或采用新型浮选设备，以取得最佳浮选效果。

4.2.6　4# 工艺（兑卤脱钠-控速分解结晶法）

4# 工艺是青海盐湖地区继洗涤法、浮选法、重结晶法之后的第四种钾肥生产工艺技术，又称“兑卤脱钠-控速分解结晶法”[26]，是由化工部连云港设计研究院（现中蓝连海设计研究院有限公司）发明的一种利用盐田滩晒得到的光卤石点卤水（俗称“E 卤”）和水氯镁石点卤水（俗称“F 卤”）为原料生产氯化钾的专利技术。应用该工艺生产氯化钾过程比较简单，工艺控制比较容易，得到的氯化钾产品品位较高；并且在生产过程中不需要添加任何辅助药剂，也不存在更多的化学反应；所得产品中不含任何有害元素，产品呈颗粒状，在干燥后也不会出现较大的粉尘，具有一定的环保效果，有着“绿色钾肥”的美誉。该工艺也是钾肥工业发展中必不可缺的一种生产工艺，其主要工艺流程如下所述。

（1）兑卤过程　兑卤是将 *E* 点卤水（氯化钾、氯化钠、光卤石共饱和）与 *F* 点卤水（氯化镁、氯化钠、光卤石共饱和）按照一定比例混合，混合后卤水因为“同离子效应”就会析出光卤石和少量氯化钠。其机理在于：上述两种盐溶液混合后，混合液体系点落到了光卤石相区，且处于氯化钠和光卤石溶解曲线和光卤石饱和面的下侧，所以混合液体系是过饱和状态，它将析出一定的盐分，因其处于光卤石相区，故首先析出光卤石，待氯化钠饱和后，光卤石和氯化钠共同析出（低钠光卤石），直至兑卤完成液呈饱和状态[27]。其工作原理如图 4-8 所示。

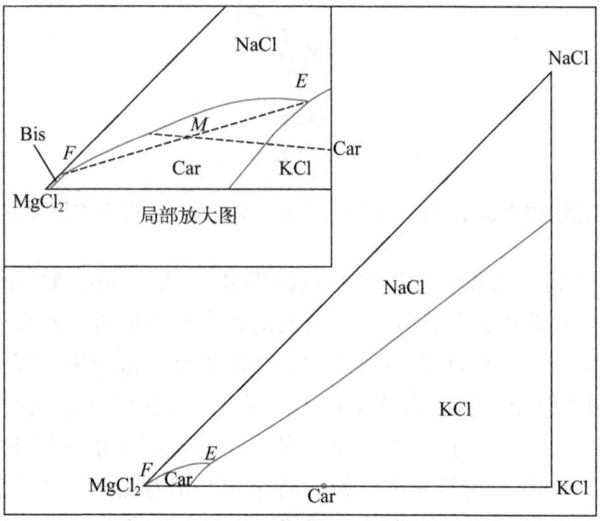

图 4-8　兑卤过程原理示意图

以 K^+、Na^+、Mg^{2+}/Cl^--H_2O 25℃四元体系相图为例。Bis—$MgCl_2\cdot 6H_2O$；Car—$KCl\cdot MgCl_2\cdot 6H_2O$

（2）冷结晶过程　冷结晶过程是向兑卤过程得到的低钠光卤石中加水（配少量分解母液），使纯光卤石分解成氯化钾和氯化镁，其中氯化镁和氯化钠存在于结晶饱和液中，而氯化钾以结晶的方式析出，从而实现氯化钾与氯化钠、氯化镁的分离[28]。其工作原理如图 4-9 所示。

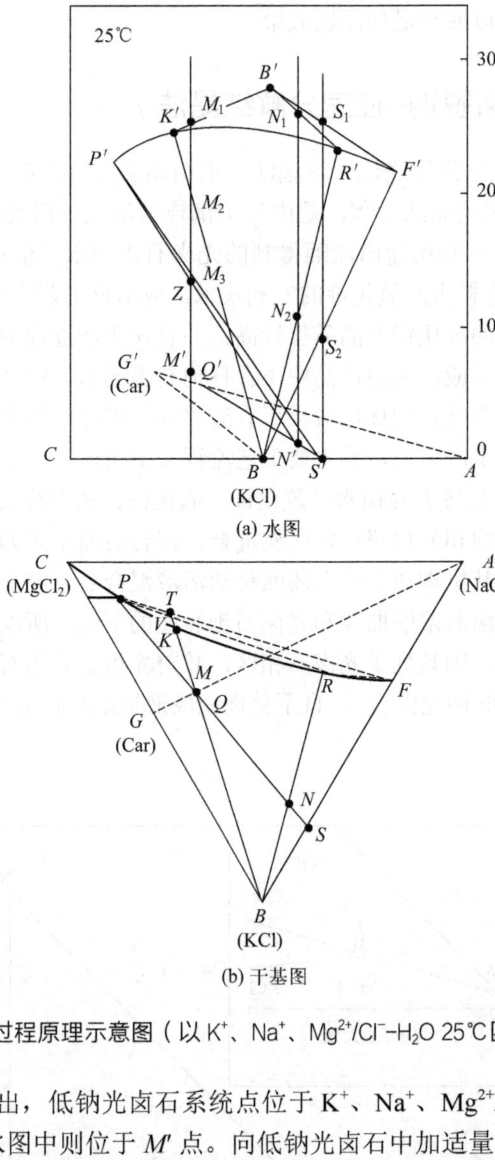

图 4-9　冷结晶过程原理示意图（以 K^+、Na^+、Mg^{2+}/Cl^--H_2O 25℃四元体系相图为例）

由图 4-9 中可以看出，低钠光卤石系统点位于 K^+、Na^+、Mg^{2+}/Cl^--H_2O 25℃四元体系相图干基图中的 M 点，水图中则位于 M' 点。向低钠光卤石中加适量的水（水图中 M' 至 M_3），可将光卤石完全分解，氯化钠尚有部分未分解，此时进行固液分离，固相为氯化钾和氯化钠的混合物，在干基图中位于 S 点（水图中位于 S' 点），液相则为氯化钾和氯化钠的饱和液，在干基图中位于 P 点（水图中位于 P' 点）。再向固液分离后得到的粗钾中加适量的水洗涤（水图中加水至 S_2 点），即可将氯化钾和氯化钠分离开，固相为纯度较高的精钾，在干基图中位于 B 点（水图中位于 B 点），液相则为氯化钾和氯化钠的饱和液，在干基图中位于 F 点（水图中位于 F' 点）[29]。

在常温条件下，低钠光卤石矿进行分解结晶包含两个串联的过程：光卤石的分解和氯化钾的析出。先是光卤石溶解到溶液中，形成氯化钾的过饱和液，然后氯化钾在溶液中析出结晶。要得到粒度较好的氯化钾颗粒，必须仔细控制光卤石的分解过程，该分解过程反应速率很快，如果不加以控制，将产生结晶粒度很细的氯化钾，与杂质氯化钠不易分离，此时要得到合格的氯化钾产品，必须加入大量的淡水进行洗涤，进而导致钾收率降低。因此对光卤石的分解反应速率必须加以控制，产生出结晶粒度较大的氯化钾[30]。

光卤石加水分解是一个扩散控制过程，其分解过程可用能斯特（Nernst）方程来描述：

$$\frac{\mathrm{d}m}{\mathrm{d}t}=\frac{D}{\delta O}(C_S-C) \tag{4-2}$$

式（4-2）可进一步推导出：

$$\frac{\mathrm{d}m}{\mathrm{d}t}=\beta\frac{3M_0}{R_0\rho_C}(C_S-C) \tag{4-3}$$

式（4-2）、式（4-3）中　$\frac{\mathrm{d}m}{\mathrm{d}t}$——分解反应速率；

M_0——投入光卤石量；

O——相界面积；

C_S——溶解物饱和浓度；

C——溶解物质的溶解浓度；

R_0——光卤石的颗粒半径；

D——扩散系数；

δ——扩散层密度；

β——传质系数；

ρ_C——光卤石密度。

令 $\Delta C=C_S-C$，是可能析出的结晶量，同时亦是溶解过程的推动力。

由上述方程可见，减小 ΔC、O、M_0，增大 R_0 都可以控制光卤石的分解速率 $\mathrm{d}m/\mathrm{d}t$，就可以得到较大颗粒的氯化钾结晶产品。根据这一原理，化工部连云港设计研究院研究出特制的分解结晶器，采用特殊的操作方法，通过控制光卤石、分解水和分解母液循环量达到控制光卤石分解速率的效果，使氯化钾晶体长大，并与细粒氯化钠分离，从而得到质量较高、粒度较大的优质氯化钾产品。

（3）工艺原则流程　4# 工艺的工艺原则流程见图 4-10。

（4）经典案例　青海盐云钾盐有限公司（简称盐云公司，下同）位于青海省格尔木市察尔汗盐湖，由中蓝连海设计研究院有限公司、青海盐湖工业股份有限公司和北京高科信科贸有限公司三方投资组建而成。公司以青海察尔汗盐湖天然卤水为原料，采用 4# 工艺生产优质氯化钾（$K_2O\geqslant 62\%$），所生产的优质氯化钾尤其适用于一些对氯化钾质量要求较高的行业，能够替代进口氯化钾产品，目前已形成年产优质氯化钾 2.5 万吨 / 年的生产能力。

盐云公司生产优质氯化钾的原料为 E 卤和 F 卤，E 卤通常由周边氯化钾生产企业及本厂排出的分解母液经过盐田晒制而成，F 卤通常为周边企业晒制盐田光卤石后排出的老卤。盐云公司的 4# 工艺流程如下：E 卤和 F 卤按照一定的比例在兑卤器中进行兑卤结晶，兑卤产生的光卤石晶体由兑卤器底部排出，经浓密、离心过滤得低钠光卤石，兑卤产生的母液返回盐田滩晒，达到 F 点卤水后返回车间继续使用；然后将低钠光卤石送入分解结晶器，通过加水光卤石分解成氯化钾，氯化钾晶体由结晶器底部排出，经过浓密、离心过滤得粗钾，结晶器溢流排出的分解母液经盐田滩晒，达到 E 卤循环使用；粗钾经再浆洗涤、离心分离及干燥包装得到氯化钾产品。

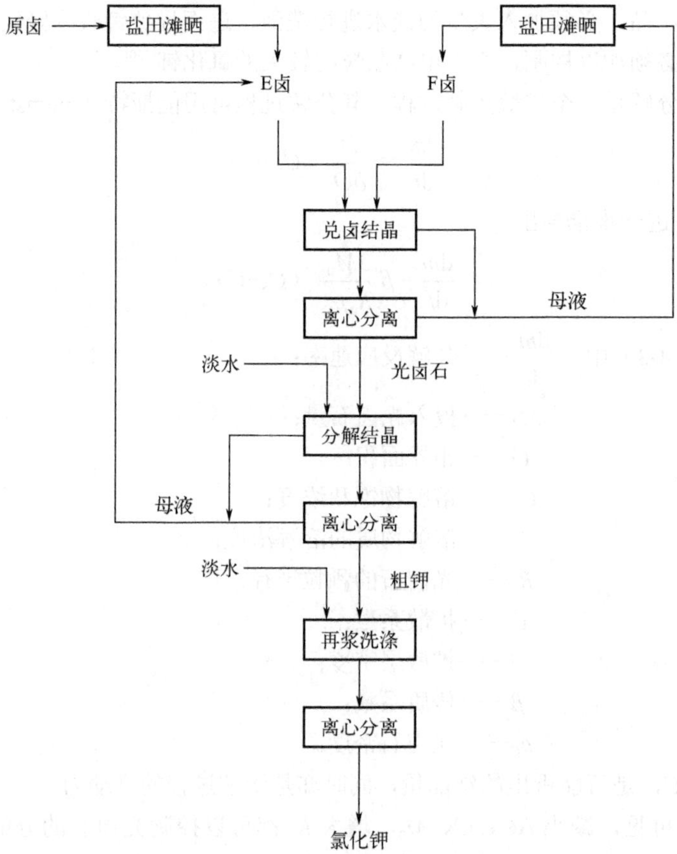

图 4-10　4# 工艺的工艺原则流程

经过上述生产工艺，盐云公司以 E 卤和 F 卤为原料，生产氯化钾的产品收率约为 35%，产品质量达到了农用氯化钾 I 类优等品标准（$K_2O \geqslant 62\%$）。

（5）4# 工艺的优缺点　4# 工艺在实际生产中有以下优缺点[31]。

优点：

① 产品品位高。由于在 4# 工艺生产过程中，通过兑卤得到的低钠光卤石分解和结晶的过程比较简单，工艺控制也比较容易，因而得到的氯化钾纯度比较高。此工艺生产出的氯化钾品位一般在 95% 以上，其中 70% 以上的氯化钾品位在 98% 以上，可用于化工行业各种钾盐的生产。

② 生产过程环保。在其他工艺生产钾肥的过程中，通常需要添加一些药剂来起辅助作用，比如盐酸、十八胺、2 号油等，因此产品中也不同程度地含有了某些有害物质的成分。而 4# 工艺生产过程中，不需要添加任何辅助药剂，产品中不含任何有害元素，再加上这种工艺的结晶效果比较好，所得产品呈颗粒状，在干燥后也不会出现较大的粉尘，所以生产过程更为环保，产品有着“绿色钾肥”的美誉。

③ 生产成本低。4# 工艺实际上是利用钾、钠、镁水盐平衡相图理论，将两种卤水按一定比例混合而生产出优质低钠光卤石，省略了大量的光卤石原矿精制工序。它所需的原材料 E 卤和 F 卤都属于再利用资源，而且在整个生产过程中，不需要任何矿物质或药剂作辅助材料，因而决定了它低成本的特点。

除了上述优点，4# 工艺在生产操作过程中也有一些缺点：

① 地域空间需求过大。一套完整的兑卤工艺生产体系，必须具备盐田系统、兑卤系统、控速结晶系统和产品干燥包装系统，而这些系统的完全建立，就需要足够大的占地面积。尤其盐田面积的大小会直接影响卤水的蒸发量和饱和程度，因此 4# 工艺生产钾肥投入空间地域过大，以至于不宜进行规模生产。

② 生产过程易受气象因素的影响。

a．天气的好坏往往会直接影响兑卤效果，因为原卤必须进行滩晒才能达到光卤石的饱和点，所以气温的下降或长时间的阴雨天气会直接降低产品的收率和品位。

b．如果原卤间断性供给或在母液中掺入过多的杂质和淡水，也会影响原卤和兑卤效果，导致低钠光卤石不能正常析出。

c．在气温较低时，蒸发量不能满足生产的需要。其一，E 卤靠自然滩晒面积已经难以达到目的，产品产量、质量都受到限制。其二，结壁现象严重，导致兑卤器有效容积变小，减小了处理能力，缩短了洗罐的周期。在气温较高时，E 卤水点过高，就造成光卤石在盐池里析出，使用的 E 卤中钾含量就会明显减小。

③ 收率较其他氯化钾生产工艺低。兑卤过程是处理大量液体的过程，将产生大量的细粒光卤石，与细粒氯化钠一并漂浮到结晶器上部，因此“兑卤-冷结晶法”生产氯化钾回收率较低，氯化钾的理论收率约为 38.1%，实际回收率一般为 25% ～ 35%。

总之，4# 工艺作为一种钾肥生产工艺，仅适用于小规模生产出优质的氯化钾产品，但它在钾肥工艺的发展中是必不可缺的。

4.2.7　海水苦卤提钾技术

全世界陆地钾矿分布极不均衡，可溶性钾矿的储存和生产 96% 以上集中在少数几个国家，而绝大多数国家钾矿资源贫乏，农业所需钾肥依赖进口。因此，世界许多沿海国家均把寻求新钾矿资源的目光投向浩渺的大海。海水是化学资源的宝库 [32]，其中钾总溶存量达 550 万亿吨，为陆地总储量（约 170 亿吨）的 3 万倍。虽然其相对浓度仅有 380mg/kg，且与 80 余种化学元素共存，但从可持续利用资源角度来看，开发海水钾资源的意义和前景无疑是十分远大的。但是，海水中钾元素浓度较低且含有多种矿物，为钾盐从海水中高效分离增加了难度。因此实现海水中钾资源的绿色、高效、经济分离提取，并最终实现工业化已成为科学工作者们要解决的难题。

4.2.7.1　苦卤提钾工艺原理

海水日晒浓缩制盐后可得副产品苦卤，苦卤中钾、镁、硫、溴等元素的浓度约为海水中 30 倍，对其进行综合利用具有良好的经济效益和社会效益。从苦卤中提取氯化钾、氯化镁等化工产品是 20 世纪 50 年代以来开发的传统工艺，经过科技工作者的不懈努力，逐步形成了以钾、溴、镁为产品链的苦卤化工工业，在 20 世纪 70 ～ 80 年代为解决我国工业用钾做出了重要贡献[33-34]。

苦卤蒸发的析盐过程是个较复杂的过程，当苦卤蒸发到不同阶段时，各种盐类可能以单一的结晶析出，可能以各种复盐的形式结晶析出，也可能结合不同数目的水分子以水合物的形式析出。对于这一复杂过程，用“相图”这一理论来分析。下面分别应用相图这一理论根据科学实验结果来探讨不同条件下，从苦卤中分离主要盐类的可能性和确定其原则工艺流程。

卤水中主要含有NaCl、$MgSO_4$、KCl、$MgBr_2$、$CaSO_4$等，因为$MgBr_2$和$CaSO_4$含量较少，为便于分析问题、简化问题，忽略这两种盐的含量，这时体系就变成了Na^+、K^+、Mg^{2+}//SO_4^{2-}、Cl^--H_2O的五元交互体系。因此，可以利用上述五元交互体系的平衡相图来分析苦卤在不同温度下蒸发时的析盐规律。例：某苦卤的组成如表4-5所示。

表4-5　苦卤的组成

浓度 /°Bé	相对密度	化学组成 / （kg/m³）			
		NaCl	KCl	$MgCl_2$	$MgSO_4$
30.6	1.266	96.62	22.54	179.55	79.58

换算成耶涅克指数如表4-6所示。

表4-6　苦卤的组成（用耶涅克指数表示）

组成	K_2^{2+}	Mg^{2+}	SO_4^{2-}	Na_2^{2+}	H_2O
耶涅克指数	4.50	75.8	19.70	24.59	1469

（1）苦卤低温等温蒸发过程的析盐规律　将此体系点标在0℃的五元平衡相图上，进行等温蒸发，在图4-11中体系点为*M*点，处在NaCl、$MgSO_4\cdot 7H_2O$共饱和面区域内。

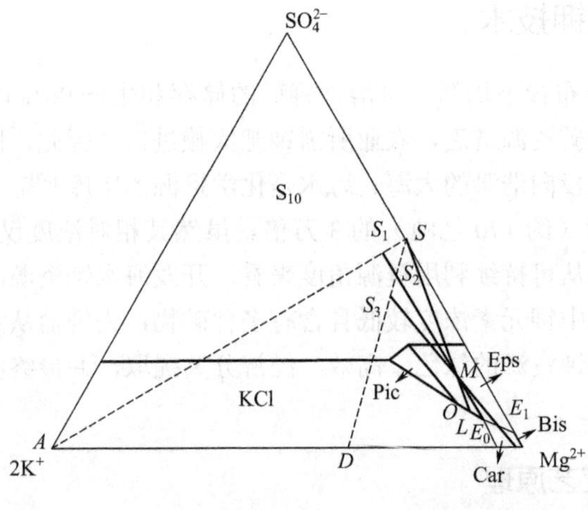

图4-11　0℃的Na^+、K^+、Mg^{2+}//SO_4^{2-}、Cl^--H_2O五元体系平衡相图（简化干基图）

Eps—$MgSO_4\cdot 7H_2O$；Pic—$K_2SO_4\cdot MgSO_4\cdot 6H_2O$；Car—$KCl\cdot MgCl_2\cdot 6H_2O$；Bis—$MgCl_2\cdot 6H_2O$；$S_{10}$—$Na_2SO_4\cdot 10H_2O$

① 苦卤是析出NaCl后的母液，在低温下对NaCl饱和，故蒸发的第一阶段是NaCl继续析出，在简化干基图上反映不出这一阶段。

② 从 M 点的位置判定，第二个饱和的固相是 Eps，因此第二阶段是 NaCl、Eps 共析，固相点为 S，液相沿过程向量的方向从 $M \rightarrow L$。

③ L 是液相线 OE_0 的一点，从 OE_0 线上的过程向量分析可知，第三阶段是 NaCl、$MgSO_4 \cdot 7H_2O$、KCl 三盐共析，液相沿共饱和线从 L 向 E_0 运动，总固相沿 SA 连线移动，当液相到达 E_0 点时，固相到 S_1 点。

④ E_0 点为四固 [KCl、NaCl、$MgSO_4 \cdot 7H_2O$、$KCl \cdot MgCl_2 \cdot 6H_2O$(Car)] 一液平衡点，且是不相称零变点，蒸发时必然有固相要溶解，由过程向量分析法得：KCl 溶解，Car 和 $MgSO_4 \cdot 7H_2O$ 析出，此时液相点 E_0 点不动，固相点在 S_1S_2 连线上移动，当固相点达到 S_2 时 KCl 全部溶完。

⑤ E_0E_1 为 NaCl、Car、$MgSO_4 \cdot 7H_2O$ 的共饱和线，由过程向量分析可知，这一阶段为 NaCl、Car、$MgSO_4 \cdot 7H_2O$ 共析，液相点沿共饱和线从 E_0 向 E_1 移动，总固相在 S_2D 连线上移动，当液相点到达 E_1 时，固相点到达 S_3。

⑥ E_1 为 NaCl、$MgSO_4 \cdot 7H_2O$、Car、$MgCl_2 \cdot 6H_2O$ 四固一液平衡点，且是相称零变点，这一过程中，NaCl、$MgSO_4 \cdot 7H_2O$、Car、$MgCl_2 \cdot 6H_2O$ 共析，液相点在 E_1 点不动，并在 E_1 点蒸干，固相点由 S_3 移到 M，与体系点重合。

整个低温等温蒸发过程析盐规律归纳如表 4-7 所示。

表4-7 0℃时苦卤等温蒸发析盐规律

项目	蒸发阶段					
	一	二	三	四	五	六
体系点	M	M	M	M	M	M
液相点	M	$M \rightarrow L$	$L \rightarrow E_0$	E_0	$E_0 \rightarrow E_1$	E_1（消失）
固相点	—	S	$S \rightarrow S_1$	$S_1 \rightarrow S_2$	$S_2 \rightarrow S_3$	$S_3 \rightarrow M$
过程情况	NaCl 析出	NaCl+Eps 析出	NaCl+Eps+KCl 析出	NaCl+Eps+Car 析出，KCl 溶解	NaCl+Eps+Car 析出	NaCl+Eps+Car+Bis 析出

结论：苦卤在低温等温蒸发到某一阶段后，虽有 KCl 结晶析出（伴随着大量 NaCl 和 $MgSO_4 \cdot 7H_2O$ 析出），但继续蒸发时 KCl 溶解，苦卤中的 KCl 主要是以光卤石的形式析出。

（2）苦卤常温等温蒸发过程的析盐规律　将此体系标在 25℃的五元平衡相图上，进行等温蒸发，看其在蒸发过程中的析盐规律。图 4-12 中只绘出了 25℃简化干基图的局部放大图，苦卤系统点（体系点）标于图中为 M 点，处在 NaCl、Eps 共饱和面区域内。

① 苦卤在常温下对 NaCl 已饱和，故蒸发第一阶段 NaCl 应继续析出，在简化干基图上反映不出这一阶段。

② 从 M 点的位置判定第二个饱和固相是 Eps，第二阶段是 NaCl、Eps 共析，固相点为 S_n，液相沿过程向量的方向从 M 至 A。

③ A 是液相线 NO 上的一点，从 NO 线上的过程向量分析可知，第三阶段是 NaCl、Eps、Kai 共析，液相点沿液相线从 A 向 O 运动，总固相在 S_n、G 连线上运动，当液相到达 O 点时，固相到 I 点。

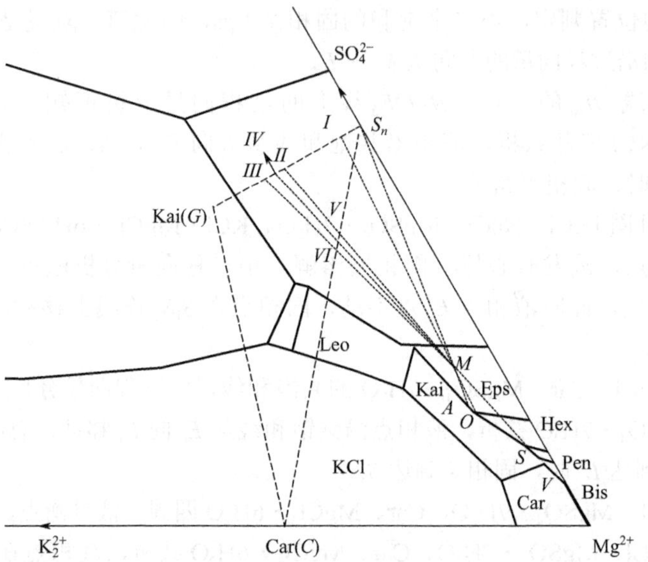

图 4-12　25℃的 Na^+、K^+、Mg^{2+}//SO_4^{2-}、Cl^--H_2O 五元体系简化干基图局部放大图

Kai—$KCl \cdot MgCl_2 \cdot 3H_2O$；Car—$KCl \cdot MgCl_2 \cdot 6H_2O$；Bis—$MgCl_2 \cdot 6H_2O$；Leo—$K_2SO_4 \cdot MgSO_4 \cdot 4H_2O$；Eps—$MgSO_4 \cdot 7H_2O$；Hex—$MgSO_4 \cdot 6H_2O$；Pen—$MgSO_4 \cdot 5H_2O$

④ *O* 点是 NaCl、Eps、Kai、Hex 四盐共饱和点，是第二种不相称零变点，蒸发时必有固相溶解。由于 Eps、Hex 的过程向量在一直线上，方向相反，已使向量和为零，其他向量即为多余，故在此发生的过程是 Eps 脱水变为 Hex，而 Kai、NaCl 不参与；在这一阶段中液相点在 *O* 点不动，总固相既要在 S_nG 连线上，又要在 *OM* 线上，故在 *I* 点不动，过程一直进行到 Eps 全部转变为 Hex，消失一相，剩下 NaCl、Kai、Hex 三固相与液相平衡为止。

⑤ *OQ* 线的平衡固相为 NaCl、Kai、Hex，由于固相点 S_n 及 *G* 在 *OQ* 线延长线的同一侧，故根据过程向量分析，蒸发时 Hex 溶解，NaCl 和 Kai 析出。液相从 $O \rightarrow Q$，总固相仍在 S_n、*G* 连线上运动，当液相到达 *Q* 时，总固相到 *II* 点。

⑥ *Q* 点的平衡固相为 NaCl、Kai、Hex、Pen，其过程情况类似于 *O* 点，是 Hex 脱水变为 Pen，而 NaCl、Kai 不参与，并一直进行到 Hex 消失为止，过程中液、固相点均不动，仍分别为 *Q* 及 *II* 点。

⑦ *QS* 线上的过程与 *NO* 线上的类似，是 NaCl、Kai、Pen 共析，液相从 *Q* 到 *S*，固相从 *II* 到 *III* 点。

⑧ *S* 点上的过程又与 *O*、*Q* 点相似，是 Pen 脱水变为 Tet，NaCl、Kai 不参与，直到 Pen 消失，液相点、固相点分别为 *S* 点、*III* 点。

⑨ *SD* 线上的过程又与 *NO* 线、*QS* 线上类似，是 NaCl、Kai、Tet 共析，液相从 *S* 到 *U*，固相还在 S_n *G* 连线上运动，当液相到达 *U* 点时，固相到 *IV* 点。

⑩ 在 *U* 点的过程向量判断是 Kai 溶解，NaCl、Tet、Car 析出，液相点在 *U* 点不动，固相点应在△ S_nGC 上运动，同时要在 *U*、*M* 连线上，即从 *IV* 到 *V* 点。固相到达 *V* 点时，说明 Kai 已溶完。

⑪ 在 *UV* 线上的过程是 NaCl、Tet、Car 共析，液相 $U \rightarrow V$，固相在 S_n、*C* 连线上移动，当液相到达 *V* 时，固相到达 *VI* 点。

⑫ 由于 V 点是相称零变点，故一定是 NaCl、Car、Tet、Bis 共同析出，液相在 V 点不动并一定在这一点蒸干，固相点由 VI 向 M 移动，与系统点重合。

注：I 点为 OM 线的延长线与 S_nG 线的交点；

II 点为 QM 线的延长线与 S_nG 线的交点；

III 点为 SM 线的延长线与 S_nG 线的交点；

IV 点为 UM 线的延长线与 S_nG 线的交点；

V 点为 UM 线的延长线与 S_nC 线的交点；

VI 点为 VM 线的延长线与 S_nC 线的交点。

整个苦卤常温等温蒸发过程析盐规律归纳如表 4-8 所示。

表4-8　苦卤常温等温蒸发过程析盐规律(25℃)

阶段	体系点	液相点	固相点	过程情况
一	M	M	—	NaCl 析出
二	M	$M\to A$	S_n	NaCl、Eps 共析
三	M	$A\to O$	$S_n\to I$	NaCl、Eps、Kai 共析
四	M	O	I	Eps 脱水变为 Hex，NaCl、Kai 不参与，直至 Eps 消失
五	M	$O\to Q$	$I\to II$	Hex 溶解，NaCl、Kai 析出
六	M	Q	II	Hex 脱水变为 Pen，NaCl、Kai 不参与，直至 Hen 消失
七	M	$Q\to S$	$II\to III$	NaCl、Pen、Kai 共析
八	M	S	III	Pen 脱水变为 Tet，NaCl、Kai 不参与，直至 Pen 消失
九	M	$S\to U$	$III\to IV$	NaCl、Tet、Kai 共析
十	M	U	$IV\to V$	Kai 溶解，NaCl、Tet、Car 析出，直至 Kai 溶完
十一	M	$U\to V$	$V\to VI$	NaCl、Tet、Car 析出
十二	M	V(消失)	$VI\to M$	NaCl、Tet、Car、Bis 共析至蒸干

结论：苦卤在常温等温蒸发时没有 KCl 析出，只有钾盐镁矾和光卤石两种含钾盐析出，而且随着蒸发过程的继续进行，析出的钾盐镁矾又完全溶解。

（3）苦卤高温等温蒸发过程析盐规律　将此体系点标在 110℃的五元平衡相图上，见图 4-13（局部图），体系点为 M，处在 NaCl、$MgSO_4\cdot H_2O$ 共饱和面区域内。现将整个高温等温蒸发过程盐析规律归纳如表 4-9 所示。

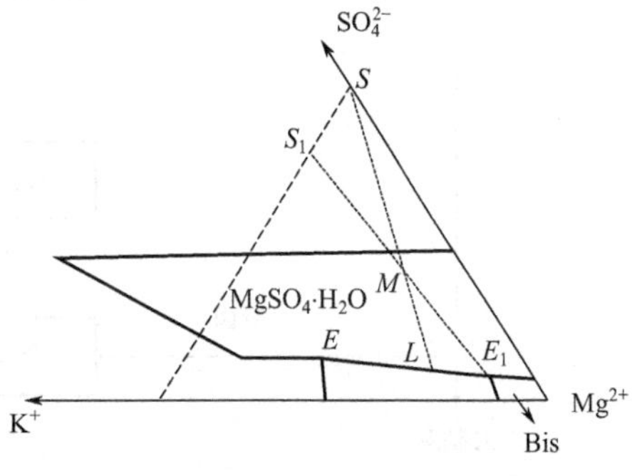

图 4-13　苦卤 110℃等温蒸发析盐规律分析

表4-9　苦卤高温等温蒸发过程析盐规律(110℃)

阶段	体系点	液相点	固相点	过程情况
一	M	M	—	NaCl 析出
二	M	$M\to L$	S	NaCl、$MgSO_4\cdot H_2O$ 共析
三	M	$L\to E_1$	$S\to S_1$	NaCl、$MgSO_4\cdot H_2O$、Car 共析
四	M	E_1(消失)	$S_1\to M$	NaCl、$MgSO_4\cdot H_2O$、Car、Bis 共析

结论：苦卤在高温等温蒸发过程中，没有 KCl 析出，只有 $KCl \cdot MgCl_2 \cdot 6H_2O$（光卤石）一种含钾复盐析出。

综上所述，由低温（0℃）、常温（25℃）以及高温（110℃）几种温度下的相图分析可知：在不同温度下进行等温蒸发，其析盐规律各不相同；KCl 只有在 0℃蒸发时与其他盐一起析出，而在其他情况下均以含钾复盐的形式析出，其复盐有 Kai、Car 两种，最后都转化成光卤石。

4.2.7.2 苦卤制取氯化钾工艺

以苦卤为原料采用兑卤法生产氯化钾工艺是：利用苦卤兑入一部分老卤，通过蒸发浓缩、保温沉降、澄清液冷却结晶后得到光卤石和老卤，光卤石加水分解制得氯化钾产品。即经过原料卤水的处理、兑卤、蒸发浓缩与保温固液分离、冷却结晶、分解洗涤五个工序，工艺过程见图 4-14。

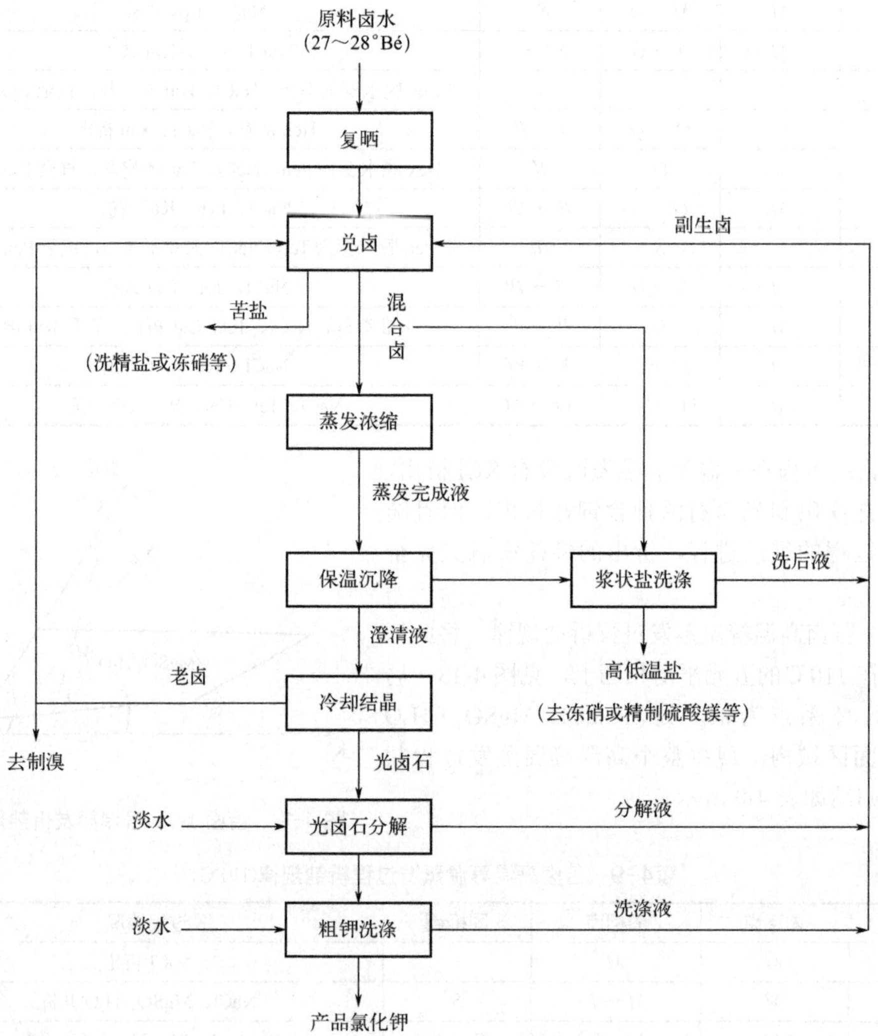

图 4-14　兑卤法生产氯化钾的工艺流程

① 原料卤水的处理：一般晒盐后的苦卤浓度多在28°Be′左右，为了提高苦卤的浓度，降低杂质盐（如NaCl和$MgSO_4$）的含量，一般采用盐田复晒、化学法、冷冻法的手段对卤水进行处理。

② 兑卤：处理后苦卤的浓度一般可达30～33°Be′，$MgCl_2$/KCl比值（质量）约为7.7，$MgSO_4$/$MgCl_2$比值约为0.45，为了避免后续高温蒸发浓缩时部分钾盐提前析出以及降低蒸发完成液的固液比，需要进行兑卤操作，使苦卤$MgCl_2$/KCl比值升高、$MgSO_4$/$MgCl_2$比值降低。

③ 蒸发浓缩与保温固液分离：为了除去兑卤后卤水中的大量水分，同时使大部分杂质盐类（NaCl和$MgSO_4 \cdot H_2O$）结晶析出，达到进一步富集有用成分的目的，需进行蒸发浓缩与保温固液分离处理。

④ 冷却结晶：蒸发浓缩与保温固液分离后，所得澄清液中KCl和$MgCl_2$浓度比较高，具体组成见表4-10。依据相图理论可知，要制备光卤石需采用冷却结晶的方法。

表4-10 澄清液组成

浓度/（°Bé/℃）	化学组成（质量分数）/%			
	$MgSO_4$	$MgCl_2$	KCl	NaCl
(36～36.2)/100	1.8～2.6	31～32	2.8～3.7	1.5～1.7

⑤ 分解洗涤：从澄清液中析出的光卤石除含有KCl、$MgCl_2$外，还含有NaCl和$MgSO_4$，具体组成见表4-11。要从光卤石中产出符合质量标准的KCl产品，必须将其中的杂质盐（NaCl、$MgCl_2$和少量的$MgSO_4$）用水洗涤。光卤石是一种在−21～167.5℃内稳定的复盐，其特点是加水分解时析出KCl。

表4-11 光卤石的组成

成分	NaCl	$MgCl_2$	$MgSO_4$	KCl	H_2O
组成/%	5～8	30～32	0.8～1.2	18～22	31～42

传统的苦卤综合利用工艺基本实现了苦卤的“吃干榨净”，获得了氯化钾、溴素、氯化镁产品。近年来，通过持续攻关，用苦卤中的氯化钠和硫酸镁资源制得了工业盐和硫镁肥，但也存在着以下问题：①苦卤资源回收率低，目前大多数工厂钾的收率仅在60%左右，最高的在70%左右，氯化镁的收率也仅有60%；②中间产品光卤石粒度小，60目以上≤40%、d_{50}≤100目，杂质含量高，NaCl含量为6%～8%；③由于每生产1t氯化钾需要消耗20～25t以上蒸汽和约1000kW·h电，造成主产品氯化钾的成本居高不下，缺乏经济性；④食品级氯化镁制备工艺过程复杂、生产成本高，还难以保障产品质量全部符合相应标准要求。

特别是近年来，随着能源、材料和人员费用的上涨，该工艺能耗高、回收率低的缺陷日益突出，导致苦卤化工厂的经济状况陷入困境。经过产学研结合联合攻关，对光卤石冷却结晶系统及内部结构进行优化设计，优化后冷却结晶得到的光卤石平均粒径较原装置均有显著提高。光卤石产品中粒度60目以上的比例由原来的33.54%提高到60%，并且光卤石平均粒径d_{50}大于80目，60目以上光卤石中杂质NaCl含量小于5%，为实现光卤石热分解氯化钾-

食品级氯化镁联产奠定基础。

目前工业级氯化钾生产亏损较高，工业级氯化镁生产略有盈利，生产企业处于微利状态，严重制约了企业开展苦卤综合利用的积极性。因此，亟待通过技术创新，改进现有副生卤回兑、冷却结晶制备光卤石工艺，优化光卤石分解制备氯化钾工艺，支撑浓海水综合利用产业的健康有序发展。

4.2.8 沸石法海水提钾技术

我国十分重视海水中钾资源的开发利用，在国家科技部和地方科技部门的长期培育下，经过近 30 年的不懈攻关，具有我国原创性自主知识产权的沸石离子筛法海水提钾技术已取得了技术经济的重大突破。特别是“十五”期间，在国家重点科技攻关项目和省市重大科技项目的支持下，河北工业大学等单位通过产学研联合攻关，研制成功“改性沸石钾离子筛”核心技术，突破了海水中钾的高选择性、高倍率富集和钾肥的高效、节能分离等一系列关键技术难题，已取得发明专利 12 项 [35-37]。开发出沸石离子筛法海水提取钾肥高效节能技术，并成功地完成了百吨级中试和万吨级工业试验，获得了产业化技术。研究结果表明，改性沸石对海水中钾的交换容量达 25mg/g，钾的富集率达 200 倍，钾肥产品质量达进口优质钾肥标准，生产成本则较进口钾肥降低 30%，从而在国际上率先解决了海水提钾的经济问题。

4.2.8.1 沸石法海水提钾工艺原理

沸石法海水提钾技术是以改性斜发沸石为离子交换剂，通过 K^+-Na^+、Na^+-K^+、NH_4^+-K^+ 和 Na^+-NH_4^+ 等离子交换过程实现 K^+ 的富集，钾的富集液再通过蒸发分离等过程进行分离得到钾产品（包括氯化钾、硝酸钾、硫酸钾等）[38-42]。

沸石法海水钾富集过程是在一定沸石填料高度的情况下，经过低温海水吸附使改性沸石发生 K^+ 和 Na^+ 交换，使沸石转换为钾型沸石；然后再通过高温饱和盐水洗脱 / 再生过程，发生 Na^+ 和 K^+ 交换，使沸石重新转化为钠型，用于下一周期的吸附过程，实现沸石的循环利用。其中，操作过程中还包含预热、冷却两个辅助过程，此操作的原料是高温或低温淡水，并不发生离子交换过程。工艺流程见图 4-15。

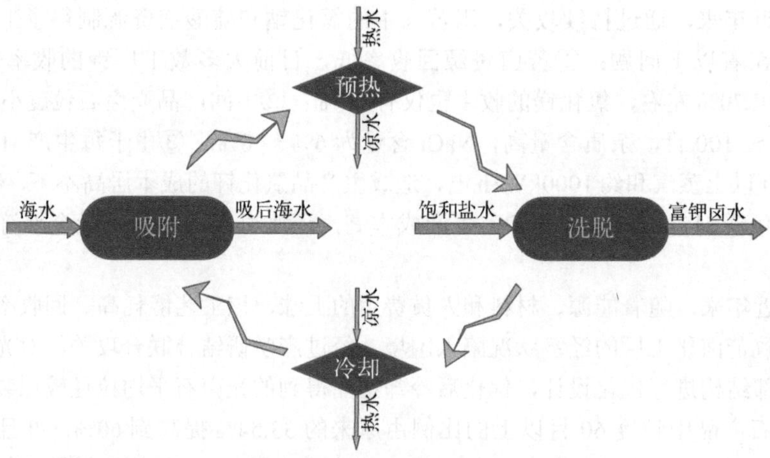

图 4-15 海水吸附饱和盐水洗脱工艺流程

4.2.8.2 斜发沸石Na^+-K^+离子交换平衡

在一定温度下，用 0.1mol/L 的 KCl 水溶液，在搅拌情况下处理一定量的钠型斜发沸石，保证较长的处理时间，并不断监测液相中 K^+ 浓度，当 K^+ 浓度不再改变时，视为达到离子交换平衡。分别改变系统温度可获得不同温度下的离子交换平衡曲线。在 10℃、25℃、50℃、75℃温度下，斜发沸石 Na^+-K^+ 离子交换平衡曲线见图 4-16。

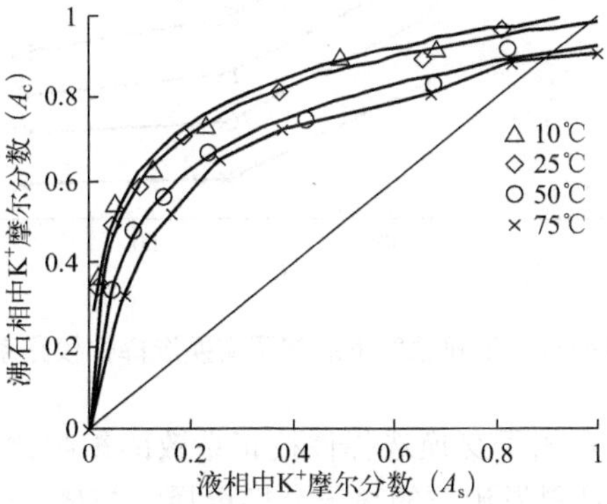

图 4-16 不同温度下的离子交换平衡曲线

从图 4-16 中可以看出，4 种温度下的离子交换平衡曲线均在对角线的上方，且远离对角线，说明在钠钾混合溶液中，斜发沸石对钾离子具有很高的选择性；4 条等温线的位置按温度呈降序排列，说明温度越低沸石对钾的选择性越高；在 4 条等温线中，10℃、25℃时为完全交换型曲线，其他均为不完全交换型曲线，说明温度对离子交换程度影响较大。

根据离子交换平衡数据，采用最小二乘法可回归出不同温度下 Langmuir 平衡关系数学模型，见式（4-4）：

$$A_c = \frac{aA_s}{1+bA_s} \tag{4-4}$$

式中，A_s为平衡时液相中 K^+ 摩尔分数；A_c为平衡时沸石相中 K^+ 摩尔分数；a、b为系数。

式（4-4）中，系数 a、b 值见表 4-12。

表4-12 不同温度下的系数a、b值

系数	10℃	25℃	50℃	75℃
a	28.09	22.93	12.56	6.98
b	31.92	25.04	14.07	6.95

交换反应达到平衡时，沸石相与液相离子组成的相互关系与体系的温度有关，在一定温度下 Kielland 熵（离子交换选择性交换系数，K_c）的计算见式（4-5）。

$$K_c = \frac{A_c\left(1-A_s\right)}{A_s\left(1-A_c\right)} \tag{4-5}$$

根据离子交换平衡数据，用式（4-4）可计算出不同温度下的离子交换选择性校正系数（见图 4-17）。

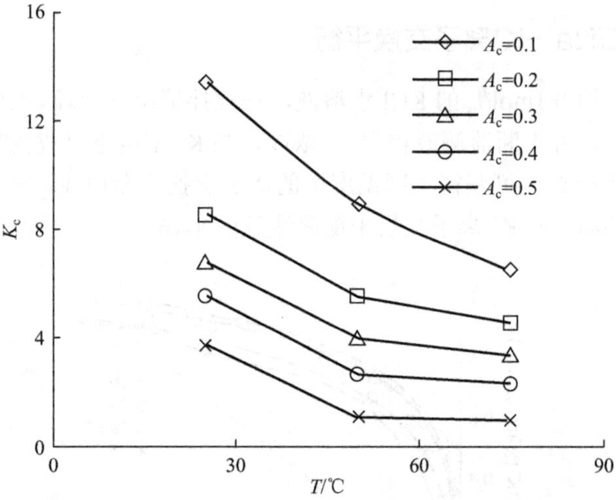

图 4-17　不同温度下的离子交换选择性校正系数

从图 4-17 可知，温度对离子交换选择性校正系数的影响比较明显，随着温度的上升，K_c 显著下降。其主要原因是斜发沸石的离子交换选择性与离子的水合半径有关，因斜发沸石离子交换的有效孔径在 0.4 ～ 0.5nm，而 25℃时钾离子的水合离子有效半径约为 0.3nm，钠离子的水合离子半径约为 0.4nm，因此，在常温下斜发沸石对钾离子的选择性较高。随着温度的上升，离子水合半径减小，钠离子的水合半径接近沸石的有效孔径，形成了与钾离子竞争的局面，从而导致沸石对钾离子的选择性降低。

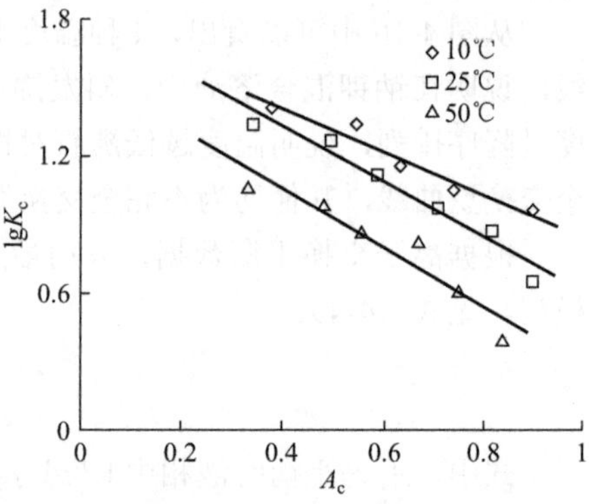

图 4-18　Kielland 图

根据离子交换平衡数据计算出不同温度和浓度条件下的 Kielland 熵，并作出 Kielland 图，见图 4-18。

由图 4-18 看出，Kielland 熵并不是常数，而是与沸石相中离子浓度相关，且 lg K_c 与沸石相钾离子浓度 A_c 间呈线性关系；图中直线的斜率为负值，说明随着沸石相钾离子浓度的增加，斜发沸石对钾离子的选择性降低，即离子交换越接近平衡，沸石对钾离子的吸附性能越差；在沸石相钾离子浓度相同时，温度低的曲线 K_c 值大，进一步说明了低温对斜发沸石吸附钾有利[43-50]。

4.2.8.3　沸石法海水提钾工艺流程

在山东某公司建成了年产 1 万吨海水提取氯化钾工程，采用模拟移动床海水富钾技术工程化。该装置主要包括 5 个离子交换柱，沸石柱直径 8m，填料高度 4m；主要储槽分别是原料卤槽、冷饱和盐水槽、温饱和盐水槽、富钾液槽和热水槽；还包括输送料液的泵、换热器、螺旋输送机等主要设备。本工程以海水为原料进行吸附，饱和卤为洗脱剂进行洗脱，工艺流程见图 4-19，工程化装置见图 4-20。

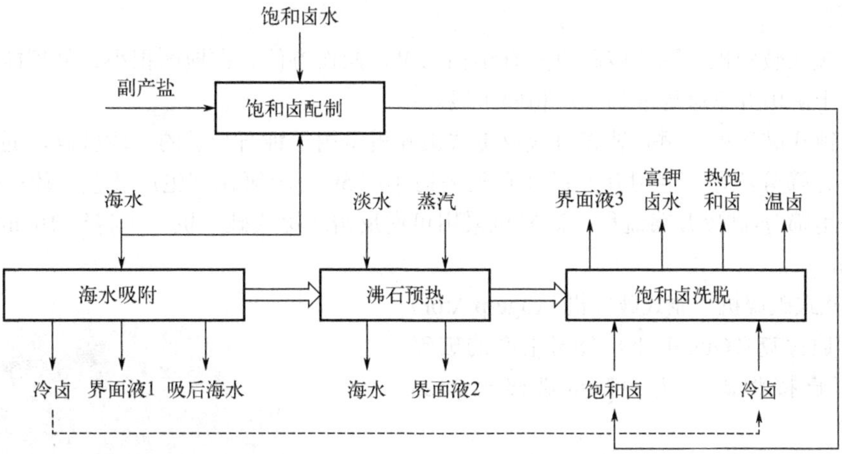

图 4-19 沸石海水提取氯化钾工艺流程

(a) 在线控制系统 (b) 离子交换主体装置

图 4-20 富钾系统装置和工程化装置

运行结果表明，模拟移动床海水富钾工艺运行稳定；饱和卤氯化钠含量在 220g/L 以上、进料温度为100℃、通入量为150m^{3}时，富钾卤水中钾离子可达到8g/L 以上，洗脱效果较好；通过工艺查定测定了原料和动力消耗定额，根据查定结果进行了效益估算，具有较强的市场竞争力。

4.3 氯化钾生产主要设备

氯化钾生产主要工艺设备包括破碎机、浮选机、过滤机、离心机、结晶器、干燥机及造粒机等。

4.3.1 破碎机

钾盐矿破碎设备一般采用颚式破碎机、锤式破碎机或反击式破碎机、笼式破碎机和齿辊破碎机等。

（1）颚式破碎机　颚式破碎机具有结构简单、操作方便、占地面积小、处理能力大等优点，常用于矿山井下破碎或加工厂粗碎工段。

（2）锤式破碎机　锤式破碎机或反击式破碎机常用于钾石盐矿的一段破碎，通常与振动筛组成破碎筛分流程。老挝开元矿业有限公司年产 50 万吨氯化钾生产装置一段破碎为干式破碎，采用筛分-破碎开路流程，破碎机采用可逆反击式锤式破碎机，可将约 100mm 原矿破碎至 8mm。

（3）笼式破碎机　笼式破碎机（cage-paktor）是美国刚迪拉克（Gundlach）公司生产的破碎设备，可直接将矿石从 100mm 破碎至 2mm（图 4-21）。

图 4-21　笼式破碎机

其工作原理为：待破碎的物料经进料口（或进料槽）进入笼式破碎机的中心部分，之后，物料在通过互相反转且高速旋转的转笼后，多级串联冲击栅板对其进行选择性多级冲击破碎。只有质量足够大的超大颗粒才会被破碎，已达到粒度要求的产品不会进行二次破碎，因此不会产生过粉碎，同时笼式破碎机内部的多级破碎栅板可最大限度地减少产品粒度过大，从而达到较高的破碎效率。

笼式破碎机的特点是破碎比大、操作费用低、占地空间小、处理量大、产生的细料较少。

目前笼式破碎机在国外特别是加拿大钾盐矿选矿应用较多，常用于钾盐矿的二段破碎，可代替棒磨机用于钾石盐矿的磨矿作业。

（4）齿辊破碎机　齿辊破碎机有双齿辊破碎机和四齿辊破碎机。齿辊破碎机是通过齿辊做相向运动，利用剪、劈、折、拉等对物料进行组合破碎。齿辊破碎机一般适用于破碎抗压强度小于 80MPa 的脆性或软质物料。

齿辊破碎机具有结构简单、处理能力大、单位能耗低、过粉碎量少等优点，特别是具有差速功能的齿辊破碎机在处理湿黏物料时具有不黏不堵的特点，因此在电力、矿山、煤化工等行业应用广泛。

目前齿辊破碎机在钾盐矿破碎中也得到应用，由于光卤石矿硬度小、性脆，在空气中极易潮解，在矿石破碎时易黏易堵。而采用齿辊破碎机破碎时，不黏不堵，破碎效果良好。目前青海盐湖元通钾肥有限公司、格尔木藏格钾肥有限公司、青海五矿盐湖有限公司等钾肥企业破碎盐田光卤石时均采用齿辊破碎机。

4.3.2　浮选机

钾盐矿属于可溶性盐类矿物，钾盐矿浮选是在高浓度饱和盐水体系中进行的，浮选机是浮选法生产钾盐的关键设备，目前国内外钾肥生产企业采用的浮选机主要有自吸气机械搅拌式浮选机和充气机械搅拌式浮选机[51-52]。

国外特别是加拿大钾盐矿选矿厂普遍采用丹佛 DR 型浮选机用于粗粒矿物的浮选。该设备的主要特点是槽内带有循环筒，使矿浆进行垂直向上的大循环，改善了矿浆循环特性；槽内形成的垂直上升矿流有利于粗、重矿粒的悬浮，适合于钾盐矿粗粒矿物的浮选。

俄罗斯和白俄罗斯钾石盐选矿厂普遍采用 ΦM6.3-M1 型机械搅拌式浮选机，该型号浮选机广泛应用于钾石盐粗颗粒浮选。

国内常用的浮选机型号有 BF 型自吸气机械搅拌式与 KYF/XCF 外充气机械搅拌式两种。格尔木藏格钾肥有限公司 80 万吨 / 年氯化钾生产装置，采用冷结晶-浮选工艺生产氯化钾，浮选设备采用 BF-16 型浮选机。另外，青海盐湖元通钾肥有限公司 40 万吨 / 年氯化钾生产装置，浮选设备采用 BF-20 型浮选机［图 4-22（a)］。

青海五矿盐湖有限公司 30 万吨 / 年氯化钾生产装置，浮选设备采用 KYF/XCF-16 充气式机械搅拌式浮选机。

老挝开元矿业有限公司 50 万吨 / 年氯化钾生产装置，入选原矿为钾石盐和光卤石的混合矿，采用浮选法生产氯化钾，粗选采用 CLF-30 型浮选机，精选 CLF-16 型浮选机。CLF 型浮选机是由北京矿冶研究总院研制，主要用于粗粒矿物的浮选。

青海盐湖工业股份有限公司 100 万吨 / 年氯化钾生产装置，采用反浮选-冷结晶工艺生产氯化钾，选用容积为 42.5m^3 WEMCO 型浮选机［图 4-22（b)］。

(a) BF-20型浮选机

(b) WEMCO型浮选机

图 4-22 浮选机

4.3.3 过滤机

过滤机是利用压力差而使固体颗粒与液体通过介质（滤布、滤板）进行分离的机械。过滤机主要分为筒形真空过滤机、盘式真空过滤机、水平带式真空过滤机和压滤机。目前钾肥行业应用最多的是水平带式真空过滤机。

水平带式真空过滤机具有处理能力大、洗涤滤饼效果好、运行平稳、操作维护简单、运营成本低、适应性广等优点，逐渐成为国内钾肥生产企业普遍采用的固液分离设备。目前钾盐正浮选工艺的粗钾脱卤、反浮选工艺的低钠光卤石脱卤及粗钾脱卤均采用水平带式真空过滤机进行固液分离（图 4-23）。

图 4-23 水平带式真空过滤机

4.3.4 离心机

离心机是利用机械旋转产生的离心力将液-固、液-液等混合物分离成固体和液体组分或轻相和重相组分的一种机械设备。离心机的特点是：结构紧凑、体积小、分离效率高、滤饼水分低。

钾肥行业干燥前的精钾固液分离通常采用离心机，以获得含湿量较低的产品。钾肥行业常用的离心机有活塞推料离心机、卧式刮刀卸料离心机、卧式螺旋沉降离心机、上悬式离心机、螺旋筛网离心机等。目前国内应用较多的活塞推料离心机和卧式刮刀卸料离心机。

（1）活塞推料离心机　活塞推料离心机包括单级活塞推料离心机、双级活塞推料离心机和多级活塞推料离心机。目前国内先进的双级活塞推料离心机不仅穿滤少、滤饼含水率低，而且具有单机产量大、设备运行稳定、故障少等优点。双级活塞推料离心机要求进料浓度高（含固量 40% 以上），产品颗粒大（适合处理颗粒粒度 0.08mm 以上的钾盐产品），常用于冷结晶工艺的产品（图 4-24）。

图 4-24 双级活塞推料离心机

（2）卧式刮刀卸料离心机 卧式刮刀卸料离心机是一种连续运转、刮刀卸料、间歇操作的过滤式离心机，一般适用于处理固相颗粒大于10μm、固相质量浓度大于25%的钾盐产品分离脱水。离心机操作过程中的进料、脱水、洗涤、排液、卸料、反冲等过程可在全速或变速下完成，既可实现手动操作，调节每一过程的操作时间，也可采用PLC实现全自动控制，从而获得含湿量较低的滤饼。但缺点是：设备单价高、产量较低、刮刀易损坏等问题。卧式刮刀卸料离心机常用于冷分解-浮选工艺的精钾脱卤。目前格尔木藏格钾肥有限公司部分车间、青海盐湖三元钾肥股份有限公司浮选车间采用卧式刮刀卸料离心机用于精钾脱卤。

（3）上悬式离心机 上悬式离心机是一种间歇式操作，采用重力、机械或人工卸料的离心机，其特点为滤饼水分低、运行平稳、操作简便，特别适用于处理细颗粒（10μm以上）钾盐产品分离脱水，常用于冷分解-浮选工艺生产精钾脱卤。由于上悬式离心机间歇操作，单台处理量低，工人劳动强度大，一般常用于氯化钾生产规模10万吨/年以下的钾肥生产厂。

（4）卧式螺旋沉降离心机 卧式螺旋沉降离心机是利用离心沉降原理分离悬浮液的设备，适用于处理细颗粒（5μm以上）且固液比重差较大的物料。其主要特点：连续运行、自动化程度高、操作方便、结构紧凑、占地面积小、易于操作、维护方便且维护费用低。缺点是滤饼含水量高。

卧式螺旋沉降离心机目前在污泥脱水领域应用广泛，钾肥行业应用较少。青海地矿集团有限公司6万吨/年氯化钾生产装置，采用冷分解-浮选工艺生产氯化钾，精钾脱卤使用卧式螺旋沉降离心机。

（5）螺旋筛网离心机 青海盐湖工业股份有限公司生产系统采用德国筛得力公司生产的CX1500螺旋筛网式离心机，用于低钠光卤石、粗钾和精钾系统的脱卤，单台设备处理能力达100吨/年。根据国内外同类装置生产实践经验，该机处理能力大、运行平稳、操作方便、维护简单、运营成本低、脱滤效果好。青海盐湖元通钾肥有限公司也采购1台CX1500螺旋筛网式离心机用于精钾脱卤[53-54]（图4-25）。

图4-25 CX1500螺旋筛网式离心机

4.3.5 结晶器

以光卤石为原料采用反浮选-冷结晶工艺或冷结晶-浮选工艺生产氯化钾均采用冷结晶技术，而冷结晶技术的关键设备是分解结晶器，常用的分解结晶器是敞口并带有细晶消除的DTB型结晶器[55-56]。结晶器的结构形式见图4-26。

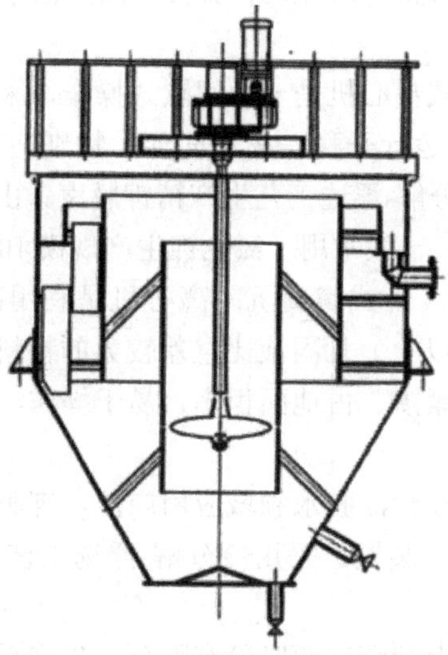

图4-26 DTB型结晶器结构示意图

结晶器结构组成主要有结晶器筒体、导流筒、隔流筒及搅拌装置等。DTB型结晶器的中部有一导流筒，在四周有一圆筒形挡板（也叫隔流筒）。在导流筒内接近下端处有螺旋桨（也可以看作内循环轴流泵），以较低的转速旋转，悬浮液在螺旋桨的推动下在筒内上升至液体表层，然后转向下方，沿导流筒与隔流筒之间的环形通道至器底，重新被吸入导流筒的下端，如此循环不已，形成接近良好混合的状态。隔流筒将结晶器分隔为晶体生长区和澄清区，隔流筒与器壁间的环隙为澄清区，其中搅拌的影响实际上已消失，使晶体得以从母液中沉降分离，只有过量的细晶可随母液在澄清区的顶部排出器外，从而实现对细晶量的控制。

由于DTB型结晶器设置了导流筒，形成了循环通道，故只需要很低的压头[100～200mmH_2O（0.981～1.96kPa）]就能在器内实现良好的内循环，从而有效地消耗不断产生的过饱和度，使之只能处于较低的水平。另外，结晶器还设有母液外循环通道，用于消除过量的细晶，通过控制母液外循环量，可控制外排细晶的粒度大小，从而使结晶器具有控制产品粒度及粒度分布能力，因此采用这种具有细晶消除型结晶器能够得到粗粒的氯化钾颗粒。

早在20世纪50年代，国外就出现了这种效能较高的DTB型结晶器，首先用于氯化钾的生产，然后为化工、食品、制药等工业部门广泛应用。经过多年的生产实践，证明这种型式的结晶器性能良好，能生产较大的晶粒（粒度可达600～1200μm），生产强度较高，器内不易结疤，已成为连续结晶器的主要型式之一。

我国从20世纪80年代开始研发光卤石分解结晶器，经过几十年的研究，我国已能制造最大直径可达15m的各种规格的结晶器，从而为反浮选-冷结晶工艺、冷结晶-浮选工艺技术提供了有力的支撑（图4-27）。

图4-27 光卤石分解结晶器

4.3.6 造粒机

颗粒状钾肥相对传统粉状钾肥具有缓释和方便施用的优势。颗粒状肥料一般采用造粒工艺进行生产，其中挤压造粒法由于工艺流程简单、操作方便、能耗低，而且无腐蚀、无化学污染，同时产品强度高，可长期保存、远距离运输，广泛应用于化肥造粒行业。

挤压造粒有对辊式和轮辗式两种形式，对辊式挤压是先压成大块，再破碎成颗粒；轮辗式是在辊表面直接做成有穴槽型的形状，一次挤成成型颗粒，产品强度较低，有时需添加黏结剂。轮辗式由于生产规模小，单台机器最大只能达到3～5t/h，且颗粒强度有限，模具易损坏，国内发展缓慢，国外早已被淘汰。而对辊式挤压造粒机生产能力大、颗粒强度高、能耗低，在国内外得到广泛应用。

目前，世界上绝大多数的颗粒钾肥都是采用粉状为原料进行对辊式挤压造粒。对辊式挤压造粒的工艺原理主要是干粉物料在辊压机压力作用下团聚成致密坚硬的大块（饼料），饼料再经破碎、筛分后得到粒度均匀的颗粒料成品。

辊压机是对辊挤压造粒工艺的关键设备，也是该工艺的核心技术所在。辊压机的性能直接影响到饼料的质量，继而影响后续工段中颗粒的外观质量。目前大型辊压机主要由德国魁珀恩公司垄断，其生产的辊压机最大轧辊直径达2000mm，可产生高达20500kN的压力。

近几年随着国内造粒技术的发展，辊压机研制发展较快，国内生产厂家如江苏福亿机械科技有限公司、山东沃尔沃农业科技有限公司等企业都在积极开发和研制大型辊压机（图4-28）。

图 4-28　辊压机

目前国内制造的辊压机与德国魁珀恩公司（KOPPERN）的产品还有较大的差距，主要体现在：①单台设备产量低；②设备故障率高，维修量大；③颗粒强度低；④成品率低。因此需要对辊压机进行不断改进和完善，以满足市场对颗粒钾肥的生产需求。

4.4　工业氯化钾生产工艺与主要设备

4.4.1　工业级氯化钾概述

用于无机工业的氯化钾主要是作为制备各种钾盐的基本原料。食品工业中用作代盐剂、营养增补剂、胶凝助剂、酵母食品料、调味剂、增香剂、pH 值控制剂等。此外，还用于活性染料、钢铁热处理以及电镀行业等。

4.4.1.1　食品级氯化钾

食品级氯化钾为食用氯化钾或食品添加剂氯化钾，是用以氯化镁和氯化钾为主要成分的岩盐光卤石或海盐生产的氯化钾（工业或农业级）作为原料，再经过精制而制得食品添加剂氯化钾。

（1）产品性质　食品级氯化钾为无色或白色的结晶或粉末。按干燥品计算，含氯化钾（KCl）不得少于 99.0%。其他理化性质同农业氯化钾。

（2）用途　食品级氯化钾是传统食品添加剂，用作营养增补剂、代盐剂、胶凝助剂、酵母食品料、调味剂、增香剂，也用于强钾剂、矿物质饮料，还可用于制造低钠盐、运动饮料，残留量不需限量。

（3）消费　随着人们对健康关注度的提高，居民对低钠盐制品、调味品等产品的需求也在迅速增加，这将带动上游食品级氯化钾等配料消费量的稳定增长。氯化钾是低钠盐的主要成分之一，含量占 20% ～ 35%，为保证低钠盐产品质量，必须采用食品级氯化钾。从全球市场看，食品级氯化钾主要集中在食品工业配料、添加剂等关联产业，消费规模比较稳定。国际市场食品级氯化钾消费地区分布相对广泛，欧洲、美洲和亚洲地区的食品级氯化钾市场消费量规模较大。世界食品级氯化钾主要产地多分布在中国、俄罗斯、加拿大、德国、美国、印度和东南亚等国家或地区。我国在钾盐的产品开发、技术装备、应用领域以及钾盐衍生新品种研究等方面虽起步较晚，但随着食品级和医药级氯化钾的需求量增加，生产和消费量有所增长。

（4）产品标准　食品添加剂氯化钾执行国家标准《食品安全国家标准　食品添加剂　氯化钾》（GB 25585—2010），该标准于2011年2月21日起实施，具体指标见表4-13。

表4-13　食品添加剂氯化钾理化指标（GB 25585—2010）

项目	指标
氯化钾（干基计）	≥ 99.0%
干燥减量	≤ 1.0%
酸碱度	通过试验
碘和溴	通过试验
钠（Na）	≤ 0.5%
重金属（以Pb计）	≤ 5mg/kg
砷（As）	≤ 2mg/kg

一般出口的食品级氯化钾采用FCC Ⅶ标准，其理化指标见表4-14。

表4-14　FCC Ⅶ标准的食品添加剂氯化钾理化指标

项目	指标
含量（干基计）	≥ 99.0%
重金属（以Pb计）	≤ 5mg/kg
干燥减量	≤ 1.0%
酸碱度	符合试验
碘和溴	符合试验
钠（Na）	≤ 0.5%

4.4.1.2 医药级氯化钾

（1）产品性质　医药级氯化钾为无色长棱形、立方形结晶或白色结晶性粉末，无臭，味咸涩。在水中易溶，在乙醇中不溶。按干燥品计算，含氯化钾（KCl）不得少于99.5%。可用作制备氯化钾片、氯化钾注射剂。

（2）产品标准　医药级氯化钾的标准，采用《中华人民共和国药典（2020年版）》，具体指标见表4-15。

表4-15　医药级氯化钾理化指标

项目	指标
含量（干基计）	≥ 99.5%
酸碱度	通过试验
澄清度	通过试验
硫酸盐（以 SO_4 计）	≤ 0.01%
钠盐	通过试验
锰盐	通过试验
铝盐（以 Al 计）	≤ 0.0001%
碘化物	通过试验
钡盐	通过试验
钙盐	通过试验
镁盐（以 Mg 计）	≤ 0.001%
铁盐（以 Fe 计）	≤ 0.0003%
溴化物（以 Br 计）	≤ 0.1%
干燥减量	≤ 1.0%
重金属（以 Pb 计）	≤ 0.0005%
砷（以 As 计）	≤ 0.0001%

4.4.2 生产工艺

食品级氯化钾一般采用工业氯化钾或农业氯化钾为原料精制而成。从卤水中提取的工业氯化钾是经过兑卤、蒸发、结晶、分解洗涤等工序生产的，氯化钾含量在 90% 以下，与食品级氯化钾还是有一定的差距，其中可溶、不可溶杂质含量较高，颜色灰暗，外观较差，因此须经过进一步精制才能制得食品级氯化钾。医药级氯化钾制法一般采用与食品级同样方法，或者用食品级氯化钾，再重结晶提纯而制得。

4.4.2.1 食品级氯化钾精制原理

以粗氯化钾为原料，通过物理或化学方法精制，达到除去杂质，提高氯化钾纯度或白度的目的。其精制原理是利用原料中各成分溶解度不同，将工业或农业氯化钾通过溶解、过滤、吸附、结晶、干燥等工序制备成食品级氯化钾[57]。

4.4.2.2 食品级氯化钾生产工艺流程

（1）蒸发浓缩结晶法　现有工厂的生产流程为：选用工业氯化钾（白）为原料，原料入库前必须进行检验，合格品方可接收；工业氯化钾用纯水溶解，溶解温度为 80 ～ 110℃，终点浓度为 40% 左右（相对密度为 1.20 ～ 1.30），过滤，滤液无可见杂质；滤液进行蒸发浓缩结晶，结晶体与料浆一起通过自动离心机脱水分离，母液回溶解工序或废弃（当成品项目重金属达到标准值的 4/5 或遇到转产时缩减母液并排放），脱水后固体物料经流化床干燥后筛分、金检，经计量包装、质检合格后入库，不合格品按《不合品格控制程序》处理。食品级氯化钾生产工艺流程见图 4-29。

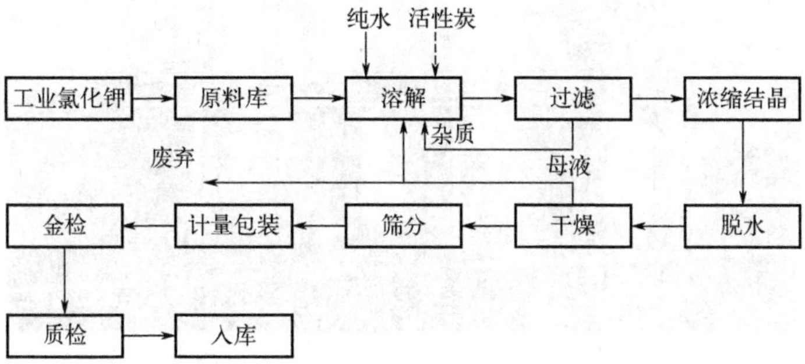

图 4-29　食品级氯化钾生产工艺流程

（2）离子交换法　首先将粗氯化钾加水溶解制成氯化钾溶液、饱和溶液或过饱和溶液，采用 10 ～ 20 目筛过滤除去不溶于水的杂质；再往溶液中加入食品级氢氧化钾（KOH）、碳酸钾（K_2CO_3）、硫酸钾（K_2SO_4），将溶液中的 Ca^{2+}、Mg^{2+}、Ba^{2+} 转化成氢氧化镁、碳酸钙、硫酸钡沉淀，过滤除去；将得到的氯化钾溶液加水稀释至 5% ～ 20%，通过离子交换柱的大孔树脂吸附除去十八胺，再通过活性炭吸附除去 2 号油或十二烷基吗啉等有机杂质，除杂后的溶液浓缩结晶、离心机脱水、烘干机干燥即可得到食品级氯化钾。

（3）多效蒸发法　首先制备 100 ～ 110℃氯化钾饱和溶液，加入碱和除杂剂进行保温沉降；然后将所得的上清液用盐酸中和后通过泵输送至闪蒸结晶器进行三级闪蒸降温浓缩；再通过离心机进行分离得到氯化钾晶体湿品，将湿品干燥后包装，得食品级氯化钾。

4.4.2.3　主要原料

目前食品级氯化钾生产工艺经过近 30 年发展已比较成熟，都是采用工业或农业级氯化钾重结晶而制得。原料多选用进口氯化钾，以加拿大为好，其次为俄罗斯、约旦、以色列。国内氯化钾一是含量低（一般湿基只有 90% 左右），二是原料中含有铵，影响产品质量（蒸发水中铵处理难度大），因此一般不采用。

4.4.3　主要设备

氯化钾工艺精制的核心设备是蒸发器，现在最先进的为四效蒸发器（图 4-30）。2012 年江苏科伦多食品配料有限公司自行设计使用三效蒸发器，2017 年江苏科伦多食品配料有限公司设计使用四效蒸发器，能力扩大到 5 万吨 / 年。其他厂家多采用三效蒸发器。蒸发器材质，与物料接触部分选用钛材，寿命可达到 10 年，而选用一般碳钢寿命为 3 ～ 4 年，选用 316L 不锈钢或 2205 不锈钢设备寿命一般只有 2 ～ 3 年。第二核心设备是干燥设备，选用流化床为好，常州地区制造的流化床设备一步干燥，比较先进。

图 4-30　四效蒸发器设备

目前，最常用的氯化钾生产结晶设备是 DTB 结晶器。有研究表明，采用 DTB 结晶器对原真空结晶器进行改造，将 DTB 结晶技术和控晶技术融为一体，在原结晶器下循环管处增设育晶器，既可强化料液闪蒸功能，又可获得较为理想的结晶环境，减少细晶光卤石的生成量，降低杂质含量，提高氯化钾的含量。此外，还可将氯化钾饱和溶液进行零蒸发封闭式结晶，冷却至常温后也能得到氯化钾晶体产品。5 万吨食品级氯化钾主要生产设备清单见表 4-16。

表4-16　5万吨食品级氯化钾主要生产设备清单

名称	规格型号	数量	备注
地槽	5000L	2	
板框压滤机	XMAY/15/63-U	2	
中转釜	2000L	2	
浓缩釜	5000L	1	
流化床干燥机	6000×60	2	
旋风分离器	Φ1000	2	
振动筛	WSZ-520	2	
冷却釜	3000L	2	
自动离心机	HR-400	2	
结晶釜	5000L	2	
自动定量包装秤	DCS-50A4	2	
螺旋输送机	Φ350mm×2800mm	2	

4.5 氯化钾产品类型与用途

4.5.1 农用氯化钾

4.5.1.1 产品特性

农业氯化钾主要是白色晶体，同时含有少量的钠、钙、镁、溴和硫等元素，因此有时也带有淡黄或紫红等颜色。由于早期加拿大生产的氯化钾呈浅砖红色，人们习惯称为“红钾”，红色是因为其中含有约 0.05% 的铁及其他金属氧化物。

氯化钾在农业上主要用作钾肥。氯化钾易溶于水，是高浓度的速效钾肥，也是用量最多、使用范围较广的钾肥品种，可作基肥和追肥，可供植物直接吸收利用。其肥效快，直接施用于农田，能使土壤下层水分上升，有抗旱的作用。氯化钾吸湿性不大，通常不会结块，但含杂质较多的产品吸湿性变大，长期储存会结块。氯化钾为化学中性、生理酸性肥料，长期大量施用单一氯化钾会造成土壤酸化。氯化钾直接用作肥料，包括单独使用和与氮肥、磷肥掺和（混）使用，其余部分作为原料加工转化成硫酸钾、硝酸钾和少量的磷酸二氢钾等无氯钾肥。

4.5.1.2 田间施用

氯化钾适宜作基肥或早期追肥，但一般不宜作种肥，因为氯离子易影响附近种子的发芽。氯化钾和氯化铵同时施用称为双氯化肥，但在烟草作物和盐碱地、咸田不宜施用，茶树、葡萄、马铃薯、甘薯、甜菜、甘蔗、西瓜等对氯敏感的作物，尤其在幼苗或幼龄期更要少用或不用。氯化钾是钾肥的最主要品种，占钾肥用量的 70% ～ 80%。

钾肥肥效主要取决于土壤的供钾水平，而土壤质地、土壤水分状况等多种因素都会影响土壤的供钾水平。同时，肥效的强弱还与作物的需钾特性有关。如氯化钾中含有氯，若施用过量，带入土壤的氯随之增加，会影响氯敏感作物的品质，故氯敏感作物一般不宜施用氯化钾。若必须施用时，应控制用量或提早施用，使氯随雨水或灌溉水流失。

钾肥应该首先分配在严重缺钾的土壤和对钾需求多且吸收钾能力弱的作物上，使其发挥最大的增产效益。大田作物施用氯化钾一般在 $150kg/km^2$ 左右，宜深施在根系附近。同时，最好是施入水分状况较好的湿土层中，既有利于钾的扩散和减少土壤对钾的固定，又有利于作物的吸收。在酸性土地区注意配合碱性肥料和有机肥料施用。在施用磷矿粉的地区，配合施用氯化钾有利于提高磷矿粉的肥效。因为作物生育过程中需要多种养分，只有平衡施肥才能满足作物的要求，所以应该尽量在氮、磷基础上施用钾肥。

4.5.2 工业用氯化钾

（1）产品需求　以氯化钾为原料加工高附加值的钾精细化工产品，即工业用氯化钾。国外目前的工业用钾量为农业用钾量的9%左右，我国的工业用钾量在10%左右。

以氯化钾为原料，可生产120种左右的钾盐产品，如硫酸钾、硝酸钾、碳酸钾、氢氧化钾、高锰酸钾、氯酸钾、高氯酸钾等。以上这些氯化钾深加工产品，对氯化钾的需求量每年约为160万吨（折100万吨K_2O）。

（2）主要用途　工业上氯化钾还广泛用于石油工业，橡胶工业和电镀工业等。在医药工业中，用作利尿剂及防止缺钾症的药物；在食用盐领域，氯化钾可用于制取低钠盐。此外，还用于制造枪口或炮口的消焰剂，钢铁热处理剂，以及用于照相。氯化钾也是临床常用的电解质平衡调节药。

参考文献

[1] 中国科学院盐湖研究所情报室．察尔汗盐湖资源的开发利用 [J]．盐湖科技资料，1975(10):51-69.
[2] 上海化工研究院．国内外钾肥发展概况 [J]．化肥工业，1977(12):49-61.
[3] 上海化工研究院．国外钾肥工业品种生产技术水平和发展趋势 [J]．化肥工业，1977(12):86-90.
[4] 熊执中．死海地区的钾盐生产 [J]．化工矿山技术，1980(12):65-70.
[5] 李承宝，张秀春．青海察尔汗盐湖钾资源开发现状 [J]．现代矿业，2009(2):16-19.
[6] 陈大福，马海州．察尔汗盐湖钾资源开发利用的历史追忆 [C]．首届世界钾盐大会论文集 ,2009:86-97.
[7] 杨红梅．生产氯化钾的几种工艺分析 [J]．海湖盐化工，2004, 33(2):4-7.
[8] 牛自得，程芳琴．水盐体系相图原理及其应用 [M]．天津：天津大学出版社，2001.
[9] 李承宝．浮选法生产氯化钾工艺在实践中的应用 [J]．海湖盐化工，1999, 28(2):19-22.
[10] 杨卉芃，曹飞．世界钾资源研究系列之二——国外典型钾盐公司概况 [J]．矿产保护与利用，2015(2):67-72.
[11] 钱晓杨．冷结晶-浮选法由光卤石提氯化钾 [J]．海湖盐与化工，1996, 25(3):16-18.
[12] 氯化钾生产技术冷结晶-正浮选法．DB63/T 1304—2014 .
[13] 冷结晶-正浮选生产氯化钾技术 [N]．中国矿业报，2021-05-21(002).
[14] 邹光明．青海察尔汗湖盐田光卤石冷分解热溶结晶法制取氯化钾扩大试验总结 [J]．化肥工业，1983 (4):9-18.
[15] 钱晓阳．反浮选-冷结晶法从光卤石中提取氯化钾 [J]．化学工业与工程技术，1998 (3):1-3.
[16] 王石军．盐田滩晒光卤石矿生产氯化钾工艺综述 [J]．无机盐工业，1999 (1):1-4.
[17] 唐海英．浅议冷结晶-正浮选工艺及关键控制 [J]．盐科学与化工，2019, 48(11):39-41.
[18] 祝甲旺．冷结晶-正浮选氯化钾工艺相图分析 [J]．盐科学与化工，2019，48(12):52-54.
[19] 王宝才．反浮选法纯制光卤石矿的研究 [J]．海湖盐与化工，2000(2):26-27.
[20] 熊增华，王石军．察尔汗盐湖资源开发利用现状及关键技术进展 [J]．化工矿物与加工，2021, 50(1):33-37.
[21] 张义勇，史忠录，赵玮，等．察尔汗盐湖钾肥的生产工艺比较 [J]．盐业与化工，2012, 41(1):26-28.
[22] 湛留意．国外某固体钾石盐矿生产氯化钾工艺述评 [J]．现代矿业，2017, 33(7):203-206.
[23] 王石军．全球钾肥产业发展现状与展望 [J]．磷肥与复肥，2019, 34(10):9-13.
[24] 程忠，杜庆堂．氯化物型含钾卤水制氯化钾新方法：CN1063663A[P]．1992.
[25] 屈亚林，张树瑞，孙青武．察尔汗盐湖卤水生产氯化钾工艺流程概述 [J]．化工矿物与加工，2003 (12):6-8.
[26] 钟代伏．兑卤脱钠控速分解法制优质氯化钾工艺技术产业化研究 [C]．中国选矿技术交流大会，中国选矿情报协作网，全国非金属矿情报信息网，全国化工矿山信息站，2004.
[27] 邓天龙，周桓，陈侠．水盐体系相图及应用 [M]．北京：化学工业出版社，2013.
[28] 程忠．"兑卤脱钠 @ 控速分解结晶"论——由氯化物型含钾卤水制氯化钾新工艺的理论与实践 [J]．磷肥与复肥，2001, 16(5): 39-44.
[29] 李建国．低钠光卤石冷结晶法制取氯化钾的相图分析 [J]．盐业与化工，2006, 35(4):17-19.
[30] 杜佩英，史忠录．兑卤结晶法生产氯化钾工艺控制 [J]．化学工程与装备，2010(7):53-55.
[31] 楚西亭，温海祥．兑卤法生产氯化钾工艺原理及优缺点 [J]．中国化工贸易，2013(6):207.
[32] 袁俊生，纪志永，陈建新．海水化学资源利用技术的进展 [J]．化学工业与工程，2010, 27(2): 110-116.
[33] 王木村，郭小甫，赵颖颖，等．沸石法苦卤提钾工艺研究 [J]．无机盐工业，2020, 52(2): 23-29, 100.
[34] 王木村．沸石法苦卤提取氯化钾工艺研究 [D]．天津：河北工业大学，2019.
[35] 李丹．沸石法苦卤钾富集及硝酸钠钾分离工艺研究 [D]．天津：河北工业大学，2019.
[36] 袁俊生，吕铮，张林栋，等．海水和硝酸铵制取硝酸钾的方法：CN 02158599.7[P]．2002-12-26.
[37] 袁俊生，谢英惠，张林栋，等．用海水制取硫酸钾的方法：CN 200510133689.6[P]．2005-12-28.
[38] 袁俊生，陈建新，郭小甫，等．用海水制取氯化钾的工艺方法：CN 201010031348.9[P]．2010-01-14.
[39] 袁俊生，纪志永，郭小甫，等．用海水制取磷酸二氢钾的方法：CN 201010601557.2[P]．2010-12-23.
[40] Guo X F, Li D, Liu J L, et al. Separation of sodium and potassium using adsorption-elution/crystallization scheme from bittern[J]. Chemical Engineering Research and Design, 2020, 161: 72-81.
[41] 郭小甫，袁俊生，纪志永，等．离子交换法海水提钾工艺研究 [J]．化学工程，2020, 48(3): 11-14.
[42] Guo X F, Ji Z Y, Yuan J S, et al. Recovery of K^+ from concentrates from brackish and seawater desalination with modified clinoptilolite, Desalination and Water Treatment, 2016, 15(57): 6829-6837.

[43] 赵颖颖，王宗瑞，袁俊生，等．一种沸石法苦卤提取硝酸钾的方法：CN 201910013661.0[P]．2019-01-08.
[44] 赵颖颖，李丹，王军，等．沸石法卤水/苦卤钾富集工艺 [J]．化工进展，2019, 38(3):1190-1196.
[45] 闫会征．新型钾离子筛法海水提取硫酸钾新工艺的研究 [D]．天津：河北工业大学，2008.
[46] 袁俊生，郭兆寿，张林栋．新型钾分子筛的表征及其对 K^+ 的交换性能 [J]．过程工程学报，2006(6)：903-906.
[47] 张运秋，袁俊生，付云朋，等．高硅铝比钾离子筛的合成及其对 K^+ 的交换性能 [J]．硅酸盐通报，2011, 30(4): 880-886.
[48] 纪志永，袁俊生，郭小甫．天然斜发沸石的改性及其对海水中 K^+ 吸附交换容量的研究 [J]．材料导报 B, 2011, 25(4): 107-110.
[49] 杨永春．改性沸石的多元离子交换平衡研究 [D]．天津：河北工业大学，2008.
[50] 王士钊．斜发沸石对钾离子交换特性的研究 [D]．天津：河北工业大学，2002.
[51] 王举亮．钾盐浮选装置主要设备选型探讨 [J]．化工矿物与加工，2015, 44(6):41-43.
[52] 李迎春，李承宝．盐田光卤石矿选矿中浮选设备选型试验研究 [J]．海湖盐与化工，2005(5):15-17.
[53] 辛国山，郝红军，孟浩，等．浮选设备在“反浮选-冷结晶”工艺中的应用 [J]．有色金属设计，2020, 47(4):34-36.
[54] 巨生彬．氯化钾生产中固液分离设备的选型优化 [J]．石化技术，2017, 24(6):16, 188.
[55] 李士恒．钾肥生产中的 CX500 离心机优化探析 [J]．智能城市，2021(7):71-72.
[56] 郭映福，刘青青，李兴海．热溶-结晶氯化钾生产工艺节能设备优化研究 [J]．化工管理，2021(36):170-171.
[57] 丁绪淮，谈遒．工业结晶 [M]．北京：化学工业出版社，1985.

中国肥料研究与应用全书

Books of Fertilizer Research and Application in China

FERTILIZER

第5章

硫酸钾

5.1 概述

5.1.1 基本理化性质

硫酸钾（potassium sulfate）是由硫酸根离子和钾离子组成的盐，分子式 K_2SO_4，分子量 174.26，通常是白色或无色正交或六方的结晶，无气味，味涩质硬，化学性质不活泼，在空气中稳定。自然界中纯的单体硫酸钾极为少见。市场上绝大部分硫酸钾是通过不同的制备工艺获得的，有粉状和颗粒两种。根据用途不同，可分为工业用硫酸钾、农业用硫酸钾及食品用硫酸钾等多种。

硫酸钾纯品是无色结晶体，纯硫酸钾理论氧化钾含量为 54.06%。硫酸钾产品性质见表 5-1。硫酸钾水溶液呈中性，常温下 pH 值约为 7。溶液中有其他易溶钾盐存在时，硫酸钾的溶解度就大大降低。硫酸钾在各温度下水中的溶解度见表 5-2。硫酸钾产品吸湿性小，不易结块；晶体结构为斜方晶系；可与可溶性钡盐溶液进行复分解反应生成硫酸钡沉淀。

表5-1 硫酸钾的性质

性能	数值	性能	数值
密度（20℃）/（g/cm^3）	2.662	生成热（$\Delta H^{\ominus}_{298}$）/(kJ/mol)	约 1433
熔点 /℃	1069	熵（$S^{\ominus}_{298}$）/[J/(mol·K)]	175.7
沸点 /℃	＞2000	介电常数（4×10^6Hz）	6.3
比热容（C_p）/[J/（kg·K）]	＞45.4	膨胀常数（立方体）/K^{-1}	130×10^{-6}
熔化热 /(kJ/kg)	210.3	盐指数	46.1
转换热（斜方晶系 / 三方晶系）/(kJ/kg)	46.58	盐指数 /K_2O	0.85

表5-2 各温度下硫酸钾在水中的溶解度 单位：g K_2SO_4/100g H_2O

温度 /℃	0	10	20	30	40	50
溶解度	7.35	9.4	11.1	13.0	14.8	16.5
温度 /℃	60	70	80	90	100	101.4
溶解度	18.1	19.8	21.4	22.8	24.2	24.3

5.1.2 产品质量标准

2017 年 12 月 29 日国家公布了最新的硫酸钾国家标准《农业用硫酸钾》（GB/T 20406—2017），于 2018 年 7 月 1 日正式执行。与 GB/T 20406—2006 相比，新标准（详见表 5-3）对硫的质量分数做了明确的标注，且取消了 K_2O 含量 50% 的颗粒状一等品的标准，同时将颗粒状合格品氧化钾质量分数提高至 45%；粉末结晶状优等品 K_2O 含量改为 52%，但其中对于游离酸的标准并未放宽，而是同样的游离酸质量分数小于等于 1.0%；粉末结晶状合格品的水分质量分数由原来的 3% 变为 2%，颗粒状合格品的水分质量分数由原来的 3% 变为 2.5%。

表5-3 农用级硫酸钾质量标准（GB/T 20406—2017）

项目	粉末结晶状			颗粒状	
	优等品	一等品	合格品	优等品	合格品
氧化钾（K_2O）含量 / %	≥ 52.0	≥ 50.0	≥ 45.0	≥ 50.0	≥ 45.0
硫（S）的质量分数 /%	≥ 17.0	≥ 16.0	≥ 15.0	≥ 16.0	≥ 15.0
氯离子（Cl^-）/%	≤ 1.5	≤ 2.0	≤ 2.0	≤ 1.5	≤ 2.0
水分（H_2O）/%	≤ 1.0	≤ 1.5	≤ 2.0	≤ 1.5	≤ 2.5
游离酸（以 H_2SO_4 计）的质量分数 /%	≤ 1.0	≤ 1.5	≤ 2.0	≤ 2.0	≤ 2.0
粒度（1.00 ～ 4.75mm 或 3.35 ～ 5.60mm）/ %	—	—	—	≥ 90	≥ 90

5.1.3 产品分析方法

硫酸钾产品按 GB/T 20406—2017 标准中规定的方法测定。其中主产品硫酸钾的测量方法为四苯硼钾重量法，主要是利用钾离子与四苯硼钠进行反应生成四苯硼钾沉淀，根据四苯硼钾的质量确定硫酸钾含量。

5.1.4 产品发展历史

世界上最早的工业化硫酸钾生产工艺是由 19 世纪末德国化学家 Mannheim Vereim 开发研制的，即曼海姆法。日本 Chisso 公司随后开发改良版曼海姆法，解决了高温反应物料对设备的腐蚀问题。20 世纪 80 ～ 90 年代，国际上也相继出现了比利时法、日本室素法、日产法及中国台湾青上法曼海姆生产硫酸钾工艺。2000 年，比利时 TESSERDERLOCHIMI 公司采用曼海姆法生产硫酸钾总生产能力达到 100 万吨 / 年，为同期世界第一[1]。2000 年前，国际上 50% 以上的硫酸钾均使用曼海姆法生产。采用盐湖卤水制取硫酸钾的主要包括美国西尔斯湖、美国大盐湖及智利阿塔卡玛盐湖等，该方法生产的硫酸钾占 10% ～ 15%。世界上最早被开发利用的盐湖是西尔斯湖。1917 年，美国开始从西尔斯湖的晶间卤水中生产氯化钾和硼砂，1958 年在 Trona 建立第一座现代化工厂生产氯化钾、硫酸钾、碳酸钠等产品。1971 年，美国大盐湖年产 24 万吨硫酸钾生产装置建成投产[2]。1985 年，智利在阿塔卡玛盐湖建成年产 15 万吨硫酸钾装置。硫酸镁转化法生产的硫酸钾约占 25%，以德国 K+S 公司为主，20 世纪 90 年代末，该公司用硫酸镁转化法生产硫酸钾年产量达到 100 万吨。利用可溶性（难溶性）硫酸盐钾矿生产硫酸钾约占 10%，20 世纪 50 年代中期，苏联建成基洛瓦德巴氧化铝厂副产硫酸钾，是世界上首次实现工业化开发明矾石综合利用的工厂[3]。除此之外还包括芒硝法、硫酸铵法等，芒硝法制取硫酸钾的工业生产研究已在美国、俄罗斯、德国、以色列等国实施。20 世纪 90 年代，德国开发出墨索芒硝法制取硫酸钾工艺，但未建成工业性生产装置；俄罗斯开发出两步三段芒硝法并建成年产 10 万吨工业生产线。

我国硫酸钾生产起步较晚，20 世纪 70 年代以前几乎不生产硫酸钾，20 世纪 80 年代末全国只有屈指可数的几家企业生产少量的硫酸钾，每年都要从国外大量进口。鉴于此，国内不少研究单位进行了硫酸钾生产工艺的研究，全国范围内相继研发出了芒硝法、硫酸铵法、缔置法、盐湖卤水制取硫酸钾等生产工艺，并引进了曼海姆法生产技术。从此，通过自主开发、引进技术、引进资金的形式，我国的硫酸钾工业迅速发展壮大。

我国芒硝储量居世界第一位，芒硝法是国内独具优势的生产硫酸钾方法。1987 年，中国科学院青海盐湖研究所相继开展“以盐田光卤石和无水芒硝为原料制取硫酸钾”的工艺研究。1991 年，该单位进行了年产 150t 硫酸钾中试试验，为芒硝法工业化生产硫酸钾提供了技术支持 [4]。1996 年，山西运城在国内外技术基础上，开发出了“两段转化、一次蒸发”芒硝法生产工艺，并建成了 5 万吨硫酸钾生产装置。1999 年，在运城又新建了 10 万吨芒硝转化法硫酸钾生产装置 [5]。同期在四川眉山、江苏洪泽区等地相继建设芒硝法硫酸钾生产装置。

硫酸铵法早在 20 世纪 80 年代中期国内许多单位就开始进行研究开发。1985 年，在江苏苏州建成一套年产 3000t 硫酸钾中试生产装置 [6]，1994 年，在江苏宜兴建成硫酸铵法硫酸钾生产装置，之后陆续出现了一步转化法、焙烧转化法、两步转化法、三元肥法和四步循环转化法等多种工艺路线，利用硫酸铵与氯化钾为原料生产硫酸钾的生产方法在国内已形成众多厂家，包括四川邛崃、山东烟台、北京等地，总生产规模约年产 7 万吨硫酸钾。

缔置法（缔合置换法）是国内自行研发的以氯化钾、硫酸、氨为原料生产硫酸钾的方法。1993 年，该方法中试装置通过鉴定后在四川什邡及山西太原分别建成年产 2 万吨硫酸钾生产装置，但由于缔置剂损耗大，生产成本高并未大规模推广 [7]。

由于曼海姆法日趋成熟且在国外占有率最高，因此我国于 1992 年首次引进了日本曼海姆技术和设备并建成国内第一家曼海姆法万吨级生产装置。其后全国各地的大部分曼海姆生产装置都是由中国台湾青上公司采取合资或独资的形式进行建设的。2000 年后，全部国产化的曼海姆生产装置在国内日趋成为主流 [8]。

1996 年，我国在新疆罗布泊地区发现了蕴藏着丰富的含钾盐湖卤水资源后，经过科研人员的持续努力，通过自主研发完成“以含钾硫酸镁亚型卤水为原料制取硫酸钾”技术研究。2008 年，在新疆罗布泊地区建成了年产 120 万吨硫酸钾生产装置。此后，还有海水提取硫酸钾、苦卤提取硫酸镁再转化提取硫酸钾等多种资源型硫酸钾生产工艺不断涌现。

目前，我国的硫酸钾产能、产量已位居世界第一位，主要以资源型和加工型两种生产方式为主。资源型和加工型约各占国内总产量的半壁江山。

5.2 硫酸钾生产原理

国内外硫酸钾的生产工艺按生产方法大致可划分为三大类：第一类是利用盐湖卤水、海水及地下卤水制取硫酸钾，包括硫酸盐型盐湖提取硫酸钾、海水提取硫酸钾、苦卤提取硫酸镁再转化提取硫酸钾；第二类是利用含硫酸根化合物与氯化钾转化制取硫酸钾，该方法又称为加工型硫酸钾生产工艺，包括曼海姆法、硫酸铵转化法、缔置法、芒硝转化法、硫酸亚铁转化法、石膏转化法等；第三类是利用含钾固体矿物制取硫酸钾，包括杂卤石转化法、明矾石转化法、钾长石转化法等。不同的生产工艺获取硫酸钾的生产原理各不相同。

5.2.1　盐湖卤水、海水及地下卤水制取硫酸钾生产原理

以硫酸镁亚型盐湖含钾卤水为主要原料，依据 K^+、Na^+、Mg^{2+} // Cl^-、SO_4^{2-}-H_2O 五元水盐体系介稳相图（见图 5-1），采用盐田摊晒方式利用自然能去除卤水中的大部分氯化钠，并以硫酸盐或氯化物的形式析出固体矿，作为后续加工的原料。

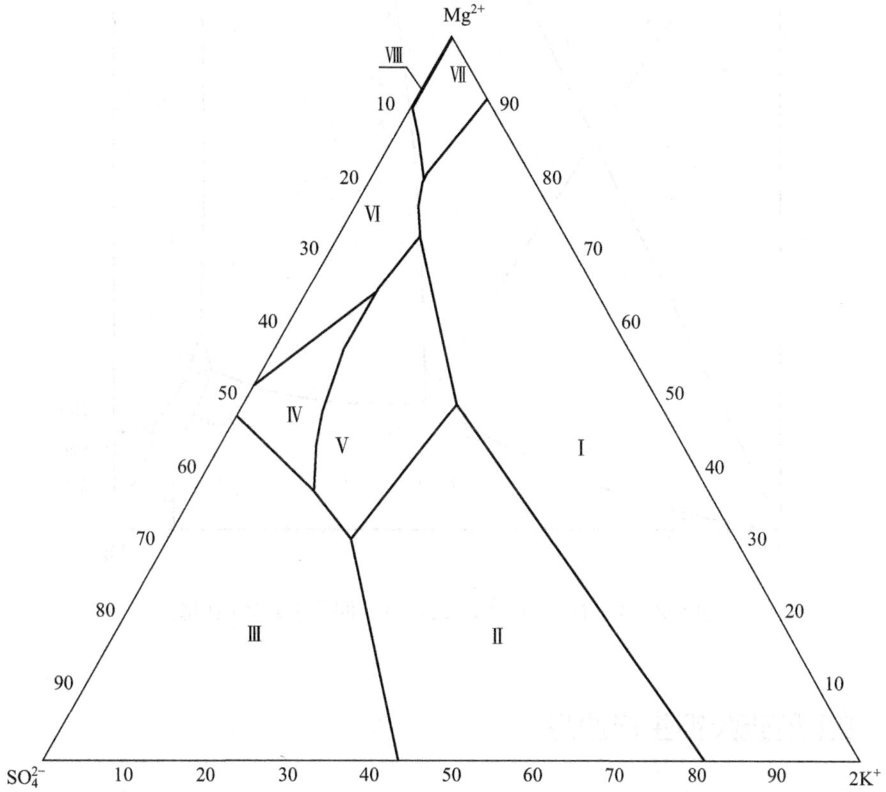

图 5-1　K^+、Na^+、Mg^{2+}//Cl^-、SO_4^{2-}-H_2O 五元水盐体系介稳相图

Ⅰ—KCl（S）；Ⅱ—$3K_2SO_4 \cdot Na_2SO_4$（Gla）；Ⅲ—Na_2SO_4（T）；Ⅳ—$Na_2SO_4 \cdot MgSO_4 \cdot 4H_2O$ (Ast)；
Ⅴ—$K_2SO_4 \cdot MgSO_4 \cdot 6H_2O$ (Pic,Pi)；Ⅵ—$MgSO_4 \cdot 7H_2O$；Ⅶ—$KCl \cdot MgCl_2 \cdot 6H_2O$（Car）；
Ⅷ—$MgCl_2 \cdot 6H_2O$（Bis）、$K_2SO_4 \cdot MgSO_4 \cdot 4H_2O$（Leo）、$KCl \cdot MgSO_4 \cdot 3H_2O$ (Kai)、$MgSO_4 \cdot 6H_2O$(Hex)

通过选矿工艺（分解、转化、浮选、过滤等）分别对盐田析出硫酸盐、氯化物固体矿物进行加工提纯，得到软钾镁矾和氯化钾精矿。依据 K^+、Mg^{2+} // Cl^-、SO_4^{2-}-H_2O 四元水盐体系相图（图 5-2）用软钾镁矾和氯化钾精矿转化制取硫酸钾，其转化过程的化学反应方程式为：

$$K_2SO_4 \cdot MgSO_4 \cdot 6H_2O + 2KCl + H_2O = 2K_2SO_4 + E_2 \text{ 母液} \tag{5-1}$$

由于采用的是软钾镁矾和氯化钾精矿，钠离子含量较低，使用相图进行计算分析时可以忽略钠离子的影响；硫酸钾的转化结晶温度可控制在 25 ～ 40℃，可利用 K^+、Mg^{2+}//Cl^-、

SO_4^{2-}-H_2O 四元水盐体系 25℃相图进行理论计算，需要时可参考 55℃相图。通过相图可计算软钾镁矾和氯化钾的配比、加水量、收率等。

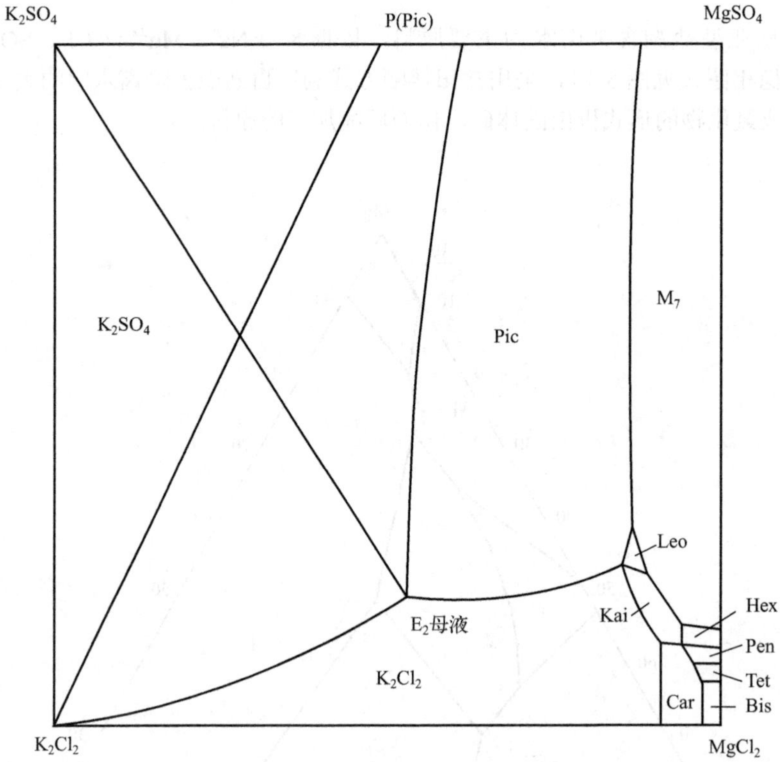

图 5-2 K^+、Mg^{2+} // Cl^-、SO_4^{2-}-H_2O 四元水盐体系相图

5.2.2 加工型硫酸钾生产原理

5.2.2.1 曼海姆法

曼海姆法是用浓硫酸分解氯化钾制取硫酸钾的一种方法，该法主要由下述两步反应来实现。第一步是放热反应，可在较低温度下进行反应生成硫酸氢钾，化学反应方程式为：

$$KCl+H_2SO_4 \xlongequal{} KHSO_4+HCl\uparrow \ +16.4kJ/mol \tag{5-2}$$

第二步是强吸热反应，在低温阶段，生成的酸性硫酸盐常包裹在氯化钾表面，形成一层不渗透膜，使反应进行十分缓慢，甚至停止。钾的酸性硫酸盐中以 $KHSO_4$ 和 $K_3H(SO_4)_2$ 最稳定，它们的熔点分别为 218.6℃和 268℃，因此，制取 K_2SO_4 的反应在高于 268℃下进行。氯化钾转化为硫酸钾的程度随温度升高而增加，反应速率也随之加快，但到 800℃时 H_2SO_4 将分解为 H_2O 和 SO_3，为使第二步反应完成，温度应为 500 ～ 600℃ [9-10]。化学反应方程式为：

$$KHSO_4+KCl \xlongequal{} K_2SO_4+HCl\uparrow \ -71.6kJ/mol \tag{5-3}$$

5.2.2.2 硫酸铵转化法

以硫酸铵与氯化钾为原料，依据 K^+、$NH_4^+//Cl^-$、SO_4^{2-}-H_2O 四元水盐体系相图（图 5-3）进行配料计算，利用其反应产物溶解度的差异，通过控制溶液浓度、温度和反应时间，分离出硫酸钾，并从母液中回收氯化铵。化学反应方程式如下：

$$(NH_4)_2SO_4+2KCl \rightleftharpoons K_2SO_4+2NH_4Cl \quad (5\text{-}4)$$

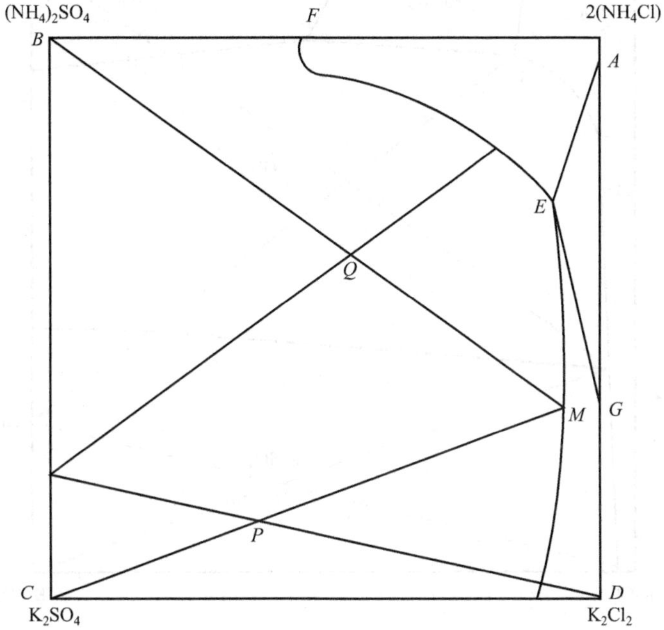

图 5-3 K^+、NH_4^+ // Cl^-、SO_4^{2-}-H_2O 四元水盐体系相图

5.2.2.3 缔置法

缔置法是缔合置换法的简称，是以氨、硫酸、氯化钾和缔合剂为原料，通过缔合、置换、解缔三步反应制取硫酸钾。缔合是缔合剂与硫酸反应生成硫酸铵盐，依靠较弱的作用力（如配位共价键、氢键）结合的现象；置换是用氯化钾溶液中的氯离子与缔合剂上的硫酸根离子置换，并生成硫酸钾；解缔是用氨和被缔合在缔合剂上的氯离子反应生成氯化铵副产物，缔合剂复原[11]。化学反应方程式如下：

$$H_2SO_4+2R_3N = (R_3NH)_2SO_4 \quad (5\text{-}5)$$

$$(R_3NH)_2SO_4+2KCl = 2(R_3NH)Cl+K_2SO_4 \quad (5\text{-}6)$$

$$(R_3NH)Cl+NH_3 = R_3N+NH_4Cl \quad (5\text{-}7)$$

5.2.2.4 芒硝转化法

以芒硝和氯化钾为原料，依据 Na^+、$K^+//Cl^-$、SO_4^{2-}-H_2O 四元水盐体系 25℃相图（图 5-4）进行配料计算，通常经两步复分解反应制取硫酸钾。第一步，芒硝与氯化钾转化生成钾芒硝，化学反应方程式如下：

$$6KCl+4Na_2SO_4+E_2\text{ 母液}=\!=\!=Na_2SO_4\cdot 3K_2SO_4+6NaCl+E_1\text{ 母液} \quad (5\text{-}8)$$

第二步，钾芒硝与氯化钾转化生成硫酸钾，化学反应方程式如下：

$$Na_2SO_4\cdot 3K_2SO_4+2KCl+H_2O=\!=\!=4K_2SO_4+2NaCl+E_2\text{ 母液} \quad (5\text{-}9)$$

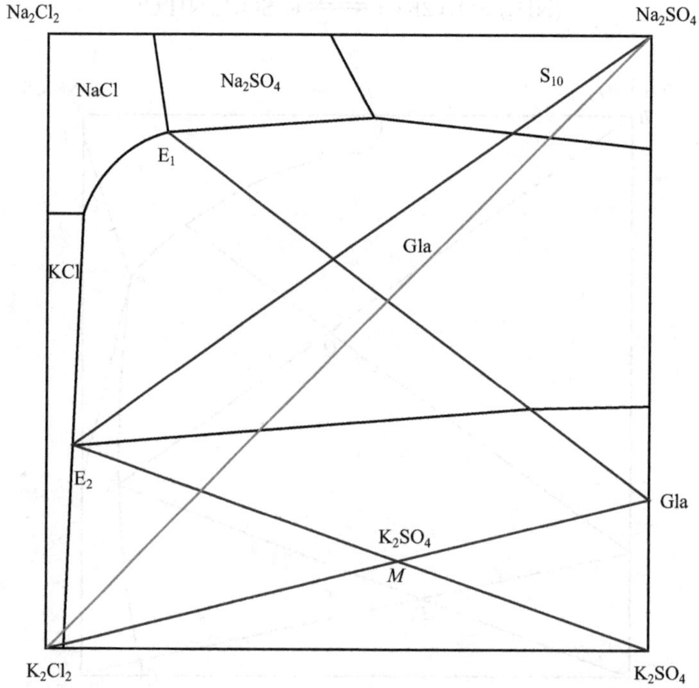

图 5-4　Na^+、$K^+//Cl^-$、SO_4^{2-}-H_2O 四元水盐体系 25℃相图

5.2.2.5　硫酸亚铁转化法

以硫酸亚铁和氯化钾为原料，依据 K^+、$Fe^{2+}//Cl^-$、SO_4^{2-}-H_2O 四元体系相图理论（图 5-5），经两步转化法制取硫酸钾。第一步，硫酸亚铁水溶液与氯化钾进行反应，生成硫酸铁钾和氯化亚铁，化学反应方程式如下：

$$2FeSO_4+2KCl+6H_2O=\!=\!=FeSO_4\cdot K_2SO_4\cdot 6H_2O\downarrow+FeCl_2 \quad (5\text{-}10)$$

第二步，硫酸铁钾与氯化钾反应生成硫酸钾和氯化亚铁，化学反应方程式如下：

$$FeSO_4\cdot K_2SO_4\cdot 6H_2O+2KCl=\!=\!=2K_2SO_4+FeCl_2+6H_2O \quad (5\text{-}11)$$

5.2.2.6　石膏转化法

以石膏和碳酸氢铵为原料，经两步转化法制取硫酸钾。第一步，石膏和碳酸氢铵进行反应，生成碳酸钙和硫酸铵，化学反应方程式如下：

$$CaSO_4\cdot 2H_2O+2NH_4HCO_3=\!=\!=CaCO_3\downarrow+(NH_4)_2SO_4+CO_2\uparrow+3H_2O \quad (5\text{-}12)$$

第二步，硫酸铵再与氯化钾进行复分解反应，生成硫酸钾和氯化铵，化学反应方程式如下：

$$2KCl+(NH_4)_2SO_4=\!=\!=K_2SO_4+2NH_4Cl \quad (5\text{-}13)$$

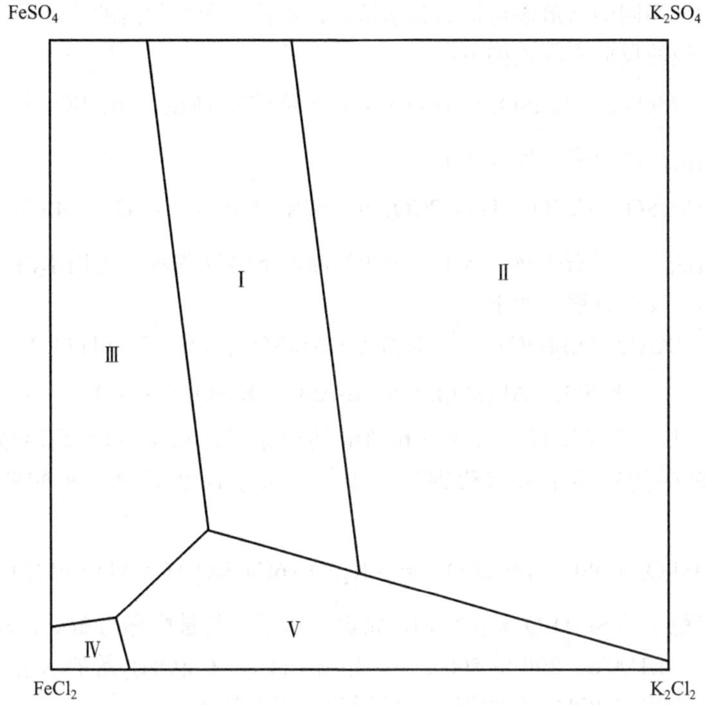

图 5-5　K^+、Fe^{2+}//Cl^-、SO_4^{2-}-H_2O 四元体系相图

Ⅰ—$FeSO_4 \cdot K_2SO_4 \cdot 6H_2O$；Ⅱ—$K_2SO_4$；Ⅲ—$FeSO_4 \cdot 7H_2O$；Ⅳ—$FeSO_4 \cdot 4H_2O$；Ⅴ—KCl

5.2.3　含钾固体矿物生产硫酸钾原理

利用含钾固体矿物加工硫酸钾的生产工艺中，硫酸盐型矿物大多数是自然存在的固态化合物，可溶性不佳，杂质含量高。因此，含钾固体矿物生产硫酸钾工艺首先是使固态原料变成液态，具体方法根据原料的不同采用不同的方式，找出合适的溶浸剂（强酸、强碱），通过化学法对固体矿物进行溶解；然后根据盐类化合物三元、四元、五元水盐体系相图作为理论依据，通过转化制取硫酸钾产品。

（1）钾盐镁矾（钾镁钒）法　以天然钾盐镁矾矿为原料，经过选矿工艺富集后，依据 K^+、Mg^{2+} // SO_4^{2-}、Cl^--H_2O 四元体系相图理论，经两步转化法制取硫酸钾。第一步，钾盐镁矾加水转化成软钾镁矾，化学反应方程式如下：

$$4(KCl \cdot MgSO_4 \cdot 2.75H_2O)+H_2O = 2(K_2SO_4 \cdot MgSO_4 \cdot 6H_2O)+2MgCl_2 \qquad (5\text{-}14)$$

第二步，软钾镁矾和氯化钾加到水中搅拌，分解、浸取制得硫酸钾产品，化学反应方程式如下：

$$K_2SO_4 \cdot MgSO_4 \cdot 6H_2O+2KCl+H_2O = 2K_2SO_4+E_2\text{母液} \qquad (5\text{-}15)$$

（2）杂卤石转化法　采用水、过磷酸钙溶液、氧化钙溶液或氢氧化钙溶液等溶剂对杂卤石进行溶解，依据同离子效应使杂卤石溶解析出硫酸钾。化学反应方程式如下：

$$K_2SO_4 \cdot MgSO_4 \cdot 2CaSO_4 \cdot 2H_2O \xlongequal{\triangle} K_2SO_4+MgSO_4+2CaSO_4+2H_2O \qquad (5\text{-}16)$$

杂卤石的溶浸机理取决于矿石的结构、成分、晶格化学键以及溶剂的物理化学特征，通过加热焙烧或加入不同的盐溶液可提高其水溶性，加快钾和镁的溶解速度[12]。

加入钙盐溶液的反应方程式如下：

$$K_2SO_4 \cdot MgSO_4 \cdot 2CaSO_4 \cdot 2H_2O + 2Ca^{2+} \xlongequal{\triangle} 2K^+ + Mg^{2+} + 4CaSO_4 \downarrow + 2H_2O \quad (5\text{-}17)$$

加入碳酸盐溶液的反应方程式如下：

$$K_2SO_4 \cdot MgSO_4 \cdot 2CaSO_4 \cdot 2H_2O + 2CO_3^{2-} \xlongequal{\triangle} 2K^+ + Mg^{2+} + 2CaCO_3 \downarrow + 4SO_4^{2-} + 2H_2O \quad (5\text{-}18)$$

（3）明矾石法　明矾石矿物在 550 ～ 600℃高温下焙烧脱水，再用水溶浸得到硫酸钾溶液和氧化铝固体。反应方程式如下：

$$2KAl_3(SO_4)_2(OH)_6 \xlongequal{\triangle} K_2SO_4 \cdot Al_2(SO_4)_3 \cdot 2Al_2O_3 + 6H_2O \uparrow \quad (5\text{-}19)$$

$$K_2SO_4 \cdot Al_2(SO_4)_3 \xlongequal{\triangle} \alpha\text{-}Al_2O_3 + K_2SO_4 + 3SO_3 \uparrow \quad (5\text{-}20)$$

（4）钾长石法　以钾长石、石灰石和硫酸钙作原料，在 1300℃高温煅烧，分解生成氧化钙；氧化钙中的钙离子可取代钾长石中的钾离子，从而得到硫酸钾。反应方程式如下：

$$2KAlSi_3O_8 + CaSO_4 + 14CaCO_3 \xlongequal{\triangle} K_2SO_4 + 6Ca_2SiO_4 + Ca_3Al_2O_6 + 14CO_2 \uparrow \quad (5\text{-}21)$$

钾长石具有稳定的 Si-Al-O 架状结构，常温常压下不易被酸碱分解。高压下可降低反应温度，如在 0.3 ～ 6.1MPa、200 ～ 500℃下，用含 $CaCl_2$、$Ca(OH)_2$ 等的水溶液可分解钾长石制备钾盐[13]，其中用 $Ca(OH)_2$ 分解钾长石的反应方程式如下：

$$2KAlSi_3O_8 + 15Ca(OH)_2 \xlongequal{\triangle} 2KOH + 3CaO \cdot Al_2O_3 + 6(2CaO \cdot SiO_2) + 14H_2O \quad (5\text{-}22)$$

5.3 资源型硫酸钾生产工艺及设备

资源型硫酸钾生产主要是以达到工业开采品位的可溶性钾、硫酸根等盐湖固体矿或液体矿为原料制取硫酸钾。比如，以软钾镁矾矿物、钾盐镁矾矿物、盐湖卤水、海水、苦水、地下卤水等为原料制取。其主要工艺过程为：固体矿经过溶浸或者液体矿经过蒸发，体系达到含钾、含硫酸根化合物饱和点，并开始析出固体原料；固体原料采矿后，用淡水或其他卤水溶解转化获得硫酸钾产品。

5.3.1 硫酸盐型盐湖资源提取硫酸钾工艺

据相关统计数据，世界钾盐可回收矿石储量达 42 亿吨（以氧化钾计），主要分布在北美、欧洲、南美、中东和亚洲等区域。我国钾资源总储量为 3.6 亿吨，约占世界比例的 8.5%，主要分布在察尔汗盐湖及罗布泊盐湖。

根据盐湖卤水化学组成不同，盐湖卤水化学类型可分为碳酸盐型、硫酸盐型（或硫酸镁亚型）、氯化物型。其中，适合生产硫酸钾的主要盐湖卤水为硫酸盐型盐湖含钾卤水。

目前，国内外已被发现并大规模开采利用的硫酸盐型盐湖主要有美国大盐湖、智利阿塔卡玛盐湖、新疆罗布泊盐湖、青海东（西）台吉乃尔盐湖等。根据含钾卤水化学组分、自然条件等因素，各盐湖生产硫酸钾工艺过程各不相同。卤水化学组分[14]见表 5-4。

表5-4 主要硫酸盐型盐湖卤水的化学组成

盐湖	离子组分 /%							
	K^+	SO_4^{2-}	Mg^{2+}	Na^+	Cl^-	Ca^{2+}	Li^+	B^{3+}
美国大盐湖	0.7	2.0	1.1	7.6	14.1	0.016	0.004	0.006
智利阿塔卡玛盐湖	1.8	1.9	1.0	1.6	15.7	0.031	0.15	0.064
新疆罗布泊盐湖	0.8	4.0	1.5	7.6	13.8	—	0.002	0.005
青海西台吉乃尔盐湖	0.7	2.9	1.3	8.3	15.0	0.016	0.021	0.031
青海东台吉乃尔盐湖	1.2	6.6	2.0	7.2	13.6	—	0.062	0.078

5.3.1.1 美国大盐湖硫酸钾生产工艺

美国大盐湖1776年被发现，1971年底生产装置建成投产。盐湖整体分成南部和北部两个独立部分[15]。盐湖提取硫酸钾生产工艺主要分为盐田部分和钾盐镁矾加工制取硫酸钾部分。

（1）盐田部分　美国大盐湖卤水属于硫酸镁亚型，以 K^+、Na^+、Mg^{2+}//Cl^-、SO_4^{2-}-H_2O 五元水盐体系介稳相图为基础进行蒸发。在蒸发过程中，依次析出氯化钠和泻利盐矿物。当卤水自然蒸发至钾饱和卤水、软钾镁矾析出之前，用氯化镁老卤调节卤水组成来避开软钾镁矾的析出，使卤水进入钾盐镁矾区。通过这种盐田技术的介入钾盐的析出形式得到简化，析出更为集中，从而简化了后续的钾盐加工过程。具体流程为：大盐湖卤水导入氯化钠池蒸发至钾饱和（卤水B），与后续另一Mg/K比例更高的卤水（卤水D）混合；混合后的卤水继续蒸发析出氯化钠和泻利盐，待钾饱和时（卤水C）导入下一摊晒池；继续蒸发析出钾盐镁矾，伴随析出少量光卤石和氯化钠固相。此阶段析出过程中，先析出氯化钠含量较高的高钠钾盐镁矾矿，然后盐田卤水导入另一盐池，析出氯化钠含量较低的低钠钾盐镁矾矿。待光卤石饱和时（卤水D）再一次导卤，继续蒸发析出光卤石，得到品位相对较低的钾盐镁矾与光卤石的混合盐。部分析出钾盐镁矾的卤水（卤水D）再次循环至兑卤池。剩余老卤（卤水E）导入深池储存，待冬季降温时进一步析出光卤石。析出的光卤石与钾盐镁矾饱和卤水（卤水C）反应转化为钾盐镁矾[16]。工艺流程见图5-6。

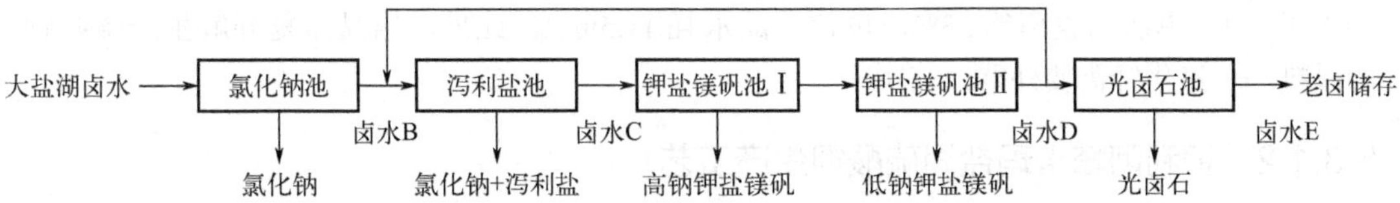

图5-6 美国大盐湖盐田工艺流程

（2）钾盐镁矾加工制取硫酸钾部分　高钠钾盐镁矾矿转化成软钾镁矾，经过浮选得到软钾镁矾精矿。而盐田后段低钠钾盐镁矾矿进入细磨，再通过浸取转化后得到软钾镁矾精矿。两种精矿产品混合后控制温度冷却至25℃，通过多级浓缩增稠，加入硫酸钾循环母液，除去氯化钠、泻利盐等杂质，得到纯度较高的软钾镁矾。软钾镁矾进入结晶器，同时加入氯化钾和水；在55℃保温下，通过复分解反应转化为硫酸钾料浆；再经过浓缩、过滤、干燥、造粒、破碎以及筛分得到硫酸钾产品[17]。工艺流程见图5-7。

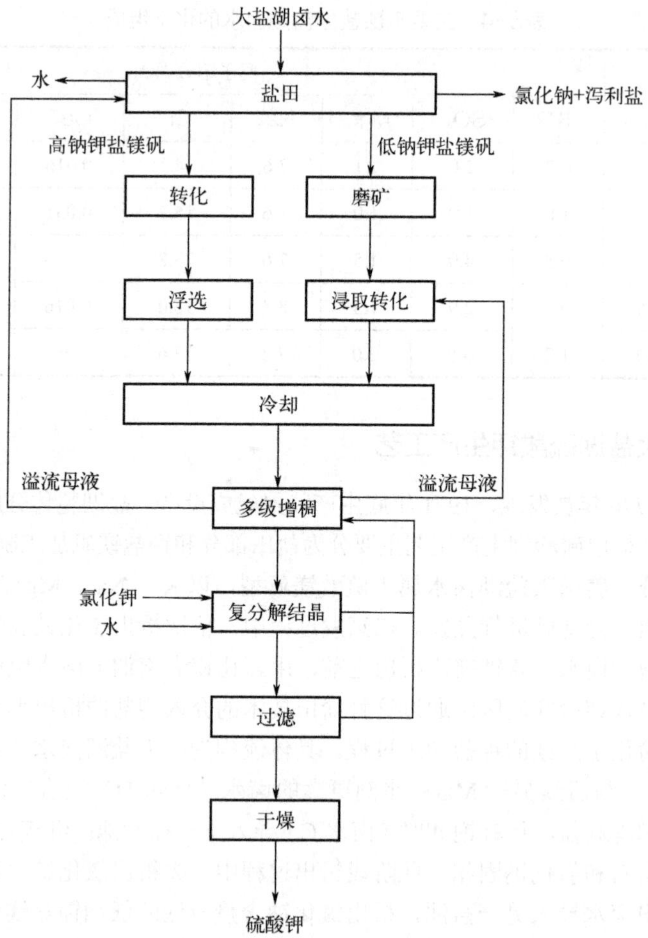

图 5-7　软钾镁矾加工制取硫酸钾生产工艺流程

美国大盐湖硫酸钾生产工艺可以说将盐田工艺应用到了极致，巧妙地进行盐田设计、控制与管理，合理利用不同工序、不同阶段的卤水/母液，或兑卤日晒，或处理混盐，既调节了卤水组成以结晶出高品质的盐田矿物，又构成了闭合循环。但该方法母液循环量比较大，加工工艺 K^+ 单次回收率约 33%，单位产品水耗 11.5m^3/t。此外，结晶器复分解生产硫酸钾的原料——氯化钾需要外购。

5.3.1.2　智利阿塔卡玛盐湖硫酸钾生产工艺

智利阿塔卡玛盐湖属于南美洲典型的硫酸盐型盐湖，1969 年首次对此盐湖进行勘察，1982 年启动年产 15 万吨硫酸钾项目，1985 年投入生产。

阿塔卡玛盐湖通过对卤水资源进行综合利用生产碳酸锂、氯化钾、硫酸钾、硼酸等产品。其工艺路线是通过盐田日晒获取钾盐矿和富锂老卤。其钾资源的开发主要是通过相转化、浮选和复分解等技术加工盐田晒出的钾盐矿来制取氯化钾和硫酸钾。析钾后卤水浓缩进行提硼制取硼酸。卤水提锂有两条工艺：一条是由析钾提硼后锂含量较高的老卤生产碳酸锂的工艺；另外一条是针对夏季蒸发时析出的 $LiKSO_4$ 混合盐生产碳酸锂的工艺。阿塔卡玛盐湖卤水综合利用工艺流程见图 5-8。

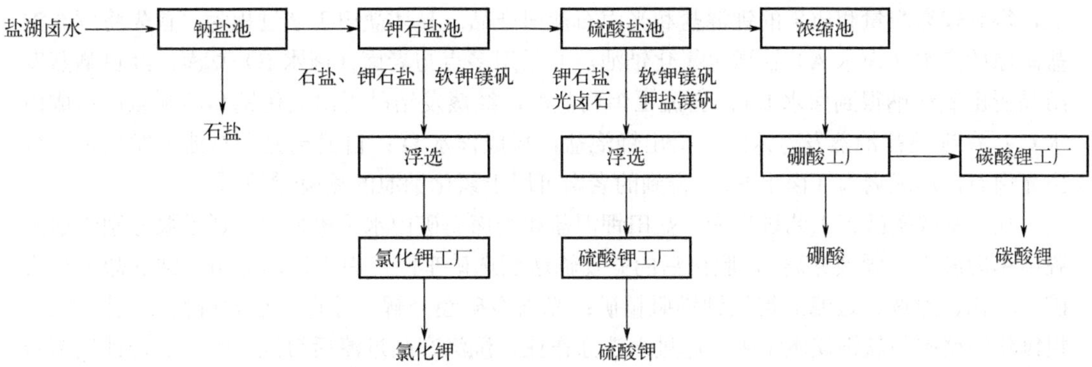

图 5-8 阿塔卡玛盐湖卤水综合利用工艺流程

其中，硫酸盐混盐池矿物是生产硫酸钾的主要原料来源。该盐湖生产硫酸钾工艺过程为：硫酸盐混盐池矿物通过湿式磨矿，控制合格粒度，再加入后系统硫酸钾循环母液，在常温下将钾盐镁矾转化为软钾镁矾；软钾镁矾溶液中加入磺酸盐类浮选药剂作为软钾镁矾的捕收剂，通过正浮选得到纯度为95%的软钾镁矾精矿，其中 K^+ 的浮选回收率可达94%；在55℃恒温下，软钾镁矾精矿中按一定比例加入氯化钾和水，通过复分解反应生成硫酸钾，硫酸钾湿料经过浓缩、过滤、干燥最后得到硫酸钾产品。其生产工艺流程见图5-9。

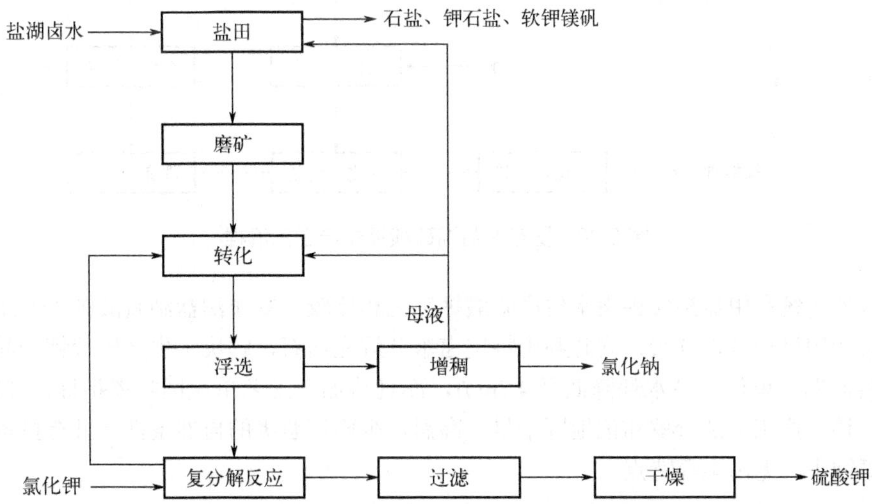

图 5-9 智利阿塔卡玛盐湖硫酸钾生产工艺流程

阿塔卡玛盐湖的资源开发为世界盐湖资源的开发树立了典范，其最大的亮点在于对卤水资源进行综合利用，不仅能生产氯化钾、硫酸钾，还能生产碳酸锂、硼酸等产品。

5.3.1.3 新疆罗布泊盐湖硫酸钾生产工艺

罗布泊盐湖从2000年开始开发利用，2008年120万吨/年硫酸钾项目投入生产，现有硫酸钾生产规模150万吨/年。

罗布泊盐湖生产工艺以盐湖卤水为原料，通过兑卤人为改变盐湖卤水结晶路线和结晶点，得到较高产量和质量的钾混盐和光卤石盐田产品。具体盐田工艺过程为：首先将罗布泊盐湖原始卤水（卤水A）输送至氯化钠池，并采用多点与老卤（卤水E）兑卤，经日晒蒸发结晶析出氯化钠得到卤水Ep；自流至泻利盐池，经蒸发结晶析出氯化钠和泻利盐后形成卤水C；在钾混盐池蒸发、浓缩，析出钾混盐，形成卤水D；自流至光卤石池蒸发失水，析出光卤石，形成老卤（卤水E），得到的老卤可用于氯化钠池的兑卤[18-19]。

加工制取硫酸钾工艺过程为：盐田钾混盐和光卤石矿由水采机采出，通过泵分别输送至脱卤车间脱卤（固液分离），脱卤后的矿物输送至选矿车间，卤水返回盐田，钾混盐矿经磨矿、转化、浮选、过滤后得软钾镁矾精矿；光卤石矿经分解、浮选、过滤得粗氯化钾精矿，粗氯化钾精矿与软钾镁矾精矿一起进入洗涤作业，洗涤产品过滤后得混合钾；混合钾送至硫酸钾车间的结晶器，加入水进行转化结晶，结晶产品经离心脱水、干燥后获得粉末结晶状成品硫酸钾[20]。工艺流程见图5-10。

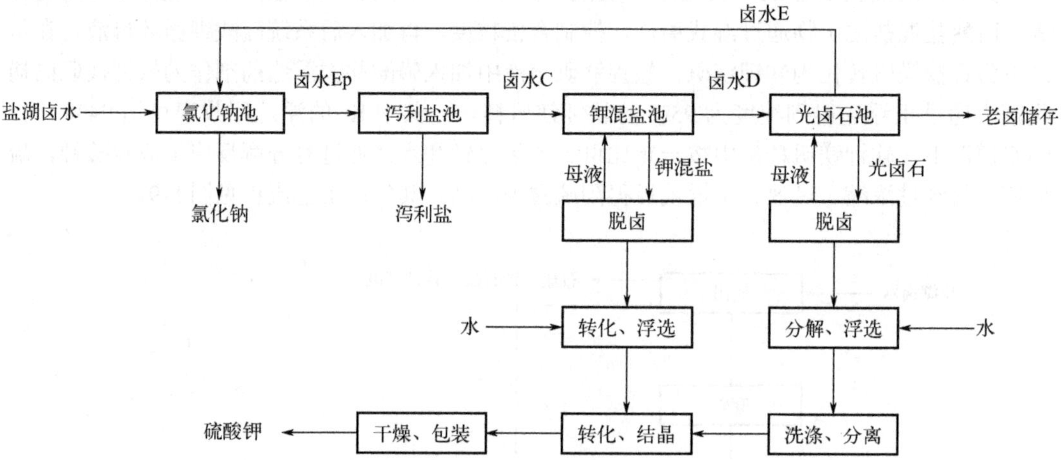

图5-10 罗布泊盐湖硫酸钾生产工艺流程

与国外传统利用盐湖含钾卤水生产硫酸钾工艺相比较，罗布泊盐湖硫酸钾生产工艺最大特点是对盐田进行合理分级，同时利用特定卤水分解光卤石，解决了生产硫酸钾产品所需氯化钾原料问题，单位产品水耗降低至4.7m^3/t，而且将加工工艺单次回收率指标由33%提高到48%。该生产工艺适合罗布泊地区干旱、高温、少雨等恶劣的自然条件，具有投资少、成本低、腐蚀小、无污染等特点。

5.3.2 海水及苦卤资源提取硫酸钾工艺

从海水或苦卤水中提取硫酸钾的方法主要有：高温盐法、苦卤蒸发-浮选法、热钾碱液法、微波辐射法、液膜法、沸石法等多种。

5.3.2.1 高温盐法

高温盐法是以氯化钾生产中的副产物高温盐（主要成分为七水硫酸镁与氯化钠）和氯化钾为原料，通过两段转化工艺制取硫酸钾的方法。首先，高温盐与氯化钾通过一段转化得到钾镁矾与氯化钠的混合物；然后，在混合物中加入脂肪酸铵盐类捕收剂、萜烯醇类起泡剂及系统所产生的饱和母液制成浆料，进行浮选、分离得到软钾镁矾和工业盐；软钾镁矾再与氯化钾在水溶液中进行二段转化、分离得到硫酸钾。该方法存在投资较高、设备费用较大、流程较长等缺点[21]。工艺流程见图5-11。

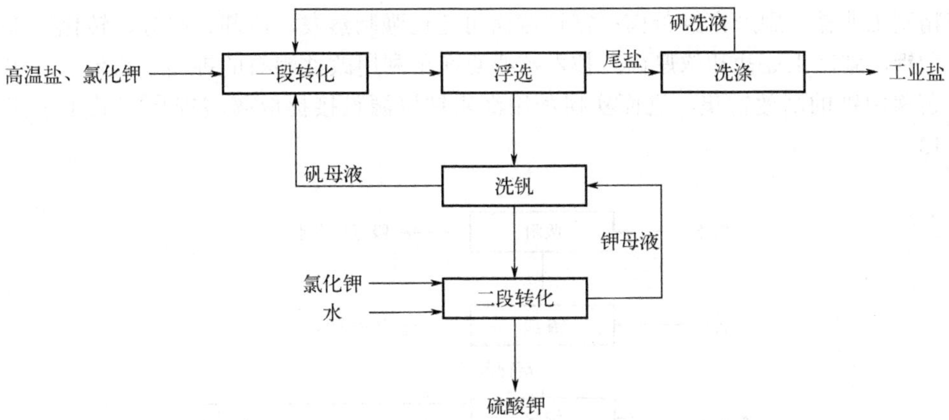

图 5-11　高温盐法生产硫酸钾工艺流程

5.3.2.2　苦卤蒸发-浮选法

该方法是高温盐法制取硫酸钾工艺的进一步改进。用光卤石与苦卤掺兑分离出苦盐后进行蒸发浓缩，得到混合盐（主要成分为无水钾镁矾和氯化钠），混合盐再与氯化钾及系统自产钾母液进行一段转化后，加入捕收剂及起泡剂用浮选机分离分别得到软钾镁矾及氯化钠，软钾镁矾与氯化钾及水进行二段转化分离得到硫酸钾，工艺流程见图5-12。此方法简化了工艺流程，减少了工艺损失，提高了收率[22]。

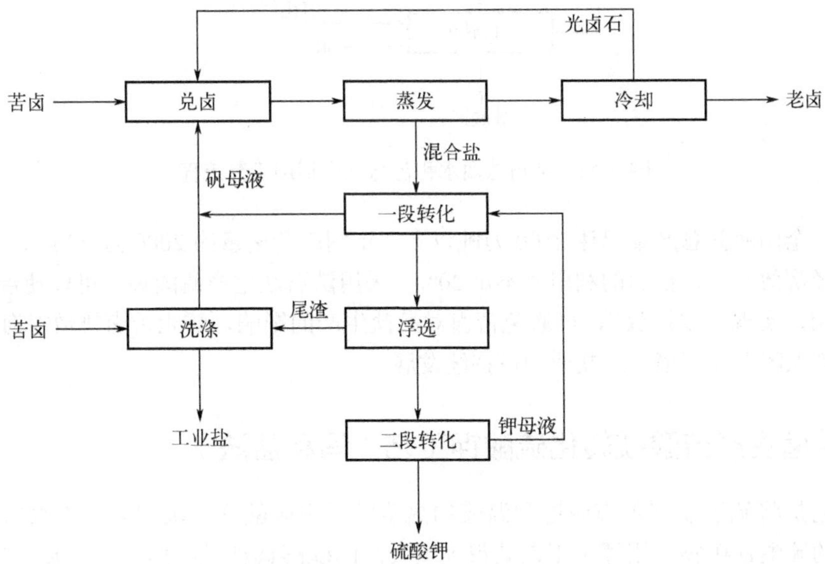

图 5-12　苦卤蒸发-浮选法生产硫酸钾工艺流程

5.3.2.3 沸石法

沸石法是近年来从海水及苦卤中提取硫酸钾的新技术，具体工艺过程为：以海水、苦卤为原料，通过海水吸附、苦卤叠加和洗脱工序制取中间产品富钾卤水；再通过强制蒸发生产精制工业盐，副产富钾苦卤；富钾苦卤再通过强制蒸发、冷却、筛分、转化等工序生产硫酸钾，副产工业盐和浓厚卤。技术核心点在于利用改性沸石的钾离子筛效应，实现海水和苦卤中钾的高效富集，进而实现利用海水钾资源直接提取硫酸钾[23]。其工艺流程见图 5-13。

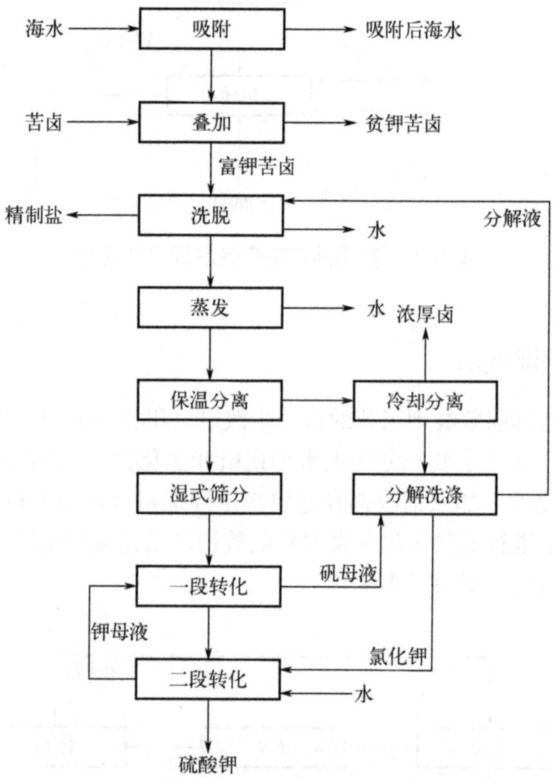

图 5-13 沸石法海水和苦卤综合利用工艺流程

目前，全国海盐总产量已达 2500 万吨以上，年副产苦卤量约 2000 万立方米。但由于传统技术的经济效益差，苦卤的利用率不足 20%。采用沸石法生产硫酸钾，可以使苦卤资源得到充分利用，实现“零排放”，可避免苦卤对海盐生产的影响，防止苦卤排放对海洋环境的影响，有效保障海洋环境和海盐业的可持续发展。

5.3.3 苦卤生产硫酸镁转化硫酸钾工艺（泻利盐法）

该工艺是将硫酸盐型苦卤通过常温或加热蒸发析出硫酸镁（泻利盐、六水泻盐等）固相，析出的硫酸镁矿物采用浮选工艺获得纯度较高的硫酸镁精矿；然后，以 K^+、Mg^{2+}//Cl^-、SO_4^{2-}-H_2O 25℃四元水盐体系相图为理论依据，将硫酸镁精矿按比例与氯化钾混合并加水搅拌，通过转化法制取硫酸钾的工艺。其转化过程有两种：一段转化和二段转化。一段转化指的是混合好的原料在45℃下，经过一次性反应直接得到产品的过程。该过程有反应时间短、工艺流程简单等特点；但硫酸钾产率不是很高，部分反应停留在硫酸镁和氯化钾转化为软钾镁矾的阶段。二段转化需要分两次进行反应：第一段在28℃左右获取软钾镁矾，通过温度和转速控制防止硫酸钾的产生；第二段，在45℃左右的较高温度下，硫酸镁继续与软钾镁矾进行反应，转化成为硫酸钾。二段转化过程较慢、工艺流程较长，但硫酸钾产率和纯度高。制取的产品硫酸钾经洗涤、脱水、干燥后，作为成品。整个生产过程是闭路循环，不产生废渣和废气[24]。

其化学反应方程为：

$$2MgSO_4 \cdot 7H_2O + KCl = MgSO_4 \cdot K_2SO_4 \cdot 6H_2O + MgCl_2 + 8H_2O \quad (5\text{-}23)$$

$$MgSO_4 \cdot K_2SO_4 \cdot 6H_2O + 2KCl + H_2O = 2K_2SO_4 + MgCl_2 + 7H_2O \quad (5\text{-}24)$$

硫酸镁转化法生产硫酸钾工艺的优点是工艺设备比较简单，可建成规模较大的装置，投资相对较低；主要缺点是钾的收率低，只有在氯化钾来源充分且价格低廉的条件下才有竞争性，生产过程中存在耗能高、管道易凝堵、设备易腐蚀等问题，副产氯化镁的排放和污染问题未能很好解决。该方法目前采用热电副产蒸汽、加强生产操作和新材料应用，基本克服了生产中面临的困难，生产工艺日趋成熟。

硫酸盐型盐湖生产中副产大量的七水硫酸镁，利用氯化钾和七水硫酸镁转化法生产硫酸钾是硫酸镁资源开发利用中有效途径之一。最近，有研究结果表明：硫酸镁转化法生产硫酸钾过程中，可以使用适量的有机溶剂甲醇代替部分水量。七水硫酸镁在甲醇中的溶解度大于在水中的溶解度，因此，甲醇代替水溶解泻利盐，然后再与饱和的氯化钾溶液混合，甲醇溶液对体系中的不同离子起到一定的析盐作用。溶液中甲醇的存在有利于提高硫酸钾的析出，而克制氯化钾析盐，从而提高硫酸钾产率和纯度。

5.3.4 主要设备

资源型硫酸钾生产主要工艺设备有：破碎机、磨矿机、浮选机、搅拌槽、过滤机、浓缩机、结晶器、离心脱水机、干燥机、包装机等。

5.3.4.1 破碎机

破碎机按照结构和工作原理的不同，分为：颚式破碎机、圆锥/旋回破碎机、辊式破碎机、冲击式破碎机和其他破碎机。

（1）辊式破碎机　辊式破碎机按辊面形状分为光面辊式和齿面辊式两种破碎机。辊式破碎机（图5-14）是利用两个相对转动的辊子，对物料施以摩擦力而咬入并靠辊的压力破碎物料。破碎产品从两辊的下部缝隙中排出，该缝隙的大小即决定破碎产品的最大粒度，改变两辊间的下部缝隙，可以控制产品粒度。光面辊式碎矿机的碎矿作用主要是压碎，并兼有研磨作用，这种碎矿机主要用于中硬矿石的中、细碎。齿面辊式碎矿机以劈碎作用为主，同时兼有研磨作用，适用于脆性和软矿石的粗碎和中碎，常用于钾盐原矿的破碎。目前钾肥工业应用的辊式破碎机最大齿辊直径600mm，入料粒度500mm，破碎达到6～10，额定产量600t/h。

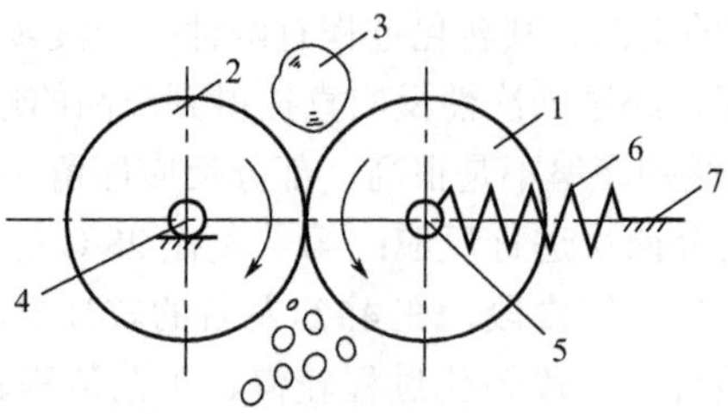

图 5-14　双辊式破碎机结构

1,2—辊子；3—物料；4—固定轴承；5—可动轴承；6—弹簧；7—机架

（2）颚式破碎机　颚式碎矿机是一种古老的碎矿设备，由于具有构造简单、工作可靠、制造容易、维修方便等优点，在冶金矿山、建筑材料、化工等行业获得广泛应用。在硫酸钾行业主要用于对地下固体矿（钾盐镁矾等）的破碎。颚式碎矿机通常按照可动颚板（动颚）的运动特性分为简摆颚式碎矿机及复摆颚式碎矿机。颚式破碎机结构及工作原理见图 5-15。

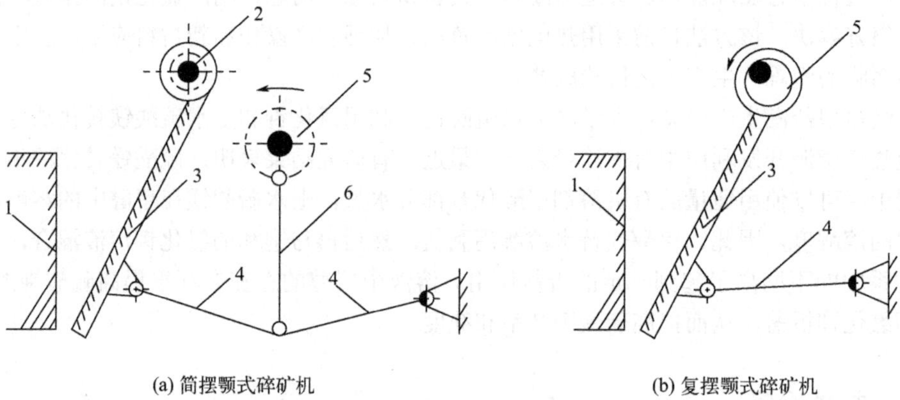

图 5-15　颚式破碎机结构

1—固定颚板；2—动颚悬挂轴；3—可动颚板；4—前（后）推力板；5—偏心轴；6—连杆

5.3.4.2　磨矿机

磨矿机主要分为球磨机、棒磨机、自磨机等。钾肥行业广泛使用的磨矿机是球磨机，用于钾石盐及钾混盐矿的磨矿。

球磨机和棒磨机都是筒体转动使内部装的磨矿介质发生运动，因此对矿石产生磨碎作用。磨机内的钢球运动可以归纳为图 5-16 中的三种典型状态：泻落式、抛落式和离心运转。泻落式状态工作的磨机，物料在介质中间主要受磨剥作用，冲击作用小，如果应用小直径介质，适用于超细粉碎。抛落式状态工作的磨机，物料主要受介质的冲击作用和磨剥作用，适用于物料细磨，粉碎效率较高。当转速较高时，磨机处于离心运转，物料也随筒体一起运转，粉碎作用几乎不发生，这是不希望产生的一种状态。

球磨机可分为格子型及溢流型。格子型球磨机的排矿端设有格子板，优点是矿浆液面比较低，能及时排出合格产品，减少了矿石的过粉碎，磨矿效率较高，单位处理量比同规格的溢流型球磨机高 15% 左右，装球量较多；缺点是构造复杂，格子板易坏，维修困难，重量大，设备价格高。格子型球磨机磨矿产品的粒度上限一般为 0.2 ～ 0.3mm，因此，常用于第一段磨矿，且常与螺旋分级机构成闭路。格子型又分为短筒型和长筒型两类，通常短筒型用于粗磨，长筒型用于细磨。

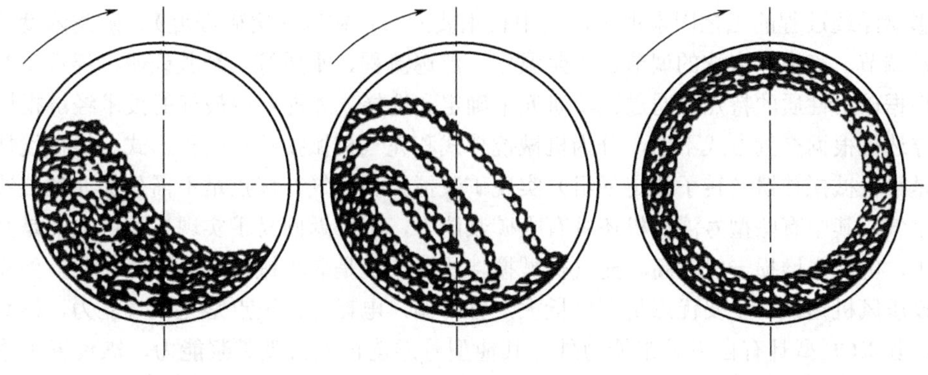

(a) 泻落式状态　(b) 抛落式状态　(c) 离心运转状态

图 5-16 磨机内的钢球运动状态

溢流型球磨机排矿是靠矿浆本身高过中空轴的下边缘而自流溢出，无需另外装设的格子板。溢流型球磨机的主要优点是构造简单、好管理、易维修、磨矿产品粒度细（一般小于 0.2mm），缺点是排矿液面高、矿浆在磨矿机内停留时间长、单位容积处理量低、排矿粒度不均匀、易产生过粉碎。溢流型球磨机适用于两段磨矿流程中的第二段磨矿和中间产品再磨。由于钾盐矿属易碎性矿石，矿物嵌布粒度较粗，一般要求磨细度为约 100 目占 40% ～ 70%，因此常用一段溢流型球磨机即可实现。钾肥工业中应用的球磨机最大型号为 MQY4500×6400，单位处理量可达 3.9t/(m^3 · h)，球磨机通过量 9.3t/(m^3 · h)（按固相量计）。

在闭路磨矿循环中，需要用分级机、水力旋流器或筛子与磨机连接，构成机组。螺旋分级机分为高堰式、低堰式和沉没式三种。根据螺旋数目，又可分为单螺旋和双螺旋分级机。钾肥行业常用的设备为水力旋流器，水力旋流器的上部呈圆柱形，下部呈圆锥形，圆柱体的中央插入一根溢流管，上部外侧有一与其相切的进料管。它的优点是构造简单，占地面积小，生产率高；缺点是易磨损，特别是排砂嘴磨损快，使生产指标波动，生产中要求给矿浓度、粒度、压力稳定，否则对工作指标影响较大。

5.3.4.3 浮选机

浮选机是实现浮选的工业设备，其关键部件——充气搅拌机构决定了浮选机的类型、特点和效能。从浮选的过程看，浮选机具有以下作用：①使矿浆处于湍流状态，以保证矿粒的悬浮和药剂的分散，并以一定动能运动、碰撞，实现矿粒和药剂的附着；②引入空气，产生大小合适、数量足够、稳定性适宜的气泡，使之分散在矿浆中，以一定的动能运动，并和药剂、矿粒碰撞，产生选择性黏附，实现矿化；③使矿化气泡能升至液面，形成三相泡沫层，并产生二次富集作用，泡沫精矿和尾矿能及时排出[25]。

浮选生产中，性能优良的浮选机应满足下列要求：①充气量大且易调节；②搅拌强度要足够，以保证矿浆浓度、颗粒和气泡在浮选机内的分布均匀及药剂的分散，满负荷停车后易于直接重新启动；③矿浆通过能力大，以适应较高的处理量，槽内矿浆循环量大，以保证矿粒与气泡接触机会多；④形成稳定的矿浆液面和泡沫层，及时稳定地排出泡沫精矿；⑤结构简单，维修方便，能耗低，寿命长，能长期安全运转；⑥适应自动化需要，调节方便、灵活，减少检测仪表和执行机构数量。

影响浮选过程的工艺因素很多，其中较重要的有：粒度（磨矿细度）、矿浆浓度、药剂添加及调节、气泡和泡沫的调节、矿浆温度、浮选流程、水质等。经验证明，浮选工艺因素必须根据矿石性质的特点并通过试验研究来确定和选择，才能获得最优的技术经济指标。

浮选机根据充气方式不同，分为机械搅拌式和充气机械搅拌式两种形式。机械搅拌式浮选机是靠机械搅拌器（转子和定子组）实现矿浆搅拌和充气，优点是不需外加充气装置即能自吸空气，其中有些型号浮选机还具有吸矿浆能力，中矿返回易于实现自流；缺点是其充气量较小，电耗与磨损一般较高。充气机械搅拌式浮选机是靠机械搅拌器搅拌矿浆，而充气是由另设压风机提供，主要优点是充气量大，且可调，电耗低；缺点是无吸气能力，需另设压风机，除 XCF 型具有自吸矿浆能力外，其他型号浮选机无自吸矿浆能力，需设置矿浆返回泵，配置不够方便。钾肥工业中应用的浮选机最大型号为 XCF/KYF-50。我国使用的浮选机主要型号、特点和适用场合详见表 5-5。

表5-5　我国所用浮选机主要型号、特点及适用场合

<table>
<tr><th>浮选机类型</th><th>充气方式</th><th>国内型号</th><th>特点和应用场合</th></tr>
<tr><td rowspan="5">机械搅拌式浮选机</td><td rowspan="5">自吸空气</td><td>XJ</td><td>有一定的自吸矿浆和空气能力，但空气弥散不佳，泡沫不够稳定，易产生“翻花”现象；充气量不易调节，不适应矿石性质变化；浮选速度慢，粒度粗、密度大的矿物易沉淀；宜用于易浮矿物，适于中小型浮选厂和大型选厂精选作业使用</td></tr>
<tr><td>JJF</td><td>JJF 与 XJ 型浮选机结构相似，电耗低于 XJ 型；磨损小，吸气量大，调节范围可在 $0.1 \sim 1.0m^3/(m^2 \cdot min)$；槽的下部有固定的路线大循环，气泡得到充分弥散，矿浆面平稳；无自吸矿浆能力，需设置泡沫泵返矿，配置不便；适于大中型浮选厂粗扫选作业</td></tr>
<tr><td>XJQ</td><td rowspan="2">能自吸矿浆和较强的空气；槽中具有带后倾式双面叶片，实现槽内矿浆双循环；可单独使用也可与 JJF 型浮选机组合成机组，SF 型作为作业首槽起自吸矿浆作用，JJF 型作为直流槽可发挥其特点</td></tr>
<tr><td>SF</td></tr>
<tr><td>环射式</td><td>自吸空气和矿浆；旋转叶轮甩出矿浆，叶轮下部中心能实现二次吸气，增加了矿浆循环和浆气混合；设备结构简单；目前设备规格小，应用也较少</td></tr>
<tr><td rowspan="3">充气机械搅拌式浮选机</td><td rowspan="3">补充空气</td><td>KYF</td><td rowspan="3">此三种类型叶轮较小，呈倒推台形，带有后向叶片，叶轮周围装有辐射板式定子通过中空轴充气，叶轮中部有空气分散器，槽体断面呈“U”形；结构简单，维护方便，液面平稳，易于操作；特别适于粗粒矿物浮选，多用于大中型浮选厂的粗选、扫选作业。XCF 型有吸浆能力，可作吸浆槽，与 KYF 型浮选机组合，中矿可自流返回</td></tr>
<tr><td>XCF</td></tr>
<tr><td>BS-K</td></tr>
</table>

5.3.4.4　过滤机

过滤工艺是从流体中分离固体颗粒的过程，基本原理是：将液固两相的混合物给到多孔隙的介质（即过滤介质，一般用过滤布等）表面，在压力差的作用下，液体通过介质，而固

体颗粒残留于介质上，称为滤饼；液体通过滤饼层和介质层变为清的滤液。以滤液为产品的过滤机一般比以获得滤饼为产品的过滤机容易操作。对于经过初步脱水的细粒物料进行进一步脱水，目前最常用的方法就是过滤。与其他分离方法相比，过滤消耗能量是较低的。

工业上应用的过滤方法，按照过滤动力的不同，可分为四大类型。

（1）重力过滤。该类过滤属于深床过滤（即厚滤层），其特点是固体颗粒的沉积发生在较厚的粒状介质床层内部。悬浮液中的颗粒直径小于床层孔道直径，当颗粒随流体在床层内的曲折孔道中穿过时，便黏附在过滤介质上。这种过滤适用于悬浮液中颗粒甚小而且含量甚微的场合。

（2）加压过滤。利用高压空气或高压水充入装在滤室一侧或两侧的隔膜，借助于隔膜膨胀而均匀压榨滤饼，可以得到含水很低的滤饼。一般适于处理细粒黏而难过滤的物料。

（3）真空过滤。利用真空泵造成过滤介质两侧有一定的压力差，在此推动力作用下，悬浮液的液体通过滤布，而固体颗粒呈饼层状沉积在滤布的上游一侧。该法一般适用于处理液固比较小而固体颗粒较细的悬浮液。

真空过滤机按照结构特点和操作条件分为三种类型：筒型真空过滤机（包括内滤式、外滤式、折带式、永磁外滤式等）、圆盘真空过滤机、平面真空过滤机（简易扇形、转盘式、带式）。筒型内滤式真空过滤机多用于过滤粒度较粗、密度较大、沉降速度较快的物料，筒型外滤式真空过滤机（包括折带式）在选矿中主要用于过滤粒度细（固体颗粒的沉降速度不超过 18mm/s）、要求产品水分低的有色金属和非金属精矿。

（4）水平带式过滤。水平带式过滤机又称为橡胶带式真空过滤机，是一种自动化程度较高的固液分离设备。该类设备一般由橡胶滤带、真空箱、驱动辊、胶带支撑台、进料斗、滤布调偏装置、滤布洗涤装置和机架等部件组成，是充分利用物料重力和真空吸力实现固液分离的高效分离设备。水平带式过滤机处理能力大、运行平稳、操作维护简单、运营成本低，常用于钾肥行业氯化钾、软钾镁钒、混合钾等的过滤。国内钾肥水平带式过滤机应用的最大型号为单台过滤面积 $120m^2$。

5.3.4.5 离心脱水机

离心脱水是用离心力来分离固体和液体的过程，用以实现离心脱水所用的机器通称为离心脱水机，简称离心机。离心脱水的形式有两种：离心过滤和离心沉降。离心过滤是把所处理的含水物料加在转子的多孔筛面上，在离心力的作用下，固体在转子筛面上形成固体沉淀物，液体则通过沉淀物和筛面的孔隙排出，脱水效果与被脱水物料的粒度组成有关。离心沉降是把固体和液体的混合物加在筒形（或锥形）转子中，在离心力的作用下，固体在液体中沉降，沉降后的物料进一步受到离心力的挤压，挤出其中水分，以达到固体和液体分离的目的。离心机可分为：螺旋刮刀卸料过滤离心机、卧式刮刀离心机、双级活塞推料离心机、沉降过滤式离心机。

（1）螺旋刮刀卸料过滤离心机 大型螺旋刮刀卸料过滤离心机（H-1000 应用广泛，目前最大直径可达 1500mm）在国外技术成熟，自动化程度高，德国、以色列和我国青海盐湖均已成功应用。由于滤饼薄，停留时间短，滤饼含水率相对较高（7% ～ 9%），而且螺旋刮刀对筛网磨损较严重，投资和运行费用较高，最近几年在德国的硫酸钾和氯化钾生产中，已有部分螺旋刮刀卸料过滤离心机由双级活塞推料离心机替代，故不推荐采用。

（2）卧式刮刀离心机 卧式刮刀离心机对料浆浓度和产品颗粒没有严格要求、适用范围广、可灵活控制，并且滤液含固量很低，适合小粒径物料的过滤。但卧式刮刀离心机产能较小、电耗较高、刮刀易损坏、设备运行故障多、振动大，维修量大、投资和运行费用较高，不推荐采用。

（3）双级活塞推料离心机 双级活塞推料离心机单机产量大、故障少、维修量小，但要求料浆浓度高、产品颗粒较大，并且滤液含固量较高。德国的 KALI & SALZ 公司的硫酸钾过滤成功使用了 SZ1000 型双级推料离心机，物料平均粒径约 0.17mm，进料浓度为 55% ～ 60%，滤饼含水量 6% ～ 7%，母液含固量 4% ～ 5%，处理能力 30 ～ 35t/h。我国国产大型双级活塞推料离心机最先广泛应用于制碱和制盐工业，随着我国资源型硫酸钾的发展，已应用于硫酸钾的生产。国产 HR800 和 P-85 离心机，物料平均粒径约 0.15mm，进料浓度为 55% ～ 60%，滤饼含水量 6% ～ 7%，母液含固量 5% ～ 6%，单机生产能力（折成干产品）约 24t/h。

5.3.4.6 浓缩机

浓缩是将较稀的矿浆浓缩为较稠的矿浆的过程，同时分离含有少量固体物质的液体。根据矿浆中固体颗粒所受的主要作用力的性质，浓缩分为重力沉降浓缩、离心沉降浓缩、磁力浓缩。

① 重力沉降浓缩。料浆受重力场作用而沉降。

② 离心沉降浓缩。料浆受离心力场作用而沉降。

③ 磁力浓缩。由磁性物料组成的料浆，在磁场作用下聚集成团并脱出其中的部分水分。

常用的重力沉降浓缩机有中心传动式和周边传动式两种，周边传动式又分为辊轮传动式和齿条传动式两类。

浓缩机的选型计算主要根据给矿量及溢流中最大颗粒或物料集合在水中的沉降速度来确定，着重考虑影响沉降速度的因素，如给矿及排矿的液固比、给矿的粒度组成、矿浆温度等。浓缩机排矿浓度取决于被浓缩物料的密度、粒度、矿物组成及其在浓缩机中停留的时间等。硫酸钾行业中应用的浓缩机最大直径为 50m。

5.3.4.7 结晶器

结晶器在钾肥行业主要用于冷分解结晶、硫酸钾转化结晶及热溶真空结晶。

冷分解结晶器内装有一个螺旋桨，结晶料浆经过导流筒在结晶成长区内循环，悬浮液固体含量一般控制在 30% ～ 40%（质量分数）。折流板与结晶器壁之间形成环形沉降区，不断排出含有细晶母液以达到消除细晶的目的。

DTB 是应用最为广泛的氯化钾结晶设备，搅拌器位于导流管底部，氯化钾饱和热溶液从导流管底部螺旋桨下注入，并与悬浮液混合沿导流筒匀和地上升到蒸发表面，形成一个均匀的沸腾液层。因减少了闪蒸，过冷温度计仅为 0.2 ～ 0.5℃，从而避免了在此结晶区域中过饱和度过高而产生大量晶核，利于晶体长大，也减少了沸腾液面处内壁面上结垢的形成。内折流板在结晶器内形成一个环形沉降区，不断排出含有约 0.1% 细晶的母液，经细晶消除器消除细晶后，再返回结晶器内。DTB 结晶器较易操作，一般清洗周期为 4 ～ 6 个月。钾肥工业中应用的 DTB 结晶器直径已经超过 12m。

硫酸钾结晶器主要采用内套筒桨叶推进式结晶器，在德国、美国、智利、以色列等国钾盐生产中已广泛应用。罗布泊盐湖成功研发出“上推下扬式混合型结晶器”，直径达到了 13m，平均晶粒尺寸 0.15mm。硫酸钾结晶器构造见图 5-17。

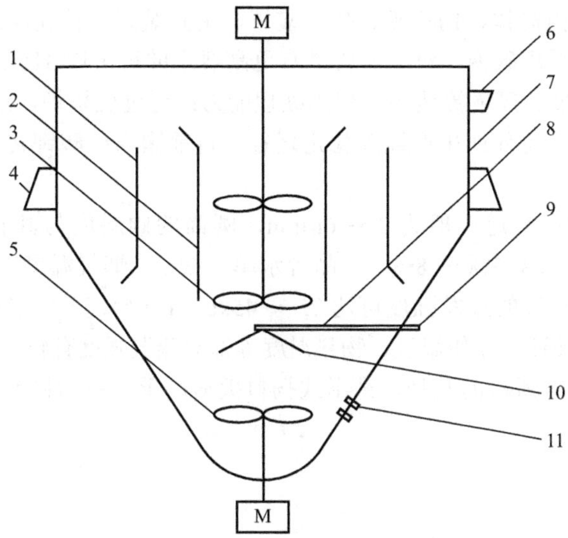

图 5-17 硫酸钾结晶器构造

1—导流筒；2—中心筒；3—上搅拌器；4—支座；5—下搅拌器；6—溢流口；7—筒体；8—盘管；9—进水管；10—导流伞；11—出料口

如图 5-17 所示，硫酸钾结晶器内部设置上口为喇叭形中心筒及下口为喇叭形的导流筒，物料通过上部中心搅拌轴上设置的两级、作用力向下的叶轮，对结晶器内物料产生一种强大的向下推力，使中心筒上端产生一定的吸力，下端产生一定的推力，上端的吸力将结晶器内料浆层上部的泡沫及物料吸入中心筒，由中心筒的下端抛出；结晶器底部中心搅拌轴上设置作用力向上的旋转叶轮，将结晶器内底部的物料搅起后与结晶器上部下来的物料汇合，使结晶器上下层物料在反应区内充分混合，并实现流体在中心筒的内外循环；在结晶器中心筒底端与下部搅拌装置之间的中心位置装有若干小孔的盘管，小孔内喷出的水在反应区与上下两股物料混合，并使结晶器内底部到顶部流体内形成浓度梯度，进行控速反应。而且结晶器内物料由于重力作用分级，从上到下由细变粗，可以制取大颗粒产品。在结晶器内部能有效形成沉降区、反应结晶区、澄清区等，充分结合了卧式反应结晶器和立式反应结晶器的优点。通过检测硫酸钾产品平均粒径由 0.07mm 提高到 0.15mm 左右，为后续产品脱水及设备选型提供了便利条件，并保证了产品质量 [26]。

5.3.4.8 干燥机

干燥是利用热能除去物料中部分水分的一种作业，其目的是进一步降低精矿或产品含水量，以达到用户对产品质量的要求。物料干燥的必要条件是物料表面上水汽的压强（即汽化强度）必须大于干燥介质中水汽的分压。两者的压差越大，干燥速度就越快。常用的方法有间接或直接传热干燥法。硫酸钾干燥国内外采用的干燥机机型有转筒干燥机、气流干燥机、流化床干燥机等。

（1）转筒干燥机　转筒干燥机结构简单、单机生产能力大、能耗低、生产运行平稳、操作弹性较大、不受加热介质的限制，因此被广泛应用于化工、冶金等干燥领域。国内外利用盐湖资源生产硫酸钾的工艺中，产品干燥设备大部分选用转筒干燥机。

转筒干燥机主要由筒体、扬料板、传动装置、密封装置、挡托轮装置、润滑装置等组成。筒体的材质一般采用碳钢，对产品质量有更高要求的可采用 316L。可以通过选择合适的扬料板、进出口温度、风量等达到理想的处理能力；通过燃烧炉、给排料设备、引风机、除尘设备等优化配置，可保证生产连续稳定运行。目前国内硫酸钾转筒干燥机最大规格为 Φ3200mm×25000mm。

工艺参数的控制：转速一般为 2 ～ 6r/min，圆筒的倾斜度与其长度有关，通常介于 1°～ 5°之间；湿料含水率 5% ～ 8%，产品含水率＜ 2% ；烟气温度 500 ～ 800℃，尾气温度 100 ～ 120℃ ；硫酸钾的蒸发强度可达 25 ～ 45kg/(m^3 · h)。干燥机的筒体直径、扬料板的形式及布置方式、转速、操作温度、物料温度等都对蒸发强度有较大影响。扬料板的形式很多，常用的有图 5-18 所示的几种，升举式扬料板适用于大块物料或易黏结在筒壁上的物料，适用于钾肥行业。

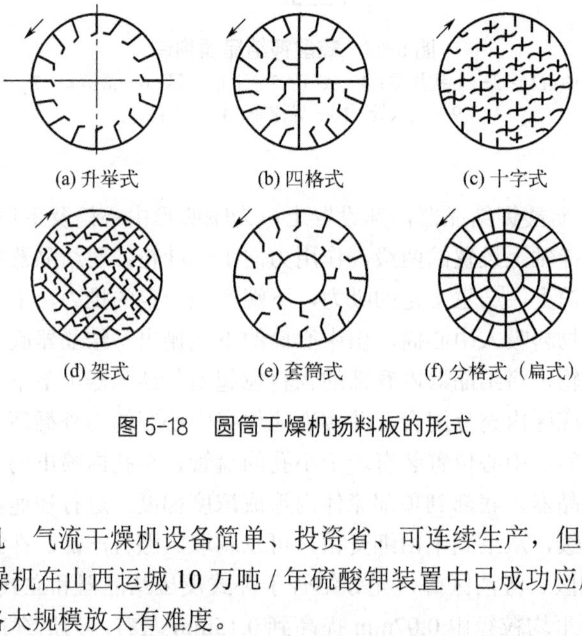

图 5-18　圆筒干燥机扬料板的形式

（2）气流干燥机　气流干燥机设备简单、投资省、可连续生产，但物料含水量高时进料处易堵塞。气流干燥机在山西运城 10 万吨 / 年硫酸钾装置中已成功应用，但因进料处易结壁堵塞问题设备规格大规模放大有难度。

（3）流化床干燥机　流化床干燥机设备体积小、占地面积小、能耗较低、干燥效率较高、单机生产能力大、产品含水量低、设备运行费用低，但对湿料水分和给料量都控制较严，操作要求高，维修难度大。欧美国家流化床技术成熟，自动化程度高，在钾肥行业中已成功应用，但投资高。国产流化床技术成熟，自动化程度高，在制碱行业中得到应用，在钾肥行业应用较少。

5.3.4.9　包装机

硫酸钾产品含水量低、流动性较好，产品包装可采用半自动包装和全自动包装。全自动包装与半自动包装相比投资较高，但具有自动化程度高、速度快、单机包装能力大、操作人员少、劳动强度低、运行费用低等优点。全自动包装机技术成熟，已在硫酸钾行业广泛使用。50kg 规格的包装机，单机包装能力可达 800 包 /h。

5.4 加工型硫酸钾生产工艺及设备

加工型硫酸钾生产工艺又称为转化法，是利用氯化钾与硫酸或硫酸盐转化制取硫酸钾。由于其工艺流程相对简单，产量和质量相对稳定，因此用转化法生产硫酸钾工艺发展得比较快。转化法生产工艺根据含硫酸根的原料不同分为曼海姆法、硫铵法、芒硝法、石膏法、硫酸亚铁法、缔置法等。

曼海姆法是以氯化钾和硫酸为原料转化制取硫酸钾的一种方法。缔置法是分子间不引起化学性质的改变，而依靠较弱的作用力如配位共价键、氢键等结合、置换生产硫酸钾的一种方法。复分解法用硫酸铵、芒硝、石膏、硫酸镁等不同的含硫酸根可溶性盐类与氯化钾进行复分解反应，形成溶解度很小的复盐，从而得到硫酸钾溶液和水不溶副产品的一种硫酸钾生产方法。

三种转化法生产硫酸钾工艺的优缺点对比如表 5-6 所示。

表5-6　转化法生产硫酸钾方法的优缺点比较

方法	优点	缺点
曼海姆法	流程简单、生产技术成熟；钾收率高、产品品质高、质量稳定；产量伸缩性大、生产能力可调；反应炉可生产两种以上硫酸盐产品	反应温度高、投资高、能耗大；副产物盐酸腐蚀性强、易外泄；反应炉材质要求高；单台设备生产能力低，维修工程量大
缔置法	反应条件温和、温度低、副产氮肥；产品纯度高、粒度好；钾收率高	工艺复杂、技术和设备要求高、规模小；原料成本高
复分解法	投资小、设备简单、安全稳定；反应温度低、规模可大可小	钾转化率低、产品品质低、母液量大

5.4.1 曼海姆工艺及设备

5.4.1.1 反应原理及控制

曼海姆法是以氯化钾和浓硫酸为原料，在曼海姆反应炉中，于 520 ～ 540℃和微负压条件下，浓硫酸和氯化钾进行热分解反应，生成硫酸钾和氯化氢气体。生成的硫酸钾粗料和氯化氢气体连续分别从炉内引出后，硫酸钾粗料再经粉碎、石灰中和，得硫酸钾成品；氯化氢气体再以稀盐酸吸收，水吸收，制得工业盐酸产品。曼海姆法生产的硫酸钾约占世界产量的46%。曼海姆法因采用德国曼海姆研制出的硫酸盐机械炉生产而得名。其化学反应式如下：

$$2KCl+H_2SO_4 = K_2SO_4+2HCl\uparrow \tag{5-25}$$

反应分两步进行：

第一步：$$KCl + H_2SO_4 \xlongequal{放热} KHSO_4+HCl\uparrow \tag{5-26}$$

第二步：$$KHSO_4 + KCl \xlongequal{吸热} K_2SO_4+HCl\uparrow \tag{5-27}$$

5.4.1.2 生产工艺

生产工艺流程见图 5-19。将干燥的氯化钾和浓硫酸按比例连续加入曼海姆反应炉室中心，反应物料经旋转的耙齿充分搅拌混合，物料床层缓慢地由中心向周边移动，在炉内停留 4 ～ 5h，充分进行热分解反应，生成的硫酸钾粗料由设在炉周边的螺旋推料冷却器连续引出，再经皮带冷却、筛分破碎、石粉中和后即得硫酸钾成品。

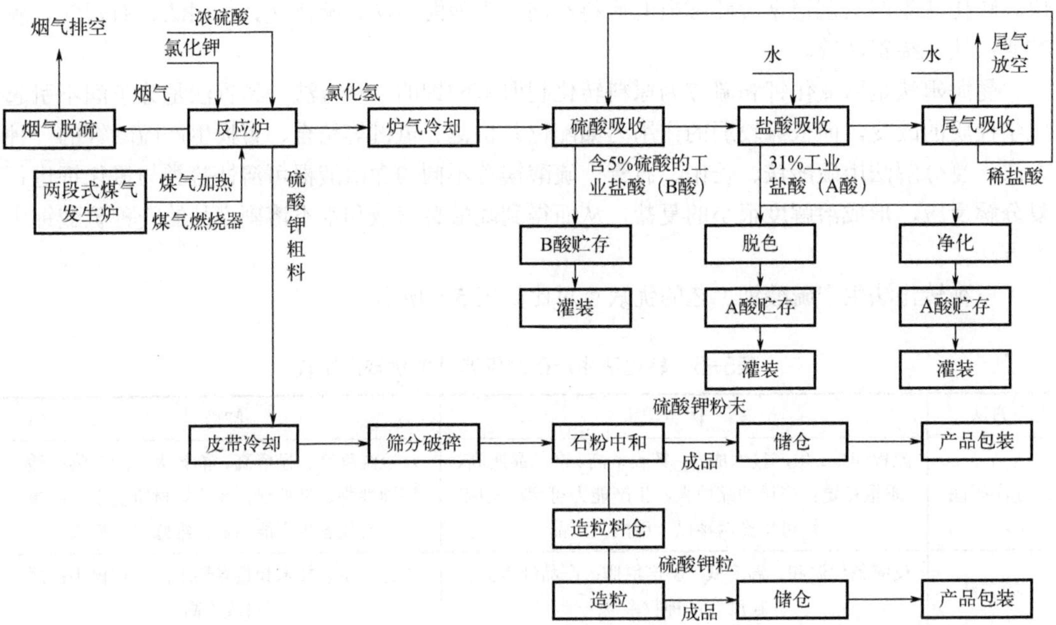

图 5-19 曼海姆生产工艺流程

硫酸钾一部分送入成品中间储仓，再自动化包装；另一部分送去造硫酸钾粒，后送入成品中间储仓，再进行自动化包装。反应炉生成的炉气（主要含氯化氢）从炉内引出，先行冷却，再去硫酸气洗涤塔，以稀盐酸洗涤、吸收炉气中所含的硫酸气体，得到含 5% 左右硫酸的工业盐酸，经去除硫酸气体后的气体，再去盐酸制备塔，以水进行盐酸吸收，得到 31% 浓度的工业盐酸。然后一部分进行脱色处理，一部分进行净化处理，得到较为纯净的盐酸。吸收盐酸后的尾气，再去尾气吸收塔，用水进一步吸收其中残余的氯化氢，得到稀盐酸，回收用于硫酸吸收，尾气放空。反应所需热量由煤气燃烧（天然气燃烧炉）提供，两段式煤气发生炉（天然气燃烧炉）所制得的煤气通过煤气燃烧器燃烧，通过火墙以传导和辐射方式间接加热反应室，以维持反应室温度 500 ～ 540℃，保证热分解反应的进行。燃烧室排出的烟气，经脱硫处理后达标排放。

在低温阶段，生产的酸性硫酸盐常包裹在氯化钾表面，形成一层不渗透膜，使反应进行十分缓慢，甚至停止。氯化钾转化硫酸钾的程度随温度升高而增加，反应速率也随之加快。

5.4.1.3 主要生产设备

（1）曼海姆反应炉 曼海姆反应炉主要由多种特种耐火材料砌成，具有两个空腔，中间椭圆形空腔为反应室，腔内带有搅拌耙子，反应时耙子以 1 ～ 2r/min 转动，将物料不断混合并逐渐推向炉膛周围。包围在反应室周围的空腔为燃烧室，燃烧室带有燃烧嘴，燃料燃烧释放的热量间接加热反应室。

现有的曼海姆反应炉一般采用上部为燃烧室，下部为反应室的结构形式。这种加热方式容易布置反应室，但仅对反应室上部加热，加热效率较低，并且烟气从上部排出，热能利用效率低。也有一些采用下部加热的方式，加热部件位于反应室的下方，使热气流从下向上，便于对反应室底部加热。但采用从下向上的加热方案，由于从侧面喷火，产生的热流从下到上过程中容易不均匀地通过反应室底部，影响加热过程。

改进后的新型曼海姆反应炉采用的是反应室上方设置燃烧室，燃烧室一侧设置燃烧嘴；反应室下方设置烟气室，反应室与所述烟气室之间设置分隔层，分隔层设置连通口。这样可以使热气流先从反应室的顶壁上面通过，再使气流从反应室的底壁下面通过，热气流从反应室顶壁通过的腔体为燃烧室，热气流从反应室下方通过的腔体为烟气室。烟气室与燃烧室由分隔层隔开，燃烧室从上方包裹反应室的上壁，烟气室从下方包裹反应室的下壁，在分隔层设置连通口，使气流能够从燃烧室流入烟气室。具体结构如图 5-20 所示。

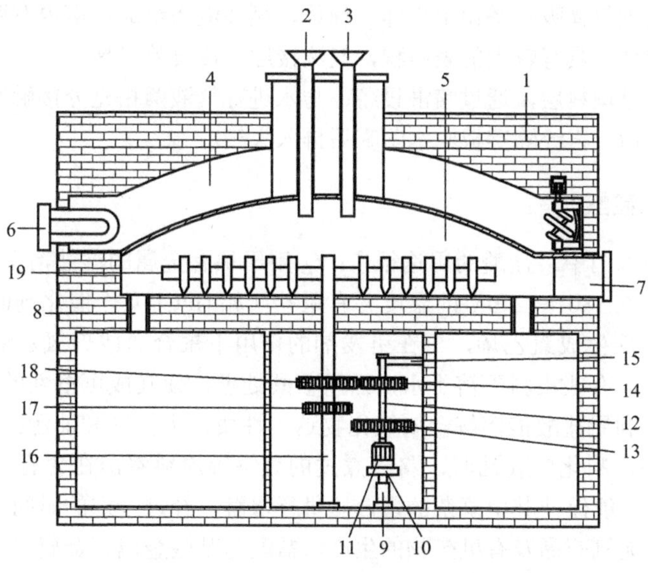

图 5-20 曼海姆反应炉结构

1—炉体；2—硫酸投料口；3—氯化钾投料口；4—燃烧室；5—反应室；6—燃烧器；7—氯化氢收集口；8—硫酸钾收集口；9—电动推杆；10—底座；11—第一电机；12—升降杆；13—第一主动齿轮；14—第二主动齿轮；15—限位杆；16—搅拌杆；17—第一从动齿轮；18—第二从动齿轮；19—搅拌耙

曼海姆反应炉的主要优点是：技术成熟可靠；产品质量稳定，且产量波动范围较大，生产能力可随产品质量要求在一定范围内波动；反应炉可生产多种硫酸盐产品，可同时生产两种硫酸钾产品；副产的氯化氢气体纯度高，可用于生产盐酸、氯磺酸、二氯乙烷等系列产品。

曼海姆反应炉的主要缺点是：投资高；反应炉材质要求高，筑砌炉体难度大；反应温度高，炉膛 500 ～ 600℃，燃烧室 1000 ～ 1400℃；能耗较高，吨产品消耗能源为天然气 $70m^3/t$，电 70kW · h/t，水 5t/t 以上。

（2）盐酸、硫酸储罐　盐酸、硫酸储罐是一种专门盛放盐酸、硫酸等腐蚀性强的玻璃钢储罐，是生产出来能长久保存的罐体。玻璃钢通过玻璃纤维和树脂以及其他溶剂缠绕而成，集有塑料和玻璃的优点，其特点是抗腐蚀能力强，对大气，浓度较高的酸、碱、盐，以及多种油类和溶剂都有较好的抵抗能力。它已应用到化工防腐的各个方面，正在取代碳钢、不锈钢、木材、有色金属等。

玻璃纤维的质量轻，强度大，相对密度在 1.5 ～ 2.0 之间，只有碳钢的 1/4 ～ 1/5，但拉伸强度却接近甚至超过碳素钢，而比强度可以与高级合金钢相比。因此，在航空、火箭、宇宙飞行器、高压容器以及其他需要减轻自重的制品应用中都具有卓越成效。某些环氧玻璃钢（FRP）的拉伸强度、弯曲强度和压缩强度均能达到 400MPa 以上。此外，其具有灵活的可设计性，可以根据需要，灵活地设计出各种结构产品，来满足使用要求，可以使产品有很好的整体性；也可以充分选择材料来满足产品的性能，如可以设计出耐腐的、耐瞬时高温的、产品某方向上有特别高强度的、介电性特别好的产品。其寿命长，一般可以使用 30 多年。

（3）吸收塔　吸收塔采用玻璃钢气体吸收塔，不受气候变化限制、美观大方、经久耐用、耐腐蚀。玻璃钢气体吸收塔由上塔体、筒体、循环液槽组成，塔内有两层填料，一层斜波纹板、二层阶梯环，具有较大的表面积，气液接触，传质效率高。

氯化氢气体经过填料层，通过喷淋设备，与水进行气液两相充分接触发生中和反应，氯化氢气体经过净化后，再经除雾板脱水除雾后排入大气。

5.4.1.4　副产品盐酸

在国民经济各部门中，盐酸的用途很广：①用于稀有金属的湿法冶金，可得到金属钨；②用于有机合成，在 180 ～ 200℃的温度并有汞盐（如 $HgCl_2$）作催化剂的条件下，氯化氢与乙炔发生加成反应生成氯乙烯，再在引发剂的作用下聚合而成聚氯乙烯；③用于漂染工业，在印染过程中，有些染料不溶于水，需用盐酸处理，使其成可溶性的盐酸盐才能应用；④用于金属加工，利用盐酸能溶解金属氧化物这一性质，去掉锈和油污；⑤用于食品工业，盐酸具有催化作用，制化学酱油时，将蒸煮过的豆饼等原料浸泡在含有一定量盐酸的溶液中，保持一定温度，能促使其中复杂的蛋白质进行水解，经过一定的时间，可生成具有鲜味的氨基酸；⑥用于无机药品及有机药物的生产，盐酸与某些金属、金属氧化物、金属氢氧化物以及大多数金属盐类（如碳酸盐、亚硫酸盐等）都能发生反应，生成盐酸盐，因此，在不少无机药品的生产上要用到盐酸，一些有机药物如普鲁卡因、盐酸硫胺（维生素 B_1 的制剂）等也需要使用盐酸。

5.4.2　硫酸铵转化工艺及设备

5.4.2.1　反应原理及控制

硫酸铵转化生产硫酸钾工艺是采用氯化钾与硫酸铵为原料，通过复分解反应生产硫酸钾，其化学反应方程为：

$$2KCl+(NH_4)_2SO_4 \longrightarrow 2NH_4Cl+K_2SO_4 \quad (5\text{-}28)$$

在同样的条件下，四种盐的溶解度大小递减排序为 $(NH_4)_2SO_4 > NH_4Cl > KCl > K_2SO_4$，而且 $NH_4Cl \gg K_2SO_4$。据此，该复分解反应向右进行的趋势较大，选择最适宜的条件（温度、浓度），可使产品 K_2SO_4 沉淀析出，过滤除去。难点是 NH_4Cl 的提纯，对整个生产过程来讲，温度是关键。该工艺的优点：①反应温度不高；②工艺条件不复杂，易控制，操作连续性强；③根据不同的资源条件选择不同的生产路线，规模可大可小。缺点：母液周转处理量大；有一定的盐腐蚀性。

5.4.2.2　传统的硫酸铵转化法制取硫酸钾工艺

（1）母液开环的硫酸钾生产工艺　以60℃的 K^+、$NH_4^+//Cl^-$、SO_4^{2-}-H_2O 四元水盐体系相图为基础，将硫酸铵、氯化钾、水按配方分别计量后加入反应槽，通蒸汽加热至60℃搅拌反应一定时间，转化反应完成的料浆经固液分离和洗涤，固体料即硫酸钾；母液去蒸发获得氯化铵钾（氮钾肥），氮钾肥可以作为复合肥的原料使用。工艺流程见图5-21。

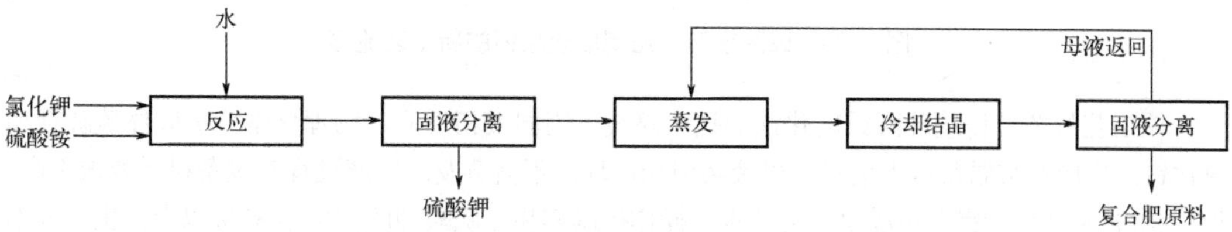

图5-21　母液开环的硫酸铵转化法制取硫酸钾工艺流程

硫酸钾产率在70%左右。该工艺过程简单，但由于生产的母液直接蒸发，蒸发量大，能耗高，只适合中小规模生产。且高温操作对设备材质要求高。

消耗定额：硫酸铵（N > 20.8%）0.87t/t；氯化钾（K_2O > 60%）1.0t/t；工艺水 2.5m³/t；蒸汽（0.5MPa）2.5t/t。

（2）母液循环法的硫酸钾生产工艺　该工艺以 K^+、$NH_4^+//Cl^-$、SO_4^{2-}-H_2O 四元水盐体系多温相图为基础，将物料硫酸铵、氯化钾计量后与返回的氯化铵母液加热至85℃下反应，在65℃时固液分离，固体料经洗涤即硫酸钾；分离的饱和母液继续冷却降温至35℃，结晶析出氯化铵钾及少量硫酸钾铵混合物（N、K肥），固液分离后，固体（N、K肥）作为氯基复合肥原料，母液返回配料工序。工艺流程见图5-22。

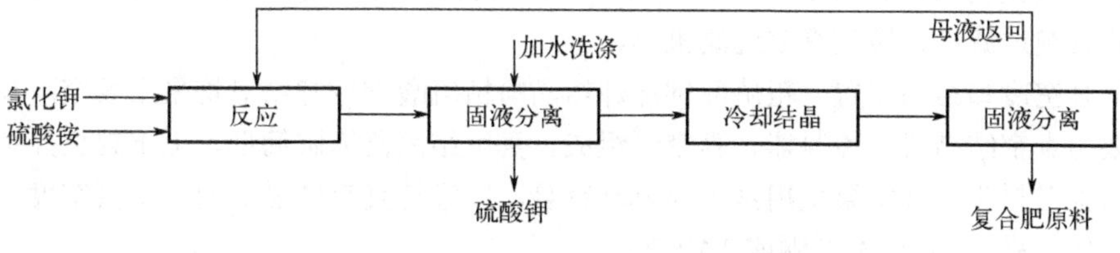

图5-22　母液循环的硫酸铵转化法制取硫酸钾工艺流程

硫酸钾产率可达75%以上，能耗略低于母液开环工艺，每生产1t硫酸钾需要13～14t母液加温85℃以上循环。高温反应对设备材质要求高，反应器、管道等设备一般使用钛材，且高温固液分离操作难度大。

5.4.2.3 硫酸铵转化法制取硫酸钾的新工艺

在常温常压下，氯化钾、硫酸铵按配方计量后与返回的饱和母液在反应器中搅拌反应生成固体硫酸钾铵和固体氯化铵钾，经过物理化学分离获得硫酸钾铵和氯化铵钾料浆，然后分别过滤得到硫酸钾铵和氯化铵钾（N、K 肥）；饱和母液返回配料工段，循环使用。整个过程不需要加热、蒸发，饱和母液只作反应介质，始终循环使用。工艺流程见图 5-23。

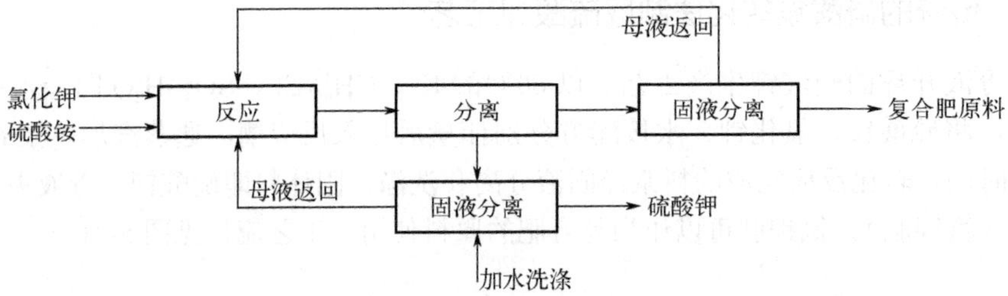

图 5-23 硫酸铵转化法制取硫酸钾的新工艺流程

该工艺颠覆了传统硫酸铵转化法的技术路线，用固液相反应，物理化学分离固体硫酸钾和氯化铵。反应在常温常压下进行，母液实现全循环，不需蒸发。生产过程对设备材质要求不高，使用 316L 和玻璃钢完全可满足工艺要求。操作控制容易。硫酸钾的产率达 85% 以上，生产成本低，生产规模不受限制。自 2014 年开发成功后，已在国内建设多套 10 万吨硫酸钾 / 年生产装置。

消耗定额：硫酸铵（N ＞ 20.8% 计）0.912t/t、氯化钾（K_2O ＞ 62% 计）0.858t/t、洗涤水 $0.2m^3/t$。

5.4.2.4 主要设备

（1）反应釜 反应釜可采用 SUS304、SUS316L 等不锈钢材料或钛材制造。搅拌器有锚式、框式、桨式、涡轮式、刮板式、组合式，转动机构可采用摆线针轮减速机、无级变速减速机，可满足各种物料的特殊反应要求。密封装置可采用机械密封。加热冷却可采用夹套、半管、盘管、米勒板等结构，加热方式有蒸汽、电加热、导热油，以满足耐酸、耐高温、耐磨损、抗腐蚀等不同工作环境的工艺需要。高温反应要求 316L 不锈钢或钛材，加热装置，带搅拌。常温反应可以使用 316L 不锈钢或玻璃钢，带搅拌。

（2）分离设备 一般高温固液分离采用增强聚丙烯压滤机或钛材卧式螺旋离心机；常温固液分离，根据物料颗粒大小，可以使用 316L 不锈钢双级活塞推料离心机、刮刀卸料离心机、带式真空过滤机、转鼓真空过滤机等。

（3）真空冷却结晶装置 粗硫酸钾冷却结晶与精硫酸钾冷却结晶均采用真空冷却结晶装置，主要由真空结晶器、冷凝器、真空泵组成。真空结晶器为圆筒形，上下封头分别为椭圆形封头与锥形封头；真空泵采用蒸汽喷射真空泵，以维持真空结晶器内一定真空度，并排出不凝性气体。材质 316L 不锈钢或 TA2 钛。

从生产中的应用情况来看，此装置具有以下优点：一是冷却速度快，冷却均匀，结晶大小均匀，产品质量稳定，容易分离；二是真空冷却结晶器绝对密封，不需要外来传热介质参与，任何飞尘都无法进入，产品不易受污染，干净卫生，这对保证产品质量有好处。真空冷却结晶存在主要缺点是蒸汽能耗较高。

（4）蒸发结晶器 一般采用三效真空蒸发结晶器，材质要求 TA2 或 TA10。

5.4.3 其他工艺

5.4.3.1 芒硝转化生产工艺

芒硝法生产硫酸钾起初用无水芒硝原料，后来用丰富的十水芒硝替换了无水芒硝。芒硝法生产硫酸钾工艺是以芒硝和氯化钾为原料，经复分解反应制取硫酸钾。该方法是以 Na^+、K^+//Cl^-、SO_4^{2-}-H_2O 四元水盐体系 25℃相图为理论依据，具体见图 5-24[27]。工业上选用两段转化工艺生产硫酸钾，副产品为氯化钠。芒硝法在国外使用时间较早，20 世纪 60 年代即已应用到硫酸钾生产中，但在国内起步较晚。

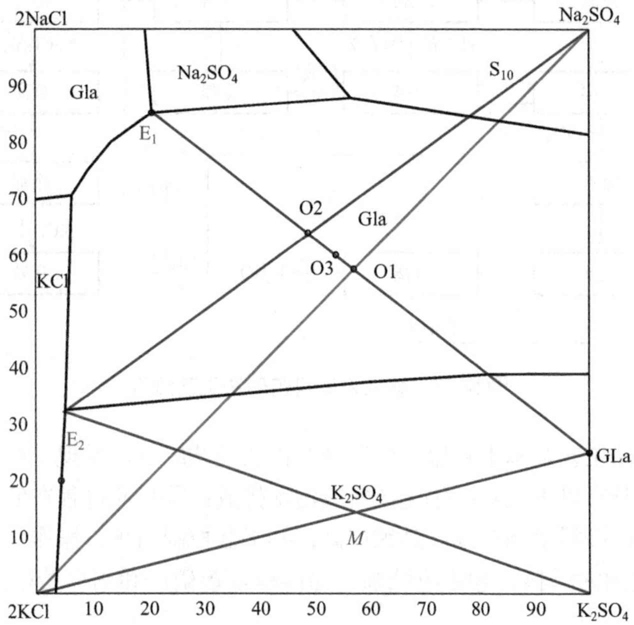

图 5-24 Na^+、K^+//Cl^-、SO_4^{2-}-H_2O 四元水盐体系 25℃相图

其工艺流程图见图 5-25。

世界上芒硝法制取硫酸钾的工业生产研究已在美国、中国、俄罗斯、德国、以色列等国实施，被确认为是对经济和生态学最为有利的现代硫酸钾生产工艺。德国墨索化学技术公司于 20 世纪 90 年代成功开发出芒硝法制取硫酸钾工艺。

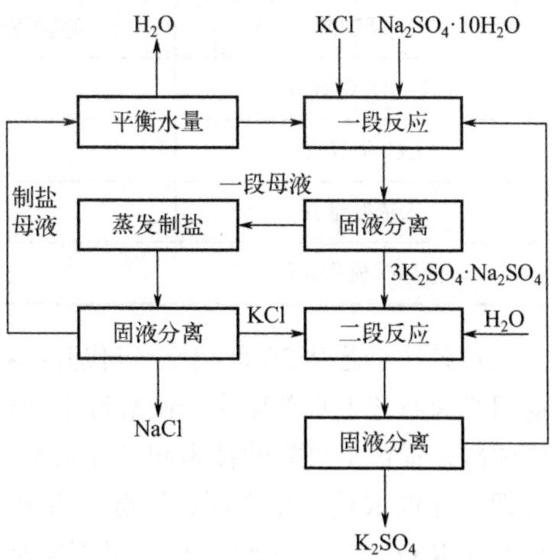

图 5-25 芒硝转化法制取硫酸钾工艺流程

德国芒硝法主要工艺流程为：芒硝室温下与氯化钾在连续操作的反应结晶器中反应生成钾芒硝及氯化钾，接近平衡时，再通过钾芒硝结晶床，将钾芒硝以浓缩晶体悬浮物形式抽出，进行固液分离，以结晶中间产物形式回收；富含氯化钠与硫酸钠的清液用来溶解芒硝，然后返回到工

艺过程中；制得的中间产物钾芒硝进一步添加氯化钾在25℃下在连续操作的反应结晶器进行二段反应生成硫酸钾，接近平衡时，生成的硫酸钾以高浓度悬浮物抽出，经过离心机脱液后，分出的溶液返回钾芒硝生产工序；固体用水或硫酸钾溶液逆流洗涤，从而制得高纯低氯硫酸钾产品。工艺流程见图5-26。

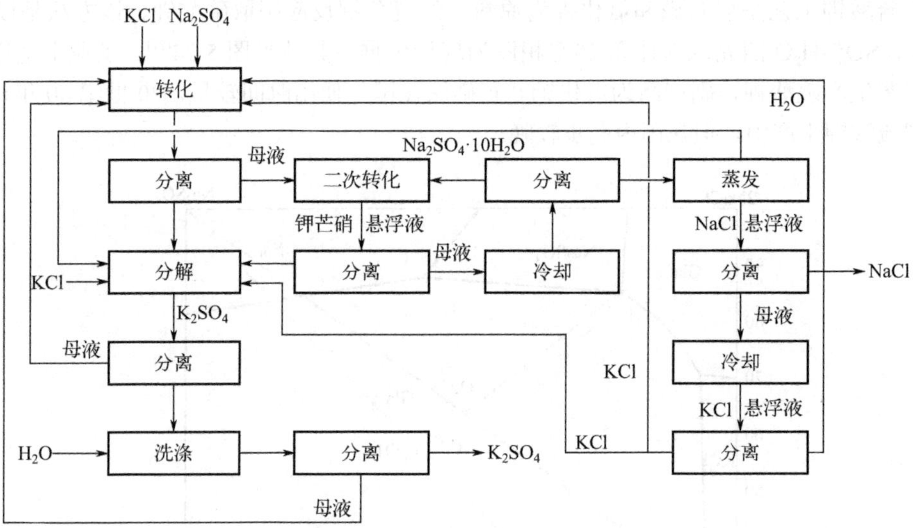

图5-26 墨索无卸料芒硝法工艺流程

德国墨索芒硝法工艺基本上克服了俄罗斯芒硝法工艺缺点，实现了产品质量优化和母液闭路循环。该工艺具有以下优点：①无废料或污水排放；②反应过程在低温下进行；③工艺过程为连续式；④产品得率高；⑤产品纯度高；⑥工艺控制简单，操作可靠性强；⑦可以使用不太纯净的硫酸钠为原料；⑧适应性强。德国墨索芒硝法和国内芒硝法消耗定额对比见表5-7。

表5-7 德国墨索芒硝法和国内芒硝法消耗定额

消耗定额	德国芒硝法（无排放物）	国内芒硝法（有排放物时）
Na_2SO_4 消耗 /t	0.8	1.0
KCl 消耗 /t	0.8	1.2
水蒸发量 /t	2.2	无
液体排放物 /m^3	无	2.8

芒硝法工艺从20世纪90年代开始在国内工业化应用。青海察尔汗完成500kg/d规模的盐田光卤石和无水芒硝生产硫酸钾中间试验，并取得了良好的工业化技术成果，为工业化生产硫酸钾提供了可靠的技术和设计依据。格尔木盐化有限公司用该工艺完成了万吨规模的硫酸钾工业性试验，在山西、江苏、青海等多地建成10万吨/年以上规模化生产装置。硫酸钾产品 K_2O 含量≥50%，达到了国家标准质量要求。中国芒硝储量居世界第一位，总量达到百亿吨。山西运城拥有15万吨/年芒硝转化生产硫酸钾装置。

5.4.3.2 石膏转化生产工艺

石膏转化法生产硫酸钾工艺中，石膏原料以磷石膏为主，磷石膏主要成分为氧化钙、三氧化二硫、五氧化二磷、氧化镁、二氧化硅、三氧化二铁等。石膏转化生产硫酸钾工艺有一步转化法和两步转化法两种。

（1）一步转化法　一步转化法生产硫酸钾过程中，以氨为催化剂。在氨的饱和水溶液中加入磷石膏和氯化钾进行反应制取硫酸钾，其主要化学反应方程式为：

$$CaSO_4 \cdot 2H_2O + 2KCl \xlongequal{} K_2SO_4 + CaCl_2 + 2H_2O \tag{5-29}$$

在水溶液中，$CaSO_4 \cdot 2H_2O$ 的溶解度远小于硫酸钾的溶解度，反应无法向右进行。当体系中加入氨时，由于 NH_3 对 K_2SO_4 的盐析效应，硫酸钾的溶解度明显下降，有助于硫酸钾从氯化钙溶液中析出。具体过程：将磷石膏和氯化钾以一定的摩尔比混合均匀后，投入装有氨水的转化反应容器中，在加压、低温、不断搅拌下使磷石膏与氯化钾充分反应，生成难溶于水的复盐 $K_2SO_4 \cdot CaSO_4 \cdot H_2O$，经过滤分离出复盐沉淀，加入一定量的热水（55 ～ 65℃）搅拌一段时间，使复盐溶解，冷却、过滤分离得到硫酸钾溶液，在 −5℃温度下结晶得到产品[28]。该方法的缺点：副产品氯化钙的后续处理难度比较大，增加了环保难度。工艺流程见图 5-27。

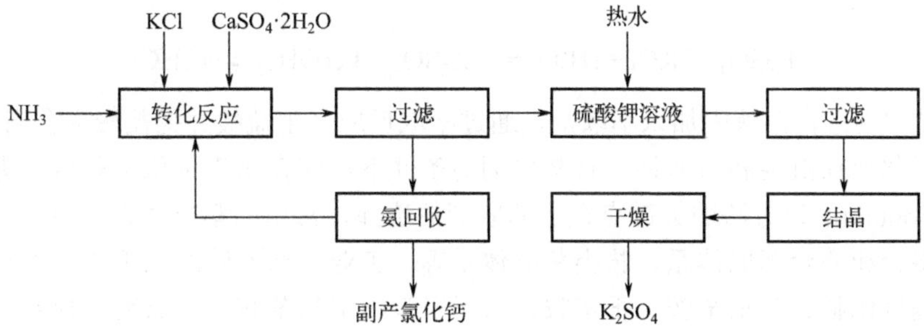

图 5-27　石膏转化生产硫酸钾工艺一步转化法工艺流程

（2）两步转化法　该方法主要过程：磷石膏与碳酸氢铵进行混合反应生成碳酸钙和硫酸铵；分离后，硫酸铵与氯化钾进行复分解反应获取硫酸钾和氯化铵。具体过程：将磷石膏和碳酸氢铵以一定的摩尔比混合均匀反应后，经过滤、洗涤得到硫酸铵母液和碳酸钙，在硫酸铵母液中加入氯化钾后，在 35 ～ 65℃下进行反应，经过滤、洗涤、干燥得到硫酸钾产品，过滤的母液用于生产 NK 或 NPK 复合肥[29]。工艺流程见图 5-28。

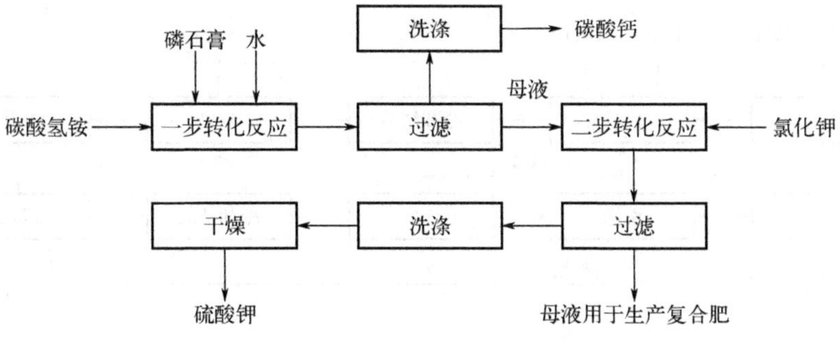

图 5-28　石膏转化生产硫酸钾工艺两步转化法工艺流程

第二步硫酸钾的制备，其反应式为：

$$2KCl+(NH_4)_2SO_4 \rightleftharpoons K_2SO_4+2NH_4Cl \tag{5-30}$$

该反应是可逆的复分解反应，在 35 ～ 65℃反应的平衡常数几乎不变。

两步法生产工艺具有采用多釜串联反应装置，与一步法相比无需加压或冷冻，原料价格便宜，成本低，无污染等特点。

消耗定额：磷石膏 [$w(CaSO_4)$75%]1.58t/t，碳酸氢铵 [w(N)17%]1.04t/t，氯化钾 [$w(K_2O)$60%] 0.86t/t[30]。

5.4.3.3 硫酸亚铁转化生产工艺

硫酸亚铁法是以 K^+、Fe^{2+}//Cl^-、SO_4^{2-}-H_2O 四元水盐体系相图为理论指导，利用钛白副产绿矾、硫铁矿烧渣等工业副产品中的硫酸亚铁与氯化钾发生复分解反应制取硫酸钾的一种方法，反应生成的氯化亚铁可经氯化反应制成水处理剂三氯化铁。以硫酸亚铁和氯化钾为原料生产硫酸钾工艺有萃取-反应耦合法、硫酸铁钾法、硫酸钾铵法、氯化钙复分解法、热解法、钾石膏法等。

（1）萃取-反应耦合法　该方法生产硫酸钾过程中，原料硫酸亚铁和氯化钾发生以下化学反应：

$$FeSO_4 +2KCl +2H_2O = K_2SO_4 + Fe(OH)_2 \downarrow +2HCl \tag{5-31}$$

工艺过程为：在溶液中加入萃取剂，通过萃取反应产生盐酸并把盐酸耦合到有机相内，从而产生氧化亚铁沉淀和硫酸钾。有萃取剂的条件下反应在常温常压下就可以进行，反应时间 30 ～ 60min。该方法的关键点在于萃取剂的选择，常用的萃取体系有中性络合萃取体系、酸性络合和螯合萃取体系、胺类萃取体系等。工业上选取磷酸三丁酯、丁基膦酸二丁酯、三丁基氧化膦、三正辛胺、正辛胺、二正辛胺、丁基苯胺等萃取剂一种或几种按比例混合使用 [31]。

（2）硫酸铁钾法　该方法生产硫酸钾过程中，首先硫酸亚铁水溶液与氯化钾进行第一步反应，生成硫酸铁钾和氯化亚铁；第二步，硫酸铁钾与氯化钾反应生成硫酸钾和氯化亚铁 [32]。该工艺反应过程如下：

第一步：$$2FeSO_4 +2KCl +4H_2O = FeSO_4 \cdot K_2SO_4 \cdot 4H_2O + FeCl_2 \downarrow \tag{5-32}$$

第二步：$$FeSO_4 \cdot K_2SO_4 \cdot 4H_2O +2KCl = 2K_2SO_4 + FeCl_2 +4H_2O \tag{5-33}$$

该工艺流程见图 5-29。

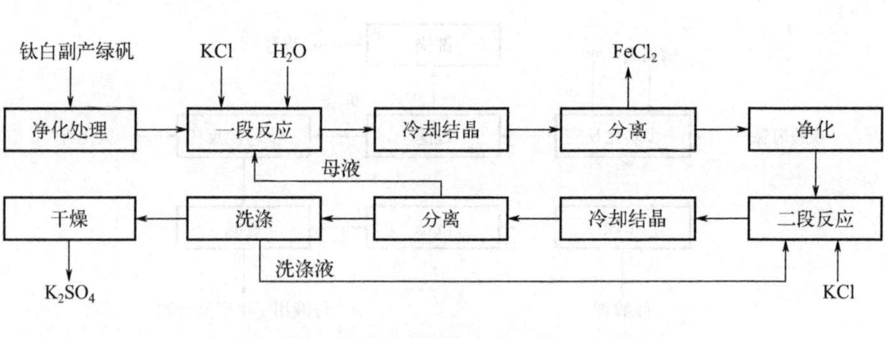

图 5-29　硫酸铁钾法生产硫酸钾工艺流程

硫酸亚铁法可以生产出同为一级品的硫酸钾和三氯化铁，流程简单，能耗少，制造成本低。不仅解决了钛白厂废物利用问题，又为国内缺少的硫酸钾找到了新的资源。由于原料的局限性，目前应用较少。

5.4.3.4 缔置法生产工艺

主要工艺为用不溶于水的有机缔合剂与硫酸缔合，然后在氯化钾溶液里，氯离子将缔合剂上的硫酸根离子置换下来，与溶液中的钾离子结合生成硫酸钾。为了缔合剂的循环使用，需要用氨解缔，在缔合剂上使氨与氯结合为氯化铵，然后根据溶解度不同分别把硫酸钾与氯化铵结晶分离[33]。其化学反应过程如下：

$$2KCl+H_2SO_4+ROH\text{（缔合剂）} \rightleftharpoons K_2SO_4+2HCl \tag{5-34}$$

$$HCl+NH_3 \xlongequal{} NH_4Cl \tag{5-35}$$

该工艺不引起共价键的改变，为可逆过程。受介质极性和体系温度的影响，缔合是放热过程，介质极性增大时或体系温度升高时缔合作用减少或消失。工艺流程见图 5-30。

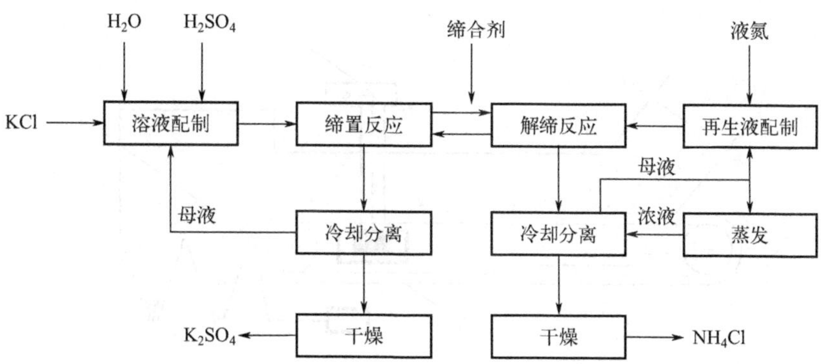

图 5-30 缔置法生产硫酸钾工艺流程

该法的工艺特点：常压操作、易控制、反应温度低、设备腐蚀小、投资少、产品成本低、无污染，副产品氯化铵也是一种农用肥料。但缔合剂在生产中容易出现中毒现象，回收困难，需进一步研究开发。

5.5 含钾固体矿物生产硫酸钾生产工艺及设备

自然界中存在的含钾固体矿物包含钾盐镁矾（钾镁矾）、明矾石、杂卤石、富钾页岩、钾长石等，不同矿物生产工艺各不相同。硫酸盐含钾矿物一般情况下是在水中难溶、微溶或不溶性的固体矿物。我国非水溶性钾矿资源丰富，种类繁多，如钾长石、明矾石、伊利石、富钾页岩等，其储量超过 200 亿吨。但由于开发难度大，工艺技术暂不成熟，用杂卤石、明矾石、钾长石等非水溶性硫酸盐含钾矿制取硫酸钾的企业较少，产量及规模较小。

5.5.1 钾盐镁矾（钾镁矾）法

以天然固体钾盐镁矾矿为原料，经过破碎后用（光）电选矿的方法除去NaCl杂质，在25℃下与后续工序的硫酸盐母液混合后转换成软钾镁矾，再加氯化钾和水经过二次转化、增稠、离心分离、干燥制得硫酸钾成品。德国某公司采用该工艺生产硫酸钾，工艺流程见图5-31,（光）电选矿分选原理及示意见图5-32。

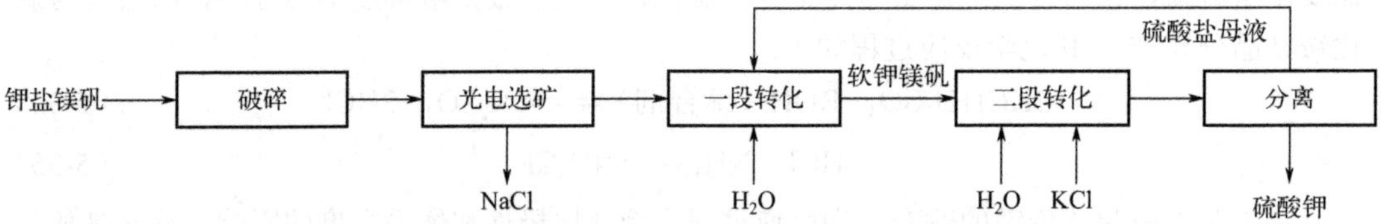

图5-31 钾盐镁矾（钾镁矾）法生产硫酸钾工艺流程

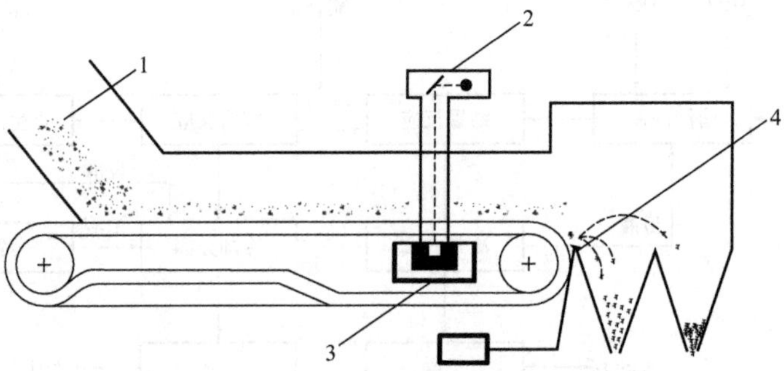

图5-32 （光）电选矿分选示意图

1—给料；2—X射线源；3—X射线感应器；4—分离运输装置

5.5.2 杂卤石法

杂卤石是一种难溶性含钾硫酸盐矿物，其化学式$K_2SO_4 \cdot MgSO_4 \cdot 2CaSO_4 \cdot 2H_2O$，在我国主要分布于四川、湖北、山东等地的海相沉积盆地中。杂卤石作为一种钾镁钙的含水硫酸盐类矿物，其理论含钾（硫酸钾）质量百分数高达28%，溶解后可直接作钾肥使用，其难点就在于杂卤石溶解及制备硫酸钾工艺。

（1）杂卤石溶解工艺　目前杂卤石溶解工艺有两个研究方向：一是研究在水中的溶解度，根据多次试验研究表明，高纯度的杂卤石与水按固液比1∶6的比例进行溶解，其溶液可以直接作为化肥施用；二是在其他溶液中溶解，选取过磷酸钙溶液、氧化钙溶液、氢氧化钙溶液等溶剂对杂卤石进行溶解，有效利用同离子效应达到杂卤石溶解析出硫酸钾的同时，也能生产二氧化磷等其他矿物复合体，可以作为复合肥料使用。将得到的料浆热过滤以除去水不溶物，然后将硫酸钾和硫酸镁的溶液蒸发、干燥即可获得硫酸钾和硫酸镁产品。其分解反应方程如下：

$$K_2SO_4 \cdot MgSO_4 \cdot 2CaSO_4 + H_2O = K_2SO_4 + MgSO_4 + CaSO_4\downarrow \quad (5\text{-}36)$$

杂卤石的溶浸机理取决于被溶物质的结构、成分、晶格化学键以及溶剂的物理化学特征。以下几种条件下，可以破坏杂卤石矿物结构，提高其水溶性。生产中一般采取高温加热焙烧、水中加入不同的盐溶液等方式提高杂卤石的水溶性。比如，含钙的溶液能有效地提高杂卤石的溶解性，因此在生产中，选取氯化钙等价廉、易得的溶剂对杂卤石进行地浸开采。

（2）硫酸钾制取工艺　杂卤石矿物通过破碎磨矿处理后，以氢氧化钙作为溶浸剂，在固液比 1∶6 的条件下溶浸，浸出钾离子，钾离子浸出率可以达到 73.0%。然后根据溶液中的钙离子和镁离子的浓度变化规律进行分段蒸发可以获得固体硫酸钾，纯度为 48%；再用氢氧化钾和碳酸钾混合液进行处理，蒸发结晶得到硫酸钾产品[34-35]。工艺流程见图 5-33。

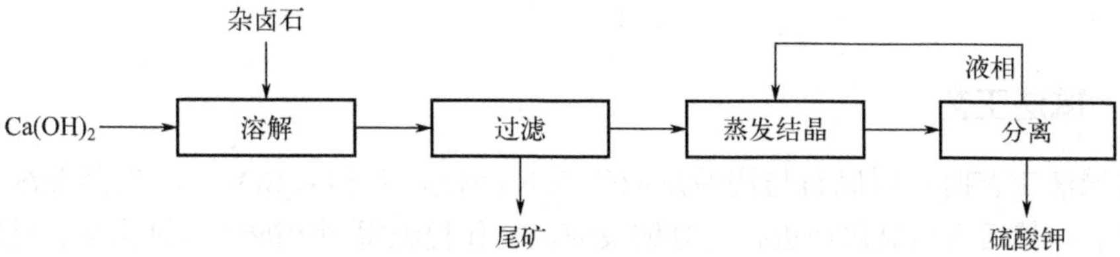

图 5-33　杂卤石溶解制取硫酸钾工艺流程

目前，国内杂卤石工业化应用技术难题集中在水溶开采、溶浸提取硫酸钾等方面。虽然已取得一定科研结果，但是离真正实现工业化，大规模开发利用还有很大的差距。现有的技术条件下杂卤石溶浸率很低，溶浸速度慢。随着可溶性钾资源储量的日渐匮乏，利用杂卤石来制造有机钾肥硫酸钾将成为钾肥行业发展的新趋势。未来的研究方向主要为杂卤石热力学和动力学理论研究、开采技术和设备的创新、溶浸剂的研发、钾镁的分离技术等方面。

5.5.3　明矾石法

明矾石是一种广泛分布的硫酸盐矿物，属三方晶系，其化学式为 $KAl_3(SO_4)_2OH_6$，理论 K_2O 含量 11.37%，通常因钾含量高而称为钾明矾石。一般不溶于水，微溶于硫酸，在强碱性溶液中完全分解。我国明矾石储量居世界第三，浙江已探明储量占全国 50% 以上，是世界上至今探明的最大的明矾石矿。明矾石法生产硫酸钾工艺有酸法、碱法、水热化学法、酸碱联合法、高温焙烧法、氯化法等。

5.5.3.1　酸法工艺

明矾石原料在 550 ～ 600℃高温下焙烧后，进行破碎得到约 40 目的粉料。粉料通过 95% 的工业级硫酸酸解并进行过滤，尾渣排出，尾渣可以当作水泥原料。酸解母液用碳酸氢铵中和并过滤，得到硫酸铵钾溶液和部分二次析出尾渣。溶液中添加一定比例的氯化钾后进行分离即可得到硫酸钾产品。二次尾渣按比例添加氢氧化铝铁后，可获得聚羟基铝铁。该工艺的亮点：一次可获得多种副产品，如副产物有氧化铝、氧化硅、水泥混合原料等；酸法中氧化铝和氧化硅得到很好的分离，钾溶出率高[36]。工艺流程见图 5-34。

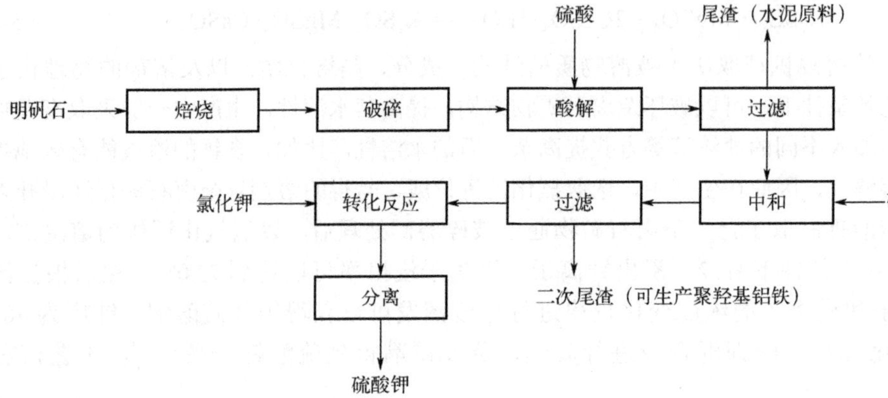

图 5-34 明矾石酸法制取硫酸钾工艺流程

5.5.3.2 碱法工艺

采用碱法工艺时，明矾石与烧碱反应生成 Na_2SO_4，并和 K_2SO_4 一起在蒸发浓缩中结晶析出粗钾盐，然后再与氯化钾进行复分解反应，转化提纯得到硫酸钾与氯化钠。反应式为：

$$K_2SO_4 \cdot Al_2(SO_4)_3 \cdot 2Al_2O_3 \cdot 6H_2O + 12NaOH = K_2SO_4 + 3Na_2SO_4 + 6NaAlO_2 + 12H_2O \tag{5-37}$$

具体工艺过程为：矿石经粗碎、细碎，筛选后进入浸出器，在一定温度下用烧碱溶液循环浸出；浸出液经蒸发浓缩、结晶后，分离出含硫酸钾和硫酸钠的粗钾盐，并用氯化钾以三级置换提纯、结晶、分离、干燥获得产品硫酸钾。母液经冷却析盐后，通过蒸发浓缩、结晶、分离提取氯化钠。分离出粗钾盐的蒸发母液经脱硅、分解制得氢氧化铝，再经焙烧获得氧化铝。分解液返回浸出工序循环使用。碱浸矿渣可作为建材辅料利用[37]。工艺流程见图 5-35。

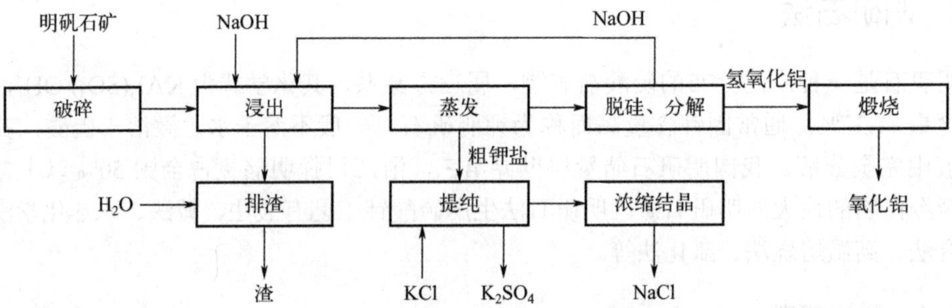

图 5-35 明矾石碱法制取硫酸钾工艺流程

5.5.4 钾长石法

钾长石属于含钾铝硅酸盐矿物，其化学式为 $K_2O \cdot Al_2O_3 \cdot 6SiO_2$。理论成分中 K_2O 占 16.9%，是含钾量较高、分布最广、储量最大的非水溶性钾资源。钾长石具有稳定的 Si-Al-O 架状结构，常温常压下几乎不被除浓硫酸、氢氟酸外的其他酸碱分解，在 2000℃以上的高温下才会被分解。利用钾长石制备硫酸钾，需要破坏其晶体结构。

我国钾长石矿储量约 79 亿吨，折算成氧化钾储量约为 9.2 亿吨，主要分布在安徽、内蒙古、黑龙江、新疆、四川、山西等 23 个省区，储量丰富 [38]。国内从 20 世纪 60 年代初起就开始利用钾长石制取钾肥的研究，先后研究出高温焙烧法、低温酸分解法、水热化学法、高炉冶炼法、中高温熔浸法和微生物法等多种工艺。

5.5.4.1 高温焙烧法

高温焙烧法是在高温下使钾长石与助剂发生反应，并用浸取剂从反应物中提取出可溶性钾盐。目前常用助剂有氟化物、CaO、$CaCO_3$、$CaSO_4$ 等。其反应式为：

$$2KAlSi_3O_8 + CaSO_4 + 14CaCO_3 = K_2SO_4 + 6Ca_2SiO_4 + Ca_3Al_2O_6 + 14CO_2\uparrow \qquad (5\text{-}38)$$

具体工艺过程为：以钾长石、石灰石和硫酸钙作原料，经过粉碎、磨矿后在 1300℃高温煅烧，分解生成氧化钙；氧化钙中的钙离子可取代钾长石中的钾离子，从而得到硫酸钾。硅钙渣可添加相关原料通过“两磨一烧”工艺生产硅酸盐水泥。该种方法生产过程中能耗大，且钾长石中的钾转化率较低 [39]。工艺流程见图 5-36。

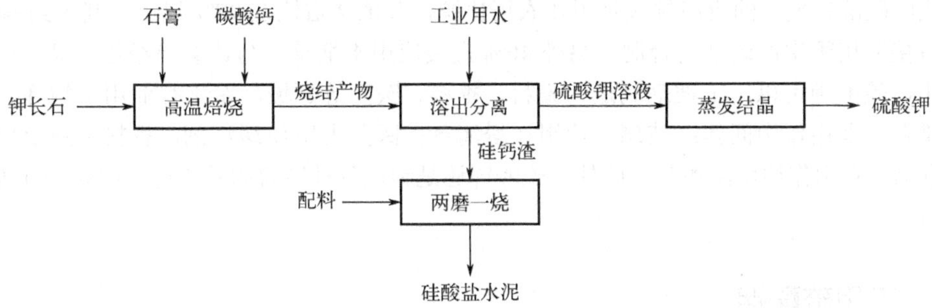

图 5-36 高温焙烧法制取硫酸钾工艺流程

5.5.4.2 低温酸分解法

低温酸分解法是近年来对钾长石利用的主要研究方法之一。氢氟酸及某些氟化合物对钾长石有强烈的腐蚀作用，可有效地破坏 Si-Al-O 架状结构，使其中的钾转变为可溶性钾，从而降低反应温度。钾长石与氢氟酸或添加剂和硫酸等反应助剂混合进行反应，产品有硫酸钾、硅酸盐和氧化铝。磷矿 [$Ca_5(PO_4)_3F$] 与酸反应时会分解产生氢氟酸，用磷矿-无机酸体系也可提取钾长石中的钾。氢氟酸分解钾长石结构浸出钾原理如下：

$$2KAlSi_3O_8 + 24HF + 4H_2SO_4 = K_2SO_4 + Al_2(SO_4)_3 + 6SiF_4\uparrow + 16H_2O \qquad (5\text{-}39)$$

该法的优点是能耗大幅降低，但是生产过程中的含氟化合物存在强腐蚀性，因而使得设备的投资成本增加，且由于氟离子有剧毒，会产生环境污染，因此目前工业应用很少。

5.5.4.3 水热化学法

水热化学法就是将一定量的钾长石放入反应釜内，加入 $CaCl_2$、$Ca(OH)_2$、CaO、NaCl 等作为助剂，再加入一定量的水，使其中的钾长石发生化学反应，从而来制备钾盐。其实质就是把自然界数百上千年的风化作用才能完成的转化过程，通过技术创新压缩为高压釜中短时间内的水热化学反应，使得钾长石矿中的含钾矿物转化成新矿物相。具体工艺过程为：将钾长石和生石灰磨矿后，加入一定比例的专用活化剂和水，其液固比为 1 ～ 3。充分搅拌后将混合均匀的物料放入高压反应釜中，持续通入高压蒸汽，控制温度为 200 ～ 250℃、压力为 1.1 ～ 1.3MPa，钾的转化率可以达到 80%，可得到半湿状态的矿物肥料[40]。

5.5.4.4　高炉冶炼法

生产水泥时，按石灰石 81.4% ～ 82%、钾长石 14.2% ～ 15.6%、铁矿石 2.6% ～ 3.2%、萤石 1.1% 和焦炭 3% 的比例，破碎后配料混匀入炉。当炉缸温度高达 1500℃时，K_2O 挥发随高温气流带出，同时 K_2O 与炉内 CO_2 作用生成 K_2CO_3 产品。高炉排出的炉渣经加工后制成白色水泥。该方法仅限于水泥厂或磷肥厂，作为副产品生产钾肥。

5.6　硫酸钾产品类型与用途

我国硫酸钾最大的应用领域是用作农用化肥，其消费占比在 97% 以上，其中约 60% 的比例直接应用于生产硫基复合肥，另外 40% 直接应用于烟草、马铃薯等经作产品。在工业领域中，硫酸钾可以用于玻璃制造、染料、香料、医药等领域。军工行业用于炮弹的消烟剂；染料工业用作中间体；玻璃工业用作澄清剂；医药上用作缓泻剂；香料工业上用作助剂；食品工业用作通用添加剂。此外，硫酸钾还是制造各种钾盐如碳酸钾、过硫酸钾等的基本原料。

5.6.1　农用硫酸钾

5.6.1.1　产品特性

硫酸钾是我国无氯钾肥的主要原料，并且还可以提供植物所需的硫元素，吸湿性远比氯化钾小，物理性状良好，不易结块，便于施用。硫酸钾易溶于水，是速效性肥料，可作基肥、追肥、种肥和根外追肥。硫酸钾亦属化学中性、生理酸性肥料，但其酸化土壤的能力比氯化钾弱。

5.6.1.2　田间施用

硫酸钾是能提供中量元素硫的无氯钾肥，我国硫酸钾 97% 以上的消费集中在农业领域。随着我国农业生产的持续高速发展，经济作物的种植比例逐渐增加，对无氯钾肥（含硫酸钾）消费增长较快，这也是我国无氯钾肥应用远远高于全球平均水平的因素之一。硫酸钾可作基肥、追肥、种肥和根外追肥，但由于钾在土壤中的移动性较小，一般以基肥最为适宜，并应注意施肥深度。应集中条施或穴施，使肥料分布在作物根系密集的湿润土层中。

在酸性土壤上，硫酸钾宜与碱性肥料和有机肥料配合施用。对于氯敏感作物则应选用硫酸钾作为肥料。硫酸钾含硫 17.6%，施用在缺硫土壤和需硫较多的作物上，其效果优于氯化钾，但在强还原条件下，所含 SO_4^{2-} 易还原成 H_2S，累积到一定浓度会危害作物生长。

除了用于生产硫基复合肥外，目前我国农用硫酸钾主要用在烟草、水果及蔬菜等经济作物的种植上。目前我国前四大钾肥需求作物为烟草、果树、水稻和蔬菜，其中烟草、部分果树和蔬菜是对氯敏感作物，这些作物大部分使用硫酸钾类钾肥。

5.6.2 工业用硫酸钾

硫酸钾除了作为制造其他钾盐的基本原料之外，也可以作为工业产品直接应用。如在玻璃工业用作澄清剂，在食品工业用作通用添加剂，在染料工业用作中间体，在香料工业用作助剂，在军工行业用于炮弹的消烟剂，在医药工业用作缓泻剂和血清蛋白生化检验介质等。硫酸钾还用作电镀中的添加剂，充当导电盐和助剂的作用。

5.6.2.1 国外硫酸钾工业用途

在美国工业领域，其主要应用领域有：每年有0.6万～0.7万吨用在墙板制造中作为速凝剂；少量高纯硫酸钾被用在药物和工业市场；在军事方面，硫酸钾被用作闪光抑制剂；在溶液的凯氏（测定氮）法中，硫酸钾是一种组分，被用作确定自由氮。在石油工业上可作为催化剂，用于石油焦气化制氢；在石膏铸件和牙模方面，硫酸钾可用作干燥剂。

在加拿大，工业硫酸钾用量极少，主要用于人造壁板加工的催化剂，还有少部分用于西部钻探泥浆的钻井液中。

西欧的硫酸钾工业用途有：作为催化剂用于水泥凝固，作为添加剂用于炸药，还可以用在丁苯橡胶、润滑剂中。纯度93%的硫酸钾用于生产洗涤剂和清洁剂、胶乳泡沫以及铺公路的沥青，纯度95%的硫酸钾用于生产钾明矾、净化酒石酸以及炸药，纯度99.8%的硫酸钾可作为添加剂用于食品和药品。

5.6.2.2 我国硫酸钾工业用途

我国硫酸钾在工业方面主要用作生产过硫酸钾及其他含硫含钾化工产品的原料，主要流向是天津、上海、福建、湖南等地。过硫酸钾的制备是用硫酸铵和硫酸配制成电解液除杂质后进行电解。HSO_4^-在阳极放电而生成过二硫酸，再与硫酸铵反应生成过硫酸铵，然后加入硫酸钾进行复分解反应，制得过硫酸钾成品。2017年国内过硫酸盐需求量超25万吨，其中过硫酸钾市场规模占总规模的44%左右，因此工业硫酸钾作为化工品原料的用途占比较大。

硫酸钾在工业消费各领域均是成熟的行业，从长期看需求不会有大的增长，特别是作为中间体，在工业中用量较大，但硫酸钾用于中间体行业的增长有限；澄清剂为平稳缓慢增长的产品；香料工业助剂、食品添加剂有较快增长，但绝对量有限。其他工业应用增长率也很小。因此，硫酸钾的工业应用需求将处于缓慢增长的态势，对总体需求变化的影响不大。

参考文献

[1] 于荟．曼海姆法生产硫酸钾概述 [J]．广州化工，2013, 41(4):3.
[2] 宋彭生．盐湖资源的开发利用 [J]．盐湖研究，1993(3):68-80.
[3] 李文光．国内外明矾石矿产资源综合利用情况 [J]．江苏地矿信息，1998:136-138.
[4] 李刚．利用光卤石和无水芒硝制取硫酸钾技术的进展 [J]．盐湖研究，1999(7):63-66.
[5] 武俊旺．芒硝转化法生产硫酸钾工艺技术探讨 [J]．化工设计通讯，2000(1):52-54.
[6] 祝延令．氯化钾—硫酸铵复分解法制硫酸钾新工艺试验研究 [J]．化肥工业，2000, (4):22-28.
[7] 邓彦波．硫酸钾生产技术评述 [J]．甘肃化工，2003(1):1-5.
[8] 华树森，李秀华，冯海波．曼海姆法生产硫酸钾概述 [J]．山东化工，2000, 29(2): 24-26.

[9] 宁延生. 无机盐工艺学 [M]. 北京：化学工业出版社，2013.
[10] 陈五平. 无机化工工艺学 [M]. 3 版. 北京：化学工业出版社，2000.
[11] 华宗伟，钟宏，王帅，等. 硫酸钾的生产工艺研究进展 [J]. 无机盐工业，2015, 47(4):1-5.
[12] 安莲英，殷辉安，唐明林，等. 杂卤石中钾的提取工艺 [J]. 化工矿物与加工，2002,31(12):5-7.
[13] 张晓慢，雍倩禧，祁梦瑶，等. 钾长石提钾技术进展 [J]. 矿产保护与利用，2020 (4):172-178.
[14] 边绍菊. 从大柴旦盐湖卤水中结晶高品位钾、硼、锂矿 [D]. 西宁：中国科学院青海盐湖研究所，2017.
[15] 王梦飞，曹尔励，程荫东. 美国大盐湖矿物和化学公司生产概况 [J]. 无机盐工业，1993:26-27.
[16] 皱松，方霖，沈善强，等. 国内外典型硫酸盐型盐湖卤水资源现状及提钾工艺综述 [J]. 矿产保护与利用，2017(5):113-118.
[17] 李海民，程怀德，张全有. 卤水资源开发利用技术述评 [J]. 盐湖研究，2003, 11(3):51-64.
[18] 李浩，唐中凡，尹新斌，等. 罗布泊盐湖卤水等温蒸发研究 [J]. 化工矿物与加工，2008(11):5-8.
[19] 李浩，唐中凡，尹新斌，等. 利用罗布泊盐湖卤水制取硫酸钾工艺试验研究 [J]. 盐业与化工，2008, 37(2):9-12.
[20] 李浩. 罗布泊硫酸盐型盐湖钾盐浮选的理论与工艺研究 [D]. 北京：中国矿业大学（北京）, 2011.
[21] 闫会征. 新型钾离子筛法海水提取硫酸钾新工艺的研究 [D]. 天津：河北工业大学，2008.
[22] 吴宗生. 苦卤蒸发转化法生产硫酸钾工艺的研究 [J]. 海湖与化工，1995，24(2):7-12.
[23] 刘景府. 沸石法海水提取硫酸钾新工艺的研究 [D]. 天津：河北工业大学，2005.
[24] 王建成. 氯化钾硫酸镁转化法生产硫酸钾的新工艺 [J]. 海湖盐与化工，2001，30(6):18-20.
[25] 陆冠伟. 选矿设计手册 [M]. 北京：冶金工业出版社，1990.
[26] 赵颖颖，李丹，王军，等. 沸石法卤水 / 苦卤钾富集工艺 [J]. 化工进展，2019, 38(3):1190-1196.
[27] 彭赛军. 十水芒硝与氯化钾转化生成硫酸钾与氯化钠工艺 [J]. 海湖盐与化工，1999, 29(3):21-26.
[28] 曹广秀，曹广连，马淮凌. 磷石膏一步法制取硫酸钾工艺研究 [J]. 应用化工，2005, 34(7):421-423.
[29] 涂敏端，党洁修. 两步法由磷石膏和氯化钾生产硫酸钾的试验研究 [J]. 磷肥与复肥，1997 (1):13-15.
[30] 卢芳仪，刘晓红，孙日圣，等. 两步法磷石膏制硫酸钾工艺的改进 [J]. 硫酸工业，2000(3):47-49.
[31] 黄科林，温晓明，罗素娟，等. 萃取-反应耦合工艺制备硫酸钾的研究 [J]. 海湖盐与化工，2001, 31(1):8-11.
[32] 熊国宣，张展适，骆振东，等. 两步转化法制取硫酸钾 [J]. 化工时刊，2001(3):34-37.
[33] 杨发贵. 关于缔置法生产农用硫酸钾的几点看法 [J]. 化肥工业，1998, 25(3): 33-43.
[34] 黎春阁，安莲英，汪本高. 杂卤石生产硫酸钾工艺研究 [J]. 化工矿物与加工，2013(7):4-7.
[35] 刘晓元，安莲英，冯振华. 杂卤石制备硫酸钾工艺研究 [J]. 当代化工，2011, 40(12):9-13.
[36] 李学字，董志鹏. 利用明矾石制硫酸钾和聚羟基铝铁 [J]. 化工矿物与加工，1998, 27:(4):5-8.
[37] 旷戈，李付杰，刘瑜，等. 明矾石综合利用技术研究进展 [J]. 金属矿山，2017(11):122-126.
[38] 宋一涵，李洪枚，马淑花，等. 钾长石提钾及制备复合肥料的研究进展 [J]. 过程工程学报，2018, 18(2):241-257.
[39] 马玺，马鸿文，杨静，等. 钾长石-石膏-碳酸钙体系高温烧结法制取硫酸钾研究评述 [J]. 化工矿物与加工，2015, (4):55-61.
[40] 邓琴. 钾长石水热法制备矿物钾肥工艺研究 [D]. 成都：成都理工大学，2017.

中国肥料研究与应用全书

Books of Fertilizer Research and Application in China

FERTILIZER

第6章

硫酸钾镁

6.1 概述

6.1.1 基本理化性质

硫酸钾镁是一种硫酸钾、硫酸镁的复盐，其分子式为 $K_2SO_4 \cdot mMgSO_4 \cdot nH_2O$，其中 m=1 ～ 2，n=0 ～ 6。硫酸钾镁肥是一种多元素钾肥，既含有作物所需的大量营养元素钾，又含有硫、镁两种中量营养元素，通过平衡施肥弥补了中微量元素的不足，被誉为作物施肥的“黄金搭档”。硫酸钾镁肥主要指标中，氧化钾含量 22% ～ 24%，氧化镁≥ 8%，硫≥ 14%，呈弱碱性，较适合酸性土壤施用。

6.1.2 产品质量标准

我国现行的硫酸钾镁肥料产品标准为《硫酸钾镁肥》(GB/T 20937—2018)，具体指标见表 6-1。该国标仅适用于从盐湖卤水或固体钾镁盐矿中通过转化浮选等分离手段提取的硫酸钾镁肥产品，不适用于用硫酸钾和镁化合物掺混而成的产品。

表6-1　GB/T 20937—2018硫酸钾镁肥主要指标

项目	优等品	一等品	合格品
氧化钾（K_2O）的质量分数 /%	≥ 30.0	≥ 24.0	≥ 21.0
镁（Mg）的质量分数 /%	≥ 7.0	≥ 6.0	≥ 5.0
硫（S）的质量分数 /%	≥ 18.0	≥ 16.0	≥ 14.0
氯离子（Cl^-）的质量分数 /%	≤ 2.0	≤ 2.5	≤ 3.0
钠离子（Na^+）的质量分数 /%	≤ 0.5	≤ 1.0	≤ 1.5
游离水（H_2O）的质量分数①/%	≤ 1.0	≤ 1.5	≤ 1.5
水不溶物的质量分数 /%	≤ 1.0	≤ 1.0	≤ 1.5
pH 值	7.0 ～ 9.0		
粒度（1.00 ～ 4.75mm）②/%	≥ 90		

①游离水（H_2O）的质量分数仅在生产企业检验和生产领域质量抽查检验时进行判定。

②粉状产品粒度不作要求。粒状产品的粒度也可按供需双方合同约定执行。

6.1.3 产品分析方法

与氯化钾、硫酸钾等产品相似，硫酸钾镁的分析检测方法按 GB/T 20937—2018 标准中规定的方法测定。其中，主产品氧化钾含量的测量方法为四苯硼钾重量法，主要是利用钾离子与四苯硼钠进行反应生成四苯硼钾沉淀，根据四苯硼钾的质量确定硫酸钾镁中的氧化钾含量。镁的测定按 GB/T 19203 规定选用铬黑 T 指示剂，采用乙二胺四乙酸二钠容量法进行滴定，计算得出镁的质量分数。

6.1.4　产品生产历史

就世界范围而言，硫酸钾镁的研究与应用最早是在德国，在 Stassfurt 钾盐矿床探矿和开采过程中，发现有 3 种含有钾镁的硫酸盐矿物，它们分别是硫酸钾镁（$K_2SO_4 \cdot 2MgSO_4$）、钾镁矾（$K_2SO_4 \cdot MgSO_4 \cdot 4H_2O$）和软钾镁矾（$K_2SO_4 \cdot MgSO_4 \cdot 6H_2O$）。人工合成硫酸钾镁在 1864 年由 Mulder 首先制得。1906 年 Ginsbers 和 Nacken 研究了 K_2SO_4-$MgSO_4$ 系统相图，这可能是该系统最早的相图文献 [1]。

从 20 世纪 20 年代后，硫酸钾镁的开发逐渐扩展深入。1925 年，在美国新墨西哥州东南部发现了硫酸钾镁矿床，1930 年又在该州 Carlsbad 矿区发现大型矿床。1944 年美国矿务局 Johnson 发表了有关硫酸钾镁的调查报告并附有 1 张详细的文献目录 [2]。1947 年，美国国际矿物化学公司根据其多年来开采硫酸钾镁矿的实践出版了小册子，详细地描述了在 Carlsbad 矿区开采加工和生产的全过程 [3]。1982 年，美国在同一地区对硫酸钾镁资源进行了新一轮调查，美国矿务局出版了调查报告 [4]。1985 年，美国环球国际矿物公司（IMC Global Operations Inc.）和西部农用矿物公司（Western Ag Minerals Company）通过美国硫钾镁出口协会，开始向我国销售其硫酸钾镁肥“施宝密” [5]。此后，农学界开始对这一新型钾肥进行试验，发现它可以改善农作物营养生长，提高产量，改善品质，并且具有明显的价格优势。1992 年，Neitzel 为德国境内硫酸钾镁矿发现 100 周年撰写了一篇综述，对有关硫酸钾镁的矿床地质、晶体结构、地质学、富选加工方法以及在工农业方面的应用作了详细介绍 [6]。

1985 ～ 1990 年间，美国硫钾镁出口协会（SKMg Export Association）与我国南京土壤研究所开展了硫酸钾镁的共同合作研究，该项目组织了国内 20 多家科研院所在两广（广东和广西）、湖南、江西、四川、云南和海南 7 省（自治区）23 个县市近 100 处现场对不同作物进行了大量系统的试验研究 [7-8]，取得了丰硕的成果。这项合作研究为在国内推广应用硫酸钾镁肥奠定了基础。

与此同时，国内的钾肥生产企业也开始关注硫酸钾镁肥，并对其生产工艺进行了探索和试验，部分厂家如青海中信国安科技发展有限公司、国投新疆罗布泊钾盐有限责任公司等从 2004 年后也开始逐步规模化生产。

硫酸钾镁肥主要有两种生产工艺：第一种为从盐湖卤水或固体钾镁盐矿中通过转化浮选分离等手段提取获得 [9-10]；第二种为简单的掺混，以硫酸钾和镁化合物作为主要成分掺混获得。采用硫酸钾和氧化镁等通过简单掺混方式生产的硫酸钾镁肥是否可以称得上是硫酸钾镁肥，主要看其氯离子含量，同时钾含量应大于镁含量。许多中小化肥企业以简单掺混生产的硫酸钾镁肥产品，无国家标准和行业标准，仅根据各企业标准生产，对其推广和使用需持慎重态度 [11]。

本书以第一种生产工艺为主介绍硫酸钾镁生产工艺原理。

6.2　硫酸钾镁生产原理

硫酸钾镁中的主要成分为软钾镁矾，其分子式为 $K_2SO_4 \cdot MgSO_4 \cdot 6H_2O$，软钾镁矾经干燥后即可获得符合国标的硫酸钾镁肥。因此，硫酸钾镁的生产原理即软钾镁矾的生产原理。

6.2.1 含钾硫酸型卤水生产原理

硫酸镁亚型卤水经过盐田摊晒分级后，获得高硫钾比的钾混盐原矿，其硫钾比［即$K_2SO_4 \cdot MgSO_4 \cdot 6H_2O$纯矿物中$SO_4^{2-}$（质量分数）与$K^+$（质量分数）的比值］≥2.46。该原矿中$K^+$以KCl（氯化钾）形式存在，而$SO_4^{2-}$以$MgSO_4 \cdot 7H_2O$（泻利盐）形式存在。要想将原矿中$K^+$的赋存态从氯化钾转变为软钾镁矾，就需要加入一定量的水，使原矿中氯化钾和泻利盐发生转化生成软钾镁矾[12]。

下面以15℃ K^+、Na^+、Mg^{2+}//Cl^-、SO_4^{2-}-H_2O五元水盐体系相图为例计算钾混盐原矿的转化[13]，相图理论计算点见图6-1。

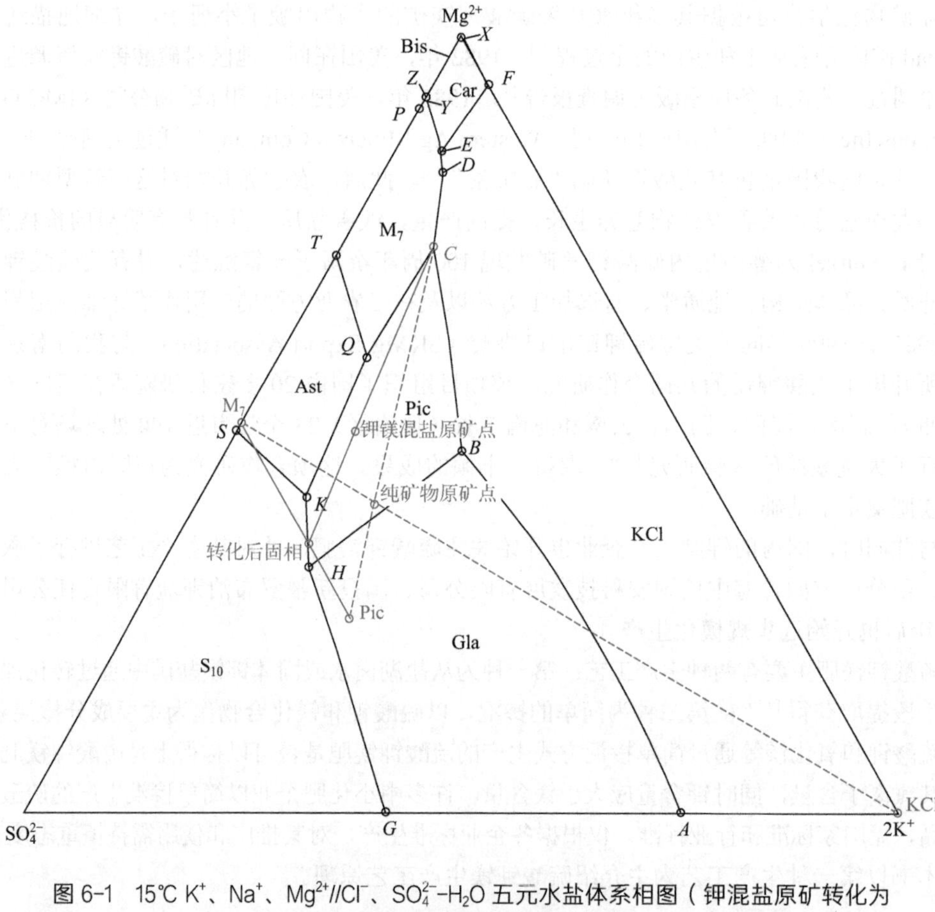

图6-1 15℃ K^+、Na^+、Mg^{2+}//Cl^-、SO_4^{2-}-H_2O五元水盐体系相图（钾混盐原矿转化为软钾镁矾相图理论计算点）

M_7—$MgSO_4 \cdot 7H_2O$；Pic—$K_2SO_4 \cdot MgSO_4 \cdot 6H_2O$；Car—$KCl \cdot MgCl_2 \cdot 6H_2O$；Bis—$MgCl_2 \cdot 6H_2O$；Ast—$Na_2SO_4 \cdot MgSO_4 \cdot 4H_2O$；Gla—$Na_2SO_4 \cdot 3K_2SO_4$

从图6-1中可以看出，*C*点是软钾镁矾、氯化钾、泻利盐三相共饱母液点，M_7点为泻利盐纯矿物固相点，KCl点为氯化钾纯矿物固相点，Pic点为软钾镁矾纯矿物固相点。M_7

到 Pic 点的实线为盐田钾镁混盐矿加水生成软钾镁矾的理论点连线；虚线部分为纯矿物（M_7+KCl）加水转化生成软钾镁矾的理论点连线。从图 6-1 中的连线可以看出，原矿点加水后得到转化后固相及 *C* 点母液，其中纯矿物原矿按理论硫钾比 2.46 配好后，加水可得到纯软钾镁矾和 *C* 点母液。而在实际生产中，为加快转化反应速率及提高软钾镁矾转化率，钾镁混盐原矿往往会控制较高的硫钾比至 2.8 ～ 3.0。因此钾镁混盐原矿加水转化后转化固相为 Pic 和 M_7 的混合物，其固相点落在 Pic 和 M_7 固相点的连线上。

以钾镁混盐原矿为例，其加水转化反应物料计算式如下：

$$100\ 钾镁混盐 + aH_2O = bM_7 + cPic + dNaCl + eC\ 卤 \qquad (6\text{-}1)$$

上式可转化为：

$$100\ 钾镁混盐 = bM_7 + cPic + dNaCl + eC\ 卤 - aH_2O \qquad (6\text{-}2)$$

上式中，钾镁混盐、H_2O、M_7、Pic、NaCl 及 *C* 点卤水的 K^+、Na^+、Mg^{2+}、Cl^-、SO_4^{2-}、H_2O 含量均为可知，等式左边为常数项，即可根据各离子含量列五元一次方程组，通过解方程组最终可求得 *a*、*b*、*c*、*d*、*e* 的值，从而计算出转化所需的加水量及转化后各固相的产量 [14]。

6.2.2　苦卤生产原理

原料苦卤与矾母液及光卤石混合后落入一水硫酸镁（$MgSO_4 \cdot H_2O$）区域，已非常接近无水钾镁矾（$K_2SO_4 \cdot MgSO_4$）区域。依据相图原理（图 6-2），当混合卤蒸发浓缩时，其析盐规律为：首先是氯化钠与一水硫酸镁一起析出，蒸发液相到达一水硫酸镁与无水钾镁肥的共饱和线时，无水钾镁肥、一水硫酸镁与氯化钠一起析出。蒸发液相点到达 *L* 点时，将有第四个固相光卤石（$KCl \cdot MgCl_2 \cdot 6H_2O$）析出。蒸发液相点即将到达 *L* 点时为蒸发终止沸点。

蒸发完成液经过保温沉降，液相去冷却结晶工序，得到的固相即是光卤石，液相是老卤。经过保温沉降得到的固相混合盐即是生产硫酸钾镁肥原料。

从 K^+、Na^+、$Mg^{2+}//SO_2^-$、Cl^--H_2O 五元水盐体系 25℃相图可以看出（图 6-2），混合盐（S）与适量的氯化钾混合落入硫酸钾镁肥区域（M_2）即可制得硫酸钾镁肥。

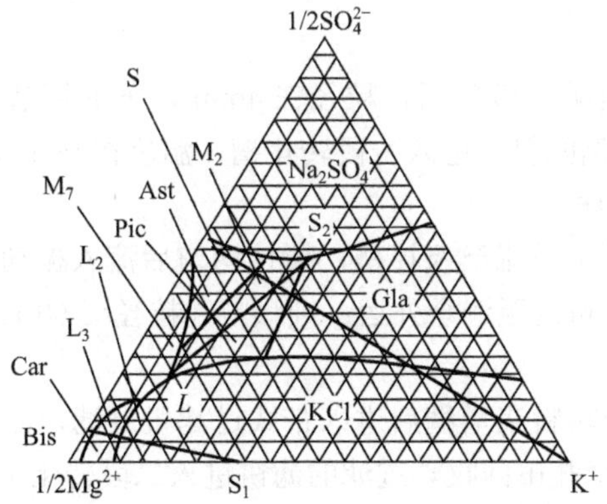

图 6-2　K^+、Na^+、$Mg^{2+}//SO_2^-$、Cl^--H_2O 介稳体系 25℃相图（简化干基图）

图中各固相均与 NaCl 共析。Gla—Na_2SO，$\cdot 3K_2SO_4$；Ast—$Na_2SO_4 \cdot MgSO_4 \cdot 4H_2O$；$M_7$—$MgSO_4 \cdot 7H_2O$；Bis—$MgCl_2 \cdot 6H_2O$；Pic—$K_2SO_4 \cdot 6H_2O$；Car—$KCl \cdot MgCl_2 \cdot 6H_2O$

混合盐在与氯化钾反应前，必须先把其中的氯化钠分离出去，分离效果越好，硫酸钾镁肥的质量就越高。此工序是生产硫酸钾镁肥的关键所在。

6.3 硫酸钾镁生产工艺

国内外对于硫酸钾镁肥的研发主要集中在软钾镁矾的生产工艺上，大致可分为这三种：①利用含钾硫酸型卤水生产硫酸钾镁肥；②利用苦卤生产硫酸钾镁肥；③无水钾镁矾加工成硫酸钾镁肥。

利用盐湖卤水制取硫酸钾镁肥是一种天然提取法。以硫酸盐型卤水所产的钾混盐矿，它是包含钾石盐、光卤石、钾盐镁矾、软钾镁矾、石盐、泻利盐等多种矿物的混合物。目前以钾混盐生产硫酸钾镁肥的工艺主要有两种：转化法和转化加浮选法[15-17]。

利用苦卤生产硫酸钾镁，以五元水盐体系100℃和25℃相图为理论基础，在苦卤生产氯化钾工艺的基础上加以改进，调整部分设备及工艺流程，使之既可以生产氯化钾产品，又能生产硫酸钾镁肥产品，具有较好的灵活性。

无水钾镁矾的开发可进行两步：第一步是通过对原矿进行破碎、筛分及洗涤去除原矿中的不溶性杂质和泥土，得到的精矿用作硫酸钾镁肥料；之后，精矿与钾石盐反应先生成软钾镁矾，软钾镁矾再与氯化钾反应可得到硫酸钾。

6.3.1 转化法

以钾混盐矿为原料生产硫酸钾镁肥，早期的转化工艺是加水或再加硫酸钾饱和液直接分解转化成硫酸钾镁，原料钾混盐中的氯化钠进入液相。但该工艺的缺点是耗水量大、收率低、原料质量要求高。针对该工艺存在的缺陷，青海中信国安科技发展有限公司研制并实施了一种两段转化法生产硫酸钾镁的工艺，该工艺具有原料回收率高、耗水量低、不需添加外来原料、可适应不同质量的钾混盐原料，及对含泥、含盐（NaCl）高的原料有较好的适应性等优点。

工艺流程简述如下：

① 一段转化：钾混盐矿经破碎后，粒径在4mm以下的钾盐镁矾混盐经计量后，与热水、二转母液按一定的比例配料，进入一段转化槽，温度控制在42～45℃，控制转化时间为2h，料浆溢流至筛分工序。

② 筛分：一段转化料浆溢流至搅拌槽，搅拌均匀后流入振动筛进行筛分，筛上物（粒径≥60目）氯化钠经皮带机送至渣仓外运；细颗粒（粒径≤60目）料浆流入一转料浆槽泵送至过滤工序。

③ 过滤：筛分后的一转料浆增稠后进入带式过滤机过滤，滤液进入一转滤液槽，部分用于振动筛调浆，其余送至盐田回收。过滤的滤饼进入二段转化工序。

④ 二段转化、结晶：一转滤饼经计量后，与淡水、成品洗液在二段配料槽按一定的比例配料后，在二段转化槽进行转化反应，反应后的料浆进入结晶器。

⑤ 分离、干燥：由结晶器送来的料浆增稠后，进入离心机过滤分离，二转滤液进入一

转配料，滤饼干燥后得硫酸钾镁产品。

6.3.2 转化加浮选法

在硫酸钾镁生产领域，所涉及的选矿方法主要为浮选法。浮选法是指根据矿物表面物理、化学性质的差异从水（母液）的悬浮体（矿浆）中浮出固体矿物的选矿过程。硫酸钾镁的浮选法生产工艺根据浮选目标矿物的不同可分为正浮选法和反浮选法。其中正浮选工艺应用最广、技术最为成熟，已在国内很多硫酸钾装置及软钾镁矾装置上大规模应用，其目标矿物均为软钾镁矾（$K_2SO_4 \cdot MgSO_4 \cdot 6H_2O$）矿物，即将软钾镁矾富集至浮选泡沫中。而反浮选法主要目标矿物一般为NaCl，即将需要去除的NaCl富集至泡沫中。

6.3.2.1 正浮选法

正浮选法主要工艺分为转化-浮选法和浮选-转化法，其区别在于先转化还是先浮选。转化-浮选法其浮选目标矿物为软钾镁矾矿，浮选-转化法其浮选目标矿物为含钾矿物（KCl、$KCl \cdot MgSO_4 \cdot 3H_2O$）和含硫矿物（$MgSO_4 \cdot 7H_2O$）。

转化-浮选法是先转化后浮选，是目前使用最广、效果最好的生产工艺。该工艺在国内新疆、青海等地的硫酸钾厂、硫酸钾镁肥厂得到广泛应用。该工艺的特点为：

① 该工艺浮选目标矿物为软钾镁矾矿，采用烷基磺酸钠（601）作为捕收剂，601是以石化重油为原料经氯代、磺化、皂化等反应后得到的碳链长度为10～14的阴离子表面活性剂。

② 该工艺为先转化后浮选，为了提高转化效率及K^+转化回收率，钾镁混盐原矿中硫钾比（SO_4^{2-}/K^+）需达到理论值2.46，最好能将硫钾比控制在2.8～3.0。

③ 磨矿细度要求控制不高，钾镁混盐的磨矿仅仅是为了提高转化速度及效率，后段软钾镁矾浮选均为新转化生成的新鲜矿物，前段磨矿细度对后段浮选没有影响。

④ 烷基磺酸钠（601）捕收剂对软钾镁矾选择性高，一般一次粗选就可以获得合格的浮选精矿。

转化-浮选法生产硫酸钾镁工艺流程图见图6-3。

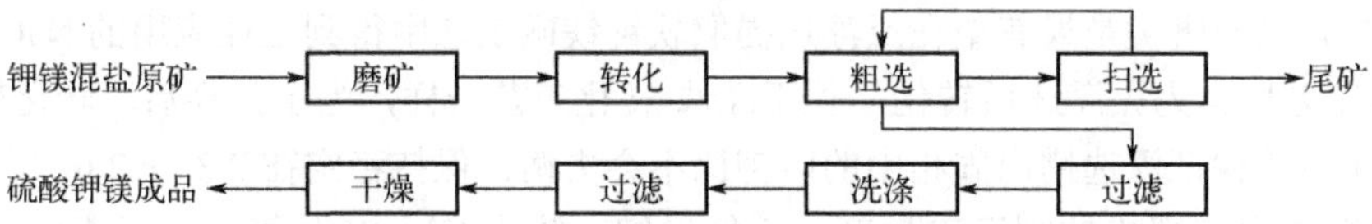

图6-3 转化-浮选法生产硫酸钾镁工艺流程

浮选-转化法是先浮选后转化，根据钾镁混盐原矿中含钾矿物和含硫矿物的赋存特性，有针对性地加入选钾捕收剂和选硫捕收剂，两种捕收剂同时加入产生协同作用，将转化工段所需的含钾矿物和含硫矿物一起捕收到浮选泡沫中来，过滤后再进行转化。该工艺的特点为：

① 该工艺浮选目标矿物为含钾矿物（KCl、$KCl \cdot MgSO_4 \cdot 3H_2O$）和含硫矿物（$MgSO_4 \cdot 7H_2O$），含钾捕收剂一般为阳离子胺类捕收剂，含硫矿物捕收剂一般为阴离子或中性捕收剂，两种捕收剂可以产生协同作用，充分发挥各自的优势。

② 该工艺为先浮选后转化，为了提高转化工段效率及 K^+ 转化回收率，浮选时需根据浮选精矿的硫钾比（SO_4^{2-}/K^+）调整两种捕收剂的用量，根据尾矿中含钾含硫矿物的含量调整扫选两种捕收剂的用量，使浮选精矿中的硫钾比不会失衡，保持稳定在 2.3 ～ 2.6，工艺控制难度较大。

③ 磨矿工段工艺要求较高，与先转化后浮选不同，该工艺浮选目标矿物为盐田摊晒结晶而成，粒度粗，磨矿工段必须将其细度磨到适合浮选的入浮粒度才能提高整套工艺的回收率。

④ 相较于转化-浮选工艺，浮选-转化工艺控制难度较大，暂未大规模推广应用。其工艺流程见图 6-4。

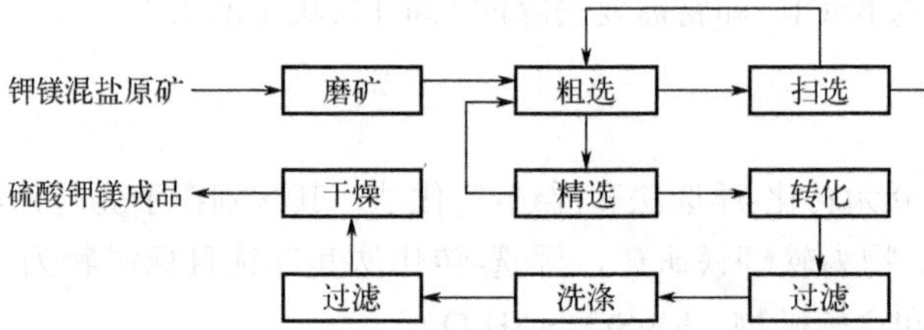

图 6-4　浮选-转化法生产硫酸钾镁工艺流程

6.3.2.2　反浮选工艺

反浮选工艺是指浮选目标矿物为 NaCl 的浮选工艺，即将钾镁混盐中需要去除的 NaCl 富集至泡沫中抛尾，浮选槽内固相用于转化生产硫酸钾镁（转化工艺与前面相似）。反浮选工艺提取软钾镁矾在国内外并未见有工业生产应用，仅见相关文献报道，在实验室进行了工艺流程的打通，并与正浮选工艺进行生产成本及产品品质的对比。该工艺的特点为：

① 该工艺浮选目标矿物为氯化钠（NaCl），工艺的核心基础在于 NaCl 浮选捕收剂的研发。查阅已经报道的几种 NaCl 捕收剂分别为羧酸类捕收剂、脂肪酰胺类捕收剂和烷基吗啉类捕收剂，其中在盐湖开发领域应用最广泛的 NaCl 浮选捕收剂为烷基吗啉类，青海盐湖工业股份有限公司目前已将其大规模应用于光卤石矿反浮选-冷分解结晶生产氯化钾。有试验研究表明，采用反浮选法制取软钾镁矾的工艺技术中，使用烷基吗啉类捕收剂获得了较好的试验指标。烷基吗啉类是最有望在反浮选提取软钾镁矾工艺中得到工业应用的 NaCl 捕收剂。

② 该工艺同样为先浮选后转化，与正浮选-转化工艺一样，为了提高后段转化效率及 K^+ 转化回收率，需保证浮选槽内固相中的硫钾比不会失衡，保持稳定在 2.3 ～ 2.6。

③ 磨矿工段需严格控制磨矿粒度，不能过细，防止 K^+、SO_4^{2-} 等有用元素随泡沫上浮，从而影响全流程回收率。

工艺流程与正浮选工艺中的先浮选后转化工艺类似，不再重复。

6.3.3　苦卤制钾镁肥工艺

苦卤是海水制盐的副产品，其中含有较高浓度的氯化镁、硫酸镁及氯化钾等化学成分。目前，苦卤的综合利用大多数采用兑卤蒸发法生产氯化钾工艺[18]。由于该工艺存在流程长、能耗高、收率低等问题，因此，氯化钾的生产成本远高于市场售价，致使氯化钾产品一直处于亏损状态。所以，进行兑卤蒸发法生产氯化钾工艺的改革、调整产品结构、变氯化钾亏损产品为盈利产品是非常必要的。

以取自汉沽盐场化工厂的苦卤为例，氯化钾为工业一级品（KCl 含量大于 90%）。

制备工艺条件为：

① 苦卤与光卤石的比例：苦卤∶光卤石 =100∶9。

② 蒸发终止沸点：126℃（常压）。

③ 冷却温度：40℃。

④ 转化比例：粗矾∶氯化钾∶水 =100∶10∶50。

苦卤制取硫酸钾镁肥的工艺流程如图 6-5 所示。

从图 6-5 中可以看出，该工艺与兑卤蒸发法生产氯化钾工艺基本相同，用同一种设备可以生产氯化钾和硫酸钾镁肥两种产品。

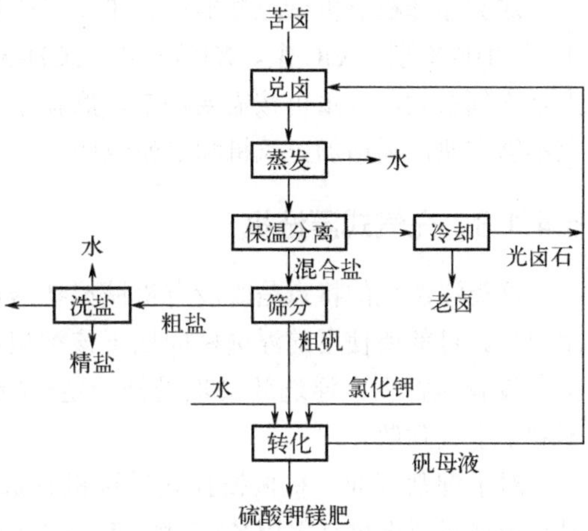

图 6-5 苦卤制取硫酸钾镁肥工艺流程

6.3.4 无水钾镁矾加工法

美国生产硫酸钾镁使用的也是天然提取法，也就是从盐湖卤水或固体钾镁盐矿中提取出无水钾镁矾后制备成硫酸钾镁[19]。从美国的国际矿物化学公司（IMC）对无水钾镁矾的开发开始，硫酸钾镁作为肥料开发至今已有 80 多年的历史。美国 IMC 公司在 1941 年的生产规模已达 7 万吨 / 年，产于 Carlsbad 矿区的无水钾镁矾是世界上开发最早的矿床，1946 年扩增至 18 万吨 / 年，到 2006 年生产能力已超过 90 万吨，是世界上单厂生产能力最大的生产企业。

美国 IMC 公司对无水钾镁矾的开发有两个方面：一方面是通过对原矿进行前期处理，诸如破碎、筛分并通过洗涤除去泥土和其他不溶性杂质，得到精矿用作硫酸钾镁；另一方面是利用精矿与钾石盐反应首先生成软钾镁矾，后者再与氯化钾作用制得硫酸钾。

硫酸钾镁矿经初次粉碎、进一步粉碎并除去杂质（包括用盐水溶解氯化钠及洗去泥土和其他不溶性物质）后，进行干燥、过筛，再根据用户的需要制成不同颗粒的硫酸钾镁产品。由于品位稍低的无水钾镁矾还含有 4% 左右的五氧化二磷，因此还可用磷矿与无水钾镁矾通过高温熔融法生产熔融磷酸盐-硫酸钾镁肥料。

6.4 硫酸钾镁主要生产设备

6.4.1 浮选机

生产中使用的浮选机按充气和搅拌方式不同可以分为三种类型。

6.4.1.1 机械搅拌式浮选机

这类浮选机靠机械搅拌器（转子和定子组）来实现矿浆的充气和搅拌。根据机械搅拌器结构不同，如离心式叶轮、棒型轮、笼型转子、星型轮等，该类浮选机又可分为多种型号，例如XJ型（即A型）、JJF型、XJQ型、SF型、JZF型、JQ型、棒型及环射式浮选机等。这些浮选机的优点是，可以自吸空气和矿浆，无需外加充气装置；中矿返回时易于实现自流，减少矿浆提升泵数量；设备配置整齐美观，操作方便。缺点是充气量较小、能耗高、磨损较大等。

6.4.1.2 充气机械搅拌式浮选机

这类浮选机靠机械搅拌器旋转来搅拌矿浆，而充气则由另设的鼓风机来提供。这类浮选机有CHF-X型、XJC型、XJCQ型、LCH-X型、KYF型及JX型等。该类浮选机的主要优点是充气量大、气量可按需要调节、磨损小、电耗低。缺点是无吸气和吸浆能力、设备配置上不够方便，需增加压风机和矿浆返回泵。

6.4.1.3 充气式浮选机

这类浮选机的特点是既没有机械搅拌器也没有传动部件，由专门设置的压风机提供充气用空气。目前所使用的浮选柱即属于该类型设备。主要优点是结构简单、制作容易。缺点是由于没有搅拌器，浮选效果也受到一定影响；充气器容易结钙（当矿浆中含有氧化钙时）、不利于空气弥散。

对于钾盐行业，机械搅拌式浮选机宜选用JJF型、SF型或SF-JJF组合型浮选机，充气机械搅拌式浮选机宜选用KYF型、XCF-KYF型组合浮选机。KYF-40型浮选机实物见图6-6。

图6-6 KYF-40型浮选机

6.4.2 转化槽

转化槽是硫酸钾镁的重要生产设备之一，推荐材质为16MnR。转化槽起着配料和转化功能，通常采用搅拌槽，推荐采用带导流筒的桨叶搅拌。大规模时可采用多个转化槽串联梯级转化。转化槽的实物见图 6-7。

图 6-7 转化槽实物

6.4.3 离心机

硫酸钾镁的粒度比盐湖资源法制取的硫酸钾粒度略大，国内硫酸钾镁料浆脱水通常采用双级活塞推料离心机。通常过流部件材质为 316L。

双级活塞推料离心机单机产量大、故障少、维修量小，但要求料浆浓度高、产品颗粒较大。虹吸式卧式刮刀离心机实物见图 6-8。

图 6-8 虹吸式卧式刮刀离心机

6.4.4 干燥机

硫酸钾镁的湿料主要组成为软钾镁矾，含有6个结晶水，相比其他钾肥，干燥时容易结块和粘壁。

国内硫酸钾镁的干燥主要有闪蒸干燥和转筒干燥。闪蒸干燥底部带有强力搅拌，可有效防止软钾镁矾干燥时结块，但单台处理能力有限。

转筒干燥机结构简单、单机生产能力大、能耗低、生产运行平稳、操作弹性较大、对入料含水量没有严格要求，而且不受加热介质的限制（见图6-9）。转筒干燥机可以通过选择合适的扬料板、进出口温度、风量等达到理想的处理能力；通过燃烧炉、给排料设备、引风机、除尘设备等优化配置，可保证生产连续稳定运行；而且通过选择合适的扬料板或在前段加链条，可较好地解决干燥时结块问题。

图6-9 转筒干燥机

筒体的材质推荐采用Q235A，对于腐蚀较严重的进料端（约总长的1/3）可采用316L或其他耐腐蚀、耐高温材质。

6.5 硫酸钾镁产品类型与用途

6.5.1 产品特性

硫酸钾镁肥是一种无氯肥料，它能同时向作物提供钾、镁、硫三种营养元素，是一种优质天然的化肥品种。硫酸钾镁肥主要施用于粮食和经济作物，能够有效地提高农作物产量，改善农作物品质，促进农业增产、农民增收。

6.5.2 产品用途

6.5.2.1 产品优势

硫酸钾镁肥在改良土壤效果、平衡施肥及促进作物产量、品质和效益提高方面具有显著作用。通过对硫酸钾镁肥在水稻、小麦、水果、蔬菜、花生等农作物上的肥效试验研究，发现硫酸钾镁肥施用后可有效提供农作物生长所必需的营养元素，结果证明无论是在农产品的产量上，还是在品质上均有显著的提高。硫酸钾镁肥适用于任何作物，特别适用于香蕉、甘蔗、柑橘、马铃薯、棉花、烟草、茶叶等作物，尤其适用于各种对氯敏感的经济作物，它既可作基肥、追肥，也可作叶面喷肥，还可以作为复合肥、BB 肥的钾肥原料使用。

硫酸钾镁肥的主要性能有：农作物容易吸收，利用率高；养分搭配科学合理，提高农作物产量、改善品质作用明显，其中钾是作物品质元素，镁是叶绿素的核心成分，硫也是作物生育必需的营养元素，施用硫酸钾镁肥后能提高农作物的光合作用、呼吸作用与新陈代谢，可促进农作物营养元素之间的相互利用与吸收，促进蛋白质、糖类的合成，增强抗旱、抗寒和抗病虫害能力，从而提高农作物产量，改善品质。

硫酸钾镁肥除了含作物生长必需的钾元素外，还增加了中量元素硫、镁，可广泛施用于粮食和经济作物。我国农学界经过二十多年的推广和对比试验[20]，表明施用硫酸钾镁肥对葡萄、玉米、水稻、荔枝、棉花、柑橘、番茄等农作物及经济作物，均有明显的影响，可以改善其营养生长，提高产量，改善品质，并且与其他无氯钾肥如硫酸钾、硝酸钾相比，具有明显的价格优势。

6.5.2.2 适用区域

通过土壤分析表明，中国有两个区域最适合施用硫酸钾镁肥。一个是华南地区，该地区土壤本身既缺少钾元素又缺少镁元素，一些果树施用含钾元素的肥料过多，导致镁元素更加缺少。华南地区的香蕉和龙眼等经济作物施用硫酸钾镁肥都取得了很好的效果。

另一个就是北方地区，温室蔬菜如黄瓜、番茄等适用硫酸钾镁肥。北方土壤本来并不缺少镁元素，但因为氮肥施用多，土壤酸化，镁元素严重流失。施用硫酸钾镁肥不仅可以补充土壤的镁元素，而且可以改善酸性土壤，增强作物抗旱、抗寒、抗药害能力。单纯比较氧化钾含量，硫酸钾镁肥没有硫酸钾和氯化钾等钾肥养分高，但在上述两个地区，钾、镁元素可以同时起作用，使用性价比明显高于其他钾肥。

6.5.2.3 主要品种

目前市场上销售的硫酸钾镁肥分进口和国产两种。进口的硫酸钾镁肥主要来自德国和美国，其中美国品牌“施宝密”产品中 $K_2O \geqslant 22\%$、$Mg \geqslant 11\%$、$S \geqslant 22\%$，其最重要的性质是水溶性好（100% 水溶）。德国钾盐集团开发的“红牛”硫酸钾镁肥则是目前市场上售价高、农户评价好的硫酸钾镁肥品种，其有效成分和其他品牌的硫酸钾镁肥产品有较大不同，主要体现在K_2O含量上，该产品中$K_2O \geqslant 40\%$、$MgO \geqslant 5\%$、$S \geqslant 18\%$，正是由于其K_2O含量高，且含有中量元素Mg^{2+}、SO_4^{2-}，在钾肥市场较为受欢迎。

国产的硫酸钾镁肥按照原料和工艺不同分为天然提取法和掺混法两种。我国盐湖生产的硫酸钾镁肥主要成分为软钾镁矾，其一等品要求为$K_2O \geqslant 24\%$、$Mg \geqslant 6\%$、$S \geqslant 16\%$。

随着喷灌农业发展及水肥一体化实施，农业发展对硫酸钾镁肥提出了更高的品质需求，通过热溶、冷结晶技术对粉状硫酸钾镁肥进行产业升级，出现了全水溶优等硫酸钾镁肥产品。该产品适用于高端水果、烟草、茶叶等作物，改变了传统硫酸钾镁肥料易板结、水溶性差、利用率低的缺点。

6.5.3 施用效果

6.5.3.1 硫酸钾镁肥对果树的增产效果

（1）葡萄。施用硫酸钾镁肥能够改善葡萄的表面光泽，增加硬度及可溶性固形物含量，葡萄果穗匀称，果实紧密，着色整齐均匀。鲜食巨峰葡萄施用硫酸钾镁肥比施用硫酸钾肥能增产 5.76%；与不施钾肥处理相比，增产率达 12.96%[21]。

（2）香蕉。香蕉试验结果表明，施用硫酸钾镁肥具有促进香蕉生长、提高香蕉产量及经济效益的显著效果。香蕉产量分别比硫酸钾和对照处理（不施用钾肥）增加 11.6% 和 51.5%；经济收益比硫酸钾和对照处理分别高出 629.4 元 / 亩和 2098.6 元 / 亩，增长 10.8% 和 47.9%，并且建议在香蕉上大面积推广应用硫酸钾镁肥。

（3）柑橘。在施氮磷肥的基础上，配施硫酸钾镁肥能提高叶片中 K、S、Mg 的含量，促进柑橘树的生长、挂果数的增加，增产效果极为明显，比施用等量的单质肥料增产 6.9%。果实的营养和外观品质得到改善，经济效益明显，其增产效果、增收方面均优于其他施钾处理。连续施用 2 年的效应大于施用 1 年的效应。

（4）芦柑。柑橘是我国南方地区种植面积最大的果树，主要分布在红壤区，在我国国民经济中起着重要的作用。结果表明，施用不同钾肥均可在一定程度上提高芦柑产量（氯化钾除外）、品质及经济效益；其中，以施用硫酸钾镁肥处理的效果最佳，与不施钾处理相比，产量提高 42.3%，可溶性固形物、可溶性糖及维生素 C 含量分别增加 19.0%、36.2%、29.3%，糖酸比提高 6.19，可滴性酸含量降低 22.5%；纯收益每公顷增加 11021 元，产投比 3.72。因此，硫酸钾镁肥值得在我国南方广大红壤区芦柑园推广应用。

（5）蜜柚。蜜柚是福建省种植的主要名优果树，主要分布在闽南地区。结果表明，蜜柚施用硫酸钾镁肥比对照（不施用钾肥）增产 33.8%，增幅均比施用氯化钾与硫酸钾高，对果实品质的改善总体优于其他钾肥品种，在蜜柚上施用硫酸钾镁肥比施用氯化钾和硫酸钾每公顷分别增收 12051 元和 12089 元[22]。

6.5.3.2 硫酸钾镁肥对蔬菜的增产效果

（1）番茄。番茄的栽培技术中肥料施用直接关系到番茄的产量、营养品质及经济效益，结果表明，番茄施用硫酸钾镁肥长势强，坐果率高，叶片肥厚，浓绿发亮，番茄中维生素 C、还原糖、可溶性固形物的含量均有所提高。并且计算得出番茄施用硫酸钾镁肥最佳用量为 $2301kg/hm^2$，最佳产量为 $142635kg/hm^2$，最佳施肥次数为 3 次[23]。

（2）黄瓜。大棚黄瓜试验表明，硫酸钾镁肥在施用钾肥、硫肥的同时增加了镁元素，可大大促进作物生长中的光合作用，为作物提供更全面均衡的养分。施用硫酸钾镁肥能提高黄瓜产量，比对照能够增产 13.78%。对于改善黄瓜品质也有很大作用，能使黄瓜总糖和维生素 C 含量均有提高，而且畸形瓜的条数明显减少，大大增加了黄瓜的商品性能。由于硫酸钾镁肥的价格较低，在等成本投入时，硫酸钾镁肥的增产效果更高。而在等养分的情况下，硫酸钾镁肥的产投比则比一般复合肥要高。

（3）萝卜。结果表明，施用硫酸钾镁肥能显著提高萝卜叶片中叶绿素含量；与不施钾处理相比，生物产量增加 6.9%，商品菜产量提高 11.0%；每 667m^2 增加效益 49.46 元；其产量的增加和效益的提高均高于配施氯化钾和硫酸钾处理，亦略高于配施等量养分 K、S、Mg 单质肥料处理。试验结果表明，在萝卜种植中施用硫酸钾镁肥替代氯化钾、硫酸钾，不仅能提供萝卜需要的 Mg、S 等营养元素且能保证增产增收。

（4）小白菜、茶叶、西瓜。试验结果显示，施用硫酸钾镁与施用硫酸钾、氯化钾相比，不但增加了产量，更显著提高了作物的品质。小白菜 NO_3^- 含量降低 180.7mg/kg 和 52.5mg/kg；茶叶游离氨基酸含量增加 0.30% 和 0.27%，茶多酚含量减少 0.90 % 和 3.63%，咖啡碱含量增加 0.31% 和 0.19%；西瓜中可溶性固形物增加 0.07% 和 0.57%，维生素 C 含量提高 8.84% 和 7.35%。施用硫酸钾镁比施用硫酸钾或氯化钾每公顷增加经济效益 733 ～ 4041 元。从中可看出：施用硫酸钾镁肥可以增加作物产量、提高作物品质、增加食品安全性 [24]。

（5）大葱。大葱是重要的蔬菜之一，山东大葱更是有名。试验结果表明，施用硫酸钾镁肥可显著提高土壤肥力，种植的大葱增产 11.5% ～ 14%，主要表现在增加了株高、茎粗、白长和单株重。同时，还增强了大葱抵御病虫害的能力。

（6）辣椒。结果表明，在辣椒上施用国产青海硫酸钾镁肥能有效提高辣椒果数，增加果实维生素 C 含量，产量达 37.1t/hm^2，比对照增产 24.9%，增产效果显著。辣椒净产值 36016.5 元 /hm^2，产投比达 1.8，可见硫酸钾镁肥能有效提高辣椒产量品质，建议在生产上进一步示范推广。

6.5.3.3　硫酸钾镁肥对粮食作物的增产效果

（1）水稻。钾是水稻生长所需的大量营养元素之一，结果表明，在氮磷肥基础上配施不同钾肥品种或单施进口复合肥的稻谷产量高低顺序为：硫酸钾镁肥＞ 48% 进口复合肥＞氯化钾 = 硫酸钾，三年平均产量分别较对照（只施用氮磷肥）增产 7.0%、5.0%、4.3%，施用硫酸钾镁的水稻产量增幅呈逐年增加趋势。与其他钾肥品种相比，水稻施用硫酸钾镁肥，增加了分蘖期的分蘖数，提高了分蘖期与孕穗期的叶片叶绿素含量，收获期籽粒氮磷养分累积吸收量更高，经济效益更好 [25]。

（2）玉米。田间试验结果表明，施用硫酸钾镁肥能改善玉米的叶色、株高、茎粗，提高玉米的穗粒数、千粒重等，从而提高玉米产量。与施硫酸钾或氯化钾相比，玉米穗粒数增加 1.53% 和 1.06%，千粒重增加 1.61% 和 1.07%，产量提高 3.21% 和 1.23%。施用硫酸钾镁比施用硫酸钾或氯化钾每公顷增加经济效益 398 ～ 1003 元。

6.5.3.4　硫酸钾镁肥对其他经济作物的增产效果

（1）花生。花生田间试验，将国产硫酸钾镁肥与其他钾肥品种在花生上进行比较试验，结果表明，施用硫酸钾镁肥有利于提高花生产量，改善品质，增加经济效益。配施硫酸钾镁与配施硫酸钾、氯化钾相比，产量分别提高 12.7% 和 11.7%，经济效益分别增加 1022 元 / hm^2 和 485 元 / hm^2。

（2）油菜。试验结果表明，施用硫酸钾镁肥可提高油菜籽产量，比对照增产 21.6%，达到极显著水平，并且能够提高油菜品质，增加油脂产量和蛋白质积累量。

（3）棉花。结果表明，硫酸钾镁肥促进棉花的生长发育，提高产量，增产幅度达 9.1% ～ 19.6%。与氯化钾、硫酸钾相比，硫酸钾镁肥的增产增收效果最佳，并且建议进一步加强对硫酸钾镁肥的推广与使用[26]。

（4）烤烟。结果表明，施用硫酸钾镁肥处理的上等烟比例均优于施用硫酸钾和复合肥处理。施用硫酸钾镁肥与硫酸钾相比，增产 97.4 ～ 162.3kg/hm^2，增产率 4.4% ～ 7.2%，差异显著。在四种钾肥处理中，施用硫酸钾镁肥 1643kg/hm^2 的产值居第一位，为 27555.2 元 /hm^2，比对照增收 15.7%，差异极显著。

6.5.4 应用前景

硫酸钾镁肥曾被称为“黄金搭档”，是能同时提供大量养分和中量养分的肥料品种。发达国家中施用硫酸钾镁肥的意识比较强。在美洲、澳洲等地区主要用于果树、蔬菜及油料等作物，在韩国、日本、马来西亚等亚洲国家进口量也不断上升。在美国，硫酸钾镁肥每年施用量在几十万吨，除直接施用外，还大量用于复合肥原料。早期由于进口肥料价格过高和农技推广较少等，农民在接受肥效的同时只能敬而远之，没有得到广泛推广，但硫酸钾镁在众多作物特别是经济作物增产提质方面所取得的效果得到公认[27]。

随着我国农业生产水平的不断提高和高产品种的推广应用，加之土壤钾有效补充方式之一的有机肥施用量逐年下降，土壤缺钾面积逐渐扩大，在许多地方，土壤缺钾已经成为限制农业发展的重要因素之一。另外，伴随着当前我国高浓度复合肥的推广，复种指数的提高、作物生产从土壤中带走的中微量元素多，而实际投入土壤中的少，导致土壤镁硫等元素收支不平衡。硫酸钾镁肥综合了钾、镁、硫等作物所必需的营养元素，通过平衡施肥，达到作物增产，农户增收的目的。由于国产硫酸钾镁资源相对丰富，生产工艺先进，价格较低，使得农民比较容易接受，具有很强的市场潜力。随着国内现代农业发展需要及农用化肥市场对硫酸钾镁肥产品的认可，硫酸钾镁肥目前在国内正面临着良好的发展机遇和广阔的市场前景。

参考文献

[1] Mellor J W. A comprehensive treatise on inorganic and theoretical chemistry Vol. IV.[M]. London: Longmans，1929:338.

[2] Johnson B L. Langbeinite[R]. US Bur Mines,inform Circ，1944:12.

[3] Harley G T, Atwood G E. Langbeinite…Mining and processing [J]. Industrial and Engineering Chemistry, 1947,39(1):43-47.

[4] Rempe N T. Langbeinite in potash deposits[R]. Cire N M Bur Mines Miner Resour，1982 (182) :23-26.

[5] Kincheloe S, 谢建昌. 中国“施宝密”(硫酸钾镁) 研究 [C] // 国际学术会议论文集. 成都：成都科技大学出版社，1993:162-170.

[6] Neitzel U. Centenary of the discovery and naming of langbeinite[J]. Kali Steinsalz, 1992,11 (1-2) :7-13.

[7] 胡思农. 硫镁和微量元素在作物营养平衡中作用 [C] // 国际学术会议论文集. 成都：成都科技大学出版社，1993:549.

[8] 郭如新. 硫镁肥与硫镁钾肥 [J]. 磷肥与复肥，1994, 9(3):61-64.

[9] Yang J Y, Wei X J, Bao S J, et al. Process for preparation of magnesium potassium sulfate fertilizer：CN 1482101[P]. 2004-03-17.

[10] 王长青，宋彭生. 硫酸盐型卤水盐湖天然制取软钾镁矾 [J]. 应用化学，1991, 8(1):28-32.

[11] 郭如新. 硫酸钾镁肥研发现状与发展前景 [J]. 硫磷设计与粉体工程，2009(5):15-21.

[12] 中国科学院青海盐湖研究所．冷法、热法制取高品位软钾镁矾的方法：CN 1038252 [P]．1989-12-27.
[13] 李呈的，高洁．制取硫酸钾镁肥的相图分析及计算 [J]．海湖盐与化工，2006, 35(3):19-21.
[14] 王钟鸣，谭光薰，苏裕光．由察尔汗湖卤水制取软钾镁矾的研究 [J]．成都科技大学学报，1992 (2):9-14.
[15] 曹海英，孙衍忠．硫酸盐型卤水制取软钾镁矾的实验研究 [J]．化工矿物与加工，2006(8):14-16.
[16] 中国科学院青海盐湖研究所．软钾镁矾或软钾镁矾与氯化钾混合物的生产方法：CN 87103934 [P]．1987-11-25.
[17] 程怀德，马海洲．利用硫酸盐型盐湖资源制取软钾镁钒的研究 [J]．2007, 37(3): 24-26.
[18] 李桢祥．关于苦卤生产硫酸钾镁肥工艺的研究 [J]．盐业与化工，2007, 36(5) :19-20.
[19] 郭如新．硫酸镁矿与硫酸钾镁矿研发与应用近况 [J]．无机盐技术，2008(1):9-13.
[20] 白木．我国推广硫酸钾镁肥的必要性、施用情况及前景 [J]．硫磷设计与粉体工程，2008(2):8-12.
[21] 汪建妹，马军伟，姜李娜，等．硫酸钾镁肥在葡萄上的应用效果试验 [J]．浙江农业科学，2007(2):144-145.
[22] 李国良，姚丽贤，周修冲，等．沙田柚配施钾镁肥效应研究 [J]．中国土壤与肥料，2007(2):61-63.
[23] 宫涛，陈雅君．硫酸钾镁肥在番茄上的肥效试验 [J]．吉林农业科技学院学报，2007,16(4):4-6.
[24] 黄贤贵，李清华，李昱，等．硫酸钾镁肥在西瓜上的应用效果初报 [J]．中国西瓜甜瓜，2005(2):15-16.
[25] 韦家幸，蓝军群，何天春，等．硫酸钾镁肥在几种作物上的施用效应 [J]．南方农业学报，1998(4):178-180.
[26] 王文军，叶舒娅，武际，等．硫酸钾镁肥对棉花生长、产量和经济效益的影响 [J]．安徽农业科学，2007, 35(3):811-812.
[27] 汪家铭．硫酸钾镁肥生产现状与市场前景 [J]．无机盐工业，2009, 41(1):8-11.

中国肥料研究与应用全书

Books of Fertilizer Research and Application in China

FERTILIZER

第 7 章
硝酸钾

7.1 概述

7.1.1 基本理化性质

硝酸钾是一种无机化合物，俗称火硝或土硝[1]，分子式KNO_3，是含钾的硝酸盐，为无色透明斜方晶体或菱形晶体或白色粉末，无臭，无毒，有咸味和清凉感。

硝酸钾有两种晶型，在25℃时生成无水硝酸钾的斜方型结晶，在127.7℃时转变为菱面体结晶。硝酸钾的密度是2.109g/cm^3（25℃），熔点为334℃。

硝酸钾易溶于水，能溶于液氨和甘油，不溶于无水乙醇或乙醚中。在空气中不易潮解。在水中的溶解度随温度变化而急剧变化。在334℃时硝酸钾分解放出氧，并转变成亚硝酸钾，继续加热则生成氧化钾和氮氧化物。不同温度下硝酸钾在水中的溶解度见表7-1。

表7-1 不同温度下硝酸钾在水中的溶解度

温度/℃	−2.9	−1.4	0	10	20	30	40	50	60	70	80	90	100	115.6
硝酸钾/%	10	5	11.7	17.3	24.0	31.4	39.0	46.1	52.4	58	62.8	66.9	71.1	77.0

7.1.2 产品质量标准

工业硝酸钾的国家标准最早定制于1980年，标准号是GB 1918—1980，之后在1986年、1988年、1998年分别更新替代旧版本；2011年最后一次更新的标准是在2009年新的国标制定规则下起草的，标准号为GB 1918—2011，2011年12月5日发布，2012年8月1日起实施，在2017年变更为推荐性国标GB/T 1918—2011。与GB/T 1918—1998相比，新标准增设碳酸盐含量指标及试验方法，在硝酸钾含量的计算公式中减掉与碳酸盐含量相当的硝酸钾的数值，对氯化物含量的测定改用汞量法和限量比浊法，规定了一等品水分质量分数由原来的0.1%变为0.2%（表7-2）。

表7-2 工业硝酸钾国家标准指标对比

项目	GB/T 1918—2011			GB/T 1918—1998		
	等级			等级		
	优等品	一等品	合格品	优等品	一等品	合格品
硝酸钾（KNO_3）/%	≥99.7	≥99.4	≥99.0	≥99.7	≥99.4	≥99.0
水分/%	≤0.10	≤0.20	≤0.30	≤0.10	≤0.10	≤0.30
碳酸盐（以K_2CO_3计）/%	≤0.01	≤0.01	—			
硫酸盐（以SO_4计）/%				≤0.005	≤0.01	—
氯化物（以Cl计）/%	≤0.01	≤0.02	≤0.10	≤0.01	≤0.02	≤0.10

续表

项目	GB/T 1918—2011			GB/T 1918—1998		
	等级			等级		
	优等品	一等品	合格品	优等品	一等品	合格品
水不溶物 /%	≤ 0.10	≤ 0.02	≤ 0.05	≤ 0.10	≤ 0.02	≤ 0.05
吸湿率 /%	≤ 0.25	≤ 0.30	—	≤ 0.25	≤ 0.30	—
铁（Fe）/%	≤ 0.003	—	—	≤ 0.003	—	—
铵盐含量根据用户要求，按本标准规定的方法进行测定						

随着环保政策持续趋严，加之化工监管和要求持续提高，《工业硝酸钾》新标准于 2022 年 3 月正式实行。相较过往标准，GB/T 1918—2021 对工业硝酸钾的纯度要求明显提升，Ⅲ类硝酸钾纯度要求增长 0.5%，Ⅰ类和Ⅱ类Ⅰ型分别增长 0.2% 和 0.1%（表 7-3）。

表7-3　《工业硝酸钾》国家标准主要指标

项目	指标类			
	Ⅰ类	Ⅱ类		Ⅲ类
		Ⅰ型	Ⅱ型	
硝酸钾（KNO_3）（以干基计）/%	≥ 99.8	≥ 99.6	≥ 99.4	≥ 98.5
水分 /%	≤ 0.1	≤ 0.1	≤ 0.15	≤ 0.1
水不溶物 /%	≤ 0.01	≤ 0.01	≤ 0.03	≤ 0.02
氯化物（以 Cl 计）/%	≤ 0.01	≤ 0.02	≤ 0.02	≤ 0.02
硫酸盐（以 SO_4 计）/%	≤ 0.005	≤ 0.005	≤ 0.01	≤ 0.01
碳酸盐（以 CO_3 计）/%	≤ 0.01	≤ 0.01	≤ 0.01	≤ 0.45
铵盐（以 NH_4 计）/%	≤ 0.02	≤ 0.07	—	—
吸湿率 w/%	—	≤ 0.2	≤ 0.25	—

随着农业需求的增加，《农业用硝酸钾》国家标准制定于 2006 年，标准编号为 GB/T 20784，现执行的标准 GB/T 20784—2018 于 2018 年 5 月 14 日发布，2018 年 12 月 1 日实施，代替 GB/T 20784—2013。与 GB/T 20784—2013 相比（表 7-4），新标准对水不溶物、砷及其化合物、铬及其化合物、铅及其化合物、镉及其化合物以及汞及其化合物的质量分数做了明确的标注；规定了不同等级硝酸钾产品的总氮（N）质量分数；合格品水分质量分数由原来的 2% 变为 1.5%，一等品水分质量分数由原来的 1.2% 变为 1.0%。

表7-4　《农业用硝酸钾》国家标准指标对比

项目	GB/T 20784—2018			GB/T 20784—2013		
	等级			等级		
	优等品	一等品	合格品	优等品	一等品	合格品
氧化钾（K_2O）的质量分数 /%	≥ 46.0	≥ 44.5	≥ 44.0	≥ 46.0	≥ 44.5	≥ 44.0
总氮（N）的质量分数 /%	≥ 13.5	≥ 23.5	≥ 23.0	≥ 13.5		

续表

项目		GB/T 20784—2018			GB/T 20784—2013		
		等级			等级		
		优等品	一等品	合格品	优等品	一等品	合格品
氯离子（Cl^-）的质量分数 /%		≤ 0.2	≤ 1.2	≤ 1.5	≤ 0.2	≤ 1.2	≤ 1.5
水分（H_2O）的质量分数 /%		≤ 0.5	≤ 1.0	≤ 1.5	≤ 0.5	≤ 1.2	≤ 2.0
水不溶物的质量分数 /%		≤ 0.10	≤ 0.20	≤ 0.30	—	—	—
粒度 *d*/%	1.00 ～ 4.75mm	≥ 90			≥ 90		
	1.00mm 以下	≤ 3			≤ 3		
砷及其化合物的质量分数（以 As 计）/%		≤ 0.0050			—	—	—
铬及其化合物的质量分数（以 Cr 计）/%		≤ 0.0010			—	—	—
铅及其化合物的质量分数（以 Pb 计）/%		≤ 0.0200			—	—	—
镉及其化合物的质量分数（以 Cd 计）/%		≤ 0.0500			—	—	—
汞及其化合物的质量分数（以 Hg 计）/%		≤ 0.0005			—	—	—

除工业和农业用硝酸钾标准外，还有《烟花爆竹用硝酸钾关键指标的测定》(GB/T 22783—2008)、《化学试剂　硝酸钾》(GB/T 647—2011)、《食品安全国家标准　食品添加剂　硝酸钾》(GB 29213—2012) 等其他硝酸钾相关标准。

熔盐型硝酸钾目前没有国家标准，大多使用的是企业标准，如青海盐湖工业股份有限公司企业标准《熔盐型硝酸钾》(Q/QYG 021—2017)，青海省标准化协会团体标准《太阳能高温熔盐硝酸钾》(T/QAS 01—2017)。

光玻级硝酸钾目前没有国家标准，使用的都是企业标准，有些企业要求达到分析纯标准，而且试用效果好才能使用（表 7-5）。

表7-5　熔盐级、光玻级硝酸钾主要产品性能指标

项目	熔盐级	光玻级
硝酸钾（KNO_3）（以干基计）/%	≥ 99.8	≥ 99.9
水分 /%	≤ 0.10	≤ 0.10
水不溶物 /%	≤ 0.01	≤ 0.01
氯化物（以 Cl 计）/%	≤ 0.01	≤ 0.005
硫酸盐（以 SO_4 计）/%	≤ 0.005	≤ 0.005
碳酸盐（以 CO_3 计）/%	≤ 0.01	≤ 0.01
铵盐（以 NH_4 计）%	≤ 0.02	≤ 0.075
铁（Fe）/%	≤ 0.003	≤ 0.003
吸湿率 /%	—	≤ 0.20

7.1.3 产品分析方法

工业硝酸钾按GB/T 1918—2021标准中规定的方法测定，农业用硝酸钾按GB/T 20784—2018标准中规定的方法测定。其中主产品硝酸钾的测量方法为四苯硼钾重量法，主要是利用钾离子与四苯硼钠进行反应，生成四苯硼钾沉淀，根据四苯硼钾的质量确定硝酸钾含量。试剂级硝酸钾采用离子交换法测定。

7.1.4 产品生产历史

我国硝酸钾生产历史十分悠久，最早可追溯到黑火药发明之前。早在隋唐时期，我国利用土壤中硝酸钾以盐霜形式存在的特点，采用浸取盐霜法制取硝酸钾。到了北宋、南宋时（公元960～1279年），由于军事用途的带火药武器发展迅速，硝酸钾生产也有了快速的发展[2]。北宋政府就曾派人专程到湖北开采硝石，兼程运输到作战现场。古有一硝、二磺、三木炭配成黑火药之说。随着社会生产的发展，黑火药的用途越来越广，有力地推动了硝酸钾生产的发展，各地也出现了很多用草木灰生产硝酸钾的小作坊，当时名称叫火硝。直到清末民初，有人用道路上的硬土俗称“道土”，加水溶解出其中的硝酸钾，然后熬制成火硝，这时硝酸钾的产量有了明显的提高。

新中国成立后，硝酸钾产业也迎来了前所未有的发展空间，硝酸钾厂家遍地开花。据20世纪60年代初，硝酸钾厂家由于长期采用硝酸钠和氯化钾复分解法生产硝酸钾和副产品氯化钠，积累了不少经验，产品品质比以前有了很大提高。到80年代后期，硝酸钠货紧价高，硝酸钾厂家由于原料供应不足经常停产限产，因此硝酸钾产量一直没有提高，只能供应黑火药和烟花爆竹等工业部门。同时，由于一拥而上造成的产能供大于求，迫使好多厂家转产停产，大部分硝酸钾厂家关门倒闭或另辟他径。

20世纪80年代，烟草行业为了提高烟草质量、扩大高档香烟的出口量，在云南等烟草种植区的烟草上开始施用硝酸钾，由此农业硝酸钾的应用起步。但是由于当时我国硝酸钾企业主要生产工业硝酸钾，规模不大且特别分散，产品成本高，因此我国农用硝酸钾市场在20世纪80年代末至90年代初，一直由全球主要硝酸钾生产企业以色列海法化学品公司和智利矿业化工公司所控制。到20世纪末至21世纪初，随着我国农业补钾工程的启动，我国农业硝酸钾市场逐渐活跃起来，为适应中国农业市场的需求，原生产工业硝酸钾的部分企业利用既有优势进行农业硝酸钾技术改造，用离子交换法生产农业硝酸钾，经过多年的生产实践和开发完善，我国农业硝酸钾才真正开始生产和施用[3]。

目前，世界上只有智利是采用天然硝酸钾矿产资源来生产硝酸钾的，但其生产原料将要枯竭；其他国家和地区的硝酸钾均是通过用氯化钾作原料的化学转化法来生产的，主要是以氯化钾和硝酸铵为原料生产工、农业级硝酸钾。

7.1.5 产品生产现状

目前，世界硝酸钾的年生产能力达到了460多万吨，主要生产国有以色列、智利、中国、美国等。智利化学矿业公司是全球最大的硝酸钾生产商，约占全球总产能的33%。随着经济社会的快速发展，未来几年市场对于硝酸钾的需求将会继续增加，根据以色列海法化学品公司和智利矿产化工股份公司估算，在今后10年内硝酸钾需求量每年增长率为6%左右[4]。硝酸钾国际市场，约70%用于农业施肥，已有60多个国家将其作为化肥使用，消耗量增长最快的是欧洲、亚洲及拉丁美洲。国外硝酸钾主要生产企业见表7-6。

表7-6 国外硝酸钾主要生产企业统计

企业名称	年产能/万吨	主要生产工艺	产品结构
智利矿业化工公司	150	复分解法	工业级、农业级
以色列海法化学品公司	60	低温溶剂萃取法	工业级、农业级
约旦 Kemira Arah 钾肥公司	15	复分解法	工业级、农业级
美国赛达公司	15	连续离子交换法	工业级、农业级
智利兰达矿业公司	10	复分解法	工业级、农业级

我国硝酸钾产能在245万吨/年以上，单条硝酸钾生产线已经达到10万吨/年。目前中国硝酸钾产能位居世界第一位。我国硝酸钾主要生产企业见表7-7。我国硝酸钾50%左右用于农业化肥，5%用于电视玻壳及特种玻璃，剩余部分用于其他工业行业。工业硝酸钾主要消费领域是烟花、火药、玻璃、玻壳、熔盐储能行业、食品及药品。目前国内硝酸钾行业存在供略大于求的状况，而高端触摸屏、光学玻璃、食品、医药行业对硝酸钾产品质量要求较高，价格也较高，国内对于高端硝酸钾依然存在依靠进口的情况。随着太阳能发电产业的兴起，熔盐储能对硝酸钾的需求逐步显现，未来硝酸钾具有很大的市场潜力。国内硝酸钾优势企业应努力提高产品质量，丰富产品层次，占领高端市场，形成企业的产品优势与品牌优势[5]。

表7-7 国内硝酸钾主要生产企业统计

企业名称	年产能/万吨	主要生产工艺	产品结构
青海盐湖硝酸盐业有限公司	20	离子交换法	工业级、农业级
内蒙古通汇钾肥股份有限公司	10	离子交换法	工业级、农业级
云南沃特威化工股份有限公司	7.5	复分解法	农业级
云南煤化工集团有限公司	7.5	复分解法	工业级、农业级
云南欧罗汉姆肥业科技有限公司	6	复分解法	农业级
湖南丹华农资有限公司	5	复分解法	工业级、农业级
青海联大化工股份有限公司	10	复分解法	工业级、农业级
浙江联大化工股份有限公司	3	复分解法	工业级、农业级
江西宜春市腾达化工有限责任公司	5	复分解法	工业级、农业级
江西金利达钾业有限公司	5	复分解法	工业级、农业级
金钾科技有限公司	5	复分解法	工业级、农业级
江西金泰化学新材料有限公司	4.5	复分解法	工业级、农业级
湖南美奥钾业有限公司	2	复分解法	工业级
湖南金叶肥料有限责任公司	2	复分解法	农业级
浏阳市金和化工有限公司	1.5	复分解法	工业级、农业级

续表

企业名称	年产能 / 万吨	主要生产工艺	产品结构
新疆硝石钾肥有限公司	5	复分解法	工业级、农业级
昆明青上化工有限公司	4	复分解法	农业级
山西金兰化工股份有限公司	16	复分解法	工业级、农业级
交城县并盛化工有限公司	15	离子交换法	工业级、农业级
山西文水县振兴化肥有限公司	6	复分解法	工业级、农业级
山西省文水县振丰农资有限公司	2	复分解法	工业级、农业级
天脊集团钾盐有限公司	2	复分解法	工业级、农业级
山西省交城明星化工有限公司	2	复分解法	工业级、农业级
四川米高化肥有限公司	8	复分解法	农业级
四川什邡市硝酸钾厂	6	复分解法	工业级、农业级
四川省什邡中沃科技有限公司	6	复分解法	工业级、农业级
四川裕光科技有限公司	4	复分解法	工业级、光电级
四川省什邡市农科化工有限公司	2.5	复分解法	工业级、农业级
四川省什邡市龙翔化工有限公司	2.5	复分解法	工业级、农业级
四川安达农森科技股份有限公司	2	复分解法	工业级、农业级
山东财富化工有限公司	8	复分解法	工业级、农业级
上海腾飞化工有限公司	7	复分解法	工业级、农业级
山东天一化学股份有限公司	5	复分解法	工业级、农业级
山东裕源集团有限公司	5	复分解法	工业级、农业级
潍坊昌盛硝盐有限公司	5	复分解法	工业级

7.2 硝酸钾生产原理

由于地球上天然的硝酸钾资源很少，因此，硝酸钾的生产主要以氯化钾与硝酸盐为原料，通过转化法来制取。硝酸钾最初是以硝酸钠和氯化钾反应制取的，由于该法的生产成本高，硝酸钾仅能在工业方面得到应用。在以色列海法化学品公司研制成功氯化钾-硝酸直接法工艺后，硝酸钾的生产成本大大降低[6]。主要的硝酸钾生产方法有：复分解法、离子交换法、低温萃取法。

7.2.1 复分解法生产原理

采用复分解法生产工艺可以直接得到硝酸钾[7]。主要的生产工艺有：①硝酸钠和氯化钾制硝酸钾，产品为工业硝酸钾，副产氯化钠；②硝酸铵和氯化钾制硝酸钾，产品为农用硝酸钾，副产农用氯化铵；③硝酸和氯化钾制硝酸钾，产品为农用硝酸钾（干基含硝酸钾94%～95%），副产22%高纯度盐酸；④硝酸镁和氯化钾制硝酸钾，产品既可以是农用硝酸钾，也可以是工业硝酸钾。

7.2.1.1 硝酸钠-氯化钾转化法

硝酸钠和氯化钾复分解生产硝酸钾并副产氯化钠的化学原理如下：

$$KCl+NaNO_3 \xlongequal{} KNO_3+NaCl \tag{7-1}$$

这一过程的实现是在以水为介质的条件下，根据每种盐在不同温度下溶解度的差别来进行沉淀（结晶）分离。生产中所使用的KCl原料大多数都含有一定量的钙、镁等离子，半成品硝酸钠中含有一定量的NaCl和Na_2SO_4等物质，随着母液循环次数的增加，杂质会不断富集。严格地说，该操作体系应是五元以上的体系，但是考虑到原料中钙离子、镁离子和硫酸根离子含量很低，对体系影响较小，简单起见该体系可视为Na^+、K^+//Cl^-、NO_3^--H_2O的四元体系。因此，可采用四元相图Na^+、K^+//Cl^-、NO_3^--H_2O作为理论指导和工艺计算依据[8]。Na^+、K^+//Cl^-、NO_3^--H_2O四元水盐体系多温相图如图7-1所示。

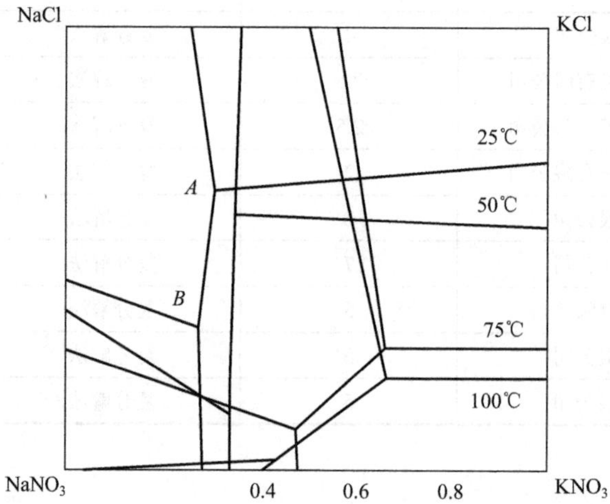

图7-1 Na^+、K^+//Cl^-、NO_3^--H_2O四元水盐体系多温相图

由图7-1可知，该系统有KCl、$NaNO_3$、KNO_3及NaCl四个结晶区，每两个结晶区的分界线表示与两种盐处于平衡时饱和溶液的组成，这些分界线的交点A和B表示该点的饱和溶液与三种盐平衡。图中KCl与$NaNO_3$结晶区彼此不相连接，表明KCl与$NaNO_3$为不稳定盐对，而KNO_3与NaCl结晶区沿AB线相连，表明KNO_3与NaCl为稳定盐对。随着温度的降低，KNO_3的结晶区急剧增大，溶解度降低；而NaCl的结晶区在高温下明显较低温下大，溶解度较低。因此从理论上讲，完全可以利用温度变化完成系统循环，并得到所需产品KNO_3。

工艺流程相图原理如图7-2所示，沿着盐对KCl-$NaNO_3$对角线进行等摩尔配盐，使组成点落在干盐图上的A点，加入冷析母液（D_{25}点）和重结晶母液（F_{25}点）使体系的组成点落在B点，此时体系组成点落入75℃ NaCl结晶区内，使NaCl结晶析出；液相组成沿结晶向量线方向移动到共饱点C_{75}点，然后逐渐降温至25℃，此时体系组成点落入25℃ KNO_3结晶区内，固体KNO_3析出；液相组成沿结晶向量线方向移动到KNO_3共饱和线上于D_{25}点，此时KNO_3结晶量达到最大，完成KNO_3的结晶过程。最后将冷析母液和重结晶母液返回，

加入 $NaNO_3$、KCl 进行配盐，使体系的组成恢复到 *B* 点后，开始第二个循环操作，如此重复进行，完成 KNO_3 的生产。

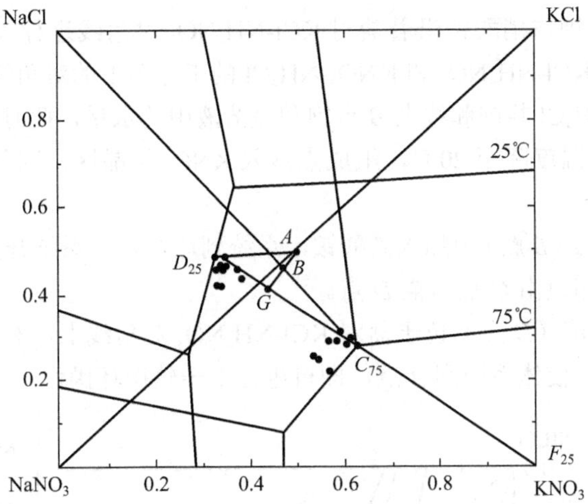

图 7-2 Na^+、K^+ //Cl^-、NO_3^--H_2O 体系 25℃、75℃相图

7.2.1.2 硝酸铵-氯化钾转化法

硝酸铵和氯化钾复分解生产硝酸钾并副产氯化铵的化学原理如下：

$$KCl+NH_4NO_3 = KNO_3+NH_4Cl \tag{7-2}$$

这一过程的实现是在以水为介质的条件下，根据每种盐在不同温度下溶解度的差别来进行沉淀（结晶）分离。KCl、NH_4NO_3、KNO_3、NH_4Cl 四种盐构成四元水盐体系（见图 7-3），其中 KCl-NH_4NO_3 与 KNO_3-NH_4Cl 互为盐对。从物料平衡来看，进入体系的盐和水总量应等于移出体系的盐和水总量，操作过程中，水的加入和蒸发起着溶解盐和调节溶液浓度的作用，盐对的交换最终是靠能量交换来实现的[9]。

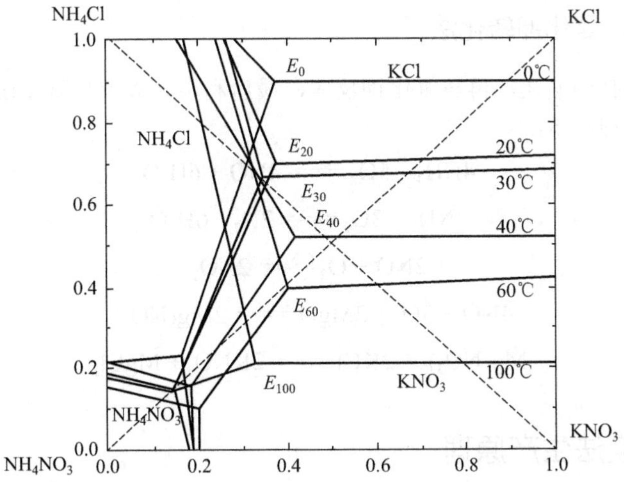

图 7-3 K^+、NH_4^+//Cl^-、NO_3^--H_2O 四元水盐体系多温相图

从图 7-3 中可以看出，当温度降低时硝酸钾结晶区增大很多，显然生产硝酸钾在低温时（推荐温度为 20℃）有利，而生产氯化铵以高温（推荐温度为 60℃）为宜。工艺路线的选择有多种，一般选择较合理的四步循环法，其工艺流程相图见图 7-4。

① 第 1 步：氯化钾与硝酸铵沿着盐对 KCl-NH_4NO_3 对角线进行等摩尔配比，使体系的组成点落在交互盐对 KCl-NH_4NO_3 和 KNO_3-NH_4Cl 的干盐图上的对角线 *A* 点。系统加水量等于 20℃时 KNO_3 和 NH_4Cl 共饱和线上 *B* 点饱和盐溶液中的水量，此时系统温度为 60℃。

② 第 2 步：系统温度降至 20℃，组成点落入 KNO_3 结晶区，固体 KNO_3 析出，液相点由 *A* 点移至 *B* 点。

③ 第 3 步：在母液（*B* 点）中加入硝酸铵，系统到达 *C* 点，系统升温，并在 60℃下蒸发，析出固相氯化铵，液相点由 *C* 点移至 *D* 点。

④ 第 4 步：因母液（*D* 点）位于盐对 KCl-NH_4NO_3 对角线上，对 *D* 点加热至 60℃，并加入适量氯化钾和水，使体系回到 *A* 点，即可进行下一轮循环操作。

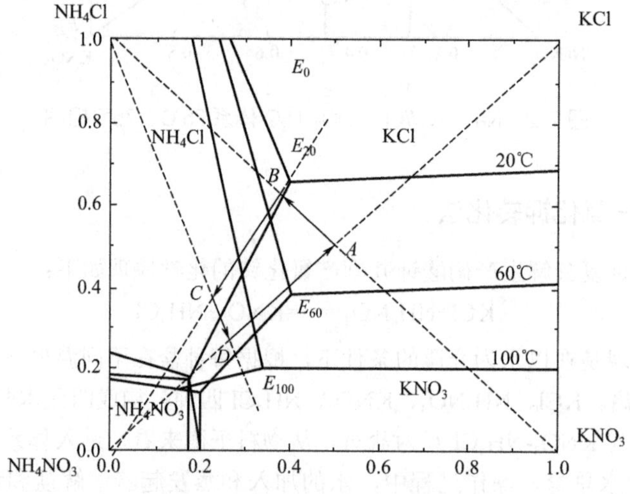

图 7-4　四步循环法工艺流程相图

7.2.1.3　硝酸镁-氯化钾转化法

采用氨氧化法制硝酸镁，再与氯化钾反应，最后利用硝酸钾与氯化镁的溶解度不同将其结晶分离。反应原理如下：

$$4NH_3 + 5O_2 \xlongequal{\quad} 4NO + 6H_2O \tag{7-3}$$

$$4NH_3 + 3O_2 \xlongequal{\quad} 2N_2 + 6H_2O \tag{7-4}$$

$$2NO + O_2 \xlongequal{\quad} 2NO_2 \tag{7-5}$$

$$4NO + 3O_2 + 2MgO \xlongequal{\quad} 2Mg(NO_3)_2 \tag{7-6}$$

$$Mg(NO_3)_2 + 2KCl \xlongequal{\quad} 2KNO_3 + MgCl_2 \tag{7-7}$$

7.2.2　离子交换法生产原理

离子交换法生产硝酸钾一般选用 001×7 型的强酸性苯乙烯系阳离子交换树脂为交换剂，

它是在苯乙烯-二乙烯苯共聚基上带有磺酸基的离子交换树脂，具有交换容量高、交换速度快、机械强度好的特点。交换树脂是利用自身所带的某种离子能和电解质溶液中同类型的离子互相交换的原理来实现离子交换[10]。

氯化钾溶液通过离子交换器中的铵型离子交换树脂时，溶液中的钾离子与树脂中的铵离子发生交换反应生成氯化铵溶液，树脂由铵型转变成钾型。此过程为吸附反应，反应原理如下：

$$RNH_4+KCl \xlongequal{} RK+NH_4Cl \tag{7-8}$$

式中，R 表示强酸性阳离子交换树脂。

硝酸铵溶液通过离子交换器中的钾型树脂时，溶液中的铵离子与树脂中的钾离子发生交换反应生成硝酸钾溶液，树脂由钾型转变成铵型。此过程为洗脱反应，反应原理如下：

$$RK+NH_4NO_3 \xlongequal{} RNH_4+KNO_3 \tag{7-9}$$

在进行离子交换反应时反应溶液浓度越低，转化率越高，但产品溶液浓度也低；反应溶液浓度越高，转化率越低，但产品溶液浓度高。温度越低，树脂有效交换容积越小；温度越高，树脂有效交换容积越大，但对树脂损害也越大。

7.2.3　低温萃取法生产原理

低温萃取法是以硝酸和氯化钾为原料，在溶剂 C_5 醇存在下硝酸和氯化钾反应，生成硝酸钾和盐酸，使用 C_5 醇作萃取剂分离盐酸和未反应的硝酸，使反应进行得相当完全，并使生成的硝酸钾不断结晶析出[11]。硝酸和氯化钾反应的化学原理如下：

$$KCl+HNO_3 \xlongequal{} KNO_3+HCl \tag{7-10}$$

7.3　硝酸钾生产工艺

硝酸钾生产方法主要有如下几种：

① 以天然硝酸钾矿为原料提纯生产，新疆有这种独特的资源；

② 以氯化钾和硝酸为原料生产硝酸钾的低温萃取法；

③ 以硝酸铵、氯化钾为原料的复分解循环法；

④ 以硝酸镁、氯化钾为原料的复分解循环法；

⑤ 以硝酸铵、氯化钾为原料的连续离子交换法；

⑥ 以硝酸钠、氯化钾为原料的复分解循环法（智利 SQM 硝钠转化法）；

⑦ 美国 AST 和 JACOBS 公司的回转式离子交换法技术（ISEP 法）；

⑧ 低温溶剂萃取法（以色列 IMI 法）。

在上述硝酸钾生产方法中，前 5 种是国内的生产技术。目前国内工业规模主要采用复分解法和离子交换法，复分解法又分硝铵法和硝钠法，复分解法产品质量差、消耗高。后 3 种是国外生产技术，其中智利 SQM 硝钠转化法受硝石资源限制，在国内无法推广[12-14]。

7.3.1　天然钾硝矿提取法生产工艺

天然硝酸钾资源极为稀少，1986 年在我国新疆乌宗布拉克地区发现了国内稀有、国外罕见的钾硝石矿，含钾量最高达 14%。钾硝矿提取法工艺流程见图 7-5[15]。

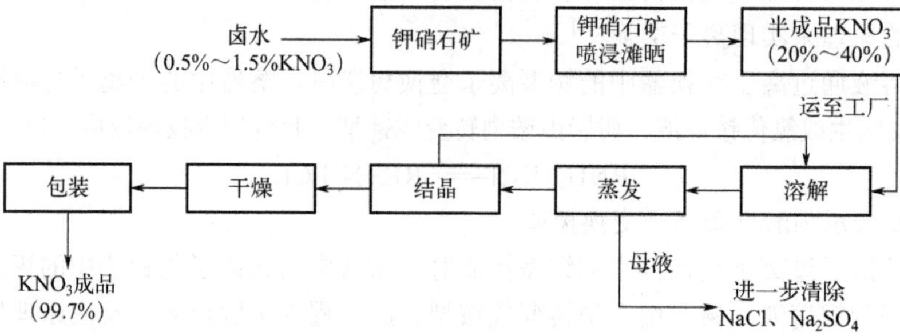

图 7-5　钾硝矿提取法工艺流程

7.3.2 复分解法生产工艺

7.3.2.1 硝酸钠-氯化钾转化工艺流程

将氯化钾和硝酸钠按一定比例在反应器中进行复分解反应，趁热分离副产品氯化钠；反应清液进行冷却结晶，分离洗涤后得农业级硝酸钾。分离硝酸钾后的母液循环使用，农业级硝酸钾经重结晶可生产工业级硝酸钾。该工艺为传统方法，产品质量好，但由于硝酸钠价格较高，副产品氯化钠价值较低，其应用范围受到限制[16]。此工艺以钠硝石储存丰富的智利SQM 公司为代表，因钠硝石中硝酸钠品位高，硝酸钠的生产成本低，该公司采用硝酸钠-氯化钾转化法生产硝酸钾具有得天独厚的条件。

智利生产硝酸钾主要以自产的氯化钾和天然硝石法生产的硝酸钠半成品为原料进行复分解反应，通过转化法生产。智利 SQM 公司的伊利娜-侯琳娜硝酸钠、硝酸钾生产厂工艺流程见图 7-6。

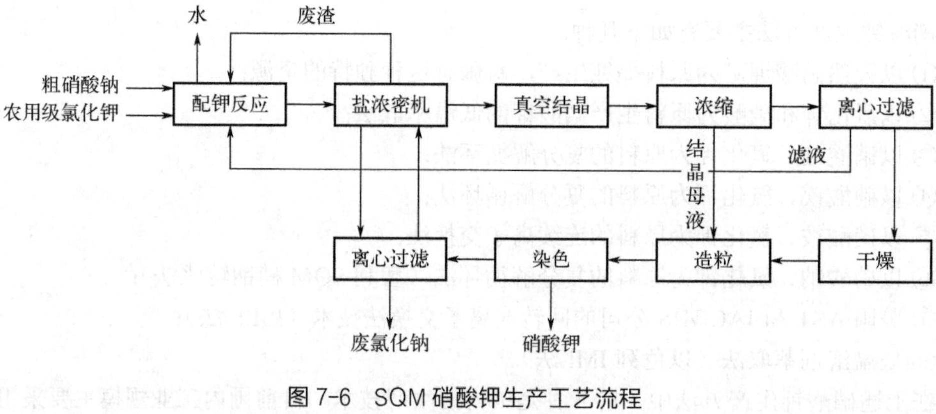

图 7-6　SQM 硝酸钾生产工艺流程

氯化钾和半成品硝酸钠按比例由电子皮带秤计量加入，于 80℃条件下反应，70℃条件下由双级推料离心机分离出氯化钠等废盐后，料浆进入卧式真空结晶器中，在 35℃左右条件下真空冷析结晶，形成硝酸钾产品料浆，经过滤分离，得到硝酸钾产品，分离母液返回配料系统。该工艺流程简单、自动化程度高。

伊利娜-侯琳娜生产厂的硝酸钠和硝酸钾产品的干燥、造粒同用一套装置，其年生产能力为30万吨，可根据市场需要进行硝酸钠和硝酸钾的产量调节。由于硝酸钾的熔点比硝酸钠略低，因而在实际生产过程中，硝酸钾在干燥时有粘壁现象，硝酸钾比硝酸钠更容易粘壁。

造粒车间的造粒塔高30m，为8m×8m的方形塔，产品的熔融造粒温度为500℃。造粒前产品的含水量约6%，先要在180℃条件下，在转筒干燥机中直接干燥到含水量约0.1%后，再进造粒塔中熔融造粒，干燥、造粒所用的热源原料为天然气。造粒塔的出口温度约100℃，产品粒径为2～3mm。造粒后的产品通过列管式冷却方式冷却后送入成品料仓，再经过染色系统对产品染色，染色好的产品散料经铁路运至港口再发至用户。

7.3.2.2 硝酸铵-氯化钾转化工艺流程

以氯化钾和硝酸铵为原料生产硝酸钾的工艺最早由法国Auby公司开发成功，由硝酸铵和氯化钾反应生成硝酸钾和副产物氯化铵[17]。该法原料有保障、工艺简单、设备可靠、反应时间短、可连续操作、蒸发能耗低、原料利用率高、氯化铵回收容易、基本无环境污染、设备简单、投资少、见效快。该法也存在杂质积累的问题，主要杂质为氯化钾中的氯化钠及钙、镁等离子，混入产品中会影响产品质量。

该工艺在我国开发较早，因硝酸铵原料价廉易得、投资少、成本较低、副产品可作为复合肥原料。因此，早期在国内具有竞争力，但规模都较小。国内普遍使用的四步循环法工艺流程见图7-7。

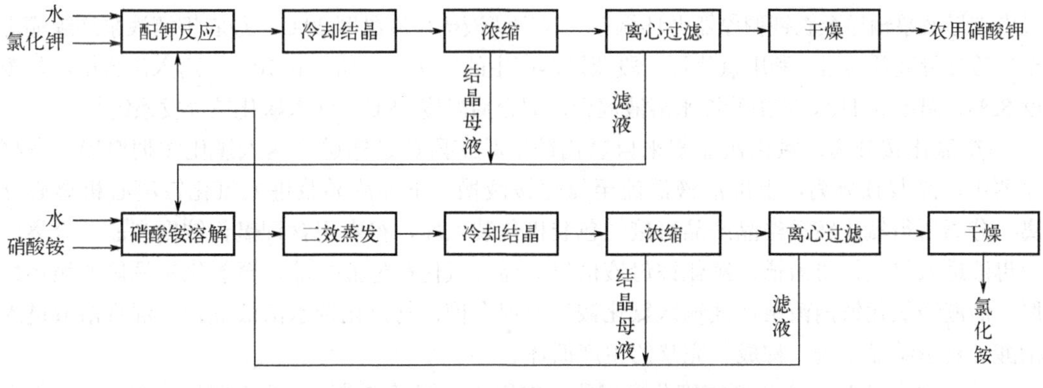

图7-7 硝酸铵-氯化钾转化法生产农用硝酸钾工艺流程

（1）工艺流程简介 将氯化钾在后续氯化铵分离工段返回的母液中溶解，经冷却结晶、浓缩、离心分离与洗涤、干燥机干燥后得农用硝酸钾；分离所得钾母液加入硝酸铵经二效蒸发、冷却结晶、浓缩、离心分离与洗涤得氯化铵产品，分离铵后的母液用于氯化钾溶液的配制。农用硝酸钾经进一步重结晶处理后，可制得工业硝酸钾。

① 硝酸铵原料贮存：硝酸铵溶液常压贮存，贮存温度约110℃，由0.8MPa(G)低压饱和蒸汽内盘管保温。需使用时，泵送至硝酸钾结晶工段。

② 氯化钾溶液配制：固体氯化钾用来自氯化铵蒸发工段的80℃回用热水溶解，在氯化钾溶液槽内配制成58℃的75%氯化钾溶液，泵送至氯化铵蒸发工段使用。

③ 硝酸钾结晶：由氯化铵分离工段来的氯化铵清母液与氯化钾溶液在混合槽中混合，所得混合溶液温度约60℃，进入硝酸钾真空冷却结晶系统，硝酸钾结晶系统由闪蒸器和结晶器组成。硝酸钾溶液经闪蒸进料泵进入闪蒸器，闪蒸降温到47℃后进入硝酸钾一级结晶

器，晶浆温度由47℃降至32℃产生部分结晶；一级晶浆经二级进料泵转入二级结晶器，一级结晶器内硝酸钾清液经一级输送泵进入二级结晶器，二级结晶器内晶浆温度由32℃降至20℃产生大量结晶，完成结晶过程；二级晶浆经出料泵泵入农业用硝酸钾（简称农钾）稠厚器，二级结晶器内硝酸钾清液经二级输送泵进入农钾清液槽。

④ 氯化铵蒸发：农钾清液温度20℃，经农钾清液泵连续依次加入1# 预热器、2# 预热器，利用氯化铵二效蒸发器产生的二次蒸汽加热到70℃，送入硝酸钾母液混合槽，与来自原料工段浓度82%、温度约110℃的硝酸铵水溶液混合，混合后温度75℃，经二效给料泵送入氯化铵两效蒸发系统。混合溶液进入二效分离器经过二效循环泵、二效蒸发器，温度达到90℃，完成一段蒸发；溶液通过一效给料泵进入一效分离器，经过一效循环泵、一效蒸发器，温度达到125℃，完成二段蒸发，混合液得以浓缩。该浓缩液进入氯化铵结晶系统。

⑤ 氯化铵结晶：氯化铵结晶系统由闪蒸器和结晶器组成。来自氯化铵蒸发工段的浓缩溶液经闪蒸器闪蒸降温到100℃，进入硝酸钾一级结晶器，一级晶浆温度由100℃降至80℃，产生部分结晶。一级浆液由一级输送泵、二级给料泵送入二级结晶器，二级晶浆温度由80℃降至60℃，产生大量结晶，完成结晶过程。氯化铵晶浆由二级输送泵、出料泵从二级结晶器送入氯化铵稠厚器。

⑥ 硝酸钾分离：来自硝酸钾结晶工段的硝酸钾溶液进入农钾稠厚器。在稠厚器中，晶浆预分离，上部清液溢流至农钾清液槽，下部浓晶浆进入农钾离心机离心分离。分离所得硝酸钾湿结晶体经内置换热管流化床干燥器干燥，分离所得母液进入农钾母液槽。农钾母液槽母液通过农钾母液泵输送至农钾稠厚器循环稠厚。农钾清液槽清液温度20℃，经农钾清液泵连续输送至硝酸钾母液预热器，利用氯化铵一段蒸发器产生的二次蒸汽加热到70℃，送入混合槽，与浓度82%、温度约110℃的硝酸铵水溶液混合，混合后温度75℃，送入氯化铵蒸发系统[18]。

⑦ 氯化铵分离：氯化铵晶浆来自氯化铵结晶工段通过输送泵送入氯化铵稠厚器。在稠厚器中，晶浆预分离，上部清液溢流至氯化铵液槽，下部浓晶浆进入氯化铵离心机离心分离。分离所得氯化铵湿结晶产品直接经包装机包装入库，得农用含钾氯化铵副产品。分离所得母液进入氯化铵母液槽，氯化铵母液槽母液通过氯化铵母液泵输送至氯化铵稠厚器循环稠厚。清液经氯化铵清液泵连续输入氯化铵母液混合槽，与氯化钾水溶液混合，混合溶液进入硝酸钾真空结晶系统，构成了完整的生产循环。

⑧ 硝酸钾干燥：来自硝酸钾分离工段的农用硝酸钾经皮带输送至内置换热管流化床干燥器干燥后，依次经硝酸钾输送皮带机、斗提机、定量给料机、计量器、混合机、斗提机进入全自动包装机包装入库，得农用硝酸钾产品。农用硝酸钾经重结晶可制得工业级硝酸钾。

（2）原材料及动力消耗定额（表7-8）

表7-8　硝酸铵-氯化钾转化法原材料及动力消耗定额

名称	规格	消耗定额
氯化钾	$K_2O \geqslant 60\%$	0.78t
硝酸铵	$\geqslant 99.5\%$	0.85t
冷却水	入口温度≤20℃	$40m^3$
蒸汽	0.5～0.6MPa	2.8t
电		125kW·h

7.3.2.3　硝酸镁-氯化钾转化工艺流程

联大化工有限公司先采用氨氧化法制硝酸镁，再与氯化钾反应，利用硝酸钾与氯化镁的溶解度不同将其结晶分离。工艺流程见图 7-8。

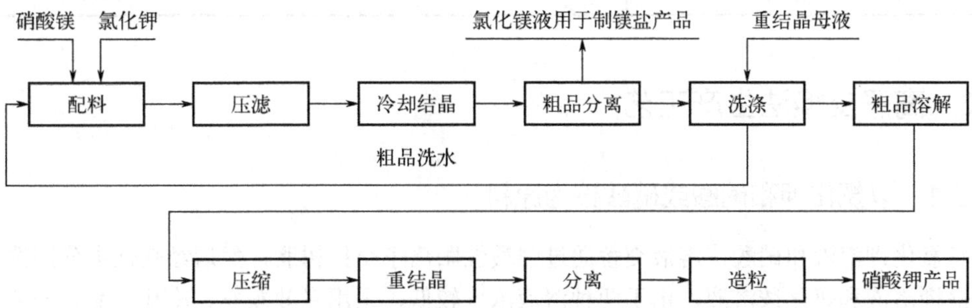

图 7-8　硝酸镁-氯化钾转化法生产农用硝酸钾工艺流程

（1）工艺流程简介

① 配料：向配料釜中泵入一定量粗品洗水，再投入原料硝酸镁、氯化钾，用蒸汽加热促进氯化钾的溶解。配料完成液泵入压滤机过滤，除去水不溶物，清澈的滤液送入结晶器。

② 粗品结晶：结晶器中的溶液经冷却析出硝酸钾晶体，晶体泵入粗品分离罐，再进入双级推料离心机进行固液分离。分离母液作为镁盐生产原料进入镁盐生产车间。

③ 粗品溶解：硝酸钾粗品投入粗品洗涤罐中，并加入重结晶母液水进行洗涤，洗涤物料通过双级推料离心机分离出合格的粗品，洗涤滤液用作配料用水。合格粗品送入粗品溶解罐中加水并用蒸汽加热溶解，溶解液再通过压滤机滤出其中的水不溶物，清液泵入精制工段的结晶器中进行重结晶。

④ 半成品：重结晶器中的溶液冷却到一定温度后，将结晶体泵入晶体分离罐中通过双推离心机分离出晶体。滤液泵入重结晶母液罐中，用于粗品洗涤。将分离出的半成品送入成品工段。

⑤ 结晶硝酸钾：半成品进入热风干燥系统干燥后，得到细小棱状晶体，称量包装后即得成品。

⑥ 颗粒硝酸钾：半成品硝酸钾通过提升机送入加热炉中，加热熔融形成液态硝酸钾；液态硝酸钾流入造粒塔喷雾器中，喷雾形成液态球形硝酸钾，经冷空气冷却形成独立球形颗粒硝酸钾。颗粒硝酸钾运送到筛分器中筛分选粒，粒径过大或过小的物料被筛出重新回炉，粒径合格的成品被分出进入粒料仓中，再经过包装，即形成颗粒硝酸钾成品。

（2）原材料及动力消耗定额（表 7-9）

表7-9　硝酸镁-氯化钾转化法原材料及动力消耗定额

名称	规格	消耗定额
氯化钾	$K_2O \geqslant 60\%$	0.85t
六水硝酸镁	$\geqslant 98\%$	1.42t
冷却水	入口温度≤ 20℃	$1.5m^3$

续表

名称	规格	消耗定额
蒸汽	0.6MPa	0.8t
电		166kW·h
副产氯化镁溶液	25%	2.05t

7.3.3 离子交换法生产工艺

7.3.3.1 以氯化钾和硝酸或硝酸铵为原料

将氯化钾溶液和硝酸铵溶液交替通过强酸性阳离子交换树脂，然后经软化水分别洗涤获得硝酸钾溶液和氯化铵溶液，由于两种溶液浓度较低，采用多效蒸发、冷却结晶、分离和干燥即可得硝酸钾产品与氯化铵副产品[19]。

该工艺投资少、生产过程控制简单、生产成本较低，不足之处是能耗较高，适合能源价格较低的地区采用，国内此工艺的产量约占35%。

（1）美国先进分离技术公司（AST公司）生产工艺　美国AST公司成功开发氯化钾-硝酸离子交换法生产硝酸钾技术（ISEP法），并于1990年在哥伦比亚建成一套5000吨/年的硝酸钾生产装置。该法使用12%的氯化钾溶液和51%～60%的硝酸溶液通入连续离子交换系统（ISEP），在操作温度40℃时，硝酸钾溶液的浓度可达35%，副产盐酸的浓度可达12%，得到的产品可达工业级。使用树脂的型号为Dower Monosphere 650C。

该法也可用硝酸铵作原料。用阳离子交换树脂为交换媒介，以硝酸铵和氯化钾为原料，通过上钾和洗钾过程完成硝酸钾的生产，工艺流程见图7-9。该法优点是实现了盐的分离，交换液硝酸钾纯度高，经蒸发浓缩一次可得工业一级品，工艺设备较简单，投资少，可连续操作，原料单耗低（最好水平折100%计，氯化钾0.8t，硝酸铵0.81t）。主要缺点是能耗较高，交换液硝酸钾浓度低，蒸发成本高；回收的氯化铵浓度也低，蒸发能耗高，而且设备要求较高，需用钛材、钛钼镍合金或其他合成材料。

美国AST公司已有10万吨/年的硝酸钾生产规模。

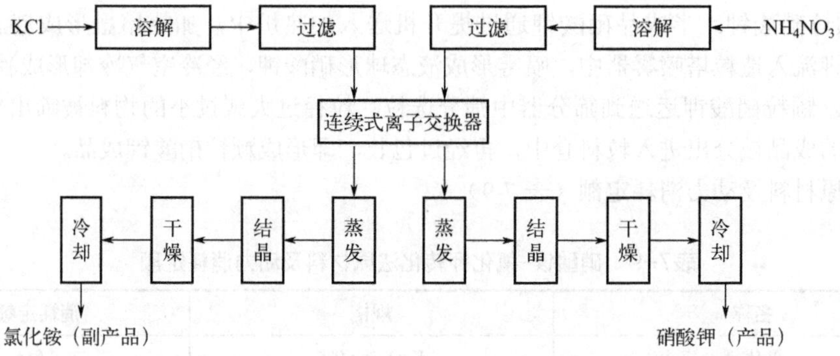

图7-9　AST公司硝酸铵-氯化钾离子交换法生产硝酸钾工艺流程

（2）国内生产工艺　目前国内硝酸铵与氯化钾离子交换法生产硝酸钾的主工艺流程都是

依据山西文通钾盐集团有限公司的硝酸钾生产工艺确定的[20]，只是在细节上略有不同。工艺流程见图 7-10。

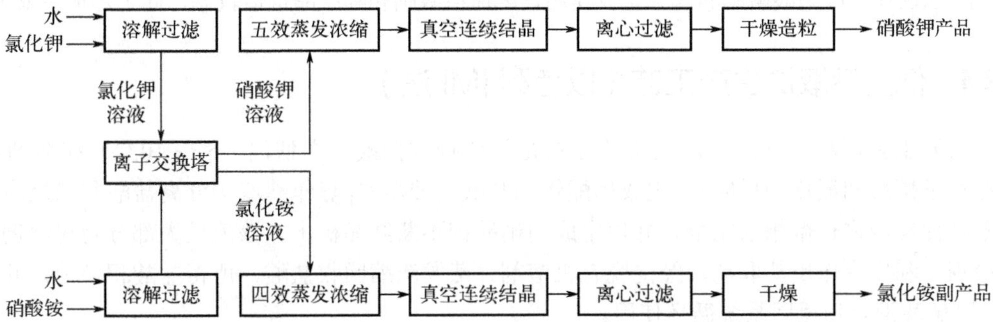

图 7-10　山西文通钾盐集团有限公司硝酸铵-氯化钾离子交换法生产硝酸钾工艺流程

将溶解好的氯化钾溶液制得一定浓度，除去钙、镁杂质后经底部打入离子交换塔，溶液中钾离子与树脂中铵离子进行交换，钾离子吸附在树脂中，铵离子被交换出来，经软化水洗涤，将交换塔内氯化铵洗出，制得氯化铵溶液，氯化铵溶液经四效低温蒸发器蒸发浓缩后，再经真空连续冷却结晶、固体分离制得氯化铵产品。硝酸铵经溶解槽溶解，制得一定浓度硝酸铵溶液，从交换塔上部的分布器均匀加入，溶液中铵离子与树脂中钾离子进行交换，铵离子吸附在树脂中，钾离子和硝酸根离子形成硝酸钾，用软化水将硝酸钾从树脂塔中洗涤出来，制得硝酸钾溶液，硝酸钾溶液再经五效蒸发、真空冷却结晶、固体分离、干燥、造粒得粒状硝酸钾产品。

离子交换法生产硝酸钾工艺过程简单，但在实际生产中需对几个关键环节进行控制：

① 氯化钾溶液浓度一般控制在 300g/L±5g/L；

② 硝酸铵溶液浓度一般控制在 430g/L±5g/L；

③ 温度一般控制在 48 ～ 52℃；

④ 进入交换塔的硝酸铵进料量一般控制为树脂总交换容量的 50% ～ 55%；

⑤ 进入交换塔的氯化钾进料量一般控制为硝酸铵量的 1 ～ 1.1 倍；

⑥ 产品液中硝酸钾含量 270g/L±5g/L、铵含量＜ 2.8g/L；

⑦ 副产品液中氯化铵含量 78g/L±5g/L。

（3）原材料及动力消耗定额（表 7-10）

表7-10　硝酸铵-氯化钾离子交换法原材料及动力消耗定额

名称	规格	消耗定额
氯化钾	K_2O ≥ 60%	0.78t
硝酸铵	≥ 99.5%	0.85t
冷却水	入口温度≤ 20℃	$40m^3$
蒸汽	0.8MPa	3.6t
电		84kW·h
副产氯化铵	工业一级	0.56t

7.3.3.2 以氯化钾和硝酸钙为原料

生产方法基本等同于硝酸铵-氯化钾离子交换法，所得副产品为氯化钙。

该法仅在生产硝酸磷肥的部分企业使用，因原料限制和副产品价值较低，此工艺很少采用。

7.3.4 低温萃取法生产工艺（以色列 IMI 法）

（1）工艺流程简介　该法采用的原料是氯化钾和硝酸，在低温（5 ～ 10℃）和溶剂 C_5 醇存在下硝酸和氯化钾反应[21]生成硝酸钾和盐酸，使用 C_5 醇作萃取剂分离盐酸和未反应的硝酸，使反应进行得相当完全，并使生成的硝酸钾不断结晶析出。该流程大部分是对溶剂相的处理，利用水作反萃取剂，经洗脱有机溶剂，蒸发浓缩回收盐酸，所得盐酸相当纯，并把溶剂 / 硝酸混合物返回系统循环使用。

该法可制得含 N 13%、K_2O 45% 的硝酸钾，副产浓度为 22% 的盐酸，配套稀盐酸的后加工装置可生产工业盐酸，具体工艺流程见图 7-11。

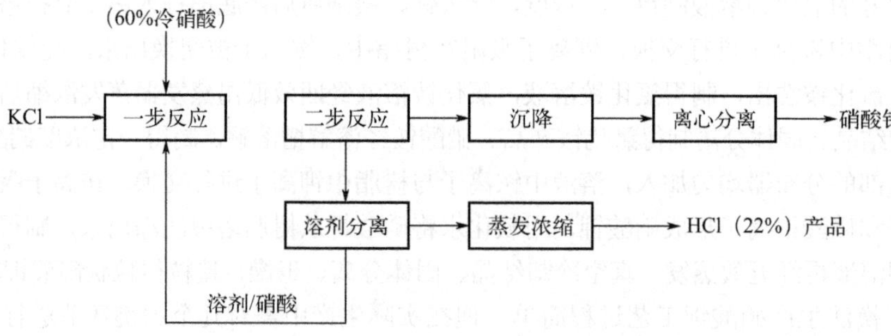

图 7-11　低温萃取法生产硝酸钾工艺流程

该法特点：工艺条件为常压、低温，需配冷冻装置；生产工艺成熟可靠，消耗指标较低，投资也较少，较具竞争力。但国内未实现工业化生产。

以色列海法化学品公司于 1969 年 7 月采用此项技术建成 10 万吨 / 年的生产装置，现已达到 60 万吨 / 年的规模。

（2）原材料及动力消耗定额（表 7-11）

表7-11　低温萃取法原材料及动力消耗定额

名称	规格	消耗定额
氯化钾	$K_2O \geqslant 60\%$	0.74t
硝酸		0.62t
溶剂（补充损耗）		0.003t
氨（冷冻用）		0.005t
工艺水		1.0m^3
冷却水		70m^3
蒸汽		0.65t
电		70kW·h

7.3.5　吸收法生产工艺

此法采用氢氧化钾和硝酸中和生产硝酸钾。用碳酸钾或氢氧化钾溶液吸收硝酸生产尾气，获得硝酸钾溶液，经多效蒸发浓缩后，再经后处理工序制得硝酸钾产品。该法产品纯度高、工艺简单、投产容易，但所用原料氢氧化钾昂贵、能耗大、生产成本高，限制了大规模生产。

本工艺因生产成本较高，仅在有 NO_2 尾气需要处理时才使用。

7.3.6　工艺对比

各工艺优缺点对比分析见表 7-12。

表7-12　各工艺优缺点对比分析表

方法	化学反应式	优缺点
硝酸钠-氯化钾转化法	$KCl+NaNO_3 = KNO_3+NaCl$	此方法在工业上使用最早，优点是操作方便、原料利用率高、产品质量较好，缺点是硝酸钠价格较高且资源紧张，而副产物氯化钠市场价值不大，集中堆放还会对环境造成污染。目前，智利 SQM 公司、新疆硝石钾肥有限公司采用此法生产硝酸钾
硝酸铵-氯化钾离子交换法	$RNH_4+KCl = RK+NH_4Cl$ $RK + NH_4NO_3 = RNH_4 + KNO_3$	此方法优点是实现了钾盐的分离，可连续操作，且工艺设备较简单。缺点是交换液中硝酸钾浓度低，蒸发工序成本高，回收的中间产物氯化铵浓度低，蒸发能耗高，且因反应过程腐蚀严重，设备材质要求高，需要耐腐蚀要求更高的钛材、钛钼镍合金或其他材料，制造成本较高。目前，国内最大硝酸钾生产企业青海盐湖硝酸盐业有限公司采用此法生产硝酸钾，副产品氯化铵利用太阳能进行自然蒸发
硝酸-氯化钾低温萃取法	$KCl+ HNO_3 = KNO_3 + HCl$	该方法优点是在低温和有机溶剂存在的条件下不容易发生副反应，工艺已经成熟可靠，不仅规模化生产经验丰富，而且投资成本低和市场竞争力强。缺点是需配置低温设备，增加能耗，作为萃取剂的易燃物异戊醇，在工业化生产过程中大量使用存在爆炸的风险
硝酸铵-氯化钾复分解法	$NH_4NO_3 + KCl = NH_4Cl+KNO_3$	此方法优点是操作简便，原料利用率高，氯化铵得到回收，基本无环境污染，蒸发能耗低，工艺设备简单。缺点是产品纯度、外观稍差，还必须重结晶以提高产品质量。目前，国内生产企业大多采用该技术
氢氧化钾-硝酸中和吸收法	$HNO_3 + KOH = H_2O + KNO_3$	此方法优点是产品纯度高，氯离子（Cl^-）含量低，工艺简单，无副产物。缺点是所用原料 KOH 价格昂贵，生产成本高，多效蒸发能耗大，限制了大规模生产

7.4 硝酸钾主要生产设备

复分解法生产硝酸钾的主要生产设备有反应槽（反应器）、结晶器、稠厚器、过滤机等，离子交换法生产硝酸钾的主要生产设备是离子交换柱，共用设备有蒸发器、换热器、离心机、干燥机、造粒塔等[22]。主要设备见表7-13、表7-14。

表7-13 复分解法生产硝酸钾的主要设备及型号

设备名称	规格型号	备注
反应器	Φ3000mm×3000mm	配料
过滤机	DU18/1500	过滤除渣
冷冻结晶器	LLSD332-550D	产品结晶
离心机	HY800-N	产品脱水
振动流化床（干燥机）	ZLG-1.5-3	产品干燥
多效连续蒸发器	6.0T/h LIC	母液浓缩

表7-14 离子交换法生产硝酸钾的主要设备及型号

设备名称	规格型号
ISEP 离子交换系统	主材质不锈钢
蒸发结晶系统	主材质不锈钢
蒸发循环泵	主材质不锈钢
离心机	
干燥器	
多效连续蒸发器	
循环泵	
料浆泵	
结晶器	

（1）反应槽　反应槽是硝酸钠和氯化钾复分解法生产硝酸钾的重要设备之一，推荐材质为316L。

复分解反应槽起着配料和转化功能，通常采用搅拌槽。硝酸钠和氯化钾溶解吸热，且反应过程为吸热过程，为了满足换热要求，可采用夹套加盘管换热的形式，配钾升温转化约需2h。

配钾反应可采用间歇或连续操作，规模小时可采用间歇轮流操作。配钾反应槽可兼有转化反应、转化母液澄清、废盐洗涤三个功能，搅拌器可采用斜叶式双层搅拌。生产规模较大时采用连续操作为宜，可采用带导流筒的桨式搅拌转化器，有利于废盐粒度的长大。

（2）结晶器　结晶器是由蒸汽喷射器形成负压真空冷却结晶的设备，是复分解法生产硝酸钾的重要设备之一，推荐材质为316L。

结晶器可分为两类：一类是反应釜夹套冷却结晶器，另一类是真空冷却结晶器。

国内千吨级硝酸钾装置中的硝酸钾结晶大部分采用反应釜夹套冷却结晶，一般为间歇操作。其缺点是釜容积小、耗水量大、粘壁现象严重、结晶效果差、产品质量不稳定、冷却温度难以保证。

国内万吨级以上硝酸钾装置基本上采用真空冷却结晶器，与反应釜夹套冷却结晶器相比，具有以下优点：

① 蒸发与冷却同步进行，效率高；

② 绝热蒸发，无需换热，故设备简单、生产能力大、维修少、寿命长；

③ 可实现生产的连续化、自动化，工艺条件易于控制，产品质量稳定；

④ 真空冷却结晶器不粘壁，大大减少了清壁的劳动强度，生产干净卫生，也有利于产品质量的控制。

智利的SQM公司10万吨硝酸钾生产装置采用卧式标准Messo型真空冷却结晶器，靠空气搅动晶浆，这种结晶器虽然在热能利用上相对较好，但过饱和度不易控制。这种结晶器目前使用较少。

国内有采用外循环搅拌的真空冷却结晶器制取硝酸钾的装置，采用外循环搅拌避免了结晶堵塞下部进出料口，有效解决了搅拌设备加工困难、易泄漏的问题。

一般推荐采用DTB型结晶器（图7-12），以内搅拌螺旋桨代替外循环搅拌，减少了外部循环管的阻力损失，节省驱动功率；晶浆循环完全，过饱和度较低，产量高，晶粒大而均匀。此类设备在氯化钠、氯化钾、硝酸钠、硝酸钾等生产中都有成功应用。采用该设备硝酸钾的结晶颗粒可控制在0.2mm以上。为充分提高热效率，真空结晶可选择多级串联。

图7-12　硝酸钾用DTB型结晶器设备

（3）稠厚器　稠厚器也叫连续增稠器，基本功能就是通过重力沉降浓缩悬浮的固体，这样就达到一个稳态物料平衡。固体主要在底流中被连续地排出，同时也以同样速率从原料物流中加入。一旦积累了一定的悬浮液蓄存量，如果加料恒定，则蓄存量也将不变。在大多数情况下，连续增稠器用于从大量的固-液悬浮液中浓缩或去除大量固体的场合。

增稠器有几个基本部件：盛装浆料的槽、加料管和把物料加进槽内的加料井；一个转动耙机构，把浓缩固体推向卸料点；一个底流固体排出系统和一个溢流溜槽。由于各种有机聚合物絮凝剂的使用，连续增稠器经历了几次改革，现在形成两个基本类型：普通型和高速率型。

（4）离心机　离心机就是利用其转子高速旋转产生的强大离心力，加快硝酸钾母液中颗粒的沉降速度，把母液中的晶体和水分离开。复分解法制得的硝酸钾晶粒尺寸约 0.3mm，通常采用双级活塞推料离心机脱水。

双级活塞推料离心机（图 7-13）单机产量大、故障少、维修量小，但要求料浆浓度高、产品颗粒较大并且滤液含固量较高。

图 7-13　双级活塞推料离心机设备

我国国产双级活塞推料离心机已很成熟，广泛应用于硝酸钾的生产。国产 HR500 和 P-50 离心机，物料平均粒径约 0.3mm，进料浓度为 55% ～ 60%，滤饼含水量约 4%，母液含固量约 4%，单机生产能力（折成干产品）约 10t/h。

通常过流部件材质为 316L。

（5）干燥机　国内外硝酸钾干燥采用的干燥机机型有气流干燥机、流化床干燥机、转筒干燥机。

① 气流干燥机　气流干燥机设备简单、投资省、可连续生产，但硝酸钾较容易粘壁，尤其是进料处易堵塞。气流干燥机在我国硝酸钾行业应用较少。

② 流化床干燥机　流化床干燥机设备体积小、占地面积小、能耗较低、干燥效率较高、单机生产能力大、产品含水量低、设备运行费用低、运行稳定可靠、基本无维修，但对湿料水分和给料量都控制较严，操作难度较大。我国很多硝酸钾厂采用流化床干燥机。

③ 转筒干燥机　转筒干燥机结构简单、单机生产能力大、能耗低、生产运行平稳、操作弹性较大，对入料含水量没有严格要求而且不受加热介质的限制。

智利的硝酸钾生产厂硝酸钠和硝酸钾共用一套转筒干燥机，进料含水量约 6%，在转筒干燥机中直接气流干燥到含水量约 0.1% 后，再进入造粒塔中熔融造粒。干燥所用的热源原料为天然气。

在实际生产过程中，硝酸钾在干燥时有粘壁的现象。

（6）造粒塔　为解决硝酸钾易结块、流动性差的问题，规模较大的硝酸钾厂均对硝酸钾进行了造粒，解决了硝酸钾产品结块难题，改善了产品的包装、贮存、运输和使用性能。

国内外硝酸钾的造粒均采用融熔造粒技术。智利伊利娜-俟琳娜硝酸钾生产厂的产品干燥后再造粒，造粒塔高30m，为8m×8m的方形塔。其年生产能力为30万吨，与造粒塔相配套的热风炉共有4台，产品的熔融造粒温度为800℃。

我国天津大学于1992年开发成功了振动喷流造粒技术，于1998年成功应用于硝酸钾的造粒。该成果的关键技术造粒分散系统属国内外首创，其技术经济指标优于瑞士Bertrams公司的专利技术。喷射-振动造粒新技术与国外引进技术相比，具有以下特点：

① 颗粒均匀，产品无需筛分即可满足粒度指标要求；

② 分散喷头不易堵塞，使用周期长，因而造粒过程连续性好；

③ 造粒塔结构简单，塔高较低，造价低；

④ 不污染环境；

⑤ 实现了材料和设备的全部国产化。

造粒原料为粉状KNO_3，含水＜5%。产品外观呈球形，粒度范围2～4mm占90%以上。与智利SQM公司的硝酸钾融熔造粒技术相比，天津大学的技术减少了融熔前的干燥系统。天津大学的技术将干燥和融熔合二为一，简化了流程和操作、减少了投资。

（7）离子交换柱　离子交换柱为钢制圆柱形耐压容器，垂直安装，通过阀门与各种溶液管道连接；材质选用316L不锈钢，防腐效果较好。设备中的树脂以密实床形式被承托物支撑，一般选用经破碎和筛分的卵石（碎石）作承托物。树脂床层的上部留用水反冲洗涤树脂所需的空间，在操作过程中树脂不移动，在不同时间分别进行吸附-洗涤-洗脱-洗涤-吸附的循环操作。

（8）蒸发器　加热室中产生的蒸气带有大量液沫，到了较大空间的蒸发室后，这些液体凭借自身凝聚或除沫器等的作用得以与蒸气分离。通常除沫器设在蒸发室的顶部。

蒸发器按操作压力分常压、加压和减压3种。按溶液在蒸发器中的运动状况分为：①循环型。沸腾溶液在加热室中多次通过加热表面，如中央循环管式、悬筐式、外热式、列文式和强制循环式等。②单程型。沸腾溶液在加热室中一次通过加热表面，不做循环流动，即行排出浓缩液，如升膜式、降膜式、搅拌薄膜式和离心薄膜式等。③直接接触型。加热介质与溶液直接接触传热，如浸没燃烧式蒸发器。在操作过程中，蒸发工艺要消耗大量加热蒸汽，为节省加热蒸汽，可采用多效蒸发工艺和蒸汽再压缩蒸发器。

（9）换热器　夹套式换热器是在容器外壁安装夹套制成，结构简单；但其加热面受容器壁面限制，传热系数也不高。为提高传热系数且使釜内液体受热均匀，可在釜内安装搅拌器。当夹套中通入冷却水或无相变的加热剂时，亦可在夹套中设置螺旋隔板或其他增加湍动的措施，以提高夹套一侧的传热系数。为补充传热面的不足，也可在釜内部安装蛇管。夹套式换热器广泛用于反应过程的加热和冷却。

（10）低温萃取设备　低温萃取设备大部分用硬质聚氯乙烯制作，低温传热设备用钛材制作，高温传热设备用石墨制作。

7.5　硝酸钾产品类型与用途

硝酸钾是一种无氯高品质肥料和无机化工产品，在农业与工业上均有广泛的应用。农用硝酸钾中的N、K两大营养元素，养分总含量达到60%左右，且为水溶性养分，可全部被植物吸收，是优质的无氯钾肥。在工业上主要用于火药、焰火、陶瓷、精密仪器玻璃、触摸屏玻璃、光伏玻璃、太阳能储能行业以及食品、医药等行业[23]。

7.5.1 产品分类及应用领域

根据具体应用途径，硝酸钾可分为工业级硝酸钾和农业级硝酸钾。

我国硝酸钾主要用于农业和工业，其中50%用于农业化肥，已广泛用于烟草、大棚蔬菜、高档园艺花木灌溉施肥，尤其是水溶性滴灌施肥；45%为工业用途，主要用于炸药、烟花、食品防腐、医药药物、低温储能熔盐、太阳能储能等领域[24]；剩下5%用于玻璃行业，如电视玻壳及特种玻璃制品等。从细分市场需求来看，2021年我国农业领域硝酸钾需求量为37.13万吨，占同期国内需求总量的52.9%，农业用肥中，烟草专用肥是农用硝酸钾用量最大的领域，占农用量的45%；工业领域硝酸钾需求量为33.06万吨，需求占比为47.1%[25]。

7.5.2 农业用硝酸钾

7.5.2.1 基本理化性质

农业用硝酸钾在空气中吸湿微小，不易结块，易溶于水，能迅速被作物吸收，可作基肥、追肥、种肥和根外追肥。硝酸钾是无氯的钾、氮二元复合肥料，植物营养素钾、氮的总含量可达60%左右，具有良好的物理化学性质。硝酸钾在农业市场用途十分广泛，对各种土壤和农作物施用，均能取得良好效果。宜施于蔬菜、水果和花卉，以及一些经济作物（如马铃薯、草莓、豆类、结球甘蓝、莴苣、花生、胡萝卜、洋葱、蓝莓、烟草、杏、柚子和鳄梨等）[26]。尤其是施用于烟草，具有肥效高、易吸收的特点，能促进幼苗早发、增加烟草产量，对提高烟草品质也有着重要作用。

7.5.2.2 农业用途

（1）硝酸钾对农作物的作用

① 促进氮钾吸收：硝酸钾可促进作物对氮、钾的吸收，具有生根、促进花芽分化、提高作物产量的作用；

② 促进光合作用：钾元素能促进光合作用，促进糖类的合成和运输；

③ 提高作物抗逆能力：硝酸钾可提高作物的抗逆性，如抗旱、抗寒、抗倒伏、抗病、防治早衰等作用；

④ 提高果实品质：果实膨大期使用硝酸钾可促进果实膨大，增加果实糖分和水分，提高果实的品质，增产增收。

（2）硝酸钾的施用特点

① 硝酸钾施肥方式多种多样，与氮、磷配合后可用于滴灌、渠灌及叶面喷施；由于没有挥发性，硝酸钾可直接施于土壤表面而不需覆盖；硝酸钾全部为水溶性养分，可全部为作物所吸收，不会给生态系统残留有害物质，是真正的绿色化肥。

② 对氯离子敏感作物施用硝态氮比铵态氮更为有利，因为硝酸钾中的硝态氮能阻止作物吸收土壤中的氯；硝酸钾所含硝基氮在任何温度下均可向作物迅速提供养分，故特别适用于冬季作物。硝酸钾可用于受恶劣气候影响的作物，使其能够迅速吸收养分，恢复生长。

③ 硝态氮在任何条件下都能迅速提供养分，适用于任何农作物、任何季节，具有广谱适应性；硝酸钾特别适用于烟草、咖啡、茶叶、瓜果、蔬菜、花卉等喜钾的旱地经济作物，可明显提高经济作物的产量和品质及瓜果等产品的档次。

④ 不会在土壤中造成盐类的积累，能改善土壤性状。硝酸钾肥的施用不会导致土壤盐渍化板结，或因盐类在农作物根部积聚而引起作物病变。

⑤ 是制造液体肥料和复混肥料的最佳原料之一。

（3）硝酸钾在农业上的用途

① 硝酸钾包含氮、钾两种植物所需大量元素。硝酸钾是能够提供两种大量元素的肥料，这两种元素在植物中的含量都是最高的。

② 硝酸钾吸收效率高。K^+ 和 NO_3^- 的协同作用有助于植物的根部吸收两种离子。另外，带负电的硝酸根离子和带正电的钾离子之间的亲和性阻止了土壤颗粒对钾离子的吸附，使得钾离子可被植物吸收的时间延长。

③ 硝酸钾提高植株抗霜冻性能。硝酸钾中的钾有助于细胞壁增厚，增加细胞内电解质浓度，从而增加植物的耐霜冻能力。

④ 硝酸钾增强植物对病害的抵抗力。硝酸钾中的钾消除了短链糖类和非蛋白氮的积聚，而它们本身是细菌、真菌、线虫和病毒入侵的温床。

⑤ 硝酸钾增强耐旱性。硝酸钾有助于建立和扩大根部系统，能更好地吸收土壤中的水分。

⑥ 硝酸钾提高产量。钾的充足供应有助于作物的高产优质。因此，施用钾肥可获得更高价值的产品并为种植者带来更高的投资回报。

⑦ 硝酸钾改善土壤性状。硝酸钾中的硝酸盐增加根部表面的 pH 值：根吸收硝酸盐后会释放出氢氧根离子（OH^-），并在根部区域形成微碱性环境，从而改善酸性土壤性状。硝酸钾提高磷和微量元素的有效性：硝酸钾中的硝酸盐能促进有机酸（羧酸）的形成，并使它们不断渗透到生长介质中，反过来，这也有助于土壤颗粒中的磷和微量元素释放到土壤溶液中。

⑧ 硝酸钾减少盐度。硝酸钾中的硝酸根离子能够减少植物对土壤溶液或灌溉水中氯的吸收。同理，硝酸钾中的钾离子可减少钠的毒害效应。因此，极力推荐将硝酸钾施用于盐敏感的作物以及当灌溉水质量差时施用。

⑨ 硝酸钾中的钾元素对以下品质参数有积极作用：果实增大且均匀，果实外观着色更佳，很少出现表皮颜色瑕疵或由机械损伤或病害等造成的损伤痕迹；蛋白质、油、维生素 C 等含量高；提高口感及风味品质。特别适用于忌氯作物，如烟草、番茄、柑橘、葡萄、马铃薯、草莓、豆类、结球甘蓝、莴苣、花生、胡萝卜、洋葱、蓝莓、烟草、杏、柚子和鳄梨。

⑩ 硝酸钾可以以结晶粉和颗粒的形式存在，因此适用于多种施肥方法。高效率的施肥方式如灌溉施肥、叶面喷施、追肥和缓控施肥措施确保了将营养元素适时、适地、适量地施用。

7.5.2.3 农业应用前景

目前，农用硝酸钾的应用十分广泛，随着市场对硝酸钾产品认知度的提高，下游部分现代新兴工业和高科技产业的迅猛发展，硝酸钾产品的地位将愈发重要。随着我国种植产业结构的调整，高效农业将得到政策的大力扶持，农业种植将向更加高效、专业和规范化发展。

因此，高端肥料市场需求将保持增长态势。水肥一体化的加速布局[27]，也将推动我国水溶肥需求的增长，而硝酸钾是水溶肥的原料，具有养分含量高、水溶性好以及施肥后无残留物不会造成土壤板结等特点。此外，我国高附加值的经济作物发展也将拉动硝酸钾需求。除烟草专用肥外，我国茶叶、水果、花卉等高端经济作物的发展也将带动硝酸钾的需求。预计未来农用硝酸钾需求将继续增长。

7.5.3 工业用硝酸钾

7.5.3.1 基本理化性质

硝酸钾危险特性：强氧化剂，遇可燃物着火时，能助长火势；与有机物、还原剂、易燃物如硫、磷等接触或混合时有引起燃烧爆炸的危险；燃烧分解时，放出有毒的氮氧化物气体。受热分解，放出氧气。有害燃烧产物：氮氧化物。

硝酸钾贮存注意事项：贮存于阴凉、干燥、通风良好的库房，远离火种、热源，应与还原剂、酸类、易（可）燃物、活性金属粉末分开存放，切忌混贮。

禁配物：强还原剂、活性金属粉末、强酸、易燃或可燃物、铝。

7.5.3.2 工业用途

在工业上，硝酸钾是一种重要的无机化工原料，可用于制造矿山火药、引火线、爆竹等黑色火药，还可用于焰火生产紫色火花、机械热处理淬火的盐浴、玻璃澄清剂及制造汽车灯玻壳、光学玻璃、计算机和彩电玻壳等；陶瓷工业用于制造瓷釉彩药；用作催化剂、选矿剂等；在电镀中用作纯化原料和助剂；在医药上用作利尿剂、发汗剂、清凉剂及生产青霉素钾盐、利福平等药物；食品工业中用作发色剂、护色剂、抗微生物剂、防腐剂。还可用于制作卷烟纸[28]。

（1）熔盐级 熔融盐是指盐的熔融态液体，熔融盐有不同于水溶液的诸多性质，如高温下的稳定性、在较宽温度范围内的低蒸气压、低黏度、良好的导热性、低腐蚀性、较高的离子迁移和扩散速度、高热容量、溶解各种不同材料的能力等。

硝酸钾是硝酸熔盐重要的单体盐之一，硝酸熔盐作为一种无机化合物熔盐，以其电导率低、黏度小、导热性能好、腐蚀性弱、蒸气压低、使用温度范围广和价格便宜等优点受到重视，在熔盐蓄热传热、反应介质、熔盐电解液、废热利用、金属及合金制造、高温燃料电池等方面得到广泛应用。

根据应用领域的要求不同，所使用的熔盐产品亦有所区别。常见的硝酸熔盐品种有二元盐（KNO_3+$NaNO_3$）、三元盐（KNO_3+$NaNO_3$+$NaNO_2$）和低熔点熔盐产品等。对于光热发电而言，二元熔盐（40%KNO_3+60%$NaNO_3$）的应用较为广泛及成熟。

① 硝酸熔盐在一般工业上的应用 硝酸熔盐在一般工业上的应用已经多年，技术比较成熟，早期硝酸熔盐主要作为传热蓄热介质在化学和石油化工行业得到广泛应用。其中使用较多的是三元盐，简称 HTS。

在非循环系统中，HTS 熔盐由于有低的蒸气压常被用于炼油行业，其主要应用在天然气脱水、重油稳定化处理和氨水吸收制冷系统氨的再生领域。

敞开的 HTS 熔盐非循环池也可用于金属处理和清洗、浸泡用于制造尼龙和轮胎铸造的金属模具等。

石油工业需要大量的HTS熔盐作为传热介质，化学工业采用HTS熔盐作为高温反应加热和冷却介质，还可用于反应床冷却和废热蒸汽的产生等。

HTS熔盐广泛应用于汽车尾气中马来酸酐和邻苯二甲酸酐催化式排气净化器中。

② 硝酸熔盐在含氧化物制备方面的应用　性能优良的氧化物粉末的制备对于陶瓷行业和催化工业非常重要。固态氧化物在熔盐中的合成是一个很好的方法。与固态合成方法相比，熔盐方法只需很低的温度。因此，熔盐常被用于合成二元或者三元氧化物、磷酸盐和硫化物。

由于硝酸熔盐具有较低的熔点和很高的含氧碱度，所以非常适合作为无机物合成的溶剂，特别是用于氧化物的制备，其中用得较多的是KNO_3+$NaNO_3$熔盐体系。

③ 硝酸熔盐在太阳能方面的应用

a．太阳能发电：硝酸熔盐是优良的传热储能介质。随着光热发电技术的革新，所需要的传热介质使用温度愈来愈高，要求的传热能力也愈来愈强。熔盐在建筑供暖、谷电制热、风电消纳等方面都具有一定的应用前景。由于其具有较高的使用温度、高热稳定性、高比热容、高对流传热系数、低黏度、低饱和蒸气压、低价格等“四高三低”的优势，成为目前光热发电领域中认可度较高的传热储能介质[29]。

b．太阳能制氢：利用集中式太阳能热工厂为甲烷蒸汽催化制氢提供外部热量，用二元盐作为传热蓄热介质。

④ 硝酸熔盐的其他用途　硝酸熔盐作为传热流体可用于核工业的均相反应堆中。还可用于高温电催化、催化剂的电化学强化、热腐蚀、高温电化学抗腐等方面。

（2）光玻级　在工业方面，硝酸钾的用途也越来越广，特别是在光学玻璃的应用方面。美国在几年前就已经在光学玻璃方面大量使用硝酸钾，近几年欧洲和亚洲才开始在光学玻璃上使用硝酸钾，我国已经有部分厂家开始使用硝酸钾。随着人们物质生活水平的提高，优质光学玻璃将会有较快的发展。

玻璃化学强化过程中，KNO_3熔盐的活性对离子交换反应起着关键的作用，高品质光波级KNO_3是玻璃强化的现实需要。越来越多的玻璃制品都采用化学钢化以提高玻璃的强度，玻璃化学钢化效果对硝酸钾的纯度要求很高，且硝酸钾纯度越高，玻璃表面应力越高，钢化效果越好。

① 硝酸钾是制造黑色火药、引火线、烟花等的主要原料（硝酸钾含量约为75%）。

② 硝酸钾用于制造化学钢化玻璃。将玻璃浸入硝酸钾等组成的碱盐熔融液中，使玻璃表层中半径较小的离子与溶液中半径较大的离子交换，利用碱离子体积上的差别在玻璃表层形成嵌挤压应力。化学钢化玻璃强度高，其抗压强度可达125MPa以上，比普通玻璃大4～5倍；抗冲击强度也很高，热稳定性好，在受急冷急热时，不易发生炸裂是化学钢化玻璃的又一特点。这是因为化学钢化玻璃的压应力可抵消一部分因急冷急热产生的拉应力。化学钢化玻璃耐热冲击，最大安全工作温度为288℃，能承受204℃的温差变化。化学钢化玻璃方法用于增强薄玻璃效果显著，对厚玻璃的增强效果不甚明显，特别适合增强2～4mm厚的玻璃。

③ 硝酸钾用作玻璃澄清剂，制造汽车灯玻壳、光学玻璃和显像管玻壳等。硝酸钾作为澄清剂，一般作为供氧体与变价氧化物配合使用，能在玻璃熔制过程中高温分解（气化）产生气体或降低玻璃液黏度，促使玻璃液中气泡消除，提高玻璃质量。

④ 机械热处理过程中，硝酸钾用作淬火的盐浴。

⑤ 在陶瓷工业上，硝酸钾用于制造彩釉。

⑥ 硝酸钾和硝酸钠的混合物是集中太阳能发电（CSP）厂中储存热能必不可少的存储介质。CSP厂通过反射太阳光，以直接或间接加热硝酸钠钾组成的熔融硝酸盐混合物。此混合物由于其潜在的高热容量，可以非常有效地储存热能长达数天，储存的能量可随时释放，即使在无阳光照射的阴天也可立即释放。该工艺使得CSP厂能够每日长时间地持续发电，提高了发电效率。工业硝酸钾在该项目中的应用有望成为硝酸钾需求的重要增长点。

7.5.3.3 工业应用前景

非肥料级硝酸钾在工业上有着广泛的用途。随着我国电视机和计算机显像管材料的更新换代，硝酸钾在该领域的用量已大幅减少；从2010年后，工业硝酸钾在新能源太阳能蓄热储能方面的应用逐渐增加；另外，在光学玻璃和陶瓷工业中，工业硝酸钾的使用也展现了良好的发展前景。

光热熔盐项目的推进将对硝酸钾需求起到驱动作用。目前我国光热发电产业仍处于起步阶段，未来光电站项目将随着政策驱动加速。除了国内的光热项目外，我国还参与一些国际项目的建设，未来国际市场工业硝酸钾需求也将促进国内硝酸钾产业发展。总体来看，未来我国硝酸钾需求仍将保持增长趋势[30]。

7.5.4 副产品氯化铵

7.5.4.1 基本理化性质

氯化铵，分子式NH_4Cl，分子量53.5，白色粉末或略带黄色的方形、八面体形晶体，含氮量为26.1%，密度1.53g/cm^3，在350℃升华，无臭，味咸，有清凉性。吸湿性小，一般不易吸湿结块。当产品中含有氯化钾等杂质时，能吸潮结块。易溶于水，也溶于甘油和液氨中。水溶液呈弱碱性，在加热时酸性增强。对黑色金属和其他金属有腐蚀，特别对铜腐蚀性很强，而生铁尚能抵抗它的腐蚀。

氯化铵加热会升华或分解。在100℃时开始显著挥发，在337.8℃时分解为NH_3和HCl，遇冷后又重新化合生成颗粒极小的氯化铵，呈白色浓雾，不易下沉，也极不容易溶解于水中。

复分解法生产工艺的副产品氯化铵是不纯物，含有钾元素，因此称为农用氯化铵或含钾氯化铵。氯化铵目前尚无国家标准，采用企业标准生产。企标合格品按总氮折氯化铵约91.7%。农业用氯化铵是中国农业普遍使用的氮肥。这类工艺副产的氯化铵因含有氯化钾，含有氮、钾两种营养元素，更受农民欢迎。

7.5.4.2 含钾氯化铵用途

以复分解生产工艺生产的副产品氯化铵，含氯化铵约90%，含硝酸钾约5%。其他生产方法生产的氯化铵不含钾。因此，复分解法副产的含钾氯化铵肥效更高。

氯化铵一般作为肥料使用，或者作为复合肥的原料。氯化铵的肥料特性：

① 氯化铵用于水稻种植，生长壮实，抗倒伏、抗疾病能力强。

② 氯化铵用于小麦、玉米和棉花种植，由于所含氮素的硝基化过程缓慢，氮损失小，

在旱地的肥效也很好。

③ 氯化铵对土壤的影响。试验表明，大部分地块无残留，小部分残留很少，对作物无影响。

④ 不适合传统的对氯敏感作物。

7.5.4.3 氯化铵应用前景

国内氯化铵的产能超过1500万吨，几乎全部来自联碱企业，目前约90%的氯化铵用来生产复混肥。随着低浓度复混肥产量的下降，氯化铵需求或将减少。因此，积极拓展氯化铵市场将成为氯化铵行业发展的关键。

参考文献

[1] 周健民. 土壤学大辞典[M]. 北京：科学出版社，2013.
[2] 中国化工博物馆. 中国化工通史——行业卷[M]. 北京：中国化工博物馆，2014.
[3] 汪家铭. 硝酸钾生产现状与市场前景[J]. 西部煤化工，2011(1):64-69.
[4] 汤胜文. 国内外硝酸钾生产工艺综述[J]. 安徽化工，1998(1): 17-18,16.
[5] 张罡，董朝领. 国内市场农业用硝酸钾产品质量特点[J]. 山东化工，2016, 45(14):90-92,94.
[6] 李树民，贾国安，吴亚洲，等. 硝酸钾生产工艺及研究进展概述[J]. 山东化工，2016, 45(15):70-72.
[7] 张建策. 复分解法生产硝酸钾工艺研究[J]. 海湖盐与化工，2002, 31(4):12-14.
[8] 邓天龙，周桓，陈侠. 水盐体系相图及其应用[M]. 北京：化学工业出版社，2013.
[9] 魏文斌. 硝酸钾生产工艺研究[J]. 太原理工大学学报，2005, 36(S1):70-72.
[10] 潘明旺. 离子交换法生产高纯硝酸钾的工艺研究[J]. 河北化工，2000, 29(2):21-22.
[11] 谢伟胜. 溶剂萃取法制取硝酸钾研究进展[J]. 现代化工，2008(6):32-36.
[12] 唐文骞. 我国硝酸和硝酸钾的生产现状及发展方向[J]. 化工设计，2002(3):3-7,1.
[13] 马明德. 硝酸钾生产工艺及原料技术路线[J]. 化工管理，2016 (12):155.
[14] 李雅芙，刘素芹. 硝酸钾生产工艺综述[J]. 海湖盐与化工，2005, 34(3):27-30.
[15] 张永录. 钾硝石矿提取硝酸钾新工艺[J]. 无机盐工业，1993(4):3-5.
[16] 张罡. 硝酸钠转化法制取硝酸钾新工艺[J]. 化工设计，2009, 19(5):11-13.
[17] 王恒磊，姜媛媛，刘亭，等. 复分解法生产硝酸钾新工艺研究[J]. 无机盐工业，2017, 49(11):48-49,68.
[18] 段正康，谢帆，张涛. 硝酸钾生产工艺概述及复分解法存在的问题与对策[J]. 无机盐工业，2015, 47(5):4-8.
[19] 朱秀丽. 浅析离子交换法制备硝酸钾工艺[J]. 盐科学与化工，2017, 46(5):43-45.
[20] 李刚，张廷福. 我国硝酸钾技术进展[J]. 无机盐工业，2012(2):23-25,3-4.
[21] 马誉景，金央，李军，等. 硝酸和氯化钾直接制备硝酸钾工艺研究及优化[J]. 无机盐工业，2015, 47(3):31-34.
[22] 张罡. 我国硝酸钾生产工艺及装置概述[J]. 化肥工业，2011, 38(2): 7-12.
[23] 张罡，夏重阳，何斌鸿，等. 我国硝酸钾市场竞争力分析[J]. 化学工业，2007(9):16-18.
[24] 蔡建利，李蓉. 硝酸钾的生产市场及发展前景[J]. 中氮肥，2012(6):3-10.
[25] 黄敏. 全球硝酸钾市场分析：工农供需同步产量逐年增加[J]. 中国农资，2019(2):8.
[26] 张小娟. 农用硝酸钾发展现状及市场前景[J]. 磷肥与复肥，2020，35(6): 50-52.
[27] 汪家铭. 水溶肥发展现状及市场前景[J]. 氮肥技术，2011, 32(5):27-31.
[28] 熊增华，王兴富，王石军，等. 我国硝酸钾产业发展现状与展望[J]. 化工矿物与加工，2021, 5(12): 49-53.
[29] 夏循峰，杨灿辉，戴斌联. 硝酸钾生产工艺及市场分析[J]. 山东化工，2016, 45(12):128-130,132.
[30] 沈晃宏，张罡，谭淑珍. 我国硝酸钾现状与未来发展[J]. 化工技术经济，2002(6):20-22,25.

中国肥料研究与应用全书

Books of Fertilizer Research and Application in China

FERTILIZER

第8章

磷酸二氢钾

8.1 概述

8.1.1 基本理化性质

磷酸二氢钾，别名磷酸一钾，英文名称 monobasic potassium phosphate (AS)，potassium dihydrogen phosphate，monopotassium phosphate，分子式 KH_2PO_4，分子量 136.09。磷酸二氢钾为无色或白色带有光泽的斜方晶体，密度 2.338g/cm^3，熔点 252.6℃。

磷酸二氢钾在空气中稳定，在 400℃时失去水，变成偏磷酸盐。磷酸二氢钾易溶于水，1% 的水溶液呈酸性，pH 值约为 4.6，不溶于乙醇，水中溶解度为 83.5g/100mL，有一定的潮解性。加热至 200℃时开始脱水，在 240 ～ 260℃转变成偏磷酸钾。加热到 400℃时，熔成透明的液体，冷却后即固化为不透明的玻璃状物质偏磷酸钾[1]（KPO_3）。磷酸二氢钾在水中的溶解度见表 8-1。

表8-1　磷酸二氢钾在水中的溶解度[2]

温度 /℃	0	10	20	25	30	40	60	80	90
KH_2PO_4/%	12.88	15.50	18.45	20.04	21.90	25.10	33.40	41.30	45.50

8.1.2 主要品种

目前，我国生产的磷酸二氢钾产品品种有：农业级、工业级、食品级、饲料级、电子级及医药级。其中，电子级主要出口日本市场，市场需求比较坚挺。

8.1.3 产品质量标准

磷酸二氢钾有农业级、工业级、食品级、饲料级、医药级及电子级，其中工业级、农业级、食品级和饲料级各级别的质量规格要求如下所述。

8.1.3.1 工业级和农业级磷酸二氢钾标准

磷酸二氢钾现行标准分为《肥料级磷酸二氢钾》(HG/T 2321—2016)、《工业磷酸二氢钾》(HG/T 4511—2013)。《肥料级磷酸二氢钾》适用于农业用的磷酸二氢钾肥料产品。磷酸二氢钾最早的产品标准是国家标准总局发布的《磷酸二氢钾》(GB 1963—80)，包含农业用和工业用两种产品。后经国家技术监督局同意，化学工业部于 1992 年 6 月 1 日批准发布化工行业标准《磷酸二氢钾》(HG 2321—92)，自 1992 年 9 月 1 日起替代 GB 1963—80 施行。该标准适用工业用（医药、缓冲剂、培养剂等）和农业肥料用两种磷酸二氢钾产品，以强制性标准发布实施。2002 年 4 月，国家经济贸易委员会公开发布 2002 年第 18 号公告，将 509 项强制性行业标准调整为推荐性行业标准。“HG 2321—1992 磷酸二氢钾”列示于这份公告的附件中。自此，磷酸二氢钾产品标准应依法标注为“HG/T 2321—1992”。

2013 年 10 月 17 日，工业和信息化部以第 52 号公告发布了 811 项工业行业标准，《工业磷酸二氢钾》（HG/T 4511—2013）化工行业标准被批准自 2014 年 3 月 1 日起实施。肥料级磷酸二氢钾产品于 2017 年开始执行 HG/T 2321—2016 标准。两个标准的具体要求见表 8-2 和表 8-3。

表8-2　我国工业级磷酸二氢钾技术规格要求（HG/T 4511—2013）[3]

项目	等级		
	优等品	一等品	合格品
磷酸二氢钾（KH_2PO_4）（以干基计）/%	≥ 99.0	≥ 98.0	≥ 97.0
氧化钾（K_2O）/%	≥ 34.0	≥ 33.5	≥ 33.0
水分 /%	≤ 0.5	≤ 1.0	≤ 1.5
氯化物（以 Cl 计）/%	≤ 0.05	≤ 0.2	—
铁（Fe）/%	≤ 0.003	≤ 0.008	—
砷（As）/%	≤ 0.005	≤ 0.015	—
重金属（以 Pb 计）/%	≤ 0.005	≤ 0.008	
水不溶物 /%	≤ 0.1	≤ 0.2	≤ 0.5
pH 值（30g/L 溶液）	4.3 ～ 4.7		

表8-3　我国肥料级磷酸二氢钾技术规格要求（HG/T 2321—2016）[4]

项目	等级		
	优等品	一等品	合格品
磷酸二氢钾（KH_2PO_4）/%	≥ 98.0	≥ 96.0	≥ 94.0
水溶性五氧化二磷（P_2O_5）/%	≥ 51.0	≥ 50.0	≥ 49.0
氧化钾（K_2O）/%	≥ 33.8	≥ 33.2	≥ 30.5
水分 /%	≤ 0.5	≤ 1.0	≤ 1.5
氯化物（Cl）/%	≤ 1.0	≤ 1.5	≤ 3.0
水不溶物 /%	≤ 0.3		
pH 值	4.3 ～ 4.9		
砷及其化合物（以 As 计）/%	≤ 0.0050		
镉及其化合物（以 Cd 计）/%	≤ 0.0010		
铅及其化合物（以 Pb 计）/%	≤ 0.0200		
铬及其化合物（以 Cr 计）/%	≤ 0.0500		
汞及其化合物（以 Hg 计）/%	≤ 0.0005		

8.1.3.2　食品级磷酸二氢钾标准

我国食品添加剂磷酸二氢钾标准为《食品安全国家标准　食品添加剂　磷酸二氢钾》

（GB 1886.337—2021），适用于以氢氧化钾和食品添加剂磷酸（含湿法磷酸）为原料生产的食品添加剂磷酸二氢钾，于 2021 年 8 月 21 日开始执行。

食品添加剂磷酸二氢钾标准主要技术要求如下：感官要求应符合表 8-4 的规定；理化指标应符合表 8-5 的规定。

表8-4　GB 1886.337—2021感官要求[5]

项目	要求	检验方法
色泽	无色或白色	取适量试样置于 50mL 烧杯中，在自然光下观察色泽和组织状态
组织状态	晶体、晶体粉末或颗粒	

表8-5　GB 1886.337—2021理化指标

指标名称	指标
磷酸二氢钾 (KH_2PO_4) (以干基计)/%	≥ 98.0
干燥减量 /%	≤ 1.0
水不溶物 /%	≤ 0.2
pH 值 (10g/L 水溶液)	4.2 ～ 4.7
氟（F）/（mg/kg）	≤ 10.0
铅（Pb）/（mg/kg）	≤ 2.0
砷（As）/（mg/kg）	≤ 3.0
重金属（以 Pb 计）/（mg/kg）	≤ 10

8.1.3.3　饲料级磷酸二氢钾标准

饲料级磷酸二氢钾早期有行业标准 HG/T 2860—2011，替换了 1997 年的行业标准，于 2012 年 7 月 1 日执行。在 2017 年时，饲料级磷酸二氢钾制定了国家标准《饲料添加剂　磷酸二氢钾》（GB 34470—2017），于 2018 年 5 月 1 日开始执行，适用于热法磷酸和湿法磷酸生产的饲料添加剂磷酸二氢钾，其主要理化技术指标应符合表 8-6 的规定。

表8-6　GB 34470—2017理化技术指标[6]

指标名称	指标
磷酸二氢钾（KH_2PO_4）（以干基计）/%	≥ 98.0
磷酸二氢钾（以 P 计）/%	≥ 22.3
磷酸二氢钾（以 K 计）/%	28.0 ～ 32.0
氟（F）/（mg/kg）	≤ 200
砷（As）/（mg/kg）	≤ 10
铬（Cr）/（mg/kg）	≤ 30
硫酸盐（以 SO_4^{2-} 计）/%	≤ 0.5
干燥减量 /%	≤ 0.5
水不溶物 /%	≤ 0.2

8.1.3.4 医药级磷酸二氢钾标准

医药级磷酸二氢钾的标准主要收入药典中，其主要指标如表 8-7 所示。

表8-7 医药级磷酸二氢钾技术指标

指标名称	指标	指标名称	指标
磷酸二氢钾（KH_2PO_4）（以干基计）/%	≤ 98.0	水不溶物 /%	≤ 0.2
砷（As）/%	≤ 0.0003	铅（Pb）/%	≤ 0.0005
重金属（以 Pb 计）/%	≤ 0.002	干燥失重 /%	≤ 1
氟（以 F 计）/%	≤ 0.001		

8.1.3.5 化学试剂磷酸二氢钾标准

化学试剂磷酸二氢钾标准 GB/T 1274—2011，产品纯度较高，分为分析纯和化学纯两个级别，于 2011 年 12 月 1 日开始执行。主要指标规格见表 8-8。

表8-8 GB/T 1274—2011技术指标[7]

指标名称	分析纯	化学纯
磷酸二氢钾（KH_2PO_4）（以干基计）/%	≥ 99.5	≥ 99.0
pH 值（50g/L，25℃）	4.2 ～ 4.5	4.2 ～ 4.5
澄清度试验 / 号	≤ 2	≤ 4
水不溶物 /%	≤ 0.002	≤ 0.005
干燥失重 /%	≤ 0.2	≤ 0.3
氯化物（Cl）/%	≤ 0.001	≤ 0.005
硫酸盐（以 SO_4^{2-} 计）/%	≤ 0.003	≤ 0.005
总氮量（N）/%	≤ 0.001	≤ 0.002
砷（As）/%	≤ 0.0005	≤ 0.002
钠（Na）/%	≤ 0.02	≤ 0.05
铁（Fe）/%	≤ 0.001	≤ 0.005
重金属（以 Pb 计）/%	≤ 0.001	≤ 0.005

8.1.4 产品生产历史

20 世纪 80 年代，国际磷酸盐制造者协会在相关的技术会议上，推出了以磷矿、硫酸和钾盐为原料生产磷酸二氢钾的工艺，此工艺由爱尔兰哥尔丁肥料公司首次公布，被认为是生产磷酸二氢钾比较经济的方法。随后，以色列、美国、日本等国都相继进行了研究并有所发展[8]。该法是将硫酸与氯化钾反应生成硫酸氢钾和氯化氢，氯化氢经水吸收作为副产物盐酸，而硫酸氢钾、过量的硫酸再与磷矿反应生成磷酸二氢钾、氢氟酸与磷酸的混合液及磷石膏，氢氟酸加入 SiO_2 脱氟得到四氟化硅，用水（或氢氧化钠）吸收作为副产物氟硅酸（或氟硅酸钠），反应式如下：

$$KCl+H_2SO_4 = KHSO_4+HCl\uparrow \tag{8-1}$$

$$2Ca_5F(PO_4)_3+3KHSO_4+7H_2SO_4+20H_2O = 3KH_2PO_4+3H_3PO_4+10CaSO_4\cdot 2H_2O\downarrow +2HF\uparrow \tag{8-2}$$

$$4HF+SiO_2 = SiF_4\uparrow +2H_2O \tag{8-3}$$

将转化液过滤，滤渣为磷石膏，滤液为磷酸二氢钾与磷酸的混合液（简称磷钾液），经浓缩后用甲醇沉淀，得到磷酸二氢钾，经过滤、洗涤、干燥得到产品磷酸二氢钾，滤液经蒸馏回收甲醇可得到较纯的磷酸。

以色列 Rotem 公司采用在此基础上改进了的直接法流程，其改进之处是磷酸二氢钾的分离不使用溶剂萃取。Rotem 公司于 1987 年在美国申请了该工艺的专利，1988 年进行中试，1990 年建设了一座工业规模装置，于 1993 年 8 月投产。该新工艺使用了较廉价的原料——磷矿石、硫酸和氯化钾，而不是现有磷酸二氢钾工艺所使用的价格较高的工业级磷酸和氢氧化钾，从而大大降低了磷酸二氢钾的生产成本，其产品成本低廉，具有很强的国际市场竞争力。

20 世纪 80 年代初，我国科研人员研发了以氯化钾为原料生产磷酸二氢钾的新工艺，国内进行离子交换法生产磷酸二氢钾工艺开发的单位是湖北化学研究所[9]。1980 年，该所开发的离子交换法生产磷酸二氢钾工艺获国家发明奖。该所在湖北省黄梅县和武汉市无机盐化工厂分别进行了年产 500 吨、1000 吨离子交换法生产磷酸二氢钾的中试试验，根据考核，生产成本比当时中和法低 1/3，产品中磷酸二氢钾质量分数＞ 98%。四川化工研究设计院开发的磷酸二氢钾生产新技术，具有产品质量好、经济效益明显的优势。其技术方案是以氯化钾、磷酸和专用助剂为原料，通过直接反应生产磷酸二氢钾和副产盐酸，专用助剂可再生利用。在农业上用作高效复合肥，总养分（$K_2O+P_2O_5$）为 86%，是配制 N、P、K 三元复混肥的优质基础原料。

此后，我国磷酸二氢钾的生产厂家迅速发展到 40 余家，成为世界上最大的磷酸二氢钾生产国和消费国。磷酸二氢钾生产主要集中在四川和湖北两地。从生产厂家看，不论是采用中和法或复分解法的生产企业，现在都没有形成大型专业化厂家，产品目前大多仍是磷酸盐企业的小品种。国内绝大多数厂家采用中和法生产磷酸二氢钾，利用离子交换法和有机萃取法生产磷酸二氢钾的工艺技术也在日趋完善。

焦作大学化工研究所此后还研发成功了生产磷酸二氢钾的新复分解工艺，该工艺通过复分解反应生产磷酸二氢钾，工艺技术先进，产品收率高，产品质量稳定。该工艺的特点是路线灵活，除生产磷酸二氢钾外还可根据作物的需要调整磷酸二氢钾的组成，原料易得，操作简单，设备投资少，建设周期短，成本低，无三废排放等。

8.2 磷酸二氢钾生产原理

磷酸二氢钾是磷酸盐工业的重要产品，广泛应用于农业、工业、化工、食品和医药等行业，主要生产方法有复分解法、中和法、萃取法、离子交换法、直接法等。国内主要使用中和法进行生产，几种生产工艺的生产原理介绍如下。

8.2.1 中和法生产原理

使用磷酸与氢氧化钾、碳酸钾等原料，进行酸碱中和反应。磷酸可以采用热法磷酸或工业净化磷酸，现阶段由于工业净化磷酸成本低于热法磷酸，所以主要以工业净化磷酸和氢氧化钾或碳酸钾反应[10]。其化学反应如下：

$$KOH+H_3PO_4 = KH_2PO_4+H_2O \tag{8-4}$$

$$K_2CO_3+2H_3PO_4 = 2KH_2PO_4+H_2O+CO_2\uparrow \tag{8-5}$$

8.2.2 复分解法生产原理

（1）磷酸与氯化钾工艺　使用磷酸与氯化钾作为原料，利用磷酸在高温的作用下使氯化钾分解，并与磷酸进行第一取代生产磷酸二氢钾，逸出气体氯化氢，其化学反应原理如下：

$$H_3PO_4+KCl = KH_2PO_4+HCl\uparrow \tag{8-6}$$

（2）磷酸盐与氯化钾工艺　使用磷酸盐与氯化钾作为原料，利用磷酸盐与氯化钾发生复分解反应，生成磷酸二氢钾与其他副产盐。常见的是用磷酸二氢铵或磷酸二氢钠与氯化钾进行反应，得到磷酸二氢钾产品与氯化铵或者氯化钠副产物，再根据其系统相图结晶分离，也可以利用磷酸二氢钾不溶于醇的性质用乙醇进行分离，最终回收利用乙醇。其化学反应原理如下：

$$NaH_2PO_4+KCl = KH_2PO_4+NaCl \tag{8-7}$$

$$NH_4H_2PO_4+KCl = KH_2PO_4+NH_4Cl \tag{8-8}$$

8.2.3 离子交换法生产原理

利用苯乙烯离子交换树脂，在氯化钾溶液中将铵型树脂转化为钾型树脂，从而吸附氯化钾中的钾离子，再与磷酸二氢铵进行离子交换，得到磷酸二氢钾溶液[11]。再经过浓缩，冷却结晶、干燥后得到产品。阳离子交换树脂交换的是溶液中的阳离子，把阴离子留在溶液中，即为副产氯化铵。其化学反应如下：

$$NH_4R+KCl = NH_4Cl+KR \tag{8-9}$$

$$KR+NH_4H_2PO_4 = KH_2PO_4+NH_4R \tag{8-10}$$

8.2.4 萃取法生产原理

萃取法分有机萃取法和无机萃取法，其中有机萃取法是目前工业上常用的方法。该法是根据有机溶剂对不同化合物具有不同溶解度的特性，选择性地使用有机溶剂进行萃取分离来制取磷酸二氢钾。在合适的有机溶剂存在下，利用氯化钾和磷酸反应，生成的盐酸几乎被萃取到有机溶剂中，待分相、分离后，磷酸二氢钾从水相中结晶出来，洗涤干燥即得产品磷酸二氢钾。分离后母液及盐酸由反萃剂从有机相中反萃出来，反萃取剂在工艺过程中可循环使用[12]。其反应式为：

$$H_3PO_4+(N_2H_5)_3N = (N_2H_5)_3\cdot NH_3PO_4 \tag{8-11}$$

$$(N_2H_5)_3\cdot NH_3PO_4+KCl = KH_2PO_4+(N_2H_5)_3N\cdot HCl \tag{8-12}$$

$$2(N_2H_5)_3N\cdot HCl+Ca(OH)_2 = 2(N_2H_5)_3N+CaCl_2+2H_2O \tag{8-13}$$

8.2.5 其他方法生产原理

其他磷酸二氢钾制备方法还有很多，如直接法、电渗析法、磷酸脲法、磷酸二氢钙法、磷酸二氢铵法等。这些方法与中和法及复分解法工艺相比，存在成本高、能耗大、设备受限、收率低、经济性差等多方面缺点，大部分工艺仅处于实验室研究阶段，少部分工艺实现了工业化生产。

（1）直接法 以磷矿、硫酸、氯化钾为原料生产磷酸二氢钾。硫酸与氯化钾反应生成硫酸氢钾，然后硫酸氢钾、硫酸与磷矿粉一起反应生成含 KH_2PO_4 的磷酸溶液，再用甲醇沉淀 KH_2PO_4 母液，甲醇经蒸馏回收，循环使用，同时得到部分磷酸。其主要化学反应方程式如下[13]：

$$KCl+H_2SO_4 = KHSO_4+HCl\uparrow \tag{8-14}$$

$$KHSO_4+Ca_3(PO_4)_2+2H_2SO_4+2H_2O = KH_2PO_4+H_3PO_4+3CaSO_4\cdot 2H_2O\downarrow \tag{8-15}$$

（2）电渗析法 该方法以氯化钾和磷酸为原料，利用离子交换膜在电场作用下制备磷酸二氢钾。在阳极室通入净化的 KCl 溶液，阴极室通入 H_3PO_4，在电场作用下，阴极 H_3PO_4 解离为 H^+ 和 $H_2PO_4^-$，K^+ 穿过阳离子交换膜，进入阴极室的 K^+ 与阴极室的 $H_2PO_4^-$ 结合为 KH_2PO_4。其发生的离子迁移和电极反应过程如下[14]：

$$\text{阳极室：}2Cl^- -2e^- = Cl_2\uparrow \text{（阳极氧化）}$$

$$\text{阴极室：}2H^+ +2e^- = H_2\uparrow \text{（阴极还原）}$$

$$K^+ + H_2PO_4^- = KH_2PO_4 \tag{8-16}$$

（3）磷酸脲法 以湿法磷酸、尿素、氢氧化钾为原料，湿法磷酸与尿素首先合成中间体磷酸脲，经分离后制得磷酸脲结晶，然后磷酸脲与氢氧化钾溶液反应生成磷酸二氢钾。其主要化学反应方程式如下[15]：

$$H_3PO_4+CO(NH_2)_2 = CO(NH_2)_2\cdot H_3PO_4 \tag{8-17}$$

$$CO(NH_2)_2\cdot H_3PO_4+KOH = KH_2PO_4+CO(NH_2)_2+H_2O \tag{8-18}$$

（4）磷酸二氢钙法 以普钙（或重钙或饲料级磷酸二氢钙）和硫酸钾为原料，利用磷酸二氢钙水溶性特点，将它与硫酸钾溶液混合，生成磷酸二氢钾和难溶性硫酸钙沉淀物，经分离制得磷酸二氢钾。其化学反应方程式如下[16]：

$$Ca(H_2PO_4)_2\cdot H_2O+K_2SO_4 = CaSO_4\downarrow +2KH_2PO_4+H_2O \tag{8-19}$$

$$Ca(H_2PO_4)_2 = CaHPO_4\downarrow +H_3PO_4 \tag{8-20}$$

$$K_2SO_4+CaSO_4+H_2O = K_2SO_4\cdot CaSO_4\cdot H_2O \tag{8-21}$$

（5）磷酸二氢铵法 以磷酸二氢铵溶液和氢氧化钾溶液为原料，反应生成磷酸二氢钾溶液和氨气，氨气回收至磷酸二氢铵溶液循环使用。其化学反应方程式如下[17]：

$$KOH+NH_4H_2PO_4 = KH_2PO_4+H_2O+NH_3\uparrow \tag{8-22}$$

8.3 磷酸二氢钾生产工艺

8.3.1 酸碱中和法生产工艺

中和法的生产是以 75% 磷酸或 85% 工业净化磷酸和氢氧化钾碱液为原料最具代表性。

具体工艺流程为：将浓度为45%左右的氢氧化钾碱液（KOH）经计量后加入反应釜内，在带有搅拌和蒸汽夹套的反应釜中，在搅拌情况下缓慢地加入50%～85%的工业净化磷酸，在85～100℃下进行中和反应，控制反应终点的pH值在4.2～4.6之间，浓度控制在35～43°Bé；中和完毕后在闪冷结晶器中闪冷结晶，维持结晶器真空度60～70kPa，温度50～52℃，将中和料浆搅拌冷却至40℃以下，析出磷酸二氢钾结晶；经过冷却结晶后，送入离心机进行离心分离脱水，分离后所得磷酸二氢钾湿晶体送入振动流化床进行干燥，干燥后得到磷酸二氢钾产品送去包装。分离清母液中仍含有磷酸二氢钾、游离酸等，返回作为中和缓冲液循环利用。母液经板框压滤机过滤回收结晶后，送往蒸发器浓缩至相对密度为1.5左右，再放入结晶器中冷却结晶，离心分离又得到磷酸二氢钾产品。

中和法生产工艺流程如图8-1所示，设备流程如图8-2所示。

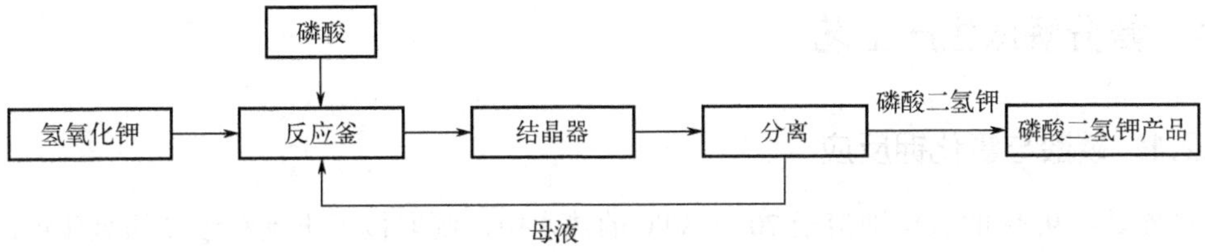

图8-1　中和法生产工艺流程

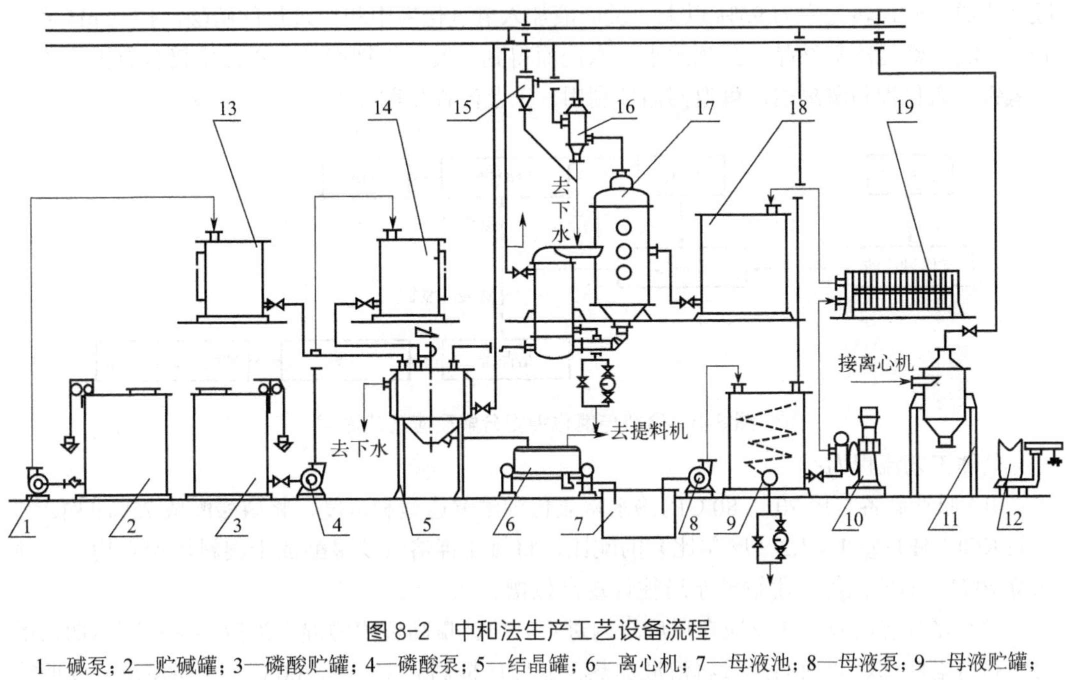

图8-2　中和法生产工艺设备流程

1—碱泵；2—贮碱罐；3—磷酸贮罐；4—磷酸泵；5—结晶罐；6—离心机；7—母液池；8—母液泵；9—母液贮罐；10—泥浆泵；11—提料罐；12—磅秤；13—碱计量罐；14—酸计量罐；15—捕集器；16—冷凝器；17—蒸发器；18—母液罐；19—过滤机

该法的特点是工艺流程短、技术成熟、设备投资省、产品质量稳定、能耗低、投资少，但生产原料成本较高，价格高难以作为农业肥料应用，主要用于生产食品、医药和工业级的磷酸二氢钾。中和法生产磷酸二氢钾的主要消耗指标见表8-9。

表8-9 中和法生产磷酸二氢钾主要消耗指标

原料名称	规格	单耗	备注
工业净化磷酸	75%H_3PO_4/85%H_3PO_4	≤ 0.53t P_2O_5/t	工业级
氢氧化钾溶液	48%KOH	≤ 0.42t KOH/t	工业级
电		≤ 60kW·h/t	
蒸汽	0.5MPa	≤ 1.30t/t	
水		≤ 0.80m^3/t	

中和法是目前国内主流的磷酸二氢钾生产工艺，占总产量85%以上。随着湿法磷酸直接制备磷酸二氢钾技术的发展，中和法未来缺乏足够的市场竞争力。

8.3.2 复分解法生产工艺

8.3.2.1 磷酸与氯化钾反应

将含量≥95%的氯化钾溶于70～80℃的热水中，制取接近于饱和浓度的氯化钾溶液，与75%以上的磷酸，按照KCl∶H_3PO_4=1∶1.2（摩尔比）的配比加入反应器中，升温至120～130℃进行复分解反应，随着反应的进行而生产磷酸二氢钾和氯化氢，氯化氢经过冷凝回收成盐酸，转化率为95%以上。反应液加入氢氧化钾中和掉过量的磷酸，控制pH值在4.4～4.8，经过冷却结晶、分离脱水、水洗而得到磷酸二氢钾产品。母液中仍含有大量磷酸二氢钾、氯化钾和游离酸，可返回循环利用。工艺流程见图8-3。

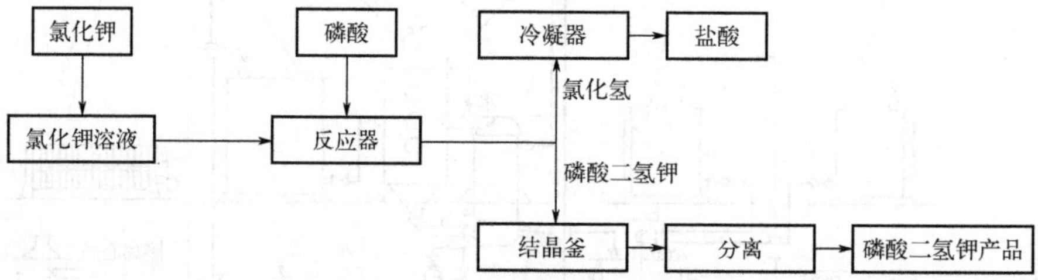

图8-3 磷酸与氯化钾复分解反应工艺流程

具体工艺流程为：

（1）原料制备 用70～80℃的热水将氯化钾溶解达饱和浓度，将磷酸配成75%的浓度。按照KCl∶H_3PO_4=1∶1.2（摩尔比）的配比，将氯化钾溶液及磷酸放于混料槽混合均匀，并保持70℃左右的温度，用输液泵送往计量高位槽。

（2）复分解反应 此反应在反应塔内进行。将计量高位槽的混合溶液连续不断地加入塔内，利用塔底部燃烧油的热量将溶液加热。温度应提高到170～260℃，才能使反应周期缩短。反应产生的氯化氢气体经文氏管被水或稀盐酸溶液吸收成稀盐酸溶液进入盐酸槽，并循环吸收以提高浓度成为副产盐酸。

（3）中和反应 反应塔出来的溶液进入中和槽，加入稀氢氧化钾溶液中和，控制终点pH值在4.4～4.6之间。

（4）结晶 用输液泵将中和槽溶液送往浓缩锅，用蒸汽加热浓缩，温度控制在120℃

左右，相对密度为1.38～1.42，时间约2h（若反应温度大于220℃，则可缩短浓缩时间为1h）。将浓缩液放入结晶槽中冷却至36℃以下，产生大量结晶。

（5）脱水干燥 将结晶槽的结晶放入离心机内脱水即得湿料。将湿料送入干燥机内，用热风烘去水分，即可包装作为产品出售。离心机流出的母液用泵送往混料槽。

复分解法工艺流程设备如图8-4所示。

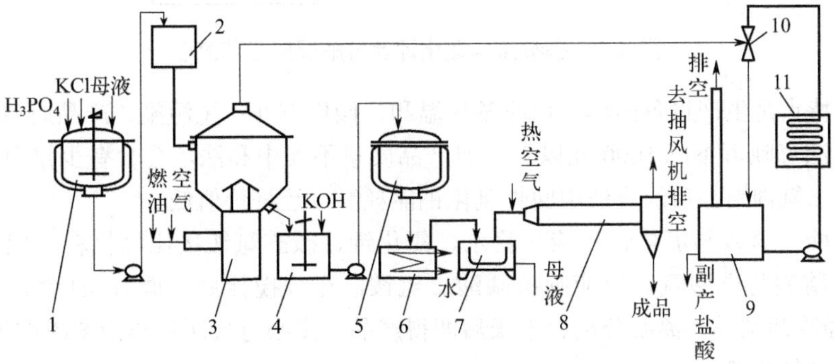

图8-4 复分解法工艺流程设备

1—混料槽；2—计量高位槽；3—反应塔；4—中和塔；5—浓缩锅；6—结晶槽；7—离心机；8—干燥机；9—盐酸槽；10—文氏管；11—冷却器

氯化钾与磷酸复分解法主要消耗定额见表8-10。

表8-10 氯化钾与磷酸复分解法消耗定额

原料名称	规格	单耗
湿法磷酸	25%P_2O_5	≤1.05tP_2O_5/t
氨气	99%NH_3	≤0.26t/t
氯化钾	98%KCl	≤0.85t/t
工业净化磷酸	85%H_3PO_4	≤0.13t/t
滤渣副产品		≤0.80t/t
氯基复合肥副产品		≤1.20t/t
煤		≤0.25t/t
电		≤280 kW·h/t
蒸汽	0.5MPa	≤1.6t/t
水		≤6m^3/t

8.3.2.2 磷酸盐与氯化钾反应

将磷酸盐与配好的氯化钾进行反应，氯化钾略微过量，加热升温至110℃左右，pH值调至4～5浓缩，搅拌均匀，待反应充分后，进行冷却结晶、离心干燥，得到产品磷酸二氢钾。剩余母液继续进行提浓，经蒸发、过滤、结晶得到副产物复合肥。磷酸盐与氯化钾复分解反应工艺流程见图8-5。

（1）磷酸二氢钠与氯化钾反应 采用磷酸与碳酸钠反应制备磷酸二氢钠，在溶解的氯化钾中按比例加入碳酸钠和磷酸，充分搅拌，pH值调至4～5，加热浓缩至110℃后，反应生成磷酸二氢钾，经冷却结晶、离心分离、干燥后即得产品。

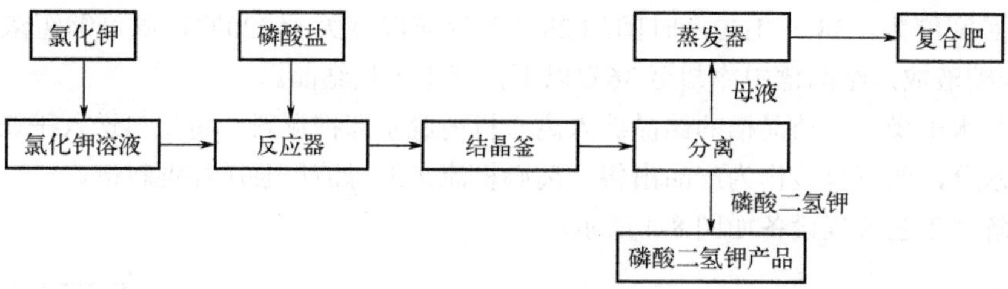

图 8-5　磷酸盐与氯化钾复分解反应工艺流程

该法的特点是生产设备简单、反应条件温和、操作方便、无污染、产品质量可靠，生产成本较中和法每吨可下降 1000 元以上。但产品质量不如中和法，会含有少量氯化钠。若要从分离磷酸二氢钾结晶后的母液中回收氯化钠能耗高，经济价值低。

（2）磷酸二氢铵与氯化钾反应　将水、氯化钾、碳酸氢铵按比例投料，然后加入规定量的磷酸，磷酸与碳酸氢铵反应制备磷酸二氢铵，充分搅拌后，调节 pH 值，加热浓缩至 110℃后，经冷却结晶、离心分离、干燥后即得产品。离心分离所得母液浓缩即为含氮、磷、钾等的多元素复合肥。

该法生产过程没有三废排放，吨产品生产成本较中和法可低 1600 元，较结晶法、萃取法、离子交换法可低 1000 元。但产品质量不高，只可用作农业肥料，其使用价值大大低于其他方法生产的磷酸二氢钾。

（3）磷铵与氯化钾反应　磷铵料浆法也是复分解法的一种，其工艺路线的特点是复分解后副产氯化铵可以和分离磷铵料浆后所剩含 N 和 P_2O_5 的固体杂质相配，生产最终副产复混肥。它避开了热法磷酸与氯化钾、湿法磷酸与氯化钾以及磷矿、硫酸与氯化钾等工艺路线副产物盐酸的出路问题，既降低了成本，又充分利用了生产过程中的固体废物。具体工艺流程图见 8-6。

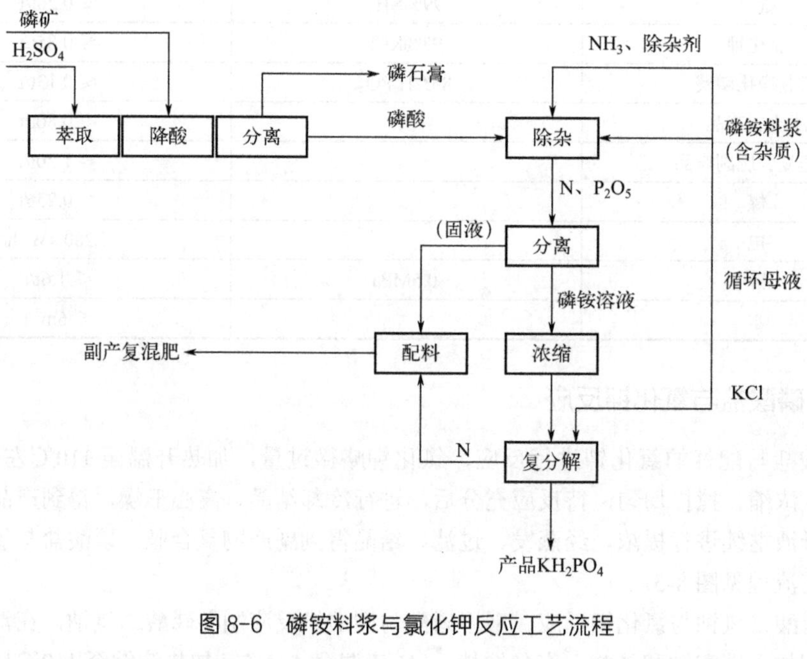

图 8-6　磷铵料浆与氯化钾反应工艺流程

磷铵料浆法主要消耗定额见表 8-11。

表8-11　磷铵料浆法消耗定额

原料名称	规格	单耗
磷矿	30% P_2O_5	2.50t/t
氯化钾	95%KCl	0.75t/t
硫酸	98%H_2SO_4	1.90t/t
液氨	99%NH_3	0.18t/t

复分解法的技术路线较为灵活，原料范围广，而且母液可循环使用。该法最大弱点在于磷酸和氯化钾高温反应中产生的氯化氢与蒸汽混合导致设备腐蚀严重；磷酸二氢钠和氯化钾工艺技术经济性较差，未能实现规模化生产；磷酸二氢铵与氯化钾复分解的收率不高，一般仅能达到92%，磷收率也偏低，通常可作为大量元素水溶肥或复合肥的生产原料使用；磷铵料浆法能有效控制生产成本，有相当的市场竞争力，母液可循环使用，料浆分离后的固体杂质被充分用于生产复混肥，为废物综合利用开辟了一条新途径。

8.3.3　离子交换法生产工艺

利用氯化钾溶液通过苯乙烯系阳离子交换树脂，从溶液中吸附钾离子，然后将磷酸二氢铵溶液通过树脂进行置换，制得磷酸二氢钾溶液，料液经浓缩、冷却结晶、离心分离、干燥后得到成品磷酸二氢钾，结晶母液返回到浓缩工段循环使用。离子交换法的工艺流程见图 8-7。

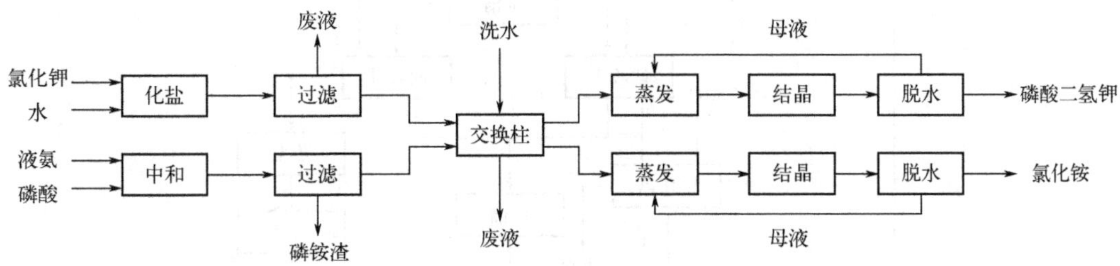

图 8-7　离子交换法工艺流程

具体流程是：先用磷酸与液氨进行中和反应，得到磷酸二氢铵溶液，然后与配好的氯化钾溶液进行离子交换，得到氯化铵和磷酸二氢钾溶液，分别对母液进行提浓、冷却结晶、分离干燥后得到磷酸二氢钾产品与副产物氯化铵，残余母液可回收利用。

该法可用氨中和湿法磷酸除去大部分杂质，得到较纯磷酸二氢铵溶液作为离子交换的原料，同时用较廉价的氯化钾代替中和法所用的氢氧化钾，与中和法相比生产成本有较大下降。但该法的蒸发量太大，能耗过高，副产物氯化铵稀溶液处理困难，离子交换树脂价格昂贵，一次性投资较大。

8.3.4　萃取法生产工艺

8.3.4.1　有机溶剂萃取法

萃取法生产磷酸二氢钾是在磷酸与氯化钾的反应中，借助于助剂与反应生成物之一生成络合盐，进入有机相，从而促进其反应转化。此法可以避免直接反应所需要的高温及其产生的氯化氢带来的腐蚀问题，但使用的有机萃取剂较多。前几年，用有机溶剂萃取湿法磷酸的工业过程进展很快，并实现了工业化，成为精制磷酸最有效的方法之一，也为用湿法磷酸制取磷酸二氢钾提供了方便。采用有机溶剂萃取法，可选择性地对盐酸或磷酸进行萃取，排除粗磷酸中的离子型杂质，制取的产品质量高，产品中磷酸二氢钾质量分数＞99%。与中和法相比，生产成本可下降25%左右，能耗低。但缺点是磷酸回收率低，有机溶剂价格昂贵，对环境有污染。

具体的工艺流程为：以湿法磷酸和氢氧化钾为原料，用有机溶剂二丁基亚砜萃取粗磷酸，使50%～60%的磷酸进入有机相，将水分离后，用苛性钾水溶液进行反萃取，使纯磷酸从有机相转入水相生成磷酸二氢钾。水相分离后仍留有40%～50%的磷酸及杂质，用石灰石中和沉淀出磷酸钙（也可作磷肥）。回收三乙胺过程：加入氢氧化钙与三乙胺盐酸盐反应生成氯化钙，三乙胺则经蒸发回收。该法可供使用的萃取剂种类较多，如乙胺、二乙胺、三乙胺、异丙胺以及二丁基亚砜等。如果能降低溶剂消耗，并采用湿法磷酸，则更为理想。以二丁基亚砜为萃取剂的萃取法工艺流程见图8-8。

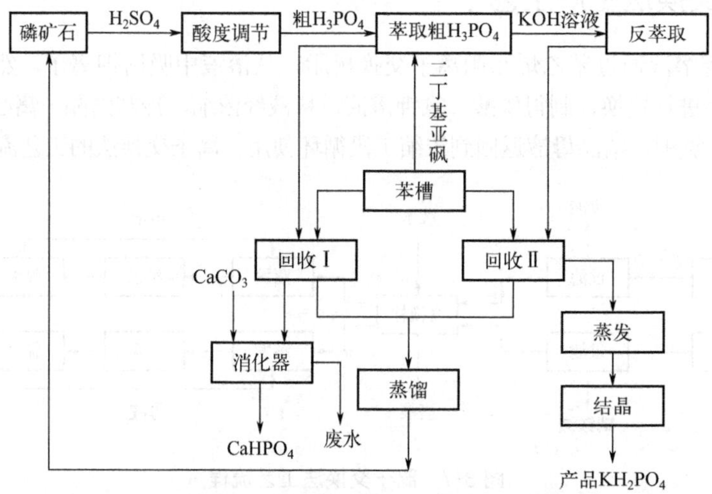

图8-8　有机溶剂萃取法工艺流程

近年来，溶剂萃取法生产磷酸二氢钾工艺得到了较快发展，特别是直接以湿法磷酸和氯化钾为原料的溶剂萃取法，具有明显的成本竞争优势，产品质量可以达到肥料级磷酸二氢钾优等品质量标准。以湿法磷酸为原料的溶剂萃取法生产磷酸二氢钾工艺技术，有望成为未来磷酸二氢钾产业发展的主要方向之一。

8.3.4.2　光卤石沉淀-萃取法

光卤石沉淀-萃取法以光卤石和纯化磷酸为原料，采用沉淀法和溶剂萃取法制取磷酸二氢钾。选用的沉淀剂为高氯酸铵、萃取剂为叔胺、反萃取剂为氢氧化铵水溶液、稀释剂为磺化煤油、调相剂为癸醇。其反应过程和萃取过程如下：

$$NH_4ClO_4+KCl = KClO_4+NH_4Cl \quad (8\text{-}23)$$

$$KClO_{4(A)}+H_3PO_4+R_3N_{(O)} = KH_2PO_{4(A)}+R_3NH^+ClO^-_{4(O)} \quad (8\text{-}24)$$

$$N_3RH^+ClO^-_{4(O)}+NH_4OH_{(A)}=\!=\!=N_3R_{(O)}+NH_4ClO_{4(O)}+H_2O \tag{8-25}$$

光卤石沉淀-萃取法制取磷酸二氢钾的工艺流程见图 8-9。

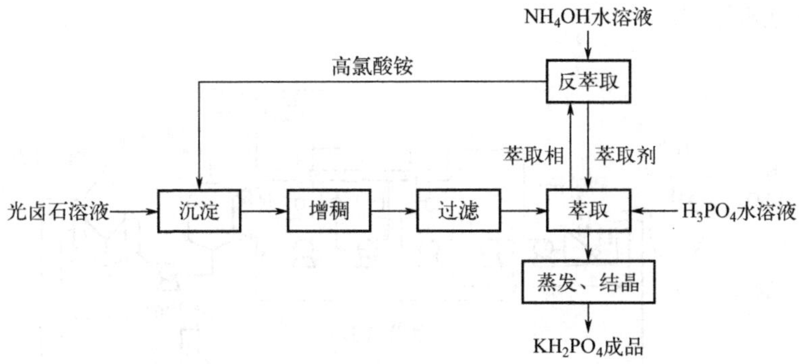

图 8-9　光卤石沉淀-萃取法制取磷酸二氢钾工艺流程

具体流程说明：①将高氯酸铵水溶液加入光卤石饱和溶液中进行沉淀反应，得到的高氯酸钾粗品纯度为 90% 以上，氯离子含量低于 5%，其中钾的回收率达 94% 以上。直接溶于磷酸水溶液中进行复分解反应。②萃取最佳工艺条件，有机相中萃取剂（N235）的浓度为 1.0mol/L；萃取反应时间为 20min；萃取反应温度为 60℃；错流萃取级数为 2 级，第一级相比 D/A 为 2∶1，第二级相继 D/A 为 1∶2。③用氢氧化铵水溶液进行反萃取时，有机溶剂的再生效果很好，20℃情况下一次反萃率可达 96% 以上。经反萃后得到的有机溶剂（N_3R）和沉淀剂（NH_4ClO_4）可循环使用。

8.3.5　直接法生产工艺

该法是将硫酸与氯化钾反应生成硫酸氢钾和氯化氢，氯化氢经水吸收作为副产物盐酸，而硫酸氢钾、过量的硫酸再与磷矿反应生成磷酸二氢钾、氢氟酸与磷酸的混合液及磷石膏。将转化液过滤，滤渣为磷石膏，滤液为磷酸二氢钾与磷酸的混合液磷钾液，经浓缩后用甲醇沉淀，得到磷酸二氢钾。再经过滤、洗涤、干燥得到产品磷酸二氢钾，滤液经蒸馏可回收甲醇并得到较纯的磷酸。

以色列 Rotem 公司的直接法流程是在此工艺基础上进行了改进，磷酸二氢钾的分离不再使用溶剂萃取。该新工艺使用了较廉价的原料磷矿石、硫酸和氯化钾来替代现工艺使用的价格较高的工业级磷酸和氢氧化钾，大大降低了磷酸二氢钾生产成本。

其主要反应为：

$$KCl+H_2SO_4=\!=\!=KHSO_4+HCl \tag{8-26}$$

$$3[3Ca_3(PO_4)_2\cdot CaF_2]+19H_2SO_4+11KHSO_4+SiO_2+56H_2O=\!=\!=9KH_2PO_4+9H_3PO_4 \\ +30CaSO_4\cdot 2H_2O+K_2SiF_6 \tag{8-27}$$

直接法制取磷酸二氢钾的工艺设备流程见图 8-10。

具体流程说明：①硫酸和氯化钾反应生成硫酸氢钾，反应逸出的氯化氢气体用水吸收生成 30% 的副产盐酸。②用硫酸氢钾和硫酸连同返回磷酸酸解磷矿粉。其间，由于 K^+ 的存在，它与磷矿粉中的氟和硅形成溶解度很小的氟硅酸钾沉析于石膏中，气相中几乎无氟化物逸出，应回收氟硅酸钾。酸解后可获得含 P_2O_5 24%、K_2O 6.7% 的酸解液，再蒸发浓缩，与此同时分解回收石膏中氟硅酸钾的钾返回本反应系统。③蒸发浓缩液中加入一定量的甲醇使磷酸二氢钾盐析结晶，经固液分离出固体磷酸二氢钾后，母液经精馏后得到净化磷酸，并回收甲醇返回用于盐析过程。

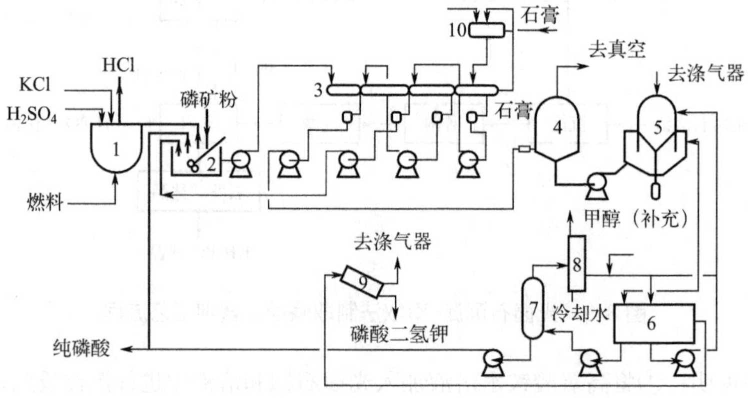

图 8-10　直接法制取磷酸二氢钾工艺设备流程

1—硫酸氢钾反应器；2—酸解反应器；3—过滤器；4—蒸发器；5—盐析结晶器；6—离心机；7—蒸馏塔；8—冷凝器；9—干燥器；10—钾回收器

该法可得到磷酸二氢钾及较为净化的磷酸。但该法工艺流程长、腐蚀大、结垢严重，特别是随着磷矿石的贫化，该法整体磷收率、钾收率偏低，磷酸二氢钾品质不高。另外，用甲醇沉淀法生产磷酸二氢钾随着磷矿的贫化，在生产实践中存在诸多问题。

8.3.6　沉淀法生产工艺

沉淀法是在结晶法基础上发展起来的一种工艺，它采用有机溶剂作为磷酸二氢钾的沉淀剂，使磷酸二氢钾从 KH_2PO_4-H_3PO_4-H_2O 系统中分离出来。该法分离效率高并可生产一部分优质磷酸，从而使生产磷酸二氢钾在技术经济上更加合理。

爱尔兰用甲醇为沉淀剂处理磷酸和氯化钾的反应液，除去 HCl 之后，反应液磷钾分子比为 4∶1。用甲醇析出的磷酸二氢钾含 P_2O_5 46%、K_2O 31%。醇相精馏可得高纯磷酸，磷酸除供本系统循环使用外，还有 1/3 余量可供他用。

以色列的流程是以 KCl 和含 50% P_2O_5 的湿法磷酸为原料，反应液分离出 HCl 后的复盐溶液（$KHPO_4 \cdot H_3PO_4$）用有机溶剂萃取出磷酸即得固体磷酸二氢钾。

比利时的工艺是以含 30% ～ 50% P_2O_5 的湿法磷酸与 KCl 反应，在除去 HCl 后的料浆中加入可完全溶于水和磷酸而不溶解磷酸二氢钾的有机溶剂（丙酮或水分小于 20% 的甲醇），磷酸二氢钾呈晶态析出，而磷酸和水进入溶剂相，通过精馏从有机相中回收纯磷酸，有机溶剂可循环使用。

各种生产工艺均有其优缺点。中和法其优点是生产工艺成熟、需求设备较少、能耗低、生产周期短、产品纯度高，但是原料成本较高，在推广上有着一定的困难与限制。复分解法的优点是反应过程平和、“三废”少且原料成本较低，但是其产品质量相比于中和法要更加难以控制，且产品中的氯离子往往偏高，如果使用磷酸盐进行生产还会有其他阳离子杂质，因此该法生产的产品一般用于农业化肥方面。离子交换法产品质量较高，且原料成本也偏低，但是设备的一次性投资偏大，因生产的溶液浓度偏低，往往需要大量蒸发提浓，能耗偏高，且离子交换柱的成本高昂，如果交换树脂发生中毒，需要全部进行替换，增加设备的二次成本，对生产也有较大的麻烦。

这些工艺各有特点，面对不同领域的市场往往会采取不同种类的生产流程。随着时代不断地发展与进步，各种工艺流程也都在不断地优化与创新，未来的技术会更加的成熟。

8.4　磷酸二氢钾生产设备

磷酸二氢钾的生产单元很多都是共性的，如浓缩、结晶、离心分离、流化干燥等，这里重点介绍结晶器、自动离心机和干燥器。

8.4.1　结晶器

磷酸二氢钾结晶主要采用搅拌罐式结晶槽和连续结晶器。搅拌罐式结晶槽仅适用于小规模生产，为间歇操作。对于大规模生产，一般使用连续结晶器，连续结晶器可以实现连续式生产，生产能力大，操作稳定。目前在磷酸二氢钾生产装置上得到应用的结晶器主要有 DTB 真空结晶器和 OSLO 冷却结晶器。

8.4.1.1　DTB真空结晶器

目前对于磷酸二氢钾母液冷却降温结晶，最常用的方法就是提高真空度，使得物料蒸发降温。

DTB 是 draft tube baffle 的缩写，即遮挡板与导流筒的意思，简称“遮导式”结晶器，属于典型的晶浆内循环结晶器[18]，主要由桨叶驱动器、导流筒、裙式挡板、螺旋桨等组成。设备主体为根据流体计算后设计的外筒体和导流筒，配套专用螺旋桨实现了高效内循环，因而几乎不出现二次晶核；根据冷却结晶体的生长速度和晶体大小，设计降温速度、搅拌桨转速等指标，各指标动态可调，易实现系统自控制，以适应结晶要求。导流筒内外壁抛光，以减小物料在内壁结疤现象；导流筒本身有高的换热面，也可另设冷却器。该结晶器具有生产强度大，结晶器性能良好，不易结疤；晶浆过饱和度均匀，粒度分布良好，结晶效率高；相对能耗低；下部安装出料阀可实现连续生产；转速低，变频调控，适用性强，运行可靠，故障少等优点。

DTB 真空结晶器是集内循环、外循环、晶体分级等功能于一体的连续结晶设备，操作时高温料液连续加入导流筒底部，与循环管内夹带有细晶的清液混合，混合后的悬浮液由螺旋桨推动，沿导流筒由底部上升至结晶器的液体表面进行闪蒸、冷却，然后沿导流筒与挡板之间的环形通道流至器底，之后又被吸入导流筒的下端，形成了内循环通道，部分溶质在悬浮颗粒表面沉积，使晶体长大，悬浮液混合均匀，给晶体创造了良好的生成环境。在结晶器的澄清区，大部分晶体被沉降分离，从结晶器底部排出送至下一工序。

磷酸二氢钾母液在负压条件下具有较低的沸点，溶液沸点随真空度的升高而降低，这和水在高原地区无法“烧开”到100℃的原理一致。高温的磷酸二氢钾母液在精调完后，投入负压真空冷却连续结晶器中时，因沸点的降低会引发溶液的剧烈沸腾并闪蒸出水蒸气，即使很少量的水发生汽化也会带走可观热量，从而使结晶溶液温度快速降低，溶液温度降低所能达到的极值取决于所能达到的结晶器系统的真空度。

真空冷却连续结晶器通过真空闪蒸的方式移走热量，溶液在闪蒸室和结晶器间大流量循环换热，溶液在闪蒸室移出热量变成过饱和溶液，在结晶器内释放过饱和并培养晶体长大。真空冷却连续结晶器的真空环境通过低温冷凝器和真空泵实现，也可以通过大流量真空机组直抽增压后冷凝实现，如此可以获得更低的结晶温度。

该类连续结晶器有着独立的结晶室，其特征是在结晶的时候，能够实现颗粒悬浮、分级，这样可以实现较低的成核速率，磷酸二氢钾晶体在悬浮状态下有充足的时间持续生长，从而得到大粒径产品。通过把澄清母液连续送至闪蒸室降温以获得过饱和浓度，然后送至结晶器的固体悬浮床层，在过饱和溶液穿过床层的过程中，晶核不断析出，过饱和逐渐消除，晶体逐步长大。消除过饱和的稀母液，经过结晶器上的溢流口回流，可再次进行利用。

结晶过程中利用真空系统降温的优势非常显著，连续结晶系统内所有热量的移除均借助水的沸腾汽化，无物理换热面，不用考虑堵塞问题，系统稳定性极大增强；同时结晶系统得到简化，减少了连续结晶设计过程中的诸多掣肘因素，使得所投入的设备资源尽可能地向培养晶体粒度方向倾斜。

与真空冷却连续结晶器相配套的设备还有真空泵、冷凝器等。其大概结构如图8-11所示。

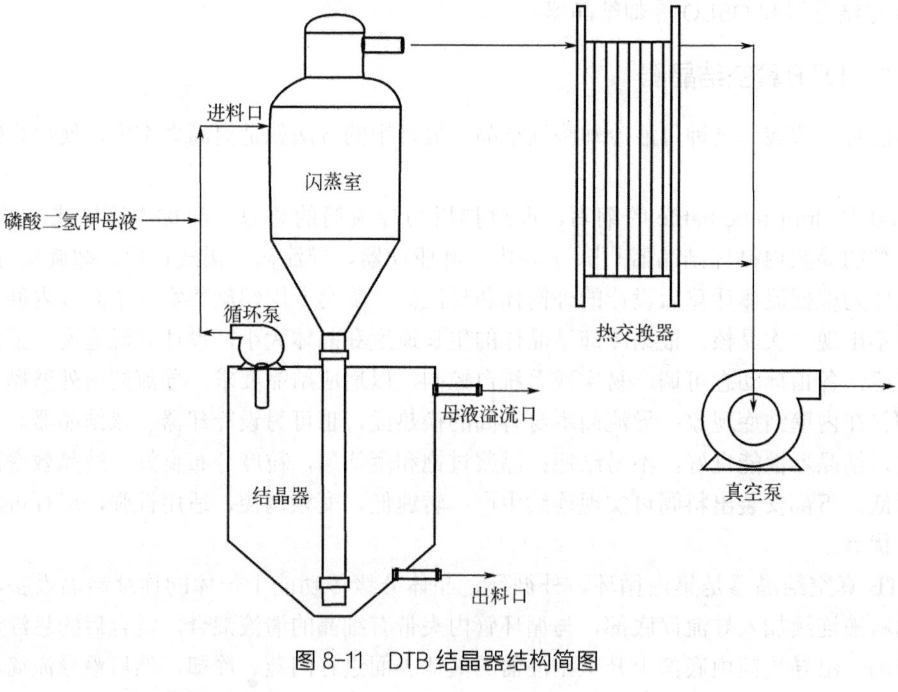

图8-11　DTB结晶器结构简图

8.4.1.2　OSLO冷却结晶器

OSLO冷却结晶器也称为Krystal结晶器或粒度分级型结晶器，属于典型的母液循环式结晶器。其主要特点是过饱和度产生的区域与晶体生长区域分别在结晶器的两处，晶体在循环母液中流化悬浮，为晶体生长提供了较好的条件，能够生产出粒度较大而均匀的晶体[19]。

OSLO冷却结晶器主要由结晶室、中央循环管、循环泵、冷却器等组成。结晶室底部为圆弧形，改善了料液在结晶器内流动状态，不形成死区；上部扩大断面可以使晶体沉降下来，不参与循环，减少了二次成核机会。在OSLO冷却结晶器上部设置有循环泵，与外冷器形成一个强制外循环，将冷却后料液送入中央循环管，澄清区顶部设有溢流口。其结构如图8-12所示。

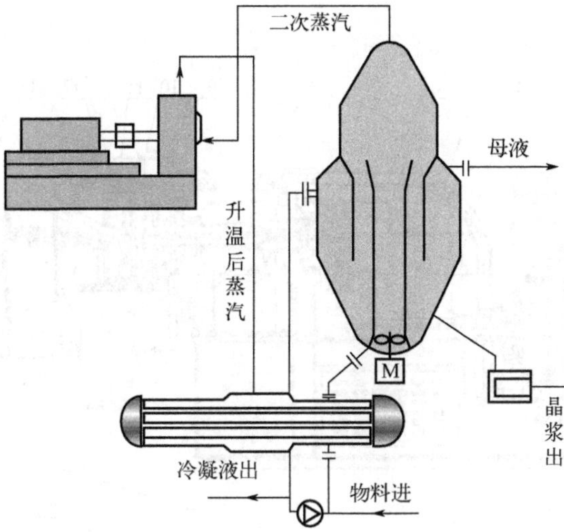

图8-12 OSLO冷却结晶器结构示意图

OSLO冷却结晶器是集母液循环、晶体分级等功能于一体的连续结晶设备，操作时澄清母液在结晶室顶部经循环泵送入冷却器，与循环水间接冷却后，产生一定的过饱和度，然后与热浓料液混合后通过中央循环管流至结晶室底部，转而进入结晶室向上流动。在结晶室中，液体向上的流速逐渐降低，由于向上流体曳力与结晶重力的相互作用，悬浮晶体的粒度越往上越小，溶液在向上穿过晶体悬浮床时，过饱和度逐渐降低；当溶液到达结晶室顶层，基本上不含晶粒，澄清的母液在结晶室的顶部经循环泵送入外冷器冷却后，又与热浓料液进行混合，再次进入中央循环管。粒度较大的晶体富集于底层，与中央降液管中流出的过饱和度较大的溶液接触，为晶体生产提供较好的条件，能够生产出粒度较大且均匀的晶体。控制循环液量与进料量之比为50～200倍。

外冷器一般为列管式换热器，采用冷却水冷却，冷却水自外冷器的壳程进入。为了降低外冷器冷却面的结晶垢，要求母液与冷却剂之间的温度差控制在2℃以内，可通过冷却水的强制循环，增加传热系数，降低传热温差，减少传热面结晶垢。由于冷却器的管程是双程式的，冷却介质通过壳程，因此在管程中通过的溶液过饱和度设计限值是靠主循环泵的流量所控制，新鲜的冷却介质需要有合适的配合流量。

8.4.2 自动离心机

离心机是用来分离母液与晶体的，连续的自动离心机能够减少操作难度，提高生产效率。常见的连续离心机有活塞式推料离心机、刮刀式离心机和卧式螺杆离心机等。

连续离心机的原理是：悬浮液从加料管加入圆锥形料斗中，在离心力的作用下悬浮液经过料斗的空隙被甩到筛网上，在这里液相经过筛网流出离心机被收集，固相在筛网上留下形成滤渣层，然后随着母液的不断加入，滤渣层在不断增多的同时，又不断地移出离心机，形成连续离心的过程。

不同离心机对于磷酸二氢钾晶体有不同的磨损程度，一般根据需要选择，活塞式推料离心机相比之下对晶体颗粒的磨损要小一些。HR 系列卧式双级活塞推料自动离心机结构如图 8-13 所示。

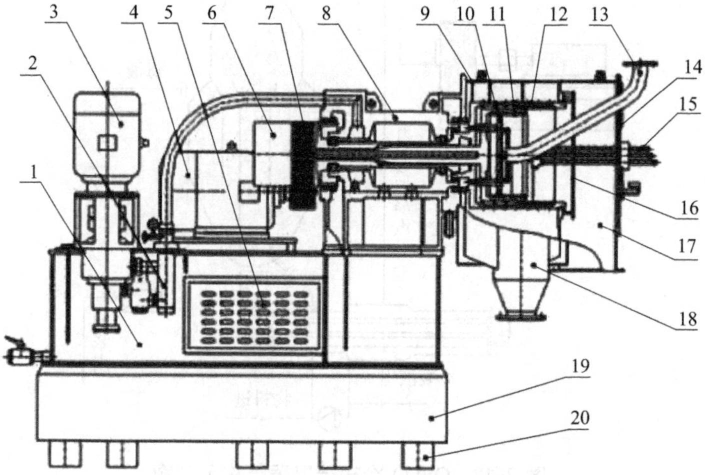

图 8-13　HR 系列卧式双级活塞推料自动离心机结构

1—机座；2—油路系统；3—油泵电机；4—主电动机；5—冷却器；6—复合油缸；7—传动皮带；8—机座；9—机壳；10—堆料；11—筛网；12—双极转鼓；13—进料管；14—机盖；15—洗涤管；16—集料槽；17—固相出口；18—气液分离器；19—混凝土基础；20—隔振器

8.4.3 干燥器

磷酸二氢钾晶体在离心后仍有一部分的游离水残留，需要经过干燥蒸发游离水来提高产品质量。干燥一般使用的是振动流化干燥器，简称流化床（图 8-14）。

振动流化干燥器是让物料进入振动床内，在振动电机产生的激振力下，物料沿流化床的水平分布板抛掷向前连续运动，同时热风穿过流化床分布板向上同物料充分换热后，物料的水分被热风带走。振动流化床由于物料的输送是由振动来完成的，供给的热风只是用来传热和传质，因此可以明显地降低能量消耗。另外，由于床层的强烈振动，传热和传质的阻力减小，提高了振动流化床的干燥速率，同时使少量晶体结块也能在振动条件下分散，顺利干燥。

振动流化床的特点是可连续生产，且可以控制物料在流化床内的停留时间，从而控制物料水分；而且流化床内的温度相对均匀，产品质量好，从成本上也有不小的优势。但是其能量利用率较低，体积较大，需要配套的风机和加热器等辅助设备，且不适合易黏结的物料。

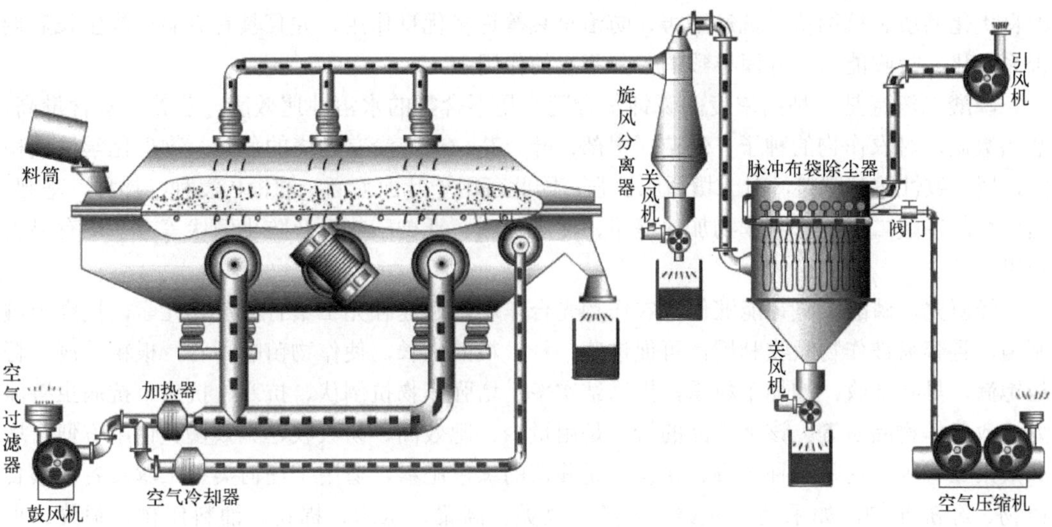

图 8-14　ZLG 系列振动流化干燥器工作流程

8.5　磷酸二氢钾产品类型与用途

磷酸二氢钾最大的应用领域是用作农用化肥，其消费占比在 56% 左右，其余约 18% 用在工业领域中，约 13% 用于食品中，还有 13% 用于其他领域。

8.5.1　农用磷酸二氢钾

8.5.1.1　产品特性

磷酸二氢钾是一种优良的速效磷钾复合肥料[20]，是目前盐指数（salt index）最低的化学肥料，为全部水溶性。其中，含五氧化二磷 52% 左右，含氧化钾 34% 左右，养分 $H_2PO_4^-$ 和 K^+ 可全部被农作物吸收，不含杂质和残渣，具有营养成分高（P、K 有效成分＞ 90%）、化学性质稳定、无臭、无味、无毒、易溶于水、不结块等特性。因为其盐值极低，所以是一种理想的叶施肥料，因而适用于各种土壤和作物，是农业农村部指定推广发展的优良化肥品种之一。尤其适用于烟草、园艺、蔬菜、水果、花卉等，也是苗床和插秧期使用肥的好品种；其稀溶液常用于根外施肥或作为无土培植的营养液；国外还用于配制高浓度混合肥料。

8.5.1.2　产品用途

在农业上，磷酸二氢钾一般用作高效磷钾复合肥、优质无氯钾肥和重要的植物生长调节剂。磷酸二氢钾的复合肥产品广泛适用于各类型经济作物、粮食、瓜果、蔬菜等几乎全部类型的作物，各省均由当地的农科院所、土肥站等专业机构针对其适用性进行了很多的相关应用试验，通过观察各地对各类型作物的实际施用效果，证明磷酸二氢钾具有显著增产增收、改良优化品质、抗倒伏、抗病虫害、防治早衰等许多优良作用，并且具有克服作物生长后期根系老化、吸收能力下降而导致的营养不足的作用。

磷酸二氢钾是一种高浓度的磷钾复合肥，是不含氯的水溶性速效肥，营养元素含量高，盐指数低，对农作物的种子、幼苗、根部、叶、花、果都没有灼烧的危险，物理化学性质稳定，属一致性溶解肥料，对土壤适应性强，因此可用于叶面喷洒、灌根、浸种、拌种、基肥、追肥等。磷酸二氢钾对农作物加速灌浆、促进代谢、抵御干热风及防止倒伏等方面均有显著效果。

经研究，磷酸二氢钾能够促进农作物光合作用，迅速补充土壤有效营养元素，提高土壤肥力，且容易被作物吸收利用，可促进茎、秆、粒的生长，使作物苗旺秆壮，根粗叶茂，籽粒饱满，早熟增收，增加千粒重，提高结实率，增强作物抗倒伏、抗寒、抗旱、抗病虫害能力，改善作物品质等。该类产品的特点是用量少、肥效高、易吸收、见效快、使用方便、增产效果显著等。这是一种无毒、无害、无残留的绿色肥料，适用于任何类型土壤及各种粮食作物、经济作物，如禾类、麦类、薯类、豆类、高粱、玉米、棉花、油料作物、蔬菜、瓜果、果树、药材、花卉、麻类、茶叶、食用菌、烟叶、甘蔗、甜菜等。

在作物生长关键时期使用磷酸二氢钾既经济收效又更大，如播种前种子浸种、拌种，粮食作物的拔节期、打苞期、孕穗期，棉花、油菜、花生、蔬菜、薯类的苗期、盛花期使用效果最好，增产幅度一般在10%～40%。除了直接在作物生长时使用，磷酸二氢钾还可作为其他肥料的基料，配制多元素复合肥进行使用，用作农作物底肥及农作物中后期叶面喷肥，其吸收利用率高达80%～90%。例如烤烟的种植，需磷、钾量大，特别是需钾量大，磷酸二氢钾就是用于烤烟方面的一种较为理想的新型肥料。它对水果增加甜度和改善口感作用甚佳，尤其适用于柑橘、茶叶、花卉等作物。此外，磷酸二氢钾也可作为复合肥厂生产微肥和复合肥的原料及种子包衣原料。

国家推行“减量增效”“水肥一体化”的化肥施用政策后，水溶性肥料磷酸二氢钾也得到了较好的发展。磷酸二氢钾作为高端优良的全水溶性磷钾复合肥料，在未来必将具有广阔的发展前景。

8.5.1.3 施用方法

（1）浸种、拌种[21]　磷酸二氢钾浸种或拌种，能刺激种子萌发和促进壮苗壮根，茎秆粗壮，挺拔抗倒。浸种，每100kg种子，用磷酸二氢钾200g，兑水50kg，浸种12～16h，捞出晾干；拌种，每100kg种子，用磷酸二氢钾200g，兑水10kg，与种子拌匀即可。

（2）蘸秧根　每亩用0.4～0.5kg磷酸二氢钾，与干细土拌匀，加水成浆，插秧或移栽时蘸根栽插。

（3）叶面喷肥　这是最常用的一种方法。用磷酸二氢钾叶面喷肥，肥料直接进入作物体内，以弥补磷钾养分不足，增强光合作用，防止作物早衰，提高对低温、高温的抗御能力，促进淀粉、糖分的合成积累，提高结实率、千粒重，减少空壳，达到增产的目的。

喷施方法：一是掌握喷施有效期。一般选择在作物吸收磷、钾养分高峰期，例如小麦、水稻等禾谷类作物的孕穗或抽穗扬花期，油菜的薹期至开花期，棉花开花前后，薯类作物的薯块膨大期。雨天不施，有晨露不施，晴天中午不施；宜选在上午10点前，下午4点后喷施；阴天可整天喷施。二是掌握喷肥的用量和浓度。稻麦等禾谷类作物使用的肥液浓度为0.2%～0.3%，即亩用磷酸二氢钾100～150g，兑水约50kg，充分搅动溶解即可（以下配制方法类同）；油菜、棉花的适宜浓度为0.1%～0.2%；薯类为0.2%。亩喷肥液量50～75kg，要全株喷雾，均匀一致，行走不宜太快，使叶面正反面都能多沾肥水。

（4）化肥、农药混施　磷酸二氢钾和一些氮素化肥、微肥及农药等做到合理配合，进行混施，可节省劳力，增加肥效和药效。在作物生长较差，缺氮、磷、钾的田块实行混施时，一般要求尿素液的适宜浓度为1%～2%。在缺硼土壤和对硼肥显效的作物如棉花、油菜、小麦等作物上，用磷酸二氢钾和硼肥混施，增产效果显著。硼肥的适宜浓度为0.1%～2%，亩用硼肥量一般为50～100g。需要兼治虫害时，磷酸二氢钾可与敌百虫、乐果、辛硫磷和拟除虫菊酯类农药混合喷施，以收到一举几得的效果。

8.5.2　工业用磷酸二氢钾

（1）工业用途　在化学工业中，工业级磷酸二氢钾是用于制造偏磷酸钾、焦磷酸钾和其他钾盐的原料。食品级磷酸二氢钾用于烘焙食品添加剂、食品改良添加剂、抗氧化增效剂、调味剂、强化剂、缓冲剂、乳化盐、螯合剂、膨松剂、酿造酵母的培养剂和发酵助剂等。发酵工业中用作细菌培养剂、缓冲调节剂和营养剂，主要用于味精、酒、酒精、柠檬酸、酶制剂、酵母、淀粉和糖等的生产。

在医药上，磷酸二氢钾用作细菌培养剂，用于使尿酸化作营养剂，还可用于青霉素、土霉素、肌苷等的生产。另外，还可以作滑石粉的脱铁剂，在药品辅料类别中作为营养剂、pH值调节剂等。

在饲料工业中，磷酸二氢钾主要用作补充磷与钾的矿物质元素添加剂，特别是在鱼饲料中普遍应用。

（2）工业需求　随着我国经济稳步、健康、持续发展，磷酸二氢钾在工业、医药及食品等行业中也得到了较快的发展，其生产和消费实现了快速增长，预计未来在现有的应用规模上会有小幅增长[22]。

近年来，中国饲料添加剂产量一直保持增长趋势，对畜牧产业起到巨大的推动作用。2020年，全国饲料添加剂产量1390.8万吨，同比增长16%；2021年全国饲料添加剂总产量1477.5万吨，比上年增长6.2%。随着鱼饲养业的迅速发展，鱼饲料添加剂的用量上升较快，磷酸二氢钾在该领域的用量也将有所增加。在食品领域，磷酸二氢钾年消费量约为6万吨，预计在食品工业中磷酸二氢钾的消费量也将呈逐年增加的趋势。

参考文献

[1] 陈嘉甫，谭光薰．磷酸盐的生产与应用[M]．成都：成都科技大学出版社，1989.

[2] 天津化工研究院．无机盐工业手册[M]．北京：化学工业出版社，1996.

[3] HG/T 4511—2013 工业磷酸二氢钾.

[4] HG/T 2321—2016 肥料级磷酸二氢钾.

[5] GB 1886.337—2021 食品安全国家标准　食品添加剂　磷酸二氢钾.

[6] GB 34470—2017 饲料添加剂　磷酸二氢钾.

[7] GB/T 1274—2011 化学试剂　磷酸二氢钾.

[8] 李纪伟，王睿．磷酸二氢钾的生产工艺研究与探讨[J]．广东化工，2014, 41(16):94-95.

[9] 湖北省化学研究所无机室．离子交换法生产磷酸二氢钾[J]．化肥工业，1982(2):25-28.

[10] 周权宝，李步通，吴颖乔，等．高效制取磷酸二氢钾的优化中和法工艺研究[J]．无机盐工业，2017, 49(9): 31-34.

[11] 雷武．离子交换法制取磷酸二氢钾[J]．磷肥与复肥，1995(3):33-34.

[12] 李海丽，曾波，杨燕．一种连续式制备磷酸二氢钾的方法：CN 200610010782.2 [P]. 2006-03-03.

[13] 刘毓宏．直接法制取磷酸二氢钾工艺条件的探讨[J]．西南工学院学报，2001 (4):33-35.

[14] 范世林，路对度，续喜莲．离子交换膜电渗析技术在制备磷酸二氢钾中的应用[J]．化肥工业，1979 (4):23-25.

[15] 雷云，马健，王慧英．磷酸脲复盐制磷酸二氢钾工艺条件研究 [J]．磷肥与复肥，2020, 35(4):6-9.
[16] 吕莉，卢珂，罗洪波．磷酸二氢钙制备磷酸二氢钾过程研究 [J]．辽宁化工，2017, 46(12):1147-1149.
[17] 孙健，周贵云，吴岩，等．磷铵法生产工业级磷酸二氢钾工艺技术的研究 [J]．磷肥与复肥，2015, 30(5):5-8.
[18] 贾瑾瑜，闫永娟，史昱．磷酸二氢钾连续结晶装置：CN 201320178302.9 [P]．2013-09-18.
[19] 许晓玲．OSLO 型蒸发结晶器在 Na_2SO_4 型卤水中的应用 [J]．中国井盐矿，2001, 32(2):4.
[20] 汪家铭．磷酸二氢钾生产现状与市场分析 [J]．化工管理，2010(11):31-37.
[21] 曹涤环．磷酸二氢钾的合理施用 [J]．湖南农业，2021(11):17.
[22] 樊蕾，赵建国．我国磷酸二氢钾现状及前景展望 [J]．磷肥与复肥，2006(3):34-37.

中国肥料研究与应用全书

Books of Fertilizer Research and Application in China

FERTILIZER

第9章

碳酸钾

9.1 概述

9.1.1 基本理化性质

碳酸钾又名钾碱，其分子式K_2CO_3，分子量为138.2055。单斜晶体，无水物为白色粒状粉末，或白色半透明细颗粒状结晶，或圆形小球。无臭，有强碱味，密度2.428g/cm^3（19℃），熔点891℃，在水中的溶解度为114.0g/100mL（20℃），折射率1.531，生成热−1146kJ/mol，熔融热32.66kJ/mol，溶解热27.54kJ/mol。易溶于水，其水溶液呈碱性，不溶于乙醇和醚。在湿空气中易吸湿潮解，易结块。长期暴露在空气中存放时，易吸收二氧化碳而变成碳酸氢钾。危险性：不会燃烧；通常情况下稳定，即使暴露于明火中也不反应，并且不与水反应。

9.1.2 分类

目前国内碳酸钾规格分为轻质和重质两类。重质碳酸钾产品堆积密度为1.5g/cm^3，表面积小，溶解反应速率慢，对最终产品收率和质量有影响，主要利用氢氧化钾碳化工艺生产，应用于玻璃、陶瓷、助剂等行业。轻质碳酸钾产品堆积密度为0.8g/cm^3，表面积大，溶解反应速率快，对最终产品收率和质量有提高，主要通过离子交换法进行生产，在医药、农药、食品及其他无机化工高端领域应用广泛[1]。

轻质碳酸钾相对重质碳酸钾[2]，具有优点如下：

① 轻质碳酸钾产品具有堆积密度小、比表面积大、颗粒呈多孔结构、游离碱度低等特点，使产品在应用过程中，溶解速度快，吸附性能强，对下游产品的使用质量和收率有显著提高。

② 适用范围比重质碳酸钾广。所有能使用重质碳酸钾的领域都可以使用轻质碳酸钾，反之则未必。

③ 某些高端领域、新兴产业更适合使用轻质碳酸钾，如食品、医药、新型农药、优质水溶性肥料、叶面肥等。

9.1.3 产品质量标准

中华人民共和国国家标准GB/T 1587适用于工业碳酸钾[3]，该产品主要用于合成气脱碳、电子管、玻璃、搪瓷、印染、电焊条、胶片显影、无机盐和显像管玻壳的原料。工业碳酸钾分为两种类型：Ⅰ型为一般工业用；Ⅱ型主要用于制造显像管玻壳。

根据GB/T 1587—2016的规定，碳酸钾产品需符合如表9-1所示的技术要求。

HG/T 2522—2009对重质碳酸钾产品的技术指标作出了规定，具体指标如表9-2所示。其中特别对工业重质碳酸钾的粒度和堆积密度作出了规定。

表9-1　工业级碳酸钾技术指标（GB/T 1587—2016）

项目	指标				
	Ⅰ型			Ⅱ型	
	优等品	一等品	合格品	优等品	一等品
碳酸钾（K_2CO_3）/%	≥ 99	≥ 98.5	≥ 96	≥ 99	≥ 98.5
氯化物（以 KCl 计）/%	≤ 0.01	≤ 0.10	≤ 0.20	≤ 0.02	≤ 0.05
硫化合物（以 K_2SO_4 计）/%	≤ 0.01	≤ 0.10	≤ 0.15	≤ 0.02	≤ 0.05
铁（Fe）/%	≤ 0.001	≤ 0.003	≤ 0.010	≤ 0.001	≤ 0.003
水不溶物 /%	≤ 0.02	≤ 0.05	≤ 0.10	≤ 0.02	≤ 0.05
灼烧失量 /%	≤ 0.60	≤ 1.00	≤ 1.00	≤ 0.60	≤ 1.00

注：灼烧失量指标仅适用于产品包装时检验用。

表9-2　重质碳酸钾技术指标（HG/T 2522—2009）

项目	指标		
	优等品	一等品	合格品
碳酸钾（K_2CO_3）（灼烧后）/%	≥ 99	≥ 99	≥ 98.5
氯化物（以 KCl 计）/%	≤ 0.01	≤ 0.03	≤ 0.20
硫化合物（以 K_2SO_4 计）/%	≤ 0.01	≤ 0.04	≤ 0.15
铁（Fe）/%	≤ 0.001	≤ 0.002	≤ 0.004
水不溶物 /%	≤ 0.02	≤ 0.03	≤ 0.05
灼烧失量 /%	≤ 0.60	≤ 0.80	≤ 1.00
粒度（1.40mm 筛余物）/%	≤ 1.0	≤ 1.0	≤ 1.00
粒度（0.18mm 筛余物）/%	≥ 90.0	≥ 85.0	≥ 85.0
堆积密度 /（g/mL）	≥ 1.3	≥ 1.3	≥ 1.3

注：灼烧失量指标仅适用于产品包装时检验用。

GB 25588—2010 对电解法和离子交换法制得的食品级碳酸钾的感官要求和理化指标作出了规定，其中要求食品级碳酸钾需满足如表 9-3 所示要求。

表9-3　食品级碳酸钾技术指标（GB 25588—2010）

项目	感官要求	检验方法
色泽	白色	取适量试样置于 50mL 烧杯中，在自然光下观察色泽和组织状态
组织状态	粉末或颗粒状结晶	
项目		**理化指标**
碳酸钾（以干基计）/%		≥ 99.0
氯化物（以 KCl 计）（以干基计）/%		≤ 0.015
硫化合物（以 K_2SO_4 计）（以干基计）/%		≤ 0.01
铁（Fe）（以干基计）/%		≤ 0.0010

续表

项目	理化指标
水不溶物（以干基计）/%	≤ 0.02
重金属（以 Pb 计）/（mg/kg）	≤ 10
砷（As）/（mg/kg）	≤ 2
灼烧减量 /%	≤ 0.60

9.1.4 产品发展历程

从 20 世纪 50 年代至今，世界碳酸钾生产工艺依次经历了草木灰法、路布兰法、电解法、有机胺法、离子交换法和离子膜电解-碳化法[4]。国内有关科研单位还开发了一些新型的碳酸钾生产工艺，如以海水为原料的沸石离子交换法[5]、以氯化钾为原料的离子膜电解直接法，但都因经济性不足，一直未能形成工业化装置。

① 草木灰法[6]。主要利用各种植物壳，如棉籽壳、茶籽壳等，烧制成草木灰，用浸取、蒸发、结晶的方法分别加以分离。此法因原料来自农产品，不宜大规模生产。

② 路布兰法。将硫酸钾、煤粉、石灰石按一定比例混合，加水搅拌，在 900 ～ 1000℃温度下进行焙烧，烧成物俗称黑灰。然后将黑灰粉碎，用热水浸取，浸取液蒸发至 46 ～ 47°Bé，将固液分离后的清液送至碳化塔，进行一次碳化。将滤清液再蒸发，沉淀析出碳酸钠、碳酸钾的复盐及杂质，清液经二次碳化，得到粗制碳酸氢钾结晶。再经过滤、水洗（洗去 SO_4^{2-}），最后于 500 ～ 600℃下，在煅烧炉中进行转化，即得碳酸钾成品。

③ 电解法。将氯化钾溶液电解，得到氢氧化钾，然后以 CO_2 碳化，得碳酸氢钾结晶。晶体经水洗、离心分离、煅烧后，就可以得到精制碳酸钾成品。电解法产品质量较好，但生产能耗太高，没有得到大规模应用推广。电解法相关反应如下：

$$2KCl + 2H_2O \xlongequal{} 2KOH + Cl_2\uparrow + H_2\uparrow \tag{9-1}$$

$$KOH + CO_2 \xlongequal{} KHCO_3 \tag{9-2}$$

$$2KHCO_3 \xlongequal{} K_2CO_3 + CO_2\uparrow + H_2O\uparrow \tag{9-3}$$

④ 有机胺法[7]。以氯化钾为原料，有机胺（如异丙胺、三乙胺、环六甲亚胺等）为载体碳化成碳酸氢钾。反应如下：

$$KCl + NR_3 + H_2O + CO_2 \xlongequal{} NR_3\cdot HCl + KHCO_3 \tag{9-4}$$

式中，NR_3 表示有机胺。将分离出碳酸氢钾的母液在蒸馏塔中蒸馏，CO_2 与游离的有机胺由塔上部排出，余下的 $NR_3\cdot HCl$ 在塔下部用氢氧化钙处理后，再蒸馏出有机胺，并排出氯化钙溶液，回收的有机胺可循环使用。相关反应如下：

$$2NR_3\cdot HCl + Ca(OH)_2 \xlongequal{} 2NR_3 + CaCl_2 + 2H_2O \tag{9-5}$$

该法利用率可达 95%，具有工艺流程简单、生产周期短、能耗少、成本低、产品纯度高等优点。但由于低沸点有机胺毒性大，再生过程中既需加热蒸胺，又要产生氯化钙液外排，造成环境污染，而且价格高，一定程度上限制了其应用推广。

我国碳酸钾生产始于 20 世纪 50 年代，但真正形成工业规模在 60 年代，70 年代末 80 年代初是大发展时期。当时碳酸钾主要应用于合成氨合成气体的净化，也可用作无氯钾肥，需求量少。碳酸钾合成经历了草木灰法、路布兰法、电解法、有机胺法，但规模都很小。随着山东鲁南化肥厂首创了离子交换法碳酸钾生产技术，开创了碳酸钾生产的新局面，在80年代形成大规模生产。80年代以后，我国碳酸钾需求量迅速增长，前面4种生产工艺因为产品质量差、工艺复杂、能耗高、不适应大规模工业化生产和污染严重等已被淘汰。90年代初，离子膜-流化床生产法引进技术及装置的投产，成为我国碳酸钾行业发展的一个重要里程碑[8]。生产企业经过几十年的发展、调整，逐步向大型化、现代化、自动化方向发展，一些中小企业在竞争中被淘汰。目前我国工业化生产主要采用离子交换法工艺和离子膜电解-碳化法工艺，国外主要采用离子膜电解-碳化法工艺[9]。

2005年之前，碳酸钾主要应用在显像管上，全球主要生产装置在欧美及东亚地区。后来随着液晶显示（LCD）的快速发展，显像管的需求逐渐减少直至消失，各地生产装置开工率相应降低。2010年左右开工率基本达到最低点，全球生产装置也随之进行了调整，有效产能有所下降。2010年以来，随着碳酸钾在食品、农药、医药等新领域应用的增加，全球市场需求开始增长，生产装置的产量和开工率呈上升趋势。

20世纪90年代中后期，国内生产规模较大的碳酸钾生产厂家主要有鲁南化工、振兴化肥、大洋生物、成都化工等，此外还有中小型厂家20家左右，国内碳酸钾生产达到一个小高峰。此后受到亚洲经济危机和国内彩电行业LCD技术发展的影响，碳酸钾行业市场难以突破，加上受离子交换法工艺环保等问题的困扰，发展受到调控。进入21世纪以来，碳酸钾在食品、农药、医药等应用领域的需求快速增长，同时随着行业内的技术进步和工艺改进，少数生产厂家有效地解决了离子交换法工艺生产过程中的环境污染问题，国内碳酸钾产业进入了良性发展期[10]。

2010年以来，国内碳酸钾的产能、产量和开工率总体上均呈上升趋势。其中2010～2012年，国内企业开工率基本保持在60%～70%；2013年青海盐湖化工7.20万吨装置和2014年瑞达泰丰2万吨装置投产后，国内碳酸钾产能大幅增加，企业整体开工率有所下降；2015年，成都化工生产装置关闭，产能缩小6万吨，国内生产装置开工率回升到70%左右。“十八大”以来，随着国内环保政策日趋严格，巨大的环保成本使得一部分中小型企业逐渐退出市场，这在很大程度上扩大了龙头企业的发展空间，促使市场集中度逐渐上升。目前我国碳酸钾行业内的代表性企业包括青海盐湖化工、江苏UNID优利德、内蒙古瑞达泰丰、浙江大洋生物、山西文水县振兴化肥等，其中前三家从事重质碳酸钾生产，后两家从事轻质碳酸钾生产。其中青海盐湖化工7.2万吨，内蒙古瑞达泰丰2万吨，江苏UNID优利德4.5万吨，山西文水县振兴化肥3万吨，浙江大洋生物10万吨。

9.2 碳酸钾生产原理

9.2.1 离子交换法生产原理

离子交换法是20世纪70年代初由山东省开发成功的，对我国碳酸钾行业的发展具有重要作用[11]。该法以碳酸氢铵和氯化钾为原料，利用阳离子交换树脂对钾、铵离子吸附性很相近的特点，使碳酸氢铵和氯化钾精制液中的钾、铵离子通过阳离子树脂进行离子交换，而分别得到碳酸氢钾溶液和氯化铵溶液。该法将氯化钾溶液逆流通过阳离子交换柱使R-Na树脂变成钾型R-K除氯；用碳酸氢铵顺流通过树脂交换柱使R-K变成R-NH_3，制得$KHCO_3$和NH_4HCO_3混合溶液；再将氯化钾溶液送入离子交换柱中，使铵型树脂再生为钾型树脂，循环使用，经离子交换得到的碳酸氢钾和碳酸氢铵混合溶液经浓缩分解得到碳酸钾，经除氯化钾和钾钠复盐后，所得溶液再经碳化得碳酸氢钾，再经结晶、分离、水洗、煅烧后，即得精制碳酸钾成品。其反应机理为：

吸附：$$RNa+KCl=\!=\!=RK+NaCl \quad (9\text{-}6)$$

洗脱：$$RK+NH_4HCO_3=\!=\!=RNH_4+KHCO_3 \quad (9\text{-}7)$$

再生：$$RNH_4+KCl=\!=\!=RK+NH_4Cl \quad (9\text{-}8)$$

浓缩：$$2KHCO_3+NH_4HCO_3=\!=\!=K_2CO_3+2CO_2\uparrow+2H_2O+NH_3\uparrow \quad (9\text{-}9)$$

碳化：$$K_2CO_3+CO_2+H_2O=\!=\!=2KHCO_3 \quad (9\text{-}10)$$

煅烧：$$2KHCO_3=\!=\!=K_2CO_3+CO_2\uparrow+H_2O\uparrow \quad (9\text{-}11)$$

9.2.1.1 离子交换过程

离子交换过程一般可分为7步：

① 树脂颗粒外部主流液体中交换离子的对流扩散运动；

② 树脂颗粒周围滞流液膜中交换离子的扩散运动；

③ 树脂颗粒内部交换离子的扩散运动；

④ 交换离子在树脂的固定基团上按化学计量关系进行的交换反应；

⑤ 被交换离子在树脂颗粒内部的扩散运动；

⑥ 被交换离子穿过滞流液膜的扩散运动；

⑦ 被交换离子在主流液体中的对流扩散运动。

在这7个步骤中，①与⑦、②与⑥、③与⑤是性质相同的过程。因此，离子交换过程包括：对流扩散、液膜扩散、颗粒扩散、交换反应4个不同步骤，离子交换过程是传质过程而不是化学反应过程。在以上4个不同步骤中，离子交换的化学反应速率一般比固液两相中的扩散速率快得多，扩散过程成为速控步骤。对于碳酸钾生产工艺中的离子交换过程来说，参加交换反应的离子分别为K^+和NH_4^+。在再生过程中，NH_4^+被K^+置换，而淋洗过程中则相反。由于在扩散路径上存在离子的损耗，所以在实际生产中NH_4^+和K^+的消耗比例大于理想的1∶1[12]。

9.2.1.2 蒸发过程

蒸发过程的目的是将溶液浓缩蒸发。为了充分利用氯化钾溶液，在离子交换过程中碳酸氢铵（NH_4HCO_3）的实际投放比例要高于理论比例，因此，在离子交换完成液（$KHCO_3$溶液）中含有部分NH_4HCO_3。碳酸氢铵的化学性质不是很稳定，受热易分解成NH_3、H_2O和CO_2。分解产物会成为蒸发系统中的不凝气，不凝气的存在会降低传热系数。因此，在进蒸发系统之前，要加入挥氨器，将NH_4HCO_3完全分解[13]。反应式如下：

$$NH_4HCO_3 \overset{\triangle}{=\!=\!=} NH_3\uparrow+H_2O\uparrow+CO_2\uparrow \quad (9\text{-}12)$$

蒸发过程中碳酸氢钾部分分解，反应式如下：

$$2KHCO_3 = K_2CO_3 + CO_2\uparrow + H_2O\uparrow \quad (9\text{-}13)$$

若要使用免碳化工艺，就需要控制蒸发温度，使得碳酸氢钾在蒸发过程中不发生分解。

9.2.1.3　碳酸化过程

由于碳酸钾的溶解度大于碳酸氢钾的溶解度，为得到纯度高的碳酸钾，需要将蒸发完成液进行碳酸化，将高压二氧化碳气溶于碳酸钾溶液中。反应式如下：

$$K_2CO_3+CO_2+H_2O = 2KHCO_3 \quad (9\text{-}14)$$

9.2.1.4　干燥过程

碳酸钾生产中最后一道工序是煅烧，反应式如下：

$$2KHCO_3 = K_2CO_3 + CO_2\uparrow + H_2O\uparrow \quad (9\text{-}15)$$

这是一个吸热反应。生产过程中具有吸热量大、生产废气量大、物料易于黏结成团的特点。$KHCO_3$ 的煅烧实际上由两个过程组成：①湿晶 $KHCO_3$ 表面水由 6% 降至 1% 以下；②干晶 $KHCO_3$ 煅烧分解为 K_2CO_3。前一过程属于表面水的蒸发，可以在极短时间和较低温度下完成；后一过程则属于分解反应，需较高温度和较长时间才能完成[14]。

9.2.2　离子膜电解-流化床法生产原理

离子膜电解-流化床法是青海盐湖化工于 2005 年引进的瑞士博特公司的工艺，目前建成世界上最大在役装置为 7.2 万吨 / 年离子膜电解-流化床法装置。该法是以氯化钾为原料，将精制为超纯盐水的氯化钾溶液泵至电解槽通电电解，分别得到氯气、氢气，在阴极生成 32% ～ 35% 的氢氧化钾，流至碱液循环槽，大部分碱液用泵循环并加入去离子水后再进入电解槽阴极室；成品碱液送至蒸发工段浓缩至 48%，供生产碳酸钾或片碱，亦可出厂销售碱液；48% 的氢氧化钾送入流化床反应器，与燃烧产生的 CO_2 反应生成碳酸钾。它的特点是将采用先进的离子膜电解制得的高纯的 32% 氢氧化钾先经蒸发浓缩到 48%KOH，然后送入流化床反应器内，碳化、干燥、煅烧等均在其中进行和完成，最后得到高纯的碳酸钾成品[15]。其主要反应机理为：

电解：
$$2KCl+2H_2O = 2KOH+Cl_2\uparrow +H_2\uparrow \quad (9\text{-}16)$$

天然气燃烧：
$$CH_4+2O_2 = CO_2+2H_2O+Q \quad (9\text{-}17)$$

碳化、浓缩：
$$2KOH+CO_2 = K_2CO_3 +H_2O\uparrow \quad (9\text{-}18)$$

9.3　碳酸钾生产工艺

9.3.1　离子交换法生产工艺

配制 NH_4^+ 浓度为 50g/L 的碳酸氢铵溶液、K^+ 浓度为 100g/L 的氯化钾溶液，送入离子交换装置，交替进行交换与再生，再生后的 10% 左右的 $KHCO_3$ 溶液经蒸发浓缩、碳化、分离、

焙烧制得 K_2CO_3。从图 9-1 离子交换法生产工艺流程可知，碳酸钾整个工艺段主要分碳酸氢铵化料、离子交换、碳酸氢钾多效蒸发、碳酸氢钾煅烧、氯化铵多效蒸发五个环节[16-17]。

（1）碳酸氢铵化料　先将交换、蒸发回收水投入化料池中，边搅拌边投入碳酸氢铵溶解，经精密过滤精制后送入碳酸氢铵溶液贮槽备用。

（2）离子交换　根据交换投料量，将氯化钾溶液投入离子交换床，钾离子与吸附在树脂上的铵离子交换，从交换床出来的高浓度氯化铵溶液送至氯化铵回收工段，低浓度溶液经工艺处理提浓后送至氯化铵回收工段。然后将碳酸氢铵溶液投入离子交换床，铵离子与吸附在树脂上的钾离子交换，从交换床出来的高浓度碳酸氢钾溶液送至蒸发工段，低浓度溶液经工艺分离得到低浓度碳酸氢铵溶液回用于碳酸氢铵化料工序。

（3）碳酸氢钾多效蒸发　来自交换工序的碳酸氢钾溶液，经多效低温连续蒸发结晶、离心分离后得到碳酸氢钾固体，离心分离后的母液用泵送回至蒸发系统。蒸发产生的二次蒸汽冷凝水返回交换、碳酸氢铵化料工序使用。

（4）碳酸氢钾煅烧　离心分离后的碳酸氢钾固体经转窑炉煅烧、冷却、筛分、计量、包装后成为碳酸钾产品。

（5）氯化铵多效蒸发　来自交换工序的氯化铵溶液，经多效低温连续蒸发结晶、离心分离后得到氯化铵固体，离心分离后的母液用泵送回至蒸发系统。固体氯化铵经计量、包装后成为农用氯化铵产品，部分经烘干、冷却、计量、包装后成为工业用氯化铵产品。蒸发产生的二次蒸汽冷凝水返回前道工序使用。

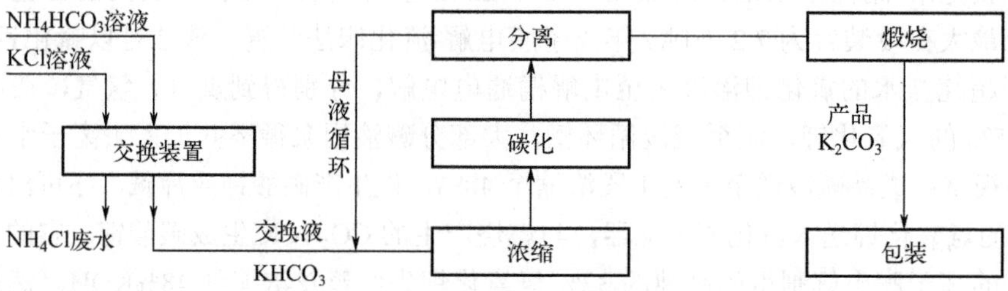

图 9-1　离子交换法生产工艺流程

该法主要特点是交换完成液碳酸氢钾溶液纯度高，原料碳酸氢铵成本低，工艺方法成熟，可连续性操作，项目投资少；原材料利用率较高，氯化钾（折纯）单耗 1.22t，碳酸氢铵单耗 1.5t。该法主要缺点是交换完成液浓度较低，蒸发成本高，单耗原煤 3 ～ 4t；生产过程中产生的氯化铵溶液废水需要经蒸发浓缩等工序回收处理[18]。

9.3.2　离子膜电解-流化床法工艺

离子膜电解法是世界发达国家普遍采用的技术。该工艺采用了离子膜电解技术，以及一次性完成碳化、干燥和煅烧的流化床设备，生产自动化程度高[19]。

离子膜电解-碳化法工艺流程为：将精制为超纯盐水的氯化钾溶液泵至电解槽电解，分别得到氢气、氯气，在阴极生成 32% ～ 35% 的氢氧化钾，流至碱液循环槽，大部分碱液用泵循环并加入去离子水后再进入电解槽阴极室；成品碱液送至蒸发工段浓缩至 48%，供生产碳酸钾或片碱，亦可出厂销售碱液；48% 的氢氧化钾送入流化床反应器与二氧化碳反应生产碳酸钾。

如图 9-2 所示，自蒸发工序送来的 48%KOH 从顶部进入流化床反应器喷淋雾化，与底部进入的 CO_2 逆流接触反应，反应所需热量和部分 CO_2 气体由天然气在燃烧炉燃烧供给，另一部分 CO_2 自合成氨装置补充。细小的干燥碳酸钾颗粒随尾气一起进入旋风分离器，分离得到的碳酸钾颗粒通过旋转阀由气流喷射器又送回流化床反应器，分离后的尾气进入尾气洗涤塔下部，一部分洗涤液经洗涤液循环泵进入尾气洗涤塔上部与尾气逆流接触，除去尾气中所夹带的碳酸钾微粒，另一部分洗涤液经洗涤液输送泵送至流化床反应器。

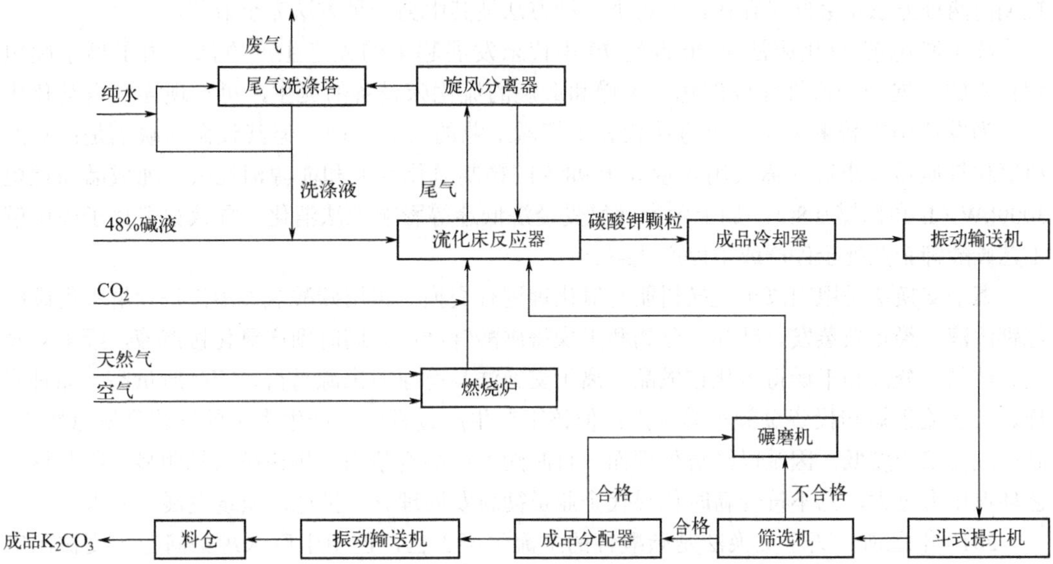

图 9-2 离子膜电解-流化床法生产工艺流程

得到的产品碳酸钾颗粒（约 260℃）由螺旋输送机通过旋转阀送至成品冷却器，在这里产品冷却至 60℃，冷却后的产品通过振动输送机经斗式提升机送至筛选机，合格的碳酸钾颗粒通过碳酸钾成品分配器送到振动输送机，被输送到料仓；尺寸过大或过小的不合格碳酸钾颗粒在碾磨机中碾磨后经旋转阀和气流喷射器又返回流化床反应器。如果需要调整产品质量，一部分合格产品可通过碾磨机或者直接通过气流喷射器进入流化床反应器，得到不同粒度和密度的产品。

该法主要优点是碳酸钾生产工艺流程短，产品质量好，生产自动化程度高，操作费用低，污染少，“三废”产生少。主要缺点是投资大，生产成本高，能耗高。

9.3.3 副产氯化铵工艺

离子交换法生产过程中会产生大量的氯化铵废水，如直接排放不仅会对环境造成很大的污染，而且会对资源造成很大的浪费[20]。对氯化铵废水进行回收利用，既可以消除污染，又创造了经济价值。具体方法是将稀氯化铵溶液采用反渗透技术制成较浓的氯化铵溶液，然后对氯化铵溶液进行三效蒸发，浓缩结晶，制成氯化铵成品。

具体工艺流程如下：离子交换后的氯化铵废水通过三效蒸发操作进行处理，挥氨器挥出的氨气和二氧化碳气体，可以通过氨吸收塔和二氧化碳吸收塔进行回收，吸收液可以进行配比生产碳酸氢铵，作为离子交换的原料液；同时对于干燥机中碳酸氢钾分解的二氧化碳气体及碳酸钾粉末，可以利用旋风分离器将碳酸钾粉末回收，二氧化碳气体再进入二氧化碳吸收塔进行碳酸化。

9.3.4 碳酸钾生产工艺对比分析

离子交换法和离子膜电解-流化床法是碳酸钾的主流生产工艺，两种方法各有优缺点，短期内两种方法将会同时存在，不可能一种方法被其中另一种方法完全取代。

离子膜电解-流化床法是20世纪70年代末发展起来的先进生产方法，由于离子膜电解技术的发展和一次性完成碳化、干燥和煅烧的流化床设备的诞生，可实现连续自动化生产，为发达国家普遍采用，该方法代表了氯碱工业的发展方向。但其致命的缺陷是：对原料氯化钾质量要求高（需采用含量大于98%的精制氯化钾）和能源消耗大（吨成品需耗电3000kW·h和标煤0.8t），加上副产液氯受经济低迷等影响无法消化，导致很多离子膜电解工艺碳酸钾企业处于停产或半停产状态。

离子交换法是用阳离子交换树脂与氯化钾进行交换，再用碳酸氢铵溶液进行解吸得碳酸氢钾溶液，经多效蒸发、结晶、分离和干燥得碳酸钾产品。同时副产氯化铵溶液，经多效蒸发、结晶、分离和干燥得氯化铵成品。离子交换法具有原料来源易得、产品质量高、品种多样、工艺流程短和投资金额小等优点。但该工艺生产过程中会产生大量的低浓度氨氮废水，副产氯化铵浓度低，因难以经济处理而一直制约着产品竞争力，规模越大越明显。因此该工艺环保压力过大，已不符合新时代现代企业贯彻新发展理念，推进高质量发展的要求。

2010年之前，离子交换法是碳酸钾的主流生产工艺，但由于废水污染问题一度被国家列入淘汰工艺，大部分企业由于环保治理和能耗高等停产或转产。目前国内只有浙江大洋生物科技集团股份有限公司、河北辛集化工集团有限责任公司、山西文水县振兴化肥有限公司使用该方法。

浙江大洋生物科技集团股份有限公司于2000年成功开发出一套具有自主知识产权的“离子交换法低温自碳化生产碳酸钾”的先进工艺。该工艺主要通过以下途径实现：碳酸氢铵和氯化钾经过离子交换后，碳酸氢钾混合溶液采用减压低温进行蒸发，从而使得只有少量的碳酸氢钾转化为碳酸钾，同时在减压蒸发过程中碳酸氢铵分解产生的二氧化碳对碳酸钾进行自碳化，从而免去了碳酸化过程，实现了低温自碳化生产工艺，降低了能耗，煤耗由老工艺的1.8t下降至1.3t，电耗从450kW·h降至270kW·h。蒸发过程中由于碳酸氢铵分解产生的氨气通过吸收后返回至离子交换工序进行回用，主要原料氯化钾和碳酸氢铵的吨产品消耗分别由1.25t和1.60t下降至1.153t和1.335t，同时减少了对设备的腐蚀[21]。

9.4 碳酸钾主要生产设备

以离子交换法和离子膜电解-流化床法两种方法生产碳酸钾，主要设备有离子交换柱、多效蒸发器、流化床反应器、成品冷却器、筛选机、碾磨机、输送机、旋风分离器等。

9.4.1 离子交换柱

离子交换柱是碳酸钾生产过程中的重要设备之一。工业规模使用的离子交换设备（图 9-3）可分为两种：固定床设备和流化床设备。其中固定床设备又可分为三类：篮筐式矿浆离子交换吸附槽、固定床离子交换设备和巴秋卡吸附设备。目前国内大部分碳酸钾生产厂家采用的离子交换设备均为固定床离子交换设备[22]。

固定床离子交换设备通常都是柱子，柱体直径为 5.0 ～ 15m，一般采用的直径为 2.1 ～ 2.7m，高 3.6 ～ 4.8m。通常设备底部有承托树脂的承托物，树脂以密实状态填充于承托物之上。这类设备一般采用 2 ～ 4 个柱子为一组，以提高树脂的利用率。

固定床离子交换设备操作的特点是：在同一设备中于不同时间分别进行吸附、冲洗、解吸等操作；树脂床层上部为自由空间，树脂可以充分溶胀；但每个离子交换柱都要设置较多的管线和阀门。

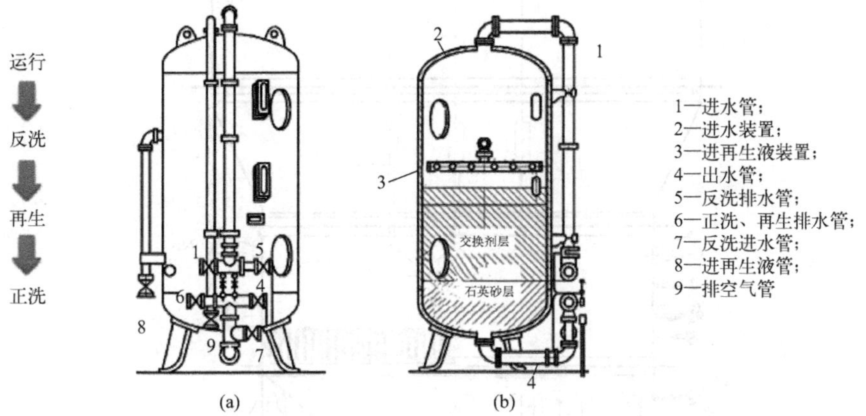

图 9-3 离子交换设备

9.4.2 多效蒸发器

碳酸钾生产过程中，为使溶液浓度提高，并且减少加热蒸汽消耗量，均采用多效蒸发。蒸发器一般选择外加热式蒸发器、降膜蒸发器及强制循环蒸发器等。国内各个生产厂家根据各自情况有不同的选择，有选择单一形式的，同时也有选择组合形式的，即将降膜蒸发器与强制循环蒸发器组合进行操作。根据加热蒸汽与料液的流向关系，多效蒸发的操作流程可分为多种，如并流、逆流、错流等。各种流程都有各自的特点，各厂家也有所不同。

9.4.3 流化床反应器

流化床反应器（图 9-4）是离子膜电解-流化床法的关键设备，在流化床中氢氧化钾与燃烧炉燃烧尾气及外界来的二氧化碳进行充分碳化反应、干燥、煅烧等过程，是碳酸钾形成及产品形态形成的关键设备。一般采用 Inc/SS/HRS 材料，设备规格尺寸因产能而变化，一般设备设计压力在 0.3 ～ 0.5MPa，上部耐热温度要求较高，达到 650℃以上，下部耐热温度稍低，约 400℃。在底部床板设有供流化和反应气体的升气帽，顶部设有供液体氢氧化钾雾化的喷头，有单个和多个不同形式。液体氢氧化钾在喷头处雾化，形成小液滴，与上升气体中的二氧化碳在碳酸钾晶粒表面接触反应并逐渐结晶长大，长到一定粒度后落到流化床反应器底部经干燥和煅烧成为碳酸钾颗粒，通过螺旋输送机输送出流化床反应器，含碳酸钾粉尘的尾气从其顶部排出，进一步分离和洗涤。

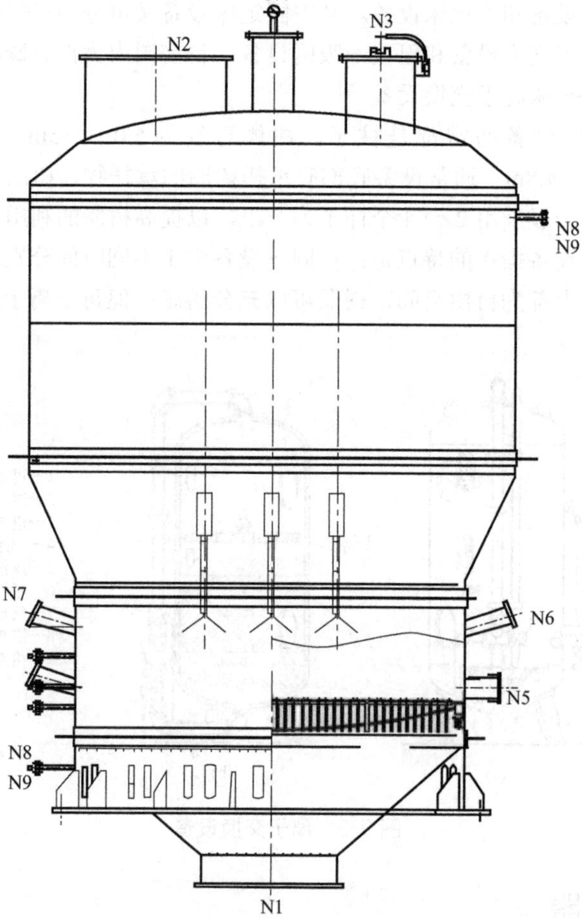

图 9-4　流化床反应器结构

N1—工艺气进口；N2—工艺气出口；N3—入孔；N4—碱液进口；N5—产品出口；N6—粉尘进口；N7—母液进口；N8—压力测点；N9—温度测点

9.4.4 成品冷却器

冷却设备采用卧式旋转冷却器，冷却介质采用循环水。根据生产情况最大可满足7500kg/h 的处理量，旋转方向和转速可变频调整。工作原理为高温碳酸钾物料由进料端通过下料溜管进入筒体，由于筒体的倾斜和回转，物料产生一个既沿着圆周方向翻滚，又沿着轴向从高端向低端移动的综合运动；物料在筒体内与冷却水管充分接触并进行热交换，冷却后的物料经料端罩下料口排出冷却器，满足下游设备输送及筛分要求。

9.4.5 筛选机

经冷却的碳酸钾颗粒经斗式提升机输送到双层筛选机中，经振动筛分后尺寸合格的颗粒输送到料仓中，过大或过小的碳酸钾颗粒进入碾磨机。该设备主要采用长方形结构，设备本体材质采用不锈钢，底部安装两台振动电机，内部采用两层不同孔径的筛网，涨紧度外部可调，顶部使用可手动拆卸的盖板，侧面配有橡胶密封检查孔，整体结构简单，日常检修及维护方便。

9.4.6　碾磨机

自筛选机筛分的过大或过小的颗粒进入碾磨机，过大的颗粒经磨辊碾磨成细小颗粒后返回流化床反应器，作为碳酸钾晶种。采用一对可调节间距的齿形对磨磨辊，碾磨颗粒大小可根据生产系统情况调整，设备处理能力为 700 ～ 1200kg/h。

9.4.7　旋风分离器

旋风分离器是离子膜电解-流化床法进行粉尘回收的关键设备，由筒体、进气管、排气管、排灰口等部件组成，结构较为直接、简单。旋风分离器的尺寸因工艺装置及操作工艺要求而不同，结构采用常规旋风分离器结构。

工作原理为：自流化床反应器来的含尘尾气进入旋风分离器，利用惯性离心力的作用从气流中分离出尘粒。含尘气体从设备上部的进气管切向进入，受管壁的约束向下做螺旋运动；在惯性离心力的作用下，粉尘颗粒被抛向器壁而与气体分离，再沿壁面落至底部的排灰口经压缩气正压输送至流化床反应器回收利用；净化后的气体在中心轴附近由下而上做螺旋运动，最后由顶部排气管排出，进入尾气洗涤塔进行冷却和净化，如图 9-5 所示。

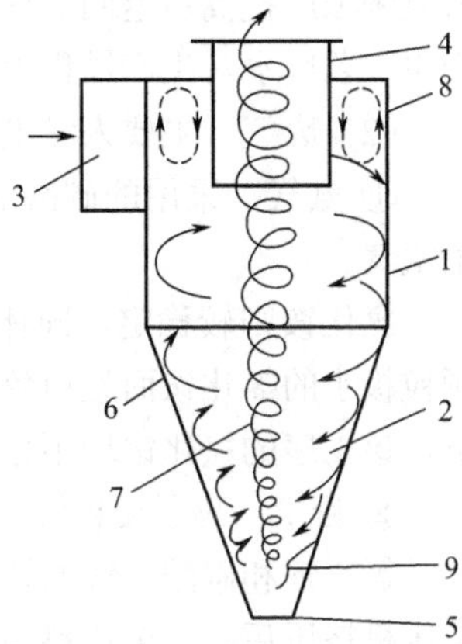

图 9-5　旋风分离器结构

1—筒体；2—锥体；3—进气管；4—排气管；5—排灰口；6—外旋流；7—内旋流；8—二次流；9—回流区

9.4.8　输送机

经煅烧制得的碳酸钾颗粒利用螺旋输送机（见图 9-6）运输，输送能力根据生产情况变频调整。

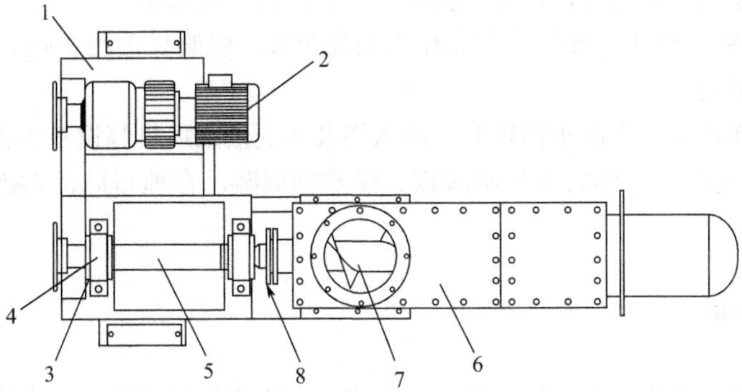

图 9-6　螺旋输送机结构

1—基板；2—减速电机；3—支撑座；4—轴承；5—传动轴；6—机箱；7—螺旋输送桨；8—密封机构

9.5 三废处理

9.5.1 三废污染源分析

（1）废水 碳酸氢钾蒸发结晶的二次冷凝水收集后回用于碳酸氢铵溶解化料工序，碳酸氢钾煅烧尾气喷淋水也来自碳酸氢钾蒸发结晶的二次冷凝水，尾气的吸收水循环使用，待碳酸氢钾浓度提高后返回碳酸氢钾蒸发装置，多余的二次冷凝水用于冷却塔的补充水。全程不产生工艺废水，生产过程中产生的蒸发冷凝水均回用，不外排。

（2）废气 主要为粉尘和碳酸氢铵分解产生的少量氨气。

① 氨气 采用的碳酸氢铵呈白色粉状结晶，有氨臭味，在较低的温度时就可以分解产生氨气。

氯化铵则较稳定，固体氯化铵在337.8℃时解离为氨和氯化氢，遇冷后又重新化合生成颗粒极小的氯化铵而呈白色浓烟。氯化铵蒸发结晶工序为液体浓缩，从生产工艺技术参数分析，该工序的氯化铵均不分解产生氨气。

② 粉尘 离子交换法的粉尘主要来自碳酸氢钾煅烧及筛分工序。

氯化钾和碳酸氢铵原料为含水的结晶状，易结块，投料时采用行车运送至固定位置，经挤压机挤压后，吊至化料池进行投料，因此不会产生投料粉尘；采用全自动包装与码垛系统自动包装，包装时逸散粉尘产生量较少。

碳酸氢钾煅烧工序产生的尾气及碳酸钾筛分尾气经其尾气吸收系统吸收，再利用碳酸氢钾蒸发结晶工序的冷凝水喷淋吸收粉尘，除雾后由15m高的排气筒排放。喷淋水循环，不外排。吸收水可回用于碳酸氢钾的蒸发结晶。二级水喷淋除尘效率达99.9%。

离子膜电解-流化床法的粉尘主要来自流化床反应器尾气分离后的细小碳酸钾颗粒。

（3）固体废物 副产物主要为原料氯化钾和氢氧化钾过滤除杂产生的除杂废物、原料拆包产生的废包装材料。

① 除杂废物 氯化钾除杂分为两级除杂：一级除杂加盐以达到除去氯化钾中的镁离子的目的；二级除杂为吸附除杂，产生的再生工艺水返回一级除杂。

② 废包装材料 原料碳酸氢铵和氯化钾为袋包装，包装袋重约300g，生产过程中会产生大量的废包装材料。

（4）噪声 噪声主要来源于循环泵、冷水塔及各类液泵风机等设备运转，声源强度介于65～85dB（A）之间。主要采取基础减振、建筑物屏蔽、合理布局、强化绿化隔离防护等方法降噪。

9.5.2 三废治理

（1）废水治理 排水实行清污分流，分雨水、清下水排水系统及污水排水系统，共两个系统。雨水、清下水排水系统采用暗管收集后排入相对区域雨水管网。污水排水系统由各车间废水池收集后用泵上外管排至污水处理站，经污水处理站处理达到《污水综合排放标准》（GB 8978—1996）的一级标准后排出，对周围环境不产生污染。

（2）固体废物治理

① 包装材料　大部分原材料均用桶装或袋装，主要为氯化钾和碳酸氢铵使用产生的大量废包装材料，由相关物资回收单位综合利用。

② 生活垃圾　由环卫部门统一收集处理。

（3）噪声治理

主要噪声来自循环冷却水系统、物料泵、电机及生产过程中设备运行产生的机械噪声，主要分布在车间内。根据声环境影响简析，项目投产后厂界及敏感点的昼夜间噪声均能达标。为减少项目运行时噪声的产生，建议采取以下措施进行防治：

① 注意设备选型及安装。设计中尽量选用加工精度高、运行噪声低的设备。在安装时，对高噪声设备须采取减振、隔振措施；同时少设门窗，设备工作时应保持门窗关闭。

② 设备需定期维护，避免老化引起的噪声，必要时应及时更换。

③ 在总图布置时，应采取“闹静分开”的原则进行合理布置，并加强厂界周边的绿化。

④ 为减轻项目原辅材料运输过程中车辆噪声对其集中通过区域的影响，建议厂方对运输车辆加强管理和维护，保证车辆有良好的车况，要求机动车驾驶人员经过噪声敏感区地段限制车速，禁止鸣笛，尽量避免夜间运输。

9.6 碳酸钾产品性能与用途

9.6.1 产品性能

碳酸钾是钾盐行业中用于化工、医药、轻工和食品等行业的基本原料之一，主要应用于食品和医药、化肥和农药、石油和天然气、建材（特种水泥）、电子和玻璃、橡胶和钢铁冶炼等生产。随着高新技术的不断开发，碳酸钾和碳酸氢钾在洗涤助剂、食品添加剂、饲料添加剂、绿色农业及园艺、催化剂和石油化工加工等领域的应用日趋扩大，特别是食品领域。由于人类对健康的追求，国民的消费逐渐进入理性消费阶段，对于食品的质量和健康效果将提出更高的要求，希望供给的食品更富于营养和功能性，并能起到保健防病、促进健康的作用。

9.6.2 产品消费领域

20 世纪 80 年代以后，我国碳酸钾的应用领域日益广泛：成为生产电子管、电视机显像管、电脑显示器玻壳的原料，用于生产光学玻璃可提高透明度、强度和折射率；也用于生产电焊条，可防止焊接时的断弧现象；可作叶面喷施肥料，也可作复合肥的原料；还可用于生产还原染料及其冰染的拔白；可用作清除硫化氢及二氧化碳的吸收剂；与纯碱相混合可作干粉灭火剂；也可用作丙酮、酒精生产的辅助原料和橡胶生产中的防老化剂；水溶液可用于棉布的煮炼、羊毛的脱脂。此外，还可用于油墨、照相、药品、聚酯、电镀、制革、陶瓷、建材、水晶及医药的生产。用于生产方便面、碳酸饮料中的添加剂，可以起到膨松和防腐的作用。也可用作食品添加剂山梨酸钾、磷酸二氢钾等产品的生产原料[23]。

（1）重质碳酸钾　目前，我国碳酸钾最大的应用领域是玻璃、农药、陶瓷、医药、化肥等。但是重质碳酸钾主要用在玻璃、陶瓷、化肥领域。

重质碳酸钾在陶瓷生产中主要用作陶瓷熔块，碳酸钾易溶于水，必须带入熔块中才能使用。在熔块中以 K_2O 成分存在，加入碳酸钾有降低熔块熔化温度和提高熔块膨胀系数的作用。钾玻璃是以氧化钾代替钠玻璃中的部分氧化钠，并适当提高玻璃中的氧化硅含量。它的硬度较大、光泽好，又被称作硬玻璃。钾玻璃多用于制造化学仪器、用具和高级玻璃制品。随着人民生活水平的提高，其用量将有很大的增加。

（2）轻质碳酸钾　我国轻质碳酸钾主要应用在农药、食品和医药等领域，2018 年这三个领域的消费量分别占总消费量的 37.43%、14.07% 和 12.11%。其中医药级的碳酸钾产品性能较高，其次是食品级碳酸钾。重质碳酸钾的应用领域同样适合轻质碳酸钾，除此之外，轻质碳酸钾由于其多孔结构和堆积密度小，特别适合应用于医药、食品、农药、日用品等领域，表现出反应时间短、产品收率高、生产效率高等优点。现在这些领域整体碳酸钾消费比例还较低，未来应加大市场开发力度。随着生产成本的进一步降低，碳酸钾作为无氯钾肥的可能性越来越大，在多种经济作物、高中档蔬菜等生产中有很大的潜在市场。

轻质碳酸钾应用领域增长最快的是农药领域，主要应用品种有麦草畏、高效氟吡甲禾灵、精吡氟禾草灵、二芳醚、毒性杀菌剂三唑酮、植物生长调节剂多效唑、烟碱类超高效杀虫剂吡虫啉和农药乳化剂 600 等。尤其是新开发的农药领域应用，如麦草畏，增长快速，近几年对轻质碳酸钾需求增长非常快。其次是健康食品的需求。近年来，随着民众生活水平的提升和健康意识的增强，膳食结构的改善成为人们广泛关注的话题，低钠、保健、营养功能以及健康食品被广为重视。碳酸钾除了越来越多地作为酸度调节剂、防腐剂应用到食品领域外，还应用到畜牧业中，国外研究表明，在暑热期乳牛添加碳酸钾可以提高乳脂率。

9.6.3 农用碳酸钾

我国化肥领域是重质碳酸钾的主要消费领域之一，碳酸钾在化肥领域主要用于制备水溶性肥料。

水溶性肥料是指完全可以溶于水的单质化学肥料或多元复合肥料，经水溶解或稀释，用于灌溉施肥、叶面施肥、无土栽培、浸种蘸根等的液体或固体肥料，主要用来补充作物所缺的营养元素（氮、磷、钾、钙、镁、硫以及微量元素等）。水溶性肥料因为能完全溶于水，所以具有速溶、无残渣、吸收率高、施用方便、容易被作物吸收利用等优点。而且通过喷、灌溉等设施农业，可以实现水肥一体化，达到节水、省肥、省工的目的，是符合环保和实现农业可持续发展的新一代肥料。因此，在全世界被广泛应用于温室蔬菜、花卉、各种果树和大田作物的灌溉施肥。

在我国化肥市场中，主要的水溶性肥料包括水溶性单质肥料（如磷酸二氢钾、粉状尿素、硝酸钾、液体尿素等）、水溶性硝基复合肥、大量元素水溶肥料、微量元素水溶肥料、中量元素水溶肥料、含氨基酸水溶肥料、含腐植酸水溶肥料、有机水溶肥料、含海藻酸和糖醇螯合类以及各种叶面肥料等。

碳酸钾既可单独作为单质水溶肥使用，也可和其他氮、磷源肥料一起制备成水溶性复合肥使用。碳酸钾不含氯离子，可用于低耐氯作物，如烟草、土豆等，而且带碳酸根，可以改良酸性土壤，并分解出二氧化碳，促进作物的光合作用。

我国氮磷钾施肥比例中，钾的施用量长期低于世界平均水平，未来对钾肥的需求将会稳步提高。碳酸钾是可以提供钾元素的优质水溶肥原料，水溶肥产业对碳酸钾的需求量必将高于水溶肥行业整体增速。

参考文献

[1] 杨斌，韩秋燕．我国碳酸钾与碳酸氢钾市场及应用领域分析 [J]．中国石油和化工经济分析，2019 (12):46-48.
[2] 马洪靖．碳酸钾生产及市场概况 [J]．中国石油和化工，1999(9):59-61.
[3] GB/T 1587—2016　工业碳酸钾 .
[4] 谢英惠，张涵．碳酸钾生产工艺综述 [J]．盐业与化工，2008(3):1-3.
[5] 张涵．沸石离子交换法制备碳酸钾的研究 [D]．天津：河北工业大学，2009.
[6] 闫皙，张少红，田月娜，等．对从草木灰中提取碳酸钾问题的探讨 [J]．河北企业，2011, 37(1):89-90.
[7] 张仁伟．有机胺法制备碳酸钾新工艺及其进展 [J]．化肥工业，1995, 22(1):43-45.
[8] 李刚，张廷福．我国碳酸钾技术进展 [J]．无机盐工业，2000 (1):21-22.
[9] 王洪记，胡东山，路文学．碳酸钾工业的发展现状 [J]．化工技术经济，2002(2):5-8.
[10] 李占远．我国碳酸钾现状及前景展望 [J]．河北化工，2004(3):28-29.
[11] 侯海山．离子交换制备碳酸钾 [J]．河南化工，1989(3):14-16.
[12] 侯秋实，王洪记．离子交换法生产碳酸钾工艺的技改与革新 [J]．无机盐工业，1997(1):33-36.
[13] 张俊先，任照元．离子交换法制备碳酸钾工艺的改进 [J]．江苏化工，1997, 25(2):34-35.
[14] 胡成银，师延满．离子交换法制备 K_2CO_3 工艺原理及关键控制 [J]．盐业与化工，2014, 43(4):28-30.
[15] 王兆中．离子膜-流化床法生产碳酸钾综述 [J]．海湖盐与化工，1998(2):20-23.
[16] 葛亚涛．碳酸钾生产过程中离子交换过程的实验研究 [D]．天津：河北工业大学，2008.
[17] 王洪记．旋转式连续离子交换法生产碳酸钾 [J]．氮肥信息，1997(11):19-20.
[18] 张敬凤．反渗透技术在碳酸钾生产废水处理中的应用 [J]．工业水处理，2005(9):75-76.
[19] 常燕复．离子膜电解生产碳酸钾新工艺 [J]．中国氯碱，1999(2):36-37.
[20] 冯晓霞．精氨酸 / 碳酸钾复合溶液吸收二氧化碳的研究 [D]．石家庄：河北科技大学，2013.
[21] 胡柏松，张帆，赵景利．碳酸钾生产中除氨工艺实验研究 [J]．无机盐工业，2013, 45(8):21-23.
[22] 祁伟，马德玉．浅议 8 万吨 / 年碳酸钾装置运行维护 [J]．化工管业，2015(10):190.
[23] 陈旭君，金丽娟．浅析碳酸钾及碳酸氢钾应用领域发展趋势 [J]．化工管理，2020(2):1-2.

中国肥料研究与应用全书

Books of Fertilizer Research and Application in China

FERTILIZER

第 10 章
其他钾肥

钾资源广义分为可溶性钾盐矿和不溶性含钾铝硅酸盐矿，可溶性钾盐矿又可分为易溶性钾盐矿和难溶性钾盐矿。易溶性钾盐矿包括含钾水体经过蒸发浓缩、沉积形成的可溶性固体钾盐矿床（如钾石盐、光卤石等）和含钾卤水；难溶性钾盐矿主要包括杂卤石等钾盐矿物。不溶性钾资源常指含钾硅酸盐或铝硅酸盐或其他含钾的岩石或矿物，如钾长石、明矾石、霞石、富钾砂页岩、富钾泥灰岩等。

世界范围内开发利用的主要钾资源是可溶性钾盐资源，加拿大、俄罗斯等国家因拥有丰富且足以满足农业需求的可溶性钾盐资源，所以对不溶性钾盐资源制备钾肥的研究很少。而我国可溶性钾盐资源短缺，供应远远不能满足需求，对外依存度约 50%。因此，研究利用难溶性杂卤石和不溶性钾盐资源生产钾肥一直受到广泛关注。

杂卤石是可溶性钾盐资源中的难溶性钾资源，最早由德国化学家 Stromeyer 发现[1]，随后在得克萨斯州西部和新墨西哥州等多个地区发现大量杂卤石。但当时人们的认知水平有限，杂卤石被视为重要的找钾标志[2]，由于其难溶性、矿藏深等特点杂卤石一直未被开发利用，而是作为呆矿存在。20 世纪 30 年代初，国外就开展一系列逆流萃取杂卤石中的硫酸钾、硫酸镁等试验。之后研究者又相继采用有机溶剂萃取、无机酸分解、复分解反应等方法对杂卤石分解提取硫酸钾进行试验研究，但由于加工技术欠成熟，杂卤石资源一直未能得到充分利用。近年来，随着钾矿资源的不断消耗、氯化钾价格的攀升、硫肥需求量增加以及英国与以色列高质量大吨位杂卤石的发现与开采[3]，杂卤石作为一种缓慢释放、富含钾钙镁硫矿质养分的肥料重新引起了人们的关注。国外在杂卤石分解提取的关键技术上已经取得了一系列实质性突破和工业性经济实效，而这些对我国杂卤石的开发利用无疑具有重要的技术指导作用[4]。根据国际上对杂卤石的开发应用情况分析，以及我国在杂卤石地质勘探研究中的新发现，杂卤石开发利用前景较好，将来有望作为可溶性钾盐资源的有效补充和储备资源。

10.1 硫酸钾钙镁

10.1.1 产品种类及性能

硫酸钾钙镁 [$K_2Ca_2Mg(SO_4)_4 \cdot 2H_2O$]，学名杂卤石，作为杂卤石在中国的商品推广名称使用，是一种包含硫、钾、镁、钙四种养分的矿质肥料（48% SO_3、14% K_2O、6% MgO 和 17% CaO）。目前主要分布于英国北海海底，由以色列化工集团（ICL）进行实质性的商业开采和市场开发[5]。以色列化工集团旗下的英国克利夫兰钾肥公司拥有世界上第一个也是唯一一个在产硫酸钾钙镁矿井，约有十亿吨的储量。该新型“4 合 1”肥料是由史前海洋蒸发而形成的以硫酸盐为基础的矿物质，包含的硫、钾、镁和钙所有的养分均是可溶解的。

10.1.1.1 产品种类

硫酸钾钙镁可根据消费者的需求，以多种形式施用到土壤中（单独施用、作为原料生产掺混肥、作为原料生产复合肥）。其中，大颗粒等级的硫酸钾钙镁粒径为 2 ～ 4mm，该产品具有优越的散播性，是一种可与氮素合用的理想肥料。它属于一种低氯肥料，所有作物均可安全使用，包括氯敏感作物。硫酸钾钙镁具有优异的存储特性，其产品类型及用途如图10-1所示。

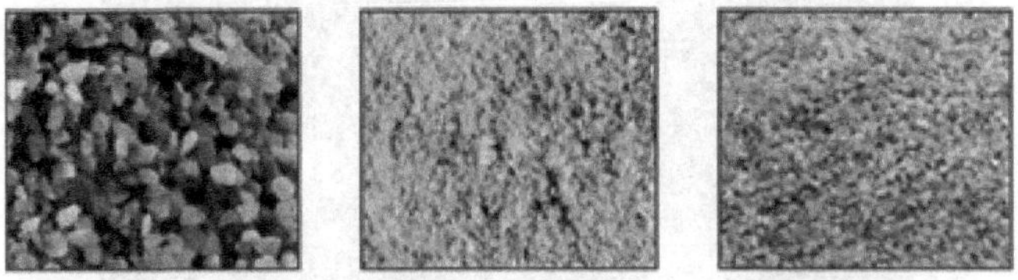

颗粒级
直接施用
掺混肥原料

标准级
直接施用
复合肥原料

Mini颗粒级
直接施用

图10-1　硫酸钾钙镁产品种类

10.1.1.2　产品性能

目前市售的杂卤石产品——硫酸钾钙镁包含硫、钾、镁和钙四种养分（48%SO_3、14%K_2O、6%MgO和17%CaO），其主要技术指标见表10-1。

表10-1　硫酸钾钙镁的技术指标

化学成分	标准值	保证值
溶解性钾（K_2O）/%	14	13
溶解性硫（S）/%	19.2	18
溶解性镁（MgO）/%	6	5.5
溶解性钙（CaO）/%	17	16
H_2O	0.5	＜1.0
理化特性	**数值**	
密度	$1.6t/m^3$	
pH值	7.2～7.3，弱碱性	

10.1.2　硫酸钾钙镁生产原理

杂卤石中的钾、钙和镁均为速效养分，在土壤中的释放率均为100%；杂卤石中的硫在土壤中的释放率为86%左右，部分为缓效硫或无效硫。随培养时间的延长，土壤中各养分均处于稳定状态，说明部分速效养分被土壤胶体或晶格交换或固定转化为交换态。此外，杂卤石可以降低土壤pH值，提高土壤电导率，且在K_2O含量相同时，杂卤石中盐基离子含量远大于氯化钾和硫酸钾。说明杂卤石是一种含盐基离子较多的酸性肥料，施用于碱性土壤可以降低土壤pH值，但大量盐基离子施入可能加快土壤盐碱化的速度；杂卤石中的钙与酸性土壤中的铝相拮抗，可以抑制铝毒害[6]。

硫酸钾钙镁作为带两个结晶水的单晶体化合物，性质稳定，不易吸湿潮解，养分综合，其分子空间结构如图10-2所示。

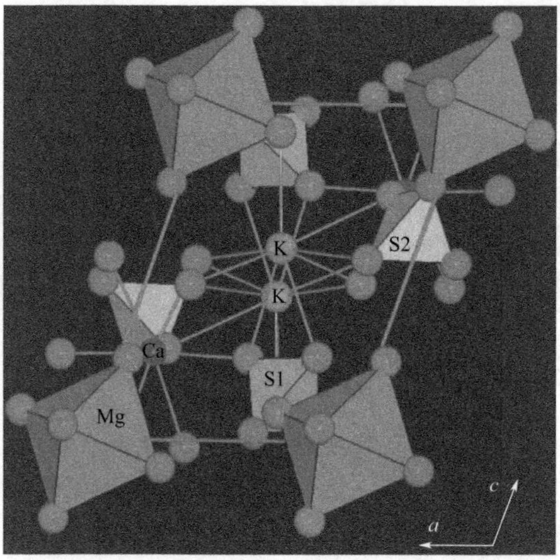

图 10-2　硫酸钾钙镁分子 3D 空间结构模型

硫酸钾钙镁分子空间结构中：两个小球代表两个钾原子；两个小球代表两个钙原子；四个四面体代表四个硫原子；四个六面体代表四个镁原子；其他红色的小球代表氧原子。正是由于硫酸钾钙镁这种独特的分子空间结构，原子间的结合化学键键能不同，不同原子打破结合化学键所需的能量也不同。最终表现为硫酸钾钙镁所含的养分具有独特的释放模式——前期快速释放，后期稳定释放，养分肥效时间长，可以为生育期较长的作物持续供应养分。硫酸钾钙镁适合氯敏感作物施用，特别适合于需钙、镁和硫较多的作物，以及酸化土壤和盐渍化土壤的改良，一般作为基肥和早期追肥施用或作为土壤调理剂施用。

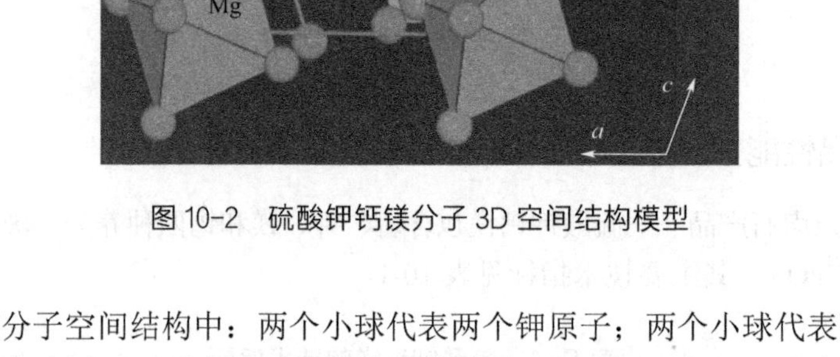

图 10-3　以色列化工集团生产的硫酸钾钙镁颗粒产品

这种肥料所包含的硫、镁、钾和钙四种养分均为可溶的，因此其营养成分可被植物有效吸收。硫酸钾钙镁拥有自然状态，且碳足迹非常小（图 10-3）。它能提供可靠的高价值，对环境的影响也很少，获得了欧盟等各国的有机认证。

硫酸钾钙镁包含以下几种养分：

① 48% 的三氧化硫（硫 19.2%），形式为硫酸盐；

② 14% 的氧化钾（钾 12%），形式为硫酸钾；

③ 6% 的氧化镁（镁 3.6%），形式为硫酸镁。

10.1.3 硫酸钾钙镁生产工艺与设备

10.1.3.1 工艺流程

目前，世界上硫酸钾钙镁工业化开采主要来自英国北海 1000m 之下的杂卤石矿层，靠近英国北约克郡海岸。该岩层堆积成形于 2.6 亿年以前，2010 年第一份硫酸钾钙镁矿物样品在英国克利夫兰矿区钾矿层之下 150m（硫酸钾钙镁位于地下 1250m）开采出来（图 10-4），这是世界上第一个也是唯一一个运作的杂卤石矿山。

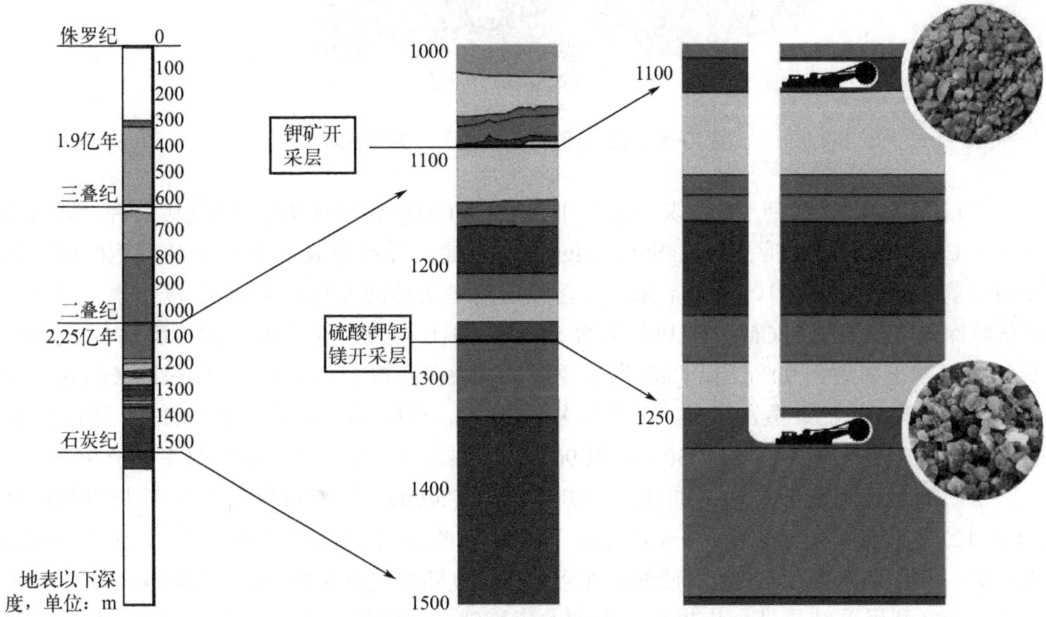

图 10-4 硫酸钾钙镁矿井开采层分布

具体工艺流程为：采用大型矿层开凿机在地下 1250m 开采硫酸钾钙镁矿层，通过开凿机对矿石进行物理破碎，破碎后的硫酸钾钙镁矿石通过输送带运送至地上部工厂车间；然后车间的对辊破碎机将矿石进一步破碎，通过筛分处理可获得不同粒径等级的硫酸钾钙镁产品，包括大颗粒级、Mini 颗粒级和标准粉末级。筛分处理后的颗粒即为产品。

10.1.3.2 主要设备

钾盐矿床开采中，主要采用连续大型机械化地下矿井开采机，以实现矿山的安全高效开采。该设备最主要的掘进机系统主要由悬臂式掘进机、转载机、可伸缩带式输送机（或刮板输送机）、单体锚杆钻机、通风除尘设备及供电系统等组成。它是综合机械化掘进的关键设备，掘进机的性能对于提高掘进工效和掘进进尺具有重要作用。图 10-5 为 ICL 的硫酸钾钙镁地下矿井开采机。

10.1.3.3 我国杂卤石加工工艺

中国杂卤石富集地带位于北纬 25°～ 50°，据估计仅川东杂卤石资源折合 K_2O 储量达百亿吨以上。但是矿藏较深、品位较低，四川农乐和烂泥湾的杂卤石 K_2O 平均品位仅为 6.44% 和 10.38%[7]，开采难度大、加工成本高，目前尚没有工业化开发。在实验室的工艺研究中，杂卤石经进一步加工生产可转化为多种钾肥产品，如硫酸钾、硫酸镁、复合肥等。

图 10-5　ICL 硫酸钾钙镁地下矿井开采机

（1）杂卤石制硫酸钾　在实验室研究中，以 $Ca(OH)_2$ 溶液为溶浸剂制备硫酸钾，即将杂卤石与 $Ca(OH)_2$ 溶液反应生成 $CaSO_4$、$Mg(OH)_2$ 沉淀，释放出 K^+。该反应随反应时间、溶浸剂用量（固液质量比）、溶浸剂浓度、溶浸温度等条件的变化而影响 K^+ 浸出率。通过溶浸试验探究，在溶浸剂 $Ca(OH)_2$ 质量分数 5%、液固比 4∶1、温度 40℃搅拌反应 3h 的条件下，K^+ 的浸出率达到 90%。以 CaO 为溶浸提，与杂卤石按 1/4 固液质量体积比（g/mL）混合，经过溶解、过滤、蒸发结晶、分离等多个过程，所得硫酸钾纯度高达 94.3%。通过焙烧-热浸方法，当焙烧温度不低于 350℃，以 90℃热水热浸焙烧后产物，钾回收率大于 95%[8]。

（2）杂卤石制硫酸钾、硫酸镁　将杂卤石与 $Ca(OH)_2$ 溶液反应后以生石灰调节溶液 pH ≥ 12.4，使镁离子全部沉淀分离出来，再用稀硫酸将 pH 值调至 7.0，使氢氧化镁转化成硫酸镁；利用硫酸钾、硫酸镁、硫酸钙在水中溶解度随温度变化的不同，将硫酸钙从溶液中分离出来；利用重结晶进一步提纯，得到的硫酸钾、硫酸镁。该方法利用溶解、加热、过滤、结晶等一系列的简易步骤提纯杂卤石中的硫酸钾、六水硫酸镁、普通建筑石膏等，所产硫酸钾的纯度可达 98% 以上，六水硫酸镁纯度大于 90%[9]。利用该工艺提纯的矿样所有成分都可以利用，没有尾矿，工艺简单，能实现工业化生产，还可以根据需要制取不同纯度的中间产品。

（3）杂卤石制复合肥　过磷酸钙可促进杂卤石中钾的溶解，在常温、pH 值为 7.5、P_2O_5 与 K_2O 的质量比为 2∶1 的条件下，K^+ 的浸出率为 90.32%、P_2O_5 的浸出率为 56.45%，因此用杂卤石和过磷酸钙可以制备复合肥[10]。

此外，高品质杂卤石中钾钙镁硫矿物含量较高，纯度接近 90%[11]，经过研磨或造粒可直接作为商业钾肥，成本低廉，避免了生产加工过程中的能源消耗和环境污染问题，同时可为作物补给多种矿物养分，也可算作复合肥的一种。

10.1.4　硫酸钾钙镁的农业用途

10.1.4.1　产品施用特性

硫酸钾钙镁作为一种天然的矿物肥料，具有多种独一无二的产品特性，总结起来包括以下几大优点：①纯天然，欧盟和美洲有机认证；②多养分，钾钙镁协同提效作用；③单晶体，性质稳定，混配性优异；④长效性，独特的养分持久释放；⑤淋洗少，养分当季利用效率高；⑥盐度低，适用于盐渍化的土壤；⑦含有硼，微量元素同补品质高；⑧弱碱性，硫酸钾钙镁 pH=7.2；⑨播幅广，大型机械撒播更高效。

（1）天然产品 硫酸钾钙镁与掺混肥或复合肥不同，它在开采、粉碎、筛选和装袋的过程中，并没有使用化学分离方法或其他工业过程，凭借这种自然形态，硫酸钾钙镁减少了自身的碳足迹。它能提供可靠的高价值，对环境的影响也非常小。硫酸钾钙镁的生产是一种自然过程，因此，这种肥料产生的碳排放非常少。

硫酸钾钙镁以硫酸盐形式存在，具有速效性和可溶性，可被快速吸收；生产过程中不会产生加工产品或废品，不会发生酸化反应；其本质是一种在天然状态下使用的包含多种元素的肥料，是能按田地作物需求灵活施用的环保产品；它的氯化物含量非常低，也适用于氯敏感作物；浓缩物质，易于存储，散播快，供应安全。

（2）具有多养分协同提效的作用 硫酸钾钙镁的养分含量非常丰富，包含全中量元素硫、钙和镁，同时还含有丰富的钾养分。硫酸钾钙镁与目前市场上销售的其他相似肥料，如含镁盐的硫酸钾、含镁盐的氯化钾、钾镁硫酸盐复合肥、硫酸钾、硫酸镁石以及硫酸铵相比，具有养分多元性的优势。硫酸钾钙镁中钾和镁的含量比例为2.5∶1，钙和镁的比例为2.8∶1，养分比例非常协调。经济作物尤其是果树对钙和镁养分的需求比例为（3～4）∶1。硫酸钾钙镁的钙和镁养分含量恰好符合作物对两种养分的最佳需求，可提高作物对养分的吸收利用效率。

（3）单晶体，性质稳定，混配性优异 将硫酸钾钙镁分子的3D空间结构转换成2D平面结构，如图10-6所示。通过硫酸钾钙镁的2D空间结构可知，硫酸钾钙镁的原子结构非常紧密稳定，从而决定了硫酸钾钙镁是性质非常稳定的天然矿物质。硫酸钾钙镁是无害的惰性原料，不在欧盟的“危险货物或有害物质”名单中。因此，硫酸钾钙镁与其他单质肥料原料的混配性非常优异。

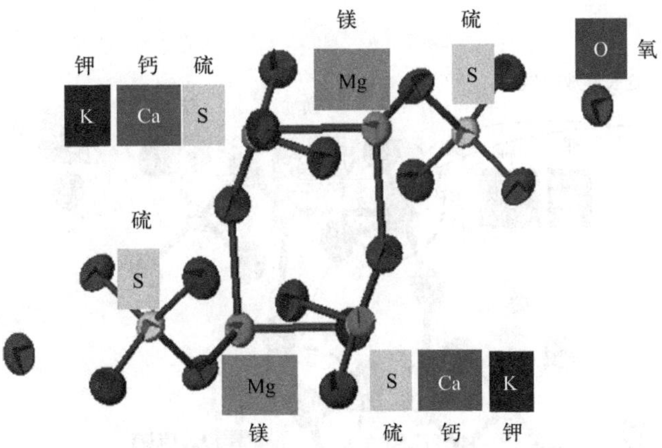

图10-6 硫酸钾钙镁分子2D空间结构

硫酸钾钙镁可作为原料用来生产不同的NPK肥料以满足不同作物、土壤和气候条件的需求。硫酸钾钙镁中氯含量低的特性降低了所生产的NPK+S肥中的氯含量，是氯敏感作物的理想肥料。硫酸钾钙镁是极好的硫养分来源，可以与氮混合施用以确保能为作物提供合理的 N 和 S 营养。硫酸钾钙镁是 NPK 肥料的理想原料，可用于生产不同硫含量的肥料，同时可用于生产不含氮的肥料。硫酸钾钙镁作为原料生产出其他衍生肥料产品后，硫酸钾钙镁中的镁元素是补充作物从土壤吸收镁的重要来源。同时，当硫酸钾钙镁作为原料生产复合肥时，硫酸钾钙镁中的钙和硫可以帮助造粒，提高滚筒复合肥造粒的成球率和增加复合肥的单日产量。硫酸钾钙镁呈现弱碱性，因此当与铵基产品混合时不会有氨挥发，与含氧化镁的产品不同。另外，由于硫酸钾钙镁的晶体强度高，因此减少了生产和运输过程中产生的粉尘。硫酸钾钙镁可与其他原料如硝酸铵、尿素、过磷酸盐、氯化钾和硫酸钾完美搭配。与传统的以硫酸钾和氯化钾为原料生产的氮磷钾肥料相比，以硫酸钾钙镁为原料生产的氮磷钾肥料生产成本和能耗均较低。硫酸钾钙镁可替代硫酸钾和硫酸镁，作为作物养分的供应源。

（4）养分释放具有长效性　通过对硫酸钾钙镁分子中原子间化学结合键能的测试发现：硫酸钾钙镁两端的原子团与主体原子团的化学键能结合较弱，很容易受外界环境影响并断开（图 10-7）。而硫酸钾钙镁中间原子团间的化学键能结合较强，不容易被外界环境断开（图 10-8）。

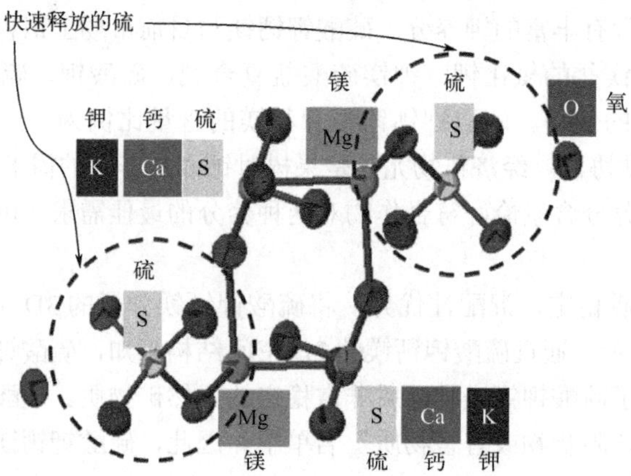

图 10-7　硫酸钾钙镁分子两端原子团化学键能结合情况

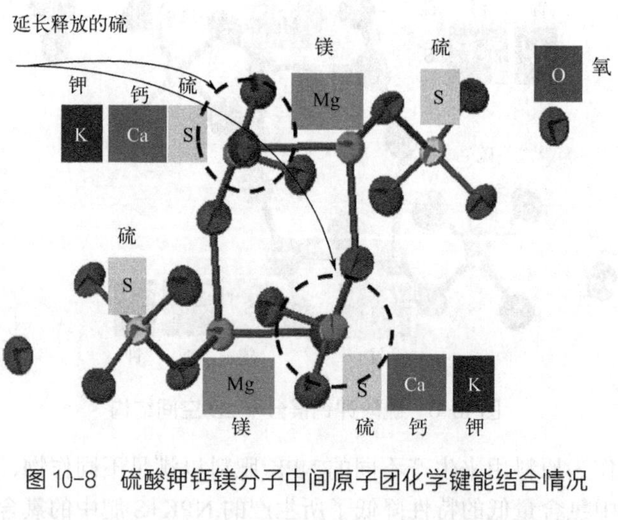

图 10-8　硫酸钾钙镁分子中间原子团化学键能结合情况

硫酸钾钙镁施用到土壤中后，分子两端的原子团可以快速断开并释放出来，而中间的原子团缓慢断开。因此，硫酸钾钙镁在土壤中表现出来的特性：部分养分可以快速释放出来满足作物对养分的迫切需求，剩余的部分养分可以长效持久地释放，满足作物生长发育过程中对养分的长期需求。

通过开展硫酸钾钙镁室内柱状沙土试验，检测了硫酸钾钙镁中硫的溶解释放特性（图 10-9）。试验结果表明：与其他常规的肥料不同，硫酸钾钙镁在土壤中 5 天后可以释放 40% ～ 50% 的硫养分，剩余的 50% ～ 60% 的硫养分可以持续释放约 55 天。

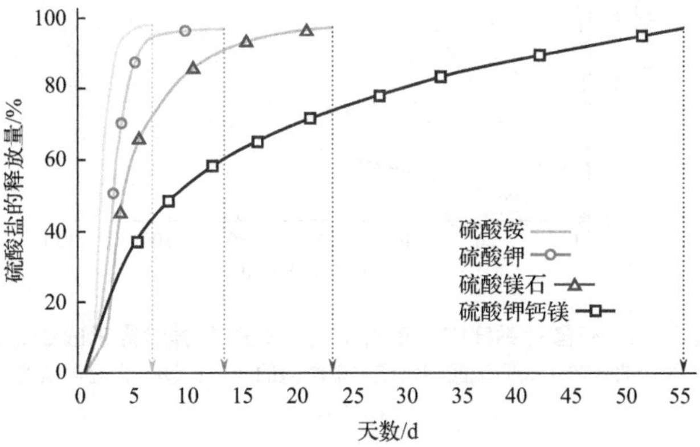

图 10-9　硫酸钾钙镁的硫养分在柱状沙土试验中的溶解释放特性

通过水培试验对硫酸钾钙镁、氯化钾和硫酸钾中钾的溶解性进行了比较。与速溶性的常规钾肥如硫酸钾和氯化钾不同，硫酸钾钙镁溶解于水中 5 天后可释放 55% ～ 60% 的钾养分，剩余的约 40% 的钾养分可以在水中持续 21 天（图 10-10）。

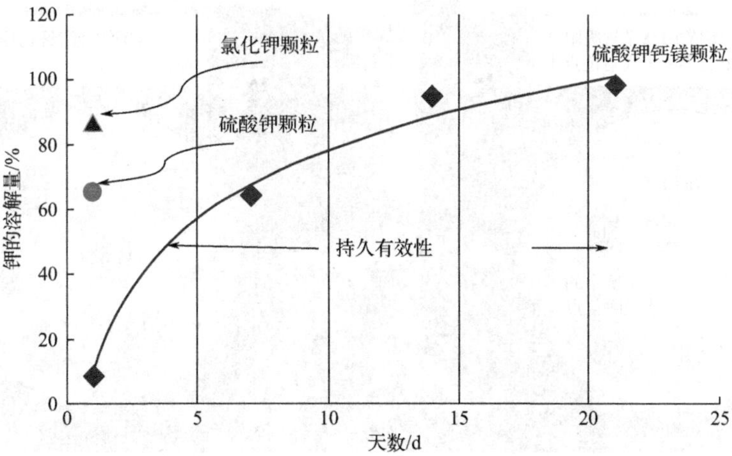

图 10-10　硫酸钾钙镁、氯化钾和硫酸钾中钾的溶解性比较

硫酸钾钙镁这种独特的养分持久释放性可以满足长生育期的作物对养分的需求。以大豆整个生育期对硫养分的需求曲线为例，硫酸钾钙镁施用后，前期硫养分快速释放、后期硫养分持续释放的模式，与大豆整个生育期对硫养分的需求曲线非常匹配，可以极大地提高大豆对硫养分的利用效率（图 10-11）。

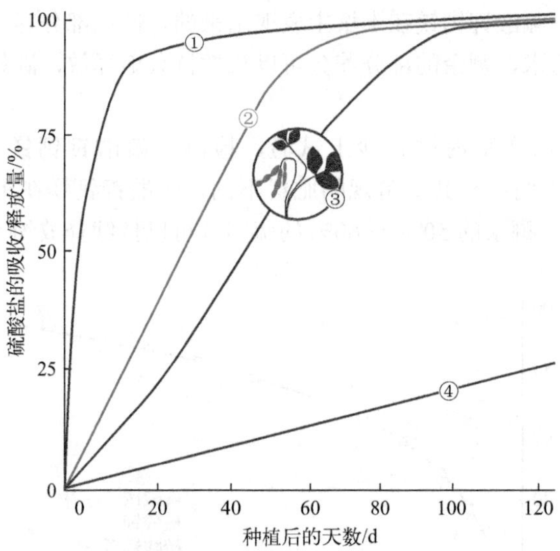

图 10-11　硫酸钾钙镁中 S 的释放与大豆的 S 养分需求曲线比较

①—硫酸铵或硫酸钾中硫酸盐的释放；②—硫酸钾钙镁中硫酸盐的释放；③—大豆对硫的吸收；④—石膏中硫酸盐的释放

（5）养分当季利用效率高　硫酸钾钙镁施用到土壤中后，钾、钙和镁等阳离子会持续释放至土壤溶液中，土壤溶液中的阳离子（钾、钙和镁）被黏粒和有机物质表面的阳离子吸附位点迅速吸附（图 10-12）。因此，土壤溶液中的离子浓度很低，不会与释放出来的硫酸根形成硫酸钙沉淀。

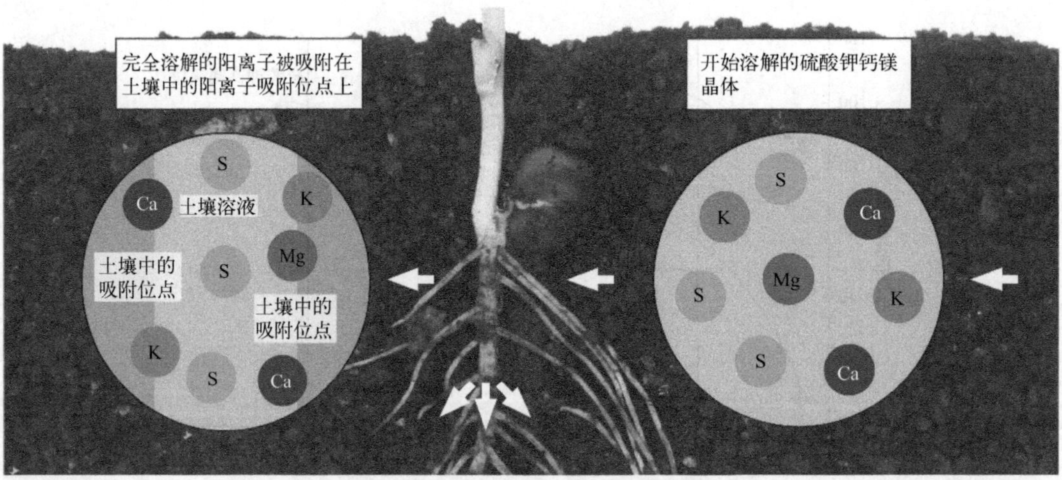

图 10-12　硫酸钾钙镁在土壤中的养分移动去向

通过对以色列化工集团在全球范围内获取的硫酸钾钙镁田间试验结果，以及以色列植物营养与肥料研发中心（CFPN）获取的室内盆栽试验数据，统计分析后比较了硫酸钾钙镁中的钾养分与常规钾肥如氯化钾和硫酸钾中的钾养分在施用到土壤中后的移动去向（图 10-13）。

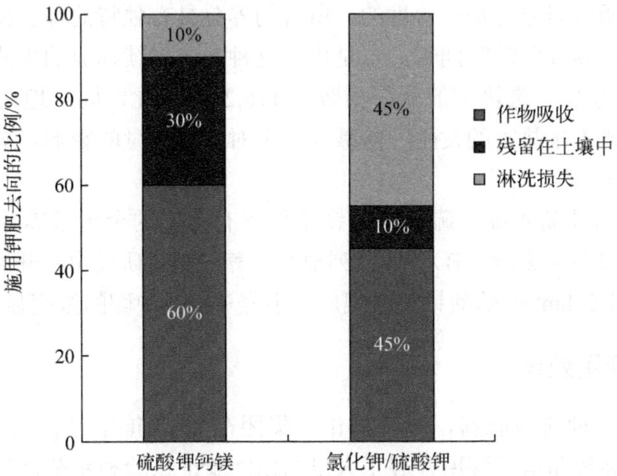

图 10-13　硫酸钾钙镁、氯化钾和硫酸钾施用至土壤后养分的去向比较

试验数据统计分析表明：硫酸钾钙镁中的钾养分当季利用效率为60%，远高于氯化钾和硫酸钾中钾养分45%的当季利用效率。硫酸钾钙镁中钾养分的当季淋洗损失量为10%，远低于氯化钾和硫酸钾45%的当季淋洗损失量。正是由于硫酸钾钙镁的养分持久释放模式促进了作物对钾养分的吸收，提高了钾养分的当季利用效率，降低了钾养分的淋洗损失量。

（6）盐度低，适用于盐渍化的土壤　常见的肥料大多数都是由阴离子和阳离子化合而成的无机盐，少数属于有机化合物的肥料，如尿素，施入土壤后亦很快转化成无机盐。因此，肥料施入土壤后一般具有增加土壤溶液的盐分浓度，提高土壤溶液渗透压的作用。用以衡量肥料提高土壤溶液盐分浓度和渗透压的效应强弱的指标为盐分指数（由电导率EC值衡量）。盐分指数越高，提高土壤溶液盐分浓度和渗透压的效应越强，反之越弱。通常含氯及硝酸根离子的化肥盐分指数都较高，各种磷肥的盐分指数都较低（表10-2）。

表10-2　不同类型肥料的盐分指数比较

肥料类型	盐分指数
KCl	116.2
KNO_3	69.5
K_2SO_4	42.6
$MgSO_4$	44
$CaSO_4$	8.1
硫酸钾钙镁	12

因此，盐分指数是一种重要的肥料特性。盐分指数高的肥料一次施肥过多或过浓，会快速提高土壤溶液盐分浓度和渗透压，造成土壤溶液的浓度大于根毛细胞液的浓度，结果使得根毛细胞液中的水分渗透到土壤溶液中去，这样根毛细胞不但吸收不到水分，反而还要失去水分，造成整个植株脱水萎蔫，俗称烧苗。通常硝酸钠的盐分指数设定为100，盐分指数大于100的肥料表示其产生的渗透压要大于同当量的硝酸钠产生的渗透压，而盐分指数小于100的肥料产生的渗透压要小于同当量的硝酸钠产生的渗透压。

硫酸钾钙镁的所有养分均是可溶性的，所含的养分具有独特的释放模式——前期快速释放，后期稳定释放，养分肥效时间长。正是由于这种养分持续释放的模式，硫酸钾钙镁的盐分指数非常低，约为12（氯化钾的盐分指数为116.2）。因此，同一地块连续多年大量施用硫酸钾钙镁不会造成土壤盐害的发生，能减少盐害对作物产量的影响，对于改良盐碱地有良好的作用。

（7）微量元素同补品质高　硫酸钾钙镁不仅含有丰富的全中量养分和钾养分，还含有200～600mg/kg的微量元素硼（B）。以色列植物营养与肥料研发中心开展的室内小麦沙培试验结果表明，施用2.5t/hm^{2}的硫酸钾钙镁肥后，小麦干物质中硼的浓度显著高于对照处理。

10.1.4.2　产品施用效果

硫酸钾钙镁是一种新型肥料，以色列化工集团在2015年年底首次将其引入中国市场，随即与我国的多所高校和科研院所开展了大量的田间验证试验和示范试验，涵盖了我国主要的生态区域、土壤类型和作物类型。

（1）提高作物增产幅度　目前以色列化工集团与中国农业大学、内蒙古农业大学、河南农业大学、河南科技大学、华中农业大学、云南农业大学、西南大学、云南省农业科学院、海南省农业科学院、广东省农业科学院、武汉市农业科学院、福建农林大学、中国农业科学院茶叶研究所、五洲丰农业科技有限公司、鲁西化工集团、中国-阿拉伯化肥有限公司等高校、科研院所和肥料公司开展了大量的田间试验和示范推广工作。试验结果表明，施用硫酸钾钙镁可以显著提高土壤养分含量，尤其是中量元素含量，显著提高作物的产量和改善作物品质。在小麦、玉米、水稻、大豆、牧草等大田作物上施用，作物增产幅度为7%～10%；在马铃薯、果树、蔬菜类、咖啡、茶叶、油料作物、糖料作物等经济作物上施用，作物增产幅度为8%～12%；在番茄、辣椒、花椰菜、洋葱等集约化作物上施用，作物增产幅度可达15%～20%。

（2）播幅广，大型机械撒播更高效　大颗粒级硫酸钾钙镁的粒径均匀，密度大。而且，硫酸钾钙镁变异系数很低，机械施用幅度达到36m，是一种理想的早春硫肥品种和根外追肥品种。

法国克莱蒙费朗（Clermont-Ferrand）的国家环境与农业科技研究院（IRSTEA）已经用CEMIB对硫酸钾钙镁的施用性能进行了测试，硫酸钾钙镁播撒效果显著。在法国、丹麦以及德国进行的试验表明：在重叠播撒模式下颗粒态的硫酸钾钙镁可达到32m的播幅，变异系数为4.3；播幅达到36m时，肥料的铺展性表现依然非常好。

采用适当的施肥装置可实现硫酸钾钙镁和硝酸铵钙（CAN）的大宽度混合播施（40%的硫酸钾钙镁和约60%的CAN，播施宽度为32m时，变异系数小于6%）。同时，也可采用适当的施肥装置实现硫酸钾钙镁和颗粒级尿素的大宽度混合播施（34%的硫酸钾钙镁和约66%的尿素），播施宽度为32m时，变异系数小于6%，最大播幅可达35m（变异系数等于10%）。

10.1.5　我国杂卤石开发利用的主要问题

杂卤石作为一种重要的难溶性含钾矿物，一直以来备受科研工作者的热切关注。针对杂卤石的研究重点大多集中在水溶开采和溶浸提取等方面，虽已取得了一定的科研成果，但离真正实现工业化规模开发还有很大差距。主要存在问题如下：

（1）不能直接利用、开采成本高　与国外开采的杂卤石资源相比，我国已发现的杂卤石资源虽然丰富，但矿体埋藏较深，且多与硬石膏、菱镁矿、石盐等矿物共生，无法直接开采破碎利用，开采成本高。

（2）需要溶采、现阶段工业化难度大　国内杂卤石开发利用需要水溶开采和溶浸提取，现有溶浸剂存在溶浸效率低、溶浸速度慢、溶矿条件苛刻等技术缺陷，大规模实施难度还较大。

10.1.6　我国杂卤石开发利用前景

杂卤石是可溶性钾盐资源中的难溶性钾资源，根据国际上对杂卤石的开发应用情况分析，以及我国在杂卤石地质勘探研究中的新发现，杂卤石开发利用前景较好，将来有望作为可溶性钾盐资源的有效补充，如能实现工业化生产，将对缓解我国钾盐供需矛盾起到一定的积极作用[12]。

但我国杂卤石品位及埋深与国外杂卤石矿层不同，无法直接开采破碎利用。基于国际上杂卤石开发利用进展及我国四川“新型杂卤石钾盐矿”的发现，建议关注杂卤石资源的勘探进展，对国内杂卤石勘探及未来开发利用的可行性分析予以一定的研究支持，从工程和产业化的角度探索杂卤石开采的可行性。

10.2　硅钙钾镁（土壤调理剂）

基于钾长石富含作物需要的钾、硅、钙等多种矿质元素的特点，可以它为主要原料开发制备出钾硅钙肥等矿质肥料产品。因其兼具较好的土壤改良效果，同时又可补充土壤中不断流失的矿质元素，近年来逐渐发展起来。“土壤调理剂”是目前农业农村部将硅钙钾镁产品用于登记时的通用名称。

土壤调理剂是指加入土壤中用于改善土壤的物理和（或）化学性质，及（或）其生物活性的物料。目前，我国市场上的钾长石等不溶性含钾土壤调理剂产品所用主要原料包括：钾长石、明矾石、霞石、白云石、石灰石、生石灰、麦饭石、沸石、磷矿石、贝壳粉、处理碱渣、石膏、轻烧镁、碳酸钙等十多种。土壤调理剂根据不同功能，具体可以分为：团聚分散土粒，改善土壤结构的土壤胶结剂；固定表土，防止水土流失的土壤安定剂；调节土壤酸碱度的土壤调酸剂；能增加土壤温度的土壤增温剂；能保持土壤水分的土壤保水剂；能向土壤补充中微量矿物质元素的矿物质土壤调理剂等。我国企业主要采用“钾长石＋白云石＋石灰石”“钾长石＋白云石”“钾长石＋石灰石”“钾长石＋生石灰”4种不同矿石原料进行配伍生产制备土壤调理剂，其所占比例达到了70%以上。

10.2.1　产品性能

10.2.1.1　产品质量特点

目前，我国登记有效的钾长石土壤调理剂产品主要技术指标有以下几个特点：

① 绝大多数产品的氧化钾（K_2O）含量达到 4.0% 以上，所占比例达到了 84%。

② 产品中氧化钙（CaO）含量主要集中在 20.0% ≤ CaO < 30.0% 和 CaO ≥ 30.0% 的范围内，所占比例分别达到了 53% 和 34%，并且其中 83% 的产品氧化钾（K_2O）含量达到 4.0% 或以上。

③ 产品中氧化镁（MgO）含量主要集中在 4.0% ≤ MgO < 10.0% 范围内，所占比例达到了 69%，而 25% 的产品无氧化镁含量指标，并且其中 83% 的产品氧化钾（K_2O）含量达到 4.0% 或以上。

④ 产品中二氧化硅（SiO_2）含量主要集中在 20.0% ≤ SiO_2 ≤ 30.0% 和 10.0% ≤ SiO_2 < 20.0% 范围内，所占比例分别达到了 69% 和 28%，并且其中 84% 的产品氧化钾（K_2O）含量达到 4.0% 或以上。

根据农业部发布实施的《土壤调理剂　通用要求》（NY/T 3034—2016）、《土壤调理剂　磷、钾含量的测定》（NY/T 2273—2012）和《土壤调理剂　钙、镁、硅含量的测定》（NY/T 2272—2012）标准中相关规定，钾长石土壤调理剂中钾、钙、镁、硅分别以氧化钾（K_2O）、氧化钙（CaO）、氧化镁（MgO）和二氧化硅（SiO_2）计，且上述指标的检测均采用 0.5mol/L 盐酸浸提后测定。

除氧化钾、氧化钙、氧化镁、二氧化硅指标外，钾长石土壤调理剂产品的技术指标还明确规定了 pH 值范围，以利于指导农户进行产品选择和施用。该类产品 pH 值指标均属碱性，且很多产品碱性还比较强，最高 2 个产品的 pH 值范围达到了 11.0 ～ 13.0。

10.2.1.2　产品技术指标（见表10-3）

（1）养分指标：有效的枸溶性养分

K_2O ≥ 4%；

SiO_2 ≥ 20%；

CaO ≥ 25%。

（2）结构指标：

密度≤ 0.85g/cm^3；

毛细膨胀率≥ 15%（干粉体积膨胀率）；

持水率≥ 100%。

（3）环境指标：

水溶胶丁铎尔效应显著（定性）；

阳离子交换容量≥ 40cmol/kg；

pH 值 9.5 ～ 11.5。

表10-3　土壤调理剂产品技术指标

项目	技术指标
有效钾 /%	≥ 4.0
有效硅 /%	≥ 20.0
有效钙 /%	≥ 25.0
水分含量 /%	≤ 15.0
pH 值	9.5 ～ 11.5

10.2.1.3 产品分析方法

产品主要根据企业标准规定的方法进行检测。

（1）外观检测：目视法。

（2）有效钾含量的测定：具体检测方法参照 NY/T 2273—2012 第 4 条中 4.1 的规定，采用火焰光度法进行检测。

（3）有效硅含量的测定：具体检测方法参照 NY/T 2272—2012 第 5 条中 5.1 的规定，采用等离子体发射光谱法进行检测；或者按照 GB/T 20412—2021 中 4.7 的规定，采用氟硅酸钾容量法进行检测。

（4）有效钙含量的测定：具体检测方法参照 NY/T 2272—2012 第 3 条中 3.1 的规定，采用原子吸收分光光度法（仲裁法）进行检测。

（5）水分的测定：按照 GB/T 8576—2010 的规定，对复混肥料中游离水含量采用真空烘箱法进行检测。

（6）汞、砷、镉、铅、铬含量的测定：按照 NY/T 1978—2022 的规定进行检测。

（7）pH 值的测定：按照 NY/T 1973—2021 的规定进行检测。

（8）硫、氯含量的测定：按照 NY/T 1117—2010 的规定进行检测。

（9）钠含量的测定：按照 NY/T 1972—2010 的规定进行检测。

10.2.2 产品生产原理及工艺

不溶性钾矿中的钾常以离子形式存在于铝硅酸盐矿物晶格中，一般酸碱条件下很难将钾离子游离出来。从不溶性钾矿中提钾的基本思路是利用湿化学法、微生物法破坏铝硅酸盐矿物的晶格结构，使钾离子从不溶性钾矿中游离出来再提取。

国内科研工作者通过大量试验研究，利用粉碎直接施用法、焙烧熔融法、碱加压水热法、含氟助剂酸法、微生物法等方法对不溶性钾矿进行综合开发利用 [13]。目前主要工业化的方法有高温煅烧法和水热蒸养法两种。

10.2.2.1 高温煅烧法

岩石矿物原料经高温焙烧能获得类似火山灰的活性，这是目前国内最常见的工艺。通常是把富钾岩石粉与石灰石粉等配料一起煅烧，温度可达 1300℃以上。使用的炉型有多种类型，包括煅烧水泥常用的回转窑、焙烧瓷品常用的隧道窑、煅烧钙镁磷肥用的高炉等。高温焙烧工艺成熟，产品的活性度高，含有效氧化钾能达到 4% ～ 8%，已经逐渐获得了市场和各方面的认可。但是高温煅烧法类似水泥煅烧，所得产品没有纳米颗粒，没有微孔结构，也没有胶体特性。目前，国内生产线遍布内蒙古、吉林、河北、河南、山西、云南、贵州等地区。

例如，天津水泥工业设计研究院有限公司开发的“采用悬浮预热预分解和回转窑活化煅烧技术 [14]”生产硅钙钾镁肥，以石灰石和白云石为助剂、碳酸氢钠和氧化铁为添加剂，在 1175℃的高温下煅烧分解钾长石制备矿物质硅钙钾镁肥，对应的钾转化率达到 85%，在内蒙古建成了 3 万吨生产线。

贵州金正大化肥有限公司以磷石膏为原料、焦炭为还原剂，采用煤粉还原磷石膏-不溶性含钾页岩体系的高温焙烧反应技术，制备硫酸联产硅钙钾镁肥，在贵州建成60万吨生产线[15]。理论上，该技术路线可以解决磷石膏的堆放、占地和污染问题，合理利用了不溶性含钾资源，实现了硫的循环利用和钾、钙资源的有效利用。

以上两个方法详细的工艺流程和设备装置见本书“中微量元素肥”篇中第14章14.4.2硅肥生产技术中的高温煅烧法内容。

10.2.2.2 水热蒸养法

水热蒸养法是指富钾岩石粉与氧化钙等碱性激发剂配方后在反应釜中密封水热蒸养的工艺[16]。其中，由中国科学院地质与地球物理研究所研发的该技术是在190～200℃、1.1～1.3MPa的饱和蒸汽下蒸养10～12h，得到半湿状态的微孔产品。所得产品有效氧化钾能达到3%～6%，而且具有特殊的纳米多孔结构，是一种新型土壤调理剂产品。

（1）生产原理　水热蒸养法的主要工艺原理是将岩石原料中的矿物质元素整体活化为能被植物吸收的有效营养，从而将石头转变为富含多种营养元素的矿物肥料。因此该产品不仅能向土壤补充数十种矿物质营养元素，而且能够改良土壤团粒结构，调理土壤生态环境（如防治土壤酸化、增大土壤阳离子交换容量等）。把石头“活化、细化、膨化”，分别对应着土壤的三大基本功能——营养功能、环境功能和结构功能，是一种能够全方位调理改良土壤功能的新型矿物质土壤调理剂。水热蒸养法工艺创新思路见图10-14。

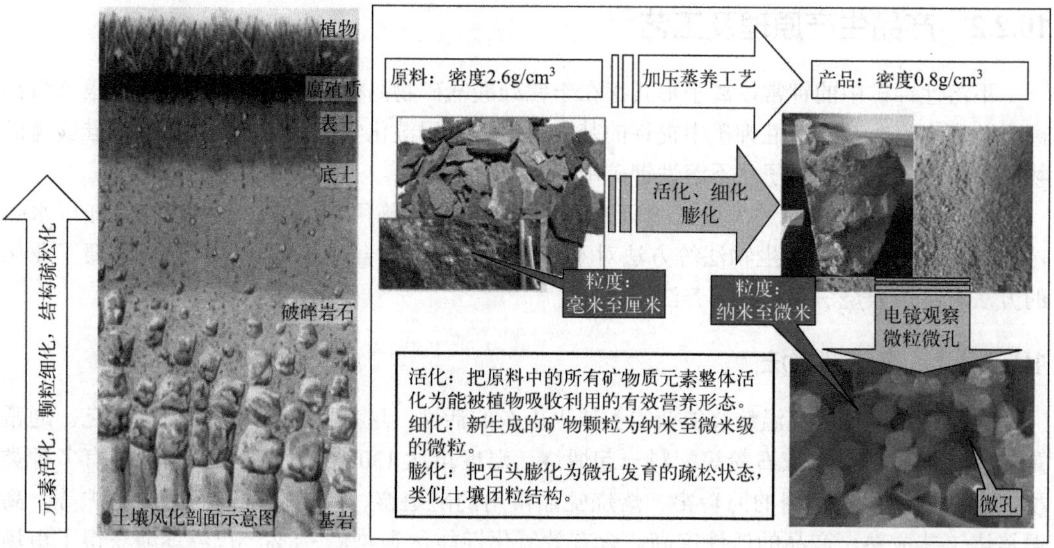

图10-14　水热蒸养法工艺创新思路

（2）工艺流程　将原料富钾岩石和生石灰研磨至200目以下，按照一定比例与专用活化剂以及水充分混合，将混合好的物料转移至高压反应釜中，通入高压饱和蒸汽，在温度190～200℃、压力1.1～1.3MPa下静态恒温反应10～12h取出，即可完成水热化学反应，得到半湿状态的矿物质土壤调理剂，然后通过干燥、粉碎、造粒、包装等工序，成品出厂[17]。

（3）主要生产设备　见表10-4。

表10-4 水热蒸养法生产所用设备

名称	用途
颚式破碎机	破碎大块原料
球磨机（干式）	磨细生石灰
反击破碎机	破碎大块原料
球磨机（湿式）	磨细富钾岩石
反应釜	配料反应
模具	浇注
卷扬机	拉模
底车、底板	浇注模具底板
桥式天车	用于底板、模具的吊用及纵切割
切割机	切割
蒸压釜	蒸养
锅炉 6T	供汽
锤式破碎机	半成品块料破碎
雷蒙磨机	半成品磨粉

10.2.3 产品开发利用存在的主要问题

我国一直在不断探索不溶性钾资源的开发利用，从早期单一提取制备可溶性钾肥，到逐步研发生产缓溶性矿质肥料产品，再到综合利用生产制备矿物源土壤调理剂。但这类产品目前的市场推广与应用还存在以下主要问题[18]。

（1）钾养分含量低，作物施用量大　硅钙钾镁肥的钾含量低，远低于氯化钾、硫酸钾，如果按 K_2O 平均含量 10% 计算，要达到作物所需钾的量，其施用量是施用可溶性钾肥的 5 ～ 6 倍，此外还需要开展长期定位观察试验。在我国现阶段农业生产中的推广和使用，存在运输半径小、企业自身力量薄弱等问题，仍需要一个循序渐进的被认知和接受的过程[19]。

（2）土壤调理功能单一，农民认识不足　从传统观念上，土壤是从岩石矿物风化而来的，土壤固体的 90% 以上就是矿物质，因此人们往往认为土壤不缺矿物质，不需要施用矿物质土壤调理剂产品。土壤调理剂产品中的硅钙镁等枸溶性中微量元素的价值又得不到农户的认可，因此被认为性价比很低。由于它改良土壤结构和理化性状方面的效果不能立竿见影，产品质量和效果差等问题突出，导致农民对它的认可度更低。

（3）生产工艺复杂，成本高　与可溶性钾盐资源生产钾肥相比，早期单纯用钾长石等不溶性钾资源提取生产可溶性钾肥的工艺复杂，所需设备投资大，生产效率低，残渣和排气处理麻烦。后期的生产工艺模式与研究方向均转变为生产土壤调理剂，从生产可溶性钾肥转变为生产枸溶性钾肥。硅钙钾镁（土壤调理剂）的施用技术、施用量、安全性和适应性等还需要进一步试验研究。

（4）技术标准体系尚待健全　目前市面上的土壤调理剂产品种类繁多，质量参差不齐，包装标识混乱。一方面存在假冒伪劣产品，恶意篡改相关包装信息，如登记证号、产品名称与备案信息不符等问题；另一方面存在通过外包装信息故意夸大产品功能功效等。相对于产品和市场的发展，由于土调效果评价体系不健全、行业标准不精确，配套的技术标准体系建设显得滞后。除需要建立更多必要成分的检测标准外，对于土壤调理剂产品而言，功能性指标或效果的检测和评价亟待建立，标准化工作任重道远。

10.2.4 产品开发利用前景

截止到 2021 年 10 月底，在农业农村部登记的土壤调理剂产品数量为 207 个，登记的企业有 158 家。其中，金正大集团、根力多、山西富邦、中材鼎元等公司生产的硅钙钾镁肥产品都有销售，总体年销量近 20 万吨。

利用磷石膏、钾长石等在高温下煅烧而形成的硅钙钾镁肥碱性土壤调理剂，不仅能调酸改土，还能补充多种大、中、微量元素，可有效克服石灰等易造成土壤板结的不足，在多种作物上应用效果较好，且对土壤环境影响小，实现了磷钾资源的综合利用 [20]。该产品在贵州、江西、湖南、广东等全国主要酸性土壤区域，在柑橘、香蕉、蔬菜和水稻等作物上累计推广硅钙钾镁肥 37.87 万公顷（568 万亩），实现农田新增产值 1.99 亿元，具有显著的经济效益及社会效益。采用水热蒸养工艺生产的硅钙钾镁肥，能将岩石原料中的矿物质元素整体活化为能被植物吸收的有效营养（活化率可达 70% ～ 80%），从而将石头转变为富含多种营养元素的矿物肥料。同时，该产品在物理结构上具有特殊的微孔结构（密度约 $0.8g/cm^3$）和纳米至亚微米颗粒结构，因此该产品不仅能向土壤补充数十种矿物质营养元素，而且能够改良土壤团粒结构，调理土壤生态环境，如防治土壤酸化、增大土壤阳离子交换容量等。

钾长石、明矾石、霞石等不溶性钾资源虽然丰富，分布广泛，但这些矿物中的钾元素不能被植物直接吸收利用，必须先破坏不溶性钾矿物的结晶构造，使其转化成水溶性或枸溶性的物质后才可以被植物吸收利用。而世界上已查明的可溶性钾资源丰富，按目前的开采利用可维持 200 年以上，加上未发现、未查明的可溶性钾盐资源，保障年限更长。因此，利用不溶性钾资源生产可溶性钾肥没有竞争力，开发这类产品不能作为钾肥的替代，不能解决国内缺钾的问题。在现阶段，不宜大规模开发利用不溶性钾资源，可以因地制宜、小规模地根据当地情况配合相关产业适当进行全元素综合开发利用。

参考文献

[1] 李文博，官厚江，吕剑，等. 杂卤石——富有潜力的钾盐矿资源 [J]. 中国非金属矿工业导刊，2017(3):3-5.
[2] 孙小虹，唐尧，陈春琳，等. 世界钾盐产业现状 [J]. 现代化工，2015, 35(12):1-3.
[3] 宋彭生，李武，孙柏，等. 盐湖资源开发利用进展 [J]. 无机化学学报，2011, 27(5):801-805.
[4] 董晓铭，秦佳政，张仂. 地下可溶性固体钾盐矿加工氯化钾新工艺探索 [J]. 盐业与化工，2015, 44(2):18-20.
[5] 田燕燕. ICL 硫酸钾钙镁进入陕西市场 [J]. 中国农资，2019(01):15.
[6] 梁家妮，马友华，周静. 土壤重金属污染现状与修复技术研究 [J]. 农业环境与发展，2009, 26(4):45-49.
[7] 张永生，郑绵平，邢恩袁，等. 川宣地 1 井发现厚层海相可溶性"新型杂卤石钾盐"工业矿层 [J]. 中国地质，2021, 48(1):343-344.
[8] 刘晓元，安莲英，冯振华. 杂卤石制备硫酸钾工艺研究 [J]. 当代化工，2012, 41(12): 1221-1223.
[9] 杨达才，陈培玲. 四川农乐杂卤石矿实验室提纯已获成功 [J]. 中国非金属矿工业导刊，1989(1): 003.
[10] 黎春阁，安莲英，陈晓庆. 杂卤石溶解行为及制备矿物复合肥可行性分析 [J]. 化工矿物与加工，2013, 42(1): 20-23.
[11] Pavinato P S，Corá J E，de Camargo Santos A，et al. Sugarcane response to polyhalite fertilizer in Brazilian oxisols[J]. Agronomy Journal, 2020, 112(6):5264-5278.
[12] 谭慧婷，孙伟，崔玉照，等. 钾矿资源现状与杂卤石的开发应用分析 [J]. 无机盐工业，2022, 54(6):23-30.
[13] 刘杰，韩跃新，印万忠. 难溶性钾矿资源制备钾肥研究现状及展望 [J]. 有色矿冶，2005, 7(21):172-174.

[14] 李小燕，俞为民，朱金波，等．硅钙钾肥生产新工艺 [J]．磷肥与复肥，2015, 30(10):18-20.
[15] 金正大磷石膏 100% 综合利用 [J]．硫酸工业，2017(7): 30.
[16] 邱美娅．动态水热法分解钾长石制备雪硅钙石的实验研究 [D]．北京：中国地质大学，2005.
[17] 彭清静，彭良斌，邹晓勇，等．氯化钙熔浸钾长石提钾过程的研究 [J]．高校化学工程学报，2003, 17(2):185-188.
[18] 孙蓟锋，王旭，侯晓娜，等．我国钾长石土壤调理剂的发展现状与问题分析 [J]．中国土壤与肥料，2018(4):1-7.
[19] 陈静．含钾岩石资源开发利用及前景预测 [J]．化工矿产地质，2002, 22(1) : 15-21.
[20] 邓强，余红林，胡万明．难溶性钾矿资源综合利用途径及展望 [J]．现代矿业，2013, 526(2) :138-140.

中国肥料研究与应用全书

Books of Fertilizer Research and Application in China

FERTILIZER

第 11 章

肥料助剂

11.1 助剂定义

助剂是指与能够肥料结（混）合，而不破坏其有效成分，有助于提高养分利用效率，改善作物生长特性，对植物生长安全的添加剂。助剂在改善化肥产品品质、增加化肥产品功能、改进化肥施用效果和提高化肥利用率等方面具有重要的作用，能够协助传统化肥生产企业降低化肥生产能耗、提高化肥生产效率、加快化肥产品结构调整和产业升级，对促进现代农业发展、提高资源利用率及改善化肥施用对环境的影响具有十分重要的意义。

助剂有很多种类型，在生产过程中添加能够辅助原有产品获得某种性能，或增强某种性能。比如在制成塑料制品过程中，添加不同的助剂能带来耐热、耐寒、耐酸、耐盐碱、抗氧化、抗冲击力等多方面性能。

11.2 助剂分类

添加肥料助剂是创制新型肥料行之有效的办法。通过添加形式多样、种类各异的肥料助剂，生产企业在仅需少量的技术改造和工艺调整的情况下，就能实现肥料的提质增效，从而丰富现有产品结构，最大限度满足现代农业生产对肥料的要求。助剂主要分类如下所述。

11.2.1 改善肥料理化性状的助剂

传统的肥料助剂是化肥生产过程中为保证生产顺利进行、改善产品性能所添加的功能性材料，如肥料生产过程中添加的防结块剂、防潮剂、包裹剂、造粒助剂、着色剂等。其主要作用是降低化肥生产能耗、改善化肥性能和品质、提高化肥利用率、减少化肥施用量及其对环境的污染等，对于解决化肥生产、贮存、运输、销售和使用中发生的诸多问题具有重要意义。

11.2.2 改善肥料营养功能性的助剂

目前随着各种新型肥料的出现和发展，肥料助剂更多是为赋予产品某种或某些特殊功能而添加的功能性物质，如缓释剂、增效剂、营养助剂、润湿剂、铺展剂、分散剂等。随着人们对植物生理认识的提高，一些产品如腐植酸、植物生长调节剂等，因可以改善植物生长状况、增强作物抗逆性而日益受到关注。

11.3　助剂使用

11.3.1　生产型助剂

11.3.1.1　结（助）晶剂

（1）结（助）晶剂及其作用机制　结（助）晶剂是人为添加或者天然存在于盐溶液中对晶体结晶过程有较大影响的离子或者颗粒的总称。结（助）晶剂一般分为非离子型和离子型两种。结（助）晶剂通过选择性吸附于特定晶面、晶格缺陷或提供成核点等方式影响晶体的结晶习性和结晶动力学。一般来说，外来晶种的加入能够降低成核所需的能量，因此对成核过程有促进作用。Volmer[1] 发现固液界面的接触角对结晶过程的自由能影响较大。因此，异相体系成核可以在较低的过饱和度下进行，且从能量的角度考虑当系统的接触角为零时，结晶过程自发进行。然而，实际生产过程中不存在接触角为零的系统。实际生产过程中一般认为，加入结（助）晶剂的晶体结构与结晶产物差异小于 15% 时促进成核作用明显，而结（助）晶剂晶体结构与结晶产物差距大于 15% 时，结晶过程的能量消耗与均相成核系统类似[2]。表 11-1 中列出了异相成核体系接触角系数 ϕ 与接触角 θ 的关系。

表11-1　异相成核体系接触角与接触角系数之间的关系

θ/(°)	ϕ
0	0
5	1.80×10^{-5}
10	1.72×10^{-4}
30	1.29×10^{-2}
45	5.81×10^{-2}
60	1.56×10^{-1}
90	0.50
120	0.84
180	1.0

不同的结（助）晶剂对晶体的晶型及结晶动力学有不同的影响。结（助）晶剂的加入对结晶过程的影响是显而易见的，但是，目前很难通过理论计算的方式预测结（助）晶剂的加入对晶体结晶过程是否有促进或者抑制作用。结（助）晶剂的存在可能提高或者降低某一物质的溶解度，从而影响其结晶过程。若结（助）晶剂加入后某一物质的溶解度提高，则该物质的过饱和度降低，结晶过程变慢。另外，若结（助）晶剂能够选择性吸附于该物质晶体的特定晶面上，则会导致表面张力的降低，从而加速结晶过程。这一对相反的作用可能同时存在，最终导致难以预测结（助）晶剂的加入对结晶过程的影响。

实验研究表明，Pb^{2+} 在 NaCl 成核过程中起到促进作用，而 Co^{2+} 会抑制 KNO_3 溶液的成核 [3]。虽然难以从理论上预测结（助）晶剂的作用，但是大量的实验研究表明离子型结（助）晶剂对结晶过程的抑制作用强弱为：$Cr^{3+} > Fe^{3+} > Ni^{2+} > Na^+$，且抑制作用在低于临界浓度时明显减弱。

结（助）晶剂对结晶过程的影响一般通过吸附并影响晶体生长的方式实现。

① 吸附　对于非离子型结（助）晶剂，它在晶体表面的吸附可以用朗格缪尔吸附等温线方程来描述。一般来说，晶面是非均相的，且除晶面外晶体表面还存在阶梯及扭折带，这些更利于结（助）晶剂的吸附，如图 11-1 所示。

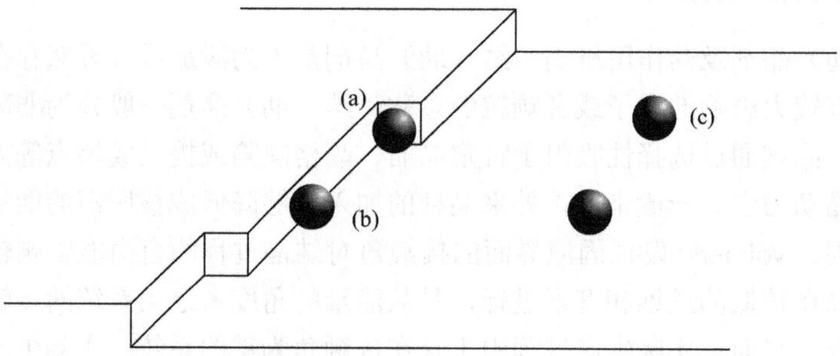

图 11-1　非离子型结（助）晶剂在 (a) 扭折带、(b) 阶梯及 (c) 晶面平台的吸附位点

利用公式（11-1）可以计算出温度和吸附自由能对亨利系数的影响。

$$He_{im} = \exp\left(-\frac{\Delta G_{im}}{kT}\right) \tag{11-1}$$

式中，ΔG_{im} 为不同非离子型结（助）晶剂在不同位点的吸附自由能变，kJ/mol；He_{im} 为亨利系数，mol/（L · atm）；k 为玻尔兹曼常数，1.38×10^{-23}J/K；T 为热力学温度，K。

利用式（11-1）可以定量计算不同非离子型结（助）晶剂对结晶过程的影响。但是，文献报道的非离子型结（助）晶剂在不同位点的吸附自由能变数值较少。Davey[4] 总结并重新计算了一些有机和无机结（助）晶剂对结晶过程的影响。表 11-2 列出了一些已知的吸附自由能变参数。除此之外，精确地测定吸附参数也能够帮助寻找合适的结（助）晶剂。

离子型结（助）晶剂不同于非离子型结（助）晶剂，因为它还需要考虑晶体表面电荷和溶液 pH 值的影响。由于晶体表面双电层的影响，带相同电荷的离子很难通过扩散接触晶体表面，而带相反电荷的离子则更容易接触晶体表面。而且，一些金属离子在溶液中很容易形成各种不同的络合物，且这些络合物的种类及数量极易受到溶液 pH 值的影响。因此，实际生产中离子型结（助）晶剂的使用条件较为苛刻。

表11-2　部分已知的吸附自由能变参数

吸附剂	吸附物	晶面	吸附位点	ΔG_{im}/(kJ/mol)
NaCl	Cd^{2+}	(100)	扭折带	−46.9
NaCl	Cd^{2+}	(100)	阶梯	−36.4
NaCl	Cd^{2+}	(100)	晶面平台	−26.0
$NH_4H_2PO_4$	Fe^{3+}	[001]	晶面平台	−15.9

续表

吸附剂	吸附物	晶面	吸附位点	ΔG_{im}/(kJ/mol)
$NH_4H_2PO_4$	Fe^{3+}	[010]	晶面平台	−16.3
$NH_4H_2PO_4$	Al^{3+}	[001]	晶面平台	−15.5
$NH_4H_2PO_4$	Al^{3+}	[010]	晶面平台	−16.7
KBr	HCOOH	{100}	扭折带	−17.33
KBr	CH_3COOH	{100}	扭折带	−25.04
KBr	C_2H_5COOH	{100}	扭折带	−30.8
KBr	C_3H_7COOH	{100}	扭折带	−36.6
KBr	苯酚	{100}	扭折带	−10.9
NaCl	Pb^{2+}	{111}	扭折带	−41.4
KCl	Pb^{2+}	{111}	扭折带	−41.4

② 影响晶体生长　吸附于晶体表面的结（助）晶剂对晶体生长过程的影响可以分为对结晶热力学的影响及对结晶动力学的影响两个方面。一般来说，结（助）晶剂可以加速、减缓或者彻底抑制某一晶面的生长，而且晶体生长的机理也受结（助）晶剂的影响。结（助）晶剂对结晶动力学的影响是通过以下过程进行的。

首先，根据吸附结（助）晶剂的种类和吸附位点的不同，使用不同的动力学影响方程对该过程进行解释。对于在扭折带位置的可逆吸附过程，Blisnakov 和 Kirkova[5] 给出了简化的晶面生长速度方程式（11-2）：

$$V_{imp}=V_0\left(1-\theta_k\right)+V_{imp,\infty}\theta_k \tag{11-2}$$

式中，θ_k 是结（助）晶剂在扭折带的吸附容量；V_{imp}、V_0、$V_{imp,\infty}$ 分别是该晶面在现在、没有结（助）晶剂及完全被结（助）晶剂覆盖下的生长速度。

Cabrera-Vermileya[6] 模型 [式 (11-3)] 则被用来描述非可逆吸附过程动力学。此时，吸附于晶体表面的结（助）晶剂阻碍了晶体的生长过程，新的晶胞将在两个相邻的结（助）晶剂之间继续生长。

$$\frac{V_{step,imp}}{V_{step,0}}=\left(1-2r_c\sqrt{d}\right)^{1/2} \tag{11-3}$$

式中，$V_{step,imp}$ 是受阻步骤的晶面生长速度；$V_{step,0}$ 是不存在结（助）晶剂时的晶面生长速度；r_c 是临界半径；d 是吸附的结（助）晶剂在吸附表面的平均密度。

（2）结（助）晶剂的应用　Guo[7] 等研究了多种结（助）晶剂（Pb^{2+}、Cd^{2+}、水杨酸钠）对氯化钾晶体结晶习性的影响，结果表明，结（助）晶剂的加入极大地改变了氯化钾原有的结晶习性。Pb^{2+} 的加入使正方晶系的氯化钾结晶变为椭圆形的团聚体，而 Cd^{2+} 的加入则使正方晶系的氯化钾结晶变为长条形，水杨酸钠的加入则使正方晶系的氯化钾结晶变为卡瓦特立方体。Ceyhan 和 Bulutcu[8] 则研究了结（助）晶剂（CH_3COOK、K_2SO_4、NH_4Cl、$BaCl_2$）对氯化钾结晶动力学的影响，结果表明，所研究的所有结（助）晶剂均存在形成死区的问题，但是结（助）晶剂 NH_4Cl、$BaCl_2$ 的加入压缩了死区的宽度，且 CH_3COOK、K_2SO_4 的浓度升高会造成表面成核速度提高。因此，具有相同阳离子的结（助）晶剂对结晶过程的影响较弱，且会造成晶体溶解过程加速进行。NH_4Cl、$BaCl_2$ 等具有相同阴离子的结（助）晶剂则是通过降低晶体表面电位的方式影响结晶动力学的。Behrens[9] 等则研究了 $ZnCl_2$、$Na_6[(PO_3)_6]$、$K_4[Fe(CN)_6]$ 的加入对氯化钾结晶过程的影响，结果表明，$ZnCl_2$ 浓度对氯化钾结晶过程影响很弱，加入 0.03‰ 和 0.1% $ZnCl_2$ 时得到的晶体形貌和粒径分布差距不大，在 $ZnCl_2$ 存在时氯化钾晶体的粒径增加 40%，但是成核因子较低；$Na_6[(PO_3)_6]$ 则对氯化钾的结晶习性及粒径分布都有较大的影响，氯化钾晶面从 {100} 变为 {111}，且粒径明显增大；$K_4[Fe(CN)_6]$ 的加入减缓了氯化钾的晶体生长速度，且掺杂较强。Li 等 [10] 研究了结（助）晶剂对硫酸钾晶体溶解过程的影响，结果表明，三聚磷酸钠和磷酸脲能通过改善离子的扩散系数和降低扩散层厚度的方式影响硫酸钾的溶解过程。Lehman[11] 则通过加入 0.02% ～ 0.2% 聚亚胺并且在控制 pH 值的条件下加速了硫酸钾的结晶过程，获得的产物与冷却或者蒸发结晶的产物具有类似的形貌和粒径分布。Omar 和 Ulrich[12] 则研究了 Cr^{3+} 对硫酸钾结晶过程的影响，结果表明，Cr^{3+} 的存在抑制了成核及晶体生长动力学，且随着 Cr^{3+} 浓度的升高抑制作用逐渐增强，当 Cr^{3+} 浓度为 0.015‰ 时结晶过程几乎停滞。这种抑制作用主要是由 Cr^{3+} 在晶面上的吸附造成的。Dhanaraj 等 [13] 研究了 L-精氨酸对磷酸二氢钾结晶过程的影响，研究表明 L-精氨酸的加入增大了磷酸二氢钾的介稳区宽度，且随着 L-精氨酸浓度的增加结晶速度变快。

11.3.1.2 防结剂

（1）结块机理及影响因素　结块性是物质从松散状态转变为团块或整体的一种性质。团块和整体的形成不仅取决于物质本身的性质，而且取决于物质存储的条件。团块和整体之间没有原则区别。团块是产品粒子较小的聚集体，其强度较差，容易被压碎，分散成单独的小粒子；整体是粗大的聚集体，其强度较高，需很大的力才能破碎。结块性是晶体产品中最复杂的性质，在储存和运输过程中常常产生。在化学工艺上，结块现象产生对肥料的生产、储存以及进一步利用具有重要的影响。

以电子显微镜、X 射线衍射仪为工具，研究结块后的晶体表面，可揭示晶体物料结块的原因。目前公认的关于晶体结块原因的理论主要有两个：结晶理论和毛细管吸附理论 [14]。

结晶理论指出，由于物理和化学原因，晶体表面溶解并重结晶，于是晶粒之间在接触点上形成了固体的联结，即形成了晶桥，从而呈现结块现象。

物理原因通常是晶体物料与大气之间进行水分交换。如果物料是水溶性的，则当某温度下空气中的水蒸气分压大于纯物料的饱和水溶液在该温度下的平衡蒸汽压时，晶体就能从空气中吸收水分。各种水溶性物质的晶体有所谓的临界湿度，空气湿度大于此临界值时，晶体将吸湿；低于此临界值时，晶体将保持干燥。晶体吸湿后，在晶粒表面形成饱和溶液，当空气中湿度降低时，由吸湿而形成的溶液将蒸发，晶粒将在相互接触点上形成晶桥而粘连在一起。表 11-3 列出了几种盐的饱和水溶液上方的空气在 15℃时的相对湿度，即这几种盐在 15℃时的临界湿度。有些晶体产品往往在空气湿度低于它们的临界湿度时就潮解，这通常是由所含杂质引起的。

化学原因通常是晶体表面进行化学反应时会导致溶解重结晶。由于晶体产品中杂质的存在，晶粒的表面在相互接触中将产生化学反应或与空气中的物质（O_2、CO_2 等）产生化学反应，或在晶粒间的液膜中发生复分解反应。某些反应产物因溶解度低而析出，并导致结块。这些杂质种类繁多，例如某化肥样品分析结果表明，其所含杂质可达数十种之多。

表11-3　几种盐饱和水溶液上方的空气在15℃时的相对湿度

物质	分子式	15℃时的稳定相	相对湿度/%
硝酸铅	$Pb(NO_3)_2$	无水盐	98
磷酸氢二钠	Na_2HPO_4	含 $12H_2O$ 的盐	95
硫酸钠	Na_2SO_4	含 $10H_2O$ 的盐	93
溴酸钠	$NaBrO_3$	无水盐	92
磷酸氢二钾	K_2HPO_4	无水盐	92
硝酸钾	KNO_3	无水盐	92
碳酸钠	Na_2CO_3	含 $10H_2O$ 的盐	90
硫酸锌	$ZnSO_4$	含 $7H_2O$ 的盐	90
铬酸钾	K_2CrO_4	无水盐	88
氯化钡	$BaCl_2$	含 $2H_2O$ 的盐	88
硫酸氢钾	$KHSO_4$	无水盐	86
溴化钾	KBr	无水盐	84
硫酸铵	$(NH_4)_2SO_4$	无水盐	81
氯化铵	NH_4Cl	无水盐	79
氯化钠	NaCl	无水盐	78
硝酸钠	$NaNO_3$	无水盐	77
醋酸钠	$NaC_2H_3O_2$	含 $3H_2O$ 的盐	76
氯酸钠	$NaClO_3$	无水盐	75
硝酸铵	NH_4NO_3	无水盐	67
亚硝酸钠	$NaNO_2$	无水盐	66
醋酸镁	$Mg(C_2H_3O_2)_2$	含 $4H_2O$ 的盐	65
溴化钠	NaBr	含 $2H_2O$ 的盐	58
重铬酸钠	$Na_2Cr_2O_7$	含 $2H_2O$ 的盐	52
亚硝酸钾	KNO_2	无水盐	45
碳酸钾	K_2CO_3	含 $2H_2O$ 的盐	43
氯化钙	$CaCl_2$	含 $6H_2O$ 的盐	32
氯化锂	LiCl	含 $1H_2O$ 的盐	15

毛细管吸附理论指出，由于细小晶粒间毛细管吸附力的存在，毛细管弯月面上的饱和蒸汽压低于外部的饱和蒸汽压，这就为水蒸气在晶粒间的扩散创造了条件。此外，物料虽然经过干燥，但总会含有一定量的湿分，且在物料内部存在一定的湿含量梯度，可将溶解的晶体物质带到各处，从而为晶粒间的晶桥提供了饱和溶液，导致晶体结块。

在多数晶体粒子结块的研究中，水通常作为研究对象，这是由于晶体粒子多可以与水发生作用，且由吸收水分或后处理过程的水分残留导致的结块现象非常普遍。因此，由晶体粒子吸湿（水）导致的一系列结块行为可以反映大多数的结块现象。基于上述晶体结块理论，可揭示出晶体粒子具体的结块行为，基本可以划分为三个步骤：水分吸湿、液桥形成、晶桥形成，如图 11-2 所示[15]。

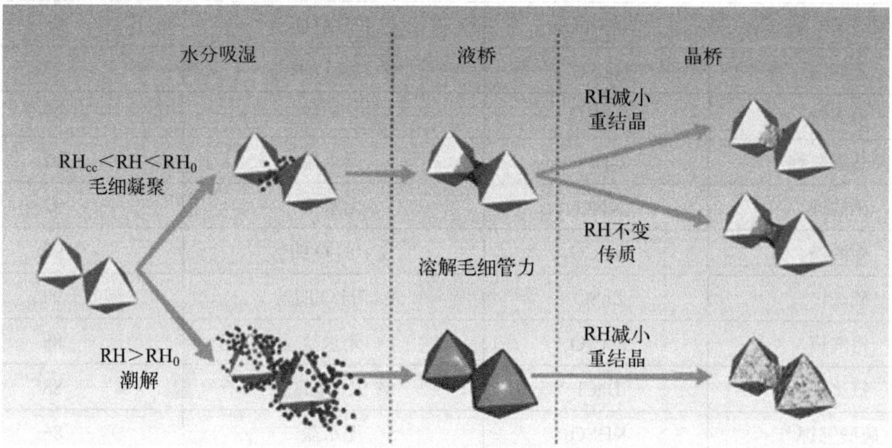

图 11-2　不同条件下的结块过程

结块始于吸湿。在图 11-2 中，RH 是环境相对湿度；RH_0 是晶体潮解的临界湿度；RH_{cc} 是产生毛细冷凝现象的临界湿度。基于潮解点，可将晶体的吸湿过程分为潮解和毛细冷凝两部分。当环境相对湿度 RH 高于 RH_{cc}、低于 RH_0 时，晶体吸湿较少，发生毛细冷凝现象；当环境相对湿度超过 RH_0 后，晶体的吸湿明显变多，晶体发生潮解，表面会累积大量的液体。

吸湿导致了颗粒间液桥的产生。在毛细冷凝过程中，累积的水量可以形成一个稳定的液桥，而在潮解过程中，水量持续累积直到使整个样品完全溶解。液桥并不仅仅只形成二聚体，甚至会形成三聚体、五聚体等更复杂的形态。液桥反映出颗粒接触面间的作用力，例如毛细作用力。影响液桥效果的因素很多，诸如水含量、颗粒数量、颗粒尺寸、颗粒的分布、颗粒的几何形状等。

由于水的蒸发或温度的变化，液桥能达到过饱和状态，导致重结晶，之后晶体之间就形成了晶桥。这是比较公认的溶解-重结晶形成机理。但是，有学者观察到了液桥里面的质量传递现象，随着时间的推移，通过传质固化不会降低环境相对湿度，之后转变成了晶桥，这并不能用典型的重结晶机理来解释。由于晶桥的多样性解释和晶体成核生长的不同机理，到目前为止，晶桥形成的机理及动力学仍存在争议，需要进一步地研究完善。

影响结块的因素很多，就晶体产品本身来说，重要的是粒度、粒度分布及结晶习性。均匀整齐的粒状晶体的结块倾向最小，即使发生了结块现象，但由于晶块结构疏松，单位体积中的接触点很少，故结成的块容易破碎，如图 11-3（a）所示。不均匀的粒状晶体，由于大晶粒之间的空隙填充有小的晶粒，单位体积中接触点增多，故其结块倾向较大，结成的块也不像前一种情况那样容易破碎，如图 11-3（b）所示。图 11-3（c）中的晶体虽然整齐均匀，但由于晶粒是长柱状，能挤在一起，故其具有很大的结块倾向。图 11-3（d）所示的情况更坏，其中晶体不但是长柱状而且不均匀，由于其很紧得挤在一起，结成空隙很小的晶块，这类晶体结块后往往不可能破碎后恢复原来的晶形。

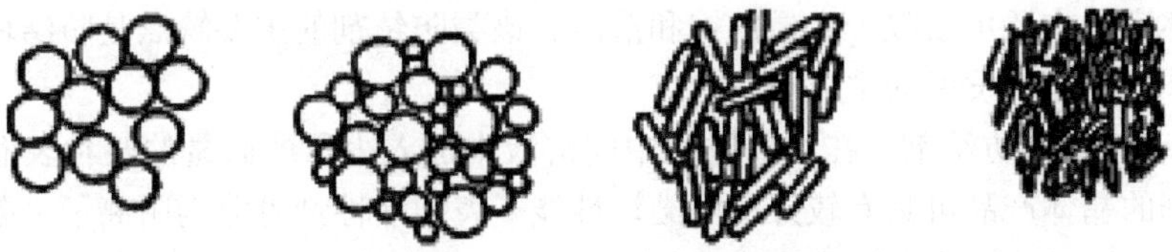

(a) 均匀的粒状晶体 (b) 不均匀的粒状晶体 (c) 均匀的长柱状晶体 (d) 不均匀的长柱状晶体

图 11-3 晶粒形状对结块的影响

影响结块的外部因素主要包括贮存环境下的大气湿度、温度、压力及贮存时间等。较高空气湿度会使结块现象严重。较高的贮存温度会使化学反应速率增加，也增加结块速率。晶体产品受压时增加了颗粒间接触的紧密性，使颗粒间接触面增加，同时压力对饱和溶液中物料的溶解度也有影响，因而压力增加会导致严重的结块现象。贮存时间对结块现象也有明显影响，随着储存时间的延长结块现象趋于严重，这是因为溶解及重结晶的循环次数随着时间的延长而显著增多。上述影响结块的因素都是互有联系的，只是在不同的条件下各种因素影响的程度有所不同。

（2）防结剂分类及作用原理 晶体产品在使用时希望能泻流畅快，例如化学肥料能均匀地撒在地面上。晶体的结块现象给产品的使用带来了很大的不便，防止晶体产品产生结块是一个值得重视的问题。工业上开发了多种防止晶体产品结块的方法。

第一种方法是控制环境条件，通过控制环境温度、湿度等减少晶体结块的发生。包装时降低温度，贮存场地采取通风、除湿等措施，保持仓库环境稳定，都可降低结块发生的可能性。分散布料、散装堆放、缩短贮存时间等措施也可有效防止结块。除了运输和贮存之外，结块通常也发生于干燥过程中。在干燥过程中，晶体中会含有残留的母液或洗涤液，而形成的液桥会根据液体的种类而变化，因此在干燥过程中筛选液体也是一种不错的防结块途径。

第二种方法是改善晶体抗结块特性，通过控制产品的质量来防止产品结块。针对工业结晶过程进行精准控制和优化处理，可提高晶体产品质量，使晶体产品有适宜的温度、较狭窄的粒度分布及良好的结晶习性，从而有效降低其结块可能性。

该节着重介绍使用防结剂的方法。防结剂是添加到产品中用于防结块的物质，其应具备以下条件：a. 混入晶体产品中后，能具有持久的防结块能力；b. 具有良好的化学稳定性；c. 不会明显地降低晶体产品的质量；d. 对晶体产品的使用无不良影响；e. 使用方便，如在结晶过程中加入，对晶体产品的生长速率及结晶习性无不良影响；f. 不显著影响产品成本，添加剂价格不高或使用量较低。

防结剂主要分为以下几种类型：惰性型防结剂、表面活性剂型防结剂、惰性型与表面活性剂型防结剂的联合使用。

① 惰性型防结剂 惰性型防结剂大多是不溶于水的固体细微粒子，甚至是气溶胶，要求其具有良好的覆盖能力，以便很小的用量就能产生较好的抗结块结果。采用的物料包括滑石粉、云母粉、瓷土、黏土、氧化铝、氧化镁、白炭黑、磷酸钙、硅酸钙、硅酸钙铝、硅酸镁铝、硅铝酸钠、碳酸镁、磷酸三钙、白垩、硅藻土、高岭土、磷酸盐岩、硅石粉、水合硅石等。将惰性型防结剂按一定比例均匀混入晶体产品中，它会覆盖于晶体表面，虽然它并不能在晶体颗粒表面形成一个连续的惰性膜，但可起到机械隔离作用，使溶解-重结晶循环所形成的晶桥在结构上不完整，以致容易断裂，因而即使结块也易于破碎。此外，这些惰性粉

状物料在晶体产品中还可吸收一定量的饱和溶液。该类防结剂的主要缺点是防结块能力不持久，目前已不是防结剂发展的主流。

② 表面活性剂型防结剂　在结晶过程中向溶液中加入少量或微量的某种表面活性剂物质，结晶得到的晶体产品可具有较好的防结块性能。表面活性剂可分为阴离子、阳离子和非离子三种类型，针对其防结块机理目前还未达成共识。国内外学者已提出以下几种作用机理，至于何者起主导作用则因物系而异，也可能几种机理同时起综合作用[16]。其一，表面活性剂在晶体表面形成包覆膜，在晶粒间产生机械隔离效果，不同的表面活性剂其包覆膜的形态及效果不同，有的是单分子层，也有的是连续排列的微粒集合体；其二，表面活性剂吸附于晶体表面形成疏水层，使晶体与大气的水分交换受到阻碍，从而抑制了晶体表面的溶解及重结晶过程；其三，表面活性剂可降低溶液的表面张力及固液相间的接触角，从而降低晶体物料对溶液的毛细管吸附力；其四，表面活性剂参与晶体生长过程，有选择地吸附于特定的晶面上，改变各晶面的相对生长速率，从而改变晶体的形态，生成疏松、平滑、不易结块的晶体。

表面活性剂的品种繁多，针对几种常见无机盐使用的表面活性剂型防结剂如表 11-4 所示。不同的表面活性剂针对不同的晶体物质，其防结块效果表现出显著的选择性，而由于对其防结块机理还认识不清，因此从数以千计的表面活性剂中筛选出效果良好的防结块剂，仍主要依靠繁重的试验工作，成本高、难度大。近些年来，有学者提出的预测模拟方法为防结剂的筛选提供了新的研究途径，将颗粒堆积的模拟技术与易测的颗粒性质结合起来将是预测复杂物质结块行为的关键。

表11-4　几种无机盐使用的表面活性剂型防结剂

无机盐	适用的表面活性剂型防结剂
碳酸钾	磺基琥珀酸酯或磺基琥珀酸的钠、镁、钙盐
氯化铵	十七至二十一烷基胺
氯化钠	牛油三乙胺、柠檬酸铁铵
亚硝酸钠	三乙醇胺、海藻酸钠
硝酸铵	十八烷基胺、烷基磺酸钠、脂肪酸
硫酸铵	烃基磺酸钠
硫酸铜	硫酸烷基酯
硫酸锌	硫酸烷基酯
硫酸钡	乳酸
钛白	乙二醇单酯
铬黄	聚氧乙基磺胺
白垩	脂肪酸
盐类	蔗糖和葡萄糖
无机颜料	聚乙烯醇衍生物

③ 惰性型与表面活性剂型防结剂的联合使用　近年来防结块技术的发展趋势表明，联合使用惰性型无机添加剂与表面活性剂能取得令人满意的防结块结果。单纯采用表面活性剂虽能降低晶体产品的吸湿性，但它的机械隔离作用不强，不能长久地防止晶粒间联结点的形

成。若同时加入惰性微粒固体添加剂，使之均匀地分布在晶粒上，阻碍晶粒的联结，则可取得更好的防结块效果。

值得指出的是，防结块添加剂的筛选研究有可能与结晶习性改变剂或成核抑制剂的研究结合在一起，成为一个具有实际意义的研究领域。某些防结剂的使用不但提高了晶体产品的防结块性能，而且可使晶体在结晶器中不延长停留时间的前提下，显著增加产品的粒度，从而取得很好的效果。

（3）防结剂在肥料中的应用研究　肥料的结块是一个世界性难题，单一肥料如钾盐、尿素、碳酸氢铵等单元素肥料会结块，以硝酸铵、磷酸铵和钾盐生产的复合肥料也结块严重。国内外很多学者开展了单一肥料和复合肥料防结剂的应用研究，开发了多种类型的防结剂产品，广泛应用在各类肥料产品上。本节简要介绍国外和国内防结剂在肥料中的生产应用及开发研究现状，探讨肥料防结剂在开发过程中存在的问题及发展方向。

① 国外防结剂应用研究　国外对肥料防结剂的应用研究起步较早，从20世纪70年代就已开始，目前开发出了多种类型的钾肥及复合肥用防结剂产品，应用很广泛。目前，国外市场上销售和流通的代表性肥料防结剂如表11-5所示[17]。

表11-5　国外代表性的肥料防结剂生产情况

国家	商品名	类型	生产厂家
美国	Attasob、ASP101	惰性粉末（凹凸棒土、硅酸铝）	Engellard Coporation Specialty Chemicals Division
美国	Anticake17	阳离子表面活性剂（胺）	Exxon Chemical America
美国	Bar-Dust	含胺或不含胺的聚合物	PETROLITE
美国	Armoflo	溶于油的阳离子表面活性剂混合物	Akzo Chemie America
美国	ARR-MAZ305	阳离子表面活性剂（脂肪胺矿物油剂）	ARR-MAZ Products
英国	Hypax SD40	钠盐改进的乳化蜡	Chemoxy International
英国	Ferteflo Airflo	惰性粉末、阳离子表面活性剂	Watts Blake Bearne Ltd.
法国	Fluidiram	阳离子表面活性剂（脂肪胺）	CECA SA
法国	Galoryl	阴离子表面活性剂（烷芳基磺酸盐）	CEPI
法国	Steronia	阳离子表面活性剂（胺）	APC-ZAOte et Produite
法国	Argiec	惰性粉末 / 阳离子表面活性剂（高岭土）	BMP
法国	MontalineSP、SPCV	非离子表面活性剂	SEPPIC
法国	Alsi	惰性粉末、阳离子表面活性剂	SARCAL
德国	Isoo 90	表面活性剂（精制地蜡）	Schickum Werake J.
荷兰	Portabor	惰性粉末（硼酸钙）	Jan de Poorter B.V.
西班牙	Sk-Fer、Uresoft	阳离子、非离子表面活性剂（胺类）、石蜡、脂肪酸	Kao Corporation S.A.
比利时	Radiamine	阳离子表面活性剂和溶于矿物油的石油蜡混合物	OLEOFINA
瑞典	Lilamin AC-60H	阳离子表面活性剂（脂肪胺）	Berol Nobel

美国 Akzo Nobel 公司生产的系列防结块包裹剂为阴阳离子表面活性剂，能消除或减少不同类型钾肥和同类粒状肥料的结块。其产品中含有与钾肥颗粒表面有较强亲和力的活性成分，能吸收肥料颗粒表面的吸水性薄膜，从而防止水分渗透和减少，抑制结块的形成。该产品还具有抗粉尘的作用，能减少产品损失，提高产品外观质量。

美国 ARR-MAZ 公司开发出了专为粒状磷肥使用的防结块包裹剂。该产品可应用于磷酸铵、硫酸铵、钾肥、NPK 复合肥等肥料。包裹剂的类型为阳离子表面活性剂（脂肪胺矿物油剂）。使用该公司包裹剂后肥料产品的颗粒均匀度、颗粒外观质量以及装置的生产效率都有所提高。

Fluidiram 系列是法国 CECA 公司研发的防结剂产品，该产品是以氢化脂肪胺为主体的阳离子表面活性剂，与肥料颗粒表面具有较强的亲合力，适用于粒状化肥、混肥和粉状化肥。该产品在涂层鼓内加入，既可以液体形式喷涂，又能以非常细小的粉末加入。经过涂层的化肥，无论是散装还是袋装，在正常条件下贮存 6 个多月后仍能保持良好的自由流动性。而 Galoryl 系列是法国 CEPI 公司的产品，该产品是以烷芳基磺酸盐为主体的阴离子表面活性剂，烷芳基磺酸盐在水溶液形式下具有良好的防结块性能。该产品的配方是相当复杂的，其含有表面活性剂、疏水剂和润滑剂，因此该产品除具有防结块性能外，还具有如下特性：润滑性、控制粉尘含量、限制吸湿、防止防结剂涂层转移至颗粒内部和抑制副反应发生。该产品适用于多种化肥，如硝酸铵、硝酸铵钙和氮钾复合肥等。该产品以液体形式在高温下直接喷涂到化肥颗粒表面，用量一般为 0.02% ～ 0.5%（质量分数）。

西班牙 Kao Corporation 公司生产的防结剂为阳离子、阴离子和非离子表面活性剂。其中 Sk-Fer 和 Uresoft 系列是 2 种氨基防结剂，前者是阳离子表面活性剂，可用于所有以硝酸铵为氮源的化肥；后者为表面活性聚合物，适用于所有形式的尿素。同时，该公司还研制出了 NPK 复合肥、硝酸铵和硝酸铵钙肥料的专用防结块包裹剂。该包裹剂的主要成分是阳离子表面活性剂（胺）、芳香油 / 石蜡油、石蜡、脂肪酸和非离子表面活性剂的混合物。该包裹剂具有较高的抗吸水性，以避免肥料吸湿。该公司还研制出了表面活性润湿剂，能改变液-固相物化性质，改变溶液或料浆的表面张力，适用于用浓溶液或浓料浆生产粒状肥料。

Lilamin AC-60H 系列产品是瑞典诺贝尔工业分公司 Berol Nobel 最新开发的产品，该产品以脂肪胺为主体，辅以特殊的添加剂，可用于防止硝酸铵钙或化肥级硝酸铵的结块，达到防止结块和防止吸湿的效果。该产品有固体和液体 2 种形式，使用液体产品时，将其喷到化肥颗粒上，用量为 0.05% ～ 0.12%（质量分数）；使用固体产品时将其熔到热颗粒上，用量与液体产品相同。

② 国内防结剂应用研究　国内肥料防结剂的研究起步较晚，基本是在进口防结剂的基础上发展起来的，大多以十八烷基伯胺为主要原料，油为溶剂。但近年来对肥料质量提出了更高的要求，这有力地推动了国内防结剂的研究和发展。目前国内已有多家企业和科研单位研发了多种化肥防结剂，有些产品已应用于生产。目前，国内市场上销售和流通的代表性肥料防结剂如表 11-6 所示[17]。

表11-6　国内代表性的肥料防结剂生产情况

商品名	类型	生产厂家
FJK、肥特利	胺类、惰性粉末、表面活性剂混合物	河北省化学工业研究院
中亚系列	胺类、高分子聚合物、表面活性剂类	江苏省无锡中远化工集团

续表

商品名	类型	生产厂家
胺片	阴阳离子表面活性剂和疏水性物质复配物	江苏无锡兴华复合肥研究所
APA-1、APA-2、APA-3	离子型表面活性剂、特殊表面活性剂和无机盐类	郑州大学磷肥与复肥研究所
DHYL-1、DHYL-2	多种表面活性剂复配物	大化集团大连研究院
TS-1、TS-2	表面活性剂聚合物	清华大学

河北省化学工业研究院化工助剂研究所研发出了“FJK”和“肥特利”复合肥防结块处理剂，该系列产品能在复混肥料颗粒表面形成均匀的憎水薄膜，抵制水分的进入和肥料“晶桥”的形成，有效地防止肥料结块，同时具有提高颗粒强度、抵制粉尘等功效。有学者开展了“肥特力”复合肥防结剂与国内外防结剂性能比较研究，研究发现“肥特力”在用量为1.2%～1.5%时表现出良好的防结性能，且具有成本低、应用方便等优点[18]。

大化集团大连研究院与磷铵厂共同研究的复合肥防结剂，属于水基（DHYL-1型）和油基（DHYL-2型）复合肥防结剂[19]。该防结剂为多种表面活性剂的复配物，经小试试验和生产试验研究表明，该防结剂不仅能使复合肥不结块，而且流动性好，不影响复合肥的内在质量及性能。

郑州大学磷肥与复肥研究所[20]开发出了以离子型表面活性剂、特殊表面活性剂和无机盐类为主要组成的复合型防结剂APA系列，主要用于磷肥和磷钾复合肥的防结块。

清华大学针对尿素易结块难题，开发了TS-1、TS-2型防结剂[21]，其主要成分为表面活性剂聚合物。实验研究表明这两类防结剂在用量为0.3%左右即可达到较好的尿素防结块效果，并且可以达到与进口防结剂相同的效果。

（4）肥料防结剂现存问题及研发方向　肥料防结剂作为一种新型的肥料添加剂已被大多化肥生产企业所采纳，它不仅能有效地解决肥料的结块问题，提高产品的流动性，而且还能提高产品的外观品质。但目前肥料防结剂在研究和应用当中还存在如下问题：还没有统一规范的肥料结块理论，应对结块机理和防结剂的作用机理进行深入研究，为肥料防结剂的研制开发提供理论依据；市场上流通的防结剂产品大多采用包裹技术，操作不方便，而且很难包裹均匀，致使其防结性能降低；成本偏高是妨碍化肥防结剂广泛应用的重要因素之一，要想达到理想的防结块效果就会很大程度地提高肥料的生产成本；国内外厂家生产的防结剂良莠不齐，还没有完善的衡量肥料防结剂质量的国家或国际标准，也没有对防结剂处理后的肥料进行质量检测的标准规则；防结剂的组成大多以有机物质为主，这类物质很难降解，长期使用会造成农田水利和渔业水利的污染。

随着农业现代化的发展，机械施肥已成为主流，使得对具有良好防结块效果的肥料需求量越来越大，肥料防结剂显示出了很好的市场应用前景。鉴于当前肥料产品逐渐由单一肥料化（钾肥、氮肥、磷肥）向多元化（氮磷钾复合肥）方向发展，由低浓度向高浓度方向发展，由速效向缓释和长效方向发展，因此对防结剂也提出了更高的要求。由于目前国内外防结剂产品的作用仍然比较单一，能适应高含量的不同品种复合肥的防结剂较少。同时，防结块性与缓释性是优良肥料的良好特征。因此将防结剂与缓释剂两者结合起来研究，研制开发出多功能的复合肥料防结剂，使肥料既有防结块性又具有缓释性，是新型复合肥料防结剂的重要发展方向[22]。

11.3.1.3 黏结剂

（1）肥料造粒工艺及原理 目前，国内外肥料的造粒方法有很多，主要开发出如下几种造粒工艺：团粒造粒工艺、料浆造粒工艺、熔融造粒工艺、挤压造粒工艺[23]。

① 团粒造粒工艺 团粒造粒工艺是将粉末状的干质混合料加水或通入蒸汽，并添加具有高分散微粒的黏土、高岭土和凹凸棒土等有助于产生黏结力的物质，借助肥料类的液相使之黏聚，再借助外力使黏聚的颗粒产生运动，通过相互间的挤压、滚动使其紧密成型。这些颗粒经过干燥和筛分，尺寸过大的颗粒进行破碎，较细的颗粒返回造粒机重新造粒。合格的造粒产品经过冷却，再涂上调理剂，以防止结块。

根据所使用造粒设备的不同，该工艺还可细分为圆盘造粒、转鼓造粒和双桨混合成粒等不同造粒形式。该造粒方法是目前我国肥料厂生产中常采用的方法，其技术成熟、质量可靠。团粒造粒工艺的优点是所用的设备和方法简单、造粒均匀、返料很低而且生产能力大，但局限性是成粒率低、颗粒强度低、外观形状不规则、易结块。

② 料浆造粒工艺 料浆造粒工艺是将固体物料，如肥料或返料加入料浆里，或在造粒过程中将物料与料浆混合，以生产出各种组分的肥料。该工艺通过在物料颗粒表面涂布料浆薄膜，促使颗粒增大，形成坚硬、均匀的颗粒肥。

该工艺采用的造粒机通常是转鼓造粒机、双轴造粒机或者圆筒掺和机。循环的返料通常都加入造粒机，而且数量要充足，使液相减少到造粒需要的程度，从而提高生产效率。我国已建设的磷酸铵和硝酸磷肥装置以及料浆法过磷酸钙装置均采用该种料浆造粒工艺，此外磷酸铵-硫酸铵、磷酸铵-硝酸铵和尿素-磷酸铵生产也均采用该种工艺。料浆造粒工艺的优点是操作容易，工艺适应性强、可生产出不同品级的肥料产品，造粒产品表面光滑、强度大、物料分布均匀，但局限性体现在设备投资较高、能耗较大。

③ 熔融造粒工艺 熔融造粒工艺是将经熔融后流动的熔料喷入冷媒（通常以空气或不能熔解熔料的液体作为冷媒），物料冷却时因表面张力而固化成为球形颗粒；或者将熔料喷入造粒机内的返料粒子上，使其在返料粒子表面涂布，经过反复涂布直至颗粒大小符合要求。

根据所使用造粒设备的不同，该工艺还可细分为喷淋塔造粒、熔料油冷造粒、双轴造粒、转鼓造粒等。其中，喷淋塔熔融造粒是一种重要的工艺，物料以熔融物或高度浓缩的溶液形式在稍高于熔点的温度下进入喷淋塔顶部的成滴设备，由喷淋塔顶部喷下，当滴珠在喷淋塔中下落，通过上升的空气流时进行冷却和固化形成颗粒产品。

熔融造粒工艺的优点是可充分利用熔体热能，物料水分含量低，无需干燥过程，成粒率高、生产过程返料率低，造粒产品颗粒表面圆整性好、强度大、不易结块。但其局限性体现在对造粒原料要求较高，需要物料熔点较低、稳定，能形成流动性好的熔料，造粒过程中温度、颗粒大小、混合时间和比例控制要求严格。

④ 挤压造粒工艺 挤压造粒工艺是利用压力使固体物料进行团聚的干法造粒过程。固体物料在受到挤压时，排出粉粒间的空气使粒子重新排列，以消除物料间的空隙。当脆性物料被挤压时，部分粒子被压碎，细粉填充在粒子间的空隙，此时粒子表面上新产生的自由化学键如不能迅速被来自周围大气中的原子或分子所饱和，新生成的表面相互接触，会形成强有力的重组键。当塑性物料被挤压时，粒子会变形和流动，产生强有力的范德华力，在挤压过程的最后阶段，以压力形式给系统提供的能量在粒子间的接触点上形成热点而使物料熔融，当温度下降后物料冷却从而形成固体桥。

挤压造粒工艺已应用于尿素-过磷酸钙、氯化铵-过磷酸钙、氯化铵-磷酸铵和碳酸氢铵-磷酸铵等系列肥料产品的生产。该工艺通常采用推压式造粒机或转辊式挤压造粒机，具有的优点是工艺简单、不需要给物料加热和增湿、设备投资较小、能耗较低，但其局限性体现在挤压造粒产品外形圆润度较差、设备腐蚀性大、生产能力受到限制。

（2）黏结剂分类及作用原理　在肥料造粒过程中，为了增加颗粒粉末之间的黏合性，使造粒后颗粒紧实、硬度大，需在原料粉末中添加适量的黏结剂进行混合，通过黏结剂的黏合作用而团聚成粒。黏结剂的品种繁多、组分各异，分类方法也有很多种。

按组成来分，包括单组分黏结剂、双组分黏结剂，甚至多组分黏结剂。但无论哪一种，一般都由黏料、固化剂、促进剂、增塑剂、稀释剂、填料及其他助剂组成。其中，黏料是黏结剂中必不可少的成分，其余的组分可根据性能要求决定加入比例。

按化学成分来分，主要包括无机黏结剂和有机黏结剂两大类。无机黏结剂主要包括水、无机酸等液体黏结剂，以及硅酸盐类、磷酸盐类、硫酸盐类、硼酸盐类、陶瓷、沸石、凹凸棒土、膨润土、海泡石等固体黏结剂。有机黏结剂主要分为天然和合成两类，天然有机黏结剂主要包括淀粉类、蛋白质类、天然树脂类、天然橡胶类及沥青类等；合成有机黏结剂主要包括树脂类、橡胶类和复合类，而树脂类有机黏结剂又可细分为热塑性黏结剂和热固性黏结剂。

黏结剂的黏合作用可分为内聚力和黏附力。内聚力是物质内部自身的凝合力，由物质性质、结构决定；而黏附力是黏结剂与物料互相吸引的作用力。黏结剂产生黏结作用的原理主要包括以下几种情况。

① 吸附原理认为，当黏结剂与被黏物体相互接触时，并不是完全吸附在物体表面，而是如一滴水一样鼓在物体表面。在液体和固体接触的边缘，液面发生弯曲，液面的切线与物体表面形成接触角。当接触角为0°时，表示液体完全润湿，液体完全贴合在固体表面；当接触角小于90°时，表示液体可以润湿，且接触角越小，润湿性越好；当接触角大于90°时，表示液体不易润湿，且接触角越大，润湿性越差。黏附结合力在微观上表现为化学键力或极性键力。

② 扩散理论多数适用于高聚物，是指黏结剂如气体扩散一样渗透进高聚物中。相应地，高聚物会出现类似溶解的现象，两者之间相互渗透而粘连在一起。

③ 静电理论认为，黏合力是黏结剂与被黏物体两者界面上双电层之间静电引力的作用，这主要涉及物理作用。

④ 化学键理论认为，黏结剂与被黏物体表面发生化学反应，形成化学键，从而相互结合。该理论适用性较小。

⑤ 机械结合理论认为，被黏物体表面粗糙，黏结剂镶嵌到这些凸凹或孔隙中，固化后黏结剂与被黏物体黏结在一起。该理论只适用于表面粗糙多孔的材料。

在造粒过程中，对物料的要求主要表现在硬度好、成型性好和表面光滑性好三个方面。因此，选择合适的黏结剂对成粒效果的好坏起到关键作用，而黏结剂的性能好坏主要由其性质、结构和种类共同决定。

（3）黏结剂在钾肥中的应用研究　黏结剂在肥料造粒过程中有广泛的应用，本节着重介绍具有代表性的几种黏结剂在钾肥或含钾复合肥中的应用研究情况。

① 山西师范大学采用团聚造粒工艺，系统研究了凹凸棒土、碳酸钙、硫酸钙、氯化钙、沸石粉五种固体黏结剂对单一氯化钾肥料成粒的影响机制[24]。研究发现，氯化钙与沸石粉

对氯化钾成粒效果最差，用量达到20%才开始团聚成粒，且成粒率较低，所造颗粒硬度小易破碎，不适于作为氯化钾的固体黏结剂；碳酸钙所造颗粒呈白色，硬度小，易破碎且不圆滑；硫酸钙所造颗粒呈黑色且均匀光滑，不易破碎；而凹凸棒土利于氯化钾成粒，当用量为13%时氯化钾成粒率可达80%以上，所造颗粒呈小米粒状，粒径大小适于生产需求，颗粒硬度大，不易破碎，与氯化钾喷水物料接触后黏性较大，其影响结果如表11-7所示。因此，筛选得到凹凸棒土作为氯化钾成粒的最佳固体黏结剂，并揭示出添加凹凸棒土后氯化钾的成粒机理：在造粒机中加入适量水，一方面水可溶解氯化钾及黏结剂中的可溶组分而形成盐饱和溶液；另一方面凹凸棒土吸水具有一定黏性，饱和溶液与凹凸棒土形成胶结物充填于氯化钾细晶间的间隙内，由于表面分子引力作用细粒聚集，在成球机的机械力作用下，配料层相互黏结逐渐长大成为结实的氯化钾小球。

表11-7　凹凸棒土对氯化钾成粒影响

原料用量/g		成粒时间/min	成粒率/%	颗粒粒径/mm	颗粒硬度	颗粒外观
氯化钾	凹凸棒土					
1000	100	0	0	0	无	团聚一起，不成粒
1000	120	3～4	46.7	1～2	易破碎	呈小米粒状
1000	150	4	50.3	1～2	不易破碎	呈小米粒状
1000	170	4	72.6	1～2	不易破碎	呈小米粒状
1000	200	4～5	84.3	2	不易破碎	呈小米粒状

② 上海化工研究院研发出一种高效、廉价的气凝性黏结材料——氯氧镁材料，可将难以成粒的粉状钾盐团聚成为颗粒圆整的高强度球形钾盐产品[25]。这种颗粒状钾肥的制备方法：首先将氯化镁或硫酸镁溶解至水中制成水溶液，再按照反应原料配比添加具有活性的粉状氧化镁[氯化镁或硫酸镁与氧化镁和水的摩尔比为1∶(3～5)∶(10～50)，反应方程如式(11-4)、式（11-5）所示]，搅拌混合均匀后制备得到流动性良好的黏结剂料浆，采用常规的转鼓造粒机或圆盘造粒机将该黏结剂料浆喷洒加入原料粉状氯化钾或硫酸钾中进行造粒，经过干燥、冷却、筛分，即可制备得到颗粒状钾肥产品。该成品颗粒氯化钾中K_2O含量可达55%以上，硫酸钾中K_2O含量可达46%以上，粒径范围为2～4.75mm，颗粒强度大、外形圆整，生产工艺操作简单、生产成本低廉。

$$5MgO + MgCl_2 + 13H_2O = 5Mg(OH)_2 \cdot MgCl_2 \cdot 8H_2O \quad (11\text{-}4)$$

$$5MgO + MgSO_4 + 13H_2O = 5Mg(OH)_2 \cdot MgSO_4 \cdot 8H_2O \quad (11\text{-}5)$$

③ 中化农业（临沂）研发中心有限公司开发出了一种新型高强度圆形颗粒硫酸钾的制备方法[26]，采用农用硫酸钾粉体为原料，添加总物料量2%～5%的造粒助剂，混合均匀后，加入团聚造粒设备中，喷入适量酸调节造粒，经干燥、冷却、筛分后得到粒度均匀、粒径范围为2～4mm的圆形颗粒硫酸钾，颗粒外观圆整、流动性好，颗粒强度高，平均强度为28～45N，颗粒稳定性好，不易粉化。其中，造粒助剂包括黏结剂、润湿剂和酸度调节剂，黏结剂为氧化钙、氧化镁和半水硫酸钙的混合物，润湿剂为聚乙二醇、硫酸亚铁的混合物，酸度调节剂为98%硫酸。在原料组分中，粉体硫酸钾质量占比为95%～98%，黏结剂质量占比为1.6%～4%，润湿剂质量占比为0.1%～0.2%，酸度调节剂质量占比为0.3%～0.8%。

④ 山西师范大学对氮钾复合肥（成分为氯化钾、氯化铵、尿素），分别采用脱硫石膏、重质碳酸钙和凹凸棒土作为造粒剂[27]，聚乙烯醇、硫酸和水溶液作为液相黏结剂，系统考察了不同造粒剂和黏结剂对复合肥成粒的影响，结果如图11-4所示。通过小试研究发现，重质碳酸钙作为造粒剂、硫酸作为黏结剂时，复合肥的成粒效果最好，当碳酸钙含量仅为7%时，成粒率达到70%以上。故而选用重质碳酸钙作为造粒剂、50%硫酸作为黏结剂，开展了中试放大验证试验，对造粒工艺进行优化。在造粒温度50℃、造粒时间4min、造粒料浆pH值5.7、造粒剂重质碳酸钙最佳用量6%、黏结剂用量为50%、硫酸用量为7%的优化条件下，造粒得到复合肥产品成粒率达到70.5%，颗粒中氮钾含量比为28.1∶7.9，水分含量为2.42%，颗粒硬度较强，为26 N，颗粒外形圆整。

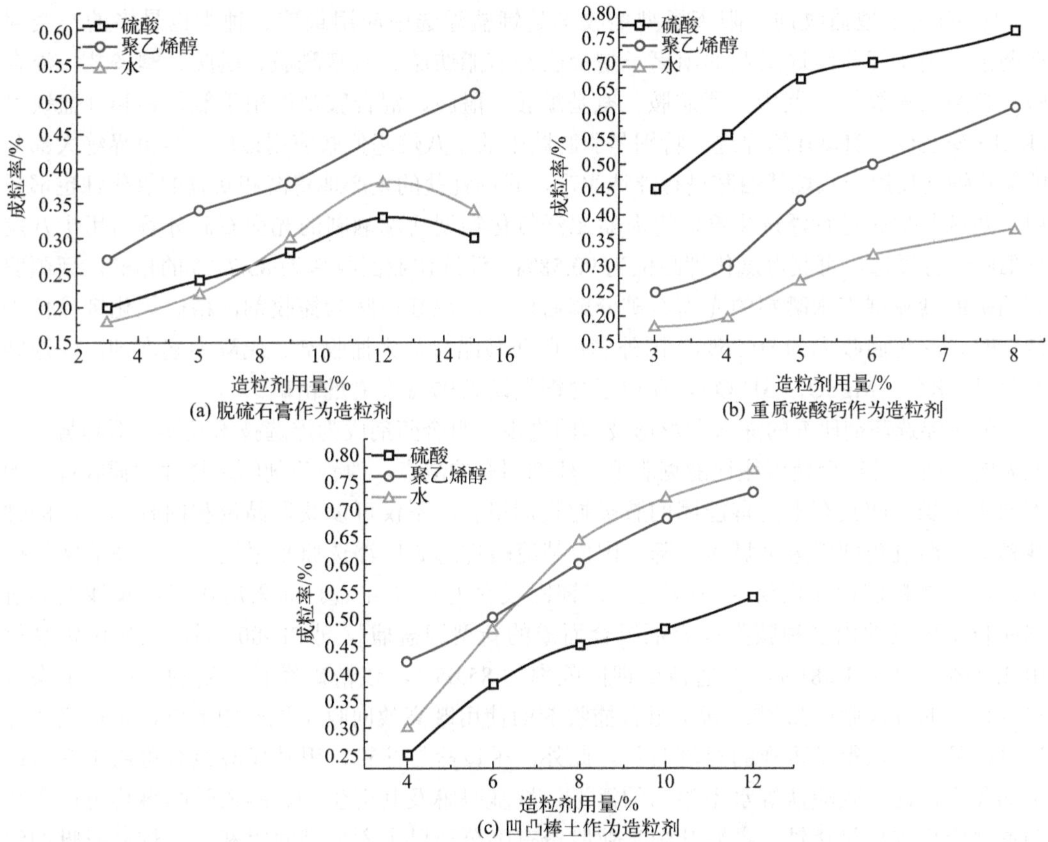

图11-4　不同造粒剂种类及含量对氮钾复合肥成粒的影响

⑤ 中国农业大学针对普通的玉米淀粉进行化学改性得到3种新的有机造粒黏结剂，分别为液态复铁黏结剂（NJJ）、液态PVA改性黏结剂（PMS）和干粉黏结剂（DPS），并将该黏结剂应用于氮磷钾复合肥料（成分为尿素、磷酸二铵、氯化钾）的造粒工艺过程[28]。研究发现，这三种有机黏结剂造粒得到的复合肥产品成粒率均大于90%，返料率小于12%，黏结剂用量不超过1%，产品颗粒平均强度大于10 N，经过24h水浸泡后颗粒的崩解率为0。与无机黏结剂相比，这3种有机复合肥的造粒黏结剂具有用量少、成粒率高、返料率低等优点，同时相同条件下无机黏结剂造粒得到的复合肥颗粒崩解率相比有机黏结剂高6%以上，

采用有机黏结剂造粒得到的有机复混肥颗粒的烘干性能也显著优于无机黏结剂。

11.3.1.4 浮选剂

浮选法是生产钾肥的主要方法之一，全世界约有 80% 的 KCl 由浮选法生产获得 [29]。在浮选工艺中，浮选剂是关键，直接决定着浮选指标的好坏。浮选剂主要包括捕收剂、调整剂、起泡剂。常用的正浮选捕收剂主要有脂肪胺类，反浮选捕收剂主要有烷基吗啉类，还有组合抑制剂等。不同碳链长度、不同官能团的浮选剂组合能提高药剂的选择性和捕收能力。而大颗粒钾盐浮选可节省药剂能耗，降低钾肥生产的综合成本，提升产品的市场竞争力。浮选剂未来的发展趋势应该是高效、低毒、低污染的环境友好型浮选剂。

（1）捕收剂

① 阳离子型捕收剂　阳离子型捕收剂是钾盐浮选中应用最广、种类也最多的一类浮选药剂。用于钾盐浮选工业的阳离子型捕收剂有脂肪胺、氨基酰胺、醚胺、季铵盐、混合胺、烷基吗啉等 [30]。其中，脂肪胺、氨基酰胺、醚胺、混合胺都能用于氯化钾和钾盐镁矾（$KCl \cdot MgSO_4 \cdot 3H_2O$）的浮选，特别是脂肪胺中的十八烷基伯胺应用最广，全世界绝大部分的氯化钾均使用十八烷基伯胺进行浮选生产，我国钾盐的主产地青海和新疆的氯化钾也都采用十八烷基伯胺进行浮选生产。青海察尔汗氯化物型盐湖晒制的光卤石矿分解后用十八烷基伯胺进行浮选，可获得氯化钾品位为 90.58%、浮选作业回收率为 85.27% 的精矿。新疆罗布泊硫酸盐亚型卤水晒制的光卤石矿分解后以十八烷基伯胺为捕收剂，精矿氯化钾品位为 72.77%、浮选回收率为 80.36%。国外利用脂肪胺醋酸盐为捕收剂、戊醇为起泡剂，浮选钾盐镁矾（$KCl \cdot MgSO_4 \cdot 3H_2O$），获得了含钾盐镁矾 97% 左右的精矿。

随着浮选药剂研究的深入和浮选技术的进步，组合药剂成为浮选技术发展的新趋势。研究表明，药剂的组合使用往往能克服单一药剂固有的缺点，改善药剂的选择性和捕收性。如不同碳链长度和具有不同官能团的胺类捕收剂组合，不仅可以获得品位和回收率更高的钾盐精矿，而且药剂用量可显著下降。国内某硫酸钾选矿厂浮选原来采用十八烷基伯胺为捕收剂，浮选精矿钾品位仅为 10% 左右，钾回收率为 67% 左右。而采用化工部长沙设计研究院自主研发的由多种胺类捕收剂组合而成的新型钾盐捕收剂 CB-805 后，尾矿中钾品位由 2.35% 提高至 12.81%，浮选精矿钾回收率达 85.05%，该精矿经转化精制与脱水干燥可获得优质的钾镁肥产品 [31]。新型组合捕收剂的使用既高效回收了尾矿中的钾，也提高了浮选精矿品质，取得了可观的经济效益。此外，季铵盐与淀粉、甲基戊醇组合可用于钾盐矿中的黏土矿泥、碳酸盐等水不溶物的浮选；烷基吗啉及其衍生物、*N*-乙酰吗啉均可用于从钾混盐中反浮出氯化钠。青海盐湖工业股份有限公司以十六烷基吗啉和十八烷基吗啉的混合物为捕收剂，反浮选光卤石矿中的氯化钠，后将纯度较高的光卤石分解和洗涤，可得到纯度超过 90% 的氯化钾产品。国外的以色列死海工厂、约旦阿拉伯钾碱有限公司和俄罗斯 Verkhnekamskoye 矿床的光卤石矿，也都采用烷基吗啉进行浮选 [32]。

② 阴离子型捕收剂　钾盐浮选用阴离子型捕收剂主要有烷基磺酸盐、环烷基磺酸盐和烷基硫酸盐等，这些阴离子型捕收剂既可用于浮选软钾镁矾、钾芒硝、泻利盐等硫酸型钾盐，也可用于氯化钠的反浮选。

钾镁肥浮选常用液态十二烷基磺酸钠为捕收剂。新疆某钾混盐选矿厂以十二烷基磺酸钠为捕收剂，可获得含钾 17.86%、钾回收率 82.73% 的钾镁肥精矿。还有人以硝酸铅为活化剂，$C_7 \sim C_9$ 烷基硫酸盐为捕收剂反浮选氯化钠，获得了氯化钾品位为 84.3% 的氯化钾精矿[33]。化工部长沙设计研究院利用一种烷基磺酸盐从钾混盐原矿中浮选钾芒硝，获得了钾芒硝含量为85.01%、钾回收率为80.13%的浮选精矿[33]。实际上，直链饱和脂肪酸及其钠盐均可用于氯化钾与氯化钠的浮选分离，如正辛酸、月桂酸、豆蔻酸、油酸、硬脂酸和树脂酸钠等。伊基朋T与磺化脂肪酸组合可用于浮选无水钾镁矾（$K_2SO_4 \cdot 2MgSO_4$）和杂卤石[$K_2Ca_2Mg(SO_4)_4 \cdot 2H_2O$]。还有一些阴离子捕收剂可与聚硅酮一起，作为钾盐电选的辅助剂。

③ 粗粒钾盐浮选捕收剂　粗粒钾盐（0.5～3mm）浮选是相对细粒钾盐（0.5mm以下）浮选而言的。由于粗粒钾盐矿物粒径粗大，比表面积较小，附着在矿物表面的捕收剂的量相对细粒级较少，矿物的疏水性较弱，气泡在矿粒表面的附着力较小，因而增大了粗粒矿物上浮的难度。

粗粒浮选技术的关键是寻找捕收力强、选择性好的捕收剂或组合药剂。实践表明，无论是用阴离子型捕收剂还是阳离子型捕收剂，若与适量烃油混合使用，可增强极性捕收剂的捕收能力，发挥协同效应，提高矿物的上浮粒度上限，且能降低极性捕收剂用量，降低药剂成本。

可用于粗粒钾盐浮选的烃油类物质有柴油、煤油和石油烃等，它们与阳离子胺类捕收剂配合使用可浮选大颗粒氯化钾。化工部长沙设计研究院以十八烷基伯胺为主要捕收剂与C_{16}不饱和脂肪烃为辅助捕收剂，在高浓度矿浆中加药调浆，采用2粗2精流程，浮选粒度为0～2.35mm、氯化钾品位为38.85%的某粗粒钾石盐，获得了氯化钾品位为96.10%、回收率为90.98%的氯化钾精矿[34]。

国外对粗粒钾盐浮选的研究中，有人用松香醇或松香酸钠为调整剂，与胺类捕收剂一起配合用于粗粒钾盐的浮选。如美国2937751号专利就是用松香酸甲酯与C_8～C_{18}脂肪酸混合物、氢化松香醇-煤油溶液与脂肪胺混合物浮选粗粒钾石盐，苏联用脂肪胺和氧丙烯醇组合浮选粗粒钾盐[35]，都取得了很好的效果。此外，含硅有机化合物如二甲基硅酮、甲基氢化硅酮、甲基羟基聚硅酮、二甲基羟基聚硅酮、有机聚硅氧烷、苯基硅酮、苯基羟基聚硅酮等都可作为辅助捕收剂，与烷基胺类捕收剂一起用于大颗粒钾石盐的浮选。

④ 其他类型捕收剂　其他类型的钾盐捕收剂有螯合剂及某些染料等。带有脂肪族取代基的氢化咪唑衍生物是一种杂环化合物，是可用于钾盐浮选的一种螯合捕收剂，在水溶液中会水解为相应的氨基酰胺，在氯化钾晶体表面形成疏水薄膜使之浮起。它用于浮选钾盐时无需添加其他辅助药剂。如德国专利表明，染料罗丹明3B可用作钾盐浮选的捕收剂。

（2）调整剂

① 活化剂　钾盐浮选中很少用到活化剂，这是由于钾盐矿物表面与阳离子型或阴离子型捕收剂往往作用效果较好，基本不需要添加活化剂以提高吸附效果。可用于钾盐浮选的活化剂有亚铁氰化钾、二甲苯和硝酸铅[36]等。亚铁氰化钾、二甲苯是脂肪胺浮选钾盐时氯化钾的表面活化剂，可提高精矿氯化钾品位；硝酸铅主要作为氯化钠的活化剂，与阴离子型捕收剂烷基硫酸盐一起用于反浮选氯化钠。

② 抑制剂　钾盐浮选用抑制剂有磷酸盐、鞣酸、胺醛树脂、羧甲基纤维素、硫酸铝、木质素磺酸盐、淀粉、淀粉-醚基仲胺缩合物、尿素-甲醛共聚物和KS-MF（尿素与甲醛缩合的一种副产品）等[37]。磷酸盐、鞣酸可作为钾石盐-钾盐镁矾浮选时钾盐镁矾的抑制剂。胺醛树脂、羧甲基纤维素、硫酸铝、木质素磺酸盐、淀粉、淀粉-醚基仲胺缩合物和尿素-甲醛共聚物在钾盐浮选中用作黏土、碳酸盐等水不溶物的抑制剂。

另外，在钾盐浮选中，腐植酸既可作为软钾镁矾等钾盐矿物的活化剂，也可作为氯化钠等脉石矿物的抑制剂，还可作为钾盐电选时的调整剂。茜素黄、荧光素钠都可作为钾盐静电选矿抑制剂。

（3）起泡剂　用于钾盐浮选的起泡剂主要有醇类、醚类和酯类等。醇类起泡剂有2号油、聚乙烯醇、甲基戊醇、3-甲基-1, 3-丁二醇、生产四氢呋喃甲醇残液和卡必醇残液；醚类起泡剂有庚醚、二聚乙二醇二甲醚；酯类起泡剂有2, 2, 4-三甲基-1, 3-戊二醇单异丁酸酯、月桂酸甲酯。用于钾盐浮选的其他类型起泡剂还有*N*-环己基乙基异丙胺盐酸盐、生产己内酰胺的残液、*N*-乙基环己基-*N*-异丙基氨基盐酸盐等。

2号油是钾盐浮选工业中普遍采用的起泡剂，青海察尔汗盐湖、东台吉乃尔、西台吉乃尔、新疆罗布泊的氯化钾浮选都采用2号油作起泡剂。此外，2号油与十八烷基伯胺一起使用时，在浮选精矿品位和回收率保持不变的情况下，可减少20%的十八烷基伯胺用量。己二醇和乙二醇酯起泡剂对盐溶液中的阳离子型捕收剂具有很强的分散作用，可大幅度提高烷基胺和烷基吗啉在钾矿石和光卤石上的吸附量和浮选活性，降低捕收剂用量。

十八烷基伯胺、十二烷基磺酸钠、2号油是最常见的浮选药剂，但随着生产成本控制要求、产品质量要求以及资源综合利用效率要求的不断提高，烷基碳链结构多样化、多官能团化等都将可能成为未来研究的方向[38]。组合用药也将是钾盐浮选药剂发展的方向。组合用药或通过在矿物表面发生共吸附来改善矿物表面的疏水性；或利用螯合药剂与矿物表面的金属离子发生螯合反应，形成稳定的金属螯合物，来实现药剂与矿物表面的牢固吸附；或在一个分子中拼合2种官能团，从而提高药剂的总活性。通过药剂间的科学组合，可改善浮选效果、降低药剂消耗。

11.3.2　功能型助剂

11.3.2.1　腐植酸类

（1）腐植酸与腐植酸钾复合肥　腐植酸（humic acid, HA）是指动植物遗骸（主要是植物遗骸）经由微生物的分解、转化以及一系列化学过程生成并积累起来的一类天然有机物质。腐植酸在风化煤、褐煤、草炭中含量较高，并广泛分布于土壤、沼泽、湖泊、海水和泥炭中。研究表明，腐植酸的基本结构包括芳环和脂环，并具有羧基、羟基、羰基、醌基等多种活性基团，如图11-5所示。Stevenson模型是目前较经典与权威的腐植酸结构模型[39]。腐植酸具有较高的生物活性，在土壤中功能强大，可有效活化土壤养分、改善土壤理化性质、提高肥料利用率、提高作物产量与品质，目前已广泛应用于农业生产当中。

根据来源，腐植酸可分为天然腐植酸和人工合成腐植酸。天然腐植酸是指来源于自然且未经过改性处理的一类腐植酸；人工合成腐植酸是指以非煤类物质为原料通过化学或生物合成方法制备得到的一类腐植酸，典型代表即市售的生化黄腐酸。腐植酸腐殖化程度越高，色泽越深，溶解度也越低，可分为黄腐酸、棕腐酸和黑腐酸。其中，黄腐酸的分子量最低，易溶于水、醇、酸、碱等极性溶剂；棕腐酸分子量居中，不溶于水，可溶于醇及碱性溶剂；黑腐酸分子量最大，颜色较深，不溶于酸和一般有机溶剂，可溶于碱性溶剂[40]。

矿物源和生化源是目前腐植酸的主要制备方法。矿物源由风化煤等富含腐植酸的物质进行硝酸氧化、双氧水活化、氨解等化学活化过程后提取得到；生化源是应用现代生物技术，以植物渣体为原料，通过菌种发酵活化获得。

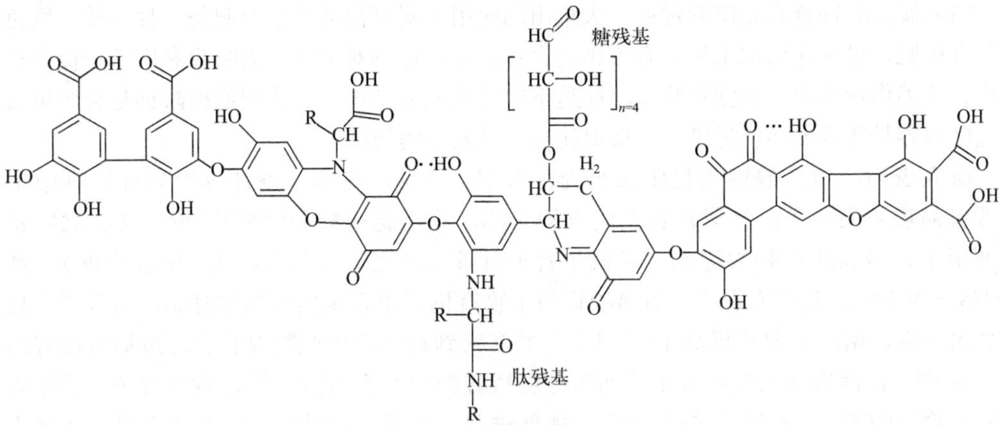

图 11-5　腐植酸分子结构式

近年来，以腐植酸作为助剂的腐植酸增效复合肥备受关注。腐植酸功能性强、适应性广，与无机肥料合理配施能够有效提高肥料利用率和作物产量，有着广泛的市场前景和研究价值。腐植酸类肥料包括：①单质肥料，如腐植酸钾、黄腐酸钾等；②复合肥料，通过集成效应将腐植酸钾与有益元素相融合，可促进多种营养元素的吸收和利用；③新型复合肥料，包括颗粒、粉剂、膏剂、水剂、雾化剂等种类丰富的腐植酸钾多元肥，创新道路非常宽广。由于黄腐酸具有高生理活性，更容易被生物吸收利用，在农业生产中应用较多。相关研究显示，黄腐酸钾能促进植物新根发生，增加叶绿素含量，加强干物质在作物中的积累，增强抗氧化酶活性，减小气孔开度，降低蒸腾作用，提高净光合速率，最终提高作物产量和品质 [41]。

（2）腐植酸作用机理　土壤有机质在土壤肥力的保持和修复中扮演着重要的角色。首先，腐植酸本身可作为植物生长调节剂，促进作物生长，增强糖、氨基酸等物质在植物中的积累，提高作物的产量与品质。另外，由于腐植酸中含有大量羧基、酚羟基和醌基等基团，具有离子交换性能，可与矿质元素螯合，使土壤速效态氮、磷、钾的含量得到提高，对土壤养分进行活化。腐植酸的胶体性质使其具有一定的凝胶能力，有利于土壤团粒结构的形成，从而减少土壤水分流失、防止干裂，同时使土壤结构变得疏松，增强透气与透光性能。沙土、黏性土壤等不同性质土壤在施用腐植酸后，土壤容重明显降低，孔隙率和保肥能力得到提升，土壤物理性质得到显著改善。腐植酸还能平衡土壤酸碱度，有利于调节 pH 值在 5.5 ～ 7.0 之间，适应大多数植物的生长。腐植酸能够影响土壤中的酶活性和微生物数量，为有益菌创造良好的生活环境，产生丰富的生物酶，进一步改善土壤结构，增强土壤肥力，对土壤质量的优化起到了一定的作用。

土壤中的钾按化学组成可分为矿物钾、非交换性钾、交换性钾以及水溶性钾，其中水溶性钾是土壤中能够被植物直接吸收利用的钾。腐植酸具有亲水性、吸附性和络合能力，一方面可以增强土壤保水性；另一方面可以吸附、负载土壤中的钾，减少游离态钾在黏性土壤中的固定或在沙土及淋溶性土壤中的流失，从而提高作物对钾的吸收效率 [42]。腐植酸对钾素有一定的缓释作用，这是由于腐植酸中活性官能团与巨大比表面积对钾的吸附和络合作用，腐植酸作为电子给体与金属离子进行络合或螯合形成胶体化合物腐植酸盐，缓慢长效释放有效态钾，起到对钾肥的增效作用。

（3）腐植酸钾复合肥研究进展　大量田间应用证明腐植酸钾复合肥是一种高效、绿色的新型有机肥，可快速增加土壤中有效钾的含量、提高作物对钾离子的吸收利用率、促进作物增产、改善作物品质、增强作物逆境胁迫下的抗逆能力。同时，施用腐植酸钾复合肥可避免传统肥料容易造成的环境污染、土壤退化与食品安全的问题。

研究表明，腐植酸钾类化肥在小麦、水稻、甘薯、烤烟、番茄等十多种作物中个性化改善品质效果显著。甘薯是典型的喜钾作物，施用腐植酸钾肥料[43]可显著提高钾素吸收利用率、提高块根膨大速率、降低生育期甘薯 *T/R* 比值（茎叶鲜重 / 块根鲜重），增产 8.11% ～ 9.50%。有研究表明，黄腐酸钾与生物有机肥组合施用能增加甘薯淀粉含量、提升甘薯出干率，增产后收益提高 10% 以上，并观察到黄腐酸钾肥料对甘薯黑斑病有很好的防治效果[44]。山西农业大学研究了叶面喷施腐植酸钾对谷子的影响[45]，发现谷子孕穗期喷施适宜浓度（0.05% ～ 0.2%）的腐植酸钾能促进谷子生长，提升谷子叶绿素含量、净光合速率以及与产量构成相关参数。在天津市农业科学院农业资源与环境研究所与金正大生态工程集团的研究中，探究了黄腐酸钾[46]在番茄上的最佳用量，结果表明底施黄腐酸钾肥料最佳用量为 4500kg/hm^2，番茄产量提高 14.0%，番茄维生素 C 含量和可溶性糖含量分别提高了 15.5% 和 10.0%。贵州省烟草科学研究院在研究烤烟生长时发现[47]，施用腐植酸钾后土壤理化性质得到改善，烟株中钾含量提高，烟叶化学成分得到改善，有效增加了烟叶中致香物质的含量，烤烟品质大大提升。

有报道显示，黄腐酸钾对栽培作物进行处理可调节其生理代谢，增强作物抗逆性。太原师范学院的研究表明，黄腐酸钾能有效增强低温条件下植物体内的抗氧化酶活性和净光合速率[48]。通过对干旱胁迫下玉米生长的研究发现[49]，黄腐酸钾能够增强超氧化物歧化酶（SOD）、过氧化物酶（POD）和过氧化氢（CAT）等抗氧化酶活性，从而减轻膜脂过氧化伤害。熊静等[50]发现添加腐植酸钾能有效缓解番茄的高盐胁迫，促进幼苗生长。目前，腐植酸钾处理对植物抗逆性影响的具体机理还在研究之中。腐植酸对一些植物病害还具有抑制作用。有研究显示黄腐酸能够抑制病菌 DNA 的复制，提高作物免疫力，降低作物发病率[51]。以腐植酸钾作为碱性土壤改良剂，可提高土壤 pH 值，促进黄瓜幼苗生长，对枯萎病的防治效果达 45.8%[52]。

（4）腐植酸钾复合肥应用现状　传统肥料的诸多弊端已经显现，例如低利用率，无机肥施用过量导致土质板滞硬结、土壤酸性增强，施用单一肥料导致地力下降等。在国家的号召下，市场上开始出现化肥使用零增长甚至负增长的趋势。

腐植酸类肥料综合性强、实用效果佳，能有效促成减肥增效、增产增收，越来越受到当今市场的欢迎。据中国腐植酸工业协会统计的 160 家农用腐植酸钾 / 黄腐酸钾生产销售企业的情况，截至 2019 年，农用腐植酸钾与黄腐酸钾的销量分别达 120.41 万吨和 90.10 万吨，合计 210.51 万吨，且销量呈现持续增长趋势，市场正在蓬勃发展[53]。近年来，我国腐殖酸钾类化肥产品已经走向国际，出口日本、韩国、欧洲、东南亚、南美等多个国家及地区，国际市场前景良好。

自 20 世纪初化肥刚输入中国至 20 世纪 30 年代，由于缺乏监管，化肥滥用，造成了巨大的危害。为了进一步规范腐植酸钾类肥料的施用，目前已推出农业用腐植酸钾、黄腐酸钾、腐植酸钾复合肥标准共 5 个，为高品质农业提供了支撑和保证。

在当今强调保护农业生态的大环境下，腐植酸钾复合肥的研究与推广对于优化耕地质量、保障食物安全、提高作物品质有着重大现实意义。腐植酸钾复合肥作为一种新型有机化肥展现出了巨大的活力，为我国农业转型升级与农业绿色高质量发展提供了重要途径。

11.3.2.2 海藻酸类

海藻属于低等隐花植物，是海洋食物链的一级生产者，具有结构简单、生长速度快、对环境适应能力强等特点。海藻全身皆是宝，不但可供食用，也是海藻化学工业、海藻药品工业及海藻胶工业的重要原料。海藻中含有大量陆生生物缺乏的生物活性成分和微量元素，在肥料领域具有巨大的开发利用前景。人们利用海藻作为肥料已经有近 2000 年的历史，公元前 1 世纪，欧洲沿海地区的人们就将海藻粉施用到农田中，以此来提高作物产量，减少病虫害。海藻肥通常是以生长在海洋中的大型褐藻为原料，如泡叶藻、海带、马尾藻等，通过化学、物理和生物的方法，提取海藻中的有效成分，制成海藻生物有机肥料，为植物生长提供养分 [54]。

由于海藻体内含有丰富的营养物质和生理活性物质，海藻类肥料中的有机活性成分集营养成分、抗生物质、天然植物激素于一体，包括海藻酸、甜菜碱、甘露醇、氨基酸、维生素、矿物质以及内源植物激素等结构独特的活性物质和海藻代谢产物，对刺激植物生长有着重要的作用。许多速生海藻体内含有高水平的植物内源激素，通过藻体或海藻提取物制备液体、固体肥料和作物增产剂、抗逆（抗旱、抗寒、抗虫）剂，在粮食作物、水果、蔬菜及花卉等方面应用效果明显，且对土壤友好，对生态环境有益 [55]。

海藻酸是海藻肥中的标志性成分。海藻酸广泛存在于褐藻细胞壁和细胞间质中，是由单糖醛酸线型聚合而成的多糖，起到了强化细胞壁的作用。海藻酸单体为 β-D-甘露糖醛酸（M）和 α-L-古罗糖醛酸（G），这两种单糖通过 1,4-糖苷键聚合成嵌段共聚物，成为具有广泛生物活性的天然生物大分子。海藻酸分子式为 $(C_6H_8O_6)_n$，分子量范围 1×10^4 ～ 6×10^5 不等 [56]。由于产地和气候环境的不同，不同品种的褐藻有其特有的结构和生物特性，从不同褐藻中提取的海藻酸也有不同的化学结构和物理性能。海藻酸分子结构如图 11-6 所示。

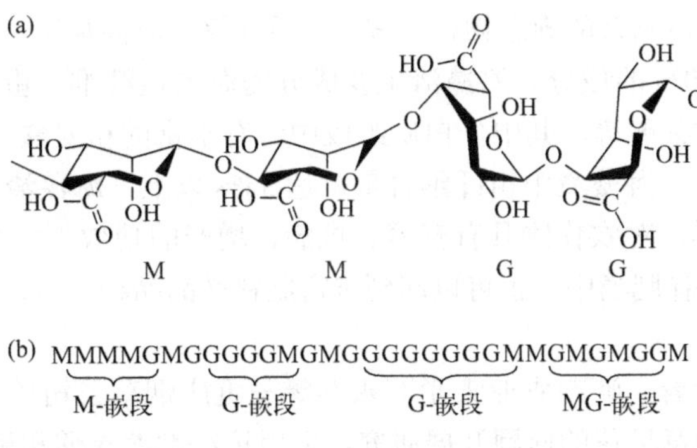

图 11-6 海藻酸的分子结构

海藻寡糖是由海藻多糖（海藻酸）经过酸、氧化剂或裂合酶降解而获得的小分子片段。海藻寡糖水溶性好，易被吸收利用，许多研究已经证实海藻寡糖能够在植物生长调节和诱导抗病领域发挥积极的作用。海藻寡糖具有较高的激发子活性，在植物抗病生理过程中能诱导植物产生植保素和防卫响应因子，抵御外来微生物的侵染，或直接作用于病原菌，参与植物的诱导抗病过程 [57-58]。同其他来源的寡糖相同，海藻寡糖对植物来说也是一种重要的信号分子，可以促进植物生长及作物对氮、磷以及许多矿物质元素的吸收。

海藻精原粉是富含海藻酸和海藻寡糖等海藻提取物的一种典型产品。海藻精是通过浓缩海藻降解提取液所得的，其制备过程需登记有机水溶肥料证件，而生产企业使用各自的企业标准，各个生产企业的产品中海藻酸和海藻寡糖的含量有一定差异。目前，海藻肥行业已颁布实施了 2 个行业标准，分别是《海藻酸类肥料》（HG/T 5050—2016）和《含海藻酸尿素》（HG/T 5049—2016）。2018 年 6 月 1 日颁布《水溶肥料　海藻酸含量的测定》（NY/T 3174—2017），尚无国家标准。

肥料助剂是肥料产业的一个重要组成部分，在改善化肥产品品质、增加产品功能及提高肥料利用率等方面具有重要作用。随着生态农业和绿色农业在世界范围内的兴起，以及农业农村部 2020 年化肥农药零增长的要求，研究和开发生态环保、提质增效的新型肥料成为当今肥料界最有意义的课题之一。海藻酸类肥料助剂的类型和优势如下：

（1）外源添加海藻提取物　对帮助传统化肥生产企业进行结构调整和产业升级、促进现代农业发展、提高资源利用率、减少化肥施用不当对环境可能造成的不利影响等具有十分积极的作用。

（2）利用海藻精作为增效助剂　将海藻精添加到肥料生产中，常见的添加方式是将海藻精添加到大量元素水溶肥料、有机水溶肥料、含腐殖酸水溶肥料等当中，再添加少量的海藻酸原粉，就可以起到提高肥效和营养价值的作用。因此有些肥料企业将海藻精原粉加入转鼓造粒和高塔造粒的尿素原料中，还有一些企业将海藻精添加到以硝铵溶液为原料的高塔硝基复合肥产品中[59]。

（3）海藻包膜肥料　利用海藻提取液，通过喷涂的方式在肥料颗粒表面形成包膜层，在实现肥料缓释的同时，还能起到增效的作用。有的企业已经申请专利，生产具有脲酶抑制作用的海藻酸包膜缓释尿素，即先将海藻提取液制成水溶性包膜材料，再将此包膜材料均匀地喷涂在尿素颗粒表面，热风瞬间干燥，流化床冷却至室温，即可制得海藻酸包膜缓释尿素。其具有脲酶抑制和缓释的双重作用，能有效提高尿素的利用率[60]。

（4）海藻渣作为肥料增效增值添加物　海藻渣是褐藻（海带、泡叶藻、巨藻等）加工工业中提取海藻胶等产品后剩余的固态物料。按干物质计算，海藻加工工业中利用率仅在 30% 左右，海藻渣占超过 50% 的成分。海藻渣主要成分为海藻粗纤维、蛋白质、海藻多糖、壳聚糖、海藻多酚类、甜菜碱等。其中蛋白质组成中含有丰富的精氨酸、赖氨酸、甲硫氨酸、半胱氨酸等氨基酸成分。海藻渣中粗纤维含量可达 35% 以上，海藻渣原料经过发酵腐熟后可制成优质的有机肥料，对农作物具有营养、抗病、增产的功效[61]。将海藻渣发酵腐熟制得的有机颗粒肥加入控释肥当中，也可以起到丰富肥料产品品种、调理土壤、提高肥料利用率的作用。

从钾肥助剂的角度看，河南农业大学石永春等与重庆烟草公司曾对高海拔烟区在植烟期易发生冷害，导致烟草早花的问题开展研究，采用抗冷剂海藻酸和磷酸二氢钾处理烟苗。结果表明，喷施海藻酸可延迟现蕾期约 8 天，喷施海藻酸和磷酸二氢钾对烤烟致香成分的总量影响不大，但在产量方面，海藻酸处理获得了 2100kg/hm^2 的最优产量，比对照增产 16.67%；中上等烟比例占 97.80%，高于对照 3.7%[62]。

综上，海藻肥的开发利用已成为热门的研究课题，将海藻提取物做成肥料和肥料助剂，可以丰富现有技术中肥料的种类，对尿素、复合肥等传统肥料能起到增效增值作用。同时海藻提取物作为添加原料用来制作高端叶面肥和冲施肥，可以改善作物品质和产量，提高作物抗逆性，且可以有效改善土壤环境，减少污染，具有良好的社会效益和经济效益。海藻肥作为一种新型功能性肥料，对作物生长的增益效果已经得到农业工作者的广泛认可。当然，其功效机理的研究尚未透彻，海藻提取物中各活性成分的协同作用及其构效关系尚不清晰，仍需进一步研究。

11.3.2.3 氨基酸类

氨基酸是含有碱性氨基和酸性羧基的有机化合物，化学式是 $RCH(NH_2)COOH$。生物体内发现的氨基酸有几百种之多，但是参与蛋白质组成的常见氨基酸只有 20 种，分别为甘氨酸、丙氨酸、缬氨酸、亮氨酸、异亮氨酸、甲硫氨酸（蛋氨酸）、脯氨酸、色氨酸、丝氨酸、酪氨酸、半胱氨酸、苯丙氨酸、天门冬酰胺、谷氨酰胺、苏氨酸、天冬氨酸、谷氨酸、赖氨酸、精氨酸、组氨酸。上述氨基酸是生物体蛋白质组成的基本化合物，而蛋白质是生命现象的物质基础之一，是构成一切细胞和组织结构的最重要的组成成分，对于生物体生命活动有诸多重要功能。显然，氨基酸对于农作物生长及增产也至关重要[63]。

植物细胞除能自身合成氨基酸外，也可以通过质膜上的特异性载体蛋白主动吸收氨基酸。该载体为质子耦合转运蛋白，它由质膜 H^+-ATPase 催化产生的 H^+ 电化学势梯度推动向上运输。通过研究水稻对 3 种氨基酸（甘氨酸、谷氨酸和精氨酸）吸收的动力学参数可知，水稻对 3 种氨基酸的吸收都符合米氏方程，其吸收具有主动吸收特征[64]。目前，人们已从分子水平上研究了氨基酸载体或转运子，拟南芥、蓖麻等植物的氨基酸转运子基因已被分离和鉴定，某些缺失氨基酸载体的突变体也已被发现[65]。

氨基酸用于叶面肥是 20 世纪 90 年代才兴起的一项新技术，作为氨基酸本身，它仅是一种有机氮，含氮量约 16%。但氨基酸的作用效果并不仅是氮的作用，很可能包括激素类作用。分析认为，复合氨基酸中的—NH_2、—OH、—COOH 和蛋白质水解后的短肽类水溶性物质，都可能刺激作物生长，具有一定的生理活性，特别是—COOH 与微量元素形成螯合态后，可以提高微量元素进入植物细胞膜的亲和力和利用率[65]。

近年来，随着化学工业的发展，可以利用动物毛发和植物边角料提取各种氨基酸和制造氨基酸肥料，使氨基酸和氨基酸肥料的生产成本大幅降低。氨基酸肥料已成为一种新型肥料，大量应用于农业生产，主要作为叶面肥使用。目前，国内氨基酸叶面肥有水解氨基酸和生化氨基酸两类。水解氨基酸因原料品种不同，水解后的氨基酸组分也不同，植物性蛋白水解的氨基酸略优于毛发蛋白水解的氨基酸。生化氨基酸就更复杂：一是发酵菌种对氨基酸品种和产率均起到重要作用；二是发酵原料和工艺对发酵氨基酸产品质量也有很大影响。但总的来说，生化氨基酸较水解氨基酸含更多的生化活性物质，对植物有更明显的生长促进作用，具有更广阔的市场前景和使用价值。

氨基酸类肥料的优势如下：

① 营养全面，充分满足作物生长需要。氨基酸生物肥含有 30% 以上的氨基酸、氮、磷、钾、有机质和 50% 以上的镁、钙、硅和微量元素，肥料中营养元素的特点是有机与矿质相结合，缓释与速效为一体，为植物提供了丰富的营养。

② 易于吸收，养分利用效率高。氨基酸生物肥的养分利用效率在 70% 以上，分别是化肥的 2.5 ～ 3 倍，农家肥的 2 ～ 2.5 倍，可以加速植物生理生化反应速率和物质积累，从而促进果实提早成熟，一般可提早成熟 10 天左右。

③ 提高产量，改善农产品品质。各种营养元素均衡补给，大幅度改善农产品品质，无论是色泽、外观品质还是果实中的营养物质含量都有明显增加，耐贮性提高，如瓜果增产

15% ～ 25%，果大，色好，糖分增加，商品性好，花卉花期长，花色鲜艳，叶色油绿，生长健壮。

④ 植物生长健壮，抗逆性增强。氨基酸复合肥富含钾、镁、硅、钙且以缓释态存在，钾、镁是多种酶的活化剂，硅可增强作物抗病、抗倒伏能力，钙能防止病菌侵袭。

⑤ 改善土壤性状，优化生态环境。使土壤形成稳定的团粒结构，改善土壤性状，钝化土壤中有害元素[66]。

从钾肥助剂角度看，湖北省烟草公司曾报道，成熟期喷施氨基酸钾肥对烟叶烟碱含量的提高具有积极作用，可以在一定程度上解决烟碱含量偏低的问题；同时，还有利于整株叶片钾、总糖、还原糖含量的提高。夏邑县农业技术推广中心在小麦种植过程中对比了施加氨基酸钾肥与单一尿素、过磷酸钙及氯化钾的效果差异，结果发现氨基酸钾肥的施用对小麦具有显著的增产作用，并且小麦的抗纹枯病能力明显增强，同时能提高小麦的茎秆硬度和弹性，使小麦具有很强的抗倒伏性能[67]。上述研究均展示出氨基酸配合钾肥施用的优异效果。

氨基酸类肥料的主要使用方法为叶面喷施，使用时可根据使用说明，均匀地将液肥喷洒于作物叶片的正反两面。为减少蒸发，提高利用率，喷洒应在无风天气下的上午 10 时以前或下午 4 时以后进行，若喷后遇雨则需第 2 天重喷[66]。

11.3.2.4 生物菌类

微生物肥料是指人们利用土壤中有益微生物制成的生物肥料，又叫菌肥。微生物肥是生产上的三大肥源（有机肥、化肥、微生物肥）之一，它是将人工选育出的某些特定有益菌，经过发酵、浓缩等工艺制成的一种辅助性肥料，本身并不含有大量的营养元素，而是通过微生物的生命活动来改善植物的营养条件。将其集中施用到作物的根部或种子的表面，可形成局部的有益菌优势群体，通过这些有益菌在土壤中的生存竞争活动，可改善土壤中的微生态环境，使各种有利于植物生长的土壤养分得到充分的利用；或将其喷施于叶面，可调控植物的生理活动，抑制病原菌的侵害，起到防病、促长、增产和改善品质的作用[68-69]。值得注意的是，合格的微生物肥料产品应当符合 NY/T 798 行业标准，同时需要在农业农村部微生物肥料检验中心申报登记[70]。

由于菌肥是含有微生物的制品，因此不同种类的菌肥在土壤培肥中的作用也各不相同。菌肥的主要作用可以归纳为[68-72]：

（1）固氮作用 根瘤菌和固氮菌在适宜的环境条件下，可以固定空气中的氮素，增加土壤氮素含量，改善植物的氮素营养，提高作物产量。据估计，全球每年生物固氮作用所固定的氮素（N_2）可达 10100 万吨。其中，自生固氮菌固氮量为 0.2 ～ 2.0g/m^2，根瘤菌的固氮量为 10 ～ 30g/m^2。因此，在林果幼林期每年安排一茬或两茬花生豆类作物，对不断提高土壤肥力具有重要意义。

（2）分解作用 土壤中大量存在的有机物质和某些难溶的矿质养分，可通过菌肥中微生物的分解作用转化为可被植物吸收利用的有效养分，如磷、钾细菌肥料。其中，土壤中的磷以有机磷和无机磷的形式存在，磷细菌可以产生各类有机酸和无机酸使难溶性磷酸盐降解为有效磷，或产生胞外磷酸酶水解磷酸酯或磷酸酐，使有机磷水解为有效磷，完成对磷的转化作用。硅酸盐细菌肥料可以分解土壤中的云母、磷灰石等含钾、磷的矿物，使难溶钾转化为有效钾。

（3）促生作用 试验证明，当施用某种菌肥以后，可使土壤中该种有益微生物占绝对优势，由于它们的活动，不仅土壤中有效养分的含量增加了，而且还促进了各种维生素与激素（如生长素、吲哚乙酸、赤霉素等）的合成，刺激植物生长。例如“5406”放线菌肥，它能产生多种激素类物质，刺激细胞的分裂，促进植物的生根发芽、分聚，增加叶绿素的含量，提高酶的活性，减少苹果、梨的幼果脱落，并能使多种作物提前成熟。

（4）抗病作用　许多微生物可以诱导植物的过氧化物酶、多酚氧化酶、苯丙氨酸解氨酶、脂氧合酶、几丁质酶、β-1,3-葡聚糖酶等参与植物防御反应，利于抗病、防病。再比如，“5406”放线菌肥除了促生作用外，还能分泌出能杀死真菌和细菌的抗生素，抑制约32种致病真菌和细菌的生长。因此，施用“5406”放线菌肥能增强植物对根腐病、黄萎病、猝倒病等的抗病能力。

就施用方式及效果而言，不同菌肥也有所不同：

（1）根瘤菌肥　根瘤菌有3个特性，即专一性、侵染性和有效性。专一性是指某种根瘤菌只能在一种或几种豆科植物上形成根瘤菌，建立共生关系且表现出专一的特性。因此，根瘤菌肥必须与相应豆科植物对应使用。这种菌肥多用于拌种和苗期灌浇，正确使用根瘤菌肥，均有一定的增产效果。如根瘤菌肥对豆科绿肥紫云英的增产效果显著，其鲜草增产率在上海为19% ～ 154%，在湖南为40% ～ 27%。

（2）自生固氮菌肥及叶面固氮菌肥　自生固氮菌肥是指含有好气性自生固氮菌（如巴氏梭菌）的细菌肥料。这类微生物生存在土壤中，利用土壤中的有机质或根分泌物为碳源，直接固定空气中的氮素进行生长。由于固氮菌的代谢活动，一般每亩土壤每年可固氮1.5 ～ 4.5kg，其肥效受土壤条件如水分、通气条件、酸碱度和土壤肥力等因素的影响，效果不及根瘤菌肥稳定。叶面固氮菌是附生在植物叶片表面、能够固定空气中氮素并供植物利用的细菌，顾名思义，该种微生物需要叶面喷洒。据试验，叶面固氮菌喷于玉米、大豆上可分别增产13% ～ 17%和9% ～ 17%。

（3）磷细菌肥料　磷细菌肥料是指含有能强烈分解土壤中有机磷或无机磷化合物的磷细菌的微生物制剂。在生命活动中，磷细菌除具有解磷作用外，还能形成维生素、异生长素和类赤霉素等刺激性的物质，对植物生长有良好的作用。此外，它还能促进土壤中自生固氮菌和硝化细菌的活动。在通气良好、水分适宜、酸碱适中、富含有机质的土壤中施用磷细菌肥料，效果显著。其施用方法有拌种，先加水调成糊状，稍阴干后立即播种；还可作基肥与有机肥料混合沟施和穴施，施后立即盖土，每亩用量2.25 ～ 7.5kg；也可以蘸根或浸根，对移栽林果树在定植前可用磷细菌液浸根。

（4）钾细菌肥料　钾细菌肥可以作基肥、追肥、拌种或蘸根用，对喜钾植物如烟草、果树等效果较好。作基肥时，钾细菌肥与有机肥混合施用效果较好，每亩用量15 ～ 30kg，采用沟施或条施，施后盖土；拌种时，将钾细菌肥加适量清水制成悬液喷在种子上，拌匀，稍干后立即播种；蘸根时，1kg钾细菌肥加5kg水，蘸根后立即定植，避免阳光直射，随蘸随用。钾细菌肥能使薯类增产10% ～ 20%，棉花增产17%左右；豆科作物接种根瘤菌后再施用钾细菌肥，增产效果明显。

（5）抗生菌肥　“5406”菌肥是利用抗生菌与一定比例的饼粉（豆饼粉和棉籽饼粉等）和肥土拌和堆制而成的，它是由一种拮抗病原微生物的放线菌制成的生物肥料。这种放线菌能产生抗生素抑制有害真菌及细菌，对防治幼苗猝倒病有一定作用。

综上，由于生物肥料能制造和协助作物吸收利用多种营养元素，因此对农产品的品质有很大的改善，可以改变因施化肥而产生的“瓜不香，果不甜，茶无味”的现状，使农产品各项指标达到绿色食品的标准。

参考文献

[1] Volmer M. Kinetic der Phasenbildung, Chap. 4[M]. Steinkopf, Dresden and leipzig, 1939.

[2] Preckshot G W, Brown G G. Nucleation of quiet supersaturated potassium chloride solutions[J]. Industrial & Engineering Chemistry, 1952, 44(6): 1314-1321.

[3] Myerson A. Handbook of industrial crystallization[M]. Oxford: Butterworth-Heinemann, 2002.

[4] Davey R J. The effect of impurity adsorption on the kinetics of crystal growth from solution[J]. Journal of Crystal Growth, 1976, 34(1): 109-119.

[5] Blisnakov G, Kirkova E. Der Einfluß der Adsorption auf das Kristallwachstum[J]. Zeitschrift für Physikalische Chemie, 1956, 206(1): 271-280.

[6] Vermilyea D A, Doremus R H, Roberts B W, et al. The growth of crystals from solution[C]. Growth and Perfection of Crystals: Proceedings. Wiley, 1958: 393.

[7] Guo X, Yuan J, Ji Z, et al. Influences of additives on the crystal habit of potassium chloride[J]. Frontiers of Chemical Engineering in China, 2010, 4(1): 78-81.

[8] Ceyhan A A, Bulutcu A N. The crystallization kinetics of potassium chloride in the presence of additives with common ions[J]. Journal of Crystal Growth, 2013, 383: 112-118.

[9] Behrens M A H, Lacmann R, Schröder W. Crystallization of potassium chloride: The additives $ZnCl_2$, $Na_6[(PO_3)_6]$ and $K_4[Fe(CN)_6]$[J]. Chemical Engineering & Technology: Industrial Chemistry-Plant Equipment-Process Engineering-Biotechnology, 1995, 18(5): 295-301.

[10] Li S, Sun K, Zhao Y, et al. Purification and rapid dissolution of potassium sulfate in aqueous solutions[J]. RSC Advances, 2019, 9(4): 2156-2161.

[11] Lehman D S. Potassium sulfate crystallization process with the addition of a polyimine: US 3598545[P]. 1971-8-10.

[12] Omar W, Ulrich J. Influence of crystallization conditions on the mechanism and rate of crystal growth of potassium sulphate[J]. Crystal Research and Technology: Journal of Experimental and Industrial Crystallography, 2003, 38(1): 34-41.

[13] Dhanaraj P V, Mathew S K, Rajesh N P. Nucleation studies and characterization of potassium dihydrogen phosphate single crystals with l-arginine monohydrochloride as additive[J]. Journal of Crystal Growth, 2008, 310(10): 2532-2536.

[14] 丁绪淮，谈遒. 工业结晶 [M]. 北京：化学工业出版社，1985.

[15] Chen M Y, Wu S G, Xu S J, et al. Caking of crystals: Characterization, mechanisms and prevention[J]. Powder Technology, 2018, 337: 51-67.

[16] Zafar U, Vivacqua V, Calvert G, et al. A review of bulk powder caking[J]. Powder Technology. 2017, 313: 389-401.

[17] 张伟. 复合肥料吸湿和结块性能及防止研究 [D]. 上海：华东理工大学，2012.

[18] 唐瑞增，刘方晓，李永亮. 复合肥的结块与“肥特利”复合肥防结块剂 [J]. 磷肥与复肥，2003, 18(2): 51-52.

[19] 张永利，张有俊，王丽华，等. DHYL 型复合肥防结块剂的研制和应用 [J]. 中氮肥，1998, 3: 34-36.

[20] 唐建伟，张宝林. 表面活性剂在化肥生产中的应用 [J]. 化肥工业，2001, 28(3): 5-8.

[21] 李永德. 尿素防结块剂性能试验研究 [J]. 化肥工业，2001, 27(3): 28-29.

[22] 陈秋雪. 多功能肥料防结块剂的研制及其缓释效果研究 [D]. 沈阳：沈阳农业大学，2007.

[23] 姜佰文，戴建军，马献发，等. 肥料加工技术与设备 [M]. 北京：化学工业出版社：北京，2013.

[24] 梁亚勤. 固体粘结剂在单一化肥中形态变化及颗粒化研究 [D]. 临汾：山西师范大学，2012.

[25] 曹卫宇，陈国华，张伟，等. 一种颗粒状钾肥的制备方法：CN 201210290593.0[P]. 2012-08-15.

[26] 王建康，魏延青，王子浩，等. 一种新型高强度圆形颗粒硫酸钾的制备方法：CN 20181008341.1[P]. 2018-01-04.

[27] 郝青. 复合肥料的造粒技术及颗粒特性研究 [D]. 临汾：山西师范大学，2012.

[28] 李彦明. 新型堆肥有机复混肥造粒粘结剂的研制与应用 [D]. 北京：中国农业大学，2005.

[29] 基特科夫 C H, 肖力子，林森. 用新药剂活化钾矿石和钾-镁矿石的阳离子捕收剂浮选 [J]. 国外金属矿选矿，2006(4) : 26-29.

[30] 任小荣，牛金平，韩亚明. 油脂基表面活性剂在矿物浮选中的应用 [J]. 中国洗涤用品工业，2009(5) : 49-50.

[31] 汤建良，甘顺鹏. 硫酸钾厂浮选尾矿回收硫酸钾镁肥现场实验室试验研究报告 [R]. 长沙：化工部长沙设计研究院，2008.

[32] Jeetkoff S. Study on new collector alkylmorphline for rock salt flotation process[J]. Metallic Ore Dressing Abroad，2004(6) : 15-19.

[33] 见百熙. 选矿药剂评述 [J]. 矿冶工程，1987(2) : 10-12.

[34] 甘顺鹏，陈斌，等. 西藏结则茶卡盐湖卤水综合利用工艺开发中间试验研究报告 [R]. 长沙：化工部长沙设计研究院，2012.

[35] 季荣，甘顺鹏，黄银广，等. 一种从原生钾石盐矿中提取氯化钾的工艺：CN 201010519195.2[P]. 2011-04-13.

[36] Arsontiyeve，Cai P Z. The public problem of potassium salts flotation of Canada and Soviet Union[J]. Industrial Minerals and Porocessing，1978(6) : 50-55.

[37] Jeetkoff S. Study on activated effect between froth and organic depressant in cationic flotation[J]. Metallic Ore Dressing Abroad，2004(8) : 19-23.

[38] 甘顺鹏，季荣，汤建良. 钾盐浮选药剂研究进展 [J]. 金属矿山，2014, 451(1): 80-83.

[39] Stevenson F J. Humus chemistry: Genesis, composition, reactions[M]. Hoboken: Wiley, 1982.

[40] 程亮，徐丽，侯翠红，等. 298K、303K 及 308K 下纳米腐植酸在尿素水溶液中的相平衡 [J]. 高校化学工程学报，2016, 30 (4): 768-773.

[41] 王高伟，胡光洲，孔倩，等. 煤炭腐植酸的基本性能及其工农业应用 [J]. 煤炭技术，2007 (11): 111-114.

[42] 郑东方，许嘉阳，许自成，等. 钾肥和腐殖酸互作对烤烟有机钾盐指数的影响 [J]. 土壤学报，2015, 52(3): 637-645.

[43] 王汝娟，王振林，梁太波，等. 腐植酸钾对食用甘薯品种钾吸收、利用和块根产量的影响 [J]. 植物营养与肥料学报，2008, 3:

520-526.
[44] 张林，孙明海，王振学，等. 黄腐酸钾肥对甘薯产量及抗黑斑病性状的影响 [J]. 中国农技推广，2019, 35 (4): 60-62.
[45] 肖晓璐，原向阳，董淑琦，等. 叶面喷施腐植酸钾对张杂谷 10 号光合特性及产量的影响 [J]. 山西农业大学学报 (自然科学版), 2018, 38 (2): 42-46.
[46] 高伟，李明悦，杨军，等. 黄腐酸钾不同用量对番茄产量、品质及土壤理化性质的影响 [J]. 中国农学通报，2017, 18(12): 2392-2400.
[47] 朱经伟，张云贵，刘青丽，等. 石灰与腐植酸钾配施对新平整土地烤烟产量和品质的影响 [J]. 西南农业学报，2016, 29 (2): 346-351.
[48] 张彩凤，王慧，潘虹，等. 低温胁迫下叶面喷施腐植酸钾对红掌生理生化指标的影响 [J]. 山西农业科学，2015, 43 (2): 167-191.
[49] 张小冰，邢勇，郭乐，等. 腐植酸钾浸种对干旱胁迫下玉米幼苗保护酶活性及 MDA 含量的影响 [J]. 中国农学通报，2011, 27 (7): 69-72.
[50] 熊静，高杰云，谭均，等. 施用腐植酸钾对高盐椰糠基质栽培番茄幼苗生长的影响 [J]. 腐植酸，2017, 6: 38-44.
[51] 王勇刚，曾富华，吴志华，等. 植物诱导抗病与病程相关蛋白 [J]. 湖南农业大学学报 (自然科学版), 2002, 2: 177-182.
[52] 李慧，李乃荟，崔文静，等. 碱性土壤改良剂对盆栽黄瓜生长及枯萎病的防治效果 [J]. 中国蔬菜，2020, 6: 69-73.
[53] 曾宪成，李双. 腐植酸钾复合肥与高品质农业发展 [J]. 腐植酸，2020, 4: 12-20.
[54] 张琳，韩西红，王海朋，等. 海藻酸及海藻寡糖在肥料增效助剂领域的应用 [J]. 生物技术，2018, 34-36.
[55] 徐中平，腾照军，王波，等. 我国海藻生产与加工利用的现状 · 存在问题及发展策略 [J]. 安徽农业科学，2012, 40(30): 14961-14963.
[56] 刘金凤，张娟. 海藻酸的农业应用及测定方法研究 [J]. 中国果菜，2015(8): 20-23.
[57] 刘瑞志. 褐藻寡糖促进植物生长与抗逆效应机理研究 [D]. 青岛：中国海洋大学，2009.
[58] Shibuya N, Minami E. Oligosaccharide signalling for defense responses in plant[J]. Physio Logican and Molecular Plant Pathoogyl, 2001, 59(05): 223-233.
[59] 郭武松，梁富忠，叶坤国，等. 高塔硝基海藻复合肥生产工艺及肥效实验 [J]. 磷肥与复肥，2011, 10(32): 10.
[60] 马田田，宋晓晖. 海藻肥料的专利技术研究 [J]. 农业问题研究，2015(12): 274.
[61] 肖伟，闫培生. 海带渣菌肥作为土壤添加剂对土壤抑制病原真菌活性影响的研究 [J]. 植物营养与肥料学报，2014, 20(3): 778-782.
[62] 石永春，李川，范业晨，等. 海藻酸和磷酸二氢钾对烟草花期和烟叶品质的影响差异 [J]. 中国农学通报，2015, 31(13): 67-71.
[63] 欧伶，俞建瑛，欧阳立明，等. 应用生物化学 [M]. 北京：化学工业出版社，2009: 69-84.
[64] 罗安程，吴平，吴良欢，等. 稻苗对氨基酸吸收特性的研究 [J]. 浙江农业学报，1997, 9(2): 62-65.
[65] 刘岱松. 氨基酸钾肥对烟草生理指标及品质的调控研究 [D]. 沈阳：沈阳农业大学，2009.
[66] 张瑞. 有机农业基础知识 200 问 [M]. 北京：中国农业大学出版社，2006: 89-91.
[67] 班宜民，李洪亮，陈贤义，等. 氨基酸钾肥在小麦上的应用效果 [J]. 河南农业科学，2003, 09: 26.
[68] 李玉梅，李三明. 林果土壤肥料学 [M]. 武汉：湖北科学技术出版社，1996: 251-257.
[69] 朱根发. 花卉栽培新技术问答 [M]. 广州：广东科技出版社，2001: 22-23.
[70] 平文祥，周东坡. 微生物与人类 [M]. 北京：中国科学技术出版社，2007: 355-359.
[71] 李发新. 烤烟生产实用新技术 [M]. 西安：陕西科学技术出版社，2006: 61-62.
[72] 范永强，张永涛. 土壤修复与新型肥料应用 [M]. 济南：山东科学技术出版社，2017: 91-105.

FERTILIZER

下卷

中微量元素肥

中国肥料研究与应用全书

Books of Fertilizer Research and Application in China

FERTILIZER

第12章

中微量元素肥发展概况

12.1 中微量元素肥品种分类

中微量元素肥料，简称中微肥，是指经大量研究和科学试验证实的施用后可满足作物需要或矫正缺素症状的物质。这些物质具有生物学意义，是植物正常生长发育不可缺少的。归结起来，大概有以下几种分类方式。

（1）按所含营养元素种类划分　这是传统的分类方式，通常分称为钙肥（石灰肥料）、镁肥、硫肥、硼肥、锌肥、铁肥、锰肥、钼肥、铜肥等。硫、硼和钼常为阴离子，如硫酸盐、硼酸盐和钼酸盐等；钙、镁、锌、锰、铜和铁等元素则为阳离子，常用作肥料的多为它们的硫酸盐和氯化物。有些含有两种或多种中微量元素，如石膏、硫酸锌等。

（2）按养分组成划分　按养分组成可划分为3类肥料：①单质中微量元素肥料。这类肥料一般只含有一种为作物所需要的中微量元素，如硼砂、钼酸钠等。②复合中微量元素肥料。这类肥料含有两种或两种以上为作物所需要的中微量元素，如石膏、硫酸锌等；或者制造肥料时加入一种或多种中微量元素而制成，如磷酸铵锌、磷酸铵锰、磷酸铵铁、磷酸铵铜等。特点是肥料养分之间的比例比较固定，一次施用能同时补充几种养分，施用中需要注意的是一种元素需要量满足了，而另一种元素不能满足或不需要。③混合中微量元素肥料[1]。这类肥料是在制造或施用时，将各种单质肥料按其需要单独混合而成，除含有中微量元素外，还含有大量元素，如硫酸铵和硫酸锌的混合，硫酸镁、硫酸锌和硫酸锰等的混合。优点是组成灵活，养分较全，避免了单质中微量元素肥料因施用量小，而不易施均匀的技术问题。复混肥和作物专用肥中可根据区域微量元素缺乏情况，“大配方、小调整”，添加中微量元素肥料，提供植物生长发育所必需的钙、镁、硫、硼、锰、锌、铁、铜和钼等营养元素。在磷酸铵的生产工艺中，添加螯合剂能减少磷沉淀 / 固定，提高磷利用率及中微量元素活性，如与工业磷酸一铵（MAP）比较，除含有氮（11.45%）、磷（47.68%）外，还保留了中微量元素，包括硫（1.72%）、钙（0.16%）、镁（0.74%）、铁（1.52%）和锰（0.06%）等。油菜专用肥中微量元素主要是硼，柑橘专用肥中微量元素主要是硼和钼，水稻、小麦和玉米专用肥中微量元素主要是锌，北方果树和花生专用肥中微量元素主要是锌。北方石灰性土 pH 值高，传统铁、锰、铜和锌等肥料中可添加适量生理酸性肥料，如添加铵态氮肥（深施），增强这些微量元素的有效性。含有微量元素的大量元素肥料，如复合肥和作物专用肥等，一般主要作基肥施用。氨基酸、腐植酸和有机肥中等也可添加中微量元素肥料，但要保证混合后不会降低营养元素的肥效或有效性。

（3）按化合物类型划分

① 无机盐类肥料　传统中微量元素肥料一般是无机盐类，如石灰、硫酸镁、硼砂、硼酸以及铁、锰、铜和锌的硫酸盐、硝酸盐和氯化物等可溶性肥料；还有磷酸盐、碳酸盐和矿物态难溶性肥料，如磷酸铵锌、磷酸铵锰、磷酸铵铁、磷酸铵铜，碳酸钙、碳酸镁、碳酸锌、碳酸锰，氧化锌、氧化锰、氧化铜、氧化亚铜、氧化亚铁、硫化锌、硫化铁等。

② 螯合态肥料　无机盐类肥料由于溶解性能差，易受外界环境影响产生固定退化作用而导致吸收率低等，往往施肥效果不稳定。为了提高叶面肥料的应用效果，提高产品有效成分含量，开发了高效表面活性剂和螯合剂等多种助剂。如有机螯合中微量元素肥料 [乙二胺四乙酸（EDTA）、二乙基三胺五乙酸（DTPA）、亚氨基二琥珀酸（IDHA）、乙二胺二邻羟苯基大乙酸铁钠（EDDHA）、*N,N'*-双（2-羟基苄基）乙二胺-*N,N'*-二乙酸（HBED）等。注：EDTA 在

欧美已禁用]；糖醇钙、糖醇镁、糖醇硼、糖醇锌、糖醇铁等肥料；木质素磺酸络合物；含中微量元素的氨基酸、腐植酸、海藻酸肥料。聚磷酸铵也可作为微量元素的增效剂。与柠檬酸和甘氨酸/蛋氨酸比，聚磷酸铵的成本低，氮和磷含量高，具有优良的水溶性和缓释性。

③ 含中微量元素的工业废渣 玻璃工业的副产品、冶炼炉渣、化工废渣、电力工业的炉灰、水泥窑灰、硼泥和选矿渣等废弃物，它们往往含有一定数量的多种中微量元素，可作为制造中微量元素肥料的原料，或直接作为中微量元素肥料施用。但是这些废渣组成复杂，中微量元素含量不稳定，并且可能含有有毒杂质，因此，要严格分析其成分和进行试验后才能使用。

（4）按其专用性划分 一类是兼用型，如各种有机肥和低浓度磷肥（钙镁磷肥、钢渣磷肥）、钾肥（钾钙肥、钾镁肥、硫酸钾镁肥），它们除了作为有机肥或磷钾肥使用外，还能为作物提供多种中、微量元素养分。对这类肥料，特别是有机肥，只要适量长期施用，一般能满足作物对中微量元素的需求。另一类是只含有一两种或多种中、微量元素的专用型肥料，如石灰、石膏、硫酸镁、硫酸锌等，它们可按作物需要量进行土壤施肥，或配成叶面肥施用。

（5）按其形态划分 按中微量元素肥料形态可分为固态肥料和液态肥料。根据标准《大量元素水溶肥料》(NY 1107—2010)，大量元素水溶肥料中可添加适量中量元素和微量元素。其中，微量元素型中微量元素含量，粉剂 0.2% ～ 3.0%，水剂 2 ～ 30g/L。在 2020 年修订的标准 NY/T 1107—2020 中，删除了微量元素含量指标，增加了氯离子质量分数的技术指标要求，要求生产企业对产品标注的微量元素进行检验，保证所有产品符合标准要求。根据标准《微量元素水溶肥料》(NY 1428—2010)，微量元素含量，粉剂≥ 10.0%，水剂≥ 100g/L。该标准不适用于已有强制性国家或行业标准的肥料，如硫酸铜、硫酸锌和螯合态肥料，如 EDDHA-Fe。根据标准《含氨基酸水溶肥料》(NY 1429—2010)，氨基酸水溶性肥料可按适合植物生长所需比例，添加适量钙、镁等中量元素或铜、铁、锰、锌、硼、钼等微量元素。其中，微量元素型中微量元素含量，粉剂≥ 2.0%，水剂≥ 20g/L；中量元素型的中量元素含量，粉剂≥ 3.0%，水剂≥ 30g/L。根据标准《含腐植酸水溶肥料》(NY 1106—2010)，含腐植酸水溶肥料可添加适量氮、磷、钾大量元素或铜、铁、锰、锌、硼、钼等微量元素。其中，大量元素型中大量元素含量，粉剂≥ 20%，水剂≥ 200g/L；微量元素型中微量元素含量，粉剂≥ 6.0%，其中钼元素含量≤ 0.5%。

（6）按养分供给速率划分 按中微量元素肥料供给速率可分为速效性肥料和缓效性（迟效性）肥料。速效性肥料，如硫酸盐、硝酸盐和氯化物等盐类，以及硼酸、硼砂、钼酸铵和钼酸钠等，它们都是易溶性中微量元素肥料，可作种肥和追肥。缓效性肥料，如硬硼钙石、玻璃肥料（含硼、锰等）和工业废渣等，它们都是难溶性肥料，一般宜作底肥。

12.2 中微量元素肥在农业发展中的作用

随着我国粮食、蔬菜、果树等农作物产量不断提高，氮、磷和钾肥投入不断增加，却忽视了植物必需的中量元素（钙、镁、硫）和微量元素（铁、锰、硼、锌、铜、钼）以及有益元素（硅、硒）的施用，造成中微量元素失衡状况日趋严重。调查结果显示，全国耕地 50% 以上缺乏中微量元素，尤其是钙、镁、硼、锌、钼、铁等元素。土壤中微量元素缺乏不仅降低了农作物产量，影响农作物品质和风味，也导致世界 66% ～ 80% 人口出现中微量元素缺乏的“隐性饥饿”，从而引起严重的营养与健康问题。同时，部分果蔬基地中微量元素不合理输入造成的铜和锌等累积，也成为威胁土壤和果蔬产品安全的重要因素。中微量元素的不用或滥用正在严重威胁土壤和人体健康，实施中微量营养元素绿色高效安全利用技术创新，建立应用新模式已成为国家重大需求和亟待解决的问题[2]。

（1）保障中微量元素供应，是实现化肥减施增效目标、突破作物产量和品质提升瓶颈的关键。我国农业生产中氮磷钾肥料消费量约占世界总量的三分之一。大量元素肥料的过量施用不仅会导致利用率下降，造成资源浪费，加重环境污染风险，更重要的是由于土壤养分供应失衡，作物产量和质量难以提高，甚至出现下降。中微量元素肥料作物需求少，但一旦缺乏，轻则农作物减产，重则颗粒无收。

（2）落实健康中国战略，实现我国农业绿色发展，必须解决农田土壤中微量元素严重缺乏问题。由于生产中忽视中微量元素的施用及连年农作物生长耗竭，我国农田土壤中微量元素普遍缺乏，导致作物营养失调，使作物产量和营养品质下降，也易诱发处于食物链高端的人类产生中微量元素缺乏的营养性疾病，影响人体营养健康。

（3）研发中微量元素肥料新产品，建立轻简化施用技术，是推广使用中微量元素肥料的前提。目前市场上缺乏针对不同地区和土壤类型以及不同种类作物的适合现代农业的中微量元素肥料新产品，缺少中微量元素的植株和土壤快速诊断技术和指标，以及矫正调控技术，使得中微量元素肥料的推广示范工作进展缓慢。

（4）中微量元素缺乏区域问题突出，建立新的技术集成模式和区域应用示范，是解决我国中微量元素缺乏或不合理输入问题、实施农业绿色发展切实有效的途径。

12.3 国内中微量元素肥发展历程

在20世纪50年代，我国老一辈科学家在黑龙江发现大豆白叶，经研究确定是缺钼引起的，这是我国微量元素应用研究的起步。20世纪70年代，云南土地平整，施钙镁磷肥后发现玉米白苗。此后，在安徽、湖北、北京等地陆续发现水稻缩苗，经研究发现是由缺锌所致。张乃凤先生在山东省进行了土壤有效锌普查，研究了土壤有效锌含量和玉米施锌效应，揭开了我国土壤锌研究和锌肥施用的新纪元。与此同时，在湖北浠水发现甘蓝型油菜开花不结实，在湖北新洲发现棉花现蕾不开花。油菜“花而不实”和棉花“蕾而不花”均由缺硼引起。通过在全国范围内大面积试验、示范和推广，制定了棉花、油菜、芝麻、向日葵等作物施硼技术规范以及硼与氮、磷、钾肥配合施用技术。1996完成了1∶4000000全国土壤有效性微量元素分布图。从世界范围看，高产和集约化作物种植制度加大了作物对微量元素的需求，硼、锌、钼、铁等逐渐成为作物增产的限制因子。通过施用微量元素肥料不仅可以增产、增收，还可改善产品品质。

在20世纪70～80年代期间，国内生产的中微肥产品以固体无机成分为主，农业应用以土壤施用方法为主，根外施用方法为辅。当时，我国微肥产业刚刚兴起，较为薄弱，生产多以固体无机成分为主，定型产品极少。20世纪90年代以后，中微肥产业开始快速发展，生产企业和总产量逐年增加；产品类型以液态叶面肥为主，配方含有多元素与复合型的特点；固体微肥以无机盐为主；但企业的生产规模小，工艺技术不精，养分形态以无机盐为主，螯合态少，成本低；产品组分既有十全大补型，也有专用肥的发展趋势。在应用方面主要处于矫正施肥阶段，作物种类不够广泛。近年来，随着我国集约化农业的发展和农作物产量的持续增长，耕地普遍大量使用氮、磷和钾等化肥，而有机肥的施用跟不上，致使土壤中大量元素与中/微量元素供应之间的不平衡日趋突出；常规化肥品种向高浓度化发展，导致农田土壤中微量元素钙、镁、铁、锰等副成分的归还量大大减少，土壤的中微量元素无法满足作物高产优质生产的需要。另外，基于营养元素之间的拮抗作用，过量使用氮、磷和钾肥，也造成了作物对中、微量元素的需求量增加。例如过量施用磷肥会造成作物缺乏锌、铁和锰等微量元素，过量施用钾肥可诱发作物缺镁等。加上农作物新品种的选育推广也促进了对微量元素需求量的增加。总之，随着我国种植业结构的调整，高产优质产品大面积推广，作物从农田带走的中微量养分难以如数归还，因此，农业生产对中微量元素肥料应用的需求有所增加，尤其在高产地区和部分特种作物的种植地区，合理施用中微量元素是必要的。

1994～2021年我国农业农村部共登记中微量元素肥料3967种。其中2016年之前，中微量元素肥料登记数量较少，发展较慢；2016年之后中微量元素肥料共登记3175种，占肥料总数量80.04%，中微量元素肥料进入迅速发展阶段。2018年中微量元素肥料登记数量达到最高为1955种，然后肥料登记数量下降（图12-1，表12-1）。我国中微量元素肥料登记省份主要集中在河南和山东等肥料主产省份，其中河南省中微量元素肥料数量占肥料总数量的24.83%，山东省中微量元素肥料数量占肥料总数量的16.28%。其次为国外生产的中微量元素肥料，数量占肥料总数量的7.76%，位居我国生产中微肥种类数量第三。目前有20多个国家向我国出口中微量元素肥料产品，主要有美国、韩国和意大利等。

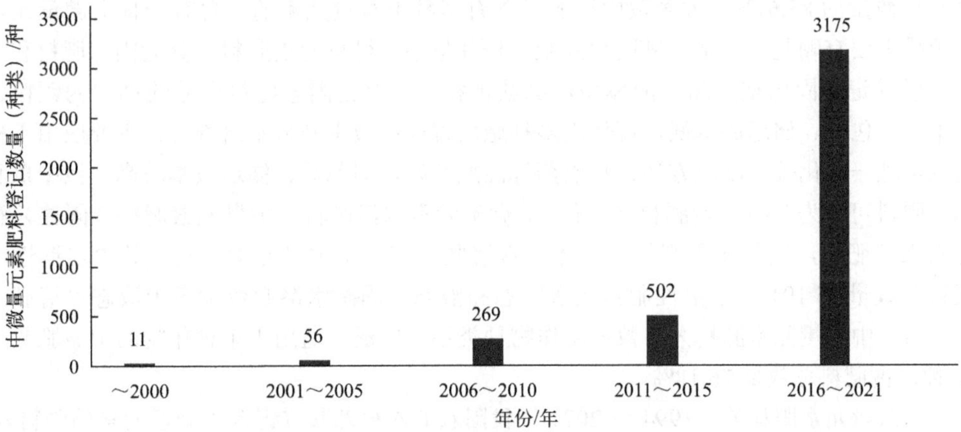

图12-1　1991～2021年我国不同时期农业农村部中微量元素肥料登记数量

表12-1　2015～2021年中微量元素相关肥料农业农村部登记数量统计　　单位：种

名称	2021年	2020年	2019年	2018年	2017年	2016年	2015年
中量元素肥料	15	29	10	99	17	36	25
中量元素水溶肥料		210	276	933	214	279	169
微量元素肥料			2	4	2	2	4
微量元素水溶肥料		189	219	920	157	3	97
大量元素水溶肥料（中微量元素型）		341	459	1414	500（34）	876（71）	570（46）

续表

名称	2021年	2020年	2019年	2018年	2017年	2016年	2015年
含氨基酸水溶肥料（中微量元素型）	401	359	340	1202	348（67）	589（137）	394（103）
含腐植酸水溶肥料（中微量元素型）	11	14	11	38	9	7	5
有机水溶肥料（标注含中微量元素）	17	17	18	76	42（4）	51（4）	89（4）
农业用硫酸钾镁		1		7	4	4	13
农业用氯化钾镁							1
农业用硫酸镁							7
农业用硝酸铵钙＋硝酸钙		4	2	22	9+0	8+2	8+3
土壤调理剂	16	30	15	87	12	4	12

注：1．数据获取途径农业农村部网站。统计数据截止到2021年4月20日。

2．统计数据包括农肥临字号和农肥准字号。

3．此数据只是用于学术研究交流，非官方正式报道数据。

1994～2021年农业农村部登记在册的3967种中微量元素肥料中，复混肥有3396种，占肥料总数量的85.61%。大多数中微肥是含有多种中微量元素的，含有一种中微量元素的单质肥料主要有硼肥、锌肥、钙肥和硅肥。按其形态中微量元素肥料可分为固态肥料和液态肥料，已登记的固体型产品与液体型产品数量相当。登记固态肥料产品的剂型为颗粒、粉剂，生产、包装、储运成本低，可使用多种施用方式；液态肥料水溶性好，主要应用于根外喷施或水肥一体化等，施用方便，与农药等混配性好，但包装、储运成本较高。按中量和微量元素肥料可分为微量元素肥料（固体）、微量元素水溶肥料、中量元素肥料（固体）和中量元素水溶肥料，微量元素肥料（固体＋水溶肥）稍多于中量元素肥料，其中水溶性肥料占肥料总数量95.19%。水溶性肥料包含固态和液态，固态水溶肥数量多于液态水溶肥。在应用方面，中微量元素肥料大多数适用作物种类不够广泛，适用于单种作物的中微肥数量为3022种，占肥料总数量76.18%。

除中微量元素肥料外，1994～2021年我国农业农村部共登记含中微量元素的肥料6999种，主要为大量元素水溶肥料及含氨基酸水溶肥料，分别占肥料总数量的44.29%和48.69%（表12-2）。

表12-2 不同种类含中微量元素肥料的登记数量

肥料品种	数量（种类）/种
大量元素水溶肥料	3100
含腐植酸水溶肥料	127
有机水溶肥料	162
含氨基酸水溶肥料	3408
农业用硫酸钾镁	15

续表

肥料品种	数量（种类）/ 种
农业用改性硝酸铵	5
农业用硝酸钙	3
土壤调理剂	179
总计	6999

国产中微肥种类名目繁多，但产品质量参差不齐，快速发展与基础研究薄弱之间还存在矛盾。在产品技术层面上，存在产品内组分之间的协同效应研究薄弱，养分含量低，杂质含量高，甚至出现有效成分的沉淀、絮凝和固定等现象；在产品效果宣传上，夸大了效果，商家为赢得利润，将叶面肥说成是可以替代根部施肥，代替化肥，代替有机肥等；在应用方面，由于中微肥产品效果的发挥更多地依赖于施用技术，而目前配套施用技术的研究还不到位，所以效果不是很稳定。叶面肥料要获得最佳效果，对于施用浓度、施用方式、施用的时期和次数及对应的目标作物等都有很高的要求，喷施的浓度太高则容易灼伤叶片，浓度太低又起不到应有的作用。在中微肥产业发展中，与产品生产同样重要的是技术服务，售前、售后的技术服务很重要。

上述结果表明，我国中微量元素肥料产业正处于快速发展中，同时也存在各种问题，如产品组分难以体现作物、土壤、种植制度的差异等；偏重于追求养分种类的全面，产品中养分比例设计缺乏严格的科学性。又如，为了追求短平快的经济效益，向产品添加人工激素等。为了遏制这种行为，2019 年，国家市场监督管理总局、国家标准化管理委员会批准发布了多项植保农资类国家标准，其中《肥料中植物生长调节剂的测定　高效液相色谱法》（GB/T 37500—2019）标准的发布，让监管在肥料里添加植物生长调节剂的违法行为有了技术支撑。该标准适用于水溶性肥料、复合肥料、复混肥料、掺混肥料等肥料中复硝酚钠、2,4-D、脱落酸、萘乙酸、氯吡脲、烯效唑、吲哚-3-乙酸、吲哚丁酸等植物生长调节剂含量的测定。标准中各目标物的方法检出限和定量限分别为：复硝酚钠 3mg/kg 和 10mg/kg；2,4-D 5mg/kg 和 10mg/kg；脱落酸、萘乙酸、氯吡脲、烯效唑 3mg/kg 和 10mg/kg；吲哚-3-乙酸、吲哚丁酸 5mg/kg 和 10mg/kg。实际上，随着市场环境的变化，那些以优质新产品开发和到位的技术服务相结合的企业操作，才真正体现出对未来市场的适应性，这也成为中微肥企业可能成功的标志。在全国范围内，一些企业影响力逐渐增强，一些品牌的信誉度显著提高。

我国中微肥产品的发展趋势与特点：①有效成分高浓度化，通过采用新型的螯合剂、肥料形态以及加工工艺，提高产品有效成分含量，降低副成分的比例；②产品系列化，由于各地土壤条件与作物种类的差异，针对不同区域和作物选择合理的养分种类与比例，形成根据土壤、作物和环境选择不同养分为组分的系列产品；③性能多元化，除营养调控外，有助于作物抗病、抗旱、抗盐碱等抗逆能力的提高以及增加着色、风味等。此外，微量元素肥料的施用已不仅仅是为了农作物生产所必需，还进一步涉及畜牧业的需要、人类健康以及对生态环境与食物链的影响。微肥的开发是一项技术性强、多学科交叉研究的领域，只有重视基础研究与持续开发才会不断更新新产品。

参考文献

[1] 史丹利化肥股份有限公司. 中微量营养元素肥料研究与开发 [M]. 北京：中国农业科学技术出版社，2014.

[2] 山东金正大生态工程股份有限公司. 中微量元素肥料的生产与应用 [M]. 北京：中国农业科学技术出版社，2013.

中国肥料研究与应用全书

Books of Fertilizer Research and Application in China

FERTILIZER

第13章 中微量元素肥的资源概况

13.1 钙肥资源情况

钙资源在我国分布非常广泛，储量很大，钢铁和电石等消耗占比最大，作为中量元素肥料消耗占比很小。截止到2019年年底，全国钙矿查明资源储量250.2亿吨，其中基础储量为70.78亿吨[1]（表13-1～表13-3）。

表13-1 熔剂用灰岩资源情况

地区	矿区数 / 个	基础储量 / 亿吨	储量 / 亿吨	资源量 / 亿吨	查明资源储量 / 亿吨
全国	366	52.81	21.32	104.89	157.7
北京	12	1.69	1.05	2.30	3.99
河北	20	4.21	2.45	5.86	10.07
山西	15	1.26	1.10	4.47	5.731
内蒙古	7	1.47	0.40	1.79	3.26
辽宁	23	5.96	1.63	5.88	1.84
吉林	11	2.81	0.74	1.18	3.99
黑龙江	5	0.04	0.02	0.36	0.40
江苏	6	0.79	0.47	2.77	3.56
浙江	24	5.81	0.60	8.99	14.80
安徽	49	1.71	0.68	5.83	7.54
福建	12	0.27	0.13	1.43	1.70
江西	21	1.80	1.16	5.70	7.50
山东	15	1.89	1.64	8.83	10.72
河南	29	3.17	—	6.77	9.94
湖北	20	4.72	0.25	2.40	7.12
湖南	9	0.91	0.28	4.46	5.37
广东	17	1.79	0.96	3.65	5.44
广西	8	5.94	5.07	7.30	13.24
重庆	9	1.26	—	3.65	4.91
四川	15	2.07	0.65	8.47	10.54
贵州	15	1.36	1.09	1.02	2.38
云南	3	0.34	0.31	1.55	1.89
陕西	4	0.13	0.06	3.25	3.38
甘肃	6	0.84	0.09	5.36	6.20
青海	3	—	—	0.68	0.68
宁夏	—	0.14	0.13	0.10	0.24
新疆	8	0.43	0.36	0.84	1.27

表13-2　电石用灰岩资源情况

地区	矿区数 / 个	基础储量 / 万吨	储量 / 万吨	资源量 / 万吨	查明资源储量 / 万吨
全国	123	141717.15	71465.33	621856.50	763573.65
北京	8	5153.86	3948.94	4382.24	9536.10
河北	4	10568.02	8926.30	19668.53	30236.55
山西	5	1160.60	986.60	10783.30	11943.90
内蒙古	9	41188.74	1240.49	35407.63	76596.37
吉林	2	9325.55	8887.56	11397.60	20723.15
浙江	1	1892.60	1796.00	—	1892.60
安徽	15	9283.00	—	50353.50	59636.50
福建	2	1304.48	—	—	1304.48
江西	2	—	—	6393.90	6393.90
山东	1	1044.70	981.90	—	1044.70
河南	3	247.00	—	1877.60	2124.60
湖北	10	1257.60	112.60	10634.80	11892.40
湖南	4	9820.35	7857.94	4255.20	14075.55
广西	3	2771.70	1613.00	2904.80	5676.50
重庆	3	858.20	—	476.20	1334.40
四川	1	—	—	760.20	760.20
贵州	9	4804.99	4307.70	3503.55	8308.54
云南	4	10825.40	9606.70	8850.60	19676.00
陕西	4	18205.58	13676.20	45074.00	63279.58
甘肃	2	1907.00	1201.40	131.00	2038.00
青海	15	7413.39	6322.00	381103.74	388517.13
宁夏	10	12.98	—	20160.03	20173.01
新疆	6	2671.41	—	3738.08	6409.49

表13-3　方解石资源情况

地区	矿区数 / 个	基础储量 / 万吨	储量 / 万吨	资源量 / 万吨	查明资源储量 / 万吨
全国	228	38062.66	5419.93	123944.06	162006.72
内蒙古	3	2705.10	—	1352.80	4057.90
辽宁	41	2540.74	1542.80	3834.03	6374.77
吉林	13	319392	2889.23	4132.89	7326.81
江苏	4	744.13	262.00	3161.78	3905.91
浙江	33	6616.72	—	6560.40	13177.12
安徽	63	9807.40	—	29790.82	39598.22
福建	6	416.60	228.90	432.08	848.68

续表

地区	矿区数 / 个	基础储量 / 万吨	储量 / 万吨	资源量 / 万吨	查明资源储量 / 万吨
江西	16	281.49	226.30	641.07	92.56
山东	2	209.90	209.90	2113.20	2323.10
湖北	11	855.59	—	1143.27	198.86
湖南	5	67.70	60.80	1346.80	1414.50
广东	1	3030.22	—	1614.89	4645.11
广西	12	7593.15	—	47972.21	556536
重庆	6	—	—	424.20	424.20
贵州	9	—	—	572.84	572.84
甘肃	—	—	—	25.80	25.80
新疆	3	—	—	18824.98	18824.98

13.2 镁肥资源情况

镁资源在中国分布非常广泛，储量很大，其中作为中量元素肥料消耗占比很小。截止到2019年年底，全国镁矿查明资源储量37.84亿吨（炼镁白云岩），比上年净增加0.58亿吨，增长1.5%。其中基础储量为3.46亿吨，占镁矿查明资源储量的9.2%。2018年全国镁矿勘察新增查明资源储量4762.6万吨，重算增加1215.8万吨。与2010年相比，2019年我国镁矿查明资源储量增长331.3%[1]（表13-4）。

表13-4　镁矿资源情况（炼镁白云岩）

地区	矿区数 / 个	基础储量 / 万吨	储量 / 万吨	资源量 / 万吨	查明资源储量 / 万吨
全国	83	34635.29	19087.89	343784.48	378419.77
北京	2	—	—	1803.90	1803.90
河北	3	103.60	98.40	7229.00	7332.60
山西	10	—	—	114606.03	114606.03
内蒙古	2	6729.92	—	31473.89	38203.81
吉林	7	15225.73	13610.91	23707.34	38933.07
黑龙江	1	220.70	88.30	670.60	891.30
江苏	1	928.00	928.00	473.10	1401.10
安徽	2	1220.67	—	13154.40	14375.07
江西	1	—	—	1736.30	1736.30
河南	7	2866.20	—	66156.52	69022.72
湖北	5	840.40	229.60	991.30	1831.70

续表

地区	矿区数 / 个	基础储量 / 万吨	储量 / 万吨	资源量 / 万吨	查明资源储量 / 万吨
广西	1	161.00	—	—	161.00
重庆	7	208.90	—	47255.00	47463.90
四川	3	1781.20	1157.70	977.40	2758.60
贵州	14	1554.98	1357.78	10174.35	11729.33
甘肃	2	—	—	1891.50	1891.50
青海	4	2142.20	1284.00	1401.50	3543.70
宁夏	9	651.79	333.20	8301.88	8953.67
新疆	2	—	—	11780.47	11780.47

13.3 硫肥资源情况

硫资源在我国分布非常广泛，储量很大，其中作为中量元素肥料消耗占比很小。截止到2019年年底，全国硫铁矿查明资源储量627705.09万吨，比上年净减少2307.72万吨，下降0.4%。其中基础储量为122418.50万吨，占硫铁矿查明资源储量的19.5%。2019年全国硫铁矿勘察新增查明资源储量6862.1万吨，重新计算增加7534.8万吨。与2010年相比，2019年我国硫铁矿查明资源储量增长10.3%[1]。

13.4 硅肥资源情况

硅资源在我国分布广泛，其中作为微量元素肥料消耗占比很小。截止到2019年年底，全国硅矿查明资源储量为562510.28万吨，其中基础储量为53118.69万吨[1]（表13-5、表13-6）。

表13-5 含钾砂页岩资源情况

地区	矿区数 / 个	基础储量 / 万吨	储量 / 万吨	资源量 / 万吨	查明资源储量 / 万吨
全国	39	51419.42	29679.77	428190.57	479609.99
北京	2	—	—	20731.20	20731.20
河北	3	—	—	80796.00	80796.00
山西	1	—	—	47447.00	47447.00
辽宁	4	0.80	—	58677.93	58678.73
吉林	1	2.42	2.17	3.41	5.83
江苏	1	42396.80	29677.60	164444.00	206840.80

续表

地区	矿区数 / 个	基础储量 / 万吨	储量 / 万吨	资源量 / 万吨	查明资源储量 / 万吨
浙江	3	—	—	1260.70	1260.70
河南	3	8847.00	—	10942.30	19789.30
湖北	9	172.40	—	37694.01	37866.41
四川	4	—	—	1110.00	1110.00
贵州	8	—	—	5084.02	5084.02

表13-6 含钾岩石资源情况

地区	矿区数 / 个	基础储量 / 万吨	储量 / 万吨	资源量 / 万吨	查明资源储量 / 万吨
全国	20	1699.27	1195.10	81201.02	82900.29
北京	1	722.27	577.80	2713.05	3435.32
天津	1	—	—	4770.63	4770.63
辽宁	2	—	—	22.34	22.34
吉林	5	977.00	617.30	1249.10	2226.10
安徽	1	—	—	6688.40	6688.40
江西	1	—	—	1.00	1.00
河南	7	—	—	64660.82	64660.82
四川	1	—	—	1031.89	1031.89
贵州	1	—	—	63.79	63.79

13.5 硼肥资源情况

硼资源在我国分布广泛，其中作为微量元素肥料消耗占比很小。截止到2019年年底，全国硼矿查明资源储量7503.13万吨（B_2O_3），比上年净减少333.44万吨，下降4.3%。其中基础储量为3873.87万吨，占硼矿查明资源储量的51.6%。2019年全国硼矿勘察减少，查明资源储量284.2万吨。与2010年相比，2019年我国硼矿查明资源储量增长2.7%[1]。

13.6 锰肥资源情况

锰资源在我国分布非常广泛，储量很大，其中作为微量元素肥料消耗占比很小。截止到2019年年底，全国锰矿查明资源储量191745.37万吨，比上年净增加1.01亿吨，增长5.6%。其中基础储量为29076.89万吨，占锰矿查明资源储量的15.2%。2019年全国锰矿勘察新增查明资源储量10388.9万吨，重新计算增加304.5万吨。自2010年以来，我国锰矿查明资源储量缓慢增长，2019年比2010年增长了116.4%[1]。

13.7 锌肥资源情况

锌资源在我国分布非常广泛，储量很大，其中作为微量元素肥料消耗占比很小。截止到2019年年底，全国锌矿查明资源储量20025.01万吨（表13-7），比上年净增加1269.34万吨，增长6.8%。其中基础储量为4824.26万吨，占锌矿查明资源储量的24.1%。2019年全国锌矿勘察新增查明资源储量1479.48万吨。与2010年相比，2019年我国锌矿查明资源储量增长72.7%[1]。

表13-7 锌矿资源情况

地区	矿区数/个	基础储量/万吨	储量/万吨	资源量/万吨	查明资源储量/万吨
全国	2584	4824.26	837.76	15200.75	20025.01
北京	6	—	—	14.87	14.87
河北	54	85.82	25.42	313.01	398.83
山西	16	0.55	—	53.31	53.86
内蒙古	291	1660.71	12.58	2211.90	3872.61
辽宁	73	49.46	13.34	57.11	106.57
吉林	34	19.36	14.56	73.94	93.30
黑龙江	39	20.41	2.77	169.77	190.18
上海	1	—	—	4.63	4.63
江苏	18	28.23	12.27	93.38	121.61
浙江	74	59.18	1.46	243.11	302.29
安徽	102	9.28	0.17	435.01	444.29
福建	107	69.30	21.02	241.31	310.61
江西	89	122.21	98.05	563.47	685.68
山东	48	0.75	0.66	43.99	44.74
河南	187	68.24	0.06	387.00	455.24
湖北	44	20.20	—	133.72	153.92
湖南	120	89.87	74.19	773.09	862.96
广东	111	143.26	9.77	372.03	515.29
广西	216	146.60	32.09	1060.69	1207.29
海南	9	16.99	11.89	15.79	32.78
重庆	13	8.75	2.09	17.92	26.67
四川	150	228.48	6.86	489.38	717.86
贵州	201	117.23	67.47	681.65	798.88
云南	184	1008.07	392.36	1860.11	2868.18
西藏	40	46.31	—	672.11	718.42
陕西	59	89.57	0.13	364.54	454.11

续表

地区	矿区数 / 个	基础储量 / 万吨	储量 / 万吨	资源量 / 万吨	查明资源储量 / 万吨
甘肃	66	335.73	26.01	779.77	1115.50
青海	97	100.93	3.01	587.08	688.01
宁夏	2	—	—	0.23	0.23
新疆	133	278.77	9.53	2486.83	2765.60

13.8 铁肥资源情况

铁资源在我国分布非常广泛，储量很大，其中作为微量元素肥料消耗占比很小。截止到 2019 年年底，全国铁矿查明资源储量 852.97 亿吨，比上年净增加 0.73 亿吨，增长 0.1%。其中基础储量为 196.64 亿吨，占铁矿查明资源储量的 23.1%。2019 年全国铁矿勘察新增查明资源储量 5.34 亿吨，重新计算增加 0.90 亿吨。自 2010 年以来，我国铁矿查明资源储量缓慢增长，近年来保持在约 850 亿吨水平上，2019 年比 2010 年增长了 17.3%[1]。

13.9 铜肥资源情况

铜资源在我国分布非常广泛，其中作为微量元素肥料消耗占比很小。截止到 2019 年年底，全国铜矿查明资源储量 11253.62 万吨，比上年净减少 189.87 万吨，下降 1.7%。其中，基础储量为 3353.14 万吨，占铜矿查明资源储量的 29.8%。2019 年勘察新增查明资源储量 363.8 万吨，重新计算减少 443.2 万吨。自 2010 年以来，我国铜矿查明资源储量逐年缓慢增长，2019 年我国铜矿查明资源储量比 2010 年 8040.7 万吨增长 40.0%[1]。

13.10 钼肥资源情况

钼资源在我国分布非常广泛，储量很大，其中作为微量元素肥料消耗占比很小。截止到 2019 年年底，全国钼矿查明资源储量 3192.36 万吨，比上年净增加 163.74 万吨，增长 5.4%。其中基础储量为 867.79 万吨，占钼矿查明资源储量的 27.2%。2019 年全国钼矿勘察新增查明资源储量 156.4 万吨。与 2010 年相比，2019 年我国钼矿查明资源储量增长 127.7%，2010 年以来我国钼矿查明资源储量大幅增长 [1]。

参考文献

[1] 2019 年全国矿产资源储量汇总表. 自然资源部（内部刊物）.

中国肥料研究与应用全书

Books of Fertilizer Research and Application in China

FERTILIZER

第 14 章

中微量元素肥料主要产品生产技术

14.1 钙肥

14.1.1 钙肥生产概况

国内钙肥主要有硝酸钙、硝酸铵钙和氯化钙等水溶性钙肥；硅钙钾镁肥和硫酸钾钙镁作为中量元素肥和土壤调理剂应用广泛。传统的含钙肥料最常见的有石灰、石膏等难溶或非水溶性钙肥，水溶性钙肥主要有氯化钙。此外，多种磷肥（如过磷酸钙、磷矿粉、沉淀磷酸钙、钙镁磷肥、钢渣磷肥等）中还含有较多的钙元素（表 14-1）。

表14–1 常见钙肥品种成分含量

品种	氧化钙 /%	其他成分 /%
生石灰（石灰岩烧制）	90.0 ～ 96.0	
生石灰（牡蛎、蚌壳烧制）	50.0 ～ 53.0	
生石灰（白云石烧制）	26.0 ～ 58.0	氧化镁 10 ～ 14
熟石灰（消石灰）	64.0 ～ 75.0	
石灰石粉（石灰石粉碎而成）	45.0 ～ 56.0	
生石膏（普通石膏）	26.0 ～ 32.0	硫（S）15 ～ 18
熟石膏（雪花石膏）	35.0 ～ 38.0	硫（S）20 ～ 22
磷石膏	20.8	五氧化二磷 0.7 ～ 3.7，硫（S）10 ～ 13
普通过磷酸钙	16.5 ～ 28.0	五氧化二磷 12 ～ 20
重过磷酸钙	19.6 ～ 20.0	五氧化二磷 40 ～ 54
钙镁磷肥	25.0 ～ 30.0	五氧化二磷 14 ～ 20，氧化镁 15 ～ 18
钢渣磷肥	35.0 ～ 50.0	五氧化二磷 5 ～ 20
粉煤灰	2.5 ～ 46.0	氧化钾 1.2
草木灰	0.9 ～ 25.2	氧化钾 4.97，五氧化二磷 1.57，氮 0.93
骨粉	26.0 ～ 27.0	五氧化二磷 20 ～ 35
氯化钙	47.3	
硝酸钙	26.6 ～ 34.2	氮（N）12 ～ 17
石灰氮	54	氮（N）20 ～ 21

14.1.1.1 硝基钙肥

硝基钙肥主要有硝酸钙和硝酸铵钙等水溶性钙肥。我国是全球最大的硝酸钙生产国家，有 20 多家生产厂，2018 年总产能近 50 万吨，占全球总产能的 40%。近几年来由于投资收益和市场需求方面的影响，硝酸钙发展没有硝酸铵钙快，到 2018 年国内硝酸铵钙产能超过了200万吨。国内硝酸铵钙市场从2011年产量105万吨到2018年的205万吨，2018年产量是2011年的1.95倍，硝酸铵钙年均产量增长率为12.1%。

从20世纪90年代开始，随着我国氮肥市场肥料结构的变化和国际上新型肥料市场的影响，硝酸钙和硝酸铵钙产品开始进入我国，于是在山西太原、交城、长治等地的企业就依托太原化肥厂和山西化肥厂的硝酸，开始生产硝酸钙、硝酸钾及硝酸铵钙等产品。当时硝酸钙产品以出口为主。

21世纪初，有些企业根据国内和国际市场对硝酸铵钙的需求也开始研发生产硝酸铵钙。2003年天脊集团兴化实业有限公司以及文通钾盐集团和山西省交城红星化工有限公司开始开发试生产硝酸铵钙产品，并由文通化工成功生产出国内第一批硝酸铵钙产品，产品也以出口为主。

随后产品逐步在国内沿海城市以及山东、河北、河南等地的经济作物上开始施用。特别是近年来，硝酸铵钙这一肥料品种逐步在国内得到较快推广，从山西开始，到云南、贵州、四川，逐步发展到广西、广东、福建、新疆、内蒙古、辽宁、吉林和黑龙江等地。各地农户在经济作物上施用后，认为该产品价格相对于尿素较便宜，还可使水果品质提高、病害减少等。目前，山东、河北、河南以及广西、广东、福建、海南、云南、四川等地更是“两钙”产品的主要使用地。

14.1.1.2 普钙及钙镁磷肥

普钙及钙镁磷肥是传统的低浓度复合肥，国内生产量约100万吨，消费量处于稳定趋于减少的状态。

14.1.1.3 石灰氮

石灰氮可作为碱性肥料使用，适合于和其他肥料混合成复合肥料。除了作为氮肥使用外，石灰氮还具有提高地温、杀虫、除草和改善土壤酸性等作用。石灰氮可防止土壤酸化，改良土壤结构，改良次生盐渍化土壤，增加土壤钙素和有机质，能使有效氮均匀缓慢释放，其有效成分全部分解为作物可吸收的氮，没有残留，能满足大多数作物的需求。

目前，我国石灰氮行业生产能力过剩，装置平均开工率低。石灰氮在农业领域的应用推广较慢，用量不大。目前，国内石灰氮生产能力约150万吨/年，产量约80万吨。其中，宁夏石灰氮生产能力较大，占全国总产能的一大半。

近年来，其他国家部分生产商退出或减少了石灰氮的生产，石灰氮生产已经向中国转移。我国石灰氮产能占世界总产能的60%以上，已成为世界石灰氮的生产中心。但国内石灰氮产能过剩，出现供大于求的状况，下游产品需求不旺，加上生产成本和环保的压力，导致装置开工率低。

14.1.2 钙肥生产技术

14.1.2.1 硝基钙肥

硝基钙肥主要有以下生产方法：

（1）吸收法　采用石灰乳吸收硝酸尾气而制得硝酸钙。硝酸钙溶液按比例加入硝酸铵溶液复配，经蒸发、造粒、筛分制得硝酸铵钙。

（2）氮磷复合肥生产副产法　利用硝酸分解磷矿石生产硝酸磷肥副产四水硝酸钙液体，经氨化中和制得硝酸铵钙。

（3）中和法　由稀硝酸与碳酸钙或氢氧化钙通过中和反应制得硝酸钙，硝酸钙再与硝酸铵复配，经蒸发、造粒、筛分制得硝酸铵钙。相关反应方程式如下：

$$CaCO_3+2HNO_3 = Ca(NO_3)_2+H_2O+CO_2$$

$$5Ca(NO_3)_2+10H_2O+NH_4NO_3 = 5Ca(NO_3)_2 \cdot NH_4NO_3 \cdot 10H_2O$$

目前大多数企业都是用中和法来生产硝酸钙与硝酸铵钙产品。国内只有贵州芭田和正在建设的天脊集团精细化工 2×15 万吨硝酸铵钙项目是用硝酸磷肥副产法生产硝酸铵钙。

关于硝酸铵钙造粒技术方面，国内基本都是采用原始的圆盘造粒。这种工艺操作简单，技术也比较成熟。但主要问题是造粒过程不密闭，粉尘大。国内目前只有贵州芭田和山东鲁西采用了转鼓流化床造粒工艺。天脊集团精细化工正在建设的 2×15 万吨硝酸铵钙项目也是采用转鼓流化床造粒技术。交城三喜化工正在进行技术改造的也是采用流化床造粒技术工艺。

14.1.2.2 普钙

普钙（SSP）是磷肥的品种之一。基本生产原理为：磷酸与磷矿粉发生化学反应，料浆经固化、翻堆熟化成半成品后，经造粒、烘干、筛分等工序制得。需要使用热磷酸，要求其温度在 75 ～ 80℃之间，P_2O_5 浓度 46% ～ 47%。

14.1.2.3 钙镁磷肥

钙镁磷肥生产工艺按照能源消耗和炉型不同，分为高炉法、旋风炉法、平炉法或电炉法。高炉法、旋风炉法、平炉法所用燃料主要是焦炭、无烟煤或重油，电炉法用电能。主要工艺流程为：磷矿破碎为块矿（或磷矿粉造块），按配料要求制定块状磷矿石与助熔剂（含镁、硅矿石，如蛇纹石、白云石和硅石等）掺混要求，投入高温炉中形成流动熔融体，熔融体流出后水淬急冷成为玻璃体，再经沥水、干燥、研磨（或造粒）和包装等工序制得。

14.1.2.4 石灰氮

石灰氮生产的基本原理：磨碎的电石在萤石的催化作用下，在 1100 ～ 1200℃的温度下进行氮化生成石灰氮。目前，国内外生产万吨级以上的石灰氮装置炉体反应器类型基本上有三种，即回转炉、固定炉、沉降炉。三种炉体反应器其要求控制反应温度都必须达到物料反应温度的条件，但其他工作性能各不相同。依据不同的工作特性，为保证石灰氮产品总含氮量高、质量稳定，近年来建设的大型石灰氮装置基本上都选用技术比较先进的沉降炉反应器。沉降炉反应器生产石灰氮产品，技术成熟可靠，原料利用率高，产品质量高且稳定，耗能低。

主要工艺流程为：原料电石、萤石和回炉料经配料系统按一定的配比配合，经提升机送入贮斗，并经核子秤计量后加入原料球磨机内，磨成合格细度的粉状炉料，用喷料氮气喷入炉内，经炉内高温物料预热至 800℃，和过量的氮气在 800 ～ 1100℃的高温下进行反应，生成石灰氮；然后经炉冷却段初步冷却后下到炉尾贮斗，由尾部贮斗来的高温石灰氮，经炉尾螺旋机送入冷却筒与水间接冷却降温，筛分后颗粒石灰氮按要求包装，粉状石灰氮除一部分留作回炉料，其余经小球磨机研磨到合格细度包装。

14.1.2.5　速效钙

速效钙是指在水中溶解度较大，并能很快被农作物吸收的一类钙化合物。这类化合物中常用的有氯化钙和硝酸钙，多数用作叶面肥、冲施肥、滴灌肥，也是无土栽培营养液和其他液体配方肥的原料，以及水溶性有机中量元素肥料的主要原料。

（1）氯化钙　白色颗粒状结晶，味苦而涩，潮解性强。易溶于水，能溶于醇，但不易溶于醚。水溶液呈中性或微碱性，具有腐蚀性，化学性质与无水物相似。

① 生产方法

a．纯碱废液回收法　将生产纯碱的蒸馏废液连续地蒸发，使其浓度由约含 $CaCl_2$ 10% 增加到含 $CaCl_2$ 69% ～ 70%，以达到熔融氯化钙产品的要求。

b．氯酸钾废液回收法　将氯酸钾生产中的母液蒸发至溶液沸点为 165 ～ 175℃，使溶液中 $CaCl_2$ 浓度达 69% ～ 70%，然后冷凝成熔块，即得组成为 $CaCl_2 \cdot 2H_2O$ 和 $CaCl_2 \cdot 4H_2O$ 的混合物。

c．羟基氯化钙法　将生产纯碱的蒸馏废液不经蒸发或蒸发到某一程度时，可以析出羟基氯化钙 $CaCl_2 \cdot Ca(OH)_2 \cdot 12H_2O$，再经处理即得氯化钙成品。

d．磷酸钙废液回收法　系将氧化钙溶液和石灰反应，经中和、澄清、蒸发、结晶而得。

e．盐酸石粉法　将石灰石用盐酸溶解，生成的粗 $CaCl_2$ 溶液经净化、脱水而得。

纯碱废液回收法的优点是可副产纯净的食用盐；氯酸钾废液回收法因母液中 $CaCl_2$ 含量比纯碱蒸馏液中的高 3 ～ 4 倍，成本较低；羟基氯化钙法因沉淀和分解过程需时较长，很少采用。目前工业生产多采用纯碱废液回收法，少数采用盐酸石粉法。

② 主要制法流程简述

a．纯碱废液回收法生产二水氯化钙流程如图 14-1 所示。

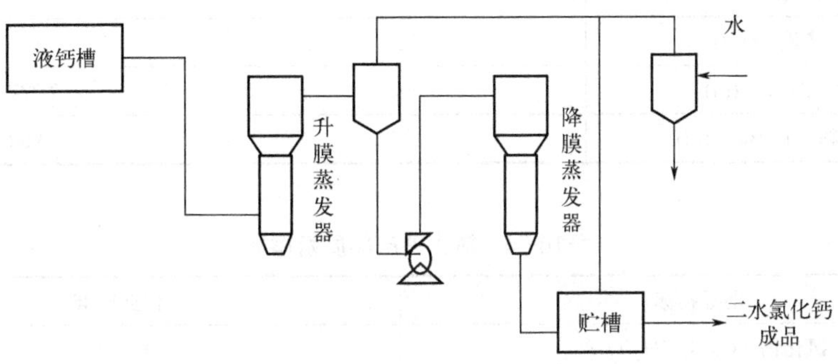

图 14-1　纯碱废液回收法生产二水氯化钙流程

主要原料为氨碱法生产纯碱中的蒸馏废液，密度为 1.12 ～ 1.13g/cm³，其中含 $CaCl_2$ 100g/L 左右、NaCl 43 ～ 50g/L、少量溶解态的石膏、氢氧化钙和氢氧化铵及悬浮杂质。蒸馏废液经净化和澄清后，在多效蒸发器中蒸发，当 $CaCl_2$ 含量达 40% 左右时，溶液中的 NaCl 几乎全部沉淀，经离心分离后，可返回作纯碱生产原料，也可制成精盐。

分离出 NaCl 后的母液，含 $CaCl_2$ 38% ～ 42%，密度为 1.39g/cm³，温度 20℃左右，pH 值约为 8。母液经澄清后送入蒸发器继续浓缩，使 $CaCl_2$ 含量达 69% ～ 70%，注入包装桶，冷凝而得成品。蒸发器可用升膜蒸发器和降膜蒸发连续操作，主要控制条件如表 14-2 所示。

表14-2　浓缩控制条件

设备名称	$CaCl_2$/%		温度 /℃		真空度 /mmHg	蒸气压力 /(kg/cm^3)
	进液	出液	进液	出液		
升膜器	38 ～ 42	64 ～ 65	40 ～ 60	125 ～ 130	400 ～ 440	3.5 ～ 5
降膜器	64 ～ 65	67 ～ 68	125 ～ 130	158 ～ 160	80 ～ 100	10 ～ 11
贮槽	67 ～ 68	69 ～ 70	158 ～ 160	169 ～ 170	80 ～ 100	10 ～ 11

注：1mmHg=133.32Pa。

b. 盐酸石粉法：将工业盐酸（31%）和石灰石粉（通常含 $CaCO_3$ ＞ 95%）按 2.2∶1 的配比投入反应器，在搅拌下进行反应，反应式如下：

$$CaCO_3+2HCl \longrightarrow CaCl_2+CO_2\uparrow+H_2O$$

生成的酸性氯化钙溶液送入有搅拌的澄清槽内，再加入石灰乳，使溶液 pH 值为 8.5 ～ 9，这时氢氧化铁、氢氧化镁沉淀析出，经澄清、过滤除去。净化后的中性氯化钙溶液经预热后，在蒸发器内蒸发至 172 ～ 174℃，经结晶、分离、干燥（220 ～ 240℃）后，即得氯化钙成品。

纯碱废液回收法和盐酸石粉法主要技术经济指标及氯化钙产品质量指标见表 14-3 和表 14-4。

表14-3　纯碱废液回收法和盐酸石粉法主要技术经济指标

消耗定额	纯碱废液回收法	盐酸石粉法
制盐母液 /(m^3/t)	1.4	—
蒸汽 /(m^3/t)	2	—
制碱废液 /(m^3/t)	7.5	—
盐酸（31%）/(t/t)	—	2.227
石灰石粉（100%）/(t/t)	—	0.968

表14-4　氯化钙产品质量指标

指标名称	企业标准
氯化钙（$CaCl_2\cdot 2H_2O$）/%	69 ～ 70.5
氯化物（以 NaCl 计）/%	2 ～ 4
外观	白色结晶

（2）硝酸钙　无色透明单斜晶体，易溶于水、甲醇、乙醇、戊醇、丙酮和醋酸甲酯以及液氨中，在空气中极易潮解。

硝酸钙加热至 495 ～ 500℃即分解放出氧，生成亚硝酸钙；继续加热，则分解放出氧化氮气体及氧化钙。硝酸钙是氧化剂，遇有机物、硫黄即发生燃烧和爆炸，并发出红色火焰。贮运时需加注意，应密封贮存。

① 生产方法

a．中和法：系用硝酸中和碳酸钙而制得，是生产工业级硝酸钙的主要方法。

b．吸收法：系用石灰乳吸收硝酸尾气而制得，广泛应用于生产农业级硝酸钙。

c．副产法：系用硝酸分解磷矿石生产氮磷复合肥料时的副产物制得，即硝酸分解磷矿石所得的分解液含 $CaCO_3$ 和 H_3PO_4，冷却到 −10 ～ 0℃，即得 $Ca(NO_3)_2 \cdot 4H_2O$ 晶体，过滤后可作农业级硝酸钙。

② 主要制法流程简述　中和法生产硝酸钙流程如图 14-2 所示。

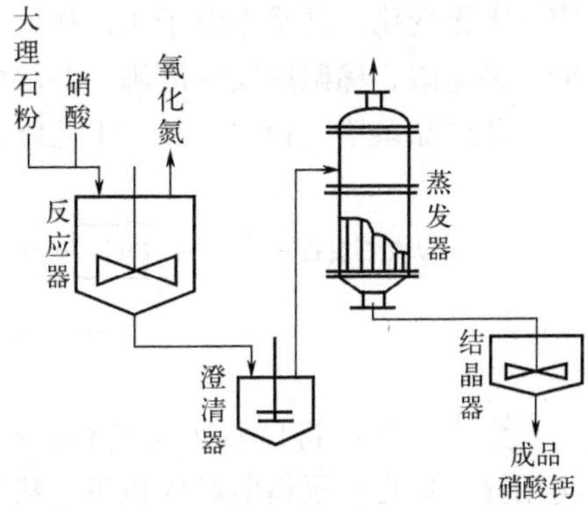

图 14-2　中和法生产硝酸钙流程

原料碳酸钙系用大理石粉或工业轻质碳酸钙，其中 $CaCO_3$ 含量应为 95% ～ 98%。如用大理石粉需粉碎至 100 目，装入反应器中，用 25% 左右的稀硝酸在接近沸腾温度下与之中和，其反应如下：

$$CaCO_3+2HNO_3 = Ca(NO_3)_2+H_2O+CO_2 \uparrow$$

反应完毕时将溶液煮沸，呈中性，送入澄清器澄清，除去泥沙。如沉淀不好时，可加石灰乳调至碱性，经澄清过滤后，再将清液调至酸性。然后在蒸发器中，蒸发浓缩至 59 ～ 63°Bé，再经搅拌冷却至 50℃下结晶，即得硝酸钙成品。反应过程中有氧化氮气体逸出，有毒，处理方法是用纯碱溶液吸收。其方法是将密度为 1.24 ～ 1.30g/cm³，温度 25 ～ 60℃的纯碱溶液，从吸收塔的顶部淋下，氧化氮尾气从塔底进入，此时碱液可吸收气体中的氧化氮。

中和法技术经济指标和硝酸钙产品质量指标见表 14-5 和表 14-6。

表14-5　中和法技术经济指标

原料名称	消耗定额 / (t/t)
硝酸（95%）	0.6
大理石粉（95%）	0.4

表14-6　硝酸钙产品质量指标

指标名称	企业标准
硝酸钙 [以 $Ca(NO_3)_2 \cdot 4H_2O$ 计]/%	≥ 99
水不溶物 /%	≤ 0.2
水溶液反应	符合标准

14.1.2.6　缓效钙

缓效钙是不溶于水或微溶于水的一类钙的化合物，如石灰石粉、白云石粉、石膏粉等。由于它在土壤中性能稳定，故可作为缓释性中量元素肥料使用，可用作复合肥的添加剂，也可单独使用。

（1）石灰石粉　外观为白色粉末，主要成分为碳酸钙（$CaCO_3$），无臭，无味，露置在空气中无变化。几乎不溶于水，在含有铵盐或二氧化碳的水中能微溶解，不溶于醇。遇稀醋酸、稀盐酸、稀硝酸发生泡沸，并溶解。加热分解为氧化钙和二氧化碳。

此产品系单一粉碎产品，工艺路线简单，工艺流程如图 14-3 所示。

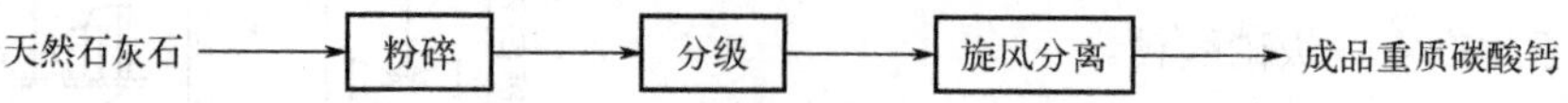

图 14-3　重质碳酸钙生产工艺流程

生产方法：将白石（天然石灰石）先在颚式破碎机中破碎，使其块度达 40 ～ 60mm，再用提升机提升至雷蒙粉碎机进行粉碎。用鼓风机将已粉碎的半成品吹至旋风分级器，进行分级。粗品返回粉碎机进行再加工，合格产品经旋风分离器分离后，进入储槽或包装入库。

（2）石膏粉　农用石膏为二水石膏，分子式 $CaSO_4 \cdot 2H_2O$，分子量 172.17，密度 2.32g/cm^3，微溶于水，25℃时在 100g 水中溶解 0.253g，水溶液呈中性。

石膏可以直接供给作物所需的钙和硫两种养分，同时还可改善作物 N、P 和 K 营养。因为石膏为含钙的酸性物质，有利于无机氮的固定。石膏可作为复混肥的添加剂，能促进土壤中不溶性钾和磷酸盐矿物转变成为作物可吸收利用的水溶性物质，在碱性土壤中施用石膏可使盐碱土壤中的碳酸钠和碳酸氢钠转化为对农作物危害较小的硫酸钠盐，起到改良盐碱地的作用。

生产方法：天然石膏矿石（要求 $CaSO_4$ 含量应大于 80%，其中 CaO 33%、S 18%）经破碎、磨细、筛分即可制得石膏粉，细度要求全部通过 60 目筛。

除天然石膏外，还有某些工业部门副产的人造石膏，如生产磷肥得到的磷石膏、生产硼酸得到的硼石膏等。

在没有上述天然石膏和副产石膏的情况下，可以用氯化钙和硫酸铵反应制取，反应如下：

$$CaCl_2+(NH_4)_2SO_4+2H_2O=\!=\!=CaSO_4 \cdot 2H_2O+2NH_4Cl$$

反应结束经沉淀、过滤、离心分离后即为二水石膏。

14.1.2.7　碱性钙

碱性钙适用于酸性土壤，用来调节土壤 pH 值，同时达到补钙的目的。农业上常用的碱性钙主要是石灰产品，包括生石灰和熟石灰。

石灰肥料可作基肥和追肥施用。在酸性土壤上作基肥施用时，要采用深施与浅施相合，把一部分石灰翻耕下去，而另一部分石灰耙入土壤。在酸性较小的土壤上，石灰可以一次耕入或耙入土壤。石灰的施用也可结合有机肥料耕翻、绿肥压青或稻草还田时撒施。作追肥施用要提早追入，以满足作物对钙的早期营养需求。石灰是强碱性肥料，施用时不能与铵态氮肥、腐熟的有机肥料混合，以免引起氮素的挥发损失。当在酸性土壤上施用酸性、生理酸性肥料如过磷酸钙、硫酸钾、氯化钾等时均可与石灰配合施用，这样一来可以中和酸性，二来可以提高作物对养分的利用率。

（1）生石灰　俗称石灰，白色结晶粉末或块状物，分子式 CaO，分子量 56.077，密度 3.32 ～ 3.35g/cm^3，遇水变成粉状熟石灰。生石灰是由石灰石煅烧而得的，将粉碎到一定块度的石灰石（50 ～ 150mm）和焦炭（30 ～ 50mm），按焦炭∶石灰石 =1∶10 的比例在石灰窑中煅烧，温度控制在 1000 ～ 1100℃范围内，石灰石发生如下分解反应：

$$CaCO_3 \xlongequal{\quad} CaO+CO_2\uparrow$$

生成的生石灰由底部排出，经冷却包装即可。

（2）熟石灰 又称消石灰，白色粉末，分子式 $Ca(OH)_2$，分子量 74.093，能吸收空气中的二氧化碳生成碳酸钙。难溶于水，20℃时在 100g H_2O 中溶解 0.17g。生产方法是消化法，即生石灰和水按摩尔比 1∶1 混合，在不断搅拌下进行消化反应：

$$CaO+H_2O \xlongequal{\quad} Ca(OH)_2$$

消化后的料液经过旋液分离器除去石灰渣，再经离心分离脱水，于 150～300℃下烘干，分级包装即可。生、熟石灰中和酸的能力强、作用快，并具有灭虫、杀菌、除草等功效。

每生产 1t 生石灰需 1.75～1.9t 石灰石，每生产 1t 熟石灰约需 0.9t 生石灰。

农用石灰产品质量指标见表 14-7。

表14-7 农用石灰产品质量指标

指标名称	指标		
	石灰石粉	生石灰	熟石灰
氧化钙（CaO）含量 /%	≥ 53	80～90	≥ 60
细度（通过 1.4mm 标准筛）	全部	—	—

14.1.3 钙肥应用情况

14.1.3.1 钙元素在复混肥中的应用

将钙元素加入复混肥的方法有两种：一种是将计量的微量元素肥料溶解于水或熔融尿素中，在复混肥造粒时喷洒作为黏结剂使用；另一种方法则是在复混肥配料时加入。这两种方法都是利用现有的复混肥生产设备进行生产，除了工艺配方调整外，其生产过程都与原复混肥生产一样。因此，这是一种简单而有效的方法。

复混肥中微量元素的加入量需考虑两个因素：第一是土壤；第二是作物品种。在计算复混肥中微量元素加入量时，除上述因素外还需考虑复混肥的用量，这样才能使微量元素的添加量在合理的范围内。

14.1.3.2 钙元素在掺混肥（BB肥）中的应用

掺混肥料又称配方肥，BB 肥，意为散装掺混肥料，是以两种及两种以上粒径相近的单质肥料或复合肥料为原料，按一定配方比例通过简单机械掺混而成，为各种原料混合物。掺混肥料有粉状和粒状两种形式。BB 肥的突出优势为：能够适应现代农业，具有配方灵活、养分全面、浓度高、加工简便、生产成本低、低污染等显著优点；各种营养元素可以根据市场需求和作物需肥规律灵活调整，可根据需要添加各种营养；采用的原料一般为高养分含量的肥料，产品养分质量分数可达到 50% 以上；工艺简单、投资少、能耗低，没有废水、废气、废渣排放。

我国现有掺混肥料企业 1000 多家，但是多数企业年产量不高，且技术和生产水平落后，发展较为缓慢。国家测土配方施肥补贴项目的实施，带动了测土配方施肥工作全面开展，目前我国掺混肥料产业已形成了多元化、规模化生产，在产业规模、产品种类、原材料、科学施肥服务体系建设和经济、社会、生态效益等方面都取得了长足的发展和进步，在促进粮食增产、农业增效、农民增收、节约肥料资源方面发挥了巨大作用。然而，同时也存在着针对性差、肥效性差、宣传推广不足等缺点。

以 BB 肥作为载体和分散剂施用中微量元素，是一种便捷地补充中、微量元素的有效措施。目前我国掺混肥料主要是氮磷钙肥。将中微量元素加入掺混肥中一般可采用两种方法：一种是在 N、P、K 肥分别造粒时添加一定量的中微量元素；另一种是以中量元素、有机肥、硅肥作为载体，与微量元素一起造粒。如磷钙肥在造粒时添加中微量元素制备多元复合颗粒肥料；以硼泥、硅肥作为载体，加入中微量元素造粒，养分元素则根据需要配制；以磷石膏、粉煤灰、石粉、白土、硅藻土等惰性物质或有机肥作为载体承载中微量元素。

以大量元素肥料为载体和分散剂将钙肥加入 BB 肥中的方法已被多数厂家使用，如果直接加入复合肥中，易使钙元素与磷酸盐发生副反应而失去活性。而在 BB 肥里钙元素以独立的颗粒掺混，保持了钙元素的有效性。

14.1.3.3　钙元素在水溶肥中的应用

水溶肥料是一种高效节能环保肥料。水溶肥料的发展是中国化肥产业发展的新方向，如今的水肥一体化已不是传统意义上的灌溉施肥，而是通过农业设施将溶于水的肥料即含有多种元素的营养液体精确输送到作物可吸收的部位。由于水溶肥料完全可以通过精量施用，故可以显著减少肥料的总投入量。随着节水农业的迅猛发展，水溶肥料符合节水农业对肥料的新要求，关键是水溶肥料可以用于喷灌和滴灌等设施农业，实现水肥一体化。水肥一体化技术通常可节约水 30% ～ 40%，节约肥料 30% ～ 50%。

钙元素水溶肥是中微量元素肥料的重要组成部分。

14.2　镁肥

14.2.1　镁肥生产概况

14.2.1.1　国外镁肥生产概况

化肥作为粮食的营养来源，在促进粮食增产、保障粮食安全等方面有着重要的作用。大量研究表明，化肥对粮食增产的贡献率为 40% ～ 60%[1-2]，养活了世界约 40% 的人口[3]。镁（Mg）是植物生长和发育的必需元素之一[4]，不仅具有增加产量的功能，还有助于提高作物的食用价值和营养价值，而且在维持作物正常生长发育、人畜健康等方面发挥着不可替代的作用。在解决粮食安全问题上，镁肥的施用与氮、磷、钾肥的施用一样重要。为提高作物产量和品质，实现农业绿色可持续发展，需要及时、合理地施用镁肥，所以对含镁肥料的需求量也在不断增大。

鲁振亚等[5]对 14 家世界知名大型肥料企业的肥料产品进行了信息归纳和数量整理，获得869组大量元素肥料产品信息数据，其中含镁肥产品有475个，占比54.7%。调查结果显示，国外重视大量元素肥料中对镁（Mg）、铁（Fe）、锰（Mn）、锌（Zn）、硼（B）和钼（Mo）元素的添加。对不同肥料类型含镁状况进行分析发现，国外重视在复混肥和水溶肥中对镁的添加。从整体现状看，镁含量范围为0.08%～16%，镁含量的成分以MgO为主，占比76%。其中镁含量小于2% MgO的肥料产品有80个，占比为16.8%；镁含量为2% MgO的肥料产品有223个，占比为46.9%；镁含量在2%～4% MgO之间的肥料产品有138个，占比29.1%；镁含量大于4% MgO的肥料产品有34个，占比为7.2%。在不同肥料类型中，镁含量没有明显的差异，肥料中镁的形态以硫酸镁、氧化镁、硝酸镁为主，同时也与肥料产品类型有关。

以上数据分析表明，国外在大量元素肥料中对镁肥的添加不少于对铁、锰、铜、锌、硼和钼肥的添加，含镁肥的复混肥和水溶肥产品数量占总产品数量的比例均超过50%，可以看出国外专家对镁肥的重视。在镁含量方面，平均值在2%～4%之间；在镁肥形态方面，复合肥和水溶肥中镁肥的形态主要是硫酸镁，主要是因其具有良好的溶解性；在掺混肥中，镁肥的形态主要是硫酸镁和氧化镁，以满足植物对镁的需求。以上含镁肥料现状为我国含镁肥料生产提供了一定的参考，以满足我国未来农业需求，实现农业绿色的可持续发展。

14.2.1.2　国内镁肥生产概况

镁（Mg）是植物生长的必需元素[6]，参与许多重要的生理过程，缺乏镁会影响植物光合作用和碳水化合物的分配，并降低作物的生长和产量。镁（Mg）只占地壳元素组成的2%[7]，且土壤中大部分Mg都包含在矿物质中，植物根本无法利用。与维持作物高产和高品质所需的Mg元素量相比，通过风化、分解等作用从土壤矿物质中释放Mg的量相对较少。此外，长期不平衡的作物施肥也会大量消耗土壤中的Mg，这也严重影响了作物的产量与品质。由于土壤阳离子交换容量（CEC）变化和随之而来的Mg浸出的高饱和度，酸性土壤中的Mg耗竭尤为严重。

白由路等[8]对土壤样品有效镁含量进行了分析，结果表明我国土壤有效镁含量处于严重缺乏的土壤面积占8%，处于缺乏状态的土壤面积占13%，处于中等水平的土壤面积占33%。即有54%的土壤需要不同程度地补充镁肥。土壤有效镁含量较低的区域主要集中在长江以南地区，主要是福建、广东、广西、贵州、湖南等南方地区。随着我国土壤缺镁的程度逐渐增加，对镁肥的需求量也逐渐增加，据调查每年我国需要984万吨镁肥产品[5]。

对国内1000多家大型肥料企业的肥料产品进行信息归纳和数量整理，获得1592组中量元素肥料产品信息数据，其中含镁肥产品有1319个，占比82.85%。其中镁含量＞10%的产品有103个，在镁肥中占比约为7.8%；镁含量＜10%的产品有1216个，在镁肥中占比约为92.2%。

调查结果显示，国内生产的镁肥产品大多数为水溶肥，且重视在中量元素肥料中镁（Mg）、钙（Ca）、铁（Fe）、锰（Mn）、锌（Zn）、硼（B）等元素的添加；1319个镁肥产品中主要成分为硝酸镁 [$Mg(NO_3)_2$]、硫酸镁 ($MgSO_4$)、氯化镁 ($MgCl_2$)、醋酸镁 [$(CH_3COO)_2Mg$]、乙二胺四乙酸二钠镁 ($C_{10}H_{12}N_2O_8MgNa_2 \cdot 4H_2O$) 等。其中含有硝酸镁的镁肥产品有595个，占比为45.1%；含有硫酸镁的镁肥产品有418个，占比为31.7%；含有氯化镁的镁肥产品有89个，占比为6.7%；含有乙二胺四乙酸二钠镁的镁肥产品有36个，占比为2.7%；含有醋酸镁的镁肥产品有18个，占比为1.4%；一些其他主要成分（氢氧化镁、白石粉、碳酸镁等）的镁肥产品有 163 个，占比为 12.4%。

14.2.2　镁肥生产技术

14.2.2.1　硫酸镁生产技术

硫酸镁的水合物包括无水、一水、二水、三水、四水、五水、六水、七水和十二水等多种水合晶体[9-10]。通常人们所说的硫酸镁指的是七水硫酸镁（$MgSO_4 \cdot 7H_2O$），又名硫苦、泻盐、泻利盐、苦盐等，为白色或无色的针状或斜柱状的晶体，无臭，凉并微苦，易溶于水，微溶于乙醇和甘油，水溶液呈中性。

（1）七水硫酸镁生产方法　七水硫酸镁（$MgSO_4 \cdot 7H_2O$）是一种重要的化工原料，广泛应用于各行各业。根据用途的不同，七水硫酸镁主要分为食品级、医药级、饲料级、工业级、肥料级、试剂级等[9-11]。在饲料中，七水硫酸镁可作为镁的补充剂，添加在动物饲料中，为动物提供丰富的镁元素；在肥料中，七水硫酸镁是重要的镁肥，能为农作物生长提供丰富的营养[11-14]；在微生物领域中，七水硫酸镁可作为营养基成分，是发酵时的营养源[10]。七水硫酸镁经过几十年的市场开发，目前正处于稳步增长阶段。并且，该种材料具有广泛使用外延性，可开发出多种适合市场需求的下游产品，尤其是在肥料领域中，七水硫酸镁具有巨大的市场。

迄今为止，七水硫酸镁的生产方法有硫酸法、盐酸法、盐湖苦卤法、苦卤复晒法、高温盐溶浸法、振荡转化法以及碳酸化法、二氧化硫催化法、副产法等。

① 硫酸法生产七水硫酸镁　该方法工艺成熟、产量质量好，但成本高。工艺过程：将含氧化镁（MgO）的矿石经粉碎或其煅烧粉按比例计量，与硫酸充分反应，调节 pH 值，将中和液保持在 80℃，然后用叶片过滤机进行过滤，将清液打入结晶器，冷却至 30℃以下进行离心分离，将湿料送入振动流化床，于 50 ～ 55℃干燥即可制得七水硫酸镁（$MgSO_4 \cdot 7H_2O$）。主要反应式如下：

$$MgO + H_2SO_4 + 6H_2O = MgSO_4 \cdot 7H_2O$$

$$Mg(OH)_2 + H_2SO_4 + 5H_2O = MgSO_4 \cdot 7H_2O$$

$$MgCO_3 + H_2SO_4 + 6H_2O = MgSO_4 \cdot 7H_2O + CO_2 \uparrow$$

工艺流程如图 14-4 所示。

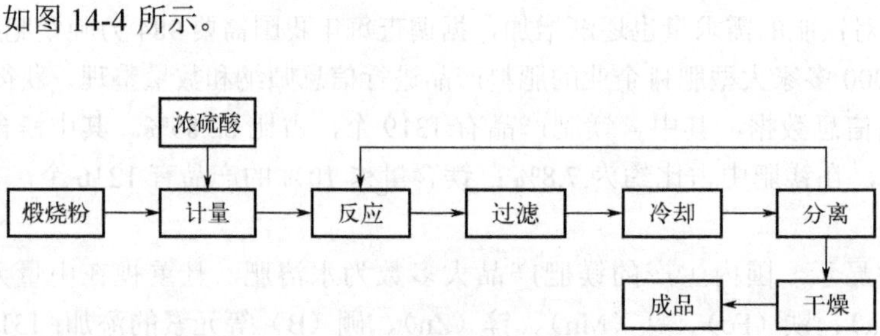

图 14-4　硫酸法生产七水硫酸镁 ($MgSO_4 \cdot 7H_2O$) 工艺流程[15]

② 盐酸法生产七水硫酸镁　白云石是地球上重要的镁资源，喻新平[14]提出了一种用工业废盐酸分解白云石制备硫酸镁的工艺，主要反应如下：

酸分解　$CaCO_3 \cdot MgCO_3 + 4HCl = CaCl_2 + MgCl_2 + 2CO_2 \uparrow + 2H_2O$

沉淀镁　　$MgCl_2 + CaO + H_2O = CaCl_2 + Mg(OH)_2 \downarrow$

七水硫酸镁　　$Mg(OH)_2 + H_2SO_4 + 5H_2O = MgSO_4 \cdot 7H_2O$

工艺过程：将白云石粉碎加入盐酸中，反应20h，然后加入煅粉分离钙、镁，滤液精制生产氯化钙，将沉淀和硫酸反应制备七水硫酸镁。所得产品氯化钙和七水硫酸镁的纯度分别在97%和98%以上。该方法具有反应时间短、设备使用量少、镁利用率高的特点，但设备腐蚀严重。其工艺流程如图14-5所示。

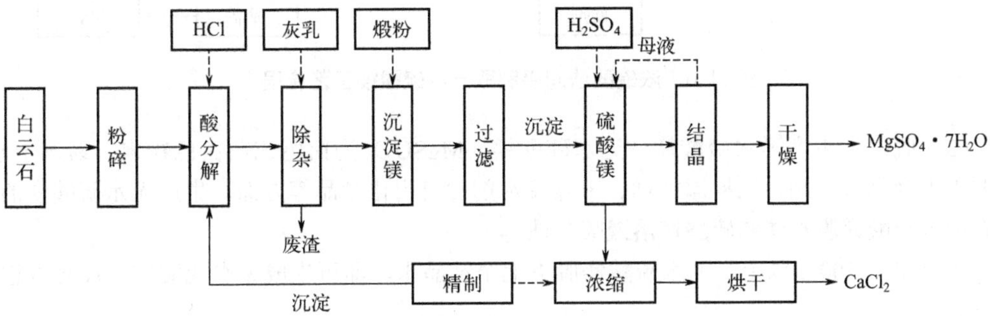

图14-5　白云石生产制备七水硫酸镁工艺流程[14]

（2）间接法生产一水硫酸镁　除七水硫酸镁（$MgSO_4 \cdot 7H_2O$）以外，常用的就是一水硫酸镁（$MgSO_4 \cdot H_2O$）和无水硫酸镁（$MgSO_4$）。一水硫酸镁（$MgSO_4 \cdot H_2O$），又名硫酸镁石、硫镁矾、水镁矾，简称一水镁。一水硫酸镁在工业和农业中被广泛应用。在农业中，被用作优质肥料，它是一种含有Mg和S双元素的肥料。Mg和S均为植物所需的中量元素，有助于农作物增产提质，而且还可以改善果实的品味[16-17]。Mg是植物叶绿素分子中唯一的金属元素，同时也是色素的主要组分，可以促进光合作用，也有利于植物中糖类、蛋白质、脂肪的形成。

一水硫酸镁可作为基肥、叶面肥、追肥，也可作为掺混肥的原料，目前已经在花卉、农业、无土栽培中被广泛使用。根据近年来国内外$MgSO_4 \cdot H_2O$肥料的推广应用成果，$MgSO_4 \cdot H_2O$肥料在出口和内需方面都有巨大的潜在市场，其需求量将会不断地上升。

目前，一水硫酸镁（$MgSO_4 \cdot H_2O$）的生产方法主要有直接法、间接法、热熔浸法、振荡分离法、溢分法、旋流器法、沉降离心法、筛分法、脱水法、蒸发法、高温高压法等。

① 原理　将氧化镁（MgO）、氢氧化镁[$Mg(OH)_2$]或者碳酸镁（$MgCO_3$）与浓硫酸发生反应，经过滤、精制、冷却结晶制得七水硫酸镁（$MgSO_4 \cdot 7H_2O$），然后经高温煅烧干燥制得一水硫酸镁成品。主要反应方程式如下：

$$MgO + H_2SO_4 + 6H_2O = MgSO_4 \cdot 7H_2O$$

$$MgSO_4 \cdot 7H_2O = MgSO_4 \cdot H_2O + 6H_2O$$

② 方法　该方法以白云石、苦土粉、蛇纹石或含镁较高的各种矿渣为主要原料。以苦土粉（MgO ≥ 85%）为例，工艺流程如图14-6所示。先在溶解槽中注入清水，在搅拌下按比例慢慢加入苦土粉，后加入浓硫酸，速度先快后慢，颜色由土白色变为红色，停止滴加。调节pH=5，搅拌0.5h，使物质充分反应。温度保持在80℃，过滤，滤液至精制槽中，加入氧化剂，过滤，除去重金属。然后至结晶器，用硫酸调节pH=4，加入适量晶种，温度＜

30℃，结晶后离心分离，制得七水硫酸镁（$MgSO_4\cdot7H_2O$），＞200℃脱水干燥，制得一水硫酸镁（$MgSO_4\cdot H_2O$）。

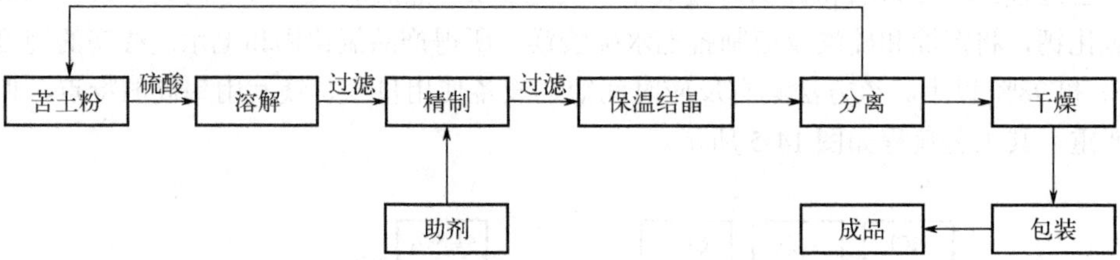

图 14-6　浓硫酸法间接制取一水硫酸镁工艺流程 [18]

（3）脱水法生产无水硫酸镁　无水硫酸镁（$MgSO_4$）为白色或灰白色粉末，易溶于水，主要用于食品添加剂、饲料添加剂、干燥脱水剂和日用化学品等方面。生产无水硫酸镁的方法有七水硫酸镁脱水法和硫酸镁溶液喷雾法等。

① 原理　200℃以上，七水硫酸镁脱去七个结晶水，即可生成无水硫酸镁，反应方程式如下：

$$MgSO_4\cdot7H_2O = MgSO_4 + 7H_2O$$

② 方法　七水硫酸镁经溶解、除杂、过滤、冷却、分离、干燥、高温脱水制得无水硫酸镁。根据以上除杂程度的不同，可得到不同级别的无水硫酸镁。工艺流程图如 14-7 所示。

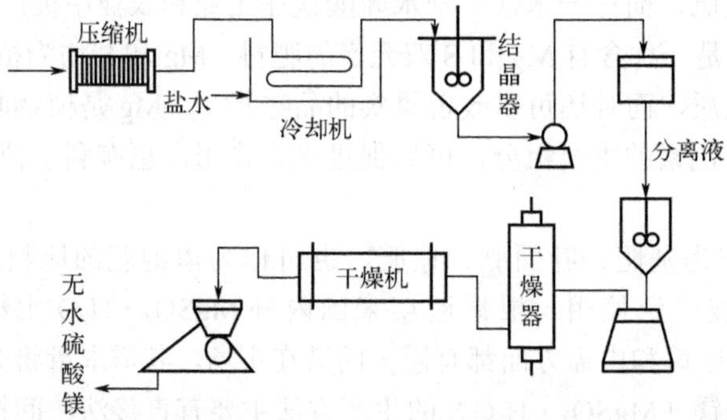

图 14-7　七水硫酸镁脱水法生产无水硫酸镁工艺流程

14.2.2.2　含镁水溶肥生产技术

水溶性镁肥是一类完全溶于水的镁肥 [19]，含有硫、镁两种中量营养元素，水溶性好，水不溶物含量极少，是滴灌施肥的理想肥料。田间试验结果表明 [20-21]，镁肥特别适用于蔬菜、果树、茶叶和花卉等经济作物，能给作物的生长提供长期稳定肥效，并能提高作物的品质，增强作物的抗旱、抗寒和抗药害的能力，增产效果显著。

2020 年，甘顺鹏等 [22] 发明了一种高品质硫酸钾镁肥的生产工艺。该工艺采用软钾镁矾精矿为原料，与水按一定比例混合，加热使软钾镁矾精矿全部溶解，然后进行过滤，得到的滤液在 70 ～ 80℃下进行蒸发结晶（3 ～ 5h），结晶后的料浆经固液分离得到高品质硫酸钾镁产品，最后进行造粒，包装。生产工艺流程如图 14-8 所示。

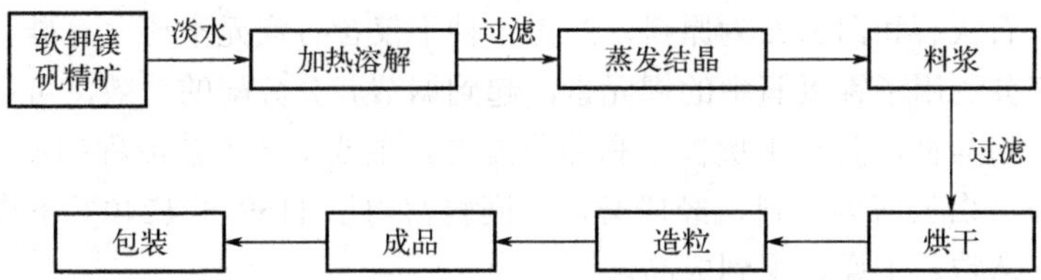

图 14-8　高品质硫酸钾镁生产工艺流程

14.2.2.3　含镁复合肥生产技术

近年来，随着 N、P、K 肥的不断施用，作物产量不断提高，土壤中的镁元素长期被植物汲取，导致土壤中镁元素含量不断减少，植物缺镁现象不断出现，科学家对镁的营养特性研究也越来越多，市面上也有越来越多含有镁元素的复合肥料[8]。含镁复合肥料与一般复合肥料比较具有以下特点[23]：①养分含量较高，总养分含量在 35% 以上，而一般市售复合肥只 25% ～ 30%；②养分种类多，除含氮、磷、钾等养分外，还有镁、钙及多种微量元素；③具多功能性，除能补充作物和土壤所需的营养元素外，还具有提高土壤松散性、通透性和保水性以及调节土壤酸度等功能。

张守福[24]发明了一种含有镁元素的复合肥料的制备方法。该方法以水镁石和硫酸镁为原材料，在搅拌机中进行搅拌制得含镁混合原料；然后在喷雾造粒流化床中加入尿素、磷酸氢二铵、钾肥和改性淀粉，经直燃式燃煤热风炉加热到 1200℃后，利用鼓风机在流化床底部鼓吹热风，使物料呈流化态；添加糖蜜发酵液、含镁混合原料、柠檬酸，涂布在流化态的物料颗粒表面，打碎后重新造粒，进行包膜后装入袋中。生产流程如图 14-9 所示。

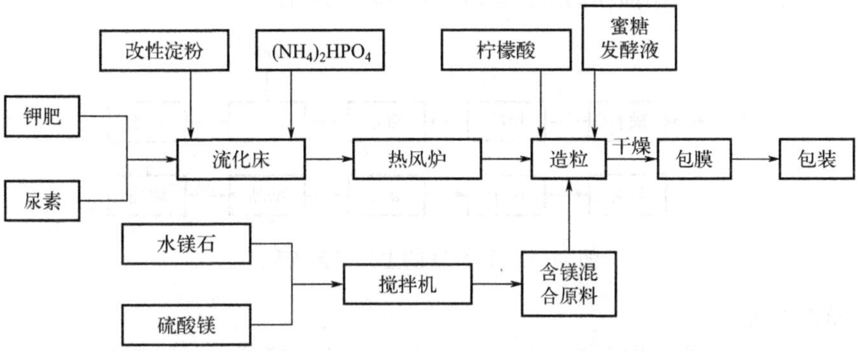

图 14-9　一种含镁复合肥料的工艺流程

14.2.2.4　含镁土壤调理剂生产技术

土壤调理剂[25]是指用于改善土壤的物理和化学性质及其生物活性的材料，是以农用保水剂、富含有机质和腐植酸的天然泥浆、纯天然矿石或其他有机物为主要材料，辅以生物活性成分及营养元素，经科学工艺加工而成的产品，有极其显著的保水、松土、增肥、透气等功能。最具代表性的矿物源类土壤调理剂含有硅、钙、镁元素，这 3 种元素本身就是土壤结构的最主要组成部分[26]。缺乏硅、钙、镁元素会破坏土壤结构，需要补充硅、钙和镁元素改良土壤结构。

王焱和张路军等[27]在 2015 年发明了一种生产含有镁元素的土壤改良剂的方法。该改良剂生产过程中以石灰石和白云石为原料，产出一种不仅含有镁元素还含有硅、钙元素的土壤改良剂。同时充分利用了钾页石中的钾元素，起到调节养分分配的功效，可以改良土壤结构性能，增强作物耐盐性，防止土壤板结和养分流失。主要生产工艺流程如图 14-10 所示。以钾页岩、石灰石、白云石为原料，经研磨，在回转窑内于 1160 ～ 1240℃下进行煅烧，后进行水淬、粉碎、造粒、干燥，得到成品。

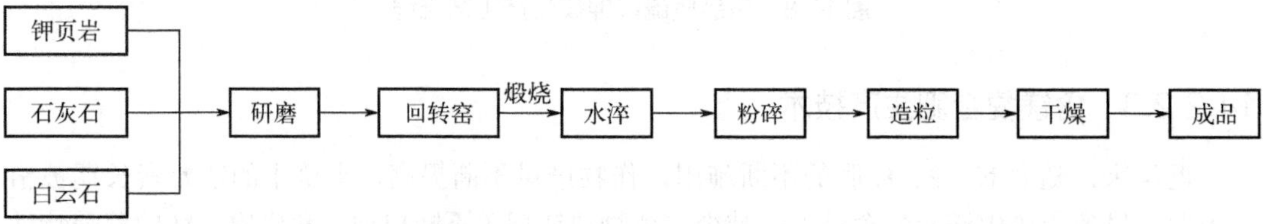

图 14-10 一种含有镁元素的土壤调理剂的生产工艺流程

14.2.2.5 硝酸镁生产技术

硝酸镁是采用硝酸或氧化氮与菱美矿、白云石或工业纯氧化镁相互作用生产的。

硝酸镁分子式为 $Mg(NO_3)_2 \cdot 6H_2O$，分子量为 256.4，为无色三斜晶体，极易溶于水、液氨和酒精中，易潮解，生成带有 1 个、2 个、3 个、6 个和 9 个结晶水的硝酸镁，在熔化时失去部分水凝结成玻璃物质。

（1）生产原理　含氧化镁 75% ～ 85% 的菱镁矿用工业硝酸处理，制得溶液经过滤后，进行浓缩、冷却、结晶，风干制得硝酸镁成品。主要反应为：

$$MgCO_3 + 2HNO_3 \xlongequal{} Mg(NO_3)_2 + H_2O + CO_2 \uparrow$$

（2）生产流程　生产硝酸镁的工艺流程如图 14-11 所示。

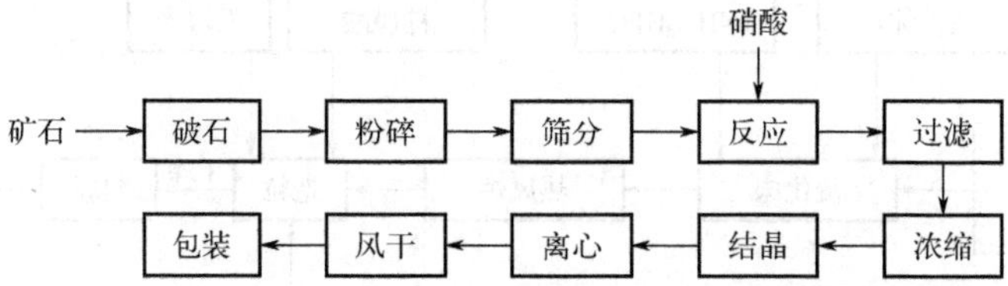

图 14-11 硝酸镁的生产工艺流程

（3）操作工艺

① 粉碎。先用破碎机把矿石破碎成 3 ～ 5cm 大小的颗粒，再用粉碎机粉碎以后，用 40 ～ 50 目的钢筛筛分。

② 反应。将浓度为 39% ～ 41% 的硝酸加入反应釜中，再把矿石粉慢慢加入，徐徐搅拌。反应中溶液温度很快上升，是由于产生了大量二氧化碳。为防止溢釜，在减慢加矿粉的同时，再用水冷却，并停止搅拌。注意控制温度在 40 ～ 50℃之间为宜。

③ 过滤。当溶液不冒气泡时表示反应终了，要求物料中过剩 2% ～ 3% 的矿石粉，物料用过滤器分离溶液和滤渣；用少量的水洗涤滤渣，洗液和过滤液合并送去浓缩 [滤液中含 $Mg(NO_3)_2$ 为 520 ～ 600g/L，$Ca(NO_3)_2$ 为 8 ～ 10g/L]。滤渣水洗前 $Mg(NO_3)_2$ 含量为 20% ～ 30%，水洗后 $Mg(NO_3)_2$ 含量为 3%。

④ 结晶。溶液浓缩至密度为 1.46 ～ 1.52g/cm³，$Mg(NO_3)_2$ 浓度为 50% ～ 75% 时为止，

然后让其自然冷却、结晶。结晶好以后，用离心机或真空吸滤器分离晶体和母液。

⑤ 风干。离心后的硝酸镁晶体进行自然风干，然后密封包装入库。

⑥ 母液送到浸溶工段溶解矿石，或并到前面与③项溶液中，送去浓缩。

（4）主要原料及单耗　菱镁矿（以100%计）0.35t，硝酸（以100%计）0.52t。要求菱镁矿含MgO在75%～85%之间，使用的硝酸浓度在39%～41%之间。

14.2.2.6　含镁矿石生产技术

含镁矿石及轻烧氧化镁、氢氧化镁都是微溶性固体镁肥。日本1999年用了轻烧氧化镁8.17万吨，氢氧化镁1.76万吨，合计比上一年增加8.4%。这些肥料主要适用于酸性土壤，既调整了土壤酸度，也补充了镁源。

含镁矿石包括菱镁矿、白云石、蛇纹石、橄榄石、蛭石等，都是廉价的微溶性固体镁肥。菱镁矿又称菱芳土和菱镁石，是最常用的，主要组成为碳酸镁（$MgCO_3$），其氧化镁含量是白云石的2倍以上（MgO 40%～50%）。可以粉碎后直接作为镁肥，或者在不高于950℃的温度下一步煅烧，冷却、粉碎，得到轻烧氧化镁，氧化镁含量在75%～96%范围内。

白云石主要组成为$MgCO_3 \cdot CaCO_3$。

蛇纹石主要组成为$3MgO \cdot 2SiO_2 \cdot 2H_2O$，一般含有钴、镍、铜、铬、钒、锰、钛等微量元素，作为镁肥主要有以下三种加工方法。

① 直接用作肥料。粉碎后得到的蛇纹石粉直接施用，可促进植物根系增长。根据独联体农业生产性试验，这种施用方法可使番茄根平均增长16.9mm（增长18.5%），大麦根系平均增长46mm（增长34.1%），对甜菜、葡萄、土豆、玉米、小麦等也有明显增产作用。

② 生产钙镁磷肥。在钙镁磷肥生产中利用蛇纹石作配料，比用滑石、白云石和菱镁矿效果都好。

③ 制备复混肥料。将蛇纹石与碳酸氢铵按3∶7混合后使用，比单纯用碳酸氢铵效果好，其增产率在10.77%～14.22%。在碳酸氢铵生产的基础上，增加球磨机和搅拌机，就可生产这种混合肥，还可以生产其他加镁肥料。

橄榄石是带橄榄绿色的岩石，化学组成为$2(Mg \cdot Fe)O \cdot SiO_2$，可用作生产钙镁磷肥的配料。

蛭石又叫水云母，属铁镁铝硅酸盐矿物，主要用于改良土壤，特别是黏度高的黏性土壤，可使土壤疏松，且能助肥、促进作物生长。如欧洲北部的黏土质土壤和阿拉伯沙漠即是用蛭石改造成了可耕种土壤，使用量为每公顷几十立方米（蛭石的质量轻，约为砂的1/7）。普通农用每亩施蛭石83～133kg，土豆可增产54.1%，甜菜可增产10%。蛭石还可作无土栽培中的基质，栽培高产蔬菜、名贵花卉以及应用于高尔夫球场的草坪上。

14.2.2.7　加镁肥料生产技术

（1）加镁过磷酸钙的生产方法　在普通过磷酸钙或重过磷酸钙生产过程中，先将蛇纹石粉或其他含镁物质（如白云石、氢氧化镁等）与酸混合，然后再加入磷矿粉进行反应；也可以将蛇纹石或者氢氧化镁与过磷酸钙混合制得。

（2）加镁硝酸铵钙的生产方法　可以在硝酸铵中加入40%的白云石，或者加入硝酸钙和碳酸镁制得。在浓硝酸铵溶液中加入白云石，然后造粒即得加镁硝酸铵钙成品。这种方法不仅使硝酸铵增添了钙、镁营养元素，而且还改进了硝酸铵的贮存稳定性，减少了着火和爆炸的危险。典型的产品组成为：CaO 约 12.7%，MgO 约 8.8%，铵态氮≥ 0.5%，硝态氮≥ 10.25%。

（3）加镁磷铵的生产方法　在磷铵生产过程中将蛇纹石或氢氧化镁加入中和反应器，生成的料浆中含有枸溶性 P_2O_5 11%、水溶性 P_2O_5 3%、枸溶性 MgO 4% 和水溶性 K_2O 11%。

14.2.3　镁肥生产设备

含镁固体水溶肥料主要生产设备如图 14-12 所示。假设设计产能为 4t/h，则需单次配料、混料 500kg，每 7.5 分钟完成一批次，每小时完成 8 次，这样才能达到设计产能。7 种原料配置 7 个原料仓，人工投料口分别配置无尘投料站。小颗粒尿素配对辊破碎机，经破碎机破碎后落到原料仓中。原料仓下分别安装螺旋给料机，设计大、小 2 台计量斗，占比大的物料配料到大计量斗，占比小的物料配料到小计量斗。配料完成后计量斗打开卸料阀，将物料卸入螺带混料机中。计量斗卸空后自动关闭卸料阀，然后自动开始下一批物料的配料，为混料机提前准备好物料。混料机加料完成后开始混料计时，计时结束自动打开卸料将物料卸到成品仓中。成品仓下安装双工位水溶肥包装机，包装机采用双工位水溶肥专用包装机，包装规格每袋 5 ～ 15kg，单个包装口包装能力约 150 袋 /h，两个包装口共 300 袋 /h。投料、包装工段需要工人操作，配料、混料、卸料、输送由控制系统自动完成。以上设备接触物料的金属部分，材质采用 304 不锈钢（表 14-8）。

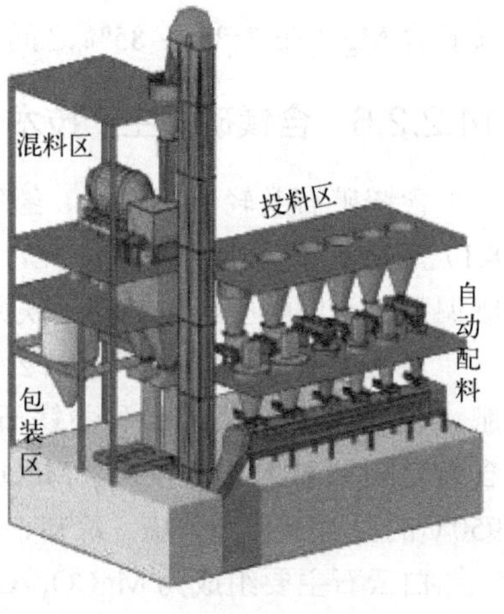

图 14-12　含镁固体水溶肥料生产设备

表14-8　含镁固体水溶肥料主要生产设备

设备名称	规格型号	单位	数量
无尘投料机	WC-12D	台	7
对辊破碎机	500 型	台	1
原料仓	$2m^3$	台	3
原料仓	$1.3m^3$	台	3
原料仓	$1m^3$	台	1
螺旋给料机	Φ200mm×1000mm	台	4
螺旋给料机	Φ150mm×1000mm	台	3
计量斗	$0.6m^3$	台	1
计量斗	$0.2m^3$	台	1
螺带混料机	$1m^3$	台	1
成品仓	$1m^3$	台	1
双工位水溶肥包装机	5 ～ 15kg/ 袋 300 袋 /h	台	1
控制系统	QL-3000	套	1

14.2.4　镁肥应用情况

镁元素作为植株生长发育必需的中量元素，在植物体内含量为 0.5% ～ 0.7%。当植株中镁元素不足时，植物的叶绿素含量会下降，叶片褪绿，脂肪、蛋白质等合成受到阻碍，从而影响植株的品质，导致果实的产量下降。有文献指出，镁元素对提高烤烟、甘蔗、香蕉、葡萄、花生、茶叶、柑橘及大豆、早稻、晚稻、紫云英、玉米、小米、番茄、黄瓜等作物的产量和品质均有较明显的效果[28-29]。

14.3　硫肥

14.3.1　硫肥生产概况

我国硫肥的主要品种是硫酸铵和硫基磷复肥产品。常见硫肥品种如下所述。

（1）硫黄　硫黄产品中虽然含有高纯的硫元素，但其利用率极低。因为植物从土壤中吸收的是硫酸根离子，硫黄粉需经土壤中微生物作用氧化成硫酸盐才可以被植物吸收利用。

（2）含硫矿物　我国含有大量天然石膏，其中含 S 18% ～ 19%。硫铁矿也是主要硫源之一，除了加工成硫酸盐用作硫肥以及矿渣直接施用外，还可直接施用硫铁矿粉改造碱性土壤。

（3）含硫肥料　含硫肥料包括：①硫酸铵、硫酸镁；②加硫重过磷酸钙；③加硫磷酸铵；④硫基复合肥；⑤硫基三元复混肥；⑥含硫钾肥，如硫酸钾、硫酸钾镁、硫酸钾钙镁等；⑦加硫尿素。

（4）包硫肥料　是指在肥料外面包涂层硫的肥料，可以调节营养元素在土壤中的释放速度，改善颗粒质量，大大降低肥料吸湿性，故又称为缓释肥料。

14.3.2　硫肥生产技术

14.3.2.1　硫黄粉

黄色粉末，分子式 S，分子量 32.06，密度 $2.07g/cm^3$，几乎不溶于水。硫黄粉的生产方法分为两类：

① 由天然硫矿制取：天然硫矿经破碎加工成 3.6 ～ 1.4mm（6 ～ 12 目）或 1.65 ～ 1mm（10 ～ 16 目），直至 0.043mm（325 目）的硫黄粉，含硫（S）量在 95% 以上，可直接施用。

② 从石油、天然气或某些工业生产排出的含硫物料中提取。

14.3.2.2　加硫尿素

由尿素和硫黄经混合、熔融、造粒制成，代表性产品组成为：含 N 40%，含 S 10%。

14.3.2.3　加硫重过磷酸钙

重过磷酸钙经链式破碎机粉碎和筛分后，加入转鼓造粒机，熔融硫黄则从转鼓的上部喷至流动的物料层上，进行造粒，同时加入氨水以减少产品游离酸的含量。然后在回转干燥窑中进行干燥，再经破碎、筛分，得到粒度为 1 ～ 3.5mm 的产品。

14.3.2.4 加硫磷酸铵

氨和磷酸在预中和器内反应生成磷酸铵料浆，然后将此料浆同铵盐、钾盐和返料一同加入转鼓造粒机。在造粒机上面 25cm 处安装熔硫黄喷嘴，将熔融硫黄喷至物料床层上，经混合、造粒，制得含硫 3% 的加硫磷酸铵或加硫三元复合肥料。

14.3.2.5 包硫尿素

根据包硫用设备分为转鼓涂硫和喷动床涂硫。

（1）转鼓涂硫　粒状尿素（1.2 ～ 3.3mm）在预热器中加热至 65℃后，送入第一转鼓进行涂硫。熔融硫黄（155℃）用两组喷嘴（每组 22 个）喷入，在 7.4 ～ 10.3MPa 下加入转鼓中。包涂有 13% ～ 16%（质量分数）硫的尿素颗粒在 80℃下从转鼓引出，送入第二转鼓，用由 30% 聚乙烯和 70% 润滑油组成的混合物进行涂覆处理。该混合物称为调理剂，调理剂的涂覆量约为总质量的 2%，温度为 124℃。物料冷却至 25℃，在第三转鼓中用硅藻土（占总质量的 2.4%）重新调理，最后经筛分即得成品，产品组成为（39 ～ 36）-0-0-（13 ～ 16）S。

（2）喷动床涂硫　此法是目前新发展起来的尿素涂硫法，特点是在流化床造粒器中完成涂硫。粒状尿素在流化床造粒器中加热到 65℃。熔融硫黄经称量后进入造粒器底部的喷入装置，用加压空气（约 109.8kPa）喷入，由下向上经过尿素床层并包覆在尿素颗粒表面。涂层厚度由尿素在床层中的停留时间、床层体积和硫的喷入速度决定。从造粒器顶部排出来的含粉尘空气经过旋风分离器和洗涤器后放空。

14.3.2.6 包硫复混肥料

粒状复混肥料预热后加入转鼓中进行涂硫。在转鼓前端喷熔融硫黄（150℃），而在其后端喷熔融石蜡（60℃）。涂硫后的物料冷却后进入调理转鼓，用滑石粉进行调理，即可制得包硫复混肥料。这是日本三井东压化学公司开发的工艺流程，原料复混肥料组成为 16-16-16，新产品包硫复混肥料组成为 12-12-12-18（S）。生产 1t 产品需要复混肥料 780kg、硫黄 180kg、石蜡 3010kg。

14.3.2.7 硫基复合肥

该肥料是由浓硫酸与氯化钾在一定温度下进行转化反应，然后与一定量的磷铵溶液（磷酸）混合，再与氨进行中和反应，经造粒、烘干、冷却加工而成的。转化反应的副产物氯化氢气体经水吸收可得到含 HCl 31% 的工业盐酸。

14.3.3 硫肥应用情况

农业上常使用硫黄降低土壤 pH 值和改良盐碱土壤，然而在农业生产中用硫黄作养分肥料使用直到最近才引起人们的重视。

硫黄是一种惰性、不溶于水的黄色结晶固体。商业上硫黄可以露天堆放，湿度和温度变化时它保持不变。硫黄经磨细后与土壤混合会被土壤微生物氧化成 SO_4^{2-}。与 SO_4^{2-} 相比，硫黄作为硫肥对作物的肥效取决于施用硫肥的粒度、施用量、施用方式、土壤的硫氧化性能以及环境条件。硫黄颗粒越细，硫氧化率越高。一般硫黄原料必须 100% 通过 16 目筛，并且 50% 应通过

100 目筛。硫黄颗粒越细，其表面积越大，则越快转化成 SO_4^{2-}。由于表面积与颗粒直径成反比，颗粒直径缩小，氧化率呈指数级提高。这样，硫黄表面积增加会使可供给作物吸收的 SO_4^{2-} 增加。

当硫黄磨细后施入土壤，能迅速氧化成硫酸，其效果与其他硫酸盐肥料的肥效相等。硫黄的施用时间相当重要，应该尽早在播种前几个星期施入土壤，并与土壤充分混合。

硫黄的施用方式会影响其氧化率，撒肥并且与土壤混合优于条施。硫黄颗粒在土壤中均匀分布有以下好处：①与土壤中氧化微生物接触的表面积较大；②减少酸性过高所引起的潜在问题；③使水分关系更加理想。如果硫黄和 SO_4^{2-} 都施在土壤表面，则 SO_4^{2-} 的初始肥效更佳。因为 SO_4^{2-} 是水溶性的，会随渗透水移动到作物根区；而硫黄则需先氧化成 SO_4^{2-}，这不是一种快速过程，特别是硫黄施于土壤表面时更是如此。在使用颗粒硫黄时，颗粒硫黄在土壤表面有一个湿-干变化和冻结-解冻的循环阶段，然后颗粒硫黄才能散开。这是硫黄与土壤混合前必然会经历的一个过程，之后才能使硫黄转化为作物能够吸收的 SO_4^{2-}。除多年生作物以外，一般不推荐采用表面撒施硫黄的方式，应该在作物生产发育需要硫黄以前施入。

有多种颗粒可分散性硫-膨润土肥料产品，产品中添加有 5% ～ 10% 膨胀性黏土，如膨润土，将它与微细硫黄一起造粒，可以提高肥效，其颗粒大小与固体氮肥、磷肥和钾肥一致，便于掺混。此类肥料施入土壤后，其膨胀性土组分吸收土壤中的水分后膨胀、粉化，使其中的微细硫黄分散，可促进硫黄更迅速地转化为 SO_4^{2-}。此类肥料广泛应用于高浓度散装掺混肥料的配方中，作为作物养分硫来源，因为它的元素硫物性优良，在土壤中容易转化为 SO_4^{2-}。

由于硫黄在施用后对第一季作物的肥效不明显，所以应在播种前 4 ～ 5 个月将其翻入土壤。在严重缺硫土壤上，在播种前也可施用一些硫酸盐肥料，以满足作物生长前期的需要。反复施用含硫黄肥料可促使土壤中硫氧化微生物数量增多，从而加速硫黄在土壤中的转化。

在加拿大，有两种硫-膨润土肥料产品投放市场，产品中除了含有 10% 膨润土外，还含有 60% 硫黄、8% SO_4^{2-} 和 7% N。产品中同时含有 SO_4^{2-} 和硫黄，目的是向农户同时提供速效硫和长效硫。

含硫肥料的大宗产品主要是硫酸铵、硫酸钾等，其余的产品生产量很小，应用不多，市场消费量很小。有关大宗产品硫酸铵请参看氮肥分册的相关章节，硫酸钾请参看钾肥分册的相关章节。

14.4 硅肥

14.4.1 硅肥生产概况

硅肥的常见品种主要有水溶性硅肥、枸溶性硅肥两大类。水溶性硅肥是指溶于水可以被植物直接吸收的硅肥，主要是硅酸钠盐和硅酸钾盐。水溶性硅肥的有效硅含量高，具有非常好的速效性，农作物对其吸收利用率较高，为高温化学合成，生产工艺较复杂，成本较高。枸溶性硅肥是指不溶于水而溶于酸后可以被植物吸收的硅肥，主要为硅酸钙盐。枸溶性硅肥具有良好的迟效性，施入土壤后硅释放较缓慢、肥效长。常见的硅肥多为用炼钢厂的废钢渣、粉煤灰、矿石经高温煅烧工艺等加工而成硅钙肥或硅钙钾镁肥等。

14.4.2 硅肥生产技术

14.4.2.1 水溶性硅肥生产工艺

利用硅砂（SiO_2）和纯碱（Na_2CO_3）生产水溶性硅肥的工艺流程如图 14-13 所示。原料硅砂和纯碱按配比计量后混合均匀，经过高温反应、水淬、蒸汽溶解，再经浓缩后得到水玻璃，然后利用通入热风的高速离心喷雾干燥机进行喷雾干燥、固化得到硅肥产品，一般为白色粉状结晶态硅肥，主要成分为硅酸钠和偏硅酸钠的混合物（$Na_2O \cdot nSiO_2 \cdot nH_2O$）。这种工艺生产出的硅肥水溶硅含量约为 50%，但价格昂贵，推广难度大；产品钠含量高，施入土壤中有增加盐渍化的风险。在配料过程中可以添加 KOH 替代部分纯碱，减少产品中的钠含量，从而减少钠离子对土壤危害。参照上述工艺，还有厂家直接以水玻璃为原料制备水溶性硅肥。先将原料水玻璃进行离心脱水，再送入高速离心机中脱水，然后通过控制热风温度进行喷雾干燥、固化成粉状，即得硅肥制品。

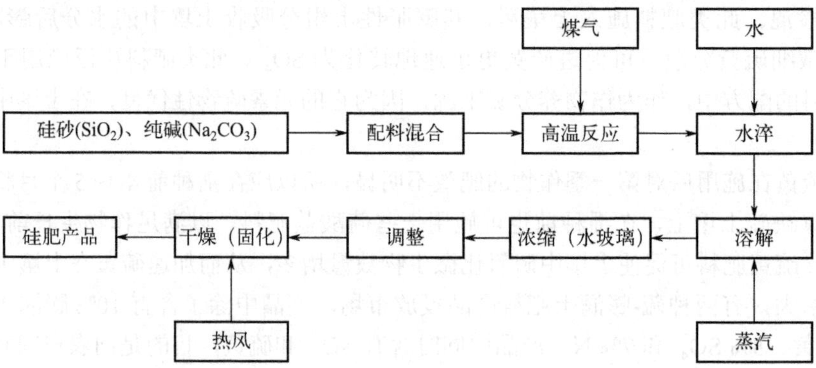

图 14-13 水溶性硅肥的生产工艺流程

利用枸溶性硅肥产品如水淬渣，经过酸化处理后也可以生产水溶性硅肥，其生产工艺流程如图 14-14 所示。将水淬渣原料烘干后粉磨至一定细度，经过酸化处理后可以得到水溶性的硅肥产品。后续可以和特定比例的氮、磷、钾进行复配、造粒，得到含速效硅的复合肥。

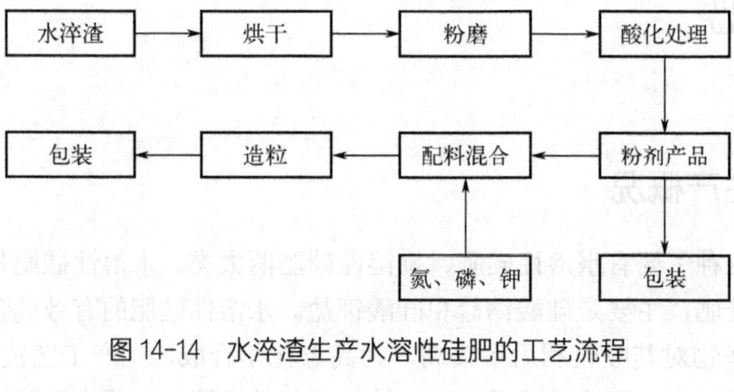

图 14-14 水淬渣生产水溶性硅肥的工艺流程

14.4.2.2 枸溶性硅肥生产工艺

利用廉价易得的工业副产品，如钢渣、炉渣、粉煤灰等，加入添加剂后，经输送设备送入烘干机烘干，经磨机粉磨后即为粉状枸溶性硅肥，其生产工艺流程如图 14-15 所示。该产品有效硅质量分数为 10% ～ 35%，由于原料价格便宜、生产成本低，较为经济实用。该技术既综合利用了废渣，降低了硅肥的生产成本，又能保护环境、改良土壤，使资源达到了闭合循环，更好地发挥了硅肥的经济效益和社会效益。但用该技术生产硅肥的原料质量需严格把控：一是原料选取时严格检测重金属的含量，避免重金属超标导致的土壤二次污染；二是原料的矿物成分中不能含有硅酸三钙、硅酸二钙等水硬性矿物，避免施入土壤中产生板结现象。

图 14-15　工业副产品生产枸溶性硅肥的工艺流程

14.4.2.3　人工合成硅肥生产工艺

由天然矿石经人工合成工艺加工而成的硅钙肥、硅钙钾肥或硅钙钾镁肥，是当前市场上的主要硅肥产品，这三种类型硅肥的生产工艺基本一致。本书主要以硅钙钾镁肥为例介绍人工合成硅肥的生产工艺。

以难溶性钾矿（如钾长石）和钙质助剂（如石灰石、白云石、石灰等）为主要原料，目前国内已经实现工业化的硅钙钾镁肥生产工艺分为水热法和高温煅烧法两大类。

（1）水热法　中国科学院地质与地球物理研究所开发的半湿静态水热法，是先将富钾硅酸盐岩石和生石灰破碎、研磨后按一定比例加水搅拌混匀，并加入活化剂，再浇注成砌块；然后置入高压反应釜，通入高压饱和蒸汽，在温度 190 ～ 200℃、压力 1.1 ～ 1.3MPa 下静态恒温反应 10 ～ 12h 后取出，得到半湿状态的微孔产品；最后通过干燥、粉碎、造粒、包装等工序，成品出厂。水热法生产工艺流程见图 14-16。

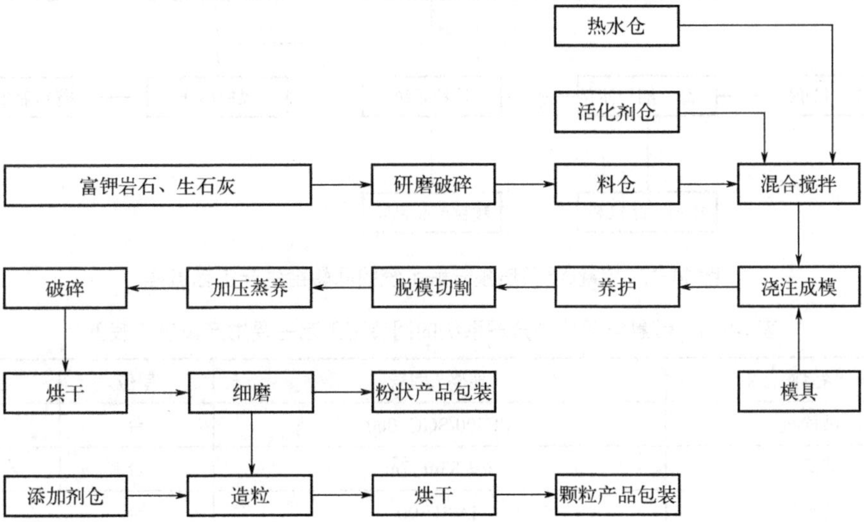

图 14-16　水热法生产工艺流程

（2）高温煅烧法　就目前煅烧工艺而言，不管生产何种硅肥，工艺大体相同，只是在煅烧过程中所加入的添加剂和助熔剂或者是否加入催化剂以及催化剂种类有所差别。2015 年之前高温煅烧法主要有立窑、隧道窑、回转窑工艺等。其中，立窑技术落后，操作难度大，产品质量不一；而隧道窑和回转窑热耗较高。2015 年后比较有代表性的生产工艺包括天津水泥工业设计研究院有限公司开发的带悬浮预热预分解系统的回转窑工艺和金正大诺泰尔化学有限公司开发的磷石膏制硫酸联产硅钙钾镁肥的工艺。

① 立窑工艺　传统的立窑生产工艺是以富钾岩石为原料，配加石灰石和煤，按一定比例混合均匀、磨粉、成球，在立窑中高温煅烧，再粉磨成粉。该工艺存在的主要问题是：煅烧温度不均匀，烧结程度不均，致使营养元素的平均转化率不高，且烧结物在炉内易结块和严重粘炉壁，不易翻料和下料。这样不仅造成操作困难，劳动强度大，而且严重影响产量和质量。

② 隧道窑工艺　先将富钾岩石和石灰石进行破碎，按一定比例配料后再经粉磨、加水压制成块，由人工装到窑车上，将装好的窑车推进隧道窑；通过一定保温时间后生料被烧熟，熟料冷却后出窑入半成品库；再将半成品压块进行破碎和粉磨，即可得成品肥料，进入料仓。目前隧道窑的热源使用较多的是天然气和煤气。

③ 回转窑工艺　将富钾岩石和石灰石破碎后，按一定比例配料，再经粉磨后生料直接进入回转窑进行煅烧，熟料进入单筒冷却机进行冷却。

④ 带悬浮预热预分解系统的回转窑工艺　该生产技术的核心是带悬浮预热预分解系统的回转窑。以钾长石、石灰石和白云石为原料，配料混合后依次经过破碎、粉磨、预热、分解、回转窑煅烧、冷却机冷却、破碎和粉磨，得到粉剂产品。其中，回转窑煅烧工序中烧成带温度为 1150 ～ 1400℃，物料在窑内停留时间为 20 ～ 60min；粉剂经过添加造粒助剂进行造粒后即可制得颗粒产品。生产工艺流程见图 14-17，主要生产设备和装置见表 14-9。

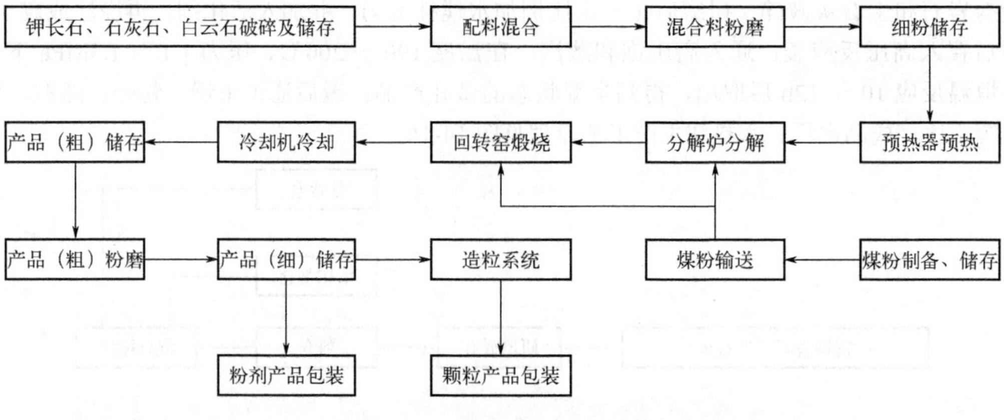

图 14-17　带悬浮预热预分解系统的回转窑生产工艺流程

表14-9　带悬浮预热预分解系统的回转窑工艺主要生产设备和装置

名称	规格 / 型号	单位	数量
破碎机	PE500/SGC1000	台	2
球磨机	Φ1.83m×7m	台	2
选粉机	TVSU-90	台	1
收尘器	FFGM64-5	台	1
悬浮预热器	5 级单系列	套	1
回转窑	Φ2.5m×45m	台	1
冷却机	Φ1.8m×15m	台	1
输送机	SCD330	台	1

续表

名称	规格 / 型号	单位	数量
辊压机	TRP 100×50	台	1
收尘器	LMD660	台	1
造粒机	ZL32	台	2
烘干机	*Φ*2400mm	台	2
冷却机	*Φ*2200mm	台	1
包装机	DCSHFAP/DCS50S-2	台	2

带悬浮预热预分解系统的回转窑工艺是一种比较先进的工艺技术，采用预热器系统预热、分解炉分解、回转窑煅烧及冷却机冷却工艺，大大降低了生产线热耗和生产成本，能够实现连续生产，提高了单线生产能力；燃料采用煤粉，与现有隧道窑、回转窑工艺采用天然气或煤气作为燃料相比，可以大幅降低燃料成本，而且对产品质量基本没有影响；人工劳动强度大幅下降，自动化程度高，系统参数可测可控。

⑤ 磷石膏制硫酸联产硅钙钾镁肥的工艺

a．工艺简介　该工艺是以湿法制备磷酸所产生的磷石膏作为钙质原料，以焦炭为还原剂，在 1100 ～ 1250℃高温下 $CaSO_4$ 分解成 CaO 和 SO_2 气体，CaO 与配入生料中的钾长石反应生成硅钙钾镁肥；SO_2 气体则由窑尾排出，与入窑生料换热降温后，再经稀酸洗涤净化、干燥、转化、吸收等工序生产硫酸。磷石膏制硫酸联产硅钙钾镁肥生产工艺流程见图 14-18，主要生产设备和装置见表 14-10。

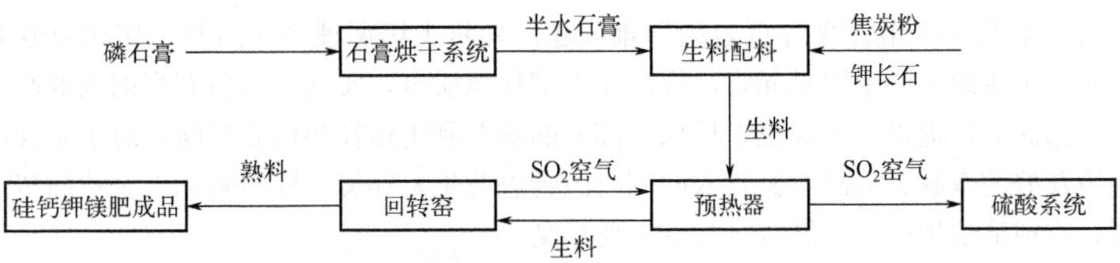

图 14-18　磷石膏制硫酸联产硅钙钾镁肥的生产工艺流程

表14-10　磷石膏制硫酸联产硅钙钾镁肥工艺的主要生产设备和装置

名称	规格 / 型号	单位	数量
锤式烘干机	*Φ*3000mm×2500mm	台	1
气流烘干机	*Φ*2000mm×37000mm	台	1
辅料磨	*Φ*3.5m×(6.0+3.0)m	台	1
球磨机	格子式	台	1
组合式选粉机	ZX 型	台	1
沸腾炉	FTL 型	台	1
气流烘干机	*Φ*3000mm	台	1
旋风预热器	五级	套	1
煅烧窑	回转式旋窑	台	2

续表

名称	规格 / 型号	单位	数量
燃烧器	HL 型	台	2
篦式冷却机	HNBT 型	台	2
窑尾电收尘器	LD 型，4 电场	台	2
窑头电收尘器	LD 型，4 电场	台	2
风扫煤磨	格子式	台	1
转化器	Φ10m×20m，4 段	台	1
干燥塔	Φ7860mm×17820mm	台	1
一吸塔	Φ7860mm×20480mm	台	1
二吸塔	Φ7860mm×17820mm	台	1
高温风机	Y6-29No26.5F 型	台	1
SO_2 风机	S3700-13 型	台	1
辊压机	CLF 型	台	1
包装机	RPN 型	台	1

针对我国磷石膏利用率低、可溶性钾盐贫乏、土壤质量下降的现状，有的企业围绕固体废弃物磷石膏的综合利用，结合国内外磷石膏开发应用现状和自主创新技术，系统开展了二水-半水法磷酸联产 α-半水石膏、磷石膏制酸联产硅钙钾镁肥 / 水泥等一系列工艺技术攻关，形成磷石膏制备高附加值石膏建材、新型硅钙钾镁肥复合肥料技术，实现了磷石膏的资源化利用，同时解决了不溶性含钾页岩利用难问题，并将土壤调理剂应用与土壤修复联系在一起，补充了土壤缺失的中微量元素，提高了土壤环境质量，实现了对磷石膏的农业高效资源化利用。为磷石膏提供一种绿色、环保、高效的综合利用途径和创新思路，对于实现经济效益与环境友好的双赢、提高农民收入的同时改善农业生态环境、提高磷化工企业的资源高效利用率、实现清洁生产、节能减排具有重要意义。

磷石膏制硫酸联产硅钙钾镁肥工艺为国内首创，生产过程中对操作要求较高。该工艺既要保证硅钙钾镁肥质量合格，又要保证产出制酸所需 SO_2 气体的浓度和纯度。有时烧成控制不稳，会出现氧化、冲料等情况，造成肥料产品质量波动及制酸系统不稳定，转化温度起伏较大。近几年的生产中，主要从严控烧成温度和强化生料精准配料等方面着手，确保肥料质量达到要求。从理论上讲，该技术路线可以解决磷石膏的堆放、占地和污染问题，合理利用了不溶性含钾资源，实现了硫的循环利用和钾、钙资源的有效利用。

b．工艺流程　磷石膏制酸联产硅钙钾镁肥采用煤粉还原磷石膏-不溶性含钾页岩体系的高温焙烧反应技术，将钾长石-氧化钙-硫酸钙体系中的氧化钙用磷石膏替代，既节省了资源，避免了石灰石的大量使用，又充分利用了磷石膏中的钙资源，达到综合利用磷石膏的目的；气相产物 SO_2 可采用成熟的“两转两吸”工艺制酸，实现了磷石膏中硫资源的循环利用。主要工序工艺（见图 14-19）如下：

磷石膏烘干工艺：热风炉—气流烘干—静电除尘器—采用碱液在空塔内与尾气逆流吸收。

碱性肥料生料配料工艺：磷石膏、磷矿尾矿、含钾页岩—粉磨—经计量配料—生料均化。

煤粉制备工艺：原煤输送—风扫煤磨—选粉机—防爆袋式除尘—煤粉仓。

烧成工艺：五级预热器—回转窑煅烧—水泥熟料篦冷机冷却—熟料库，SO_2气体经静电除尘进入制酸净化系统。

碱性肥料工艺：熟料—经计量配料、粉磨、均化，包装出厂。

尾气净化流程：采用动力波—塔—电—电流程，板式换热器冷却稀酸。

干吸流程：干燥循环酸采用93%酸，吸收循环酸采用98%酸。采用泵后冷却流程。冷却设备采用阳极保护管壳式酸冷却器，其传热系数高，换热面积小，价格适中，操作维护方便，使用寿命较长。

转化及换热流程：转化采用两次转化四层触媒转化流程，换热采用目前国内两转两吸制酸常用的Ⅳ.Ⅰ—Ⅲ.Ⅱ流程。

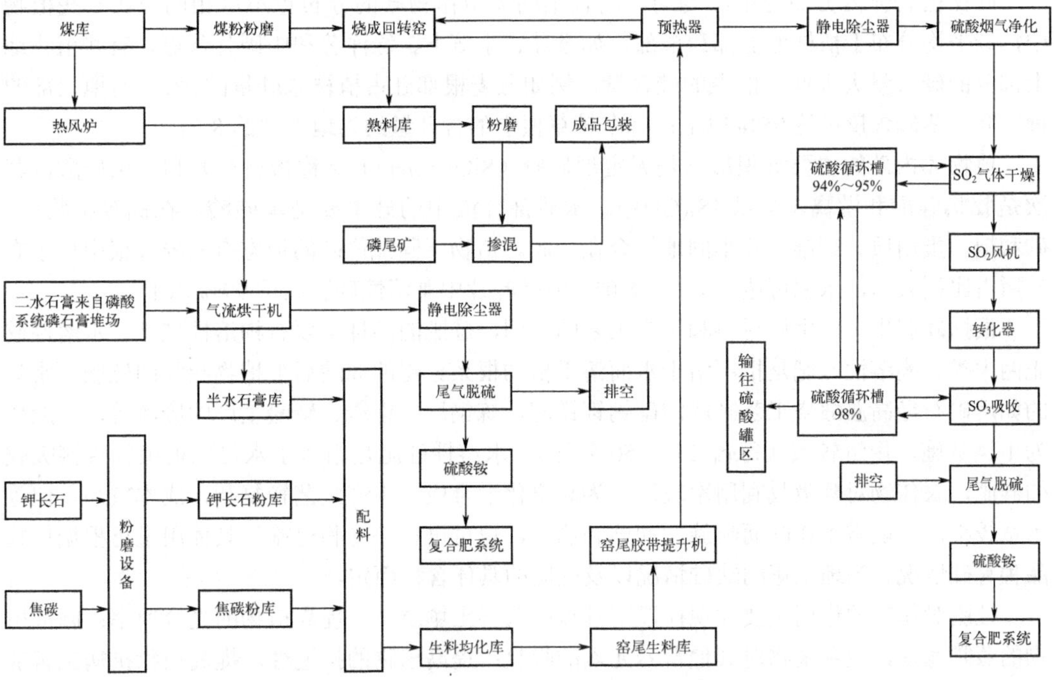

图14-19　煤粉还原磷石膏-不溶性含钾页岩体系制硅钙钾镁肥生产工艺流程

c．工艺优点

（a）开发出以非成型法、窑尾悬浮预热、中和促解为核心的硅钙钾镁肥生产工艺技术，实现了半水石膏与钾长石配制的粉料经窑尾悬浮预热直接煅烧生产出硅钙钾镁肥。

（b）开发出配料和温度调控技术，有效减少了高硫烟气共同作用下旋风预热器的结皮问题，提高了装置运行效率。

（c）将不同助剂掺入高温焙烧反应，降低了磷石膏-含钾页岩体系焙烧温度，提高了不溶性钾的熔出率。

（d）集成创新磷石膏制酸联产水泥和硅钙钾镁肥整套工艺，实现了硫酸与水泥及硅钙钾镁肥的一体化、切换式生产，提高了磷石膏综合利用经济效益及市场适应性。

14.4.3 硅肥应用情况

早在 1804 年 de Saussure 就发现植物中含有硅，Sachs 于 1862 年正式提出硅是否参与植物营养过程的问题。在之后的 100 多年里，人类利用水培、土培及物理化学等技术，对硅做了大量试验和生产应用研究。目前，硅作为植物的一种必需营养元素的地位已基本明确，自此，人类对硅的认识进入一个崭新的时代。

硅在不同植物体内含量差异很大，根据植物体内硅含量（以 SiO_2 表示）的差异，可以将植物分为三类：第一类是蕨类植物（如木贼科的问荆）和湿地禾本科植物（如水稻），其含硅量可达 10% ～ 15%；第二类是旱地禾本科植物（如甘蔗、燕麦、小麦、大麦、玉米、高粱等），平均含硅量为 1% ～ 3%；第三类为大部分双子叶植物，尤其是豆科植物，含硅量在 1% 以下，有的豆科作物含硅量甚至小于 0.5%[30]。

硅在植物体内分布也很不均匀，而且不同类型作物硅的分布也不尽相同。在一些植物中，硅平均分布于植株地上部和根部，如番茄、小萝卜、绿洋葱和中国甘蓝等。有些植物地上部分的硅含量大大低于根中的硅含量，例如燕麦根部硅占植株总硅量的 2%，而地上部的穗、叶、茎硅含量可达 95% 以上；绛车轴草根中的含硅量约为地上部的 8 倍。

植物体内硅的主要沉积形态是无定形硅胶（$SiO_2 \cdot nH_2O$, 又称蛋白石）和多聚硅酸，其次是胶状硅酸和游离单硅酸 [$Si(OH)_4$]。木质部汁液中的硅主要是单硅酸。在高等植物中，硅和糖、蛋白质、纤维素等牢固地结合在一起。植物不同部位硅的形态有差异，根中离子态硅所占比例较高，水稻可达 3.8% ～ 8.0%, 但是叶片中难溶性硅胶高达 99% 以上。

根据硅肥生产所用原材料和生产工艺的不同，硅肥的品种主要有枸溶性硅肥、水溶性硅肥两大类。枸溶性硅肥是指不溶于水而溶于植物根系分泌的弱酸后被植物吸收的硅肥，常见的如用矿石经高温煅烧工艺制成的硅钙钾镁肥，炼钢厂的钢渣、磷酸生产的废渣等，一般作为土壤基施，用量较大（每亩 25 ～ 50 公斤）；水溶性硅肥是指溶于水可以被植物直接吸收的硅肥，农作物对其吸收利用率较高，为高温化学合成，生产工艺较复杂，成本较高，但施用量较小，一般常用作叶面喷施、冲施和滴灌，也可进行基施和追施，具体用量可根据作物品种喜硅情况、当地土壤的缺硅情况以及硅肥的具体含量而定。

硅肥对作物的作用主要体现在以下几点：改善土壤质量；提高植物的光合速率；降低植物的蒸腾速率，改善植物对其他营养元素的吸收；提高植物的抗逆性，提高植物抗病虫害能力；提高作物产量和品质。

14.4.3.1 硅肥在水稻上的应用

水稻施用硅肥具有一定的增产效果，各地均有报道。但因稻田土壤中有效硅含量以及地理、气候差异，增产效果不同，一般增产 10% ～ 25%，在极其缺硅地区，施硅可以增产近一倍 [31]。在五常水稻种植中施用硅钙钾镁土壤调理剂后，生物量提高 2.25% ～ 5.98%，倒伏情况有所改善，同时可提高产量，平均增产 10%，增加种植户经济效益，施用量在 800kg/hm^2 时，产投比可达 2.5 左右 [32]。

在早稻栽培中，加施硅钙镁磷钾肥可平衡水稻种植所需养分，促进水稻生长发育和提高产量；同时加施硅钙镁磷钾肥后，可适当减少磷钾肥的用量；施用硅钙镁磷钾肥以 1875kg/hm^2 效果最好，且较长时期可连续施用，不会产生副作用 [33]。硅钙钾镁肥中大中微量元素组合效应对水稻产量和品质有重要影响，不仅可促进水稻生长，增加每穴穗质量、每穗穗质量、谷草比，提高结实率和千粒重，从而提高水稻的产量，还能增强水稻抗性。施用硅钙钾镁肥使水稻抽穗期和成熟期比对照提前 1 ～ 2d，能促进水稻分蘖，用量为 300 ～ 375kg/hm^2 时效果较理想。施入量为 375 ～ 525kg/hm^2 时，鞘腐病和褐变粒的发病率均较低。硅钙钾镁肥在该地区的最佳施用量为 300 ～ 450kg/hm^2，可使水稻增产 4% ～ 10%[34]。

在抗性方面，充足的硅肥可以显著减轻水稻的生物和非生物胁迫。水稻施硅对生物胁迫的影响：

① 抗虫。有关研究表明硅对植物抗虫性有直接或间接的影响，包括在一定程度上增强植物的抗生性，降低植食性昆虫的选择性。Garbuzov 等研究发现，水稻施硅可使水稻叶鞘细胞硅质化，形成硅化层，能够充当机械屏障，对外界食草性昆虫具有一定的物理抵御作用，由此降低了昆虫对水稻的侵害。Kvedaras 等也发现，富含硅的水稻会使昆虫消化能力下降，不能满足昆虫生长发育所需营养，导致生长率下降，从而增加了水稻对虫害的抗性。

② 抗病。张翠珍等研究发现，施硅对植物茎腐病、小麦菌核病、白叶枯病、胡麻叶斑病、稻曲病、穗颈瘟、叶瘟病、纹枯病、白粉病等均有一定的抵抗作用。纹枯病的抗性是可以通过施用硅肥来提高的。研究认为这种抗性是由于叶片结构发生了变化，叶肉细胞硅层厚度随细胞质硅浓度增加而增加。通过对叶片糖含量和感染后光合速率的测定，发现硅对纹枯病菌的这些保护作用与叶片硅浓度有关。叶片硅含量高导致可溶性糖浓度增加，褐斑严重程度降低，但二者的作用是独立的。大量研究也表明，硅肥的施加还可以提高水稻对稻瘟病、纹枯病、白叶枯病的抵抗能力。这些抗病性的途径主要是植物体内的硅在水稻叶片中沉积，使表皮细胞形成硅化细胞，构成一道物理屏障，不仅能防止真菌菌丝的入侵，而且还能减轻真菌对细胞壁的酶降解作用。另一种观点则认为，硅可参与植物寄主和病原物相互作用体系的代谢过程，经过一系列生理生化反应和信号转导，激活寄主防卫基因，诱导植株抗病性的表达从而起到了抑制病害的作用[35]。硅可能与关键的植物胁迫信号系统相互作用，最终诱导产生对病原菌的抵抗，但是这方面的确切机制还不是很清楚，是今后的研究重点。

水稻施硅对非生物胁迫的影响：

① 抗旱。这种“角质-硅双层”结构可以减少叶面水分消耗，降低呼吸速率，在短期干旱时保证植物的正常生长，从而减轻植物的凋萎。因此，水稻吸收硅后，提高了抗旱、抗干热风和抗低温能力。

② 抗盐胁迫。硅可以改善盐胁迫下水稻光合系统与离子平衡，从而促进盐胁迫下水稻的生长；硅可以通过提高盐胁迫下水稻抗氧化酶活性，缓解盐胁迫造成的过氧化伤害与叶绿素降解，从而保护水稻的光合系统；硅可以通过提高盐胁迫下水稻钾吸收、钠外排以及与钠区隔化相关基因的表达，调控钠、钾吸收与转运，改善地上部分钠离子、钾离子平衡，缓解盐胁迫造成的离子毒害[36]。

③ 减缓重金属毒害。土壤中的重金属污染已是农产品安全重要威胁之一，研究发现施用硅肥可以有效降低土壤中一些重金属的毒害作用。贾倩等研究表明，施入硅钙肥可以有效地降低水稻对土壤中镉、铅的吸收，减小对水稻的毒害。不同形态的硅肥对镉的影响不同。魏晓等研究也发现，固态和液态硅的应用可以减少土壤中镉的移动和潜在移动，单硅酸与镉反应形成不溶性硅酸盐；土壤镉可以被富硅物质吸附，从而降低镉的移动性；硅元素还可以增加水稻质外体和共质体中单硅酸的浓度，从而使大部分镉积累在根部质外体中，有效降低镉在水稻组织中的迁移，硅也可因此降低水稻籽粒中镉的含量。硅肥可以减少水稻对镉的

吸收和运输，并增强对镉的耐受性，但其机理尚不清楚。有研究认为硅与细胞壁半纤维素结合，这些硅配合物在细胞壁上的负电荷可能导致镉结合增强，从而抑制水稻体内镉的转运。施硅也可以降低水稻铝的毒害，Browne 等研究发现，硅酸盐可以与金属铝反应生成新的硅酸铝复合物，从而降低铝的毒性。Lee 等在研究不同土壤中砷的释放和植物毒性的影响时发现，施硅后由于硅和砷在土壤固体上的竞争性吸附作用，土壤溶液中砷的浓度增加，土壤溶液中硅的浓度也提高到有利于水稻生长的水平，从而增加水稻对砷的吸收，降低土壤中砷的浓度，减小污染。水稻在高锰胁迫下，叶绿素、类胡萝卜素浓度和净光合作用随叶绿体降解而降低。高锰浓度可能通过多种机制抑制光合作用，包括抑制叶绿素和 ATP 合成、减少光收集过程、破坏光系统Ⅰ（PSⅠ）的稳定性和结构，以及降低磷酸激酶的活性。硅通过提高叶绿素浓度、光能利用率、ATP 浓度、稳定 PSⅠ 结构、促进 CO_2 同化，有效地提高了锰的耐受性[37]。

14.4.3.2 硅肥在麦类及玉米上的应用

喷施硅肥对小麦基部节间直径、厚度、机械强度、抗倒伏等具有一定的增强作用；喷施硅肥可以增加穗数、穗粒数和千粒重，进而提高产量，这可能与使用硅肥可以提高分蘖成穗率、增加小穗长度和小穗数、提升叶片功能进而增强光合作用有关；同时不浇水条件下硅肥的提升比例要高于浇水处理，说明硅肥还具有一定的抗干旱作用[38]。施用硅肥能促进小麦对氮、磷、钾、钙、镁等营养的吸收，并能改善小麦的生物学性状，具有显著的增产效应，但施用过量则会得到相反效果。小麦对硅的吸收主要发生在拔节期以后，植株中硅的含量随处理量的增加而持续上升[39]。盐渍土冬小麦施用 750kg/hm^2 硅肥后，土壤中碱解氮、速效磷增加明显，说明硅肥可以活化土壤中的磷元素；施用硅肥有利于小麦对氮素和磷素的吸收，小麦茎秆和籽粒中钾和硅元素含量提高，有利于提高小麦抗旱、抗倒伏的能力，使小麦茎叶坚挺，抑制其蒸腾作用[40]。施用硅肥还能增加玉米的叶色值，延缓叶片的衰老。作物产量 90% 以上来自光合作用，施用硅肥能提高小麦和玉米的净光合速率和光能利用效率、光饱和点和光补偿点，但是降低了两种作物的水分利用效率，这可能是因为叶片蒸腾速率提高的幅度大于净光合速率提高的幅度，从而降低水分利用效率[41]。施用硅钙肥提高了玉米叶绿素含量，增强了光合作用，促进了玉米生长，并且随着硅钙肥用量增加，玉米抗倒伏性增强。硅钙肥用量为 150kg/hm^2 时玉米产量最高，比不施硅钙肥处理高 14.39%，达到显著水平[42]。

14.4.3.3 硅肥在蔬菜上的应用

蔬菜由于经济效益高，人们为了提高产量而增加施肥量，尤其是盲目地增施氮肥，氮的输入是加速农田土壤酸化的重要因素。土壤酸化成为潜在的影响蔬菜种植甚至农业发展的一个重要问题。

在蔬菜种植上的研究表明，施用硅钙镁磷钾肥较习惯施肥能够有效提高番茄产量；施用硅钙镁磷钾肥提高了番茄产量、维生素 C 含量、可溶性固形物含量、可溶性糖、总酸、糖酸比及土壤 pH 值；硅钙镁磷钾肥以 1125kg/hm^2 的用量在番茄上效果最佳[43]。对于西芹-番茄轮作种植模式，施用硅钙钾镁肥/土壤调理剂能够明显改善土壤结构，增强土壤保水能力，与对照相比，施用 2 次硅钙钾镁肥后土壤容重降低 6.36%，土壤总孔隙度增加 4.97%，田间持水量增加 6.75%，渗透系数提高 46.28%；硅钙钾镁肥还能增加土壤养分含量，提高土壤保肥能力；硅钙钾镁肥能够提高蔬菜的产量和品质，对番茄品质的改善效果尤为明显；硅钙钾镁肥与秸秆配合施用效果更佳[44]。叶面喷施硅、铁处理可使番茄单果重、可溶性固形物、类黄酮、总酚、游离氨基酸和铁元素含量均显著增加，外源硅、铁肥配合施用可不同程度地促进番茄果实生长，提高果实品质，并以 1.5mmol/L Si 与 100μmol/L Fe 配施效果最好[45]。

施用硅钙钾镁肥能提高茄子产量，提高茄子维生素 C 含量；随着硅钙钾镁肥用量的增加，土壤 pH 值、有效磷、速效钾、交换性钙和交换性镁含量不断增高[46]。使用硅钙镁钾肥以后，黄瓜、辣椒均有明显的改善品质、增加产量的效果[47]。随着硅钙镁钾肥用量的增加，黄瓜果实中的维生素 C 含量均较对照有不同程度的提高，可溶性酸含量显著下降[48]。施用硅钙镁磷钾肥短期内可以显著提升酸性土壤的 pH 值和电导率，可以显著提高油菜产量，硅钙镁磷钾肥和复合肥配合施用对油菜增产效果最为明显；硅钙镁磷钾肥的加入可以提高油菜的维生素含量，并且对可溶性糖影响不大，改善了油菜品质[49]。固态硅肥和叶面硅肥的单独施用和混合施用都能减轻油菜群体的病害，硅肥的施用对油菜的农艺性状也有比较大的影响，硅肥处理的分枝数、每角果粒数、每株角果数相比空白处理显著增加[50]。

14.4.3.4　硅肥在瓜果上的应用

草莓种植中，整地前每亩撒施 50kg 硅钙镁肥，可明显促进草莓根系发达，根条数增加 5 ～ 7 条，根长增加 0.5 ～ 1.2cm，百叶鲜重增加 7.8%，会提前 5 ～ 7 天结果，果实着色率提高 22.7%，含糖量增加 11.8%，果个大，果形端正，单产增加 18.5%, 对草莓根腐病、叶片和果实的白粉病预防效果也较佳[51]。施用硅肥对草莓的营养生长和产量品质等指标都有明显的促进作用：一是在土壤中施用硅肥后，草莓移栽容易成活，植株长势增强；二是施用硅肥的草莓根系的分布面积比对照草莓根系分布的面积广，吸收根数量比对照明显增加；三是施用硅肥的草莓果实中维生素 C 含量与对照相比有明显的提高，果实的含糖量升高，含酸量降低，风味品质得到改善；四是施用硅肥后，草莓的单株产量明显提高[52]。与习惯施肥相比，施用 750kg/hm^2 硅钙钾镁肥能显著提高香蕉产量，不同品种的硅钙钾镁肥增产率为 3.82% ～ 5.64%，但品种之间的产量差异不显著；施用硅钙钾镁肥能增加果指长，并一定程度地提高果肉中维生素 C、可溶性糖和可溶性固形物含量；施用硅钙钾镁肥可使收获期土壤 pH 值比对照处理提高 0.12 ～ 0.72，并显著提高土壤有效钙和有效镁的含量[53]。

施用硅钙镁磷钾肥提高了葡萄产量，每亩用量 100kg 时产量最好，比对照提高了 39.97%；施用硅钙镁磷钾肥提高了葡萄单粒重、可溶性固形物和总糖含量，也改良了葡萄园土壤[54]。在以羊粪为基肥（对照）的基础上，每株施硅钙钾肥 1.5kg（即 3015kg/hm^2），对改善克瑞森无核葡萄果实着色、减少果实萎蔫程度、增加单果质量有一定效果，且叶绿素含量及产量较对照呈显著性差异[55]。研究表明，硅钙镁钾肥具有增强苹果抗病虫害的能力，但是不能代替农药；对于 8 ～ 15 年生苹果树，每株施硅钙镁钾肥 2.5 ～ 5kg，以果实收获后与土杂肥混合且在秋冬或早春施用为宜[56]。以活化腐植酸结合钾长石和石灰石等矿物原料开发出的硅钙钾镁肥，用于酸化果园土壤的改良，结果发现硅钙钾镁肥处理的苹果产量，分别较未施土壤改良剂和磷石膏土壤改良剂处理增产 12.31% 和 5.85%，增产效果显著；与磷石膏土壤调理剂相比，硅钙钾镁肥具有更明显的土壤改良效果，土壤 pH 值分别较未施土壤改良剂处理和磷石膏土壤调理剂处理提高 0.27 和 0.15，土壤阳离子交换量分别提高 0.32cmol/kg 和 0.11cmol/kg[57]。苹果树施用无机或有机硅肥后，均能提高叶片和果皮中的硅含量，硅对钙向果皮转运有促进作用，施用硅肥后，果皮中钙和硅的含量以及果肉中铁和锌的含量增加，果实的耐贮藏性以及营养品质都得以提高[58]。施用硅钙镁磷钾肥提高了梨产量，每亩施用100kg时产量最高，比对照提高40.51%；施用后提高了梨单果重、可溶性固形物和总糖含量；同时提高了梨园土壤pH值、有机质、阳离子交换量、碱解氮、速效磷、速效钾、交换性钙、交换性镁和有效锌含量；推荐用量为75kg/亩[59]。叶面喷施硅和钙，"皇冠"梨果肉中原果胶含量在果实膨大期和成熟期分别比对照高41.4%和40.7%，而可溶性果胶含量在膨大期比对照显著低60.7%，有利于提高膨大期和成熟期果肉细胞壁的稳定性；硅钙配施显著提高了膨大期和成熟期果肉中活性氧清除酶活性，成熟期超氧化物歧化酶和过氧化物酶活性分别比对照高244.8%和188.9%，而丙二醛含量显著降低91.1%，这会降低成熟期果肉中活性氧伤害，抑制膜脂过氧化；硅钙配施显著降低了田间果面褐斑病发生率，较对照降低49.4%。硅钙配施能增强膨大期和成熟期果实抗性，有效降低果面褐斑病发生率[60]。在丘陵砂壤土施用硅钙镁磷钾肥能提高甜樱桃产量、改善品质、提高了甜樱桃单果质量、可溶性固形物含量和总糖含量[61]。在桃园施用硅钙镁磷钾肥提高了桃产量，用量为1125kg/hm^{2}时产量最好，比对照提高了24.98%；施用硅钙镁磷钾肥提高了桃单果重、可溶性固形物和总糖含量，提高了桃园土壤pH值、有机质、阳离子交换量、碱解氮、速效磷、速效钾、交换性钙、交换性镁、有效锌和有效性铜的含量。在桃园习惯施肥的基础上，以穴施、树盘撒施并深翻、沿行条施、放射状沟施4种方式增施硅钙镁磷钾肥，施用量50kg/亩，施入深度20cm，连续5年试验结果表明，4种施用方式均比对照均显著提高了桃产量，以树盘撒施并深翻方式产量最高，提高22.33%；4种施用方式均比对照提高了桃单果重、可溶性固形物含量、总糖含量，降低了总酸含量，提高了桃园土壤pH值[62]。叶面喷施稀土与硅肥可显著提升果实中可溶性固形物含量水平和降低果实中的可滴定酸水平，同时喷施稀土与硅肥对桃果实疮痂病和褐腐病发病率具有较好的抑制作用[63]。柑橘园施用硅钙钾肥后，可明显调节土壤pH值；土壤黏粒部分硅铝率、硅铝铁率、阳离子交换量都有不同程度升高，增强土壤保水保肥能力；硅钙钾肥在柑橘上施用效果明显，能够使其提早成熟、改善果实品质、增加单果重，并且提高果实硬度、可溶性固形物含量、糖酸比和维生素C含量[64]。试验表明，纳米硅对柑橘青霉菌有明显抑制效果，防效接近多菌灵等农药，加硅可使植物细胞中的酚类物质积累，产生一些抗菌物质，提高植物对病害的抵抗作用[65]。施用硅钙钾镁肥3年，各年度大部分处理的蜜柚产量均有不同程度的提高，对蜜柚个数和裂果率影响不大；施入不同用量的硅钙钾镁肥能不同程度提高蜜柚维生素C含量、可溶性糖含量，总酸含量变化不明显，酸度平均值呈现下降趋势，糖酸比差异并不显著；3年施用硅钙钾镁肥能提高土壤pH值、有效磷、速效钾、交换性钙和交换性镁含量，增强土壤抗酸化能力。考虑到成本因素，硅钙钾镁肥以750kg/hm^{2}的用量对蜜柚增产效果及品质最好[66]。在田间条件下通过向枣园施用不同浓度的硅钙钾肥，结果表明：施用硅钙钾肥可以促进枣树叶片及果实生长，叶片长、宽及面积与果实纵径均明显高于对照，施用量为4kg/棵效果最明显；施肥后红枣中的有机酸含量、维生素C含量、可溶性糖含量都得到明显提高；施用硅钙钾肥可以明显增强枣树抗病害能力，降低裂果率和病果率并且明显提高吊果比、单果重及产量，以4kg/株增产幅度最大，增产率达到21.8%[67]。

14.4.3.5 硅肥在花生、大豆、烟叶等经济作物上的应用

使用硅钙钾镁肥可使花生空壳死苗现象得到控制，荚果多，籽仁饱满[68]。干旱胁迫下喷施硅肥后可以有效促进花生幼苗的生长，提高光能转化率和光合效率，提高叶片抗氧化酶活性，降低膜脂过氧化过程，增强花生的抗旱能力，缓解干旱胁迫对花生的伤害[69]。夏播大豆增施硅肥作基肥，可有效地改善大豆的农艺性状，降低倒伏率，增加大豆叶面积指数和

叶绿素含量；能够使大豆增产，提高大豆的蛋白质含量，降低大豆的油分含量[70]。采用田间试验研究了不同梯度枸溶性硅肥对烤烟抗氧化酶、质体色素、常规化学成分的影响，结果表明施用硅肥对提高烤烟叶片超氧化物歧化酶（SOD）、过氧化物酶（POD）活性和降低丙二醛（MDA）含量具有显著影响；施用硅肥使烤后原烟总糖、还原糖、钾含量提高，总氮、蛋白质、氯含量下降，改善了烟叶品质，以施用量50kg/亩处理的综合效果较好[71]。烟叶种植中施用硅钙钾镁肥，1125kg/hm^{2}处理效果最好，土壤pH值升高0.3，叶片钾含量提高0.3%，均价提高1.5元/kg，上等烟比例提高3.0%[72]。施用硅钙钾镁肥能显著提高果蔗产量，产量增加6.6%～17.4%，施用量在1500kg/hm^{2}时产量达到最高，差异显著；蔗糖含量、茎长、节长、茎粗等随硅钙钾镁肥用量增加呈增加趋势，在施用量为1500kg/hm^{2}时达到最佳，蔗糖含量提高了9.3%[73]。硅钙钾肥作为基肥施用明显增加盐碱地棉花的K^+吸收积累量、减少Na^+吸收积累量；硅钙钾肥的施用还可维持较高的棉株叶面积、叶绿素含量，增强棉花抗逆性，增加棉株干物质积累量，提高棉花产量；在常规施肥量的基础上，加施硅钙钾肥750kg/hm^{2}的处理棉花皮棉产量比对照增加6.9%，差异达显著水平[74]。

14.5　硼肥

14.5.1　硼肥生产概况

硼肥泛指含有硼元素的肥料，基本上可分为固体硼肥与液体硼肥，可以由硼砂、硼酸以及硼矿石等配制而成。目前世界硼产品的生产原料主要有硼酸盐矿物，如天然硼砂、遂安石、硼镁石、硬硼钙石、天然硼酸、钠硼解石、柱硼镁石、硅钙硼石等。我国含硼产品主要来源有硼镁矿、硼镁铁矿、盐湖硼镁矿等。

国外硼肥主要生产国有美国、智利、秘鲁、玻利维亚、阿根廷、土耳其、意大利等国。硼肥品种及企业主要有力拓集团的美国硼砂集团的持力硼（Granubor）、众爱硼（Fertibor）、速乐硼（Solubor）；智利奎米卡的硼钠钙肥、九硼颗粒、十硼颗粒、QUIBOR15B；秘鲁英卡博的FertiBagra15与FertiBagra20；南美玻利维亚的硼钠钙肥；土耳其埃蒂矿业的ETIDOT-67；阿根廷圣丽塔的AQUABOR；意大利拉塔瑞罗的富力硼（FoliarelQS）。进口硼肥组成与性质见表14-11所示。

表14-11　进口硼肥组成与性质

产地	品牌	型号	B/%	B_2O_3/%	外观	化学成分
智利	奎米卡	硼钙镁肥	3.4	20.0	灰色颗粒	$NaCaB_5O_9 \cdot 8H_2O$
		九硼颗粒	9.0	29.0	灰色颗粒	$NaCaB_5O_9 \cdot 8H_2O$
		十硼颗粒	10.0	32.0	灰色颗粒	$NaCaB_5O_9 \cdot 8H_2O$
		QUIBOR15B	15.2	48.0	无规则颗粒	$Na_2B_{10}O_{16} \cdot 10H_2O$
		DOT	20.5	67.0	白色粉末	$Na_2B_8O_{13} \cdot 4H_2O$

续表

产地	品牌	型号	B/%	B_2O_3/%	外观	化学成分
美国	力拓镁硼	Granubor	14.3	48.3	无规则颗粒	$Na_2B_4O_7 \cdot 5H_2O$
		Fertibor	15.2	48.9	白色粉末	$Na_2B_4O_7 \cdot 5H_2O$
		Solubor	20.5	68.6	白色粉末	$Na_2B_8O_{13} \cdot 4H_2O$
秘鲁	英卡博	FertiBagra15	14.9	45.0	白色粉末	$Na_2B_4O_7 \cdot 5H_2O$
		FertiBagra21	20.8	68.18	白色粉末	$Na_2B_8O_{13} \cdot 4H_2O$
南美	玻利维亚	硼钠钙肥	13.5	35.0	灰色颗粒	$Na_2O \cdot 2CaO \cdot 5B_2O_3$
土耳其	埃蒂矿业	EDIDOT-67	20.6	67.5	白色粉末	$Na_2B_8O_{13} \cdot 4H_2O$
阿根廷	圣丽塔	AQUIBOR	21.0	67.5	白色粉末	$Na_2B_8O_{13} \cdot 4H_2O$
意大利	拉塔瑞罗	FoliarelQS	21.0	68.5	白色粉末	$Na_2B_8O_{13} \cdot 4H_2O$

由表 14-11 可知，进口硼肥中，五水硼砂、四水八硼酸钠以及硼钠钙肥为主要品种。$Na_2B_{10}O_{16} \cdot 10H_2O$ 为配制产品，$Na_2O \cdot 2CaO \cdot 5B_2O_3$ 则为钠硼解石脱水产物。

我国硼肥产品主要来源是工业硼砂、硼酸，少量来自一步法硼酸生产的副产品硼镁肥（含硼硫酸镁）、硼砂生产的废弃物硼泥基硼镁肥以及利用西藏库水硼镁石和硫酸镁混合制得的颗粒硼镁肥。我国专用的硼肥研究及生产起步较晚，国内硼砂产品多为十水硼砂，五水硼砂很少，无水硼砂几乎没有，这也是我国硼肥主要依赖进口的主要原因。

目前，国内已经开始生产速溶硼肥，主要成分为四水八硼酸钠，硼（B）含量高达 21%，具有水溶性好、用量少、植物吸收利用率高、土壤残留少等特点。四水八硼酸钠目前已极少进口，主要由国内企业生产供应。我国有 38 家生产硼肥企业，大多数小而散，没有形成规模。

高质量的硼肥具有高硼含量、高纯度，单质硼含量 15% ～ 21%，有效营养成分硼酸钠盐含量达 99%，易溶于土壤水溶液中，并可快速被作物吸收，硼元素释放均匀，肥效保持时间较长，颗粒大小一致，具有良好分散性，十分适合与氮磷钾复混，不易造成土壤硼中毒；颗粒坚硬，在产品运输、土壤施用、工业操作过程中不易破碎，产品外观始终如一。

14.5.2 硼肥生产技术

14.5.2.1 国内外主要生产国及产品

土耳其的硼矿资源世界第一，主要是硬硼钙石、天然硼砂、钠硼解石等，埃蒂硼公司有 100 万吨 / 年的五水硼砂、15 万吨 / 年的十水硼砂、35 万吨 / 年的硼酸以及 8000 吨 / 年四水八硼酸钠生产规模，主要生产无水硼砂、五水硼砂和十水硼砂。

美国硼矿资源主要有天然硼砂、四水硼砂、硬硼钙石、盐湖硼矿等。美国硼砂集团是英国力拓矿业集团的全资子公司，是世界最大的精制硼酸盐生产商，主要生产硼酸、硼砂、无水硼砂和硼酐，其中五水硼砂产能 80 万吨 / 年，硼酸产能 30 万吨 / 年。

智利 Quiborax 公司硼资源主要为钠硼解石矿，用来生产硼酸、农用化学品以及四水八硼酸钠，其中硼酸产能 12 万吨 / 年，硼肥产能 15 万吨 / 年。

阿根廷硼矿资源主要有硬硼钙石、水方硼石、四水硼砂、天然硼砂以及钠硼解石，主要生产硼酸、硼砂、十水硼砂、四水八硼酸钠。

秘鲁硼矿资源主要有斜硼钠钙石，主要生产硼酸等。

中国硼矿资源主要有硼镁矿、硼铁矿、盐湖硼矿、钠硼解石、硼砂矿等，主要生产十水硼砂、硼砂、硼酸、副产含硼硫酸镁（硼镁肥）。

14.5.2.2　硼肥生产工艺

（1）十水硼砂　硼砂是十水四硼酸钠，又称月石砂，分子式是 $Na_2B_4O_7 \cdot 10H_2O$，分子量 381.37，无色透明单斜晶体或白色粉末，无臭，味略咸，在空气中易氧化，易溶于水，0℃时饱和溶液含 $Na_2B_4O_7$1.3%，100℃时饱和溶液含 $Na_2B_4O_7$34.3%，水溶液呈碱性。工业产品的纯度为 95% ～ 99.5%，折成硼含量为 10.3% ～ 10.8%。

国外，土耳其等国的硼资源丰富，基础硼矿以硼砂矿为主，通过简单的水溶浸出即可得到十水硼砂。我国以硼镁矿、硼铁矿等为原料，采用碳碱法生产十水硼砂，副产物为硼泥。

反应方程式如下：

$$2MgO \cdot B_2O_3 + CO_2 + Na_2CO_3 + (11+x)H_2O =\!=\!= Na_2B_4O_7 \cdot 10H_2O + Mg(OH)_2 \cdot \frac{5}{3}MgCO_3 \cdot xH_2O$$

工艺流程如图 14-20 所示。

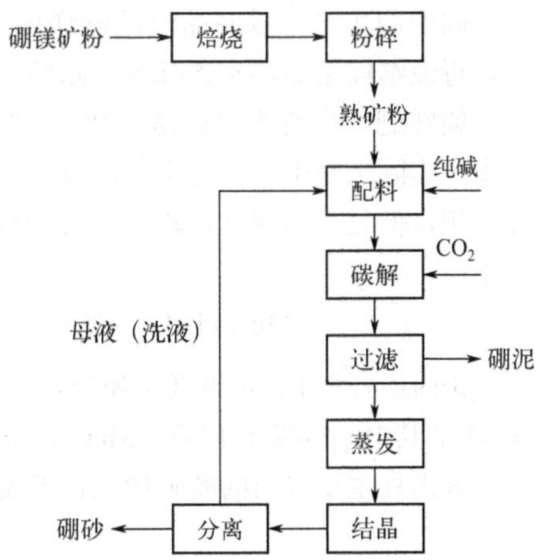

图 14-20　工艺流程

（2）五水硼砂与无水硼砂　五水硼砂的生产以十水硼砂或天然硼砂矿为原料，用近沸点的水溶解后，过滤去除杂质，采用真空结晶技术，控制温度由高至低结晶，分别得到五水硼砂与十水硼砂。另一种工艺是以十水硼砂为原料，采用高温脱水技术，控制不同的脱水温度由低到高，分别得到五水硼砂和无水硼砂。转化过程如下：

$$Na_2B_4O_7 \cdot 10H_2O \longrightarrow Na_2B_4O_7 \cdot 5H_2O \longrightarrow Na_2B_4O_7$$

（3）四水八硼酸钠　四水八硼酸钠（$Na_2B_8O_{13} \cdot 4H_2O$）是一种新型的硼肥品种，具有易溶、含硼量高等特点，含硼 21.17%（硼含量的理论值），易溶于冷水中，是一种新型高效速溶性硼酸盐。主要改进了硼酸盐的含硼量低、低温不溶于水的性质，具备其他硼酸盐的一切性质。分子量412.52，白色精细粉末，氧化硼（B_2O_3）66.97% ～ 68.18%，硼元素（B）20.8% ～ 21.17%，冷水中易溶解。主要应用途径为叶面硼肥、植物生长调节剂、杀菌剂、杀虫剂和真菌保护剂等。

目前，制备四水八硼酸钠的技术是以十水硼砂与硼酸为原料，将硼砂和硼酸按一定物质的量比配制成硼酸钠水溶液，缓慢搅拌，使固相全部溶解。在 80 ～ 100℃反应 1.5h，有微量不溶物，趁热过滤除去，再经过冷却结晶、过滤、干燥，最终得到 $Na_2B_8O_{13} \cdot 4H_2O$ 固体。反应方程式如下：

$$Na_2B_4O_7 \cdot 10H_2O + 4H_3BO_3 =\!=\!= Na_2B_8O_{13} \cdot 4H_2O + 12H_2O$$

（4）$Na_2B_{10}O_{16} \cdot 10H_2O$　$Na_2B_{10}O_{16} \cdot 10H_2O$ 为一种新产品，制备方法为：按照一定比例将十水硼砂、硼酸与水混合，装入水热反应釜内，在 170 ～ 180℃条件下反应几天，冷却后得到的产品。反应式方程式如下：

$$Na_2B_4O_7 \cdot 10H_2O + 6H_3BO_3 = Na_2B_{10}O_{16} \cdot 10H_2O + 9H_2O$$

（5）硼钠钙肥 1　以钠硼解石为原料，采用高温脱水的技术得到无定型的硼钠钙肥。转化过程如下：

$$Na_2O \cdot 2CaO \cdot 5B_2O_3 \cdot 16H_2O \longrightarrow Na_2O \cdot 2CaO \cdot 5B_2O_3 \cdot 13H_2O \longrightarrow$$
$$Na_2O \cdot 2CaO \cdot 5B_2O_3 \cdot 2H_2O \longrightarrow Na_2O \cdot 2CaO \cdot 5B_2O_3$$

（6）硼钠钙肥 2　以硼解石为原料制备，转化过程如下：

$$Na_2O \cdot 2CaO \cdot 5B_2O_3 \cdot 16H_2O \longrightarrow 2NaCaB_5O_9 \cdot 8H_2O$$

（7）硼钙镁磷肥　以白云石、硼镁矿、蛇纹石、磷矿以及焦炭等为原料，采用高炉法生产，在 1235℃焙烧得到硼钙镁磷肥。

硼镁钙磷肥成分：总磷 26%、总硼 3%、镁 15%、钙 29.3%、硅 29.6%、铁 2%。

（8）硼酸与硼镁肥　硼酸可认为是氧化硼的水合物，即 $B_2O_3 \cdot H_2O$，分子式 H_3BO_3，分子量 61.83，外观为无色透明的三斜晶体，呈六角形带光泽结晶或白色粉末状细结晶，无臭，溶于水，溶解度随温度升高而升高，20℃时溶解度 4.87%，100℃时 38%，水溶液为弱酸性。硼酸是制备四水八硼酸钠的原料，同样也是一种酸性硼肥。

硼酸的生产：以高品位的硼镁矿为原料，与硫酸反应生成硼酸和硫酸镁，结晶得到硼酸，母液继续结晶得到含有少量硼酸（1% ～ 3%）的硫酸镁。

硼镁肥，含有少量硼酸（1% ～ 3%）的硫酸镁中含有镁、硫以及少量的硼、铁、钙等元素，实际上是中微量元素肥的雏形，被当作肥料使用后，效果非常好，逐渐地就称为晶体硼镁肥，但是其中硼含量较少，对于缺硼严重地区，需注意硼含量的不足。制备反应方程式如下：

$$MgO \cdot B_2O_3 + H_2SO_4 + 9H_2O = 2H_3BO_3 + MgSO_4 \cdot 7H_2O$$

国内还有利用西藏硼镁矿和苦土粉硫酸反应物（硫酸镁）混合制备的颗粒硼镁肥，B_2O_3 含量 15%（其中水溶硼 0.18%），MgO 含量 30%（其中水溶镁 6.5%），颗粒硼镁肥主要出口东南亚。

国内外主要采用的硼矿加工技术见表 14-12。

表14-12　国内外主要硼矿加工技术

硼矿	技术	反应	产品	应用
钠硼解石、硬硼钙石、硅钙硼矿、硼镁矿	碱法、加压碳碱法	Na_2CO_3、NaOH、$NaHCO_3$、$Na_2CO_3+CO_2$	硼砂	中国、土耳其、俄罗斯
天然硼砂矿、硼钙石矿、硅硼钙矿、硼镁矿	酸法	H_2SO_4、HCl、HNO_3、H_3PO_4、CO_2、HF、H_4SiO_4	硼酸	土耳其、美国、中国、俄罗斯
钠硼解石、硬硼钙石、白钙硼矿、硼镁矿	氨法	NH_3、$(NH_4)_2SO_4$、$(NH_4)_2CO_3$、NH_4HCO_3、NH_4HSO_4、$NaCl+CO_2+NH_3$	硼酸 硼砂	土耳其、美国、中国、俄罗斯
钠硼解石、硬硼钙石、白钙硼矿、硼镁矿	溶剂萃取法、电解电渗析浮选法、离子交换法、二氧化硫法	多元醇、烷基磷酸钠、聚萘磺酸、羟基酸盐、二氧化硫	硼酸	中国、俄罗斯、美国

硼酸的主要生产方法有中和法、碳氨法、盐酸法和硫酸法。

① 中和法：此法生产硼酸的主要原料是工业硼砂和硫酸，二者之间发生中和反应生成硼酸和硫酸钠，反应式如下：

$$Na_2B_4O_7 \cdot 10H_2O + H_2SO_4 = 4H_3BO_3 + Na_2SO_4 + 5H_2O$$

将硼砂在溶解罐中加水和母液调配成一定浓度的溶液，并升温至 90℃，则硼砂全部溶解，过滤去渣，滤液加硫酸复分解，控制溶液 pH 值 2 ～ 3 和反应温度 70 ～ 90℃，得到的硼酸溶液冷却至 35 ～ 38℃，析出结晶，离心脱水、干燥即得成品硼酸。离心脱水所得母液经浓缩后，析出硫酸钠结晶，离心分离得副产品硫酸钠，母液返回溶解罐。

② 碳铵法：此法是以硼镁矿、氨水和二氧化碳为原料。硼镁矿经焙烧脱水（结构水）后粉碎，矿粉细度控制在 90% 以上通过 160 目标准筛。在配料罐内，将矿粉、碳酸氢铵溶液（由氨水、二氧化碳反应制得）和分离硼酸的母液充分搅拌混合，混合均匀的料浆送入浸取釜，在一定的温度（140℃ ±5℃）和压力（反应压力 1.5 ～ 2MPa）下进行浸取反应，生成硼酸铵。反应式为：

$$2MgO \cdot B_2O_3 + 2NH_4HCO_3 + H_2O = 2NH_4H_2BO_3 + 2MgCO_3$$

随着反应的进行，压力下降，出料压力为 0.2 ～ 0.3MPa，出料温度＜ 115℃。用压滤机进行过滤，滤渣中水溶性 H_3BO_3 不高于 0.35%, 滤液送入蒸氨塔。硼酸铵加热分解，生成硼酸并蒸出氨，回收氨水供碳化用。硼酸溶液经过真空蒸发浓缩后送入结晶器内，结晶器采用不锈钢衬里的设备，附冷却水夹套。当结晶温度降到 20 ～ 25℃时开始离心分离，得到的湿硼酸采用气流干燥机干燥，即得成品。

中和法和碳铵法生产硼酸消耗定额见表 14-13。

表14-13　硼酸生产消耗定额　　单位：kg/kg

原料	中和法	碳铵法
硼砂（$Na_2B_4O_7 \cdot 10H_2O$100%）	1.61	—
硫酸（$H_2SO_4$100%）	0.415	—
硼矿粉（$B_2O_3 \geqslant 12\%$）	—	5.54
氨水（$NH_3$100%）	—	0.0724

③ 盐酸法：此法是用盐酸分解硼镁矿，使矿石中的三氧化二硼变成硼酸而转入液相中。矿石可不经焙烧，粉碎到 60 ～ 80 目后，和水一起加入反应器中，边搅拌边加热，待达到 70 ～ 80℃时，边加热边加酸进行酸解，酸解时间 2h，然后趁热进行过滤。滤饼抽干后，用 85 ～ 90℃热水洗涤，滤液送去蒸发，蒸发温度应控制在 122 ～ 124℃，否则会使硼酸和氯化镁同时析出。浓缩液经冷却结晶、分离而得粗硼酸，再用重结晶法精制，除去杂质，干燥后即得成品。

盐酸分解硼镁矿主要化学反应如下：

$$2MgO \cdot B_2O_3 \cdot H_2O + 4HCl = 2H_3BO_3 + 2MgCl_2$$

制取农用硼酸时，不需要严格控制蒸发温度，因为同时析出的氯化镁也是植物所需要的养分（镁肥）。

④ 硫酸法：用硫酸直接分解硼矿粉制取硼酸。所用硼矿可以是硼镁矿、水方硼石、硬硼钙石等。我国的资源主要是硼镁矿，用硫酸分解制取硼酸工艺流程如图 14-21 所示。

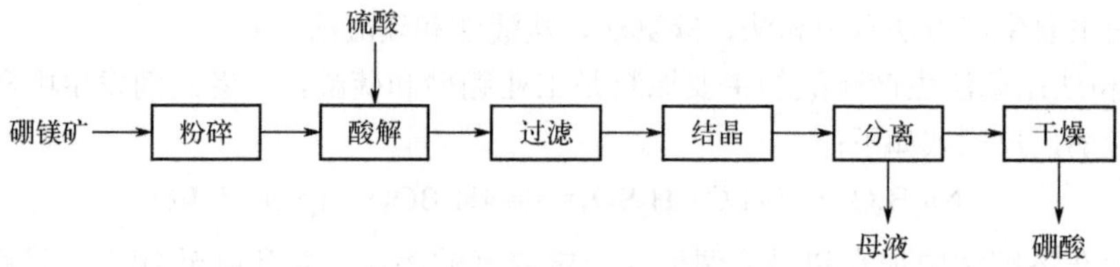

图 14-21　硫酸法制取硼酸工艺流程

硼镁矿粉碎至细度 30 ～ 80 目，按照一定配比并经计量依次将清水、洗水、矿粉和硫酸加入酸解反应器中。硫酸用量为理论量的 60% ～ 80%，最佳液固比为 2∶1（质量比），反应温度约 95℃，反应时间约 1h。然后趁热过滤，过滤器在操作前最好先用蒸汽预热，以免过滤过程中析出硼酸结晶；滤渣应用 90℃以上的热水充分洗涤。滤液经冷却结晶、离心分离和干燥，即得硼酸产品。分离母液用于制取晶体硼酸镁。

硫酸法的优点是矿石不经焙烧，粉碎后可直接使用，工艺技术成熟、流程简单。但对矿石品位要求较高。由于我国硼矿品位逐年下降，本法基本上已经停用。但鉴于晶体硼镁肥的推广应用，也有生产厂家采用本法小规模地生产硼酸和晶体硼镁肥。

目前尚未制定农用硼酸标准，工业硼酸执行国家标准 GB/T 538—2018（表 14-14 和表 14-15）。

Ⅰ类硼酸产品按标准 GB/T 538—2018 规定的试验方法检测，应符合表 14-14 的规定。

表14-14　Ⅰ类硼酸产品标准（GB/T 538—2018）

项目	指标		
	优等品	一等品	合格品
硼酸 (H_3BO_3)/%	99.6 ～ 100.8	99.4 ～ 100.8	≥ 99.0
水不溶物 /%	≤ 0.01	≤ 0.040	≤ 0.06
硫酸盐 (以 SO_4 计)/%	≤ 0.1	≤ 0.20	≤ 0.60
氯化物 (以 Cl 计)/%	≤ 0.010	≤ 0.05	≤ 0.10
铁 (Fe)/%	≤ 0.0010	≤ 0.0015	≤ 0.0020
重金属 (以 Pb 计)/%	≤ 0.0010	—	—

Ⅱ类硼酸产品按标准 GB/T 538—2018 规定的试验方法检测，应符合表 14-15 的规定。

表14-15　Ⅱ类硼酸产品标准（GB/T 538—2018）

项目	指标
硼酸 (H_3BO_3)/%	≥ 99.9
水不溶物 /%	≤ 0.0050
硫酸盐 (以 SO_4 计)/(mg/kg)	≤ 3
氟化物 (以 F 计)/(mg/kg)	≤ 2
氯化物 (以 Cl 计)/(mg/kg)	≤ 1
磷酸盐 (以 PO_4 计)/(mg/kg)	≤ 10
钠 (Na)/(mg/kg)	≤ 10

续表

项目	指标
铁 (Fe)/(mg/kg)	≤ 2
钙 (Ca)/(mg/kg)	≤ 10
镁 (Mg)/(mg/kg)	≤ 10
铝 (Al)/(mg/kg)	≤ 5
硅 (以 SiO_2 计)/(mg/kg)	≤ 10
砷 (As)/(mg/kg)	≤ 2
重金属 (以 Pb 计)/(mg/kg)	≤ 2
硼 ($^{10}B/^{11}B$) 丰度比	≥ 0.244

14.5.2.3　复配技术

（1）水溶肥

例 1：以硼砂和硼酸为原料合成四水八硼酸二钠，再加入硫酸铜和硫酸锌，制备出液体型含锌、铜的高硼微量元素水溶肥料，微量元素总量为 101.4g/L，产品符合 NY 1428—2010 的要求；产品中硼含量较高，可以达到 65g/L。

例 2：以硅酸钾和硼砂为原料，采用水热法制备液体型高浓度硅硼肥。制备工艺为：硅酸钾溶液密度为 1.24g/mL、pH 值为 13.4、硼砂与硅酸钾质量比为 3.92、反应温度为 70℃、反应时间为 4h。该条件下制备出的液体型硅硼肥产品中二氧化硅质量浓度为 39.34g/L，硼质量浓度为 100.40g/L，氧化钾质量浓度为 39.48g/L，产品符合《微量元素水溶肥料》（NY 1428—2010）的要求。

例 3：高浓度液体水溶性硼肥。采用水热反应制备高浓度液体水溶性硼肥，工艺条件：n(硼砂)∶n(磷酸二氢铵)∶$n(H_2O)$= 1.00∶0.68∶9.34，反应温度为 100℃，反应时间为 4.5h。在此条件下制备的水溶性硼肥中总硼质量浓度为 103.02g/L，符合微量元素水溶肥料农业行业标准（NY 1428—2010）的技术指标要求。该方法制备工艺相对简单，操作控制容易，产品硼含量高。

例 4：人参叶面肥。按质量份数，取丁酰肼 0.05 ～ 0.2 份、硼肥（硼酸或硼砂）0.05 ～ 0.2 份、吲哚丁酸 0.0005 ～ 0.0015 份和水 100 份，配制成混合水溶液，于人参展叶末期、绿果期和果实红熟后期叶面喷施。

例 5：有效提高烤烟含硼量的叶面肥。其特征在于所述叶面肥用以下质量千分比的原料制成：硼砂 3.0‰～ 5.0‰、硼酸 1.0‰～ 3.0‰、磷酸二氢钾 0.5‰～ 1.0‰、硫酸亚铁 0.3‰～ 0.5‰、硫酸锰 0.1‰～ 0.3‰、黄腐酸 0.2‰～ 0.5‰、植物生长素 0.05‰～ 0.08‰、螯合剂 0.1‰～ 0.3‰、助溶剂 0.2‰～ 0.4‰、表面活性剂 0.1‰～ 0.3‰，余量为水。植物生长素为萘乙酸钠、螯合剂为 EDTA、助溶剂为甘油、表面活性剂为十二烷基苯磺酸钠；叶面肥 pH 值为 5.8 ～ 6.5，适用于有效硼含量≤ 0.20mg/kg 烟田。

例 6：利用棉粕制备的氨基酸叶面肥。配料：棉粕提取的氨基酸原液 73% ～ 77%、氨基酸粉剂 14.0% ～ 14.5%、钼酸铵 0.71% ～ 0.82%、硼肥（硼砂）2.24% ～ 2.59%、硫酸锰 1.17% ～ 1.35%、硫酸锌 1.68% ～ 1.94 %、硫酸铁 1.73% ～ 2.00 %、其余为水，各组分之和为 100%。

（2）控释肥

例 1：玉米控释肥。配料：颗粒状生物有机肥（有机质质量分数为 52%，活性菌为 0.2 亿个 /g）400 ～ 425 份、硫包衣氮钾锌硼颗粒肥［N 22%，K_2O 24%，$ZnSO_4$ 8% ～ 12%，$Na_2B_4O_5(OH)_4 \cdot 8H_2O$ 0% ～ 6%，质量分数，下同］200 ～ 230 份、树脂包衣尿素（N 42%）35 ～ 55 份、大颗粒钾肥（K_2O 60%）125 ～ 145 份、颗粒磷酸二铵（P_2O_5 46%，N 18%）220 ～ 240 份。

例 2：生物缓释型烟草专用肥。生产原料：微生物菌剂、农用硝酸铵、硫酸钾、磷酸一铵、硼砂、硫酸镁、硫酸锰、膨润土、硫黄、石蜡等。生产 1000g 生物缓释型烟草专用肥的原料配比：颗粒状增产菌剂（有益菌数 2 亿 /g）10 ～ 15g、颗粒状硫包膜硝铵 [w（N）30%、w（S）6%]180 ～ 200g、颗粒硝铵 [w（N）34%]80 ～ 100g、颗粒磷钾锌硼肥 [w（P_2O_5）22%、w（K_2O）24%]620 ～ 660g。

（3）硅镁硼锌复合颗粒肥

例：由以下质量分数的原料制备而成，镁肥 20% ～ 70%、硅肥 10% ～ 30%、硼肥 5% ～ 10%、锌肥 3% ～ 8%、黏结剂 3% ～ 5%、助剂 1 3% ～ 8%、助剂 2 5% ～ 56%。所述镁肥选自无水硫酸镁、一水硫酸镁、五水硫酸镁和七水硫酸镁中的至少一种；所述硅肥选自硅酸钠和偏硅酸钠中的至少一种；所述硼肥选自硼砂、硼酸和硼镁肥中的至少一种；所述锌肥选自七水硫酸锌、一水硫酸锌和氧化锌中的至少一种；所述黏结剂选自羧甲基纤维素钠和玉米淀粉中的至少一种；所述助剂 1 为质量比为（1 ～ 8）∶1 的生石灰和钙镁磷肥；所述助剂 2 为质量比为 1∶（1 ～ 3）的高黏土和凹凸棒土。硅镁硼锌复合颗粒肥具有优异的防霉特性，不易结块。

（4）螯合肥　氨基酸螯合肥、EDTA 螯合肥、腐植酸螯合肥、糖醇螯合肥的肥效明显高于普通无机肥料，不仅可以增加作物产量，而且在改善品质等方面具有显著的优势。其中，糖醇螯合肥具有易螯合的多齿结构，在植物体内输送能力强且肥料效果好，相比其他螯合肥料具有明显的优势。螯合肥产品营养全面，养分含量高，固体状态，能迅速溶解于水，无沉淀；肥料利用率高，减少化肥环境污染，能改善果菜等农产品品质，促进大棚蔬菜、果园喷滴灌技术一体化的发展；可生产各种冲施肥、叶面肥、肥料增效剂，也可用作水培营养液、冲施肥、喷施肥。

例：采用螯合技术，以精品硼酸（含量 99%）、氢氧化钠为主要原料精制而成。具有溶解性好、吸收快等特点，有效成分硼酸钠盐含量≥ 98%, 纯硼含量≥ 21%。该产品即使在低温下，也能快速湿化并迅速溶解到水和更黏稠的液体中，及时满足作物对硼的需求。施用该产品方便安全，可在任何温度下喷施、基施，能迅速被农作物吸收，对土壤、农作物不留残毒。另外，该产品具有较高的混配性，水溶液接近中性，可与化学农药等配伍使用。

14.5.3 硼肥应用情况

硼是作物生长必需的微量元素，虽然需要的量很少，但是不可或缺，尤其是对一些开花结果的作物，如各种果树、粮食作物、花生、大豆、西瓜、番茄等。

① 硼素供应充足，根系生长好，植物生长繁茂，坐果率高，膨果好，籽粒饱满；反之，硼素供应不足，植株生长不良，落花落果严重，籽粒灌浆不饱满，果实僵果，产品的质量和产量下降。

② 糖类的合成是产量形成的物质基础，硼参与糖类在植物体内的分配与运转，促进果实膨大，籽粒饱满，增甜提质。缺硼叶片中的光合产物运输不出去而使叶身增厚，因此作物不仅花期需要硼，后期膨大也需要硼的参与。研究表明，作物一季节喷施 3 次硼肥，至少可以增产 20%，配合基肥，增产更显著。

③ 硼是细胞壁中果胶的构成成分，影响着细胞壁和细胞膜的结构和生理功能，也与果实生理、品质形成及采后耐贮性密切相关。硼主要存在于细胞壁果胶中与鼠李糖、半乳糖醛酸、乳糖形成 B-RGII 复合物，使果胶网络得以固定在细胞壁的纤维素和半纤维素骨架上，从而增加细胞壁结构的稳定性。

④ 硼能增强花粉粒的活性，促进花粉的萌发和花粉管的伸长，增加开花的数量和质量，促进受精，减少受精不良引起的落果和籽粒空秕，灌浆不饱满。作物缺硼，容易出现蔬菜瓜果“花而不实”、小麦“小花不孕”、棉花“花而不蕾”、水稻籽粒不饱满、花生空壳、柑橘畸形裂果等。此外，硼能促进根系的发育，促进钙的吸收，缺硼时先在生长点出现症状，根尖、茎尖停止生长，严重时生长点萎缩死亡。

14.6 锰肥

14.6.1 锰肥生产概况

锰肥的主要品种主要有硫酸锰、氧化锰、氯化锰、碳酸锰、二氧化锰、硝酸锰、硫酸铵锰，用作锰肥的含锰化合物详见表 14-16。

表14-16　用作锰肥的含锰化合物

品名	分子式	含锰量 /%	性质
硫酸锰	$MnSO_4 \cdot H_2O$	29.3 ～ 31.8	淡玫瑰红色细小晶体，易溶于水
氧化锰	MnO	66 ～ 70	绿色或灰绿色粉末，微溶于水，肥效缓慢
氯化锰	$MnCl_2 \cdot 4H_2O$	27.5	玫瑰色单斜晶体，易溶于水
碳酸锰	$MnCO_3$	43 ～ 44	玫瑰色三角晶体，或无定形白色或棕色粉末，微溶于水
二氧化锰	MnO_2	55 ～ 60	黑色或灰黑色晶体，或无定形粉末，微溶于水
硝酸锰	$Mn(NO_3)_2 \cdot 4H_2O$	21	浅红色结晶，溶于水
硫酸铵锰	$3MnSO_4 \cdot (NH_4)_2SO_4$	26	浅粉红色粉末，溶于水

14.6.2 锰肥生产技术

14.6.2.1 硫酸锰

硫酸锰通常带一个结晶水，分子量 169.017，密度 2.95g/cm^3，红色单斜结晶。加热到 200℃以上时，开始脱去结晶水。

（1）生产方法　生产方法主要有软锰矿法、菱锰矿法和两矿法。

① 软锰矿法　将软锰矿和煤粉（按质量比 10∶2）混合，于 800 ～ 850℃下进行还原焙烧，生成一氧化锰，冷却后用硫酸酸解，硫酸浓度为 15% ～ 20%。滤除杂质，静置沉降除钙，清液蒸发浓缩、冷却结晶、热风干燥而得硫酸锰。主要反应式为：

$$2MnO_2 + C \xlongequal{} 2MnO + CO_2 \uparrow$$

$$MnO + H_2SO_4 \xlongequal{} MnSO_4 \cdot H_2O$$

② 菱锰矿法　以菱锰矿为原料，生产硫酸锰的化学反应式为：

$$MnCO_3 + H_2SO_4 \xlongequal{} MnSO_4 \cdot H_2O + CO_2 \uparrow$$

在反应器内加入硫酸溶液和菱锰矿粉 [硫酸∶矿粉 (1∶1.8) ～ (1∶2)]，反应生成硫酸锰溶液。反应过程中加入少量二氧化锰氧化剂，使溶液中 Fe^{2+} 氧化成 Fe^{3+}，并水解生成 $Fe(OH)_3$ 沉淀；同时加石灰乳中和过量游离酸，当 pH 值近于 7 时，加入 BaS 饱和溶液，使溶液中重金属离子生成相应的硫化物沉淀。最后用压滤机滤除，滤液浓缩、结晶、分离、干燥即得成品硫酸锰。

③ 两矿法　两矿是指软锰矿（ MnO_2 ）和硫铁矿（ FeS_2 ）。将软锰矿、硫铁矿分别粉碎后，直接与硫酸和水在 90℃下反应，然后调整 pH 值，加 BaS 除重金属，滤除杂质后，再浓缩、结晶、分离、干燥得成品硫酸锰。

此外，软锰矿粉和硫酸亚铁作用也可得到硫酸锰。

（2）消耗定额　硫酸锰生产消耗定额见表 14-17。

表14-17　硫酸锰生产消耗定额

原料	软锰矿法	两矿法
软锰矿 (MnO_2 100%)/（kg/kg）	0.719	0.625
硫酸 (H_2SO_4 100%)/（kg/kg）	0.695	0.833
硫铁矿 (S 35%)/（kg/kg）	—	0.860

（3）产品质量　硫酸锰的工业标准见表 14-18。

表14-18　硫酸锰工业标准

指标名称	指标		
	一级品	二级品	三级品
硫酸锰 ($MnSO_4 \cdot H_2O$)/%	≥ 98.0	≥ 95.0	≥ 90.0
铁 (Fe)/%	≤ 0.004	≤ 0.008	≤ 0.015
氯化物 (Cl)/%	≤ 0.02	≤ 0.05	≤ 0.10
水不溶物 /%	≤ 0.05	≤ 0.10	≤ 0.20

14.6.2.2　硫酸铵锰

外观为浅粉红色粉末，分子式为 $3MnSO_4 \cdot (NH_4)_2SO_4$，分子量 585.147，密度 1.8g/cm^3，有潮解现象，可溶于水。硫酸铵锰含量（Mn）26%，含氮 4.4%。

硫酸铵锰的生产方法有合成法和含锰废水回收法，后者生产成本低，适合肥料用。

① 合成法　将硫酸锰和硫酸铵溶液按一定比例混合，然后经蒸发、结晶、分离得成品。

② 含锰废水回收法　生产对苯二酸时排出的废水含有$MnSO_4 \cdot H_2O$约15%，含有$(NH_4)_2SO_4$约8%，经絮凝、沉淀除渣，清液用碳酸氢铵中和到pH3.5～4，再用氨继续中和到pH 6～7，滤除杂质，滤液浓缩、结晶、分离、干燥即得成品。

每千克硫酸铵锰消耗：氨0.08kg、碳酸氢铵0.693kg。

硫酸铵锰企业标准如下：硫酸锰（$MnSO_4 \cdot H_2O$）含量≥78%，硫酸铵$[(NH_4)_2SO_4]$含量≥15%。

14.6.2.3　含锰废水

上述的含锰废水可直接施用，适用于水稻和小麦，每次亩施250kg废水。

14.6.2.4　炉渣锰肥

钢铁厂排出的炉渣一般都含有锰，经过加工处理后可作锰肥。例如：高炉冶炼锰铁过程中排出的高温炉渣，经水淬聚冷、烘干、磨细即可用作锰肥，含锰7%左右。同样，平炉炉渣、碱性转炉渣也都能用作锰肥。

14.6.2.5　锰矿泥（锰渣）

系指电解氧化锰生产厂排出的废渣，废渣量随锰矿原料和生产工艺不同有所差异，通常每生产1t电解氧化锰平均产生3t左右含锰废渣（干基），总锰含量可达9%以上。用作锰肥施用时，据文献报道，枸溶性锰含量不足3%，则施用不合算；枸溶性锰含量最佳范围是3%～10%，水溶性锰含量最佳范围是1.5%～3%。用上述废渣生产锰肥时，生产工艺流程如图14-22所示。

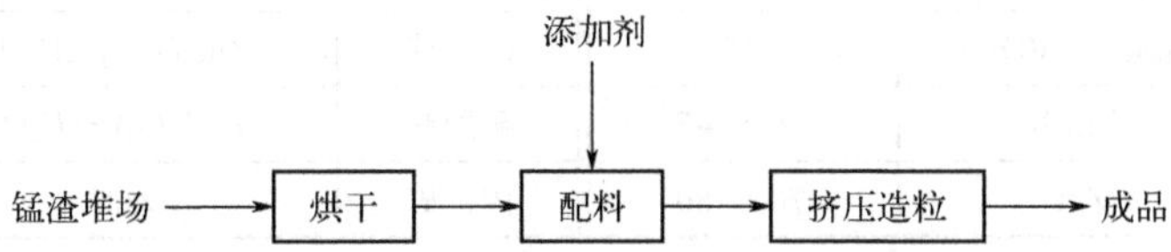

图14-22　废渣生产锰肥生产工艺流程

先将锰渣烘干至水分含量小于5%，然后添加硫酸锰或氧化锰等，调整枸溶性锰及水溶性锰含量以符合锰肥要求。必要时添加消石灰调整pH值至6～7。还可以根据需要添加其他微量元素。生产1t锰肥可用掉0.933t废锰渣（干基）。

14.6.3　锰肥应用情况

锰是土壤中含量最多的一种微量元素之一。我国土壤含锰的范围为42～3000mg/kg，个别土壤可达5000mg/kg，平均含量为710mg/kg。总的趋势，由南向北逐渐降低。土壤有机物中含有一定数量的锰，这些锰随着有机物分解而转入土壤溶液中，或者以有机络合物的形态存在于土壤溶液中，这部分锰对植物是有效的。无机形态的锰中有三种形态的锰对植物是有效的，即水溶性锰、交换性锰和易还原性锰，水溶性锰和交换性锰都是以Mn^{2+}形态存在。

我国缺锰土壤的分布与石灰性土壤的分布模式基本上一致，如黄泛区的土壤缺锰比较严重，面积也较大。一般情况下酸性土壤和水稻土不缺锰，但在南方酸性水稻土上大量使用石灰后，可能会导致“诱发性缺锰”，施用锰肥有一定效果。据农业农村部统计，我国现有耕地中有0.2亿公顷（3.03亿亩）缺锰，并有不断扩大的趋势。

不同作物对锰的敏感程度不同，小麦、燕麦、大豆、花生、食用甜菜、豌豆、绿豆、烟草、马铃薯、甘薯、莴苣、黄瓜、菠菜、洋葱、苹果、桃、柑橘、樱桃、柠檬、草莓、覆盆子等为对缺锰高度敏感的作物，在缺锰土壤上种植这些作物时，一定要添加锰肥；大麦、玉米、高粱、亚麻、紫花苜蓿、三叶草、田菁、苕子、箭筈豌豆、花椰菜、胡萝卜、甘蓝、番茄、芹菜、棉花、糖用甜菜等对缺锰中度敏感，在缺锰土壤上可根据具体情况添加锰肥。

14.7 锌肥

14.7.1 锌肥生产概况

锌肥的主要品种主要有七水硫酸锌、一水硫酸锌、碱式硫酸锌、氯化锌、氧化锌，用作锌肥的含锌化合物详见表14-19。

表14-19 锌肥品种（含锌化合物）

品名	分子式	含锌量/%	品名	分子式	含锌量/%
七水硫酸锌	$ZnSO_4 \cdot 7H_2O$	23	碱式碳酸锌	$ZnCO_3 \cdot 2Zn(OH)_2 \cdot H_2O$	57
一水硫酸锌	$ZnSO_4 \cdot H_2O$	35	硫化锌	ZnS	65
碱式硫酸锌	$ZnSO_4 \cdot Zn(OH)_2$	30	磷酸锌	$Zn_3(PO_4)_2 \cdot 2H_2O$	44
氯化锌	$ZnCl_2$	46～47	硝酸锌	$Zn(NO_3)_2 \cdot 6H_2O$	21.5
氧化锌	ZnO	70～80	闪锌矿	ZnS	—

14.7.2 锌肥生产技术

14.7.2.1 七水硫酸锌

七水硫酸锌又称锌矾、皓矾，分子量287.56，外观为白色颗粒或粉末，属斜方晶系，密度1.97g/cm^3，在干燥空气中逐渐风化。生产方法主要有硫酸法和综合利用法。

（1）硫酸法　此法是用硫酸溶解各种含锌或氧化锌的物料，如锌粉法保险粉生产的副产品、次品氧化锌、金属加工工业与有色冶金工业的残料、锌渣及锌矿等。

含锌物料经球磨机粉碎，用18%～25%的硫酸溶解。溶解是在衬有耐酸材料，如衬铅的并带有搅拌器的反应釜中进行。反应式如下：

$$Zn+H_2SO_4 = ZnSO_4+H_2\uparrow$$

$$ZnO+H_2SO_4 = ZnSO_4+H_2O$$

反应放热使温度上升到80℃以上。如果物料中含有大量金属锌，则会产生大量氢气，因此，反应釜必须带有强烈的排风装置。为了加速反应后期的反应速率，可以加过量的含锌物料。反应终点pH值控制在5.1，料浆经澄清压滤，滤渣中含锌应低于5%。滤液中除硫酸锌以外，还含有原料中金属杂质相应生成的硫酸盐。除去这些杂质可分两步进行：首先是除去铜、镍等，然后除铁。滤液在置换器中加热至80℃，并加入锌粉，剧烈搅拌4～6h。由于锌的还原电位较铜、镍、镉低，可从溶液中置换出这些金属。反应式如下：

$$Zn+CuSO_4 = Cu+ZnSO_4$$

$$Zn+NiSO_4 = Ni+ZnSO_4$$

$$Zn+CdSO_4 = Cd+ZnSO_4$$

置换后的溶液经压滤，除去细泥状金属渣。滤液送入氧化器中，加热至80℃后，加入次氯酸钠（漂白粉）或高锰酸钾、二氧化锰等氧化剂除铁。二价铁盐被氧化成高铁，氧化后加适量石灰乳，使高铁的氢氧化物沉淀后滤除。使用漂白粉时，在沉淀析出后把溶液煮沸，破坏掉剩余的漂白粉；使用高锰酸钾时，因有游离酸析出，可加入氧化锌（含ZnO 98%以上）调整溶液pH值为5.1。滤液经蒸发浓缩，冷却至25℃以下，析出$ZnSO_4 \cdot 7H_2O$结晶，经脱水、干燥即得成品。生产工艺流程见图14-23。

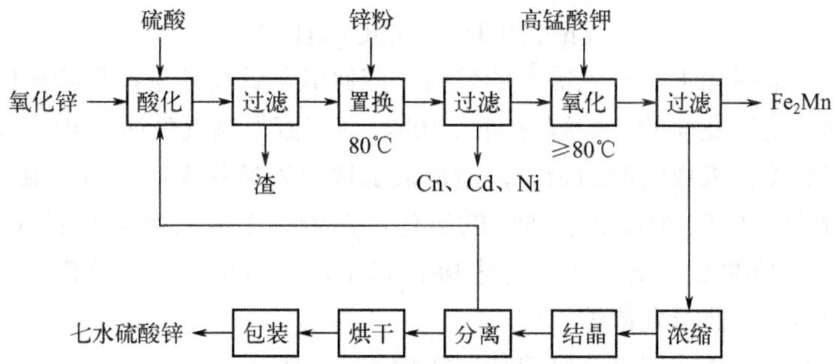

图14-23　硫酸法生产硫酸锌工艺流程

生产微肥专用硫酸锌时，可省略去除Fe、Mn工序。

（2）综合利用法　大、中型化肥厂的废脱硫剂中氧化锌含量通常大于80%，可回收利用生产硫酸锌。

首先将废脱硫剂焙烧脱硫，控制炉温600～800℃，硫含量降低至2%以下，送入酸浸罐中与硫酸反应。生成硫酸锌溶液，过滤除去酸不溶物，滤液中加入锌粉除去铅、砷、镉等有害物质，然后过滤、澄清、浓缩至50° Be′左右，再冷却结晶，即得七水硫酸锌产品。

14.7.2.2　一水硫酸锌

外观为白色粉末结晶，分子式$ZnSO_4 \cdot H_2O$，分子量179.469，密度3.28g/cm³，溶于水。

（1）生产方法　硫酸法生产原料和工艺流程与七水硫酸锌基本相同，仅增加一道中和游离酸工序。其反应如下：

$$ZnO+H_2SO_4 = ZnSO_4 \cdot H_2O$$

得到的硫酸锌溶液蒸发浓缩，直至析出大量结晶为止，经离心脱水、干燥得到一水硫酸锌。

（2）产品质量　见表 14-20。

表14-20　农业用硫酸锌质量标准（HG/T 3277—2000）

指标名称	$ZnSO_4·7H_2O$ 指标			$ZnSO_4·H_2O$ 指标		
	优级品	一等品	合格品	优级品	一等品	合格品
锌（Zn）含量 /%	≤ 22.0	≤ 21.0	≤ 20.0	≤ 35.3	≤ 33.8	≤ 32.3
游离酸（H_2SO_4）/%	≥ 0.1	≥ 0.2	≥ 0.3	≥ 0.1	≥ 0.2	≥ 0.3
铅（Pb）含量 /%	≥ 0.002	≥ 0.005	≥ 0.010	≥ 0.002	≥ 0.01	≥ 0.015
镉（Cd）含量 /%	≤ 0.002	≤ 0.002	≤ 0.003	≤ 0.002	≤ 0.003	≤ 0.005
砷（As）含量 /%	≤ 0.002	≤ 0.005	≤ 0.007	≤ 0.002	≤ 0.05	≤ 0.010

14.7.2.3　氯化锌

氯化锌又叫锌氯粉，外观为白色粉末或块状，分子式 $ZnCl_2$，分子量 136.295，密度 2.91g/cm^3。潮解性很强，易溶于水，0℃时在 100g 水中溶解 208g。水溶液呈酸性（pH 值为 4）。

（1）生产方法　盐酸法：含锌物料和盐酸反应生成氯化锌溶液，经净化除杂、浓缩结晶即得。反应式为：

$$ZnO+2HCl \xlongequal{} ZnCl_2+H_2O$$

$$Zn+2HCl \xlongequal{} ZnCl_2+H_2\uparrow$$

含锌物料有：金属加工与有色冶金的残料、废锌渣、锌粉法生产保险粉的废料以及等外品氧化锌等。盐酸是工业盐酸，酸解时间约 10h，当溶液无氢气鼓泡、pH 值为 3.5 ～ 4 时反应基本完全。沉淀除去未被酸解的杂质，澄清液加锌粉置换除去铜、镉、镍等金属杂质，再氧化除铁，滤除杂质后得到浓度为 45% 的氯化锌溶液。采用石墨蒸发器浓缩氯化锌溶液，温度控制在 800 ～ 1300℃，出口处浓度达 98% 以上，并析出结晶，经粉碎即得成品。也可在生铁釜中用烟道气加热蒸发浓缩。

（2）消耗定额　盐酸法制氯化锌消耗定额如表 14-21 所示。

表14-21　盐酸法制氯化锌消耗定额　　单位：kg/kg

原料	氯化锌溶液（$ZnCl_2$ 45%）	固体氯化锌
金属锌（Zn 96%）	0.23 ～ 0.25	0.55 ～ 0.6
氧化锌（ZnO 98%）	—	0.615
盐酸（HCl 31%）	0.8 ～ 0.88	1.745

（3）产品质量　该产品目前无农用标准，参考行业标准 HG/T 2323—2019（工业级）（表 14-22）。

表14-22　工业氯化锌行业标准(HG/T 2323—2019)

指标项目	Ⅰ型	Ⅱ型	Ⅲ型
外观	白色粉末或小颗粒	白色粉末或小颗粒	无色透明的水溶液
氯化锌（$ZnCl_2$）含量	≥ 96.0%	≥ 94.7%（一等品），≥ 93.0%（合格品）	≥ 40.0%

续表

指标项目	Ⅰ型	Ⅱ型	Ⅲ型
碱式盐（以 ZnO 计）含量	1.6% ～ 2.0%	≤ 2.0%	0.65% ～ 0.85%
硫酸盐（以 SO_4 计）含量	≤ 0.01%	≤ 0.01%	≤ 0.004%
钡（Ba）含量	—	—	—
铁（Fe）含量	≤ 0.0005%	≤ 0.001%	≤ 0.0002%
重金属（以 Pb 计）含量	≤ 0.0005%	≤ 0.001%	≤ 0.0002%
盐酸不溶物含量	—	—	—
锌片腐蚀试验	通过试验	通过试验	—
pH 值	—	—	—

14.7.2.4　硝酸锌

分子式为 $Zn(NO_3)_2 \cdot 6H_2O$，为无色正方晶系结晶，分子量 97.491，密度 2.065g/cm^3，易溶于水，20℃时在 100mL 水中溶解 184.3g。硝酸锌除了含锌（Zn 21.5%）外，还含有氮（N 9.2%）。但硝酸锌与有机物接触能燃烧爆炸，因而，生产、贮运及使用时应注意安全。

（1）生产方法　工业上生产硝酸锌，用氧化锌和硝酸反应制得。氧化锌法生产硝酸锌工艺流程如图 14-24 所示。

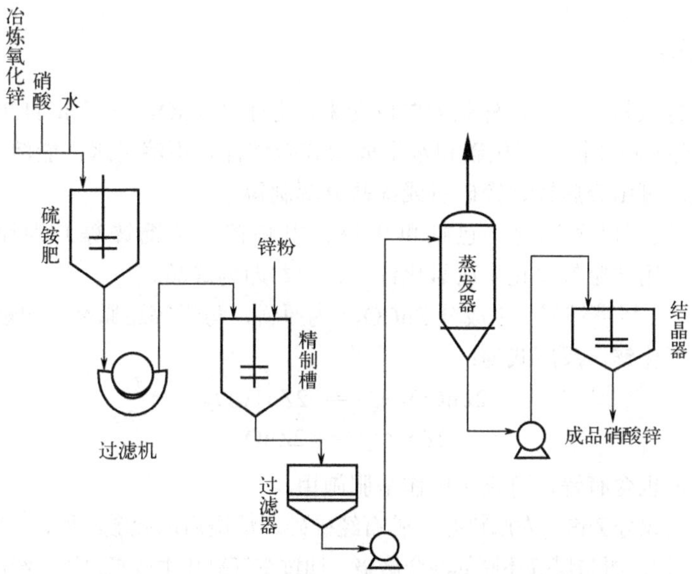

图 14-24　氧化锌法生产硝酸锌工艺流程

原料为冶炼氧化锌和工业浓硝酸，氧化锌含量要求在 70% 以上，其杂质含量，铅＜ 5%，其他有色金属＜ 1%，硫酸盐＜ 0.5%。

在反应器内加入一定量水，在搅拌下加入硝酸，边加氧化锌，配料比为 HNO_3∶ZnO= 1.6∶1（按含量 100% 计），进行如下反应，至反应液 pH 值达 3.5 ～ 4.0 时为止。

$$2HNO_3+ZnO = Zn(NO_3)_2+H_2O$$

将反应液静置24h，用叶片真空过滤机将清液抽至精制槽，加水稀释到30～36°Bé，用硝酸调至pH=3，投入锌粉，搅拌数分钟。此时，锌粉即按下列反应置换Cu^{2+}、Pb^{2+}等离子：

$$Pb(NO_3)_2+Zn = Pb\downarrow + Zn(NO_3)_2$$

$$Cu(NO_3)_2+Zn = Cu\downarrow + Zn(NO_3)_2$$

经澄清、抽滤得清液，酸化后送入蒸发器，减压蒸发至60～63° Be′。然后放入结晶器中，在搅拌下冷却至50℃以下，直接装入内衬塑料袋的铁桶中，即得成品。

氧化锌与硝酸反应后的锌盐废渣用少量硝酸酸化，以热水反复洗涤，吸滤后的洗水可作投料用，废渣中含有稀有元素如镉、锗、铟等，可分别提炼之。

若用优质氧化锌为原料（含量98%以上），则可省去除杂质工序。

（2）消耗定额　每千克硝酸锌消耗氯化锌（以ZnO100%计）0.250kg、硝酸（以$HNO_3$100%计）0.400kg。

（3）产品质量　硝酸锌企业标准见表14-23。

表14-23　硝酸锌企业标准（Q/HG 11-128-82）

指标名称	指标		指标名称	指标	
	一级	二级		一级	二级
硝酸锌[$Zn(NO_3)_2\cdot 6H_2O$]含量	≥98%	≥80%	铁（Fe^{2+}）含量	≤0.008%	≤0.01%
游离酸（HNO_3）含量	≤0.03%	≤0.03%	铅（Pb）含量	≤0.004%	≤0.4%

14.7.2.5　氧化锌

氧化锌俗称锌氧粉、锌白，外观为白色粉末，分子式ZnO，分子量81.389，密度5.47g/cm^3。在空气中能缓慢吸收二氧化碳和水生成碱式碳酸锌。不溶于水，能溶于稀酸、氢氧化钠和氯化铵溶液。可由金属锌、锌矿石或锌盐分解制得。

（1）金属锌法　以金属锌（包括再生锌、电解锌、蒸馏锌等）为原料，加热至约1000℃熔融汽化，用热空气氧化生成氧化锌，经冷却即为成品。

（2）锌矿石法　以菱锌矿（主成分$ZnCO_3$）为原料，与煤等还原剂一起焙烧生成锌蒸气，再用空气氧化成氧化锌。反应式为：

$$2ZnCO_3+C = 2Zn+CO_2$$

$$2Zn+O_2 = 2ZnO$$

未反应的矿渣也含有锌，可直接用作基肥施用。

以闪锌矿（主成分ZnS）为原料时，矿石经破碎、焙烧后用硫酸浸取，一些杂质生成可溶性盐类分离出去，浸渣再与煤等还原剂混合焙烧，通过空气氧化生成氧化锌，经冷却、捕集即得。

（3）锌盐分解法　工业化方法是碳酸锌分解法，在500～600℃的高温下煅烧碳酸锌即可。

目前无农用标准，工业品氧化锌含量应在98%以上。

14.7.3　锌肥应用情况

锌的功能主要是促进植物光合作用，对糖类的形成极为重要。锌还参与植物体内生长素的合成。我国土壤的全锌含量为3～790mg/kg，平均为100mg/kg，主要与母质有关。土壤中可被作物利用的锌称为有效锌，包括水溶态锌、交换态锌、螯合态锌和稀酸溶态锌等。土壤有效锌的分级指标与不同的测定方法有关，其临界水平也不相同。对酸性和中性土壤，常采用稀酸浸提，对石灰性土壤常用二乙烯三胺五乙酸（DTPA）等螯合剂浸提。

此外，土壤中磷素营养水平也会影响土壤有效锌的含量。含锌量不高的土壤中，如有效磷含量高或施用大量磷肥，常会加重作物缺锌的症状。

据农业农村部统计，我国缺锌耕地面积约 0.49 亿公顷（7.29 亿亩），并有不断增加的趋势。玉米、水稻、大豆、荞麦、亚麻、棉花、烟草、向日葵、葡萄、油桃、李、杏、柑橘、胡桃、蓖麻、樱桃、桃、番石榴、番木瓜、咖啡、油桐、啤酒花、甘蓝、莴苣、芹菜、豌豆、菠菜均为对缺锌极为敏感的作物，在缺锌土壤上应特别注意在这些作物的专用肥中添加锌肥。

锌以无机或有机复合物的形式直接施入土壤是解决植物缺锌，进而提升作物籽粒锌含量最为直接的方式。$ZnSO_4$ 因其溶解性好且价格低廉被广泛应用；Zn-EDTA 的富锌效果较 $ZnSO_4$ 更好，但因价格昂贵在生产实际中应用受限。在缺锌和潜在缺锌土壤上，尽管喷施锌肥的用量远小于土施锌肥用量，但其对籽粒全粒和面粉 Zn 含量的提升效果更好。

传统的锌肥是 $ZnSO_4$ 或人工合成的螯合态锌肥，如 Zn-EDTA 和 Zn-DTPA，然而，常用的工业无机锌肥纯度不高，可能含有 Cd 和其他有害金属。此外，这些人工合成锌肥分子较自由金属离子大，导致其在叶片上的渗透率较低。近年来，氨基酸态锌肥作为一种新型锌源肥料，其在生产实际中的应用备受关注。相关田间试验结果表明，缺锌土壤上喷施氨基酸态锌肥（包括精氨酸-Zn、组氨酸-Zn 和甘氨酸-Zn）能够较 $ZnSO_4$ 在更大幅度上提升全粒 Zn、Fe 和蛋白质含量。

在缺锌的土壤上施用锌肥，可使水稻、玉米、苹果、油菜等作物获得丰收。

14.8 铁肥

14.8.1 铁肥生产概况

铁肥主要分为无机铁肥和有机铁肥，近年来由于工艺的改进，出现了有机复合铁肥、缓释铁肥等。无机铁肥包括可溶解的铁盐，如七水硫酸亚铁、硫酸亚铁铵、尿素铁，不可溶解的铁化合物，以及一些铁矿石和含铁的工业副产品。这类铁肥价格低廉，在国内较为常用。可溶解的无机铁肥可以作为叶面喷施肥料使用，能够减少土壤对铁的固定，增加植物对铁的吸收效率。有机铁肥能够适用于不同类型的土壤，且肥效高，可混合性强。有机铁肥主要包括：

① 二胺盐络合物，主要有乙二胺四乙酸铁（FeEDTA）、二乙酰三胺五醋酸铁（FeDTPA）、羟乙基乙二胺三乙酸铁（FeHEDTA）、乙二胺二邻苯基乙酸铁（FeEDDHA）等。其中 FeEDTA 是我国目前常用的一种有机铁肥，但其稳定性不高，常作叶面喷施铁肥用。并且在田间条件下 EDTA 会转化成持久性有机污染物在环境中积累。

② 羟基羧酸盐铁肥，主要有柠檬酸铁等。柠檬酸铁多用于土施，能够促进土壤对铁的溶解和植物对铁吸收，并促进土壤钙、磷、铁、锰、锌的释放，使铁的有效性提高。且柠檬

酸铁成本较低，对作物较为安全。

③ 有机复合铁肥，包括木质素磺酸铁、葡萄糖酸铁、腐植酸铁、氨基酸铁等，是天然有机物通过与铁复合而形成的铁肥，是近年来农业上开始使用的新型铁肥。这类铁肥成本不高，容易降解，原料可以通过工业废料提纯得到。但缺点是它们在土壤中不如其他有机铁肥稳定，容易在土壤中被吸附，降低肥效。因此，有机复合铁肥常被用于叶面喷施。

缓释铁肥不溶于水，是通过直链磷酸盐聚合而成的，磷酸盐链可以作为铁离子交换的骨架。这些磷酸盐可以被柠檬酸、DTPA 等对铁有高亲和力的有机物所溶解。并且缓释铁肥可以被根系分泌的羧化物溶解，从而提高了铁的生物有效性。多项试验结果表明，缓释铁肥是一种高效的、有应用前景的肥料。

在石灰性土壤上，铁高效的机理Ⅱ植物玉米合成和分泌麦根酸（植物铁载体，PS）的生理特性不仅能够满足其自身对铁的需求，更为重要的是能够明显地促进铁低效的机理Ⅰ植物花生根系对铁的吸收和体内运输。2 ～ 10nmol 麦根酸（MAs, mugineic acid），就能满足植物生长的需要。最近，日本的科学家开发了一种天然 PS（合成 2′-脱氧麦根酸）类似物（脯氨酸-2′-脱氧麦根酸），能显著减轻碱性土壤上水稻及黄瓜的缺铁症状，与天然 PS 相比，其性质稳定不易分解，且成本降低为原来的 1/5000，具有广阔的应用前景。

14.8.2 铁肥生产技术

14.8.2.1 硫酸亚铁

又名绿矾、铁矾，常温下为七水物，分子量 278.015，密度 1.895g/cm^3，外观为天蓝色或暗绿色单斜结晶或结晶性粉末。加热至 56℃以上开始脱去结晶水。易溶于水，水溶液有腐蚀性。在潮湿空气中吸潮，并被氧化成棕黄色。在干燥空气中风化，表面变为白色粉末。生产方法主要有两种。

（1）废铁硫酸法　系用废铁与硫酸反应生成。所用原料为废铁片、铁丝等，溶解于硫酸时生成硫酸亚铁，反应式如下：

$$Fe + H_2SO_4 \longrightarrow FeSO_4 + H_2\uparrow$$

废铁硫酸法的生产流程如图 14-25 所示。

反应前应先将硫酸与母液混合，用直接蒸汽加热至 80℃以下，将铁溶解于反应液，反应末期浓度增高。采用酸性较大的溶液进行溶解，反应温度高于 80℃时，会有一水硫酸亚铁沉淀析出。有游离硫酸存在时硫酸亚铁的溶解度则下降。

反应生成的微酸性硫酸亚铁溶液经澄清去杂质后，再经冷却结晶、离心脱水、洗涤后，即为成品。

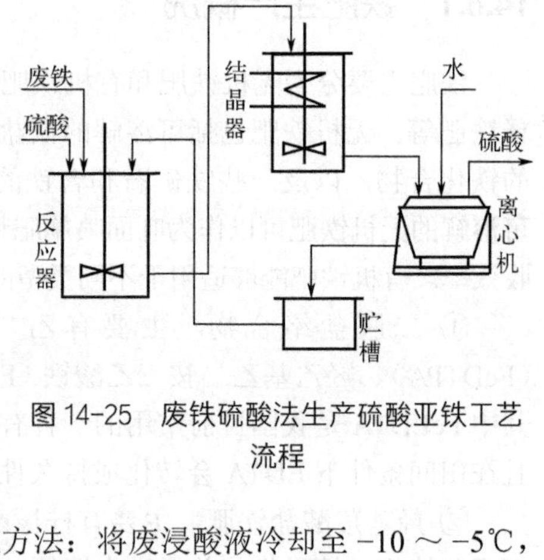

图 14-25　废铁硫酸法生产硫酸亚铁工艺流程

除用废铁生产硫酸亚铁外，也可利用金属加工厂酸洗时得到的废浸酸液作为原料。金属件酸洗时使用 20% ～ 25% 的稀硫酸，废浸酸液中主要含硫酸亚铁及少量游离酸。从浸酸液制取硫酸亚铁可用下述方法：将废浸酸液冷却至 −10 ～ −5℃，或先经浓缩然后冷至常温（20 ～ 25℃），也可在废液中加入硫酸以盐析硫酸亚铁，于分离结晶后，将母液返回作浸酸用。

（2）钛白副产法　钛铁矿用硫酸分解时，生成$FeSO_4$及$Fe_2(SO_4)_3$，其中三价铁用废铁皮、铁丝还原，经冷却结晶，可获得副产品$FeSO_4 \cdot 7H_2O$。反应式如下：

$$5H_2SO_4 + 2FeTiO_3 = 2FeSO_4 + TiOSO_4 + Ti(SO_4)_2 + 5H_2O$$

$$Fe_2O_3 + 3H_2SO_4 = Fe_2(SO_4)_3 + 3H_2O$$

$$Fe_2(SO_4)_3 + Fe = 3FeSO_4$$

该法生产硫酸亚铁成本低，每吨钛白粉可副产3t硫酸亚铁，且在硫酸亚铁中含有少量钛，钛的化合物为农作物的有益元素，使用时无需分离。

（3）主要技术经济指标

消耗定额 /(t/t)	废铁硫酸法
废铁 (Fe)	0.222
硫酸 (H_2SO_4 100%)	0.355

（4）产品质量　农用硫酸亚铁对纯度要求较低，但重金属杂质含量不能超过标准，见表14-24。

表14-24　农用硫酸亚铁标准（湘Q/HG 57-68）

指标名称	指标	
	一级品	二级品
硫酸亚铁($FeSO_4 \cdot 7H_2O$)含量	≥ 93%	≥ 90%
二氧化钛(TiO_2)含量	≤ 0.5%	≤ 1.0%
外观	绿色结晶，可略带黄褐色或黑色	

14.8.2.2　硫酸亚铁铵

俗称莫尔盐，分子式$FeSO_4 \cdot (NH_4)_2SO_4 \cdot 6H_2O$，分子量392.14，外观为透明的浅蓝绿色结晶，密度1.864g/cm^3，溶于水，有效组分含量为Fe 14%、N 7%。与硫酸亚铁使用方法相同，可以土壤施肥或根外追施、叶面喷洒等。

以硫酸亚铁和硫酸铵为原料，将它们用热水溶解，再加入硫酸，经反应即可生成硫酸亚铁铵。滤除杂质后，经浓缩、冷却结晶、分离、干燥得到成品。产品纯度在98%以上。反应式如下：

$$FeSO_4 \cdot 7H_2O + (NH_4)_2SO_4 = FeSO_4 \cdot (NH_4)_2SO_4 \cdot 6H_2O + H_2O$$

14.8.2.3　铁螯合物

有机螯合微肥是一个金属离子与一个有机分子中的两个供电子基形成环状化合物，这种有机分子化合物称为螯合剂。与螯合剂结合的金属离子比较稳定，全部失去它作为离子的性能，不能发生化学反应而变成沉淀物，但能为植物吸收。所有多价离子（包括碱金属、碱土金属）都能形成螯合物，金属螯合能力递减的顺序为Fe^{3+}、Cu^{2+}、Zn^{2+}、Fe^{2+}、Mn^{2+}、Ca^{2+}、Mg^{2+}等，加入营养液中的螯合物不易为其他多价离子所置换；螯合物易溶于水且具有抗水解的能力；不易与其他离子反应而产生沉淀；补偿缺素症时不会损伤植物。常用于无土栽培的高铁螯合物，不仅可以配制在营养液中，也可作为叶面喷洒或加入基质中。重要的螯合剂有：乙二胺四乙酸（EDTA）、二乙烯三胺五乙酸（DTPA）、羟乙基乙二胺三乙酸（DHEEDTA）、1,2-环己二胺四乙酸（CDTA）、乙二胺-*N*,*N*-双邻羟苯基乙酸（EDDHA）。铁螯合物有 NaFeEDTA、$Na_2FeEDTA$、NaFeDTPA、NaFeDHEEDTA、FeEDDHA 和 $FeC_2O_4 \cdot 2H_2O$（草酸亚铁）等。EDTA 螯合微肥在中性和碱性土壤中不稳定，仅适用酸性土壤。EDDHA 与铁螯合能克服 EDTA 在钙质溶液中的所有缺点，它的螯合物在酸性和碱性条件下均有效。除上述螯合剂外，柠檬酸、葡萄糖酸、酒石酸都是良好的螯合剂或络合剂。

14.8.2.4 黄腐酸二铵铁

黄腐酸是一种溶于水的腐植酸，具有芳香基，没有确定的分子式，可以用示性式表示如下：$(OH)_n$-R-$(COOH)_n$，式中 R 为芳香环和 / 或脂肪链，OH 为酚羟基，COOH 为羧基，*n* 为下标（正整数）。黄腐酸二铵铁为黄棕色液体，有效铁（Fe）含量 0.2% ～ 0.4%，易溶于水。生产方法是：以黄腐酸、尿素和硫酸亚铁为原料，三者的比例为黄腐酸（纯品）∶尿素∶硫酸亚铁 =100∶4∶0.4，先将尿素溶于温度高于 90℃热水中，再加入硫酸亚铁，生成二铵溶液，然后加入温度高于 90℃的黄腐酸溶液，充分混合后，冷却即得成品。

14.8.2.5 木质素磺酸络合铁

生产方法是将含有一定量木质素磺酸的酸法造纸浆生产中的废液，作为络合剂与氧化铁和硫酸亚铁进行反应，经过滤除去木质纤维素和其他有害杂质即得成品。该铁肥具有非植物毒性，施用安全，可以采用滴灌或叶面喷施。

14.8.2.6 尿素铁

三硝酸六尿素合铁，分子式 $Fe[(NH_2)_2CO]_6(NO_3)_3$，有效成分含量为 N 35% 和 Fe 9.3%。生产方法：①铁粉法，以尿素为络合剂，与硝酸和铁粉混合，经络合反应、分离过滤、结晶得到成品；②硫酸亚铁法，将尿素和硫酸亚铁溶液混合，直接反应制备尿素铁。

14.8.2.7 氨基酸铁

氨基酸是构成蛋白质的基本成分，用氨基酸螯合微肥不但可以增加微肥的肥效，而且氨基酸本身也能促进植物生长。氨基酸螯合铁肥、锌肥和铜肥既能促进植物生长，又对某些病害有很好的防治作用。生产方法是以动物毛发（猪毛、羽毛梗等）为原料，仅水解制得氨基酸，再螯合微量元素制得。蛋白质水解制取氨基酸的方法有：①酸水解、碱中和法；②酸水解、氧化物中和法；③酸、碱水解中和法和；④综合利用法。其中综合利用法工艺条件为：角质蛋白质（来源于毛发、猪毛、羽毛梗等）用盐酸水解 8h，温度 105 ～ 110℃，再用氨水中和至 pH 值为 4.5，温度降为 40℃，析出结晶，过滤分离，所得母液送去与微量元素铁等进行螯合反应，制得螯合铁肥等。

14.8.2.8 纳米氧化铁

用 NaOH 作沉淀剂在硫酸亚铁溶液中生成絮状的氢氧化铁，高剪切后离心，洗涤沉淀，至上清液中无 Na^+，热分解沉淀，可制得平均直径为 45nm 的氧化铁，纯度为 95%。

14.8.2.9　缓释铁肥

碱式氧化铁 [FeO(OH)]、氧化镁（MgO）和磷酸（H_3PO_4）的质量比为 1∶3∶5，在 150℃加热 30min，然后在 250℃加热 20min，产品达到 11.9% 的聚合。然后用水稀释成糊状，用 MgO 调节 pH 值为 5.6，最后进行干燥，研磨成粉状。

14.8.3　铁肥应用情况

作物缺铁失绿是田间最难矫正的微量元素缺乏症。铁肥在施入土壤后往往会被土壤颗粒吸附固定，导致肥效降低。尤其在施用硫酸亚铁时，亚铁离子在土壤中会很快转化为不溶性的三价铁离子，使铁的有效性降低，因此用于叶面喷施比土壤施用有效性更高。有机铁肥相对无机铁肥来说，其螯合效果更好，用量较少，但价格较高，一般不用于根际施用。土壤施用铁肥以无机铁肥为主。土施又可分为干施和液施。干施包括撒施法、条施法、沟施法、穴施法、拌种法、蘸根法、盖施法等。液施是指将肥料用水稀释后进行施用，适用于较易溶解的肥料，配好后即溶即用。叶面喷施是指采用均匀喷雾的方法将含铁营养液喷施于叶面上。以 $FeSO_4$ 为例，喷施浓度一般为 0.2% ～ 1.0%，需多次喷施。硫酸亚铁溶液需要现用现配，以免因发生氧化沉淀而降低铁肥有效性。这种施用方法用量小，铁利用率高，效果较好，可明显改善作物缺铁症状。树干涂抹法是将 0.3% ～ 1.0% 的有机铁肥环状涂抹于 1 ～ 3 年生的幼树树干上，大树可将老皮剥去露出韧皮部后涂抹。输液法是将输液瓶、橡胶管和注射针头连接起来，然后将输液瓶倒挂在树干上，通过注射针头将 0.3% ～ 1.0% $FeSO_4$ 缓缓注入树内。钻孔置药法是在茎秆较粗的树干上钻小孔，将 1 ～ 2g 固体 $FeSO_4$ 直接埋藏于树干中。强力注射法是用专门机械将 4% $FeSO_4$ 溶液注入树干中，这种方法见效快且不会留下较大瘢痕。浸根法是沿树干外围挖穴，深度以能见到树根为准，每棵树挖 8 ～ 10 个穴，每穴施入 4% $FeSO_4$ 溶液 7 ～ 8mL，待溶液自然渗入后覆盖土壤。对于易缺铁的作物或是在缺铁土壤上播种，用铁肥浸种可矫正缺铁症状，浓度控制在 0.01% ～ 0.1% 之间，浸种时间在 12h 左右。此外，通过发展间作套种，利用禾本科作物分泌的麦根酸可以缓解双子叶作物缺铁。

14.9　铜肥

14.9.1　铜肥生产概况

常用铜肥有：五水硫酸铜（$CuSO_4 \cdot 5H_2O$）和一水硫酸铜（$CuSO_4 \cdot H_2O$），含 Cu 分别为 24% ～ 25% 和 35%，均为蓝色结晶或粉末；螯合态铜肥（NaCuEDTA)，含 Cu 13%，五水硫酸铜和螯合态铜肥都是水溶性铜肥；磷酸铵铜 [$CuNH_4PO_4 \cdot H_2O$]，含铜 32%，溶解度较小，但是能够被悬浮用于土施或叶面喷施；氧化铜（CuO），含 Cu 75%，为黑色粉末；氧化亚铜（Cu_2O），含 Cu 84%，为棕红色粉末，氧化铜和氧化亚铜均属难溶性铜肥。此外，还有含铜矿渣，又称硫铁矿渣，是炼铜工业废渣，含 Cu 约 1%，也是难溶性铜肥。厩肥也含有一定量的铜。

14.9.2 铜肥生产技术

14.9.2.1 硫酸铜

五水硫酸铜为蓝色透明结晶或粉末，在干燥空气中渐渐风化。溶于水，微溶于甲醇，不溶于无水乙醇。水溶液呈弱酸性。加热至45℃，失去两分子结晶水；110℃失去四分子结晶水；250℃失去全部结晶水而成为绿白色无水物粉末；在650℃分解成 SO_3 和 CuO，有毒。

（1）生产方法

① 废铜法　将废铜焙烧氧化成氧化铜，再与硫酸作用而得。

② 电解液法　将电解液与铜粉作用后，经冷却、结晶、分离、干燥而得。

③ 白冰铜法　在炼铜厂吹炼炉中加工冰铜，经除渣后得到的中间产品为白冰铜。其主要成分除硫化亚铜（Cu_2S）外，还含有少量金属铜和铁。将白冰铜磨碎后焙烧转变为氧化铜，反应如下：

$$Cu_2S+2O_2 = 2CuO+SO_2$$

少量 SO_2 被炉料中的杂质铁催化氧化成为 SO_3，再与氧化铜化合而成硫酸铜。焙烧产物氧化铜用硫酸处理也可制得硫酸铜。

④ 氧化铜法　先使铜焙烧氧化成氧化铜，然后将氧化铜溶解于硫酸而得。

⑤ 二氧化硫法　悬浮于硫酸铜溶液中的氧化铜与含二氧化硫及氧的气相作用，发生下列反应生成硫酸铜：

$$2CuO+2SO_2+O_2 = 2CuSO_4$$

此法可利用炼铜厂排出的二氧化硫废气代替硫酸制造硫酸铜。

（2）主要制法流程简述

① 废铜法　生产流程如图14-26所示。

废铜与硫酸反应前，应在600～700℃进行焙烧，以使其氧化成氧化铜。

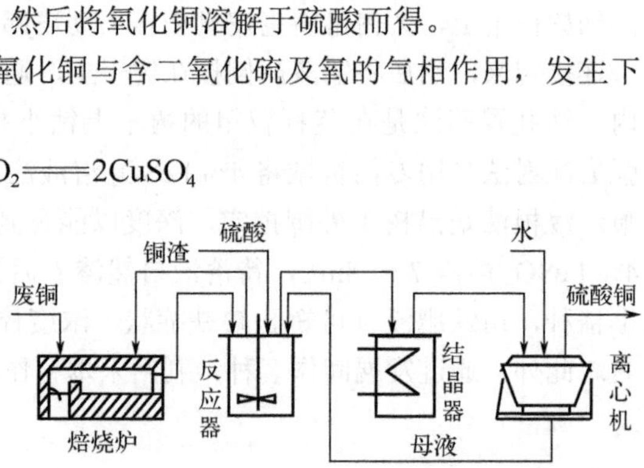

图14-26　废铜法生产硫酸铜工艺流程

所得氧化铜在加热下溶于硫酸中，反应式如下：

$$CuO+H_2SO_4 = CuSO_4+H_2O$$

应先用母液将硫酸稀释，反应完毕时浓度为36～38°Bé。溶液中含有少量游离酸时结晶过程较易进行。热溶液经澄清除去不溶杂质后，再经冷却结晶、离心脱水和洗涤，即为成品。

② 电解液法　生产流程如图14-27所示。

所用一种原料为废电解液，含Cu 50～60g/L、H_2SO_4 180～200g/L。另一种原料为铜泥，该铜泥应先经回转窑焙烧（控制高温区温度约700℃），将其中所含油类及可燃物烧去，即成粗铜粉，再经8～10目筛筛选，得细铜粉，其组成为Cu 65%～70%、CuO 20%～30%，并含少量 Cu_2O 及其他不溶物。

将铜粉及电解液连续从鼓泡塔顶加入。空气在进塔前先在混合罐中与蒸汽混合，控制混合气体温度 80℃ ±2℃，压力≤ 0.35kg/cm²（表压），然后自塔底气室，穿过筛孔鼓入塔内，发生如下反应：

$$2Cu+O_2 \!=\!=\!= 2CuO$$

$$CuO+H_2SO_4 \!=\!=\!= CuSO_4+H_2O$$

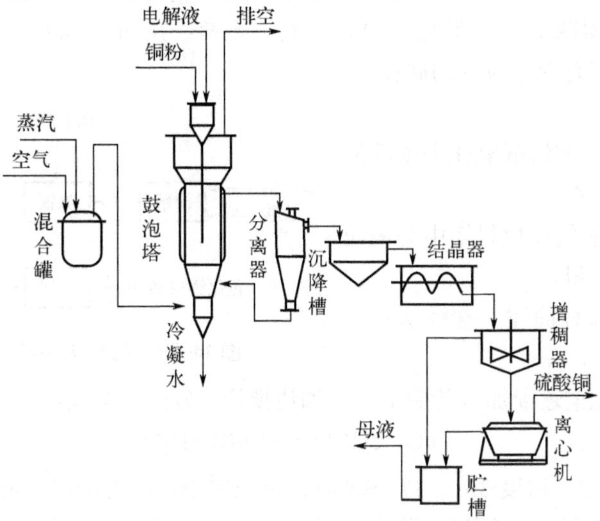

图 14-27　电解液法生产硫酸铜工艺流程

塔内反应温度为 87 ～ 90℃。从塔溢流口连续溢出的反应液组成为 Cu 40 ～ 160g/L、H_2SO_4 100 ～ 150g/L，及少量固体铜。反应液经过分离器及沉降槽后，反应液中固体铜含量下降至 0.2 ～ 0.3g/L。清液经冷却结晶、离心分离及常温气流干燥后即为成品。

母液进行电解脱铜，待铜含量下降至 0.4g/L 以下时，再经回收镍后，所得硫酸可返回配制电解液。

（3）主要技术经济指标

消耗定额 /（t/t）	废铜法
废铜（Cu 100%）	0.267
硫酸（H_2SO_4 100%）	0.428

（4）产品质量　农用硫酸铜产品控制项目指标如表 14-25 所示。

表14-25　农用硫酸铜产品控制项目指标（GB 437—2009）

项目	指标
硫酸铜 ($CuSO_4 \cdot 5H_2O$) 质量分数	≥ 98%
砷①	≤ 25mg/kg
铅①	≤ 125mg/kg
镉①	≤ 25mg/kg
水不溶物 /%	≤ 0.2%
酸度 (以 H_2SO_4, 计)/%	≤ 0.2%

①正常生产时，砷、镉和铅至少每 3 个月测定一次。

14.9.2.2 氯化铜

氯化铜外观为绿色到蓝色粉末或结晶，单斜晶系。在潮湿空气中易潮解，在干燥空气中易风化。溶于水、醇和氯化铵，水溶液呈碱性，微溶于丙酮、乙酸乙酯和醚。加热到110℃脱水变成无水物。无水物沸点为993℃，沸点下分解为氯化亚铜。从氯化铜水溶液析出结晶时，在15℃以下时得四水盐；在15 ～ 25.7℃得三水盐；在26 ～ 42℃得二水盐；在42℃以上得一水盐。氯化铜有毒！应密闭储存。

（1）生产方法

① 盐酸法　用盐酸溶解氧化铜或碳酸铜，再经浓缩结晶而得。

② 合成法　将氯气在填料塔中与铜粒反应，经冷却结晶而得。

（2）主要制法流程简述　盐酸法生产流程如图14-28所示。

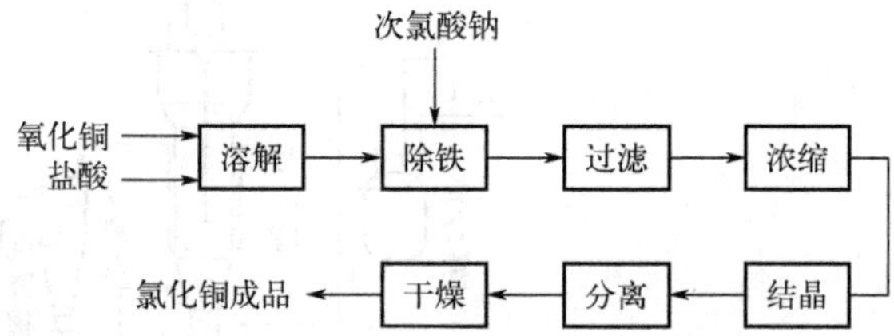

图14-28　盐酸法生产氯化铜工艺流程

将一定量的氧化铜逐渐加入盐酸中，边加边搅拌，发生下列反应：

$$CuO + 2HCl = CuCl_2 + H_2O$$

当溶解pH值为2，浓度35 ～ 37° Be′时，反应完毕，静置澄清，清液中加入次氯酸钠，使二价铁氧化成三价铁，水解过滤除去。料液浓缩至出现晶析为止，再经冷却结晶、离心分离，并于60 ～ 70℃下干燥16h左右，即得成品。氯化铜主要技术经济指标和质量指标见表14-26、表14-27。

表14-26　主要技术经济指标

消耗定额 /（t/t）	盐酸法
氧化铜（98%）	0.494
盐酸（31%）	1.5

表14-27　氯化铜质量指标（沪Q/HG 11-083-82）

指标名称	指标
氯化铜（$CuCl_2 \cdot H_2O$）含量	≥ 98.0%
水不溶物	≤ 0.02%
硫酸盐（以SO_4计）	≤ 0.03%
铁（Fe）	≤ 0.02%

14.9.2.3 铜泥

铜泥来自化肥厂合成氨铜洗工段沉淀物，呈棕黑色稀泥状，主要成分是铜的硫化物。此外，还含有少量被溶解的铜渣、碳酸盐或复式盐类。

14.9.2.4 铜矿渣

铜矿渣随来源不同而异。原矿矿渣多系尾矿、粉矿，如赤铜矿（Cu_2O）、黑铜矿（CuO）、辉铜矿（Cu_2S）、黄铜矿（$CuFeS_2$）、硫铁矿等。

14.9.3　铜肥应用情况

植物正常含铜量常大于 10mg/kg，大多数土壤均可满足作物对铜的需要。因此一般情况下，作物不会缺铜。缺铜易发生在有机质丰富的土壤中，在腐殖质含量高的沼泽土和泥炭土上常常发生缺铜。对于大多数缺铜作物来讲，无论是无机还是有机铜肥，也不管是土施、种子处理或是喷施，均有明显效果。铜肥土施较为常见，一般 $CuSO_4 \cdot 5H_2O$ 基肥用量为 20 ～ 30kg/hm^2，有 2 ～ 3 年后效；拌种时每 500g 种子 $CuSO_4$ 用量 150mg；喷施铜肥仅在出现明显缺铜症状时进行，一般 $CuSO_4 \cdot 5H_2O$ 浓度为 0.01% ～ 0.02%。如用浓度 0.1% 的 $CuSO_4 \cdot 5H_2O$ 溶液，则需加熟石灰，避免药害。

14.10　钼肥

14.10.1　钼肥生产概况

钼肥主要有钼酸铵、钼酸钠和三氧化钼。钼酸铵是无色或黄绿色结晶，易溶于水，其中正钼酸铵含 Mo 49%，仲钼酸铵含 Mo 54%。钼酸钠含 Mo 39%，是白色粉末，溶于水，可作为种肥和根外追肥。三氧化钼含 Mo 66.6%，是白色粉末，不溶于水，可作为基肥。含钼工业废渣最适宜作基肥或种肥。通常将含钼工业废渣与普通过磷酸钙加工成含钼过磷酸钙使用，磷和钼对作物吸收有相互促进作用，混合施用有利于提高钼肥的肥效。

生物炭基钼肥是指将常规钼附着于碱性生物炭中，能够保证钼的有效性尤其是在酸性土壤上，对增产提质效果良好。绿色合成纳米钼肥是指利用蚯蚓粪的提取物绿色合成纳米钼（钼酸铵盐），利用柑橘果实、十字花科金莲叶提取物绿色合成纳米钼肥（氧化钼），改变了钼肥的物理形态，提高了其吸收和利用效率。目前尚未商用，但具有广阔的应用前景。

14.10.2　钼肥生产技术

14.10.2.1　钼酸铵

钼酸铵的分子式为仲钼酸铵 4 水合物，分子量为 1235.857，密度 2.498g/cm^3，是无色或浅黄色的棱形结晶。溶于水，水溶液呈弱酸性。在空气中易风化失去结晶水和部分氨，加热到 90℃时失去一个结晶水。钼酸铵通常用铁桶内衬塑料袋包装，不能与酸类物品共存。主要的生产方法有氨法、碱法和加压浸出法。

（1）氨法　以钼精矿、氨水、硝酸为原料制备四水钼酸铵，反应式如下：

$$2MoS_2+7O_2 = 2MoO_3+4SO_2\uparrow$$

$$MoO_3+2NH_4OH = (NH_4)_2MoO_4+H_2O$$

$$4(NH_4)_2MoO_4+6HNO_3 = (NH_4)_2Mo_4O_{13}\cdot 2H_2O+6NH_4NO_3+H_2O$$

$$2(NH_4)_2Mo_4O_{13}\cdot H_2O+4\ NH_4OH=\!=\!=(NH_4)_5Mo_7O_{24}\cdot 4H_2O+(NH_4)_2MoO_4$$

将辉钼精矿粉碎至 60 ～ 80 目，并在 600 ～ 700℃焙烧，生成三氧化钼，然后与氨水作用，制得钼酸铵溶液。控制 pH 值 8.5 ～ 9.0，在搅拌下加入适量硫化铵溶液，使重金属杂质生成硫化物沉淀。净化的钼酸铵溶液送去蒸发浓缩，浓缩后的钼酸铵溶液在酸化沉淀器中于 40 ～ 50℃下加入硝酸，当溶液的 pH 值达到 1.5 时停止加酸，立即过滤分离多钼酸铵沉淀。用稀氨水溶解所得到的多钼酸铵，多钼酸铵转化为四水钼酸铵，滤除杂质，蒸发结晶，干燥后即为成品。生产流程如图 14-29 所示。

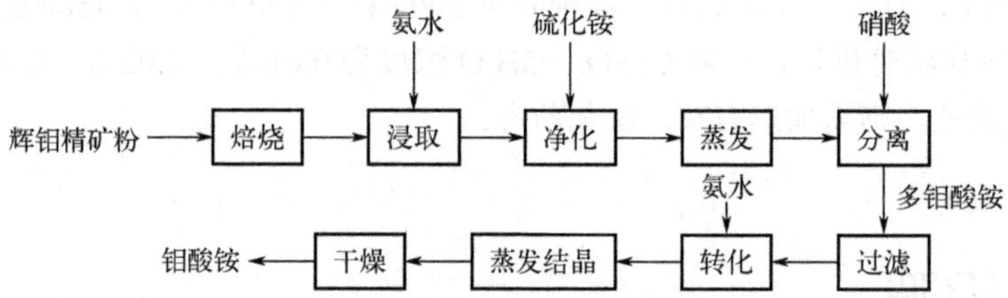

图 14-29　氨法生产钼酸铵工艺流程

生产过程中排出的废渣和废水均可用作钼肥。

每 kg 钼酸铵原料消耗如下：辉钼精矿（$MoS_2$75%）1.55kg、液氨（NH_3 99.8%）0.55kg、硝酸（$HNO_3$98%）1.20kg。

（2）碱法　此法是用纯碱溶液取代氨水，浸取氧化焙烧后的钼精矿粉，生成钼酸钠溶液于浸取液中。升温后，用盐酸中和使钼酸钠转化为钼酸。分离出去氯化钠溶液，用氨水溶解钼酸生成钼酸铵，此时溶液 pH 值为 7.5，再加盐酸调整 pH 值为 5.5，则析出四水钼酸铵结晶，经离心分离脱水、干燥得成品。主要反应方程式如下：

$$2MoS_2+7O_2=\!=\!=2MoO_3+4SO_2\uparrow$$

$$MoO_3+Na_2CO_3=\!=\!=Na_2MoO_4+CO_2\uparrow$$

$$Na_2MoO_4+2HCl=\!=\!=H_2MoO_4+2NaCl$$

$$H_2MoO_4+2NH_4OH=\!=\!=(NH_4)_2MoO_4+2H_2O$$

$$7(NH_4)_2MoO_4+8HCl=\!=\!=(NH_4)_6Mo_7O_{24}+4H_2O+8\ NH_4Cl$$

（3）加压浸出法　根据加压浸出时所加入的酸或碱化合物的不同分为酸法加压浸出法和碱法加压浸出法。

① 酸法加压浸出法　在高压釜中，将辉钼矿加水制浆，并加入硝酸或硝酸钠作催化剂，在通入氧气情况下，于 200 ～ 240℃、3.8 ～ 4.0MPa 下进行浸取，发生氧化反应，辉钼矿（MoS_2）中 85% 左右的钼以钼酸形式与不溶杂质一起留存于固相中，其余的钼进入氧化完成液，过滤分离。滤饼中的钼经氨水溶解转化成钼酸铵。滤液进行脱硅处理后，采用溶剂萃取法制取钼酸铵。酸法加压浸出法生产工艺流程如图 14-30 所示。

② 碱法加压浸出法　此法是用氢氧化钠代替酸法中的硝酸或硝酸钠，使辉钼矿中的钼以钼酸钠的形式转入氧化完成液中。浸出操作的工艺条件是：温度 150 ～ 160℃，压力 2.0 ～ 2.5MPa。将氧化完成液酸化，调整 pH 值等于 2，作为萃取原液，先用 7301 萃取剂对萃取原液进行逆流萃取，萃取率达 99.9% 以上。再用氨水反萃取，反萃取率约为 98%。反萃取液经净化除硅、脱色处理后，用酸中和即得四水钼酸铵。

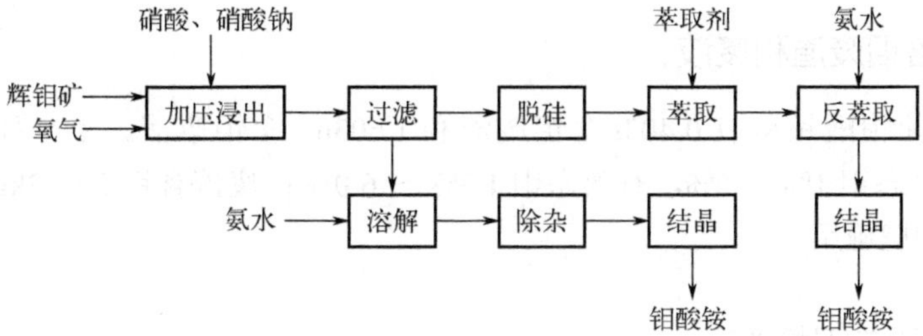

图 14-30　酸法加压浸出法制取钼酸铵工艺流程

产品质量如表 14-28 所示。

表14-28　钼酸铵产品质量（企业标准）

钼（Mo）含量	主要杂质含量					
	氨水不溶物	硫酸盐	钨（W）	硫（S）	碱金属（NaCl）	硅酸盐
≥ 56%	≤ 0.05%	≤ 0.055%	≤ 0.6%	≤ 0.05%	≤ 0.1%	≤ 0.02%

14.10.2.2　钼酸钠

二水钼酸钠为白色有光泽的结晶粉末或片状晶体，分子量 241.948，密度 3.28g/cm^3，加热至 100℃失去两个结晶水，易溶于水。工业上常用生产方法为液碱法。

以辉钼矿和液碱为原料制备钼酸钠，反应式如下：

$$2MoS_2+7O_2 = 2MoO_3+4SO_2\uparrow$$

$$2MoO_3+4NaOH = 2Na_2MoO_4+2H_2O$$

将辉钼矿粉碎至 60 ～ 80 目，放入焙烧炉内于 500 ～ 550℃温度下氧化焙烧 5 ～ 8h，生成三氧化钼。用 3% 的工业氢氧化钠于 80℃温度下搅拌浸取 40min 左右，得粗钼酸钠溶液。过滤除渣，滤液和洗涤滤渣的洗液一起浓缩。若滤液色泽很深，可加热至 80 ～ 90℃，用活性炭脱色；或不加热用少量过氧化氢脱色。

浓缩液经冷却结晶、离心分离，在 70 ～ 80℃下干燥即得二水钼酸钠。

每千克钼酸钠消耗：辉钼精矿（Mo 45%）1.35kg、液碱（NaOH 35%）1.50kg。

产品质量标准见表 14-29。

表14-29　二水钼酸钠产品质量标准

指标名称	指标		
	一级品	二级品	三级品
钼酸钠（$Na_2MoO_4\cdot 2H_2O$）含量 /%	98	98	95
铁（Fe）含量 /%	0.01	0.01	0.01
氨（NH_4）含量 /%	0.005	0.005	0.005
铅（Pb）含量 /%	0.05	0.05	0.05
水不溶物 /%	0.2	0.2	0.2

14.10.2.3 含钼废渣和废液

每生产1t仲钼酸铵就有0.403t含钼废渣和1.603m^{3}含钼废液。未经处理的废渣含钼10%左右，水溶态钼1%～5%，有效态钼1.3%～6.0%；废液含钼2～3kg/m^3。含钼废渣和废液可作为钼肥施用。

14.10.3 钼肥应用情况

钼肥可进行拌种或喷施。拌种时可按种子用量进行拌种，一般每千克种子2g钼肥，按钼酸铵计算，每公顷不超过300g。喷施时一般用0.01%～0.05%浓度溶液，宜早喷。根吸收过程中SO_4^{2-}和MoO_4^{2-}是一对竞争性较强的阴离子，因此，所有SO_4^{2-}的肥料如石膏和过磷酸钙（SSP）均能抑制根系对钼的吸收。而重过磷酸钙（TSP）由于不含SO_4^{2-}，因此在施重过磷酸钙的处理中，花生的吸钼量和吸氮量远高于施过磷酸钙的处理。此外，Mn^{2+}、Cu^{2+}、Zn^{2+}等金属离子都对钼有拮抗作用。由于钼在韧皮部中有较好的移动性，因此叶面喷施钼肥是矫正缺钼的较好方法。与土施钼肥相比，叶面喷施钼肥不仅能提高花生的产量，而且还能提高花生对氮的吸收及地上部和种子中钼的含量。豆科作物由于根瘤形成及固氮过程对钼的需求较大，在种植时采用拌种的方式施入钼肥较好。小麦钼肥施用有效的四个条件为土壤有效钼低、土壤pH值低、N肥施用量高、越冬期低温。在酸性土壤上施石灰对豆科作物生长有利，但如果将施钼肥和施石灰同时进行，容易导致钼中毒。

参考文献

[1] Stewart W M, Roberts T L. Food security and the role of fertilizer in supporting it[J]. Procedia Engineering, 2012, (46): 76-82.
[2] 王祖力，肖海峰. 化肥施用对粮食产量增长的作用分析 [J]. 农业经济问题，2008(8): 65-68.
[3] Erisman J W, Sutton M A, Galloway J N, et al. How a century of ammonia synthesis changed the world [J]. Nature Geoscience, 2008,1(10): 636-639.
[4] Wang Z, Zhang F S, Li X X, et al. Magnesium fertilization improves crop yield in most production systems: A meta-analysis [J]. Frontiers in Plant Science, 2020, 10: 1727.
[5] 鲁振亚，籍婷婷，侯翠红，等. 国外含镁大量元素肥料产品现状分析. 现代化工，2021, 41(3): 1-5.
[6] 王猛. 镁肥对水稻产量和品质的影响 [J]. 农民致富之友，2016(5): 57.
[7] 胡古月，王登红，余旭辉. 无处不在的"镁"——探索镁的世界 [J]. 自然资源科普与文化，2021 (03):16-19.
[8] 白由路，金继运，杨俐苹，等. 我国土壤有效镁含量及分布状况与含镁肥料的应用前景研究 [J]. 土壤肥料，2004(2): 3-5.
[9] 杨向社，贺春宝. 硫酸镁的性质、用途及发展前景 [J]. 山东化工，2006,35: 35-36.
[10] 王伟成. 硫酸镁的性质及用途 [J]. 化工之友，1998，(01): 13
[11] 程芳琴，董川. 硫酸镁的生产方法及发展前景 [J]. 盐湖研究，2006,14(2):62-66.
[12] 李丹琳. 硫酸镁的研究及发展 [J]. 山西青年，2013 (16): 191-192.
[13] 李明晶，孙华云，刘亦凡. 镁在植物生长中的作用及镁肥 [J]. 硫磷设计与粉体工程，2009 (04): 36-39.
[14] 喻新平. 白云石制氯化钙和硫酸镁 [J]. 企业技术开发，2001(01): 9-10.
[15] 常国权，李东星. 硫酸钾镁肥的生产、研发现状及发展前景 [J]. 石河子科技，2012(3): 22-24.
[16] 张丽清，袁本福，周华峰，等. 乙醇结晶法提取硼铁矿酸浸液中的硫酸镁 [J]. 中南大学学报，2013，44(07): 2681-2687.
[17] 贺春宝. 利用粗镁生产精制一水硫酸镁的研究 [J]. 无机盐工业，2000，32(6):31-32.
[18] 黄高强，段慧明. 硫酸钾镁肥的作用及应用效果 [J]. 长江蔬菜，2015(11): 64-65.
[19] 韦家幸，蓝军群，何天春，等. 硫酸钾镁肥在几种作物上的施用效应 [J]. 广西农业科学，1998(4): 178-180.
[20] 许涛，贺春宝. 镁与植物 [J]. 山西农业，2003(11)；33-34.
[21] 丁俊，娄伟，谭启玲，等. 含微量元素镁肥对赣南脐橙施用效果研究 [J]. 华中农业大学学报，2025, 44(1): 35-42.
[22] 甘顺鹏，蒋世鹏，谢超，等. 一种高品质硫酸钾镁肥的生产工艺: CN 107382381B [P]. 2020-09-15.
[23] 高菊生，曾希柏，颜钧，等. 多功能含镁复合肥在湘南红壤旱地作物上的增产效果 [J]. 湖南农业科学，2005(05):41-43.
[24] 张守福. 一种含镁颗粒肥料的制备方法: CN 104513096A [P]. 2015-04-15.
[25] 科学认识土壤调理剂 [J]. 农村新技术，2021(11):45-46.
[26] 解秋，吴锡林，李小燕，等. 硅钙钾镁土壤调理剂对五常水稻长势及产量的影响 [J]. 北方水稻，2020, 50(01): 18-21.
[27] 王焱，张路军，杨永新，等. 一种硅钙钾镁土壤调理剂的制备方法: CN 104387206A [P]. 2015-03-04.

[28] Obatolu C R. Correction of magnesium deficiency in tea plants through foliar applications[J]. Communication in Soil Science and Plant Analysis, 1999, 30: 1649-1655.
[29] Dordas C. Foliar application of calcium and magnesium improves growth, yield, and essential oil yield of oregano (*Origanum vulgare* ssp. *hirtum*)[J]. Industrial Crops and Products, 2009, 29: 599-608.
[30] 宫海军，陈坤明，王锁民，等. 植物硅营养的研究进展 [J]. 西北植物学报，2004, 24(12):2385-2392.
[31] 张万洋，李小坤. 水稻硅营养及硅肥高效施用技术研究进展 [J]. 中国土壤与肥料，2020(4):231-239.
[32] 解秋，吴锡林，李小燕，等. 硅钙钾镁土壤调理剂对五常水稻长势及产量的影响 [J]. 北方水稻，2020,50(1):18-21.
[33] 叶建海，陈余平，孙文岳，等. 硅钙镁磷钾肥 3 年定位试验对早稻产量及性状的影响 [J]. 浙江农业科学，2017,58(5):752-753,757.
[34] 赵风兰，侯怀恩，刘彩玲. 硅钾钙镁肥在黑龙江垦区寒地水稻上的施用效果 [J]. 河南农业科学，2010, 11:57-62.
[35] 薛高峰，宋阿琳，孙万春，等. 硅对水稻叶片抗氧化酶活性的影响及其与白叶枯病抗性的关系 [J]. 2010,16(3):591-597.
[36] 闫国超，樊小平，谭礼，等. 盐胁迫下添加外源硅提高水稻抗氧化酶活性与钾钠平衡相关基因表达 [J]. 植物营养与肥料学报，2020,26(11):1935-1943.
[37] Li P, Song A, Li Z, et al. Silicon ameliorates manganese toxicity by regulating both physiological processes and expression of genes associated with photosynthesis in rice (*Oryza Sativa* L.)[J]. Plant and Soil, 2015,397(1/2):289-301.
[38] 张志伟，魏秀华，于海涛，等. 施用液体硅肥对小麦生长发育及产量的影响 [J]. 安徽农学通报，2021,27(6):101-102.
[39] 贺立源，江世文. 小麦施用硅钙肥效应的研究 [J]. 1999(3):8-11.
[40] 高红莉，蔡德龙，贾建新，等. 盐渍土冬小麦施用硅肥效应的实验研究 [J]. 地域研究与开发，2003, 22(4):92-94.
[41] 田平，马立婷，逄焕成，等. 硅肥对玉米和大豆光合特性及产量形成的影响 [J]. 作物杂志，2015,6:136-140.
[42] 张磊，王玉峰，陈雪丽，等. 硅钙肥在玉米上的应用效果研究 [J]. 黑龙江农业科学，2011(7):48-50.
[43] 张青，栗方亮，王煌平，等. 不同品种及用量的硅钙镁磷钾肥对番茄产量、品质及土壤 pH 的影响 [J]. 磷肥与复肥，2015,30(12):46-49.
[44] 连晓娟，路遥，王艳，等. 土壤调理剂对日光温室土壤理化性质和蔬菜产量、品质的影响 [J]. 中国土壤与肥料，2015,5:56-60.
[45] 赵鑫，姚琪，张毅，等. 叶面喷施外源硅铁对番茄果实品质的影响 [J]. 山东农业科学，2020, 52(9):78-84.
[46] 栗方亮，张青，王利民，等. 连续施用土壤调理剂对茄子品质及土壤性状的影响 [J]. 福建农业学报，2017,32(7):768-773.
[47] 冯琛. 硅钙镁钾肥在陕西省农作物应用效果试验研究初报 [J]. 陕西农业科学，2005(6):14-15.
[48] 宋效宗，林海涛，张玉凤，等. 不同用量硅钙钾镁肥对设施黄瓜长势、产量及品质的影响 [J]. 山东农业科学，2015,47(12):49-52.
[49] 范文静，杨力，林海涛，等. 土壤调理剂对油菜产量、品质及酸性土壤改良的影响 [J]. 山东农业科学，2017,49(9):114-117.
[50] 李祯，李倩仪，赵航，等. 硅肥对油菜生长发育及产量品质的影响 [J]. 江苏农业科学，2018,46(7):66-69.
[51] 刘升基，史桂平，王静波，等. 硅钙镁肥在苹果等作物上的应用研究 [J]. 烟台果树，2008，4:21.
[52] 高熙，武华文. 硅对草莓品质和产量的影响研究 [J]. 现代农业科技，2010,16: 122-123.
[53] 涂玉婷，彭智平，黄继川，等. 施用不同品种硅钙钾镁肥对香蕉产量、品质及土壤养分的影响 [J]. 中国农学通报，2019, 35(4):40-45.
[54] 高文胜，秦旭，胡兆平，等. 土壤调理剂在葡萄上的应用效果研究 [J]. 农学学报，2017,7(6):63-66.
[55] 李超，陈光，白世践，等. 硅钙钾肥对克瑞森无核葡萄产量和果实品质的影响 [J]. 中外葡萄与葡萄酒，2016,1:19-20.
[56] 李淑香. 硅钙镁钾肥对苹果树生长和结果的影响调查 [J]. 山西苹果，2012,3:28-29.
[57] 辛广，马学文，丁方军. 硅钙钾镁肥土壤调理剂的研发与应用 [J]. 化肥工业，2018,45(1):72-75.
[58] 张亚建，武阿峰，刘存寿，等. 不同硅肥处理对苹果树硅及其他中微量元素吸收的影响 [J]. 西北农林学报，2013,22(10):126-130.
[59] 秦旭，王志刚，胡兆平，等. 土壤调理剂在梨上应用效果的研究 [J]. 山东农业科学，2017,49(5):88-90.
[60] 叶素银，徐阳春，董彩霞. 钙和硅叶面肥对"皇冠"梨果实发育期间生理生化变化的影响 [J]. 南京农业大学学报，2015,38(5):824-829.
[61] 高文胜，崔秀峰，秦旭，等. 土壤调理剂在丘陵砂壤地甜樱桃上的应用研究 [J]. 落叶果树，2017,49(3):6-9.
[62] 秦旭，李明丽，崔秀峰，等. 土壤调理剂不同施用方法对桃的应用效果研究 [J]. 落叶果树，2018,50(6):20-22.
[63] 焦云，舒巧云，赵秀花. 稀土与硅叶面肥对桃果实品质的影响 [J]. 浙江农业科学，2019,60(6):997-999.
[64] 刘琦，李晓宏，刘云霞，等. 土壤调理剂改良柑橘园酸性土壤效果研究 [J]. 现代农业科技，2017,20:175-176.
[65] 甘丽萍，李彦杰，杨波，等. 纳米硅对三峡库区柑橘青霉菌的药效试验 [J]. 西南师范大学学报(自然科学版),2007,32(3):80-84.
[66] 栗方亮，张青，王煌平，等. 土壤调理剂对蜜柚产量、品质及土壤性状的影响 [J]. 中国农学通报，2018,34(6):39-44.
[67] 温映红，王曰鑫，李登科，等. 硅钙钾肥对红枣产量及品质的影响 [J]. 中国农学通报，2016, 32(19):69-7.
[68] 吕志宁，王琰，李海涛，等. 土壤调理剂在花生上的应用效果研究 [J]. 种子科技，2017,35(1):90,92.
[69] 曾瑞儿，王鑫悦，侯雪蓥，等. 硅对干旱胁迫下花生幼苗生长和生理特性的影响 [J]. 花生学报，2018, 47(4):13-18.
[70] 牟英辉，陈志梁，程艳波，等. 硅肥对大豆农艺性状、产量及品质的影响 [J]. 大豆科学，2012,31(4):625-629.
[71] 贾国涛，马一琼，陈芳泉，等. 枸溶性硅肥对烤烟生理指标和烟叶品质的影响 [J]. 中国烟草科学，2016,37(6):43-48.
[72] 谭青涛，程云吉，赵新峰，等. 硅钙钾镁肥不同用量对土壤养分及烟叶品质的影响 [J]. 中国农学通报，2019,35(10):25-29.
[73] 王健康，李小玲，陈海宁，等. 硅钙钾镁肥对果蔗产量品质及经济效益的影响 [J]. 甘蔗糖业，2016,4:42-45.
[74] 辛承松，罗振，孔祥强，等. 硅钙钾肥对盐碱地棉花生长发育及生理特性的影响 [J]. 山东农业科学，2017,49(8):69-72.

中国肥料研究与应用全书

Books of Fertilizer Research and Application in China

FERTILIZER

第15章 含中微量元素的肥料产品

15.1 中微量元素螯合肥

15.1.1 传统螯合技术

目前常用的螯合剂有乙二胺四乙酸、*N*-*β*-羟基乙基乙二胺三乙酸、柠檬酸、氨基酸、腐植酸、糖醇等。但螯合中微量元素的合成和生产受到许多因素的影响，如合成原料、反应条件、合成工艺等；另外螯合剂类型和工艺等不仅影响产品质量，也影响产品的成本；同时螯合剂、中微量元素的化学特性不同，按配位体与配位原子（离子）的不同，产品的稳定性和生物学效应也存在较大的差异[1]。下面是对几种常见的螯合技术的简单介绍。

15.1.1.1 EDTA螯合

乙二胺四乙酸（EDTA）是含有羟基和氨基的多齿配体，可与金属离子配合生成具有多个五元环的螯合物，且所形成的螯合物的稳定常数都很大。由于其有 6 个配位原子，能满足大多数金属离子的配位数，具有广泛的配位能力[2]。

EDTA 螯合中微量元素采用直接法生产，工艺流程有一段法和两段法[3]。一段法是在碱性的 EDTA 溶液中加入磨细的中微量元素，得到螯合产物。两段法与一段法类似，不同之处在于增加了氢氧化钠洗涤反应液工序。除用 EDTA 为螯合剂外，还有二乙烯三胺五乙酸（DTPA）、乙二胺-*N*,*N*-双邻羟苯基乙酸（EDDHA）、1,2-环己二胺四乙酸（CDTA）等，都是常用的螯合剂。

EDTA 是农业上应用最为广泛的一种螯合剂。如 Mg-EDTA 可显著提高大白菜的产量，施镁 7mg/kg 时大白菜增产 46.6%，EDTA 螯合锰也可提高大白菜、番茄的产量[4]。螯合态锌肥 Zn-EDTA 可显著增加土壤中潜在有效锌的组分，且螯合态锌肥施入土壤后有效锌可维持至小麦收获后，保证了土壤有较长时间的供锌能力[5]。

15.1.1.2 氨基酸螯合

氨基酸螯合微肥兼有微量元素肥料和氨基酸肥料的功能，氨基酸作为螯合剂具有价格低廉、稳定常数适中等优点[6]。另外复合氨基酸由多种氨基酸组成，其肥效大于单种氨基酸，也是一种比较理想的螯合剂[7]。

氨基酸螯合工艺包括氨基酸溶解、过滤、pH 值调节、加入中微量元素螯合、浓缩、结晶过滤、干燥等过程[8]，最终形成成品。其中 pH 值、温度、反应时间等是螯合工艺的关键影响因素。

氨基酸螯合中微量元素近年在农业上的应用不断扩大[9]。用氨基酸螯合物水溶液处理棉花种子后可促进其发芽；用于水稻，可明显提高水稻根系活力，缩短水稻生长期，具有良好的增产作用[10]。

15.1.1.3 腐植酸螯合

腐植酸含有芳香烃、羧基、羰基、甲氧基等活性基团，具有酸性、亲水性、阳离子交换性及生理活性等，对作物有较好的肥效。目前生成并使用的腐植酸螯合微量元素肥料有腐植酸硼镁肥、腐植酸硼磷肥、黄腐酸铁等。

典型的腐植酸螯合中微量元素工艺，是将腐植酸与中微量元素在一定条件和助剂存在下进行反应生成腐植螯合物。如以黄腐酸、尿素和硫酸亚铁为原料，先将尿素溶于热水中，再加入硫酸亚铁，生成二胺溶液，然后加入黄腐酸溶液，充分混合后，冷却即得尿素黄腐酸螯合铁[11]。

腐植酸螯合微量元素目前在农业中应用也较为广泛。水稻中施用腐植酸螯合肥后，作物抗寒、抗旱、抗病能力增强，水稻综合性状表现良好，且产量高[12]。叶面喷施黄腐酸铁可提高花生心叶活性铁含量和叶绿素含量，促进花生植株的生长[13]。腐植酸还可以促进植物对肥料的吸收，腐植酸可能会通过对土壤磷的吸附位点变化影响磷的有效性，不溶于水的磷酸盐可以形成稳定的腐植酸金属螯合物和稳定的水溶性磷-金属-腐植酸复合物[14]。

15.1.1.4 糖醇螯合

糖醇是具有两个及两个以上羟基结构的多元醇，能为配位原子提供多个孤对电子，且空间结构满足螯合物形成的必要条件[15]。糖醇螯合主要为液体形态，主要成分是糖醇物质，包括甘露糖醇、山梨糖醇、木糖醇、丙三醇等，与中微量元素按特定比例形成稳定复合体。由于植株韧皮部内是碱性环境，大部分金属类矿质养分在碱性环境下溶解性和移动性都较差，而糖醇螯合产物以液体为稳定的存在形式，尤其在碱性溶液中溶解度更高，更能体现出糖醇螯合产物的优势[16]。

糖醇螯合的生产工艺多采用水体系合成法，基本流程是将糖醇、无机盐和溶剂经加热、溶解后，加入助剂进行螯合，最终形成糖醇螯合产物。目前对糖醇螯合硼的螯合反应历程较为明确，其实质是硼酸或硼酸根离子与糖醇中两个邻位顺式羟基发生脱水反应而形成环状结构[17]，其他糖醇螯合物的反应历程及结构还需进一步地研究分析。

糖醇螯合肥对作物具有双重效应，不仅能够螯合矿质元素，促进作物对养分的吸收，提高肥料利用率；而且糖醇本身就是一种生物有机肥料，可广泛参与植物的生理代谢，单独施用糖醇同样能够改善作物的营养状况[18]。因此，糖醇螯合肥的施用效果普遍优于无机化学肥料。相关研究表明，糖醇螯合肥能有效促进作物生长发育，改善果实品质，提高作物的抗病、抗逆性能[16]。

15.1.2 新型螯合技术

传统的螯合剂如 EDTA 具有螯合能力高、螯合物稳定等优点，但由于成本高、生物降解性极差等环境问题[19]，近年来欧洲一些国家已禁止使用，未来发展应用受限。而氨基酸、腐植酸、糖醇等螯合剂，虽环境友好，但存在螯合能力低、偏碱性土壤中稳定性差、易拮抗等问题，因此亟须进行新型螯合技术的开发。

为提升螯合肥品质，提高肥料的利用率，需要开发性能优良、价格低廉、螯合常数适中的新型螯合剂，有效解决平衡配肥与农作物平衡吸收的矛盾。中化化肥有限公司近年来综合多种螯合剂的性能，开发了聚磷酸、有机酸等新型螯合剂，其螯合能力及稳定性优良，本身具备一定的营养成分，可完全生物降解，满足不同区域土壤和作物对微量元素的需求，较 EDTA、聚天门冬氨酸螯合剂成本更低，对作物促生长、提品质、增产量效果显著，实现了降本增效、质量提升的效果，螯合剂工业化生产应用方便，市场规模不断扩大。同时，辽宁津大肥业等企业也都开发了独具特色的螯合技术，并形成了不同类型的螯合肥料产品，具有优良效果的新型螯合肥产品的规模不断扩大。

15.1.3 螯合技术在复合肥生产中的应用

在大量元素复合肥中添加中微量元素，形成螯合中微量元素复合肥，通过与大量元素配施，可提高中微量元素在土壤中的分散性，同时，可实现作物营养均衡供给，提高养分的有效性。但在复合肥中添加中微量元素，必须解决中微量元素与磷素的固化反应导致的水溶性降低的问题。上述问题主要是通过微量元素的螯合技术来解决，可以说螯合技术是复合肥中磷素与中微量元素保持高活性的协同技术。

15.1.3.1 复合肥中微量元素螯合工艺

传统螯合剂在复合肥行业中使用广泛，尤其是行业中的中小复合肥企业一般采购市场上成品螯合中微量元素，然后在复合肥料生产中直接添加。但市场中的螯合中微量元素一般为常规的传统螯合剂，很难根据作物、肥料的差异化功能需求进行调整，肥料综合效果不突出，且存在传统螯合剂成本高、不环保的弊端。为此，一些自主研发能力较强的行业龙头肥料企业，逐渐根据肥料的功能需求，开发、配套自主螯合技术，在开发自主新型螯合剂的同时，实现中微量元素螯合与复合肥工艺的同步配套。

与复合肥装置配套的螯合工艺，关键之一是需要满足复合肥装置对螯合中微量元素的形态要求。针对行业现有复合肥的主要生产工艺差异，螯合中微量元素需要以液体型或固体型粉剂的形式进行添加。以下针对上述分类方式对与复合肥工艺配套的螯合工艺进行介绍。

（1）液体型螯合工艺　液体型螯合中微量元素，通常是根据需求在反应釜中将中微量元素与所需的螯合剂进行分类螯合，而后将螯合液添加至肥料生产装置。液体型螯合工艺具有能耗低、操作简单、产品添加和使用方便的优势，通过该工艺螯合成的液体螯合中微量元素可满足与复合肥转鼓造粒、喷浆造粒等装置衔接与应用。典型工艺流程如图 15-1 所示。

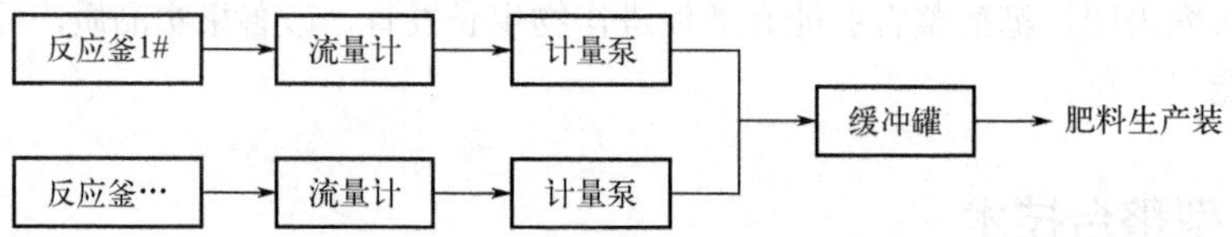

图 15-1　液体型螯合典型技术工艺流程

（2）固体型螯合工艺　液体型螯合技术由于含水量较高，难以满足在含水量有限制的熔体类复合肥装置中的应用，因此在这类装置中需添加粉剂螯合中微量元素。一般需对液体螯合中微量元素进行浓缩、干燥，形成固体粉剂螯合中微量元素。典型工艺流程如图 15-2 所示。

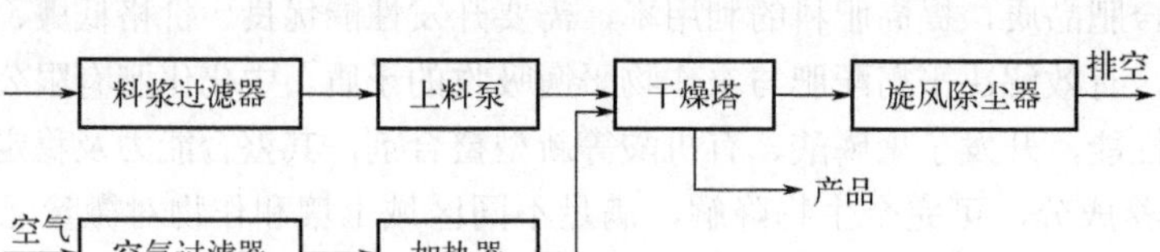

图 15-2　螯合液喷涂干燥工艺流程

从工艺流程上可看出，中微量元素的螯合工艺本身难度不高，而市场上不同厂家的螯合中微量元素复合肥的效果却差异较大。一方面是受复合肥中中微量元素的种类和添加量影响，另一方面还与螯合剂的综合性能有关。经过多年的发展，行业领先企业新型螯合剂的开发，在具备螯合能力的基础上，逐渐向肥料、作物、土壤综合调控的方向发展。可以说，未来螯合肥料效果提升，螯合能力是基础，综合调控效果是关键。

15.1.3.2　螯合中微量元素复合肥生产工艺

复合肥生产工艺本身历经数十年的发展，已经比较成熟。螯合中微量元素在复合肥装置中的添加主要是解决添加均匀性问题。以下针对转鼓造粒、熔体造粒等典型复合肥装置的螯合中微量元素的田间工艺进行介绍。

（1）转鼓造粒工艺　转鼓造粒工艺是在造粒机复合肥原料中通入蒸汽、氨基酸等，实现粉状物料的团粒过程。转鼓造粒工艺主要包括造粒、干燥、筛分等环节。螯合中微量元素在转鼓工艺中的添加一般是在造粒滚筒中添加，通过分散设备实现液体螯合中微量元素在造粒滚筒中的均匀喷洒和复合肥造粒。工艺流程如图 15-3 所示。

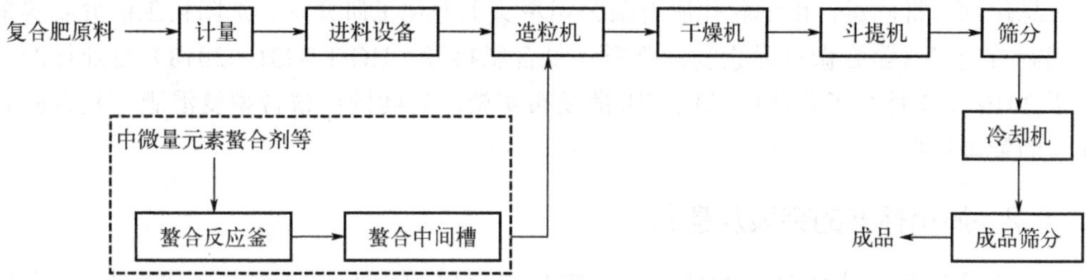

图 15-3　转鼓造粒生产螯合中微量元素复合肥工艺流程

（2）熔体造粒工艺　熔体造粒工艺是将尿素或硝酸铵在高温下熔融，向熔融体中添加粉体磷酸一铵、氯化钾或硫酸钾、中微量元素等其他养分，在充分分散后，通过高塔喷洒，液滴在空气中结晶、固化、冷却成肥料颗粒。熔体造粒工艺主要包括熔融、混合、喷淋造粒、筛分等环节。螯合中微量元素在熔体工艺中的添加一般是在熔融体混合槽中进行，将粉体螯中合微量元素在尿素或硝酸铵熔融体中与其他养分充分搅匀，实现均匀分散。工艺流程如图 15-4 所示。

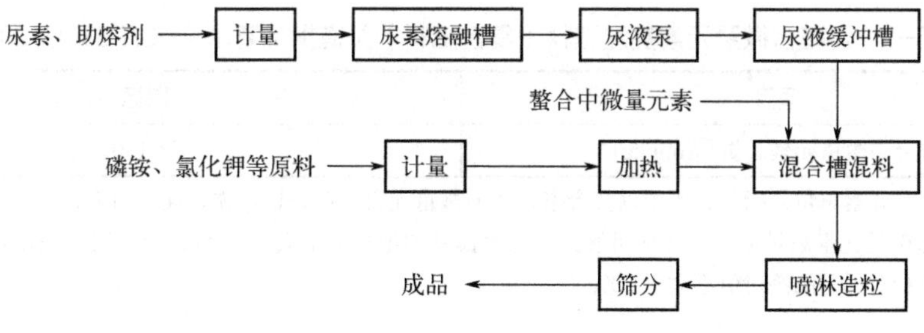

图 15-4　熔体造粒生产螯合中微量元素复合肥工艺流程

除了上述工艺外，另一典型复合肥工艺是喷浆造粒工艺，该造粒过程与转鼓造粒工艺类似，同样在转鼓造粒滚筒中进行造粒，唯一的差异是进滚筒的原料磷酸一铵是部分或全部通过料浆的形式进入造粒机，通过料浆的黏合性能形成液、固原料的团粒。在喷浆工艺中螯合中微量元素既可通过液体，也可通过固体的形式进行添加；另外，近年来，出现新的螯合微量元素添加方式，即通过外包裹方式实现复合肥中螯合中微量元素的添加，这种添加方式对液体微量元素的包裹性能有一定要求。整体上，经过多年发展，螯合中微量元素在复合肥的添加应用工艺已经较为成熟。

综合而言，螯合工艺以及螯合中微量元素在不同类型复合肥装置中的添加工艺已相对较为成熟，提升螯合中微量元素复合肥效果的关键是开发性能优越的螯合剂。在减肥增效、可持续发展的农业大环境下，具有综合调控性能和高性价比的新型螯合剂的开发是螯合中微量元素复合肥发展的重要方向。

15.1.4 螯合肥产品质量标准

15.1.4.1 质量标准的需求背景

为规范螯合肥行业发展，更好地为消费者提供高效、优质的螯合肥产品，2016 年经工业和信息化部审批同意，由中化化肥有限公司牵头上海化工研究院、沈阳化工研究院等单位共同编制首个《含螯合微量元素复混肥料（复合肥料）》（HG/T 5331—2018）行业标准。该标准于 2019 年 4 月经工业和信息化部审批发布实施，自此国内螯合型复混肥（复合肥）有了统一的管理依据。

15.1.4.2 质量标准的突破及意义

在含螯合微量元素的复合肥体系中，微量元素以固定态和可溶态形式存在，《含螯合微量元素复混肥料（复合肥料）》（HG/T 5331—2018）标准的建立是通过液固分离、吸附分离等多重分离方式联用的方式，实现了不同形态的微量元素的分离，并通过普及较高的测量方法——原子吸收-电感耦合等离子体发射光谱法联用，实现了大量元素背景下痕量螯合态微量元素的分离与测量。该方法准确性、重现性、稳定性高，同时，检测仪器设备通用性强，具有较好的普及应用价值。另外，该标准还通过评价肥料中螯合微量元素添加量的综合影响，确定了含螯合微量元素复混肥料（复合肥肥料）中螯合态微量元素添加量（表15-1）。

表15-1 含螯合微量元素复混肥料（复合肥料）关键指标要求（HG/T 5331—2018）

项目	指标
螯合态微量元素总量①/(mg/kg)	≥ 150

①螯合态微量元素总量是指复合肥中以螯合态存在的微量元素（锌、铜、铁、锰）的总和。

注：螯合态微量元素总量测定值与标明值的负相对偏差的绝对值不大于 30%；单一螯合态微量元素总量测定值与标明值的负相对偏差的绝对值不大于 30%。

螯合肥标准的技术突破有效推动了螯合肥的规范化管理：

① 建立了复合肥料中螯合态微量元素的分离、测试方法，为衡量行业含螯合微量元素复混肥质量优劣提供了检测手段。含螯合微量元素复混肥中存在螯合态、离子态、不溶态等多种形态微量元素，且相对于 N、P、K 大量元素而言，螯合态微量元素是痕量级别，因此，

螯合态微量元素分离的准确性、稳定性是制约标准制定的长期障碍。该标准提出了“两级分离”的分离路线，即通过一级离心、二级葡聚糖凝胶吸附的方式，实现了水溶态与不溶态、螯合态与离子态微量元素的分离。该分离路线有效解决了“三态”痕量微量元素分离的技术问题，奠定了标准建设的定量测量基础。

② 确定了复合肥中螯合态微量元素含量的最低添加量，为含螯合中微量元素复混肥质量的优劣提供了判定依据。鉴别含螯合中微量元素复混肥产品质量优劣，除了螯合态微量元素的检测方法的准确性外，基础在于确定螯合态微量元素的添加下限。从行业发展的角度，螯合态微量元素添加的多少，一方面需考虑添加螯合态微量元素的作物效果，另一方面还应考虑肥料成本，尽可能地减少农民投入。标准通过广泛的作物肥效试验，确定了150mg/kg复合肥的螯合态微量元素添加下限。在此添加量下，实现作物（水稻、玉米、马铃薯、西瓜、苦瓜等）的增产幅度达到6%～35%，实现了添加成本与作物产出效果的平衡。

综合而言，螯合肥质量标准的提出，对螯合肥产业发展、产品监管、科技研发等方面均具有重大意义。尤其是其作为监管工具能够为整个螯合肥产业的良性健康竞争和消费者权益保护营造良好的管理政策空间，对促进螯合肥行业的良性发展具有积极的促进作用。

15.2　含中微量元素的复合肥

15.2.1　4+X生物有机无机生态肥

15.2.1.1　研发背景及内涵

（1）研发背景

① 耕层土壤营养、改良需要。目前全国各类土壤普遍存在大量元素钾极缺，中微量元素镁、锌、硼和有益元素硅、硒严重不足状况。多年土壤普查结果显示，全国三分之一以上各类土壤镁、锌、硼、锰、硅缺乏，严重不足，且由东北往东南逐渐加大。

② 作物营养不足、失衡。根据李比希营养最小定律，目前作物需要的17种营养元素，其中钾、锌、硼、锰、镁、硅等为短板，急需补充；多年只重视磷酸二铵等高浓度磷肥和尿素等氮肥，忽视钾肥和锌肥、硼肥、锰肥的施用，致使多种营养失衡，肥料利用率降低，土壤理化性状变劣、板结，生态环境恶化。

③ 改变生态环境、生产绿色有机食品的需要。

④“减肥增效”化肥零增长的需要。针对目前我国环境污染严重，耕地土壤被重金属、农药和高浓度盐分污染的实际状况，进行土壤修复改良，改善生态环境，生产、研发绿色有机食品，提高人类健康水平势在必行。据此，我国政府适时提出了“减肥增效”化肥零增长，“一控二减三基本”的战略方针是极其英明的决策。

（2）研发内涵　4+X生物有机无机生态肥内涵十分丰富，其中4是指大量元素NPK，中量元素Ca、Mg、S，微量元素Zn、P、Mn和有益元素Si、Se等；X是指生物有机肥，即以BMC复合微生物菌剂和腐植酸、氨基酸、禽畜粪便、作物秸秆及味精、饲料、食品、轻工、医药、制糖、造纸等行业下脚料为主的有机物料，是经螯合覆膜新工艺处理的高科技产品。NPK 25% ～ 40%，有机质 15% ～ 20%，腐植酸≥ 10%，中微量元素≥ 5%，复合生物菌剂≥ 0.2 亿 / 克。

15.2.1.2 4+X生物有机无机生态肥的功能

经多年多点试验、示范、推广结果表明，生物有机无机生态肥具有以下显著特点：①改良土壤、培肥地力；②提高化肥利用率 10% 以上，其中氮肥利用率提高 10% 以上，提高有效磷量 27.45%，提高土壤中速效钾含量；③提高和改善作物产量和品质。经七年多点试验、示范表明，施用含有 NPK 25% ～ 40%、有机质 15% ～ 20%、腐植酸≥ 10%、中微量元素≥ 5%，复合生物菌剂≥ 0.2 亿 / 克的生物有机无机生态肥的比施等量化肥的，水稻增产 24.9%、大豆增产 18.6%、玉米增产 8.7%、小麦增产 29%、马铃薯增产 17.6%、花生增产 22.3%、西瓜增产 15%、油菜增产 8%、黄瓜增产 19%、番茄增产 7.7%、白菜增产 22.4%、甜菜增产 22.4%、甜椒增产 17.7%，能节省化肥用量三分之一以上，“减肥增效”效果显著。

大量发展生物有机无机生态肥的工业化生产，不仅能有效地利用有机肥资源、变废为宝，同时还治理和避免了日益严重的环境污染，更为重要的是满足了我国农业的持续发展和“两高一优”，生态环保，“减肥增效”实现化肥零增长的需要。对于实现社会效益、经济效益和生态效益的良性循环，具有极其重要的意义和广阔的市场前景。

15.2.2 腐植酸水溶肥

根据《中国农村统计年鉴》和《中国统计年鉴》数据可知，1980 ～ 2019 年每公顷耕地化肥施用量（总化肥施用量 / 总耕地面积）由 127.8kg 增加到 400.7kg，是国际公认的化肥施用安全上限 225kg/hm^2 的 1.78 倍。2015 年农业部发布了《到 2020 年化肥使用量零增长行动方案》，2017 年中央一号文件也提出了要“着力推进农业提质增效，推行绿色生产方式，增强农业可持续发展能力。”近年来，化肥施用量逐渐超过了经济上施用量的最佳水平，加之化肥“零增长”政策的出台，中国的化肥施用逐渐偏向化肥与有机肥的混合施用。

腐植酸来源于土壤，天然的腐植酸是由植物残体经过分解形成的，广泛存在于土壤、河泥和风化煤中，但大部分难溶于水。腐植酸是含有羧基、羟基、酚羟基以及醌基的不同芳香缩合度稠环化合物的不规则高分子团聚体，根据分子量大小分为黑腐酸、棕腐酸和黄腐酸，分子量依次减小，生物活性依次增加。以固形物存在于低阶煤中的腐植酸即黑腐酸不能迅速发挥其作用，只有形成可溶性腐植酸才具有即时生理生化作用。腐殖质中起当季生物活性的物质是可溶性腐植酸——黄腐酸。

腐植酸在农业上具有改良土壤、增效化肥、刺激生长、增强抗逆、改善品质的五大作用。大量试验数据表明，腐植酸对作物产量提高、增强作物抗逆性、提升农产品品质、改善土壤团粒结构、提升肥料利用率等方面具有显著效果。腐植酸是测试土壤肥力的“金标准”，腐植酸既可以作为单一物质施用到土壤中，也可以作为载体配以氮、磷、钾等大量元素或中微量元素生产肥料施用。腐植酸与其他营养物质组合而成的肥料，兼有有机无机肥的速效和缓效功能，对土壤来说，腐植酸能够改善土壤特性，提高透气性、保水性和保肥能力；对于肥料来说，腐植酸能够有效增强肥料效能，通过腐植酸与肥料的有机结合，可以实现减肥增效的目的。实践证明，腐植酸肥料为化肥零增长目标提前实现作出了积极贡献，施用腐植酸肥料反哺土壤，起到了提质增效化肥、构筑“土肥和谐”、促进肥料供给侧改革先锋队的作用。

2006年农业部出台《含腐植酸水溶肥料标准》，截至2021年9月14日，农业农村部登记腐植酸水溶肥产品3656个，相关企业多达2000多家，其中水剂产品1912个，粉剂产品1696个，颗粒产品48个，登记作物大多数是经济作物。含腐植酸水溶肥料分为大量元素型和微量元素型。随着人们对中微量元素使用意识的提高，不少企业在生产腐植酸大量元素型水溶肥料的过程中，往往会添加中微量元素来增加产品的功能，提升肥效。

根据中微量元素含腐植酸水溶肥料的形态不同，生产工艺大致可以分为粉状生产工艺和液体生产工艺。

（1）粉状含腐植酸水溶肥料生产工艺　物理混合是目前固体粉状含腐植酸水溶肥生产最常用的工艺。该工艺是按照产品配方要求，将一定量大量元素或一定量中微量元素与腐植酸直接混配制成水溶性肥料。其工艺流程主要步骤是物理混合，混合设备包括螺带单轴卧式混合机、双轴卧式混合机、双螺旋锥形混合机等。物理混合工艺可以同时混配多种养分，产品养分含量高；生产工艺相对简单，没有除杂净化过程，产品纯度由原料的纯度决定。此外，由于物理混合型水溶肥料生产所需的原料种类不同，原料的形状、粒度、色泽等存在差异，所以粉状含腐植酸水溶肥料产品的外观性状不一。同时在生产过程中，还要考虑肥料混合的均匀度、吸潮结块性，以及不同原料配比是否会发生反应等问题。为了确保肥料养分的有效性，通常在生产过程中先将中微量元素与腐植酸混合，确保其稳定性后，再配入其他大量元素原料，生产得到粉状含中微量元素腐植酸水溶肥。

固体水溶肥料生产的主要优点有：工艺简单，生产成本低，在生产过程中产生能耗少，对环境安全；配方易调整，养分含量高；包装和运输成本较低。但是由于腐植酸等原料易潮解，固体水溶肥料容易吸湿、板结，严重时会影响后续产品的质量及使用情况。

（2）液体含腐植酸水溶肥料生产工艺　液体肥料包括清液型和悬浮型。液体水溶肥生产线主要包括原料破碎系统、杂物筛选系统、原料配送系统、高效混合系统、成品输送系统、成品定量包装系统等装置。液体水溶肥料的生产过程与固体肥料类似，需要经过粉碎、称重、混合等步骤，但是在混合过程中，固体物料要溶解于液相中形成液体肥料，在这个过程中需要考虑原料溶解度大小、溶解时间长短的问题，因此生产液体肥往往需要加热溶解及冷却过程。在腐植酸液体肥中，除了添加常规元素外，还会加入悬浮剂、防结晶剂和防冻剂等，来增加产品的稳定性。

液体水溶肥生产的主要优点有：液体肥被作物吸收利用率能够达到80%以上，吸收速度快，相对其他肥料其利用率明显提高；产品不存在吸湿和结块问题；液体肥料混合更加均匀，方便用于设施农业；配方易调整，方便精确施肥。但是由于液相环境较为复杂，溶液中的元素大多数以不稳定的离子形态存在，配制不当容易产生沉淀、结晶等问题，影响产品使用，同时也存在包装和运输成本过高的问题。

由于腐植酸水溶肥在实际使用过程中采用滴灌、冲施或喷施，如果采用灌溉，水硬度偏大则会在一定碱性条件下形成钙及镁的沉淀物。因此，中微肥应该选用水溶性高、稳定性强的原料，如硼酸、四水八硼酸钠、EDTA螯合中微量元素等，以免在配制及使用过程中与其他物质形成沉淀。腐植酸本身是难溶于水的物质，将腐植酸经过一定的生物、物理或化学活化技术，对腐植酸进行改性，可以活化得到腐植酸盐，增加其水溶性，达到农业使用的不同要求。因此应该选择水溶性好、抗絮凝能力强的矿源黄腐酸钾或腐植酸钾作为腐植酸原料来制备含腐植酸水溶肥料。

中微量元素铁、锰、铜、锌等在无机盐中均以二价的金属离子存在，由于土壤和肥料的性质，中微量元素在土壤中容易被固定，植物无法吸收利用。以腐植酸作为肥料载体的中微量元素水溶肥，具有水溶性好、性能稳定、吸收率高等特点，可以提高中微量元素的溶解性及活性，同时也可以增加各元素之间的协同增效作用，提高肥料的利用率。通过不同方式应用于多种农作物已证实其增产效果明显，可显著提高农作物产品的品质，减少农药残留量。

含腐植酸微量元素水溶肥含有植物生长必需的硼、锌等多种微量元素，具有营养全面、易吸收、壮苗增产、促进早熟、改善品质、增加含糖量等特点。

含腐植酸水溶肥料能够提高磷、钾的利用率。腐植酸内部的酸性官能团能够吸附并储存钾离子，避免钾离子流失与固定，提高可交换性钾的数量，提高速效钾含量，继而提高钾肥的利用率。腐植酸与磷肥同时施用时，能够减少土壤对速效磷的固定，使土壤中难溶性磷转换为有效磷，促进农作物对磷肥的有效吸收，提高磷肥的有效利用率。

含腐植酸水溶肥料产品施肥方式多样，包括冲施、滴灌、叶面喷施等，使用对象从经济作物扩展到大田作物，应用范围广。

经过三十年的发展，腐植酸水溶肥产品在试验、研究、应用等方面已取得很多的成效，并且适应绿色环保的要求，可以满足生产节水省肥的要求。

15.2.3 氨基酸水溶肥

氨基酸是生物功能大分子蛋白质的基本组成单元，是含有碱性氨基和酸性羧基的有机化合物，化学式是 $RCHNH_2COOH$。目前已知的氨基酸常见的有二十种，包括甘氨酸、丙氨酸、亮氨酸、甲硫氨酸等多种氨基酸。氨基酸作为重要的营养与功能元素，其应用领域涉及食品、医药、饲料等多种行业。目前，氨基酸发酵已成为我国发酵工业的支柱产业。

氨基酸作为组成蛋白质的基本单位，能够被农作物直接吸收、利用，能强化植物生理生化功能，加速干物质的形成和积累，进而提高肥料利用率。氨基酸肥料进入土壤后，能促进土壤中有机质含量的提升，改良土壤透气性，提高土壤肥力。普通的中微量元素直接施入土壤中，容易受使用环境的pH值、含盐量及含水量等条件的影响被固定，生成难溶性的物质，降低中微量元素的有效性，不易被植物吸收。氨基酸作为天然的螯合剂，可以与难溶性元素发生螯合反应，将金属离子螯合到一起，有效提高营养元素的活性，避免被沉淀和固定。氨基酸螯合微量元素是第三代微量元素添加剂，属于有机微量元素范畴，利于被植物吸收利用，提高肥料的有效性。

在土壤表层，氨基酸是主要的有机氮化物，占土壤全氮的 15% ～ 60%。氨基酸作为一种有机氮源可以被作物直接吸收利用，植物吸收的氨基酸态氮可占植物总氮量的 10% ～ 82%。氨基酸还可以部分代替硝态氮，降低植物体内硝态氮含量，改善植物的品质。土壤中氨基酸与无机氮共存时，植物优先吸收氨基酸态氮；氨基酸通过影响硝酸还原酶和亚硝酸还原酶的活性来影响植物对硝酸盐的吸收，因此氨基酸对硝酸盐的吸收具有反馈调节机制。由于不同的氨基酸对植物的功能各不相同，含氨基酸水溶肥的功能也是多方面的。

含氨基酸水溶肥料以游离氨基酸为主体，按照植物生长发育规律，添加一种或多种中微量元素肥料制成液体或固体水溶肥料。2007 年农业部制定了《含氨基酸水溶肥料》的标准，2010 年对该标准进行了修改，增加了中量元素型产品并增加了镁元素，修订微量元素型产品应至少包含一种微量元素。含氨基酸水溶肥料微量元素型产品中要求固体产品和液体产品氨基酸含量分别不低于 10% 和 100g/L，微量元素总含量分别不低于 2.0% 和 20g/L。含氨基酸水溶肥料中量元素型也有固体产品和液体产品两种，其中要求中量元素含量分别不低于 3.0% 和 30g/L。截至 2021 年 9 月在农业农村部登记的含氨基酸水溶肥料产品有 3322 个。

目前，我国市场上销售的氨基酸水溶肥的氨基酸原材料主要有两大类：一类为大豆、豆粕、玉米麸、花生麸的发酵产物以及豆制品、味精、木材加工的下脚料等植物源蛋白；另一类则为皮革、毛发、鱼骨鱼粉以及屠宰场废弃物等动物源蛋白。植物源氨基酸由于本身来源于植物，其氨基酸种类相同，因此营养效果好，作物吸收快。动物源氨基酸通常都含有一些核苷酸、吲哚酸、赤霉素等活性成分，对提高作物抗逆性、促进生根、保花保果都有一定的积极作用。

液体含氨基酸水溶肥料的生产关键步骤为：取样、水解、中和、过滤、定容、分取、熏蒸、定容、上机测定成分。将氨基酸原料经过预处理后，利用酸水解、碱水解、酶水解等方式制备得到复合氨基酸，处理后的氨基酸水解液可以经过浓缩干燥处理直接制备成固体氨基酸粉末。氨基酸粉末可以直接以营养的形式施用于作物，也可以利用液体水溶肥的制作工艺，加入硼、锌、锰、铁等微量元素原料与氨基酸等物料复配溶解后进行过滤，加工成含氨基酸微量元素水溶肥料。含氨基酸微量元素水溶肥的制备对生产设备的要求相对简单，不需要高温、高压反应釜等蒸煮设备，操作相对安全便捷。

含氨基酸中微量元素水溶肥料具有速效性，可以冲施、滴灌及叶面喷施，作为追肥使用。相对于其他肥料，氨基酸中微量元素水溶肥料具有以下优点：

① 不仅含有作物所需的氮素养分，而且还能够提供中微量元素，提高中微量元素吸收利用率，能够预防和矫正作物因缺素引起的生理性病害。

② 氨基酸是组成生物大分子蛋白质的基本单位，可以直接参与植物体内蛋白质的合成，提高作物产量。

③ 氨基酸属于生物刺激素，对植物生长发育具有调节功能，能够增强植株的抗逆性，提高叶绿素的含量，促进植物的光合作用。

④ 氨基酸水溶肥还具有灭菌、杀虫、防病等功能。

15.2.4 腐植酸、氨基酸复合肥

国家市场监督管理总局、国家标准化管理委员会发布的自 2021 年 6 月 1 日起执行的《复合肥料》（GB/T 15063—2020）新国标中，首次明确允许将钙、镁、硼、锌等中微量元素标识在肥料包装上，也促进了中微量元素复合肥产品的健康发展。在复合肥中添加中微量元素及其他生物刺激素，如腐植酸、氨基酸等增效物质，可以有效提高复合肥的使用效果，并提高肥料利用率。

含中微量元素腐植酸、氨基酸复合肥的主要生产工艺有高塔造粒、滚筒造粒、氨化造粒等。

（1）高塔造粒　高塔造粒工艺是将固体尿素、硝铵磷等加热后形成熔融液，在混合槽中向熔融液加入钾、磷、中微量元素、氨基酸和腐植酸增效物质等原料制成混合料浆，然后送入高塔进行喷洒，料浆在下降过程中经过冷却结晶形成成品颗粒。

高塔造粒设备主要包括三部分：一是塔体，其主要作用是进行结晶、热交换与冷却；二是造粒设备，造粒机根据需要可以满足各种料浆的造粒要求；三是反应釜，混合反应釜主要

作用是将物料进行充分搅拌，混合均匀。

高塔造粒生产工艺的优点主要有：高温熔融液造粒可充分利用原料液的热能，过程中不额外引入水分，最终产品无需干燥工序，工艺简单，能源消耗低，降低了生产成本；高塔造粒工艺稳定，生产返料少，产品合格率高；该工艺无“三废”排放，环境友好，属清洁生产工艺；工艺采用原料熔融态造粒，有利于高氮肥生产，肥料产品养分浓度高，颗粒强度高，表面光滑，不易结块。

（2）滚筒造粒　滚筒造粒工艺主要工作方式为团粒湿法造粒。将原料按照一定的比例混合，利用一定量的水或水蒸气，将原料在滚筒中润湿，在黏性物料及原料中小颗粒的作用下，借助滚筒的旋转运动，原料慢慢附着，在滚筒中造粒，直至形成圆形颗粒，再经过烘干、冷却、筛分等工序得到产品。

滚筒造粒生产工艺涉及的设备及流程主要有：将氮、磷、钾等原料分别经过计量后，经混料传送带、提升机、破碎机粉碎后进入原料仓，料仓内的物料经由原料计量秤计量后进入造粒机，中微量元素、腐植酸、氨基酸等增效物质经螺旋计量秤计量后也进入造粒机。造粒机内的物料经过蒸汽造粒后经由输送带进入一级烘干机，烘干后由输送带传送进入一级冷却机进行冷却，冷却后的物料经过传送带或提升机进入粗筛，筛分后的大颗粒经粗料传送带传送至破碎机粉碎并落在总返料传送带上再次进入造粒机内进行造粒，成品及粉面经过两级传送进入细筛，细筛筛分出的小颗粒及粉面经过细返传送带传送至总返料传送带传送进入造粒机。细筛筛分后合格的物料颗粒直接进入二级烘干机，经过第二次烘干后的物料进入二级冷却机冷却，然后经过精筛、包膜机包膜、成品振筛后进入料仓，通过自动包装秤包装后由机械手码垛入库，得到成品。

滚筒造粒工艺的主要优点有：滚筒造粒工艺利用转动离心力团粒，加之烘干、冷却过程中颗粒之间的研磨作用，产品外观颗粒圆润，表面光滑；原料来源不受限制，复合肥对原料的水溶性要求较低，泥炭、腐植酸钠、腐植酸钾及矿源黄腐酸钾等溶解性不同的腐植酸均可作为腐植酸来源；工艺简单，能耗低，产量高。但是该工艺受限于原料的黏性，通常需要加入黏土、磷酸一铵等物料来提高物料的黏性，多用于生产中低养分浓度的复合肥料，生产的高浓度复合肥料多为低氮高磷产品。

含中微量元素腐植酸、氨基酸复合肥料主要优点有：

① 营养全面，根据作物生长发育规律制订配方，含植物生长必需的大中微量元素，一次性施肥至少可以提供两种以上的主要营养元素，养分含量高，利于作物生长。

② 针对性地补充中微量元素，合理添加中微量元素有利平衡施肥，有效地预防和矫正作物因缺素导致的生理性病害。

③ 使用方便，复合肥多为颗粒状，物理性好，便于储存和运输，利于机械施肥，省时省工。

④ 养分释放均匀，肥效稳而长。

15.2.5　中草药多功能肥

许多中药是成分极其复杂的有机化合物，它既是农作物生长所需要的养分，又是促进土壤有益微生物（菌、酶）生长发育的活化剂。中草药多功能肥料产品中的中药成分及其配伍科学合理，具有国际领先水平，适用各种含氮、磷、钾等营养元素肥料，适用于旱田、水田、果蔬、花卉、草木、经济作物和绿色食品作物种植，以及不同类型土壤使用，具有不烧种、不烧苗、使用安全可靠等特点。此外，中药可以优化土壤中的微环境，增强土壤中有益微生物的活性及繁殖，抑制作物病害的发生，改善土壤环境，疏松土壤，保墒通气，促进作物根系发达，提高养分吸收效率，提高作物抗病虫、抗旱涝、抗寒、抗重迎茬、抗倒伏等抗逆性，提高化肥的增效作用。

15.2.6 腐植酸硅钾增效剂

15.2.6.1 产品概述

改革开放以来化肥在农业增产上所取得的成绩是有目共睹的，但过分强调经济效益、单纯提高产量而忽视了生态效益、社会效益和产品品质，致使全国大部分地区不同类型的土壤、空气和地下水被农药、重金属和高浓度盐分等严重污染，生态环境遭到不同程度的破坏和恶化，改良、修复被污染的土壤和生态环境迫在眉睫。腐植酸的五大功能众所周知，腐植酸不仅对土壤和水中金属离子和微量元素的含量有调控作用，而且对植物营养和生态平衡具有重要意义。腐植酸的基本结构为芳环和脂环，环上连有羧基、羟基、羰基、醌基、甲氧基等官能团，其与金属离子有交换、吸附、络合、螯合等作用。利用腐植酸的这些特点进行土壤改良和修复事半功倍，效果明显，目前国内外已有许多成功的范例。将腐植酸与生物菌剂、酵母蛋白、味精下脚料等有机物料相结合，研发腐植酸生物有机增效剂，单独施用或与掺混肥（BB肥）、有机肥、化肥配合施用可改良、修复土壤，提高肥料利用率，增强植物抗逆性，提高产量和改善产品品质，具有极大市场潜力。

根据国家“减肥增效”化肥零增长和农业农村部“一控二减三基本”的要求，结合我国目前耕地土壤被重金属、剧毒农药和高浓度化肥污染的实际，改善恶劣的生态环境已迫在眉睫。据此，研究开发以腐植酸为主要成分的腐植酸生物有机增效剂大有可为。

随着经济和技术的发展，研究人员研发出了矿质肥料，也叫无机化肥，为农作物提供了新的养分来源，生产出了更多的农产品。但是，随着农业的发展，化肥用量越来越大，农田施用的各种化肥不可能全部被植物吸收利用，化学肥料的利用率低，施用后没有被作物吸收利用的肥料大量进入环境，对环境造成污染，并且造成土壤偏酸、土壤板结，不仅破坏了土地资源，而且对人类健康也构成了威胁。因此，研究一种兼具无机肥料、有机肥料和生物肥料优势的复合型肥料，对于农作物的种植和农业的发展显得尤为重要。

15.2.6.2 技术指标

腐植酸肥料是近年来深受欢迎的新型肥料，具有促进作物生长发育、提高产量和改善品质、减少病虫害等作用，一般比等养分化肥增产10%以上。大量试验证明，施用腐植酸肥料的农作物其营养组成、口感、甜度、维生素含量、色泽及形态等都优于施用化肥的农作物。腐植酸还具有抗旱、抗寒、抗涝、抗病害、隔盐压碱等诸多功能，对盐碱地改良效果显著。

生物菌剂具有促进作物生长发育、防病抑病、提高肥料利用率、活化土壤益生菌等功能。将硼泥（中微量元素、有益元素）、酵母蛋白、腐植酸和生物菌剂有机结合，取长补短，优势互补，可达到改良和修复土壤的目的。

中微量营养元素大多是植物体内促进光合作用、呼吸作用以及转化作用的“酶”或“辅酶”的组成成分，在植物体内非常活跃，当土壤中某种微量元素不足时，植物会出现“缺乏症状”，使农作物产量减少、品质下降，严重时甚至颗粒无收。植物中的中微量元素不足常常还会引起人畜中微量元素的缺乏。在自然界平衡中，中微量元素数量虽少，同样是不可忽视的，土壤是植物营养体系的基础，它直接影响作物产量的高低和品质的优劣。

（1）成分含量　有机质 40% ～ 45%、NPK 5% ～ 8%、腐植酸≥ 10%、中微量元素≥ 4%、有效活菌数≥ 3 亿 / 克、水分≤ 5%、颗粒强度≥ 8N，同时还含有腐植酸、氨基酸、蛋白肽、多糖等。以腐熟种鸡鸡粪、褐煤腐植酸粉、味精氨基酸粉、多元素矿质粉、酵母蛋白粉、糖蜜、BMC 复合菌剂为主要物料科学加工而成。

（2）产品特点

① 改良土壤、增强抗逆性。改变土壤通透性，有利于土壤微生物活动，可以改良土壤的物理结构，减轻土壤盐渍化，避免板结，特别是对白浆土可使其容重明显下降，土壤总孔隙度和持水量增加，连续施用三年可提高地力一个等级。

② 提高植物体的多种酶活性和叶绿素含量，使新陈代谢旺盛，光合作用加强，糖分和干物质增多，从而达到提高作物产量、改善品质的目的。

③ 提高养分利用率。容易被作物充分吸收和利用，避免了土壤固定、淋溶和挥发所造成的肥料养分损失。可提高肥料利用率 20% 以上。

④ 提高农产品品质和产量。可为作物提供全面的营养成分，降低了农产品中的毒害残留，进而提高农产品品质，是无公害、安全、绿色生态农业的最佳选择。可提高产量 10% 以上。

⑤ 提高作物抗逆性和抗病虫害能力。复合菌剂中的菌群不仅自身具有极强的生命力与活性，还具有极强的生命激活能力，在进入土壤后，可以释放促进复合因子，激活土壤中已有的休眠态同类菌群，使其进入工作状态，迅速提升土壤菌群的数量与活性，达到改良环境，降低农药残留和重金属污染，增强作物抗病虫、抗旱涝等抗逆性，提高农产品品质的目的。如：大豆专用肥可提高作物抗孢囊线虫病能力；玉米专用肥可提高作物抗白苗病和抗倒伏能力；水稻专用肥可提高作物抗倒伏和稻瘟病能力等。

15.2.7　复合微生物菌肥

微生物菌剂是指有效菌经过工业化生产扩繁后，利用多孔的物质作为吸附剂如草炭、蛭石，吸附菌体的发酵液加工制成的活菌制剂。这种菌剂用于拌种或蘸根，具有直接或间接改良土壤、恢复地力、预防土传病害、维持根际微生物区系平衡和降解有毒害物质等作用。复合微生物菌肥是一类含有特定功能活性微生物并兼具有机肥效应的新型生物有机肥料，与传统化学肥料相比，除了直接向农作物提供部分所需养分外，还可以通过活性微生物的固定、分解、分泌等生命活动改变土壤中养分变化，进而影响作物的生长。

2013 年国务院发布的《生物产业发展规划》，将微生物肥料列为高新技术产业和战略新兴产业，国家发展改革委将微生物肥料列为现代农业优先发展的技术之一。截至 2021 年 10 月，在农业农村部微生物肥料和食用菌菌种质量监督检验测试中心登记的微生物菌肥产品信息有 9414 条。自 2000 年微生物菌肥开始登记以来，登记数量逐年增加，尤其在 2015 ～ 2018 年，年登记产品数量快速攀升。从登记产品形态上看，粉剂类型约占一半，其次是颗粒和液体。按含微生物种类或功能划分，登记产品分为 6 个菌剂类，分别为根类菌剂、土壤修复剂、光合细菌剂、根瘤菌剂、有机物料腐熟剂和复合微生物菌剂，以及2个菌肥类，分别为复合微生物肥料和生物有机肥料。在登记的微生物菌肥商品中，以芽孢杆菌菌株应用的产品最多，其中枯草芽孢杆菌应用最广泛。

微生物菌剂的生产工艺流程有：菌种活化、三级培养、种子罐培养、发酵罐培养、发酵液过滤、吸附等。将枯草芽孢杆菌、解磷菌、解钾菌等菌种进行单独培养、联合发酵、固体吸附；在无菌环境中进行菌种斜面活化，然后将活化后的菌株置于三角瓶培养液中单独进行摇床恒温培养；菌种培养完成后进行混合发酵，经发酵的菌株符合标准后对菌液进行压滤或浓缩，经固体吸附后，生产出微生物菌剂。

中微量元素复合微生物菌肥属于生物-有机-无机肥料，是微生物经工业化生产繁殖后与营养物质复合而成的活菌制品，目前可分为复合微生物肥料、生物有机肥和农用微生物菌剂，其形态分为粉剂、液体及颗粒型。微生物菌剂按内含的微生物种类或功能特性可分为根瘤菌菌剂、固氮菌菌剂、解磷类微生物菌剂、硅酸盐微生物菌剂、光合细菌菌剂、有机物料腐熟剂、促生菌剂、菌根菌剂、生物修复菌剂等，我国国家质量监督检验检疫总局与国家标准化管理委员会于2006年9月1日正式实施《农用微生物菌剂》(GB 20287—2006）国家标准。生物有机肥指由特定功能微生物与主要以动植物残体为原料并经无害化处理、腐熟的有机物料复合而成的一类兼具微生物肥料和有机肥料效应的肥料，主要标准是《生物有机肥》（NY 884—2012）。复合微生物肥料指由特定微生物与营养物质复合而成的肥料，能提供、保持或改善植物营养，提高农产品产量或改善农产品品质的活体微生物制品，主要标准是《复合微生物肥料》（NY/T 798—2015）。

复合微生物肥料是一类含有多种有益微生物活体的新型肥料，中微量元素搭配复合微生物肥料生产的含中微量元素复合微生物菌肥，可以利用微生物活细胞的生命活动来发挥出肥料的效果，直接或间接地改善植物生长的土壤环境，影响植物的生长和品质。中微量元素复合微生物菌肥的功能主要有：

① 提高农作物的产量。微生物菌剂不仅可以为农作物提供营养元素，其中的有效菌还能够分泌活性物质来刺激、调节、促进作物的生长发育，有利于农作物增产。

② 改善农作物的品质。使用微生物菌剂肥料可以有效提高农作物蛋白质、糖分、维生素、氨基酸等品质指标的含量，促进果实膨大，色泽鲜亮。

③ 增强作物的抗逆性。选用定殖能力强、活性高的微生物菌剂，能够产生抗生素及多种活性酶，能够有效地抑制或杀死病原菌，有效预防土传病害，增强作物的抗逆性。

④ 改良土壤结构，提高肥料利用率。通过使用微生物肥料，能够有效改善土壤团粒结构，增加土壤的有机质含量，提高土壤的透气性和保水保肥能力，有效改善土壤的养分供应状况，提高氮磷钾及中微量元素的活性。微生物肥料在一定程度上可以降低传统肥料使用量，提高肥料利用率。

15.2.8 腐植酸硼镁钙生物土壤调理剂

我国南方大部分地区，分布着砖红壤、红壤等酸性土壤，由于当地气温高、降雨量大，土壤的风化和成土作用强，生物物质的循环十分迅速，pH值一般在4.5～6，土壤酸瘦。并且随着长期以来高强度的农业活动和化肥的大量施用，我国多个地区土壤酸化严重，造成土壤养分有效性低，使土壤中容易出现缺素现象。酸性土壤的主要障碍因子是低pH值，在热带和亚热带一些强酸性土壤中，氢离子可对植物生长造成直接危害，并且可能会出现铝的毒害和缺磷现象，在淹水条件下还兼有锰的毒害作用。在酸性土壤中，除铝和锰毒害外，磷、钾、钙、镁、钼等养分缺乏也是植物必须克服的障碍因素。我国中低产田占总耕地面积的70%以上，其中大部分存在中微量元素缺乏的问题，我国缺少微量元素铁、铜、钼、锰、硼、锌的耕地分别占5%、6.9%、21.3%、46.8%、34.5%和51.5%。针对性地施用中微肥，可作为提高中低产田产量的有效技术措施，还可以有效增强作物对病虫害、低温、高温和干旱的抗逆性。施用中微量元素生物土壤调理剂是调节土壤pH值、提高中微量元素有效性、增加土壤中的有机质、改善土壤通透性、促进根系微生物活动的重要途径之一。

硼泥是生产硼酸、硼砂等产品产生的废渣，呈碱性，其所含的Mg、B、Fe、Si、Ca等均为植物生长所需的中微量元素和有益元素。硼泥是我国辽宁省硼工业的主要废弃物，全省硼泥存量在2000万吨左右。硼泥pH值在9～10之间，几乎不含重金属等有害杂质，无需分离提纯，调整其酸碱度就可以作为肥料施于土壤中。我国大部分耕地缺硼，对硼的潜在需求量很大，对硼泥进行深加工，可以生产出如硼镁磷肥、硼镁肥、硼钙镁磷肥、硼钾镁锌肥、含硼复合肥等肥料。科学合理利用这些硼泥废弃物生产开发有机无机复混肥具有极大优势，既可以提供作物营养、提高产量，也可以改良土壤等生态环境。利用生产硼砂的废弃物硼泥、低品位硼镁矿石、高品位腐植酸和有益复合微生物菌剂，研制开发出硼镁钙生物土壤调理剂，不仅能创造经济效益，而且有力地支援了农业发展，产生了良好的社会效益。

硼钙镁生物土壤调理剂的主要生产工艺及流程为：

（1）酸化中和　硼泥粉中加入浓硫酸后，通过酸化反应硼泥中的硼、镁酸化分解并释放出热量，使有效微量元素硼、镁、钙被解离出来，除了钙为微溶外，镁和硼是完全水溶的。并且通过控制硫酸的浓度和用量，可以将产品pH值调整至6～7范围内。

（2）硼泥硬化　搅拌一定时间后，放料并堆放于空地，待水分完全逸出后，硼泥开始硬化并自然干燥成块。

（3）硼泥粉碎　粉碎酸化硼泥块，此时块状硼泥中的有效成分硼、镁发生了一定的化学变化，产生了部分可溶性硼、镁。

（4）酸化造粒　粉碎后的干粉以稀硫酸为黏合剂，在圆盘中造粒成型，然后通过扑粉工艺使微生物菌剂与腐植酸的混合物均匀黏附在颗粒表面，再经滚筒干燥机烘干后输送至冷却机中冷却，最后经筛分即得成品。

该工艺中，湿硼泥经酸化处理后经晾晒即可得到硼泥干粉，以稀硫酸为黏合剂对干粉造粒，可得到强度高、游离水含量低的颗粒硼镁肥成品。从湿硼泥酸化到以稀硫酸为黏合剂造粒，2个过程对硼的酸解率在65%左右，其中镁转化为溶解性好的一水硫酸镁。

由于在制造颗粒时采用了免干燥工艺，无燃煤消耗，降低了生产成本，为硼泥深加工开发利用创造了条件。颗粒硼镁肥在使用过程中也非常方便，可以与大量元素肥料按比例混合均匀，人工或随机器基施于土壤中。颗粒硼镁肥有效成分的65%左右是速效的，其余是缓效的，因此该肥料兼具有长效性及缓效性，可根据作物在不同生长期需肥规律均衡供应养分。

硼镁钙生物土壤调理剂的开发，不仅实现了从硼镁石开采到硼砂、硼酸、硼镁肥生产的完整产业链，还可以减轻硼泥对环境的危害，使硼泥变废为宝，对农业和硼制造行业起到了重要作用。

硼镁钙生物土壤调理剂除了具有其所含的腐植酸的功效外，还具有以下优势：

① 采用碱性硼泥化学活化技术。该技术利用酸化技术活化硼泥中的有益元素，使这些水溶速效成分镁、硼、铁、钙、硫、硅等元素能够被作物直接吸收利用，具备速效型中微量元素肥料的特点。

② 采用稳定长效技术。硼镁钙生物土壤调理剂中除了含有速溶成分外，还具有缓释增效物质，与复合肥配施，能够起到活磷固氮的作用，进而提高复合肥的养分利用率和肥效。

③ 采用功能性微生物肥料技术。在中微量元素型肥料中添加微生物，在丰富产品功能的同时提高肥料利用率，可减少化学肥料的使用量，达到提高农作物品质的目的。

④ 采用碱性功能肥料生产技术。该肥料中富含弱碱性物质、有机质、微量元素、有益微生物等，具有改良和修复被重金属、农药和高浓度化肥污染的土壤的作用。

中微量元素肥硼镁钙生物土壤调理剂为弱碱性肥料，具备了新型和多功能肥料的特性，适用于板结、酸化的土壤。该产品既含有中微量元素及有益元素，又能够补充有机质及有益微生物，有利于调节土壤酸碱性，改良土壤，助力作物增产提质。

参考文献

[1] 冯定远．多元螯合与多重螯合微量元素的理论及其在饲料行业中的应用 [J]．动物营养学报，2014,26(10):2956-2963.

[2] 武汉大学．分析化学 [M]．3 版．北京：高等教育出版社，1998：123-143.

[3] 邵建华，徐国高．有机中微肥的生产及其应用前景 [J]．磷肥与复肥，2006，21（5）：43-45.

[4] 韩冬芳，王德汉，黄培钊，等．不同形态镁对“早熟 5 号”大白菜产量及品质的影响 [J]．园艺学报，2010，37（10）：1655-1660.

[5] 国春慧，赵爱青，陈艳龙，等．锌肥种类和施用方式对小麦生育期内土壤不同形态 Zn 含量的影响 [J]．西北农林科技大学学报：自然科学版，2015（7）：185-191.

[6] 邵建华．氨基酸微肥的生产和应用研究进展 [J]．现代化工，2000，20（2）：18-21.

[7] 刘小平，乐学义．利用废弃蛋白质制备氨基酸螯合微肥的研究进展 [J]．再生资源研究，2001(5):27-29.

[8] 李士玲．复合氨基酸螯合锌制备工艺研究 [J]．云南化工，2017，44（4）：101-103.

[9] 唐炎森．氨基酸微量元素螯合物的研究概述 [J]．浙江化工，2004：12-29.

[10] 霍光华，郭成志，郭晶东．氨基酸微素络合物对水稻的生物效应初探 [J]．氨基酸和生物资源，1998，20（3）：40-43.

[11] 李志达．微量元素肥料 [M]．南京：江苏科学出版社，1990：12.

[12] 任春梅，胡续丽，谢家义，等．腐植酸螯合肥在水稻生产上的效应分析 [J]．北方水稻，2006（3）：64-65.

[13] 肖艳，李燕婷，曹一平．不同铁制剂与施用方法对矫正花生缺铁黄化症的效果 [J]．中国土壤与肥料，2003（5）：21-25.

[14] Urrutia O, Guardado I, Erro J, et al . Theoretical chemical characterization of phosphate-metal-humic complexes and relationships with their effects on both phosphorus soil fixation and phosphorus availability for plants[J]．Journal of the Science of Food & Agriculture, 2013, 93(2): 293 - 303.

[15] 马强．微量金属元素螯合肥制备方法研究 [D]．郑州：郑州大学，2018.

[16] 何键，聂兆广，李玲玉，螯合肥料在农业上的应用效果研究 [J]．土壤通报，2017，48（2）：507-512.

[17] Tang Y P，Luo L, Thong Z W, et al. Recent advances in membrane materials and technologies for boron removal[J]．Journal of Membrane Science，2017，541：434-446.

[18] 丁双双，李燕婷，袁亮．糖醇和氨基酸对小白菜钙营养及生长、品质的影响 [J]．植物营养与肥料学报，2016，22（3）：744-751.

[19] Yuan Z, Vanbriesen J M. The formation of intermediates in EDTA and NTA biodegradation [J]．Environmental Engineering Science,2006,23(3):533-544.

中国肥料研究与应用全书

Books of Fertilizer Research and Application in China

FERTILIZER

第16章 中微量元素肥的施用技术

16.1 叶面施用

土壤中许多中微量元素虽然并不缺乏，但是它们一般均以稳定的不溶于水的各种盐类和氧化物形式存在，不能被植物直接地吸收利用。因此，外源施用肥料成为植物补充中微量元素的必要途径之一。外源施用肥料有多种方式，如基施、种施、叶面施用等。本章详细介绍了中微量元素肥料的各种施用技术，为以后的农业生产活动中中微量元素肥料的施用研究提供了一定的基础。

16.1.1 叶面营养原理

高等陆生植物的叶片一般由表皮、叶肉、叶脉三部分组成，其表皮细胞外壁上覆有蜡质层和角质层，蜡质层位于最外层。施用叶面肥后，叶面上的养分首先通过扩散的方式通过蜡质层和角质层，然后进入植物的叶肉细胞[1]。此外，由于叶片表面含有胶状物质，可以作为养分进入叶片内部的通道，因此叶面养分也可以直接进入叶片的内部[2]。

养分能否进入细胞是叶片吸收养分的关键，而植物对养分的吸收受叶片类型、叶龄、自身营养状况、生长发育时期、环境因素以及叶面肥性质的影响[3]。

一般来说，叶片宽大、蜡质层和角质层薄的双子叶植物吸收养分效果要好于单子叶植物；幼叶吸收养分的效果要显著高于老叶；发育健壮、营养状况良好的作物叶片对养分的吸收效果要高于发育迟缓、营养状况不良的作物。环境因素在植物生长发育过程中起着至关重要的作用，温度、光照、湿度等可以影响叶片对养分的吸收效果。此外，叶面肥的种类、组成和浓度对养分的吸收都有重要影响，不同营养元素在叶片上的渗透速率不同，迁移性好的营养元素在施用后会迅速分布，吸收效果要显著好于迁移性差的营养元素。并且在叶面肥的组成中，不同元素的组合可能会造成元素吸收的相互促进或拮抗效果[4]。

此外，叶面肥液的pH值、土壤质地及养分状况等因素也会对植物叶片吸收养分产生影响[5]。

16.1.2 叶面高效施肥的关键因素

植物中含有0.1%～0.5%的元素称为中量元素，钙、镁、硫3种元素在植物中的含量分别为0.5%、0.2%、0.1%。含量介于0.0002%～0.2%的营养元素称为微量元素，有铁、锰、锌、铜、硼、钼、氯和镍8种[6]。

中微量元素是植物健康生长发育不可缺少的营养元素，若植物缺乏中微量元素，则会使得作物的产量和品质显著降低。因此，科学施用中微量元素肥料是当下提高肥料利用率及农作物中微量元素含量、实现减施增效、改善作物品质的重要途径之一。

植物主要通过根系吸收养分，也可通过叶片吸收少量养分，叶面施用肥料可以在其他施肥方式不允许的情况下和一些特定的情况下及时为植物补充所需的养分。叶面施肥的优点是：直接给地上部分供应养分，使作物高效地利用养分，可以避免肥料的有效养分在土壤中的流失；叶面施肥的肥料利用率高，且不受土壤因素的干扰，可以直接有效地解决中微量元素缺乏症。它的缺点是：肥效短暂有限，是一种辅助施肥方式，有时对于严重缺乏某种中微量元素的土壤，必须依靠土壤施肥的方式[7]。

（1）合适的肥料施用浓度　对作物施用中微量元素时，需要掌握科学的施用浓度。如果肥料施用浓度过高，就会出现肥害现象，对作物的生长和品质造成影响；如果肥料施用浓度过低，则对作物起不到有效的作用。尤其是一些微量元素肥料，这种肥料从缺乏到过量的临界范围很小，如铜元素，当铜肥施用过多时，易毒害作物；施用过少时，则作物会因缺乏铜元素而生长受阻。因此，每种作物对不同的肥料有着不同的浓度要求，应根据具体作物需求施用合适的肥料浓度。

（2）正确的施用时间和施用次数　肥料在作物叶面上停留的时间越长，叶面吸收的营养元素就越多，作物吸收营养元素的效果也就越好。傍晚无风的天气是最佳的叶面施肥时间。不应该在有露水的早晨或者是雨天进行叶面施肥，这样会使得叶面上的肥料被露水或雨水冲走，作物无法充分利用肥料。肥料施用次数对作物也有一定的影响，不能过多也不能过少，叶面施肥的次数控制在 2 ～ 3 次即可。

（3）选择适宜的肥料　根据肥料所含营养成分，将肥料分为钙肥、镁肥、硫肥、铁肥、锰肥、锌肥等，应根据作物的具体症状施用合适的肥料。在农业生产活动中，常用的中微量元素肥料有石灰、硫酸镁、硫酸亚铁、硫酸锰等，这些肥料的特点是性质较为稳定，能促进作物新陈代谢和生长发育，有利于作物达到优质高产的效果。

（4）合适的施用量和施用方式　作物叶片上肥料黏附量越多，作物对肥料的吸收量就越多。因此，应当根据作物的种类和生长周期施用足够的肥料，施用时做到肥液从叶片上要流下来而又未流下来时最好。除此之外，叶面施肥应当喷洒均匀，以雾滴细小为最好，并且将肥料施用在叶面的上部和背部有利于作物的吸收。

（5）肥料与农药混合施用　在农业生产过程中，可以将肥料和农药一起混合施用。但并不是所有的肥料或农药都可以混合施用，有些肥料与农药混合后会发生化学或物理反应，产生絮凝、沉淀或者变色、产生气泡等现象，这可能会影响肥料和农药的有效性，甚至造成肥害药害。如含硼酸、硫酸亚铁等成分的肥料大多呈酸性，当与碱性的农药混合后，会发生反应而相互影响使用效果。因此肥料与农药混合施用时应当注意两者是否会相互影响。

（6）叶面施用时配施润湿剂　作物的叶片上都含有一层角质层，使得肥料吸收较为困难，因此可以在肥料中加入适量的润湿剂，如洗涤剂、中性肥皂等，这可以降低肥料溶液的表面张力，促进叶面对肥料的吸收，从而促进作物的生长发育。

叶面施肥方式虽然不能代替土壤施肥，但却具备明显的优势。首先，叶面施肥的肥料利用率高，且不受土壤因素的干扰；其次，叶面施肥的经济性强；最后，叶面施肥的灵活性和环保性更强[8]。只有在合理施用根基肥料的基础上，配合叶面施肥，才能达到作物优质高产的效果。

16.1.3　中量元素的叶面施用

16.1.3.1　钙

钙是植物维持正常生命活动所必需的营养元素之一，在植物体内执行多种生理功能。缺钙植株的顶芽、侧芽、根尖等分生组织首先会出现缺素症，易腐烂死亡。在非生物胁迫下施用钙可减缓胁迫对作物的危害。有研究表明，干旱胁迫下施用钙肥可促进花生生长，减轻干旱胁迫对花生的影响，改善干旱胁迫下的花生仁品质[9]。另一研究也表明，适当的钙含量可以显著促进盐胁迫下花生对养分的吸收和积累，改善花生成熟荚果中氮、磷、钾的分配比例[10]。

钙肥的主要品种是石灰，包括生石灰、熟石灰和石灰石粉。叶面施用水溶性钙肥时，因为钙素的移动较性差，必须实施全程补钙措施。叶面施用钙肥有两个关键期：谢花后的第4周是吸收钙肥的第1次高峰期，是叶面补充钙元素的关键期，结合病虫害的防治叶面施用钙肥，间隔10～15d，连续施用3次400～500倍液体氨基酸钙或螯合钙；收获的前1个月左右是吸收钙肥的第2次高峰期，也是叶面补充钙元素的关键期，叶面施用400～500倍液体螯合钙或氨基酸钙1次[11]。几种作物叶面喷施钙肥的具体技术如表16-1所示。

表16-1　几种作物叶面喷施钙肥的具体技术

作物	时间	喷施要点
花生	开花期和结荚期	每亩使用钙肥20～30kg
苹果	落花后4周开始	每隔12～14天喷1次，连喷2～3次
番茄	开花期	浓度0.3%～0.5%，一般每隔7天左右喷一次，连喷2～3次
白菜	结球期	浓度0.3%～0.5%，一般每隔7天左右喷一次，连喷2～3次

16.1.3.2　镁

镁在叶绿素合成和光合作用中起着重要作用，镁也参与叶绿素中CO_2的同化反应，且对叶绿体中的光合磷酸化和羧化反应都有影响。此外，有研究表明镁可以通过增强植物共生微生物的活性来改善植物生长并改变植物产量[12]。当植物缺镁时，其突出表现是叶绿素含量下降，并出现失绿症。

常见的镁肥包括镁的氧化物、硫酸盐、碳酸盐、硝酸盐、氯化物、磷酸盐、硅酸盐等形式。

叶面施用水溶性镁肥，是常用的一种纠正作物缺镁的有效措施。另外，镁肥必须与其他肥料配合或混合施用才有效果。氮对镁肥效果有影响，施用铵态氮肥时，镁肥效果较好；而施用硝态氮肥时，镁肥效果较差。在作物生长前期、中期进行叶面施用镁肥效果较好，但不同作物及同一作物的不同生育时期要求施用镁肥的浓度有所不同。例如，如果发现稻田有植株黄化等缺镁症状，应叶面施用1%～2%硫酸镁溶液，连续施用2～3次，间隔时间为7～10d；或者用钙镁磷肥浸出液进行叶面施用，即亩用3～4kg钙镁磷肥加食用醋0.1～0.15kg加水适量浸泡1～2d，其浸出液加水15kg进行叶面施用，连续施用2～3次[13]。

16.1.3.3　硫

硫是植物体内含硫蛋白质的重要组成成分，也是植物体内众多酶（脂肪酶、羧化酶、氨基转移酶等）的组成成分。硫还能促进豆科植物形成根瘤和增加固氮能力。缺硫时蛋白质合成受阻导致失绿症，缺硫症状往往先出现于幼叶，缺硫时幼芽先变黄色、心叶失绿黄化、茎细弱、根细长而不枝、开花结实推迟减少、生育期延迟。

常见的硫肥主要有元素硫（即硫黄），此外还有石膏、硫铵、硫酸钾等含硫肥料。硫肥一般用于基施，只有在矫正作物的缺硫症时用于叶面施用，可用0.5%～2.0%的硫酸盐溶液进行叶面施用。研究表明硫肥用量为150kg/hm^{2}时紫花苜蓿生长最快、增产幅度最高、茎叶比最大，硫肥用量为50kg/hm^{2}时粗蛋白含量能够得到显著提高[14]。此外，硫肥的施用也应注意用量[15]，叶面施用适量硫酸盐（0.05%～0.5%），各时期叶片中的糖分物质含量均随之增大，体现出叶面施用硫酸盐处理对糖分物质的作用效应；而叶面施用过量硫酸盐（1.0%～1.5%），各时期叶片中的糖分物质含量均随之减小，则会对作物产生抑制效果。

16.1.4　微量元素的叶面施用

16.1.4.1　铁

叶绿素的合成需要有铁的存在，铁还与光合作用有密切关系。此外，铁还参与植物细胞的呼吸作用。缺铁典型的症状是在叶片的叶脉间和细胞网状组织中出现失绿现象，在叶片上往往明显可见叶脉深绿而脉间黄化，黄绿相间相当明显。

铁肥主要有硫酸亚铁，另外还有硫酸亚铁铵、铁的螯合物等。铁肥的施用几乎不会对植物生长和水稻籽粒产量产生不利影响，并且还能显著降低水稻根、茎和稻谷中Cd的积累[16]。此外，通过对铁肥在大豆上的叶面施用效果的研究表明，铁肥对大豆营养生长和生殖生长都有一定的影响，可以降低结荚高度、增加有效分枝、提高大豆百粒重[17]。

叶面施用是最常用的治疗植物缺铁黄化病的高效方法，也就是采用均匀喷雾的方法将含铁营养液喷到叶面上，可与酸性农药混合施用。叶面施用铁肥的时间一般选晴朗无风的天气，下午4点以后，施用后遇雨应在天晴后再补施1次。无机铁肥随施随配，注意肥液不应该久置，以防止肥液氧化失效。叶面施用铁肥的浓度一般为0.05%～0.3%。单喷铁肥时，可在肥液中加入尿素或表面活性剂，以促进叶面对铁素的吸收。由于叶面施用肥料的持效期短，因此，果树或长生育期作物缺铁矫正时，一般每半月左右施用1次，连续施用2～3次，才能起到良好的效果[18]。

16.1.4.2　锰

锰在植物代谢过程中的作用是多方面的，如直接参与光合作用、促进氮素代谢、调节植物体内氧化还原过程等。植物缺锰一般表现为新叶的脉间褪绿黄化，但叶脉仍保持绿色，脉间褪绿的程度通常较浅，黄、绿色界不够清晰，对光观察才比较明显。

锰肥的施用也可以促进植物在非生物胁迫下的生长，例如，干旱胁迫下叶面施锰对大豆单株荚粒数、籽粒产量和生物产量有显著影响[19]。干旱情况下，施用锰肥能降低光合作用的气孔限制和非气孔限制，显著提高玉米光合作用能力[20]。

常用的锰肥有硫酸锰，其次还有碳酸锰、氯化锰、氧化锰等。硫酸锰是最常用的锰肥，叶面施用时，大田作物施用硫酸锰溶液浓度一般为0.05%～0.1%，果树用0.3%～0.4%，豆科作物以0.3%为好，水稻以0.1%为好，施用量为50～80kg/亩，在作物的苗期、生长旺盛期或花前期施用最为适宜，一般施用一次即可[21]。

16.1.4.3　锌

锌在植物体内的主要功能有：参与生长素的代谢、参与光合作用中CO_2的水合作用、促进蛋白质代谢、促进植物生殖器官发育和提高抗逆性。缺锌症状首先出现在幼嫩叶片上和其他幼嫩植物器官上。许多作物共有的缺锌症状主要是植物叶片褪绿黄白化，叶片失绿，脉间变黄，出现黄斑花叶，叶形显著变小，常发生小叶丛生，称为“小叶病”“簇叶病”等。

常用的锌肥有硫酸锌、氯化锌、氧化锌和锌螯合物等。其中硫酸锌使用最广泛，硫酸锌可作基肥、种肥和叶面施用。硫酸锌叶面施用浓度一般为0.1% ～ 0.3%。小麦0.1%，玉米0.2%，水稻、果树0.1% ～ 0.3%。小麦在拔节期、孕穗期各施用1次，玉米在苗期、拔节期各施用1次，严重缺锌的作物需在大喇叭口期再施用1次。施用量一般为750 ～ 1125kg/hm^2[22]。此外，配制硫酸锌溶液时若加入少量的0.2%石灰水溶液以调节pH值，可避免伤害植株，提高锌肥应用效果[23]。

16.1.4.4 铜

铜是植物体内许多氧化酶的成分，或是某些酶的活化剂，铜也积极参与光合作用，还参与植物体内的氮素代谢作用，影响固氮作用。植物缺铜一般表现为幼叶褪绿、坏死、畸形及叶尖枯死；植株纤细，木质部纤维和表皮细胞壁木质化及加厚程度减弱。

常用的铜肥主要有硫酸铜，另外还有氧化铜、螯合态铜、含铜矿渣等。硫酸铜为常用铜肥，施用时首先将硫酸铜配成0.02% ～ 0.20%的溶液，在作物苗期至开花期施用2 ～ 3次，每次间隔7 ～ 10d，每次施用肥液750 ～ 1125kg/hm^2。例如，蔬菜在苗期叶面施用铜肥，采用0.02% ～ 0.04%的硫酸铜溶液，每亩喷50 ～ 60kg，7 ～ 10天1次，连续施用2次，若叶面施用采用较高浓度硫酸铜时，应加入0.15% ～ 0.25%的熟石灰，以免产生药害[24]。

16.1.4.5 硼

硼元素能促进植物体内糖类的运输和代谢，参与半纤维素及细胞壁物质的合成，促进细胞伸长和细胞分裂，促进生殖器官的建成和发育。缺硼植物的共同特征有：茎尖生长点生长受抑制，严重时枯萎，甚至死亡；老叶叶片木栓化现象；根的生长发育明显受影响等。

有研究表明，在开花开始时给向日葵植株喷洒硼肥可对结实和种子产量产生显著影响[25]。在半干旱条件下，甜菜作物喷洒浓度为12‰的硼酸可以显著提高产量和质量[26]。

常用的硼肥有硼砂、硼酸、五硼酸钠、八硼酸钠、八硼酸钾等。作物对硼的需要量和中毒量之间的范围很窄，必须谨慎施用硼肥。硼肥以叶面施用为主，一般硼酸用0.1%浓度、硼砂用0.2%浓度（果树可用0.2% ～ 0.3%浓度），每次用肥液750 ～ 1050kg/hm^2，在作物苗期至生长旺期施用2 ～ 3次，每次间隔7 ～ 10d[27]。叶面施用时要注意喷到作物叶片湿润但不滴水为宜[28]。

16.1.4.6 钼

钼能参与根瘤菌的固氮作用，能促进植物体内有机含磷化合物的合成，参与体内的光合作用和呼吸作用，增强植物的抗旱、抗寒、抗病能力。缺钼植物的共同特征是植株矮小，生长缓慢，叶片失绿，且有大小不一的黄色或橙黄色斑点，严重缺钼时叶缘萎蔫，有时叶片扭曲呈杯状，老叶变厚、焦枯，以致死亡。

常用的钼肥有钼酸铵和钼酸钠。由于钼肥较贵，作物需要量又少，很少用作基肥，一般都用作拌种、浸种和叶面施用，既可以节省肥料的用量，又可以取得较好效果。叶面施用一般用钼酸铵或钼酸钠水溶液，钼酸铵和钼酸钠叶面施用浓度为0.01% ～ 0.1%，豆科作物在苗期至花前期施用，蔬菜在苗期至初花期施用，连续喷2 ～ 3次，每次用液量

750 ～ 1125kg/hm^2，每次间隔 5 ～ 7d。若在钼酸铵溶液中加入适量的磷酸二氢钾，效果会更好[29]。

16.1.5 叶面施用中微量元素的增效措施

单一的叶面肥虽然对作物的生长起到了积极的作用，但这种作用是有一定限度的。例如作物同时缺少几种营养元素时，施用单一叶面肥无法达到全面补充营养元素的目的。因此，叶面施用中微量元素的增效措施是重要的研究方向。

（1）大中微量元素复合施用　当作物同时缺少几种中微量元素时，可以将叶面肥中的微量元素制作成有机络合态或螯合态，元素之间就不会拮抗，这样既补充了多种营养元素，又易被作物吸收。美国国家化肥总公司（NACCO）生产的高乐叶面肥，以氮、磷、钾为主，还含有螯合态的铁、锌、锰、铜、硼、钼等多种微量元素，可溶性有效养分总含量达 60% ～ 80%。2019 年，蒋昱[30]研究了液体硅硼钼复合肥对作物产量的影响，结果表明制备出的复合肥料补充了植物缺乏的硅、硼、钼三种元素，促进了植物生长，并且产量显著提高。

（2）与氨基酸等生物刺激素复合施用　氨基酸作为构成蛋白质的基本单位存在于肥料中，有易于被作物吸收的特点，亦有提高施肥对象抗病性、改善施肥作物品质的功能。氨基酸叶面肥是一种含有氨基酸类物质的叶面肥料，其富含氮、磷、钾、氨基酸和微量元素等营养物质，能有效调节植物体内物质代谢，提高光合作用效率和根系活力，促进植物对营养物质的吸收和利用。例如，喷施氨基酸复合叶面肥后，不仅可以有效促进烟叶的生长发育，同时还能影响烟叶的品质等级和产值[31]。除氨基酸外，其他生物刺激素如腐植酸[32-34]、黄腐酸[35-37]、甲壳素[38]等，都可以与中微量元素肥料一同施用，以达到使肥料增效的目的。

（3）与微生物复合施用　中微量元素肥料可以与微生物制成菌肥，利用与作物共生或互生的有益菌类，如增益菌等，通过人工筛选培养制成菌肥，也可以达到使肥料增效的目的。在菌株的选择上，大多数产品采用圆褐固氮菌、巨大芽孢杆菌、胶质芽孢杆菌，也有一些生防菌株如枯草芽孢杆菌、地衣芽孢杆菌、根瘤菌等[39-43]。何鹏搏等[44]采用微生物与尿素复合研制出一种微生物颗粒复合肥，该肥料含有 20% 的 80 目含磷 20% 的磷矿粉、50% 尿素、10% 碳酸钙、10% 羧甲基淀粉钠和 5% 解淀粉芽孢杆菌 B9601-Y2、5% 胶质类芽孢杆菌 K3。盆栽试验结果表明，施用该微生物复合肥的作物生物量均得到提高。

（4）与种衣剂配合施用　种衣剂是工厂生产的含有不同农药成分，具有成膜性外观，呈砖红色的粉状物质。用此药剂对种子进行包衣，播种后可防止土壤中病虫对种子的侵袭。同时，随着种子发芽出土，药剂从种衣中逐渐释放，被作物吸收，还可防治地上部病虫害。中微量元素叶面肥可以与种衣剂一同施用，以达到增效的目的。Gęsiński[45]使用经种衣剂加工的种子，并施用微量元素叶面肥，结果表明培育的藜麦发育良好。

16.1.6 结论

综上所述，在作物的生长发育过程中，中微量元素钙、镁、硫、铁、锰、锌、铜、硼、钼等是作物正常生长所必需的营养元素，是必不可缺的，无法被大量元素所替代。在农业生产活动中，叶面施用中微量元素肥料，配合增效措施，可以使养分更全面、施肥更方便、技术方法更高效，如采取螯合、结合、悬浮等方法，既能满足作物高产的要求，又能提高作物抗逆能力，改善作物品质。总之，中微量元素肥料将向着多元化、高效化、多功能化发展。

16.2 基肥施用

中微量元素是植物健康生长发育不可缺少的营养元素，若土壤中缺乏中微量元素或中微量元素间的平衡被打破，将限制作物产量和品质的提高[46]。目前，全世界缺乏中微量元素土壤面积达25亿公顷，而我国中低产田面积占总耕地面积的70%以上[47]，其中大部分存在微量元素缺乏的问题，缺少微量元素铁、铜、钼、硼、锰、锌的耕地分别占总耕地面积的5.0%、6.9%、21.3%、46.8%、34.5%和51.5%。中微量元素肥料施用的试验结果表明，其投入产出比高达1∶(50～100)，增施中微量元素肥料的小麦、玉米、水稻等粮食作物及油菜、花生、棉花等经济作物平均增产10%以上，而且作物抗逆性和品质也得到了明显改善[48]。

由于中微量元素从缺乏到过量之间的临界范围很窄，稍有缺乏或过量就会导致对作物严重危害同时造成土壤污染。因此，应根据作物对中微量元素的需求和敏感程度，以及土壤中的中微量元素含量科学合理施用。本节根据中化化肥在各类作物对中微量元素的需求及土壤养分情况的研究基础上，提出了中微量元素肥基施的施用建议，以期为作物中微量元素的科学施用提供技术支撑。

16.2.1 中微量元素肥在粮食作物上的施用

16.2.1.1 小麦

（1）小麦主要种植区及土壤中微量元素养分 华北平原，亦称黄淮海平原，是我国三大平原之一，其地理区域涵盖黄河、淮河、海河三大流域，主要由河北、河南、山东等三个主要省份和若干省份的小部分构成。华北平原地势较为低平，属于典型的冲积平原，可用于耕作的土地广阔。华北平原是我国最主要的粮食产区之一，主要粮食作物为冬小麦，三个主要省份（河北、河南、山东）的小麦产量可占全国总产量的57.35%；耕地面积约为2222.1万公顷，约占全国耕地总面积的16.47%[49]。

由于人们对硫锌肥的作用认识不够和作物新品种的推广及作物产量的逐步提高，我国土壤硫锌养分的投入和产出严重不平衡。我国约30%的耕地土壤缺硫和40%的耕地土壤缺锌，迫切需要施用硫锌肥[50]。同时农田管理方式的改变也会影响土壤硫锌状况，如作物秸秆还田比例的逐步提高对土壤硫锌的产出有补偿作用。

研究表明山东省小麦主要产区的麦田土壤有效硫含量变幅较大，全省土壤有效硫含量在30～50mg/kg范围内的麦田最多，占总样本数的31.7%[51]。河南省土壤有效硫含量最低，多在20mg/L以下。河北省麦田严重缺硫（＜7mg/L）土壤比例较高，约占总样本数的30%。研究表明河北、山东和天津的土壤平均有效锌含量多在2mg/L左右，属中等偏低水平，河南省土壤有效锌含量平均为1.02mg/kg[52]。

（2）小麦对中微量元素的需求 小麦作为世界上总产量第二的粮食作物，在农业生产中有着非常重要的作用，是重要的粮食产品和主要的战略性粮食储备产品。但是，由于小麦籽粒本身锌含量不是很高，不同国家小麦籽粒的锌含量仅为20～35mg/kg，远远满足不了人体的日常需要（15mg/d），而小麦及其加工后的产品中能被人体吸收的锌更少。锌作为小麦生长素合成所需要的重要元素，可调节小麦的营养生长，在小麦种子的萌发过程中发挥着重要的作用。

硫素作为植物的中量营养元素，具有其他元素不可替代的作用。合理施用硫肥不仅能够提高作物产量，也能改善作物品质[53]。硫素既是叶绿素、谷胱甘肽等合成的必需元素，又影响着半胱氨酸、甲硫氨酸等的合成代谢和蛋白质中二硫键的形成，对小麦的营养品质和加工品质有着重要影响。

（3）小麦中微量元素推荐量　根据土壤速效养分含量进行施肥推荐是较经典的方法，根据养分丰缺分级确定施肥量，快捷方便。土壤有效硫和锌的分级标准参照基于ASI测试方法（土壤养分状况系统研究法）的中国农业科学院国家测土施肥中心实验室的标准。土壤有效硫分为6级，即0～7mg/L为严重缺硫，7～13mg/L为缺硫，13～25mg/L为中等，25～40mg/L为较高，40～60mg/L为高硫，＞60mg/L为极高硫。土壤有效锌也分为6级，即0～1mg/L为严重缺锌，1～2mg/L为缺锌，2～3mg/L为中等，3～4mg/L为较高，4～5mg/L为高锌，＞5mg/L为极高锌。硫锌肥推荐也根据中国农业科学院国家测土施肥中心实验室的标准（表16-2、表16-3）。

表16-2　根据土壤有效硫含量的小麦硫肥推荐量

项目	土壤有效硫 /（mg/L）					
	＜7	7～13	13～25	25～40	40～60	＞60
小麦推荐施肥量 /（kg/hm^2）	45	34.5	25.5	19.5	10.5	0

表16-3　根据土壤有效锌含量的小麦锌肥推荐量

项目	土壤有效锌 /（mg/L）					
	＜1	1～2	2～3	3～4	4～5	＞5
小麦推荐施肥量 /（kg/hm^2）	7.5	6	4.5	3	1.5	0

在粮食作物小麦的生产中，硫肥和锌肥一般在播种前作基肥施用，且大量研究也表明，基施硫锌肥的效果优于追施和喷施。研究表明与追施相比，基施硫肥对小麦增产效果最好，增产幅度达14.9%，增产效果随着施用时期推迟而下降[54]。硫作为作物必需的中量元素，适宜的用量能提高作物产量和品质，而过量施用则会抑制作物生长和高产并导致土壤酸化。有研究发现施用硫肥在45kg/hm^2以内，随着施用量的增加小麦增产效果增强，但当施硫量超过45kg/hm^2时小麦增产效果显著下降；而在河北施用硫肥60kg/hm^2达到最高产量[55]。这些研究表明适宜硫肥用量应根据土壤硫营养状况确定。

锌是作物必需的微量元素，适量施锌可有效提高作物产量和品质，而过量施锌会引起土壤中锌富集，对土壤生态环境造成潜在污染威胁和对作物产生毒害或抑制。如韩金玲等发现小麦施用锌肥22.5kg/hm^2时达到最高产量，超过此施用量其产量逐步降低[56]；而庞丽丽和邹春琴的研究表明，土施50kg/hm^2 $ZnSO_4 \cdot 7H_2O$可能在华北地区对于高产小麦的实现和较大幅度提高籽粒锌浓度比较合适[57]。这些研究说明适宜的锌肥用量应根据土壤锌营养状况确定。

目前施用的硫肥有硫黄粉和含硫化合物石膏、硫酸钾、硫酸铵等，同时硫酸锌也作为锌肥广泛使用，此外还有一些新型锌肥如含锌复合肥，包括氮-锌复合肥、磷-锌复合肥、钾-锌复合肥等在提高锌肥效果方面有一定的改善。而能结合硫锌的配方复合肥料，能同时提供大量元素和硫锌养分，在补充土壤养分和提高产量方面将会有更好的效果。

针对小麦底肥营养需求，推荐施肥如表16-4所示。

表16-4　小麦推荐施肥

地区	施肥推荐（$N-P_2O_5-K_2O$）	中微量元素推荐	施用方式
华北平原	16-20-8、19-19-19、15-20-10	硫、锌	小麦播种时，随机械一同施入；人工施肥时建议条施并覆土
其他区域	26-10-12、25-15-8、27-12-8		

注：以上施肥方案需根据当地农艺师具体指导使用，不同区域土壤和施肥情况有所区别。

16.2.1.2　玉米

（1）玉米主要种植区及土壤中微量元素养分　玉米在我国种植面积广泛，主要分为：北方春播玉米区，以东北三省、内蒙古和宁夏为主，种植面积占全国约36%；黄淮海平原夏播玉米区，以山东、河南为主，种植面积占全国约32%；西南山地玉米区，以四川、云南和贵州为主，种植面积约占全国的22%。

大量学者对区域土壤中微量元素含量情况进行了调查。王冰洁等对东北地区部分典型农田土壤微量元素含量进行了调查，结果表明，整体上黑龙江省农田土壤微量元素含量最好，内蒙古自治区次之，吉林省位居第三，辽宁省相对较差；四个地区农田土壤有效锌、铁、铜含量均较好，吉林省和辽宁省有效态锰含量相对较差；四个地区农田土壤有效态硼含量均处于缺乏状态[58]。吴永丽等对山东省临沭县土壤微量元素含量情况进行调查，对全县1929个土样进行检测，结果表明全县土壤有效铁、有效锰、有效铜、有效锌含量较丰富；有效硼平均含量为0.48mg/kg，属于4级水平，有效硼含量较低，较为缺乏；有效钼平均含量为0.172mg/kg，低于3级（＜0.2mg/kg）水平的占总面积的83.46%，表明土壤有效钼含量相对缺乏[59]。姚海军等对山东德州地区土壤中微量元素含量进行调查，结果表明德州地区土壤交换性钙含量高，交换性镁、有效铁、有效铜含量属较高以上水平，有效硫、有效硅、有效硼、有效铁、有效锰含量中等，有效钼含量处于中等偏低水平，且德州地区土壤中锌主要是氢氧化锌，有效锌低，应及时补充[60]。因此，不同种植区应根据土壤特点、产量水平、气候环境等因素，综合考虑肥料施用。

（2）玉米对中微量元素的需求　玉米在生长过程中需要吸收多种矿质营养元素，一般每生产1000kg玉米籽粒，春玉米氮、磷、钾的吸收比例约为1∶0.3∶1.5，吸收氮（N）35～40kg、磷（P_2O_5）12～14kg、钾（K_2O）50～60kg；夏玉米氮、磷、钾的吸收比例约为1∶（0.4～0.5）∶（1.3～1.5），吸收氮（N）25～27kg、磷（P_2O_5）11～14kg、钾（K_2O）37～42kg。玉米不同生育期对养分吸收的特点不同，春玉米与夏玉米相比，夏玉米对氮、磷的吸收更集中，吸收峰值也早。一般春玉米苗期（拔节前）吸氮仅占总量的2.2%，中期（拔节至抽穗开花）占51.2%，后期（抽穗后）占46.6%；夏玉米苗期吸氮占总量的

9.7%，中期占 78.4%，后期占 11.9%。春玉米吸磷苗期占总量的 1.1%，中期占 63.9%，后期占 35.0%；夏玉米苗期吸收磷占总量的 10.5%，中期占 80%，后期占 9.5%。春、夏玉米对钾的吸收均在拔节后迅速增加，且在开花期达到峰值，吸收速率快，容易导致供钾不足，出现缺钾症状。玉米对锌敏感，缺锌玉米早期出现“白叶斑”，收获时果穗秃尖[61]。

（3）玉米中微量元素推荐　目前生产上，玉米种植多为复合肥一次性底肥施用，除合理的氮、磷、钾养分配比外，玉米对锌敏感，适量的锌可提高产量。结合不同种植区土壤养分情况，北方春播玉米区应及时补充锰、硼，黄淮海平原夏播玉米区应及时补充锌、钼、硼，西南山地玉米区应及时补充锌、锰、硼。因此，生产中应及时补充微量元素，使微量元素归还土壤，保持土壤中微量元素的平衡。

针对玉米底肥营养需求，推荐施肥如表 16-5 所示。

表16-5　玉米推荐施肥

地区	施肥推荐（N_2-P_2O_5-K_2O）	中微量元素推荐	施用方式
北方春播玉米区	27-13-10、26-10-12、28-10-10	锌、锰、硼	建议机械化种肥同播，并注意间隔
黄淮海平原夏播玉米区	26-10-12、26-10-14、26-12-12		
西南山地玉米区	29-5-6、28-6-8、25-14-7		

注：以上施肥方案需根据当地农艺师具体指导使用，不同区域土壤和施肥情况有所区别。

16.2.1.3　水稻

（1）水稻主要种植区及土壤中微量元素养分　水稻是中国第二大粮食作物，我国水稻生产地域分布比较广泛，生产条件和气候环境存在较大差异。基于水稻生产优势区域布局的视角，目前水稻主产区（包括东北平原、长江流域和东南沿海）占我国水稻播种面积的 98% 以上，水稻产量约占我国水稻总产量的 97%[62-63]。

中国水稻土有效态中微量元素区域分布特征为：交换性钙含量以西南为最高，东北、长三角、长江中游次之，华南地区最低；交换性镁含量表现为东北最高，长三角、西南、长江中游次之，华南最低；有效硫含量表现为西南、东北、长江中游高于华南、长三角；有效铁含量呈现为华南高于长三角、东北、西南、长江中游；有效锰含量则呈长三角、华南高于长江中游，且东北、西南与其他地区均无显著差异；有效铜含量呈长江中游、华南、东北、长三角无显著差异，且均显著高于西南；有效锌含量表现为华南、长江中游高于西南、长三角、东北；有效硼含量为东北最高，其次为长三角，再次为西南，长江中游、华南最低；有效钼含量为华南最高，其次为东北，西南、长三角、长江中游最低[64]。

关于中国水稻土有效态中、微量元素丰缺程度，通过对中国典型稻区土壤有效态中微量元素含量调查分析发现，各区域监测点水稻土交换性钙、镁和有效铁、锰、铜含量均以丰富为主。有效硫缺乏点位主要分布在长三角和华南地区。各区域监测点水稻土均具有缺锌、硼和钼的问题，其中东北地区的缺锌比例最高，其次是长三角、西南地区，再次是长江中游，华南地区的缺锌比例最低；长江中游、西南地区缺硼比例最高，其次是华南和长三角地区，东北地区缺硼比例最低；长江中游缺钼比例最高，其次为长三角地区，再次为西南、华南和东北地区[64]。

（2）水稻对中微量元素的需求　硅、锌、锰、硼等是植物正常生长发育不可代替的微量元素。研究发现，锌、锰、硼等微量元素能明显改善水稻根部氧的供应，增强稻株的抗逆性，提高稻株抗病能力，促进后期根系发育，延长叶片功能期，防止早衰；也可加速花的发育，增加花粒数量，促进花粒萌发，提高水稻成穗率；同时可促进水稻穗大粒多，提高结实率和籽粒充实度，增加稻谷产量。

水稻是喜硅作物，硅是其所需三大元素之后的第四大元素。水稻发育过程中缺少硅元素时伸长叶下垂，下位叶极易凋谢，抽穗后叶型披散，后期稻秆韧性差，易发生倒伏，且容易感染稻瘟病或胡麻叶斑病[65]。每季水稻对硅元素的吸收量明显高于对氮、磷、钾需求总和，平均每公顷水稻可从土壤中吸收 SiO_2 1125 ～ 1950kg，是氮、磷、钾总和的 4.4 倍[66]。土壤中 SiO_2 含量很高，但由于气候条件、土壤 pH 值、成土母质、土壤黏粒、土壤水分等因素的影响，能被植物有效吸收利用的硅元素却只有 50 ～ 250mg/kg[67]。据焦安营等报道，生育期适当增加硅肥可以提高根系氧化能力，延长根系的功能期，促进地上部分生长，增加光合能力。另外，充足的硅肥可以提高水稻抗病性、耐旱性和抗倒伏能力，明显增加水稻产量[68]。

水稻缺锌时秧苗下部叶片出现细小褐色斑点，叶背颜色较深，逐渐发展整个植株都变褐色；后期无效分蘖多，叶片变窄，植株矮小，花期不孕；生育期延长，成熟时空秕率高，严重影响产量。适量施用锌肥能促进水稻生殖生长，提高结实率，增加千粒重，增产增效[69]。适量锰肥可以促进氮素吸收，提高氮素利用率。曾祥忠等通过硼肥梯度试验，证明适量的硼浓度会使水稻增产，但硼浓度过高则对水稻的生长有抑制作用，表现为地上部分生物产量显著降低[70]。

（3）水稻中微量元素推荐　针对水稻底肥营养需求，推荐施肥如表 16-6 所示。

表16-6　水稻推荐施肥

<table>
<tr><th>地区</th><th>施肥推荐（N-P_2O_5-K_2O）</th><th>中微量元素推荐</th><th>施用方式</th></tr>
<tr><td>东北平原稻区</td><td>18-18-18、21-15-16、25-11-15 等</td><td>锌、硼、钼、硅</td><td rowspan="3">整地时施入，或同机插秧施肥一体化机械施入</td></tr>
<tr><td>长江流域稻区</td><td rowspan="2">20-14-7、18-10-12、21-7-14、18-8-15 等</td><td rowspan="2">硫、锌、硼、钼、硅</td></tr>
<tr><td>东南沿海稻区</td></tr>
</table>

注：以上施肥方案需根据当地农艺师具体指导使用，不同区域土壤和施肥情况有所区别。

16.2.2　中微量元素肥在经济作物上的施用

16.2.2.1　叶菜类：冬油菜

（1）冬油菜主要种植区及土壤中微量元素养分　油菜是我国重要的油料作物，在保证我国食用油安全方面起到了关键作用。我国长江流域是冬油菜的典型种植区，近年来伴随着油菜新品种的培育、耕作栽培技术的提高、科学施肥技术和轻简化机械化装备的研制等[71]，我国油菜的单产已由 20 世纪 60 年代的 360kg/ hm^2 增加到 2017 年的 1995kg/ hm^2[72]。

长江流域冬油菜典型种植区域耕层土壤有机质、全氮、速效磷、速效钾、pH 值、有效钙、有效镁、有效硫、有效铁、有效锰、有效铜、有效锌和有效硼平均含量分别为 25.9g/kg、1.47g/kg、27.5mg/kg、131.1mg/kg、6.04g/kg、2436.1mg/kg、225.7mg/kg、22.6mg/kg、212.3mg/kg、89.7mg/kg、3.84mg/kg、4.03mg/kg 和 0.45mg/kg。对于土壤中微量元素，土

壤有效铁、有效锰和有效铜含量均处于中等及以上，有效钙和有效锌有8.4%和12.2%处于缺乏状态，而土壤有效镁、有效硫和有效硼处于缺乏的比例则分别为24.2%、36.0%和83.5%[73]。

（2）冬油菜对中微量元素的需求　研究表明形成100kg籽粒，油菜从土壤中带走6.3kg CaO、1.7kg MgO、1.9kg S、39.4g Fe、7.8g Mn、0.95g Cu、7.1g Zn和4.9g B[74]。

（3）冬油菜中微量元素推荐　硼肥施用已成为当前油菜生产中的重要管理措施，合理施用硼肥能显著提高油菜产量[75]。但随着油菜产量水平和种植制度的变化，油菜对硼需求明显提高，并且由于硼在土壤中极易随水流动，因此继续推广和应用硼肥对于保证油菜的高产和稳产具有重要作用。同时，硫、镁已逐渐成为长江流域冬油菜生产的潜在限制因子，因此在重视氮、磷、钾、硼肥施用的基础上，同样要关注硫、镁肥施用，尤其是广西、湖南和江西等土壤有效镁和有效硫比较低的区域。

针对冬油菜底肥营养需要，推荐施肥如表16-7所示。

表16-7　冬油菜推荐施肥

地区	施肥推荐（N-P_2O_5-K_2O）	中微量元素推荐	施用方式
长江上游冬油菜区	基追配合推荐20-11-10 一次性施肥推荐25-7-8	硼、镁、硫	移栽油菜基肥深施，直播油菜种肥异位同播，做到肥料集中施用
长江中下游冬油菜区	基追配合推荐24-9-7 一次性施肥推荐25-7-8		
三熟制冬油菜区	基追配合推荐18-8-9 一次性施肥推荐25-7-8		
黄淮冬油菜区	基追配合推荐20-12-8 一次性施肥推荐18-8-6		

注：以上施肥方案需根据当地农艺师具体指导使用，不同区域土壤和施肥情况有所区别。

资料来源：引自中华人民共和国农业农村部2021年秋冬季主要农作物科学施肥技术意见。

16.2.2.2　茄果类

（1）辣椒

① 辣椒主要种植区及土壤中微量元素养分　辣椒是我国主要的茄果类蔬菜，因其适应性广、营养成分丰富，种植区域广泛。近年来我国辣椒产业发展迅速，种植面积和产量不断攀升[76]。我国辣椒生产逐渐以规模化、专业化和高品质化的趋势发展，形成了五大辣椒产区，分别是：反季辣椒产区，主要集中在南方冬季温暖地区；夏秋季节露地栽培辣椒产区，主要分布在山东省、黑龙江省等华北及东北地区；高海拔延时栽培辣椒产区，主要分布在甘肃省、新疆维吾尔自治区等地；高度辣椒产区，主要分布在湖南省、贵州省等嗜辣区；设施辣椒产区，主要分布在我国北方地区[77]。

我国大面积种植辣椒的省份主要集中在南方地区，海南是我国冬季瓜菜生产基地，其种植面积逐年增大，其中辣椒播种面积最大，主要分布在文昌、琼海、澄迈等市县[78]。目前，关于澄迈县土壤中微量元素情况已有大量研究报道，该区域主要成土母质为花岗岩，土壤脱硅化程度高，造成铁、铝、锰在土体内富集，铁、铝、锰氧化物含量较丰富。大量文献资料对澄迈县主要辣椒种植乡镇中土壤中微量元素丰缺状况进行调查研究，结果表明该区域土壤有效硫、有效锌、有效铁、有效硼、有效锰含量较丰富[79]。但该种植区交换性钙含量低，多数地块土壤有效钙缺乏；交换性镁含量较低，50% 地块土壤有效镁缺乏[80]。因此，应重视钙肥、镁肥的施用。

② 辣椒对中微量元素的需求　在辣椒膨果期一般以氮肥、钾肥为主，同时补充钙肥、镁肥。刘彬等[81]对温室秋延迟辣椒养分吸收的研究表明，辣椒氮、磷、钾的吸收量膨果期最高，分别占整个生育期的 37.6%、28.5%、38.4%；钙、镁、硼的吸收量依次为钙＞镁＞硼，钙（CaO）的吸收量为 135kg/hm^2，镁（MgO）的吸收量为 74.9kg/hm^2，硼（B）的吸收量为 0.13kg/hm^2。其中，钙、镁在叶中的累积量最高，分别占植株吸收总量的 79.8%、54.1%，硼主要分配到果实和叶中。辣椒钙、镁、硼的吸收量膨果期最高，均占整个生育期的 30% 以上。Dursun 等的研究也表明，除大量元素外，辣椒整个生育期对钙的需求量较大，在 40 ～ 60t/hm^2 的产量水平下，钙、镁的吸收量分别占地上部干质量的 1.25% ～ 1.5%、1.22% ～ 1.37%[82]。因此，生产中应重视增施钙肥、镁肥，以提高辣椒产量和品质，减少由缺钙、镁引起的生理性病害及提高抗病能力。

③ 辣椒中微量元素推荐　辣椒种植一般分为育苗、移栽、开花期、初果期、结果盛期、膨果期、成熟期。在开花期之前生长比较缓慢，但开花后尤其在初果期之后，植株干物质积累呈现快速增长，养分需求规律相似，对氮、磷、钾的需求关键期存在一定差异，施肥时应综合考虑。辣椒对 Ca、Mg、B、Zn 等中微量元素较为敏感，缺钙会诱发果实脐腐病；缺镁叶脉间黄化，影响植株生长和结果；缺硼时，叶色发黄，心叶生长慢，根木质部变黑，根系生长差，花期延迟，并造成花而不实，影响产量。任何植物养分都不能独立地发挥作用，只有在各种营养成分与植物生长需求平衡时才能确保各种养分的充分利用。因此，生产中应根据区域土壤肥力情况，针对性地补充中微量元素，减少由缺素引起的生理性病害及提高抗病能力。辣椒推荐施肥如表 16-8 所示。

表16-8　辣椒推荐施肥

施肥时期		施肥推荐（$N-P_2O_5-K_2O$）	微量元素推荐
底肥	移栽前	16-17-10、12-20-16、15-10-20 等	螯合态钙、镁、锌、锰、硼
追肥	初果期	24-7-9、18-10-18、19-4-25 等	螯合态锌、锰、硼
	盛果期	15-9-21、19-4-25、15-10-20、14-5-32 等	螯合态锌、锰、硼

注：以上施肥方案需根据当地农艺师具体指导使用，不同区域土壤和施肥情况有所区别。

（2）番茄

① 番茄主要种植区及土壤中微量元素养分　番茄富含大量的维生素 C、番茄红素和矿物质，是栽培最广、消费量最大的蔬菜品种之一。据统计，2020 年，我国番茄种植面积达 110.4 万公顷，产量为 6515 万吨，种植面积占全球总种植面积的 21.84%，产量占全球总产量的 35.79%[83]。黄淮海、西北、华南、东北（吉、黑）、西南地区是我国番茄种植的五大优势区域，其中山东、河北、河南三省番茄种植规模最大。

山东省是中国蔬菜的主要产区，常年蔬菜种植面积占全国的 10% 以上，设施蔬菜的种植面积占全国的近 50%，其中岱岳区设施蔬菜常年种植面积达 10 万亩，是山东省主要的蔬菜产区。王贵香等对岱岳区设施蔬菜区域土壤进行采样分析，结果表明，该区土壤交换性钙含量处于适宜水平，交换性镁含量处于缺乏水平（含量 120 ～ 180mg/kg 为适宜），有效硼含量整体上处于较低水平（含量 80 ～ 120mg/kg 为适宜），有效铜含量处于适量水平，有效锌含量处于丰富水平[84]。因此，该区域土壤在蔬菜种植过程中，要注意补充中微量元素硼、镁。

② 番茄对中微量元素的需求　番茄结果期长，产量高，必须要有充足的养分供应。由于番茄品种、产量水平及土壤特性不同，其营养元素吸收量及吸收比例差异较大。但中微量元素和氮磷钾合理配施，对提高番茄产量、改善番茄品质具有重要作用。大量研究表明，番茄需钙较多[85]，如果生长期间缺钙果实易发生生理障碍。钙、镁施用不足，会导致番茄吸收氮、磷、钾减少，植株生长发育弱，果实产量和品质降低。番茄植株开花-坐果初期对钙吸收较多，能够促进根系生长，为下一阶段的生长发育打下基础。番茄全生育期对铁素需求量较大，锌、锰次之，铜最少，其铁、锰、铜、锌吸收比例为 38.6∶2.9∶1∶2[86]。因此，在番茄生产上除保证足量钾、氮素供应外，还需重视磷肥的施用，同时重视对钙、镁、铁、锌等中微量元素的补充。

③ 番茄中微量元素推荐　番茄与辣椒同为茄果类蔬菜，种植过程中对养分的需求规律及敏感的中微量元素均相似，推荐施肥如表 16-9 所示。

表16-9　番茄推荐施肥

施肥时期		施肥推荐（$N-P_2O_5-K_2O$）	微量元素推荐
底肥	移栽前	16-17-10、12-20-16、15-10-20 等	螯合态钙、镁、锌、锰、硼
追肥	初果期	24-7-9、18-10-18、19-4-25 等	螯合态锌、锰、硼
	盛果期	15-9-21、19-4-25、15-10-20、14-5-32 等	螯合态锌、锰、硼

注：以上施肥方案需根据当地农艺师具体指导使用，不同区域土壤和施肥情况有所区别。

16.2.2.3 根茎类

（1）马铃薯

① 马铃薯主要种植区及土壤中微量元素养分　根据我国各地马铃薯栽培制度、栽作类型、品种类型及分布等，结合马铃薯的生物学特性，参照地理、气候条件和气象指标，将我国划分为四个马铃薯栽培区，分别是：北方一作区，包括东北地区的黑龙江、吉林两省和辽宁省除辽东半岛以外的大部，华北地区河北北部、山西北部、内蒙古，及西北地区的宁夏、甘肃、陕西北部、青海东部和新疆天山以北地区；中原二作区，包括辽宁、河北、山西、陕西四省的南部，湖北、湖南两省的东部，河南、山东、江苏、浙江、安徽、江西等省；南方二作区，包括广东、广西、海南、福建和台湾等省（自治区）；西南单、双季混作区，包括云南、贵州、四川、西藏等省（自治区）及湖南、湖北的西部山区。

表16-10　土壤养分分级标准

项目	极缺	缺乏	较缺	中等	较丰	丰富
全氮 /(g/kg)	＜ 0.5	0.5 ～ 0.75	0.75 ～ 1.0	1.0 ～ 1.5	1.5 ～ 2.0	＞ 2.0
有机质 /(g/kg)	＜ 6.0	6.0 ～ 10.0	10.0 ～ 20.0	20.0 ～ 30.0	30.0 ～ 40.0	＞ 40.0
碱解氮 /(mg/kg)	＜ 30.0	30.0 ～ 60.0	60.0 ～ 90.0	90.0 ～ 120.0	120.0 ～ 150.0	＞ 150.0
有效磷 /(mg/kg)	＜ 3.0	3.0 ～ 5.0	5.0 ～ 10.0	10.0 ～ 20.0	20.0 ～ 40.0	＞ 40.0

续表

项目	极缺	缺乏	较缺	中等	较丰	丰富
速效钾 /(mg/kg)	＜ 30.0	30.0 ～ 50.0	50.0 ～ 100.0	100.0 ～ 150.0	150.0 ～ 200.0	＞ 200.0
有效铁 /(mg/kg)	＜ 2.5		2.5 ～ 4.5	4.5 ～ 10.0	10.0 ～ 20.0	＞ 20.0
有效锰 /(mg/kg)	＜ 1.0		1.0 ～ 5.0	5.0 ～ 15.0	15.0 ～ 30.0	＞ 30.0
有效铜 /(mg/kg)	＜ 0.1		0.1 ～ 0.2	0.2 ～ 1.0	1.0 ～ 1.8	＞ 1.8
有效锌 /(mg/kg)	＜ 0.3		0.3 ～ 0.5	0.5 ～ 1.0	1.0 ～ 3.0	＞ 3.0
有效硼 /(mg/kg)	＜ 0.2		0.2 ～ 0.5	0.5 ～ 1.0	1.0 ～ 2.0	＞ 2.0
有效钼 /(mg/kg)	＜ 0.1		0.1 ～ 0.15	0.15 ～ 0.2	0.2 ～ 0.3	＞ 0.3

通过调查，参照土壤养分分级标准（表 16-10）可以看出，内蒙古马铃薯产地土壤养分中单一养分尤其是中微量元素缺乏较为普遍，尤其是新疆维吾尔自治区和田地区、锡林郭勒正蓝旗、赤峰阿鲁科尔沁旗地区，中微量元素铁、锰、锌普遍缺乏。

② 马铃薯对中微量元素的需求　马铃薯对钙、硼、锌、镁等中微量元素均有需求，各大中微量元素在马铃薯不同的生育期发挥的作用是不同的，如在萌芽期至苗期氮、镁、硫、硼和磷对叶片发育和叶绿素形成有重要的作用；团棵期至叶片生长至最大时铁、锌、镁和铜在建立光合体系中发挥的作用尤为明显；而在匍匐茎形成初期镁、磷、氮和钾的作用至关重要。增施锌肥和锰镁硼锌复合肥可显著提高马铃薯产量，增施锰肥、硼肥可提高马铃薯维生素 C 含量，增施各中微量元素（锰除外）肥料均不同程度地提高了马铃薯的淀粉含量。增施各中微量元素肥料，提高了马铃薯土壤的养分含量，改善了土壤肥力水平。施用一定的微肥之后不但可以使马铃薯的产量得到不同程度的提高，而且可以大幅度提高大、中薯所占的比例和重量，提高了商品薯率，同时块茎的淀粉和维生素 C 含量也会提高，大大改善块茎的品质。

在不同地力的土壤上种植马铃薯，单纯施用商品有机肥，与绝对空白区相比，增产效果明显，与推荐施肥区相比减产。马铃薯作物锌肥增产率在 0.14% ～ 32.21% 之间，平均为 8.20%；硼肥增产效果最大，增产率在 0.00% ～ 21.25% 之间，平均为 9.20%；钼肥增产率在 2.82% ～ 31.81% 之间，平均为 9.68%；硫肥增产最少，增产率在 0.34% ～ 29.85% 之间，平均为 7.01%。马铃薯对锰的缺乏极其敏感，对硼、锌的缺乏较敏感，但对铜、铁的缺乏不敏感。从需要量来说，马铃薯对锰需要量高，而对硼、铜的需要量相对较低。以 1 亩地生产 3000kg 薯块计算，大约需要 4.3kg Ca、1.34kg Mg、0.235kg Fe、0.0234kg Mn、0.0372kg Zn、0.0081g Cu、0.0165kg B。

③ 马铃薯中微量元素推荐　根据马铃薯对养分的需求，除 N、P、K 等元素外，其对 Zn、B、S 等比较敏感；并结合马铃薯主产区土壤养分情况，目前主要存在有机质偏低、有效锌和有效硼偏低的情况，对马铃薯施肥配方进行如下设计（表 16-11）：

a. 基肥　根据不同区域种植品种、习惯、模式等不同，主要分为三种类型：平衡型，14-15-16S、16-17-10S 等；高磷型，11-19-15S、12-20-16S 等；高钾型，15-10-20S 等。并添加螯合态 Mg、Zn、B 等微量元素，添加量为 5 ～ 15kg/t。

b. 追肥　前期追肥为高氮型，如 24-7-9 S/NS 等，添加螯合态 Mg、Zn、Fe 等，添加量为 5 ～ 10kg/t；后期追肥为 14-5-32 NS 等，添加螯合态 Mn、Zn、B 等，添加量为 5 ～ 10kg/t。

表16-11　马铃薯推荐施肥

施肥时期		施肥推荐 [$N-P_2O_5-K_2O$（含 S）]	微量元素推荐
基肥	底肥	平衡型：14-15-16S、16-17-10S、18-10-18S	螯合态锌、锰、镁、硼
		高磷型：11-19-15S、12-20-16S	
		高钾型：15-10-20S、15-8-22Cl（含氯）、15-9-21S	
追肥	中耕肥	19-0-25S、19-4-21S、15-9-21S	螯合态锌、锰、硼
	促苗肥	25-4-6S、24-7-9S	
	膨大肥	19-4-25S、14-5-32S	

注：以上施肥方案需根据当地农艺师具体指导使用，不同区域土壤和施肥情况有所区别。

（2）大蒜

① 大蒜主要种植区及土壤中微量元素养分　从种植面积来看，山东、河南及江苏是我国主要的大蒜种植省份，云南和四川是南方大蒜种植的代表省份，面积均在 50 万亩左右。以山东为例，2016 年山东省大蒜种植面积超过 350 万亩，各地市基本都有大蒜的种植，分为 3 个全国著名的大蒜种植区。

② 大蒜对中微量元素的需求　大蒜是需肥较多而且较耐肥的蔬菜之一。大蒜不同生育时期对营养元素的吸收动态是随植株生长量的增加而增加的，尤其是后期的 80 天，是需肥量最大的时期。大蒜全生育期吸收氮最多，钾次之，磷最少。每生产 1000kg 大蒜需要氮 10.3 ～ 12.5kg、磷 1.5 ～ 1.8kg、钾 5.5 ～ 6.5kg、钙 0.8 ～ 1.6kg、硫 0.8 ～ 1kg、镁 0.4 ～ 0.6kg。大蒜在整个生长过程中，各生育期对氮、磷、钾的吸收各不相同，呈前期少、中后期多的吸肥特点。大蒜对硫、硼、锌等中微量元素敏感，缺少任何一种都会对大蒜产生不良影响。当土壤速效硫含量达 8.86μg/g 时，大蒜素含量最高。大蒜是需硫量较多的作物，其体内累积的硫可达 0.3% ～ 0.6%（以干基计），蒜头内含有大量的含辛辣物质（以硫为主成分），是大蒜品质评价的重要指标之一。同时，大蒜中重要含硫氨基酸——蒜氨酸具有极其丰富的生物及药理活性，故大蒜的硫营养状况不仅影响大蒜的产量，还与大蒜的品质关系极为密切。锌在一定范围内也可增加鳞茎大蒜素含量，土壤速效锌含量为 11.33μg/g 时，可显著增加鳞茎大蒜素含量。施用锌肥还具有明显的增产作用，比不施锌亩增产 12.9%。每亩施硫酸锌 3kg，此时产量与效益最高。增施一定量的速效硼可提高鳞茎中大蒜素含量，当土壤速效硼含量达 1.10mg/kg 时，有利于大蒜素的形成。

③ 大蒜中微量元素推荐　根据大蒜对养分的需求，并结合大蒜主产区土壤养分情况，目前主要存在有机质偏低、有效锌和有效硼偏低的情况；同时大蒜为锌、硼敏感作物，缺乏会对大蒜产量和品质造成显著影响。因此，对大蒜施肥配方进行如表 16-12 所示设计。

表16-12　大蒜推荐施肥

施肥时期		施肥推荐 [$N-P_2O_5-K_2O$（含 S）]	微量元素推荐
基肥	底肥	平衡型：15-15-15S、17-17-17S	螯合态锌、锰、镁、硼
		高磷型：11-19-15S、12-20-16S	
		高钾型：15-10-20S、15-9-21S	
追肥	抽薹肥	15-5-25S、19-4-21S、15-9-21S	螯合态锌、锰、硼
	膨大肥	19-4-25S、12-5-30S	

注：以上施肥方案需根据当地农艺师具体指导使用，不同区域土壤和施肥情况有所区别。

16.2.2.4 果树类

（1）苹果

① 苹果主要种植区及土壤中微量元素养分　我国是苹果第一大生产国，栽培面积与产量均居世界第一位，我国苹果生产栽培主要分布在环渤海（包括山东、河北、辽宁、北京、天津）、西北黄土高原（包括陕西、甘肃、山西、宁夏、青海）、黄河故道（包括河南、江苏、安徽）和西南冷凉高地（包括云南、贵州、四川）四大生产区域，主产省份依次为山东省、陕西省、河南省、河北省、山西省、辽宁省、甘肃省等。其中环渤海产区和西北黄土高原产区是我国苹果发展的优势主产区，两个产区的栽培面积与产量分别占全国总量的87.8%和88.7%[87,88]。

② 苹果对中微量元素的需求　研究表明苹果对钙、镁、铁、锰、锌、硼等中微量元素需求较为敏感[89]。钙对于苹果品质的影响远比镁、铁、氮、磷都重要，钙对于防止苹果腐烂、保持果实硬度和减少乙烯释放都是最有效的阳离子，在土壤中钙不但能使植物保持一定的阴阳离子比例，还能对离子拮抗起调节作用。铁能提高叶绿素含量，提高光合效率，增加同化产物积累，防止叶片黄化，增甜增色，促进膨果，是确保苹果产量和品质的重要因素之一。锰是叶绿体的组成成分，直接参与光合作用，催化叶绿素的合成，苹果缺锰会导致叶片光合作用受到抑制，但是同时锰施用过量会使果树得粗皮病。施用硼肥可促进果树开花受精，促进果实成熟，可显著提高苹果坐果率和单位面积产量。

土壤中这些微量元素含量的高低直接关系到苹果的产量及品质（表16-13）。

表16-13　苹果果实微量元素需求量（亩产3500kg计算）

元素	Zn	Fe	Mn	Cu	B
需求量/（g/亩）	17.9	65.8	5.3	15.8	17.4

③ 苹果中微量元素推荐　针对苹果底肥营养需求，推荐螯合中微量元素施肥如表16-14所示。

表16-14　苹果螯合中微量元素施肥推荐

时期	肥料品种	品规	中微量元素种类
秋施基肥（10月底～11月底）	有机-无机复混肥料	如30-30硫酸钾型	螯合态锌、锰、镁
	土壤调理剂	钙镁肥	钙
萌芽肥（3月底～5月中）	高氮中钾复合肥	19-4-21	螯合态锌、锰、镁、硼
	促根型液体肥	氨基酸水溶肥	
	促花叶面肥	钙＋硼	钙、硼
膨果期（5月底～7月底）	中氮高钾螯合肥	15-5-25、12-5-30	螯合态锌、锰、硼
	养田养果	12-6-40	螯合态锌、锰、硼
优果期（8月初～10月底）	养田养果	12-6-40	螯合态锌、锰
	中量元素叶面肥	钙＋硼	钙、硼
	叶面肥	磷酸二氢钾＋钙	钙

注：以上施肥方案需根据当地农艺师具体指导使用，不同区域土壤和施肥情况有所区别。

（2）柑橘

① 柑橘主要种植区及土壤中微量元素养分　我国是全球柑橘生产和消费大国，目前，柑橘是我国仅次于苹果的第二大水果，常年种植面积和产量分别保持在 130 万公顷和 1000 万吨左右，面积和产量在全球分别排名第一和第三。

在重庆市柑橘主产区，综合考虑地形、土种、柑橘种类、树龄等因素，共采集柑橘园土壤 351 个进行分析，其中，中微量元素结果分析如下[90]。重庆市柑橘园土壤微量元素铁、锰、铜、锌、硼中，有效铁、有效锰和有效铜含量处于高量水平，有效锌含量较适宜，柑橘园土壤严重缺硼，但是不同地域、同一地方的不同果园差异也比较大。从分布频率来看，351 个样本中有效铁含量适宜的样本比例只有 7.4%，缺乏和过量的样本分别占 36.2% 和 56.1%；24.8% 的样本有效锰含量适宜，缺乏和过量的样本比例为 24.5% 和 50.4%；柑橘园土壤铜素并不缺乏，适宜的样本比例为 24.2%，缺乏的样本只有 5.7%，69.8% 的土壤样本铜含量高甚至过量，这可能与橘农习惯用波尔多液杀菌防病有关；有效锌含量适宜的样本比例为 56.7%，42.5% 的柑橘园土壤缺锌，几乎没有过量的现象；硼是柑橘园土壤中最缺乏的营养元素，98.6% 的土壤样本缺硼，极缺的样本比例高达 63%，由此也说明硼素是限制重庆市柑橘高产优质的一个主要限制因子之一。

② 柑橘对中微量元素的需求　微量元素显著影响柑橘的生长、发育和产量、品质。在酸性和碱性土壤上都可能出现缺硼，柑橘缺硼会对树体生长和开花结果产生不良影响，表现为开花少，花质差，花丝萎缩形成畸形花，在开花前或开花期大量脱落，五六月的生理落果期落果严重[91]。在同一柑橘品种中，微量元素对各品质指标的作用大小趋势一致；但在不同柑橘品种间，叶片微量元素含量对其品质指标的主导作用有差异。品种间微量元素对品质指标的作用大小顺序为：温州蜜柑 Zn ＞ Mn ＞ Fe ＞ B ＞ Cu，锦橙 Zn ＞ Fe ＞ B ＞ Mn ＞ Cu，冰糖橙 Zn ＞ Fe ＞ B ＞ Mn。对柑橘主要品质指标影响最大的是 Fe、Zn、Mn 等元素，这说明叶片中微量元素铁、锌、锰在构成品质主要指标中起着重要作用[92]。试验结果表明，对各种缺素柑橘园，施用氮肥增产 4.4% ～ 48.8%，磷肥增产 16.8% ～ 70.8%，钾肥平均增产 33.0%，石灰平均增产 23.3%，镁肥平均增产 52.9%，锌肥平均增产 15.3%，硼肥平均增产 19.8%，铁肥平均增产 20.6%，有机肥平均增产 35.3%。1 吨柑橘带走 N 1.18 ～ 1.90kg、P 0.17 ～ 0.27kg、K 1.48 ～ 2.61kg、Ca 0.36 ～ 1.04kg、Mg 0.16 ～ 0.19kg[93]。

③ 柑橘中微量元素推荐　针对柑橘底肥营养需求，推荐螯合中微量元素施肥如表 16-15 所示。

表16-15　柑橘螯合中微量元素施肥推荐

施肥时期	肥料品种	品规	中微量元素种类
基肥（冬春 / 夏秋）	有机无机肥	如 30-30 硫酸钾型	螯合态锌、锰、镁
	土壤调理剂	钙镁肥	钙、镁
壮花肥	高磷水溶肥	5-15-40	螯合态锌、锰、镁、硼
	叶面肥	硼、锌、钙	硼、锌、钙
保果肥	高磷水溶肥	5-15-40	螯合态锌、锰、镁、硼
	叶面肥	钙 + 硼	钙 + 硼
膨果肥	高钾水溶肥	12-6-40	螯合态锌、锰、硼
	生物有机肥		
	叶面肥	磷酸二氢钾 + 钙	钙 + 硼

注：以上施肥方案需根据当地农艺师具体指导使用，不同区域土壤和施肥情况有所区别。

16.3 追肥施用

中微量元素肥料作物需求少，对营养浓度的适宜范围窄，决定了其施用量要非常合适，也表明中微量元素肥料施用要比大量元素肥料施用技术要求高。除了土壤施肥外，根外施肥（种衣剂、浸种、拌种、蘸秧根、树皮注射、叶面喷施等）也是补充中微量元素的主要方式。追肥，是指在植物生长期间为补充和调节植物营养而施用的中微量元素肥料。追肥的主要目的是补充基肥的不足和满足植物中后期的营养需求。追肥施用比较灵活，要根据作物生长的不同时期所表现出来的元素缺乏症，对症追肥。第一，追施中微量元素要有一定的依据，可应用外部形态鉴定、叶片分析和土壤测试等。第二，要控制适宜施用量。施用技术包括肥料种类、施肥量、养分配比、施肥时期、施肥方法和施肥位置等。追肥肥料要选择溶解度高的速溶性肥料。施肥量是施肥技术的核心。第三，将一定数量的微肥与细土等混合或兑水，于作物生长中期施入土中，也可通过灌根、滴灌等灌溉系统和叶面喷施等追施微量元素肥料。叶面喷施（0.01% ～ 0.2%）适合于果树、树木、蔬菜等，施用量少，作物反应快。但这种方法的缺点是浓度太高易造成叶灼伤，植物叶片小的话难以吸收到足够的养分等。

植物缺硼时茎尖生长点生长受抑制，严重时枯萎，直至死亡；老叶叶片变厚变脆、畸形，枝条节间短，出现木栓化现象。植物缺锌时植株矮小、节间缩短、叶片扩展和伸长受抑制，出现小叶，叶缘常呈扭曲和褶皱状；中脉附近首先失绿，并出现褐斑，组织坏死。水稻缺锌出现“矮缩病”，玉米缺锌出现“白苗病”“白芽病”，小麦缺锌出现“死穗病”，大豆和果树缺锌出现“小叶病”或“簇叶病”。植物缺钼时通常植株矮小，生长不良，幼叶失绿或叶片扭曲；严重缺钼时叶缘萎蔫，有时叶片扭曲呈杯状；老叶变厚、焦枯，以致死亡。其中，豆科作物缺钼时叶色褪淡，症状与缺氮相似；花椰菜、苤蓝等十字花科植物缺钼时形成鞭尾状叶（鞭尾病）；柑橘缺钼时叶片叶脉间失绿变黄或出现大小不一的黄色和橙黄色斑点（黄斑病）。甘蓝和菠菜严重缺钼形成“杯状叶”，小麦缺钼“黄化死苗”。作物缺铁会导致叶绿素的合成受阻，典型的可见症状是幼叶脉间失绿，而叶脉仍保持绿色，严重缺乏时叶片变黄变白。作物缺锰幼嫩叶片首先失绿发黄，但叶脉仍保持绿色；严重缺锰时，叶面出现杂色斑点，并逐步扩大增多散布于整个叶片。缺锰的植株瘦小，花发育不良，根系细弱，且植株往往有硝酸盐累积。禾本科植物燕麦对缺锰最敏感，缺锰时出现灰斑病（gray speck）；豌豆缺锰会出现“杂斑病”。缺铜明显影响禾本科植物的生殖生长。缺铜时麦类作物的分蘖数增加，秸秆产量高，但却不能结实。实际上，当植物出现微量元素缺素症状时，植物生长已经受到严重的抑制。因此，叶片诊断显得尤为重要。表 16-16 ～表 16-18 列出了一些作物缺硼、缺锌和缺钼的临界值。

表16-16 一些农作物或果树缺硼的临界含量

农作物或果树	采样部位	缺硼临界含量 /（mg/kg 干重）
油菜	新展开叶片	10 ～ 14
大豆	新展开叶片	10 ～ 12
绿豆	新展开叶片	15 ～ 16
木薯	新展开叶片	35

续表

农作物或果树	采样部位	缺硼临界含量 /（mg/kg 干重）
向日葵	新展开叶片	12 ～ 20
蓝桉	新展开叶片	10 ～ 14
小麦	新展开叶片	1 ～ 2
棉花	从上往下第 4 片叶	20
芝麻	上部茎	10
柑橘	春梢从上往下第 4 片叶	15
苹果	春梢从上往下第 4 片叶	15 ～ 20

表16-17　作物叶片含锌量的丰缺诊断指标

作物种类	锌含量 /（mg/kg）		
	缺乏	充足	高
小麦	＜ 15	15 ～ 70	＞ 70
玉米	＜ 10	10 ～ 70	＞ 70
大豆	＜ 10	10 ～ 70	＞ 70
苹果	＜ 15	15 ～ 50	＞ 50
葡萄	＜ 30	30 ～ 60	＞ 60
樱桃	＜ 15	15 ～ 40	＞ 40
草莓	＜ 20	20 ～ 50	＞ 50
桃子	＜ 20	20 ～ 50	＞ 50
柑橘	＜ 15	15 ～ 80	＞ 80
苜蓿	＜ 20	20 ～ 70	＞ 70
番茄	＜ 10	10 ～ 70	＞ 70

表16-18　一些农作物缺钼的临界含量

农作物	采样部位	缺钼临界含量 /（mg/kg 干重）
冬小麦	全株，地上部位	0.10
玉米	成熟叶片，株高 40 ～ 60cm 时	0.20
甜菜	中部叶片，6 ～ 7 月间	0.25
马铃薯	刚成熟的叶片，始花期	0.20
油菜	刚成熟的叶片，株高 30 ～ 40cm 时	0.40
红三叶草	地上部分，始花期	0.30
苜蓿	枝叶上部，始花期	0.50
向日葵	中部叶片，花形成期	0.50

当土壤有效硼含量＜ 0.25mg/kg 时，基施硼肥为主，酌情喷施硼肥，效果极显著。当土壤有效硼含量为 0.26 ～ 0.50mg/kg 时，酌情减少基施硼肥的用量，或在作物生育旺盛期喷施

硼肥2～3次，效果显著。当土壤有效硼含量为0.51～1.00mg/kg时，需硼中等和需硼较多的作物（或品种）在生育旺盛期硼不足，应喷施硼肥2～3次，或结合滴灌施硼肥，效果显著。当土壤有效硼含量为1.01～2.00mg/kg时，需硼中等和需硼较多的作物（或品种）在生育旺盛期硼不足，喷施硼肥2～3次，或结合滴灌施硼肥有效。当土壤有效硼含量＞2.01mg/kg时，作物硼营养水平过量，个别地区、个别作物在试验有效基础上，酌情喷施硼肥或结合滴灌施硼肥有效，防止盲目施硼肥对作物产生毒害。

作物缺锌症状多在苗期出现，中后期逐渐缓和，甚至消失。因此，锌肥要早施。锌肥用量因作物、肥料种类、施用方法和土壤缺锌程度而异。一般情况下，播种或移栽时可按$ZnSO_4 \cdot 7H_2O$ 15kg/hm^{2}或者ZnO 3kg/hm^{2}进行基施。叶面喷施是矫正苗期缺锌的快速方法，$ZnSO_4 \cdot 7H_2O$喷施时浓度为0.2%，螯合锌喷施浓度根据锌含量和溶解度参照$ZnSO_4 \cdot 7H_2O$喷施量确定用量。

钼肥可进行拌种或喷施，喷施时一般用0.01%～0.05%浓度钼酸铵溶液，宜早喷。

铁肥在施入土壤后往往会被土壤颗粒吸附固定，导致肥效降低。尤其在施用硫酸亚铁时，亚铁离子会很快在土壤中转化为不溶性的三价铁离子，使铁的有效性降低，因此用于叶面喷施比土壤施用有效性更高。土壤施用铁肥以无机铁肥为主。土施又可分为干施和液施。干施包括撒施法、条施法、沟施法、穴施法、拌种法、蘸根法、盖施法等。液施是指将肥料用水稀释后进行施用，适用于较易溶解的肥料，配好后即溶即用。叶面喷施是指采用均匀喷雾的方法将含铁营养液喷施于叶面上。以$FeSO_4$为例，喷施浓度一般为0.2%～1.0%，需多次喷施。硫酸亚铁溶液需要现用现配，以免因发生氧化沉淀而降低铁肥有效性。这种施用方法用量小，铁利用率高，效果较好，可明显改善作物缺铁症状。

无机锰肥和含锰螯合物一般不建议撒施，条施种肥一般为每公顷硫酸锰15～30kg，喷施时采用0.1%～0.5%的硫酸锰溶液。

植物正常含铜量常大于10mg/kg，大多数土壤均可满足作物对铜的需要。因此一般情况下，作物不会缺铜。缺铜易发生在有机质丰富的土壤中，在腐殖质含量高的沼泽土和泥炭土上常常发生缺铜。对于大多数缺铜作物来讲，无论是无机还是有机铜肥，也不管是土施、种子处理或是喷施，均有明显效果。铜肥土施较为常见，一般$CuSO_4 \cdot 5H_2O$基肥用量为20～30kg/hm^2，有2～3年后效；喷施铜肥仅在出现明显缺铜症状时进行，一般$CuSO_4 \cdot 5H_2O$浓度为0.01%～0.02%。如用浓度0.1%的$CuSO_4 \cdot 5H_2O$溶液，则需加熟石灰，避免产生药害。

参考文献

[1] Franke W. Mechanisms of foliar penetration of solutions[J]. Annual Review of Plant Physiology, 1967, 18(1): 281-300.

[2] Roberts E A, Southwick M D, Palmiter D H. A microchemical examination of *McIntosh* apple leaves showing relationship of cell wall constituents to penetration of spray solutions[J]. Plant Physiology, 1948, 23(4): 557.

[3] 张敏. 叶面肥应用研究进展及营养机制 [J]. 磷肥与复肥，2014, 29(05): 25-27.

[4] Flore J A, Bukovac M J. Factors influencing absorption of ^{14}C (2-chloroethyl) phosphonic acid by leaves of cherry[J]. Journal of the American Society for Horticultural Science, 1982.

[5] 李燕婷，李秀英，肖艳，等. 叶面肥的营养机理及应用研究进展 [J]. 中国农业科学，2009，42（1）: 162-172.

[6] Jianhua S. Review on study of secondary and trace element fertilizers [J]. Phosphate & Compound Fertilizer, 2000, 6.

[7] 曹一平. 叶面喷施微肥适宜范围与技术 [N]. 农民日报，2011-07-15.

[8] 杨亚军. 作物叶面施肥技术与应用分析 [J]. 新农业，2019(19): 22.

[9] Gu X H, Sun L Q, Gao B, et al. Effects of calcium fertilizer application on peanut growth, physiological characteristics, yield and quality under drought stress[J]. Chinese Journal of Applied Ecology, 2015, 26(5): 1433-1439.

[10] Shi X L, Zhang Z M, Dai L X, et al. Effects of calcium fertilizer application on absorption and distribution of nutrients in peanut under

salt stress[J]. Chinese Journal of Applied Ecology, 2018, 29(10): 3302-3310.
[11] 徐谦，李登云，李配，等. 果树巧施钙肥提质增效 [J]. 果树资源学报，2021, 2(03): 81-83.
[12] Chen J, Li Y, Wen S, et al. Magnesium fertilizer-induced increase of symbiotic microorganisms improves forage growth and quality[J]. Journal of Agricultural and Food Chemistry, 2017, 65(16): 3253-3258.
[13] 全国农业技术推广服务中心. 中微量元素肥料高效施用技术 [N]. 河北科技报，2015-11-24(B06).
[14] 高凯，朱铁霞，张永亮，等. 叶面喷施硫肥对紫花苜蓿生物量和粗蛋白含量的影响 [J]. 作物杂志，2007(06): 60-61.
[15] 马光恕，刘伟，廉华，等. 叶面喷施硫酸锰对马铃薯生理指标和产量的影响 [J]. 长江蔬菜，2012(08): 52-56.
[16] Shao G S, Chen M X, Wang D Y, et al. Using iron fertilizer to control Cd accumulation in rice plants: A new promising technology[J]. Science in China Series C: Life Sciences, 2008, 51(3): 245-253.
[17] 张跃进，王永锋，裴桂英，等. 铁肥在大豆上的施用效果 [J]. 现代农业科技，2006(5):56-64.
[18] 新文. 铁肥的介绍及施用方法 [J]. 中国农资，2017(45): 19.
[19] Kobraee S, Shamsi K, Saeed V M. Response of soybean yield to manganese foliar application under short-term drought stress[J]. International Journal of Biosciences (IJB), 2013, 2 (3): 2220-6655.
[20] 魏孝荣，郝明德，邱莉萍. 土壤干旱条件下锰肥对夏玉米光合特性的影响 [J]. 植物营养与肥料学报，2004(03): 255-258.
[21] 郑艾宝. 微肥施用技术 [J]. 河北农业，2019(09): 33-34.
[22] 于延峰. 农作物施肥技术 [J]. 科技致富向导，2010(15): 283.
[23] 束维正. 中微量元素肥料在农业生产上的应用 [J]. 安徽农学通报，2013, 19(24): 63-64,72.
[24] 王迪轩，吴岐山. 合理用铜肥可提高作物抵抗力 [J]. 中国农资，2012(08): 26.
[25] Al-Amery M M, Hamza J H, Fuller M P. Effect of boron foliar application on reproductive growth of sunflower (*Helianthus annuus* L.)[J]. International Journal of Agronomy, 2011.
[26] Armin M, Asgharipour M. Effect of time and concentration of boron foliar application on yield and quality of sugar beet[J]. American-Eurasian Journal of Agricultural & Environmental Sciences, 2012, 12(4): 444-448.
[27] 陈科文. 常用微肥施用技术 [J]. 农村百事通，2012(06): 39-41.
[28] 杨文柱. 中微量元素肥料高效施用技术 [J]. 农业知识，2017(19): 14-16.
[29] 闫东林. 硼、锌、钼肥的合理施用 [J]. 科学种养，2012(09): 63-64.
[30] 蒋昱. 液体硅硼钼复合肥的制备及应用研究 [D]. 合肥：合肥工业大学，2019.
[31] 蒋小林，黄景崇，彭金良，等. 氨基酸复合叶面肥在烟草上的应用效果研究 [J]. 湖南农业科学，2012(15): 53-55.
[32] Sun Z, Xue S, Liang W, et al. Effects of different application rates of humic acid compound fertilizer on pepper and its mechanism of anti-senility and incremental yield[J]. Chinese Journal of Applied Ecology, 2004, 15(1): 81-84.
[33] Ru T, Wang J. Humic acid and the development of humic acid-containing fertilizer[J]. Phosphate & Compound Fertilizer, 2007, 4.
[34] Selladurai R, Purakayastha T J. Effect of humic acid multinutrient fertilizers on yield and nutrient use efficiency of potato[J]. Journal of Plant Nutrition, 2016, 39(7): 949-956.
[35] 张洪云，卢双河，车得基，等. 黄腐酸在复合肥料中的作用 [J]. 化肥工业，1987(04): 46-49.
[36] Suh H Y, Yoo K S, Suh S G. Effect of foliar application of fulvic acid on plant growth and fruit quality of tomato (*Lycopersicon esculentum* L.)[J]. Horticulture, Environment and Biotechnology, 2014, 55(6): 455-461.
[37] 马晓晶，张洪江，刘光海，等. 黄腐酸复合肥对水稻生长和产量的影响 [J]. 腐植酸，2021(04): 43-49.
[38] Dongre R. Chitin-chitosan: Myriad functionalities in science and technology[M]// Fatima B, Zahrae M F, Razouk R. Chitin/chitosan's bio-fertilizer: Usage in vegetative growth of wheat and potato crops.London: Intech-Open Publishers, 2018: 321.
[39] 吴薇，葛诚. 我国微生物肥料生产和应用现状的调查研究 [J]. 微生物学通报，1995, 22(2): 104-107.
[40] 胡学玉. 中国生物肥料资源构成及开发利用 [J]. 湖北农业统计，2000(06): 36-39.
[41] 陈廷伟. 我国微生物肥料的发展趋向 [J]. 土壤肥料，1995(06):27-29.
[42] 张宪武. 中国土壤微生物研究的现状及展望 [M]. 沈阳：沈阳出版社，1993.
[43] 葛诚. 国外微生物肥料的研究和生产应用 [J]. 国外畜牧学 (草原与牧草), 1994(03): 6-12.
[44] 何鹏搏，胡洲，崔文艳，等. 微生物颗粒复合肥的研制与特性研究 [J]. 江西农业学报，2018, 30(05): 49-53.
[45] Gęsiński K. Effect of foliar micronutrient fertilization, seeding rate and seed coating on vegetative characteristics and green matter yield of quinoa (*Chenopodium quinoa Willd.*)[J]. Acta Scientiarum Polonorum Agricultura, 2019, 18(1): 3-19.
[46] 张素素，齐英杰，沈彦辉，等. 我国中微量元素肥料应用现状与前景分析 [J]. 磷肥与复肥，2019, 34(1): 34-35.
[47] 秦征，邵建华. 中微肥的生产及其应用 [J]. 广东微量元素科学，2011, 18(2): 20-33.
[48] 束维正. 微量元素肥料在农业生产上的应用 [J]. 安徽农学通报，2013, 19(24): 63-64.
[49] 申晓旭. 华北平原冬小麦-夏玉米轮作系统的水足迹评价 [D]. 济南：山东大学，2020.
[50] 李孟华，王朝晖，王建才，等. 低锌旱地施锌方式对小麦产量和锌利用率的影响 [J]. 植物营养与肥料学报，2013, 19 (6): 1346-1355.
[51] 王东，鞠正春，于振文，等. 山东省麦田土壤有效硫含量及分布 [J]. 山东农业科学，2011, 5: 50-54.
[52] 李广鑫. 不同小麦品种锌吸收累积特性及其作用机理 [D]. 郑州：河南农业大学，2020.
[53] 薛延丰，赵会杰. 硫肥在小麦上的应用研究进展 [J]. 河南农业科学，2004, 12: 51-54.
[54] 杨安中. 硫肥对小麦产量及品质的影响 [J]. 土壤通报，2000, 31(5): 236-237.
[55] 马春英，李雁鸣，韩金玲. 不同施硫量对冬小麦光合特性和产量的影响 [J]. 植物营养与肥料学报，2005, 11(2): 211-217.
[56] 韩金玲，杨晴，周印富，等. 旱地施用特肥对冬小麦干物质积累和产量的影响 [J]. 麦类作物学报，2010, 30(2): 358-361.
[57] 庞丽丽，邹春琴. 主要粮食作物生产体系中锌肥的合理利用 [J]. 中国农学通报，2011, 27(27): 12-17.
[58] 王冰洁，王楠，侯博洋，等. 东北地区典型农田土壤微量元素丰缺程度调查与分析 [J]. 吉林农业科技学院学报，2021,30(4):5-14.
[59] 吴永丽，马鹏，王恒华. 临沭县土壤微量元素含量状况及施用技术 [J]. 农村科技，2020(5): 2.

[60] 姚海军，杨连俊，刘洪蓬，等．德州市耕地中微量元素状况调查分析 [J]．农业科技通讯，2019(9): 4.
[61] 田爱华．玉米施用锌肥的重要性及施用技术 [J]．现代农村科技，2019(4): 1.
[62] 吉星星．我国水稻主产区生产效率及技术进步模式研究 [D]．北京：中国农业科学院，2016.
[63] 宿桂红，傅新红．中国粮食主产区水稻生产技术效率分析 [J]．中国农学通报，2011(2): 439-445.
[64] 张璐，蔡泽江，王慧颖，等．中国稻田土壤有效态中量和微量元素含量分布特征 [J]．农业工程学报，2020, 36(6): 62-70.
[65] 夏石头，萧浪涛．高等植物中硅元素的生理效应及其在农业生产中的作用 [J]．植物生理学通讯，2001, 37(4): 356-360.
[66] 杨建堂，高尔明，霍晓婷，等．沿黄稻区水稻硅素吸收、分配特点研究 [J]．河南农业大学学报，2000, 34(1): 37-42.
[67] 陈平平．硅在水稻生活中的作用 [J]．生物学通报，1998, 33(8): 5-7.
[68] 焦安营，马学礼，李闯，等．水稻硅营养与硅肥应用效果研究进展 [J]．黑龙江八一农垦大学学报，2009(21): 22-26.
[69] 鄢建宾，余忠建，鄢庆新．不同单体微量元素肥料在水稻上的应用 [J]．现代化农业，2007 (8): 59-61.
[70] 曾祥忠，吕世华．几种微量元素大量施用对水稻生长和产量的影响 [J]．土壤农化通报，1998(13): 11-14.
[71] 王汉中．我国油菜产业发展的历史回顾与展望 [J]．中国油料作物学报，2010, 32(2): 300-302.
[72] 中华人民共和国国家统计局．中国统计年鉴—2018[M]．北京：中国统计出版社，2018.
[73] 任涛，郭丽璇，张丽梅，等．我国冬油菜典型种植区域土壤养分现状分析 [J]．中国农业科学，2020, 53(8): 1606-1616.
[74] 邹娟．冬油菜施肥效果及土壤养分丰缺指标研究 [D]．武汉：华中农业大学，2010.
[75] 邹娟，鲁剑巍，廖志文，等．湖北省油菜施硼效果及土壤有效硼临界值研究 [J]．中国农业科学，2008, 41(3): 752-759.
[76] 王永平，张绍刚，张婧，等．我国辣椒产业发展现状及趋势 [J]．河北农业科学，2009, 13(6): 4.
[77] 孟奇．我国辣椒主产区生产成本收益分析——基于贵州、湖南等五省问卷调查 [D]．保定：河北农业大学，2018.
[78] 刘子记，贺滉，杨衍，等．海南省冬季瓜菜播种面积变化趋势分析 [J]．中国蔬菜，2016(4): 3.
[79] 吕烈武，袁辉林，蔡德江，等．海南省澄迈县耕地养分状况及质量评价 [J]．热带农业科学，2013, 33(8): 5.
[80] 冼昌华．澄迈县辣椒种植区土壤中微量元素状况研究 [J]．现代农业科技，2018(3): 3.
[81] 刘彬，王孝忠，管西林，等．膜下滴灌条件下温室秋延辣椒养分吸收及分配规律 [J]．中国蔬菜，2017(5): 50-57.
[82] Dursun A, Tu ran M, Ekinci M,et al. Effects of boron fertilizer on tomato, peper, and cucumber yields and chemical composition[J]. Communications in Soil Science and Plant Analysis, 2010,41: 1576-1593.
[83] 王如芳，梁增文，曹慧，等．冬春季粉色大果番茄成熟期生理性病害预防措施 [J]．长江蔬菜，2021(24):57-58.
[84] 王桂香，王鹏，张雪飞，等．岱岳区设施蔬菜土壤养分评价 [J]．农民致富之友，2016(16): 1.
[85] 吴一群，林琼，陈子聪，等．钙水平对无限生长型番茄钙吸收利用及果实品质和产量的影响 [J]．水土保持学报，2019, 33(5): 185-189.
[86] 褚屿，骆洪义，林举梅，等．番茄对氮磷钾及中微量元素的吸收规律研究 [J]．中国土壤与肥料，2021(1): 247-255.
[87] 赵政阳，冯宝荣，王雷存，等．我国苹果产业向优势区域集中的战略思考 [J]．西北植物学报，2004, 13(4): 195-199.
[88] 王国义．主产区苹果园矿质营养及其与果实品质关系的研究 [D]．北京：中国农业大学，2014.
[89] 刘汝亮．苹果园养分资源综合管理技术研究 [D]．咸阳：西北农林科技大学，2007.
[90] 王秀英．重庆地区柑橘园土壤养分现状及优化施肥研究 [D]．重庆：西南大学，2011.
[91] 张广越，彭良志，曾明．柑橘镁和硼营养元素研究进展 [J]．中国南方果树，2009, 38(1): 63-66.
[92] 武伟，李银国，刘文峰，等．柑橘叶片微量元素含量与产量品质的关系 [J]．西南农业大学学报，1998, 20(3): 198-202.
[93] 鲁剑巍．湖北省柑橘园土壤-植物养分状况与柑橘平衡施肥技术研究 [D]．武汉：华中农业大学，2003.

中国肥料研究与应用全书

Books of Fertilizer Research and Application in China

FERTILIZER

第 17 章 中微量元素肥的发展趋势

17.1 中微量元素肥研究方向

17.1.1 中微量元素肥料技术研究现状

植物中含 0.1% ～ 0.5% 的元素称为中量元素，钙、镁、硫 3 种元素在植物中的含量分别为 0.5%、0.2%、0.1%。研究发现，水稻上硅是 N、P、K 以后的第四大必需元素，也列入中量元素的范围。

农业科技界把含量介于 0.2 ～ 200.0mg/kg 的必需营养元素称为微量元素，必需的微量元素有锌、硼、锰、钼、铜、铁、氯等。植物的生长发育需要吸收各种营养，但是决定植物产量的是土壤中相对含量最小的有效植物生长因素，产量也在一定限度内随着这个因素的增减而相应地变化，由于这个限制因素的存在，即使继续增加其他营养成分也难以提高植物的产量[1]。

我国农业近十几年来连续高产，很重要的一点是肥料的贡献，但在当前高养分肥料产品盛行的状况下，应清醒地认识到在使用大量肥料的同时也掠夺性地消耗了土壤中的中微量元素矿物质养分，不仅破坏了我国农业系统的可持续性，降低了耕地支撑高产的能力，而且使植物病变增多，农产品品质下降，氮肥利用率下降，加剧了农业立体污染，这一现状亟待缓解。作物施肥中，中微量元素缺乏及不平衡现象普遍存在，已成为当前限制我国农产品质量和产量提高的重要因素，因此，研究制备配比合理的中微量元素肥料迫在眉睫。

中微量元素肥按其产品的物理形态可分为粉状、粒状和液体 3 种。按化合物性质可分为两大类：一类是无机盐中微肥，主要包括中微量金属元素的硫酸盐、碳酸盐、磷酸盐、钼酸盐、硼酸盐和氯化物，以及中微量金属元素的氧化物、玻璃质化合物；另一类是有机中微肥，主要是中微量元素的络合物和螯合物。无机盐中微量元素肥从产量和消费量上都占绝大多数，其原因是无机盐中微肥养分含量高且价格便宜。螯合物中微肥的农业化学效果要比无机盐中微肥好，它在土壤中溶于水却不解离，既能很好地被作物吸收利用，又不易发生不利于作物的化学反应。液体的螯合中微肥可与其他化肥混合施用，而不发生化学反应，不降低任何肥分的肥效。但是，螯合物中微肥的价格要比无机盐中微肥高十多倍，这就限制了螯合物中微肥的大量发展和应用。目前，螯合物中微肥的应用只限于在经济作物和果园上，而量大面广的大田作物则完全依赖于无机盐中微肥。目前我国微量元素肥主要产品及生产工艺见表 17-1。

表17-1 我国微量元素肥主要产品及生产工艺

类别	品种	生产工艺
硼肥	硼砂	①加压碱解法：将预处理的硼镁矿粉与氢氧化钠溶液混合，加温加压分解得偏硼酸钠溶液，再经碳化处理即得硼砂。②碳碱法：将预处理的硼镁矿粉与碳酸钠溶液混合升温，通二氧化碳升压后反应得硼砂。③纯碱碱解法（井盐卤水）：将井盐卤水处理后得硼砂糊，与纯碱混合蒸煮即得硼砂。④纯碱碱解法（钠硼解石）：用纯碱和小苏打分解预处理后的钠硼解石，加苛化淀粉沉降、结晶得硼砂

续表

类别	品种	生产工艺
硼肥	硼酸	一步法：以无机酸为分解剂，直接与含硼矿物反应制取工业硼酸。两步法：将经预处理的矿粉首先制取工业硼砂，然后将硼砂与硫酸或硝酸反应，制得工业硼酸
	硼镁肥	有三种生产方法，即硫酸法、碳化法和结晶法。硫酸法生产硼镁肥一般用碳碱法，以硼泥作原料，生产方法简单，但产品有效成分不高；碳化法生产硼镁肥采用加压碱解法，以硼泥为原料，利用石灰厂窑气二氧化碳对硼泥进行碳化，除去生产硼镁肥外，还可副产碱式硫酸镁；结晶法可制取可溶性晶体硼镁肥，它是最好的硼镁肥品种
	晶体硼镁肥	
	硼镁磷肥	将硼泥粉与磷矿粉混合，再与硫酸反应制取成品，称为先加法；将磷矿粉和硫酸反应制成普钙后，再加硼泥制取成品，称为后加法；在六浆立式搅拌机中把磷矿浆和浓硫酸在第一浆中同时加入，在中间第四浆末加入硼泥浆制取成品，称为中间法
	硼钙镁磷肥	在生产钙镁磷肥的过程中，加入部分硼泥以代替部分蛇纹石
	硼镁沉淀磷酸钙	用副产盐酸萃取磷矿，再用硼泥中和，即得硼镁沉淀磷酸钙微肥。其工艺实质是在制取沉淀磷酸钙时，用硼泥取代碳酸钙和氯化钙作中和剂，即得到硼镁沉淀磷酸钙
	硼镁氮肥	氨水加硼镁肥，氨水加硼泥，氨水中和硼酸母液，用有机玻璃醋化废液中和硼泥
	硼泥	硼砂生产的副产物
钼肥	仲钼酸铵	仲钼酸铵生产方法分碱浸法和氨浸法两种，其中氨浸法应用较多
	钼酸钠	
锰肥	硫酸锰	
	碳酸锰	
	锰铁渣肥	
锌肥	硫酸锌	农用硫酸锌的生产原料主要是含锌废渣和含锌废催化剂等
	碱式硫酸锌	
	氯化锌	
铜肥	硫酸铜	主要是一水硫酸铜和五水硫酸铜
	碱式硫酸铜	
	铜矿渣肥	
铁肥	硫酸亚铁	主要是七水硫酸亚铁、钛白粉的副产物
	尿素铁	
	螯合铁	
	黄腐酸二胺铁	以黄腐酸、尿素、硫酸亚铁为原料，可制取黄腐酸二胺铁肥

17.1.1.1　无机中微肥的原料来源及生产工艺

（1）以矿物为原料　矿物原料是中微量元素的最大来源，矿石中所含的中微量元素均为难溶性的，不能被植物所吸收。矿石中中微量元素的含量较低，需进行选矿富集以提高中微量元素的含量。以矿物为原料生产中微量元素肥料，一般有煅烧水淬法（热法）和溶解分离法。

① 煅烧水淬法（热法） 煅烧水淬法工艺流程见图 17-1。

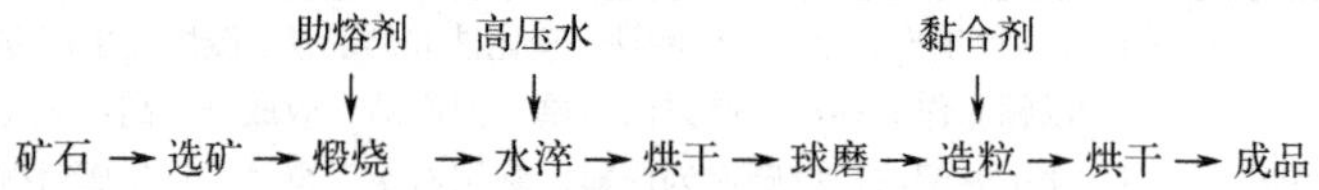

图 17-1 煅烧水淬法工艺流程

我国的磷矿资源大部分为难以直接利用的中低品位磷矿，而每浮选出 1t 含 30%P_2O_5 的高品位磷矿，至少又会造成 4t 尾矿的堆积，对环境造成了很大影响。热法制备肥料可以直接利用这些低品位磷矿，将磷矿与含镁、硅的矿石熔剂在高温下熔融形成的熔融体水淬急冷，形成玻璃态的硅氧四面体网络结构，将各种元素以离子状态阻隔，使其无法发生结晶或者拮抗作用，进入土壤后可被植物根系分泌的弱酸溶解吸收，提高了养分利用效率。热法肥料目前主要指熔融钙镁磷肥，产品中含有植物所需的枸溶性多元素养分（P、Mg、Si、K、Fe、Mn 等），可作为缓释肥料施用，且制备工艺过程相对简单，几乎零排放，符合绿色肥料的发展方向。

钙镁磷肥（FMP）是将磷矿［$3Ca_3(PO_4)_2CaF_2$ 或 $9CaO_3P_2O_5CaF_2$］与橄榄岩（$2MgOSiO_2$）蛇纹石（$3MgO_2SiO_2 \cdot 2H_2O$）通过科学的配料计算，在一定温度下熔融，经水淬而形成的一种玻璃态肥料。FMP 产品为化学稳定性很差的玻璃体，质量分数为 2% 的柠檬酸溶液即可将其溶解，与作物根系所分泌的弱酸相匹配，能使植物根际的弱酸溶出其所含全部组分并被作物吸收。从化学成分可明显看出，FMP 中除磷（P_2O_5）在 12% ～ 20% 外，还含有植物所需的中微量元素，其中钙（CaO）20% ～ 35%、镁（MgO）8%、硅（SiO_2）20% ～ 30%、铁（FeO）0.5% ～ 1.0%、锌（ZnO）50 ～ 200mg/kg、锰（MnO）0.1% ～ 0.3%、铜（CuO）10 ～ 66mg/kg，有效的总养分质量分数达 80% 以上。

北京工业大学研发的多元微量元素肥料是一种新型玻璃态长效无机复合微肥（简称 FTE 微肥），可直接用于农业生产，适用范围广，对各种缺素土壤能及时地、系统地补给各种营养成分，增强作物的抗逆性能，具有缓释、长效、经济、安全、使用方便等特点。该微肥采用基础玻璃的形成原料矿石粉、工业废渣、硼砂和植物所需的多种微量元素氧化物，按一定比例混合，再送入熔炉中熔制，通过 1100 ～ 1250℃高温反应，使钼、锰、锌、铜、铁等以离子态进入硼酸盐玻璃网络结构中去，再经水淬、烘干、粉碎等工序制成粉末状微肥。FTE3 号微肥含硼、锌成分，水溶率＜ 4%，枸溶率＞ 90%；FTE5 号微肥，含有硼、锌、铁、铜、锰、钼等成分，水溶率＜ 4%，枸溶率＞ 50%。两者经 80 ～ 150 目筛余＜ 5.0%。该成果居国内领先水平，填补了国内空白。

由于 FMP 具备含多种中微量元素养分的特点，且营养成分来自矿物，20 世纪 80 年代国家钙镁磷复合肥技术研究推广中心研制开发了 FMP 的延伸产品，即用粉状 FMP 在专用包裹机上包裹尿素并添加 KCl，研制出含有多种中微量元素的复合肥。采用此工艺生产的 15-6-13 产品，其配方为尿素 330kg、钙镁磷肥 390kg、氯化钾 230kg，产品除含有氮、磷、钾外，还含有钙（CaO）9.75%、镁（MgO）3.90%、硅（SiO_2）29.75%、硫（S）0.96%；南京土壤研究所采用此工艺生产的 17-8-5 产品，其配方为尿素 365kg、钙镁磷肥 425kg、磷酸一铵 55kg、氯化钾 90kg，产品除含有氮、磷、钾外，还含有钙（CaO）10.63%、镁（MgO）5.10%、硅（SiO_2）12.75%、硫（S）1.12%。

20 世纪 90 年代，随着产品的升级和延伸，又选用富含镁元素的矿物作为包裹层，在包裹尿素的过程中，反应性黏结剂与所选用的无机包膜材料反应，生成新的微溶性二价金属盐包裹层。由于包裹材料中的高镁含量，在实现包裹核心中的氮缓释的同时，大幅提高了产品中的镁含量；微量元素可方便地加入黏结剂中，使肥料产品具有独特性[2]。

② 溶解分离法　该工艺适用于矿石中含有害重金属元素的矿石，可通过焙烧使有效成分成为溶于水、酸的化合物，然后根据其化学性质进行分离，除去重金属元素，使有效成分中的微量元素成为较纯净的无机盐。该工艺的特点是所得中微量元素纯度高，成分单一，但工艺复杂，分离成本高。工艺流程见图 17-2。

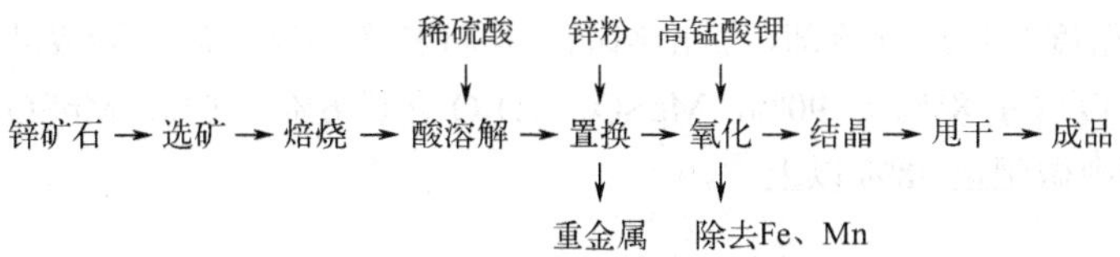

图 17-2　溶解分离法工艺流程

（2）以工业废液、废渣为原料　含中微量元素的工业废液、废渣来源十分广泛，冶金工业、化学工业废料中的中微量元素含量较矿石高，只要处理方法得当，生产成本相对较低。

对苯二酚生产过程中会产生大量废锰和废锰渣，可用来生产硫酸锰；钛白粉生产中会产生大量废液，可用来生产硫酸亚铁；生产硫酸锌的废料更多，冶炼厂烟气收集的氧化锌废料、电镀厂的锌泥、硫代硫酸钠生产中排出的含锌废渣等，都是提取硫酸锌的原料。

高炉冶炼锰铁过程中排出的高温炉渣，经水淬骤冷、烘干、磨细，即可得含锰为 7% 左右的枸溶性锰肥。电解氧化锰生产厂排出的废渣，废渣量随锰矿原料和生产工艺不同有所差异，通常每生产 1t 电解氧化锰平均产生 3t 含锰废渣，锰含量可达 9% 以上。这种废渣可根据需要进行适当的化学处理，使之既含有枸溶性锰又含有水溶性锰，生产一种缓急相济的无机锰肥。

以冶炼行业中炉渣如高炉渣、黄磷炉渣、锰铁炉渣、碳化煤球渣等为原料制成熔渣类硅肥，这类硅肥除含有活性二氧硅外，还含有钙、镁以及铁、铝、锰、锌、硼等中微量元素，这些废渣经活化处理即是很好的中微肥。

粉煤灰是燃煤排出的一种黏土类火山灰材料，包括飞灰和炉渣两部分，一般飞灰占总灰量的 80% ～ 90%。我国粉煤灰来源广、数量大，含多种微量元素，主要含有硅、铝、铁、铜、镁、钾、钠、硫以及一些稀有元素，它们常以氧化物、硅酸盐、硫酸盐等化合物形式存在。粉煤灰中的中微肥多数是枸溶性的，少数是水溶性的，所以是一种廉价的长效复合型中微肥的原料，不但可提供土壤中微量元素，同时可起到改良土壤的作用。

磷石膏是湿法磷酸生产的副产品，磷石膏的生成量远大于世界的硫酸钙总消费量。这种供大于求的状况，使磷石膏成为磷铵企业的一大负担，相当一部分企业采取填埋和堆放的方法来处理这一废渣。然而这一处理方法也只是权宜之计，磷石膏的不断增加不但会占用大量土地，而且会对周围环境造成不良影响。磷石膏是一种含有多种杂质的化学石膏，主要含有磷酸和磷酸盐、氟化合物、铁、铝、镁、硅等杂质。

据统计化学工业中约有80%的反应离不开相应的催化剂，随着使用时间的增长，催化剂活性下降，因此，全世界每年都要置换出数量可观的废催化剂。这些废催化剂有的可以再生处理或用于提取某一种经济价值较高的元素，但因催化剂一般均含有多种元素，中毒报废的催化剂成分更为复杂，在催化剂的处理中除了有害的重金属、稀有金属需分离外，同时还含有几种农作物必需的中微元素则无需精制分离，如废氧化锌催化剂可用来制取硫酸锌微肥。一般将氧化锌催化剂在一定温度下煅烧后用 H_2SO_4 溶解、过滤，去渣后加氧化剂除去 Fe^{3+} 等杂质，经浓缩、结晶、过滤、干燥为成品。但在由废氧化锌制成锌镁微肥的工艺中，一般不采用氧化除杂工序也可达到农用硫酸锌的质量要求。废氧化锌脱硫剂（T-302）除了含有75%以上的ZnO外，还含有少量MgO、MnO，该催化剂则可制取锌镁锰混合中微肥。工艺如下：将脱硫剂T -302的粉末置于酸化反应器，边搅拌边加硫酸，pH值控制在4.5～5.5之间，加毕再搅拌约30min，沉淀后倾出清液，过滤残渣经洗涤后弃去，滤液蒸发浓缩至 d = 1.55g/cm^3（d 为密度）后进行冷却，析出结晶，再将其离心脱水后即为成品。本工艺生产的产品 $ZnSO_4 \cdot 7H_2O$ 含量85%～90%，$MgSO_4 \cdot 7H_2O$ 含量6%～9%，$MnSO_4 \cdot H_2O$ 含量1%，能被植物吸收的中微肥达98%以上[3]。

17.1.1.2 有机中微肥的原料来源及生产工艺

有机中微肥是指含有中微量元素的螯合物，螯合物性能稳定，在土壤中流动速率比无机盐快，因而促进了中微量元素从土壤向植物的根部扩散，起到了快速运输和转换作用，并最大限度地提高其吸收率。按所用螯合剂的不同，在肥料工业中，生产出多品种中微量元素螯合物。这种微肥品种是螯合剂与中微量元素经过化合反应形成的螯合物。常用的螯合剂有乙二胺四乙酸（EDTA）、羟乙基乙二胺三乙酸（HEDTA）、乙二胺-*N*,*N*-双邻羟苯基乙酸（EDDHA）。

美国使用最多的为乙二胺四乙酸、柠檬酸等。日本则采用本国富产的褐煤和造纸工业废液生产腐植酸和木质素磺酸盐有机微肥。

（1）EDTA系列螯合中微肥　螯合中微肥是一个金属离子与有机分子中的两个供电子基形成环状化合物，这种有机分子化合物称为螯合剂。与螯合剂结合的金属离子比较稳定，全部失去了它作为离子的性能，不易发生化学反应而变成沉淀物。所有的多价离子包括碱金属、碱土金属，都能形成螯合物，加入营养液中的螯合物不易为其他多价离子所置换，易溶于水且具有抗水解的能力，补偿缺素症时不损伤植物。常用于无土栽培的高铁螯合物，不仅配制在营养液中，也可叶面喷洒或加入基质中。

EDTA化学名称为乙二胺四乙酸，以它为螯合剂生产的微肥有ZnNaEDTA、$ZnNa_2EDTA$、FeNaEDTA、MnEDTA、$CuNa_2EDTA$、CuNaEDTA等。

乙二胺四乙酸螯合锌有液态和干粉两种剂型，易溶于水。液态品含锌6%，干粉含锌14.2%。采用直接法生产，工艺流程有一段法和二段法。一段法是将乙二胺、甲醛、氰化物三种原料混合水溶液加热进行反应，生成碱性的乙二胺四乙酸，再加入磨细的纯氧化锌，放出氨气后，得到含Zn 6.5%～6.8%的锌肥。二段法流程与一段法相似，所不同的是以氢氰酸代替氰化钠原料，增加用氢氧化钠洗涤反应液的工序，产品含锌量为6.0%～6.4%。

除了以EDTA为螯合剂外，二乙烯三胺五乙酸（DTPA）、羟乙基乙二胺三乙酸（DHEEDTA）、1,2-环已二胺四乙酸（CDTA）、柠檬酸、葡萄糖酸、酒石酸等都是优良的螯合剂。

（2）木质素磺酸络合微肥　含Zn和Fe的木质素磺酸络合微肥是最为普通、施用较广泛的品种，此外还有木质素磺酸铜和木质素磺酸锰，但施用不太广泛。

各种木质素磺酸盐微肥推荐用于滴灌水或者叶面施肥，具有非植物毒性，施用安全，肥效相当于 2 ～ 3 倍硫酸锌无机微肥。

另外，也可以浓缩制成干粉混入粒状肥料中，或者在常量粒状肥料表面上喷涂木质素磺酸盐微肥。生产方法是将含有一定量木质素磺酸的酸法造纸浆生产中的废液，作为络合剂与中微量元素的氧化物或无机盐进行反应，经过滤除去木质纤维素和其他有害杂质即得成品。

近年来，木质素磺酸铵钙也开始生产了。

（3）腐植酸螯合微肥　腐植酸含有芳香基、羧基、羰基、甲氧基等活性基因，具有酸性、亲水性、阳离子交换性及生理活性等，在低肥力、低产区，在作物前期有较好的肥效。

目前我国生产并使用的腐植酸螯合微量元素肥料有腐植酸钠硼镁肥、腐植酸钠硼磷肥、腐植酸钠硼镁氮磷肥、腐植酸多种微量元素复合肥和黄腐植酸二胺铁等。生产工艺：含腐植酸的原料与中微肥原料混合后，加水，加热堆放一定的时间后即得。

（4）氨基酸螯合微肥　氨基酸是构成蛋白质的基本成分，用氨基酸螯合微肥，不但可增加微肥的肥效，而且氨基酸本身也能促进植物生长。这样制得的螯合微肥成本低，效果好，既能促进植物生长，又对某些作物的病害有很好的防治作用。生产方法是以动物毛发为原料，经水解制得氨基酸，再螯合微量元素制得氨基酸微肥。蛋白质水解制取氨基酸微肥的方法分为 4 种。

① 酸水解、碱中和法　角质蛋白是屠宰用的废弃物，用盐酸或硫酸水解而生成复合氨基酸，再用碱中和，与微量元素螯合后，经浓缩、干燥即得成品。

② 酸水解、氧化物中和法　此法和上述方法基本相似，不同的是不用碱中和，而以微量元素或稀土元素的氧化物作为中和剂，去除氨基酸水解液中的酸，同时与微量元素或稀土元素螯合，使中和与螯合合二为一，缩短了生产流程。

③ 酸、碱水解中和法　蛋白质废料分别用酸、碱水解得到氨基酸，利用碱水解液中剩余的碱中和酸水解液中残留的酸，然后再螯合微量元素。

④ 综合利用法　南通苏中新型肥料技术研究所采用综合利用法生产氨基酸螯合微肥，工艺条件是：角质蛋白质用盐酸水解 8h，温度 105 ～ 110℃，用氨水中和至 pH 值为 4，析出结晶，过滤分离，所得母液与中微量元素的无机盐进行螯合反应，制得氨基酸螯合微肥。过滤所得的粗品氨基酸经多次脱色、精制，分别制得胱氨酸、酪氨酸、亮氨酸和精氨酸等。

与上述 3 种方法比较，综合利用法工艺流程长、设备复杂、投资大，但能够提取 4 ～ 5 种价值很高的氨基酸，总价值已超过综合成本，螯合微肥的成本可以很低，或视为纯利润，而且产品质量好。江苏天盟科技有限公司利用该技术已投入工业化生产，产品投入市场后引起肥料市场的广泛关注，现已出口印度尼西亚等东南亚国家，增产效果非常明显。

17.1.2　中微量元素肥料在农业中的应用研究

中微量元素在植物体内虽然含量低，但对植物正常生长发育有着不可替代的重要作用。当缺乏某种中微量元素时，会降低作物产量和品质；中微量元素过多，则会造成作物的肥害，也浪费了肥料资源。因此，科学合理施用中微量元素肥料显得非常重要。正确施用中微量元素肥料能够提高农作物产量，改善农作物品质，提高肥料利用率，提高作物抗逆性，改善人体健康，提高环境效益。但是，近年来随着高浓度大量元素肥料生产量和施用量大幅度上升，低浓度肥料迅速减少，原来低浓度肥料中含有的钙、镁、硫等中量元素在土壤中的补充越来越少，作物生长缺乏中量元素的现象逐渐显露，应利用土壤和作物内中微量元素缺乏的研究成果因缺补缺。总之，为了保证国家粮食安全和农业的可持续发展，中微量元素肥料在农业生产中的地位越来越重要。化肥行业过去忽视中微量元素肥料的施用，导致其成为短板。中微量元素有助于富集更多养分，做好中微量元素肥料是我们未来要做的事情，也是化肥行业未来的发展方向。

17.1.2.1 中量元素肥

钙、镁、硫是作物必需的中量营养元素。近几年来，随着农业生产的发展，钙、镁、硫营养元素愈来愈受到重视。其主要作用有以下几个方面：一是能提供作物生长所需的钙、镁、硫元素；二是能中和土壤酸性，消除铝毒和酸害；三是能调节土壤反应，促进有益微生物的活动，加速土壤有机质的矿化，增加土壤有效养分的含量；四是能改善土壤的物理性状，促进土壤胶体凝聚，有利于团粒的形成，降低土壤容重，提高孔隙度，改善通透性。

农业农村部全国农业技术推广服务中心给出一组数据，我国耕地土壤酸碱度 30 年下降 0.6 ～ 0.8 个单位，测土配方施肥数据显示，南方 14 省（区、市）耕地土壤 pH 值小于 6.5 的比例由 30 年前的 52% 扩大到 65%，小于 5.5 的比例由 30 年前的 20% 扩大到 40%，小于 4.5 的由 1% 扩大到 4%。土壤障碍因素的存在，特别是土壤酸化趋势的急剧发展，引发的重金属活化土壤生态失衡等需要大量应用土壤调理剂，预计含硅肥料将发挥重要作用；中微量元素肥料特别是含硫肥料，在提高某些农产品的品质和风味上起到了不可低估的作用。关于微量元素肥料的发展，应避免某些微量元素在土壤中的富集，可采取螯合、络合等方法提高微量元素肥料的施用效果，既满足了高产的需要，又能提高作物抗逆能力、提高品质。

（1）钙肥　钙作为农作物生长必需的养分，其主要作用为：与果胶酸结合，促进根系生长，糖类代谢所必需，消除其他离子毒害，中和作物体内有机酸。

常用的钙肥有硝酸钙、硝酸铵钙、（重）过磷酸钙、石膏、石灰、石灰氮和炉渣钙肥等。因钙肥大部分为非水溶性的，通常用作基肥，撒施要力求均匀，防止局部土壤过碱或过酸，也可条施、穴施。钙肥不宜连续大量施用，施用过多会降低硼、锌等微量元素的有效性和造成土壤板结。酸性土壤要适当提高土壤 pH 值，可施用石灰等碱性土壤改良剂，增加游离钙含量。

（2）镁肥　植物体内镁的主要作用为：镁是叶绿素的核心结构组成部分；可以促进植物质的形成，在酶的作用下能促使农作物中抗坏血酸的含量增加；参与糖类的合成，使作物糖分含量增加；蛋白质合成原料，增加氨基酸含量，增加营养价值；增加农作物的抗病能力；刺激豆科作物根上共生根瘤菌的作用，从而固定空气中的氮。

常见的镁肥有硫酸镁、氯化镁、硝酸镁、碳酸镁、白云石、磷酸镁、磷酸镁铵等。镁肥可作基肥、追肥或叶面喷施。施用镁肥时应根据土壤酸碱度选择适宜的镁肥品种，对中性和碱性土壤宜选用速效的生理酸性镁肥，如硫酸镁；对酸性土壤以选用碳酸镁为好。硫酸镁作基肥用量为 75kg/ 亩左右，追肥用量为 1.0 ～ 1.5kg/ 亩。在作物生长前期、中期进行叶面喷施镁肥效果好，但不同作物及同一作物的不同生育时期要求喷施浓度不同。如：大田作物（水稻、棉花、玉米）选用 0.3% ～ 0.8% 的硫酸镁溶液；果树一般喷施 0.5% ～ 2.0% 的硫酸镁溶液；蔬菜喷施 0.5% ～ 1.5% 的硫酸镁溶液或 0.5% ～ 1.0% 的硝酸镁溶液。叶面喷施镁肥时应连续喷施多次。

（3）硫肥　硫作为农作物生长所必需的养分元素，其作用是：硫是氨基酸、蛋白质和原生质等结构的组成成分；参与植物细胞内所进行的氧化还原过程和生长调节的生理作用；镁可在植物体内形成具有特殊机能的谷胱甘肽、维生素B、维生素H、异硫氰酸等，若缺硫这些物质将不能形成；硫还间接参与糖类的代谢、叶绿素的生成。

常用的硫肥品种有硫黄、石膏、硫酸钾、硫酸铵、硫酸钾镁、硫酸镁、硫代硫酸铵、硫包衣尿素等。硫肥一般作基肥施用，施用量因土壤、作物而异。旱地上可将石膏粉碎撒于地表，结合耕耙施入土中，基施15～25kg/亩；稻田可将硫黄或石膏结合耕作基施或栽秧后撒施、蘸秧根，用量5～10kg/亩；对缺硫水稻用2～3kg/亩蘸秧根。

17.1.2.2　微量元素肥

微量元素在植物体内的作用具有很强的专一性，既不可缺少也不能代替。微量元素的作用和重要性主要表现在以下几方面：一是微量元素不仅是植物体内辅酶的主要成分，也是促使植物产生各种植物保卫素的诱发剂；二是进入植物体内的微量元素，可以有效修复被伤害部位的细胞组织，促使其尽快恢复生理机能，使之健康生长；三是微量元素能提高植物体内酶（氧化酶）的活性，强化自身的自卫能力，如铜、锰是杀菌驱虫的有效因子，在稻田里喷施波尔多液可以有效预防稻瘟病的发生；四是微量元素可抑制多种病原菌（含土传病菌）发育因子的传播，保护作物免遭这些病菌的伤害；五是微量元素还能激发植物体内多种酶的活性，大幅度提高氮代谢水平，在叶部聚集鞣酸的含量，可全面提升作物的抗病性和抗衰老能力；六是某些微量元素还是光合作用的载体，太阳的光能、热能通过微量元素的传递才能转化为电能、化学能，最后转化为人类所需要的果实。但植物每年都会从土壤中带走一些中微量元素，以小麦、水稻为例，小麦里中量元素：钙占干重的0.5%～0.8%、镁占干重的0.12%～0.14%、硫占干重的0.15%。微量元素：铁65mg/kg、硼3.3mg/kg、锰30～60mg/kg、铜10mg/kg、锌15mg/kg、钼0.2～1.0mg/kg。水稻里中微量元素：硫为0.2%～1.0%、镁为0.5%～1.2%、铁为200～400mg/kg、锌为15～20mg/kg、铜为3.1～7.6mg/kg，每产500kg稻谷需吸收硅85～100kg。以小麦单产6t/hm^2、水稻单产9t/hm^{2}计，一年两季秸秆和籽粒从土壤中带走的中微量元素的量是不少的，常年累计带走的中微量元素的量是可观的。按照李比希的归还学说理论，必须归还作物带走的营养元素，才能保持农业生产的可持续发展。

（1）硼肥　硼在植物全部生长过程中都是不可缺少的，尤其是早期生长阶段和开花结实阶段。硼供给充足时，农作物生长繁茂，开花数目增多，籽实饱满，重量增加，根系发育特别良好。此外，硼能使作物生育期提前，提早开花、结实和成熟。在北方的石灰性水稻土上和南方的酸性水稻土上施用硼肥以后，可以使株高、穗长、分蘖和千粒重增加，根系特别发达，插秧后提前返青。小麦施用硼肥后也有类似的反应。硼肥还能使豆科植物增产，使豆科绿肥作物鲜草量和种子产量增加，使亚麻茎秆重量和种子产量增加、纤维质量提高，使油菜产量提高。果树例如苹果、梨、桃、葡萄以及蔬菜例如番茄、黄瓜、芹菜等都对硼肥有良好反应。硼供给不足时，农作物生长不良，出现缺硼症状，产品产量和质量下降，严重时颗粒无收。例如在黑龙江曾出现大面积的小麦不结实现象，在南方许多省份的局部地区存在着甘蓝型油菜不结实现象，施用硼肥后可由无收成变成有收成，或者由低产变为高产。棉花落铃现象在一定情况下也与缺硼有关。甜菜是需硼较多的作物，施硼肥能提高甜菜的产量和含糖量；反之，缺硼则使甜菜发生腐心病，导致严重减产，极度缺硼时在幼苗期即行死亡。因此可以认为对甜菜施用硼肥是提高甜菜产量、增产食糖的有效途径。常用的硼肥有硼砂、硼酸、五硼酸钠、八硼酸钠、八硼酸钾等。作物对硼的需要量和中毒量之间的范围很窄，施硼肥必须谨慎。硼肥可以基施、追施、浸种、拌种和根外追施。基施硼砂用量为0.25～0.50kg/亩，可与其他化肥或干土混匀施用，一定要施均匀，以免影响出苗；浸种用0.01%～0.05%的硼砂或硼酸溶液，一般浸种6～12h；拌种时每1kg种子用硼砂或硼酸0.4～1.0g；土壤追施硼肥，在作物生长前期用0.25～0.50kg/亩硼砂与氮肥均匀混合，在作物行间开沟条施或穴施。为防止土壤追施硼肥浓度过高而出现作物中毒，追肥通常采用根外追肥的方法，叶面喷施用0.05%～0.2%的硼砂溶液或0.02%～0.1%的硼酸溶液，喷液量为50～75kg/亩，应以多次喷施为好，一般喷2～3次。

（2）锌肥 锌虽然只是一种微量元素，但对水稻、玉米等喜锌作物作用很大，增产效果很好。这主要是由于锌是一些酶的组成成分，并与叶绿素的合成和糖类的转化有关，能促进光合作用，有利于光合效率的提高。水稻对锌元素非常敏感，缺锌会导致植株出叶缓慢，新叶短而窄小，叶色较淡，特别是基部中脉附近褪成黄白色，严重的植株明显矮化丛生，很少分蘖，田间常表现参差不齐，稻株根系老朽、呈褐色，抽穗期出现“扬花不收”，一般减产10%～30%，严重田块甚至毁苗绝收。大面积试验结果表明，合理施锌后，水稻株高、有效分蘖数、每穗粒数、千粒重都有所增加，空秕率有所降低，一般可增产15%以上。特别是在酸性土壤、石灰性土壤以及冷浸田、新改水田上施用锌肥则作用更为明显。

（3）钼肥 钼是固氮酶的组成成分，参与固氮菌固定大气氮素的过程，因此施用钼肥能提高作物的固氮能力。钼又是硝酸还原酶的金属成分，参与植物体内的氮素代谢，能促进氨基酸、蛋白质的合成，提高豆科作物的蛋白质含量；钼还参与植物的糖类代谢，能提高植物地上部分的含糖量并促进糖类向根部的输运。在钼供应充足时植物体内抗坏血酸的含量增加，这有助于作物的抗寒越冬。常用的钼肥有钼酸铵和钼酸钠。由于钼肥较贵，作物需要量又少，很少用作基肥，一般都用作拌种、浸种和叶面喷施，既可节省用量，又有较好效果。

（4）锰肥 锰在植物的光合作用中起着重要作用，植物叶绿体中含有丰富的锰，如果缺锰，就会使光合作用降低，叶绿素含量减少。锰还是某些脱氢酶、氢氧化铁还原酶的组成成分，能参加糖代谢中的水解和基团转移，改变糖类的合成与运输，特别是能加速糖类由叶部向结实器官的运输。此外，锰对植物的氮素营养有良好影响，在植物体内的氧化还原过程和含氮物质的合成过程中起着一定作用。常用的锰肥主要是硫酸锰，其次为氯化锰、氧化锰、硝酸锰和碳酸锰等。硫酸锰可以作基肥、浸种、拌种和叶面喷施。

（5）铜肥 铜的重要生理功能是参与氧化还原反应，构成铜蛋白并参与光合作用，参与氮素代谢，影响固氮作用，促进花器官的发育。铜在植物体内的移动性也很小，作物缺铜时新生叶失绿，叶尖发白卷曲，叶片变窄变薄，叶片上出现坏死斑点，进而枯萎死亡，繁殖器官发育受阻、裂果。常用的铜肥是硫酸铜和螯合铜肥。硫酸铜可以作基肥、浸种、拌种和叶面喷施。

（6）铁肥 土壤中含有大量铁，但是由于酸碱度的影响，在石灰性土壤上植物可利用有效态铁却往往不足，许多植物尤其是果树存在着缺铁失绿现象。叶绿素的合成需要有铁的存在，铁还参与植物细胞内氧化还原反应和电子传递，铁影响着作物的光合作用、生物固氮和呼吸作用。铁在植物体内流动性很小，老叶片中的铁不能向新生组织转移，作物缺铁首先出现幼叶失绿，叶脉保持绿色，叶脉间失绿，严重时幼叶全部变为黄白色，而老叶仍为绿色。常见的铁肥有硫酸亚铁、硫酸亚铁铵和螯合态铁等，铁肥可作基肥、种肥和叶面喷施。

17.1.2.3　中微量元素肥料在农业中的应用研究现状

柴云霞等研究了增施颗粒镁肥、颗粒锌肥和颗粒硼肥等中微量元素肥料对烤烟生长发育和烟叶品质的影响，结果表明，采用“基肥（N∶P_2O_5∶K_2O=15∶15∶15）、颗粒镁肥（75kg/hm^2）+ 追肥（N∶P_2O_5∶K_2O=12.5∶0∶33.5，粉状）+ 硫酸钾 + 叶面喷施硼肥和锌肥”的肥料搭配方式，每亩烤烟的产量、产值分别为3625.05kg 和 78897.60 元，分别比对照高347.85kg 和 12552.00 元，其烟叶化学成分较为协调，成熟度较好。

黎彩凤在中微量有效养分缺乏的辣椒种植区，以常规施肥为基础，进行有机中微量元素肥料不同施用量小区试验、中区示范，研究其对辣椒及病害防控的效应。试验示范结果表明，辣椒施有机中微量元素肥料对生长发育、增产增收及病害防控效果显著，其中施用量为1875kg/hm^2 的效果最好，施用量为 1125kg/hm^2 的效果最差，施用量达 2250kg/hm^2 的效果下降；防控辣椒主要病害随着施用量递增而效果明显。施用量 1875kg/hm^2 的产量为 65122.7kg/hm^2、净效益为 397722.6 元 /hm^2，产量比施用量 1125kg/hm^2、1500kg/hm^2、2250kg/hm^2 和常规施肥处理分别增长 29.0%、15.5%、2.8% 和 48.0 %，净效益分别增长 30.8%、16.4%、3.2% 和 50.5%。

石聿明等通过严格的田间试验，确定玉米施中微量元素锌（主要肥料）、镁、铁、钼微肥，与习惯施肥处理、推荐施肥处理间的施肥效果差异，通过统计分析增产数据等资料，证明微肥有提高玉米的抗逆性及增产作用。

韦云东等为探讨中微量元素肥料在木薯种植中的作用，在大田条件下以南植 199、桂热9 号木薯为材料，设不施肥、常规施肥及增施中微肥（穴施、叶面喷施及浸种）等不同处理，研究增施中微量元素肥料对木薯生长及产量的影响。结果表明，施肥可促进木薯生长并增加鲜薯产量及淀粉产量。各品种间中微量元素肥效存在差异，增施熟石灰、穴施硫酸镁、叶面喷施硼砂、综合处理及钙镁磷肥处理能显著提高南植 199 鲜薯产量。其中，钙镁磷肥处理鲜薯增产 39.7%，淀粉增产达到 51.3%；其次为增施熟石灰处理，鲜薯增产 35.6%，淀粉增产44.8%。而桂热 9 号增产效果为综合处理鲜薯增产 10.6%，淀粉增产 32.5%；穴施硫酸镁淀粉增产 21.2%；钙镁磷肥处理鲜薯增产 10.0%。综上所述，试验条件下主要增产因素为镁和钙，因此木薯种植中施用中微量元素肥料应考虑品种和不同施用方式差异；尿素 + 钙镁磷肥 + 氯化钾替代常规施肥中尿素 + 普通复合肥 + 氯化钾可有效提高木薯鲜薯产量及淀粉产量。

李惠芬等为了明确中微量元素肥料（主要成分 CaO、MgO、SiO_2 和 ZnO 含量分别为20%、12%、10% 和 3%）不同用量对超级稻抗倒伏能力和产量的影响，于 2014 年早、晚季以超级稻品种天优 3618 为材料，设置 4 个用量水平 [F0（对照）全生育期不施用，F1、F2和 F3 施用量分别为 25kg/ 亩、50kg/ 亩、75kg/ 亩] 进行大田试验，研究中微量元素肥料施用对水稻的茎秆抗折力、形态结构和产量的影响。结果表明，中微量元素肥料的施用显著降低了早晚稻的倒伏指数和重心高度，与对照相比，F1 和 F2 处理分别使水稻的倒伏指数和重心高度下降 10.50%、8.37% 和 2.56%、2.22%；显著提高了水稻的单株和单茎抗折力、节间抗折力、节间的鲜质量百分比和茎壁厚度，分别较对照平均提高 10.78%、13.49%、12.33%、11.93% 和 4.81%；同时基部不同节间对中微量元素肥料的响应存在差异，其中第 2 节间倒伏指数的下降幅度较第 3 节间多 5.51%，而第 2 节间的鲜质量百分比、鲜质量 / 干质量、茎壁厚度和粗度则分别较第 3 节间增加 3.55%、2.41%、0.98% 和 0.19%；中微量元素肥料的施用也有利于水稻产量的形成，但除成穗率和抽穗期绿叶面积外，其他指标各处理与对照的差异并未达显著水平。

李艳杰针对黑龙江省黑河地区的土壤状况，使用铁、锰、钼、硼及镁肥处理种子，分析中微量元素肥料对大豆出苗、株高、干物质积累量、叶面积、叶绿素含量、产量及产量构成因子的影响。结果表明：供试的铁、锰、钼、硼及镁肥对大豆的出苗无不良影响，对分枝和荚数无影响，各处理的干物质积累量、叶面积及叶绿素含量均较对照处理（CK）增加，差异不显著。钼肥和硼肥较 CK 增产 7.4%、5.3%，达到显著水平；镁肥和锰肥较 CK 增产 11.8%、10.0%，达到极显著水平。

伍龙梅等为探究中微量元素肥料对超级杂交籼稻株型和干物质积累的影响，以超级稻品种天优 3618 为试验材料，分别在 2014 年的早季和晚季进行大田试验。结果表明：中微量元素肥料处理 2014 年早稻叶长、叶厚、叶宽呈增加趋势，说明中微量元素肥料处理影响叶片形态。另外，中微量元素肥料处理叶绿素相对含量呈增加趋势、上三叶剑叶开张角呈下降趋势，对群体干物质积累也具有一定促进作用。分析原因发现，超级杂交籼稻的株型和干物质积累不仅与施用肥料元素的种类有关，还与肥料元素间的配合施用、土壤基础地力等因素有关。该研究结果表明，中微量元素肥料 375kg/hm^2 施用量处理对株型和干物质积累具有一定的积极作用，继续增加中微量元素肥料用量对株型和干物质积累的影响不大。

李泽梅等为研究中微量元素肥料对番茄提质、增产、抗病等方面的效果，设置常规施肥处理和世多乐中微量元素施肥处理，比较 2 组处理下番茄的生物学性状和经济性状差异。结果表明，与常规施肥处理组相比，世多乐施肥处理株高增加 14.30%，节间距增加 17.04%，均达到极显著差异水平；叶绿素含量、茎粗和叶片厚度分别提升 4.03%、3.85% 及 2.56%；世多乐施肥处理比常规处理增产 568.09kg/ 亩，增产率达 30.7%。说明世多乐中微量元素肥料不仅促进番茄植株生长，而且能提高番茄的产量。

王亮等为明确含硅、钙、镁、锌、硼、钼、铁、铜、锰等元素的肥料对寒地水稻产量和品质的影响，为寒地水稻生产中所需施用中微量元素肥料提供依据，于 2017 年开展相关试验工作。通过试验可知，随基肥和分蘖肥施用中微肥都能够增加水稻产量，以分蘖肥增产效果最为明显，其产量为 617.12kg/ 亩；其对水稻糙米率和精米率无明显影响，不宜在水稻生长后期施用此肥料，会造成损失。

张金文等探索了中微量元素肥料对蒙古黄芪生长和品质的影响，试验结果表明，喷施微量元素肥料养禾硼能显著提升蒙古黄芪的株高、直径、主根长、产量，药材品质也达到《中华人民共和国药典（一部 2020 年版）》标准要求。

胡时友等通过肥料田间试验和大田示范研究发现，单施硅、锌、硼肥或锌、硼、硅肥配合施用，均可促进水稻生长，改善水稻经济性状，其中锌肥对总苗数、株高和有效穗数的增加作用明显，硼肥则对穗实粒数、结实率和千粒重有较好的增加作用，硅肥对穗总粒数（穗长和大小）有较为明显的增加作用；硅、锌、硼等中微量元素肥料对水稻生长过程中发生的稻瘟病（苗稻瘟 、叶稻瘟 、穗颈瘟）、稻曲病有较好的抗性，对纹枯病有减轻作用，硅肥对水稻的抗倒作用则更为明显。4 个县市的小区试验和大田示范结果表明，单施硅、锌、硼肥或配合施用均能显著增产，小区试验的增产幅度为 7.0% ～ 13.7%，大田示范增产幅度为 12.8% ～14.7%，锌、硼、硅肥配合施用效果最显著。

魏洪敏等设置 4 种不同中微量元素配比的施肥处理，研究田间补施中微量元素肥料对云烟 105 农艺性状、产量以及经济性状等方面的影响。结果表明，不同的中微量元素配施对烤烟生育期无显著影响；在旺长期，不同施肥处理对烤烟农艺性状无显著影响；补施中微量元素肥料可提高上、中和下部叶的叶长及中下部叶的叶宽，显著降低烤烟的发病率，提高烟叶产量和产值。中微量元素硫酸锌∶硫酸铜∶硼砂 = 0.5∶1.0∶1.5 的配比施肥能够增强烤烟田间长势，提高产量，增加产值。

方子卫等研究微量元素肥料硼、锌对水稻生产的影响，结果表明，增施微量元素肥料硼、锌后，早稻起苗快、苗壮、叶色更浓绿，水稻分蘖力明显增强，穗实粒数、千粒重明显提高，抗纹枯病、稻曲病能力增强，不易倒伏，增产明显。

17.1.3 中微量元素肥料对生态环境的影响

合理施用中微量元素肥料除了具有提高作物产量、改善农产品品质、提高肥料利用率、提高作物抗逆性、减少病虫害的影响外，还可通过以下作用减轻环境污染：

① 促进作物对营养元素的吸收，提高肥料利用率，减少化肥流失造成的环境污染，对环境保护起到积极作用。施用中微量元素颗粒肥能够促进作物根系的生长，提高根系对养分的吸收能力。于洋[4]研究结果表明，在葡萄园施用新型中微量元素颗粒肥，可使直径≥2mm 的根系鲜质量、干质量分别比常规施肥增加 43.26% ～ 52.42%、41.51% ～ 53.19%；直径＜2mm 的根系鲜质量、干质量分别比常规施肥增加 34.32% ～ 37.45%、31.25% ～ 32.56%。李艳杰等研究表明，在第一片复叶充分生长期（V2）调查，施用铁肥的大豆植株根长较对照（CK）长 1.3 ～ 2.1cm，施用锰肥的大豆植株根长较对照（CK）长 0.6 ～ 2.2cm，施用钼肥、硼肥和镁肥的处理与对照差异不大，从3年平均值来看各处理与对照差异均不显著；始花期（R1）调查，各处理根长均较对照有增加，其中以镁肥最明显，根长较对照增加 1.2 ～ 2.7cm，硼肥、钼肥、锰肥及铁肥分别较对照（CK）增加 0.8 ～ 2.2cm、0.5 ～ 2.4cm、0.7 ～ 1.3cm、0.1 ～ 2.2cm；各处理大豆根干质量均较对照增加，其中镁肥最高，较对照（CK）增加 23.6%（3 年平均值），其次是硼肥，较对照（CK）增加 16.4%（3 年平均值），铁肥、钼肥和锰肥分别较对照（CK）增加 9.1%、5.5% 和 5.5%（3 年平均值）。滩涂盐碱农田稻麦轮作系统中在常规施肥的基础上配施中微量元素肥料，成熟期小麦籽粒中 N、K 元素含量较常规施肥处理分别显著增长了 14.92%、13.51%；成熟期水稻中，N 元素含量较常规施肥处理显著增加了 24%。说明中微量元素肥料的配施促进了小麦中 N、K 元素的吸收，水稻中 N 元素的累积[5]。曹殿云等[6]研究表明适量的硫肥在提高玉米产量和氮硫吸收、分配及利用效率方面发挥着重要作用，施硫量为 80kg/hm^2 时整体效果最佳。相同氮肥施用水平下，离子钼和纳米钼的施用均提高了水稻各器官的氮浓度和氮积累量，并促进了氮肥偏生产力、氮素农学利用率、氮素生理利用率和氮素吸收利用率的提高，氮肥偏生产力分别平均提高 5.19%、7.02%，氮素农学利用率分别平均提高 10.73%、13.60%，氮素生理利用率分别平均提高 5.94%、5.50%，氮素吸收利用率分别平均提高 4.25%、7.62%。施离子钼处理的氮素籽粒生产效率相较于不施钼处理无显著差异，而施用纳米钼处理的氮素籽粒生产效率相较于不施钼处理有所降低。可见施用外源钼尤其是施纳米钼，能够显著提高水稻的氮素吸收利用，从而促进水稻产量的增加[7]。在蔬菜种植中基施和喷施微量元素硼、锌、钼肥，分别使蔬菜的产量提高了 15.9% ～ 42.4% 和 4.4% ～ 16.5%，使蔬菜体内的 NO_3^- 含量降低了 21.6% ～ 31.2% 和 10.7% ～ 44.3%，使蔬菜干物质的氮素含量提高了 9.6% ～ 19.3% 和 0.4% ～ 25.9%，蔬菜携出的氮素量提高了 27.1% ～ 83.7% 和 4.6% ～ 9.6%，显著提高了蔬菜的产量、品质及氮肥利用率。

② 改良土壤。石灰肥料为植物提供钙营养的同时，可以中和土壤酸性，消除过量活性铝、铁等的毒害，改善土壤理化性状。含硫肥料石膏能够提供硫、钙、镁、磷和铁等多种营

养元素，施用于土壤后可与土壤溶液中的碳酸钠和碳酸氢钠作用，生成易溶于水的硫酸钠，可通过灌溉洗盐，随水淋洗掉，从而降低耕层土壤的碱性；石膏中的钙离子还能与土壤胶体上的钠离子进行交换，形成不易分散的钙胶体，从而使土壤理化性质得到改善。在常规施肥的基础上配施中微量元素肥料明显提高了小麦土壤的碱解氮和速效钾含量，显著增加了盐碱土中 S、Fe 含量，显著降低了水稻土壤中的含盐量，且增长了有效磷、速效钾以及 Si、Ca、Fe、Mn 含量，促进了土壤养分均衡，改良了盐碱土现状，增强作物对土壤水分和养分的吸收利用[5]。施用中微量元素颗粒肥能够显著改善土壤的酸碱性，使土壤更适宜作物生长。刘佳炜等研究表明基施硅肥 90kg/hm^2 可使土壤交换态、毒性特征浸出提取态 Cd 含量分别降低 20.0% 和 18.5%[8]。符慧娟等[9]研究表明硅肥处理下，土壤 pH 值、有机质含量得到提高，碱解氮含量显著升高，土壤纤维素酶含量显著升高。萝卜生长中底施微生物菌肥，莲座期叶面喷施中微量元素，土壤孔隙度和土壤中碱解氮、有机质、速效磷、速效钾的含量较对照提高，土壤容重和土壤 pH 值较对照降低，并且提高了土壤中脲酶、转化酶及过氧化氢酶的活性，使细菌及放线菌数量有所增加，并显著降低了土壤中真菌的数量。蔬菜中基施和喷施微量元素硼、锌、钼肥后土壤溶液中的 NO_3^--N 含量显著降低，喷施微量元素硼、锌、钼肥后土壤剖面中的 NO_3^--N 含量显著降低，表明微量元素对维持土壤质量及降低氮肥对环境产生的污染起到一定的作用，具有良好的环境效益。

合理施用中微量元素肥料，在农业应用中效果显著，经济效益明显，但除硼、氯外，几乎所有微量元素都是重金属，施用量过多就有可能产生毒害。

（1）铁过量对农作物的危害表现与临界值　铁毒产生的直接作用因子是亚铁离子浓度过高。长期渍水的水田及酸性土壤易积累 Fe^{2+}，诱发多种活性氧的产生，影响植物生长、叶绿素含量、酶活性等各项生理指标，破坏植物细胞的结构和功能，引发铁毒害[10]。不同植物铁中毒症状不一，亚麻铁中毒时产生暗绿色叶片，生长受阻，根变粗短，并且组织中大量积累无机磷酸盐；烟草铁中毒时产生暗褐色至紫色叶片，烟叶脆弱且质量变劣；菜豆铁中毒在叶片上产生黑色斑点；水稻铁中毒则是从下部叶片的尖端开始出现褐色斑点，然后扩展至整个叶片，再继续发展至上部叶片，最后下部叶片转变成灰色或白色。铁毒稻株常伴随着 K、P、Ca 等营养元素的失衡，因而被认为是一种多重胁迫。

当农作物生长所处的土壤中铁元素含量为 10 ～ 25mg/kg 时，水稻株体可能会出现中毒现象；当土壤铁元素的含量超过 50mg/kg 时，极有可能出现铁中毒现象；当土壤中的铁元素浓度超过 1700mg/kg 时，就会导致农作物死亡。如果发生铁中毒的土壤是高酸性土壤，可通过施入一定数量的生石灰减轻或避免铁元素中毒，保证农作物产量不受影响；施入一定量的磷、钙肥料，也有利于增强水稻对铁元素毒害的抵御能力。

（2）锰过量对农作物的危害表现与临界值　锰元素过量会造成农作物叶片组织输导功能减弱，阻碍农作物植株体内蛋白质的合成，最终导致农作物叶绿素含量急剧降低，引起农作物光合速率及呼吸速率大幅度削弱。值得注意的是，锰元素中毒会引起植株氧化胁迫，致使农作物体内累积过量的活性氧自由基，对农作物株体内的叶绿素产生破坏。锰中毒以后，还极易影响植株对钙、铁等必需营养元素的正常吸收，导致农作物植株畸形或非正常性生长。锰元素对农作物的危害主要是叶片，农作物锰元素中毒后最明显的表现是老叶边缘处与叶尖处出现焦枯状的褐色斑，并随病情加剧而呈不断扩大的趋势，在病叶斑块处还带有锰氧化物沉淀现象的发生。

对于大多数作物来说，土壤中锰含量大于 500mg/kg 时即为锰过量。水稻锰中毒临界浓度为 2500mg/kg，锰中毒表现为黄化叶片零散分布，叶片上有棕褐色斑点，严重时叶尖、叶缘枯黄内卷，部分叶片主脉呈紫色或暗绿色，似火烧状。大麦锰毒害临界浓度为770mg/kg，叶片锰中毒症状为顶部褪绿，边缘坏死，叶面有孤立的坏死斑。柑橘锰中毒临界浓度为300～1000mg/kg，锰中毒表现为叶片边缘发黄，叶面出现凹陷的棕褐色坏死斑点，并逐渐扩展至整张叶片，导致叶片提前脱落。在土壤微酸性的条件下，锰元素中毒的概率更大，保持土壤适宜pH值与适时排水是防止锰元素中毒的主要措施。

（3）硼过量对农作物的危害表现与临界值　植物对硼的浓度非常敏感，硼缺乏、适量和中毒之间的浓度变幅极小，生产上缺硼比硼中毒更普遍。硼中毒主要有以下3种原因：土壤本身的硼含量高或在自然界中逐渐积累；过量施用含硼量高的无机肥；灌溉含硼量高的水而在土壤中发生硼富集。

植物硼中毒的一般症状：首先老叶叶尖或叶缘褪绿，接着叶尖或叶缘出现黄褐色的坏死斑，斑点扩展到侧脉间并伸向中脉，最后导致叶片坏死或呈枯萎状，并过早脱落。绿豆表现为叶缘失绿，迅速扩展到侧脉间，叶片呈枯萎状并过早脱落；梨树硼中毒时皮孔粗大，树皮粗糙，严重时树皮泛黄、无光泽。低强度硼中毒会使作物体内活性氧水平提高，破坏叶绿素结构，抗氧化酶活性受抑制，植物细胞结构受损，生物量降低。

不同农作物对高硼的耐受性差异较大，中毒的临界水平也有很大变化。一般来说，当土壤中硼含量超过5mg/kg时，农作物就可能出现中毒症状，一般要求灌溉水中硼的合理浓度在0.35～0.6mg/L。植物硼中毒时，可用水或其他盐溶液充分淋洗土壤；用三异丙醇胺（TTPA）与硼酸形成螯合物降低有效硼；适当施用石灰也可减轻硼毒害。

（4）锌过量对农作物的危害表现与临界值　随着锌肥的大量使用、铅锌矿的开发和工业废水的排放，锌毒害问题日益突出，并且植物锌中毒后又会随着食物链威胁人类的健康。锌毒害贯穿于植物的整个生长过程，包括抑制种子萌发、损伤植物细胞超微结构、严重伤害内部生理功能，进而抑制植物光合效率，抑制植株正常生长发育。锌在作物中主要累积于根部，而非地上部，籽实中含量更低，关于植物锌中毒的临界浓度和中毒症状目前尚无定论。从形态上看，锌过量时植株矮小，叶片黄化，叶片、叶柄形成红褐色斑点，可以出现在各个叶位。如各种蔬菜在高锌浓度条件下中毒症状有的首先出现在顶端心叶及新叶，有的则首先出现在基部老叶或是茎基部。

一般认为当作物锌浓度达到50～100mg/kg时即可能过量，浓度为400mg/kg时对大多数作物都会造成毒害，并通过食物链的生物放大作用威胁到人类的健康。不过与其他重金属元素相比，锌的毒性较小，作物的耐锌能力较强。锌元素的毒害可通过施石灰或施磷消除。

（5）镍过量对农作物的危害表现与临界值　镍是土壤中的重金属污染物之一，过量会抑制种子萌发，使叶绿素含量降低，影响抗氧化酶活性，引起植物代谢异常，中毒甚至死亡，还会影响对其他营养元素的吸收。不同植物或同一植物的不同组织中含镍量相差较大。镍中毒症状是新叶黄化甚至变白，出现灰褐色坏死斑。

植物体内镍浓度为0.1～5.0mg/kg，镍浓度达到10～100mg/kg时就会中毒，营养液中镍浓度超过1mg/kg时部分植物会中毒。因镍在pH＞7.2条件下会变为不溶性，故可以采用投入石灰、氧化镁等材料的方法，或使用大量堆肥来解毒。根本措施为掺入非污染土壤。

（6）钼过量对农作物的危害表现与临界值　植物忍耐高浓度钼的能力很强。试验表明：钼浓度为0.5～100.0mg/L时会对亚麻生长产生不同程度的影响；10～20mg/L时对大豆生长有危害；25～35mg/L时对棉花生长有轻度危害；40mg/L时对糖用甜菜生长有危害。在大田条件下植物钼中毒情况极少见，钼中毒症状不易显现。在极端高浓度钼的条件下可观察到植物钼中毒症状，表现为叶片褪绿、黄化且畸形，茎组织呈金黄色，作物减产和农产品品质下降。

动物和人对高浓度钼非常敏感，成年人体中钼总含量仅为9mg，食用钼过量的植物后，因饮食中钼和铜的不平衡会产生腹泻、毛发变色、身体衰弱等症状。

（7）铜过量对农作物的危害表现与临界值　过量铜胁迫将诱导植物细胞产生大量活性氧，引起膜脂过氧化，膜透性增大，细胞内容物大量外渗，甚至导致植物死亡。高浓度铜会降低种子的发芽率，影响种子代谢，造成幼根颜色变褐变黑。大量铜元素积累于根部会抑制细胞分裂、抑制根生长，从而影响整个植株的生长，使植株矮小，叶片失绿、变黄，光合作用下降，严重影响农作物品质和产量。苹果树经常喷施杀虫防虫剂波尔多液，造成苹果园土壤含有高剂量铜，苹果的铜中毒症状为叶片呈网纹状失绿，叶片呈黄色或黄白色，边缘褐色干枯，严重时部分叶片枯死。

不同植物能忍受的最高铜浓度相差不大，一般植物叶片正常含铜量为5～30mg/kg，高于30mg/kg就可能中毒。水稻幼苗铜中毒的临界土壤溶液浓度为35.1mg/L。施用石灰质肥料、控制土壤pH值、增施磷肥和铁肥可有效防止铜毒害。

（8）氯过量对农作物的危害表现与临界值　由于氯元素不是重金属元素，所以高浓度氯对植物危害不大。氯主要是通过增加土壤中水的渗透压降低植物的吸水能力，使植物体相对含水量降低。轻度氯胁迫下，会导致叶片部分气孔关闭，净光合速率和蒸腾速率下降。严重氯胁迫时，植物体内的代谢紊乱，植株矮小，叶片少，叶面积小，叶色发黄，严重时叶尖呈烧灼状，叶缘焦枯并上卷呈筒状，老叶和根尖死亡。氯中毒症状因植物种类不同而表现不同，小麦、大麦、玉米等作物氯中毒时其分蘖受抑；水稻氯中毒时叶片黄化枯萎；柑橘氯中毒时叶片呈青铜色，异常落叶，叶柄不脱落。

一些木本植物，包括大多数果树及浆果类、蔓生植物和观赏植物均对氯特别敏感，当氯含量达到干质量的0.5%时，就会出现叶烧病症状。植物耐氯临界值亦不同，例如玉米、高粱、谷子等耐受的临界氯浓度约为800mg/kg，致死浓度为3200mg/kg；黄瓜、番茄和春小麦等耐受的临界氯浓度为600mg/kg，致死浓度为2400mg/kg；葡萄幼苗耐受的临界氯浓度为400mg/kg，致死浓度为1200mg/kg。

所以中微量元素肥料的施用必须在科学平衡施肥前提下精准化把控，理性促进中微量元素肥料行业发展。

17.1.4　中微量元素肥料的发展方向

随着人们物质生活水平提高，人们在重视产量的同时，更注重农产品的质量，中微量元素肥料市场前景广阔。目前，中微量元素肥料应用正在由大田作物向经济园艺作物拓展，农业用肥也由氮、磷、钾养分向氮、磷、钾、钙、镁、硫、硼、锌、铁、钼、铜、锰全营养养分深化。未来中微量元素肥料的研究方向如下。

（1）大力发展中微量元素液体肥料　中微量元素肥料直接施用于土壤时，一般作基肥用，每亩需施用0.5～2.0kg，用量较大，且施用不均匀易造成局部土壤中微肥浓度过高而造成危害，许多微量元素从缺乏到过量之间的浓度范围相当狭窄，很容易造成作物中毒。另外，土壤施用易造成环境污染，如锌、铜、锰肥，一旦施肥过量，极易污染环境，有碍人畜健康，只有在土壤深度缺乏中微量元素时才采取土施基肥的方法。与土壤施用固体微量元素肥料相比，叶面喷施用量少，经济节约。此外，叶面喷施微肥，养分可以从叶片角质层和气孔进入，不和土壤直接接触，从而避免土壤固定，提高有效性；微量元素直接与茎叶接触，养分吸收更快、效率更高；浓度容易控制，不会发生中毒，比较安全，并且浓度低、用量少，不会污染环境，优势明显。

（2）发展中微量元素水溶肥料　从国外生产情况来看，中微量元素已经广泛应用于水溶肥料中。由于水溶肥具有产出高效、资源节约、环境友好等优势，我国水溶肥行业快速发展。在巨大的水溶肥市场中，中微量元素将发挥出重要作用。

（3）研制开发长效肥料、多元或全元复混肥料　微量元素，因其农作物的需要量仅为百万分之几，只有在明显缺素的情况下才单独施用，但因其量微，用量和使用水平较难掌握，施用比较麻烦。将中微量元素与氮、磷、钾大量元素复合，既减少了多次施肥的麻烦，又可将大量元素作为中微量元素的载体或稀释剂，方便其施用。在多数情况下与大量元素、中量元素复混是一种简便可行的办法，尤其是针对某一地区土壤和农作物的专用肥，这种方法简单可行，又节省农村劳动力，是受农民欢迎的一种方法。美国等发达国家多数采用这种方法补充微量元素和有益元素，我国已有很多肥料企业采用这种方法，生产多元素复合肥、复混肥、掺混肥（即BB肥）、有机无机复混肥、缓释肥、水浇肥、叶面肥、滴灌肥等，适量加入这些中微量元素肥料对土壤补充微量元素起到很好的作用，对提高农作物的产量和品质起到明显的效果。大量元素肥料氮、磷、钾是微量元素肥料最好的分散剂，这样做既可防止微量元素使用局部过量造成危害，又可节省劳动力。因此多元、全元复混肥料的研制开发将成为中微量元素肥料研究的重点。

但不是所有微量元素都可任意加入大量元素肥料中的，在复配时需考虑以下几方面因素：①土壤的缺素情况，按照“缺啥补啥”的原则，测土平衡配方施肥；②根据不同植物对不同元素的敏感程度和需求量优先满足敏感元素；③防止不同元素间的拮抗作用；④防止大量元素、中量元素的化合物之间发生副反应生成无效物质，尤其是水溶性的水浇肥、叶面肥、滴灌肥、无土营养液等，这种副反应尤其容易发生。注意以上4个方面的问题，是保证复配微量元素活性及有效性的重要原则。

（4）加强有机-无机生态专用肥的研究开发　高效、安全、环保型肥料——有机-无机生物复混肥是国内外肥料研究与应用的主要趋势。针对这一趋势开发的有机-无机生态肥是以人畜粪便、作物秸秆、腐植酸、氨基酸和工业有机副产品、氮磷钾大量元素及镁硼等中微量元素为主要原料，采用微生物菌群好氧固体动态自动发酵，根据测土配方增补作物需求的氮、磷、钾、镁、钙、硫、硼、锌等，添加缓释剂，以腐植酸和氨基酸为载体螯合、络合制作的复混肥。此类肥料将有机肥、无机肥、生物肥结合起来，使有机肥的缓效、长效，无机肥的速效、高效，生物肥的增效、促效作用相互结合，急缓相济，优势互补，养分全面，均衡持久。同时，将生物肥的促生、供肥、抗病、减轻环境污染，有机肥的改良土壤结构、培肥地力、改善作物品质、提高化肥利用率与无机肥提供氮、磷、钾大量元素及中微量元素等作物必需的主要营养元素结合起来，既保证了作物生长不可缺少的营养成分，又能改土、促生、抗病、改善生态环境，对生产优质安全农产品、减轻环境污染有很大作用。

（5）重视中微量元素拮抗等问题的研究　农作物所需的营养元素处于土壤的复杂体系中，各元素之间既有相互促进的作用，又有拮抗作用。在复混肥生产过程中原料以及中微量元素原料的配入必须考虑到各种营养元素间的相互作用。如土壤中富含磷或大量施用磷肥，往往会导致或加重农作物缺锌现象而磷与钼之间又存在相互促进作用，2种元素同时施用的效果大于分别施用的效果，在磷肥未满足需要时，钼肥的效果往往表现不出来。大量元素K与中量元素Mg表现为拮抗作用，钾的浓度增加，就会抑制植物对Mg的吸收。NO_3^--N与Cl^-之间存在着相互抑制的拮抗作用。NH_4^+-N浓度升高时，就会抑制植株对Mg^{2+}、Fe^{3+}、Mn^{2+}的吸收。钙对钾、铜、硼营养吸收有明显的拮抗作用。刘勤等通过不同供硫水平对N、P、Cl等元素的吸收进行研究，结果表明，增加硫的供应，Cl元素的吸收就会受到抑制。大量元素N可以促进中量元素S的吸收，但是必须是在一个合适的配比下，否则又会表现出拮抗作用。王东等研究表明，在高氮低硫的土壤条件下，施硫能明显提高小麦植株对氮的吸收能力。大量元素K和微量元素Cu、B表现出协同作用；Ca^{2+}和Fe^{3+}表现出相互促进的协同作用；微量元素B、Mo存在着相互促进的作用。中微量元素拮抗问题是关系到多元复合肥肥效的关键问题。现有的中微量元素肥料一般都加入了可溶性无机盐，由于各元素的拮抗作用会大大降低肥效，影响植物的吸收效果。

① 确保中微量元素的有效性　必需元素的有效性是优质配方肥料质量的重要指标之一。国内肥料企业虽然在生产中也加入了中微量元素，但忽视了中微量元素的有效性，忽视了中微量元素在肥料加工以及施入土壤后可能发生副反应而失效的问题。为了防止各元素间不良副反应和拮抗作用：a. 在肥中将中微量元素以独立的颗粒掺混，既可避免与磷肥的副反应，又能保持中微量元素的有效性；b. 采取螯合、结合等方法，提高微量元素的施用效果。美国等发达国家采用乙二胺四乙酸（EDTA）、柠檬酸等螯合剂，有效防止了拮抗作用，但EDTA成本高，不适合我国的国情。研究开发适合我国国情的、价廉的螯合剂是中微量元素肥料研究的一个发展方向。

② 中微量元素的吸收形态　植物只能吸收能溶于水的离子态或螯合态的中微量营养元素，即铁以Fe^{2+}或金属螯合物形态、锰以Mn^{2+}或金属螯合物形态、锌以Zn^{2+}或金属螯合物形态、铜以Cu^{2+}或金属螯合物形态、硼以$H_2BO_3^-$形态、钼以MoO_4^{2-}形态、氯以Cl^-形态、钠以Na^+形态才能被植物吸收利用。

③ 土壤对中微量元素可给性的影响　土壤中中微量元素的可给性一般是在酸性条件下升高，在碱性条件下下降。一般来说，将pH值调至比较合适的范围，有利于土壤可给性中微量元素的增加。氧化还原电位对多种化合价的元素影响较为明显，如土壤处于还原状态时，有较多的锰供植物吸收，水稻田和排水不良的土壤便是这种情况；而在地轻、碱性旱地土壤中，锰处于高价状态，不能被植物吸收利用。有机质含量高的土壤中含有较多的微量元素，有机质的分解产物如腐植酸对微量元素具有一定螯合能力，会直接影响其可给性。

17.2　中微量元素肥发展趋势分析

17.2.1　中微量元素肥料产品未来走向

具备以中微量元素为特征的产品会成为肥料特色化、农业营养化的重要支撑。中微量元素对土壤健康和作物的品质有重要的影响，而人体食用这些作物来合成自身的营养需求，因此中微量元素被认为是满足人类健康的营养型农业的核心。受成土母质、降雨、pH值变化等影响，在全球范围内土壤中中微量元素普遍缺乏，造成人体健康的“隐形饥饿”。预计未来中微量元素肥料的发展也注定回归本质，成为肥料特色化和作为满足人类健康的关键因子而受到重视。

中微量元素肥料未来格局将会是以复合肥为主导，有机肥会迎头赶上，单品模式在区域性方向上爆发，中微量元素肥料与农业其他方式协同增效模式。

（1）复合化模式　中微量元素与氮磷钾复合在一起以复合肥的模式体现，将会是中微量元素目前及未来一段时间主流的模式。在生产工艺中引入钙镁磷肥等矿质中微量元素肥料已经成熟。郑州大学开发了将钙镁磷肥添加到复肥中的工艺技术，如无机包裹型复混肥料、脲硫酸复合肥料，适合在喷浆造粒工艺和滚筒造粒工艺复肥生产过程中添加。但是微量元素的加入方案比较复杂。流程上，需要针对不同的配方要求，筛选或制备相应的中微量元素原料；针对不同的生产工艺，采用多种中微量元素协同加入的方式，形成多种技术方案和工艺路线。例如B和Mo这2种微量元素一般很少与其他组分发生拮抗反应，可直接选用相应的原料，如硼砂、硼酸、钼酸铵等。此外，应尽量选用低成本的原料，必要时可考虑选用副产品。

复合肥中添加低成本的有机螯合工艺技术，以替代或部分替代EDTA螯合工艺技术是主流技术。如以风化煤、泥炭等为原料制备活化腐植酸螯合微量元素的工艺技术，以酵母液、味精废液、水解蛋白液等螯合微量元素的工艺技术。

对复合肥中中微量营养元素进行有效性评价是保证肥效的核心。肥料中配入的各种营养元素间存在着拮抗作用和协同作用，从而影响作物的吸收和生长。中微量元素有效性评价有2种方式，即生产环节评价和应用环节评价。生产环节评价是通过化学分析方法分析产品中中微量元素的有效含量并与加入的理论量对比，以评价生产过程中是否产生退化或损失。应用环节评价是通过农化试验方案，验证产品中中微量元素的有效性（即增产效果）。

（2）有机肥模式　国家目前出台一系列政策调整化肥结构，加强有机-无机生物复混肥的研究开发，有机-无机生物复混肥是中微量元素肥料研究与应用的重要趋势。针对这一趋势，越来越多的研究倾向于以下类型的中微量元素肥料开发：以人畜粪便、作物秸秆、腐植酸、氨基酸和工业有机副产品、氮磷钾大量元素以及钙、镁、硼等中微量元素为主要原料，采用微生物菌群好氧固体动态自动发酵，根据测土配方增补作物需求的氮、磷、钾、钙、镁、硫、硼、锌等，添加缓释剂，以腐植酸和氨基酸为载体螯合、络合制作的复混肥。

这类肥料将有机肥、无机肥、生物肥结合起来，使有机肥的缓效、长效，无机肥的速效、高效，生物肥的增效、促效作用相互结合，优势互补，养分全面，均衡持久。

（3）小单品模式　传统中微量元素肥料以单品元素形式表现，在区域性缺素的情况下，单品模式可以有针对性地最快效率地弥补作物缺素。在目前集约化种植越来越多的情况下，种植业者对作物和土壤的理解越来越深，对单一中微量肥料的使用也越来越熟练，因此在区域性方向上容易形成一种单品模式，形成局域型爆发。

（4）协同增效模式　随着机械化施肥以及飞机施肥的发展，中微量元素肥料本身具备与农机相结合的优势。例如其单次需求量比较低，可以随着飞防等作业一同施用。例如现在在南方部分区域，油菜使用硼肥都使用无人机，解决了人工施肥难和均匀性问题。

17.2.2　中微量元素肥料产业发展方向

17.2.2.1　作为资源属性比较强的资源，中微量元素肥料行业发展也将进一步聚焦

从中微量元素肥料行业来看，中微量元素肥料具有很强的资源属性，例如钙肥聚集在山西、镁肥集中在营口、以色列ICL生产的硫酸钾钙镁也是聚集在钾矿的下层床。未来中微

量元素肥料产业发展的方向会因为资源的聚焦而进一步聚焦，逐步淘汰无资源优势的产能。

17.2.2.2 肥化结合将成为中微量元素肥料产业的主要推动力

目前大多数中微肥企业大部分起源于矿源，如美国硼砂集团、辽宁营口镁矿集团，这类企业的起始都不是从事肥业，随着农业需求的扩张，或早或晚类似企业都把中微量元素的应用延伸到农业领域，因此肥化结合将成为中微量元素肥料产业的主要推动力。

17.2.2.3 中微量元素肥料的产业配套将发生质的变化

从中微量元素肥料诞生之日起，大部分中微量元素肥料以单质肥形式出现，原因是当时产业的生产技术还处于较低水平。随着肥料朝着高浓度化、集成化方向发展，中微量元素肥与复合肥复合化成了主流。但是并不是所有的中微量元素都能够和复合肥进行复合，例如钙肥、锌肥等，遇到磷酸根后就会产生沉淀。怎样解决复合肥中中微量元素的有效添加也是复合化核心技术突破手段。未来随着种植业结构调整和土地流转，终端配肥将成为中微量元素肥料实现质的突破的有效手段。

17.2.2.4 中微量元素肥料的评价体系亟须建立

（1）土壤中中微量元素的评价体系亟须建立　一方面，复混肥料中添加的中微量金属态元素容易与大量元素磷发生反应形成退化，而且中微量元素之间也存在拮抗作用；另一方面，植物只能吸收水溶性或枸溶性的离子态或螯合态中微量元素，而且整个吸收过程受到土壤酸碱度、氧化还原电位和有机质等多种因素影响。土壤中微量元素的浸提与测定有较多方法，如：常规方法（HCl/DT-PA-AAS 法）、M3-双硫腙萃取法、$CaCl_2$-DTPA 法，但是，涉及复混肥料生产过程中中微量元素有效性评价的方法很少被提及。

（2）基于植物实施营养诊断的中微量元素肥料评价体系亟须建立　营养物质在植物体内运输的难易程度是不同的，钾、钠、氯和硝酸盐等易溶元素主要存在于植物的汁液和细胞质中，而钙、镁和磷则主要结合在植物细胞结构中。因此，干物质分析和植物汁液分析的结果会有所不同。也因此，在同一样品中，植物汁液中的钙含量和干物质中的钙含量之间没有线性相关性，而两种方法中的钾含量之间存在线性相关性。因此，如何选择分析手段来评价中微量元素在植物中的丰缺指标及相应的意义，还需要持续评价。

17.2.3 中微量元素肥料的发展需要更加清晰的政策支持

17.2.3.1 国家层面需要出台更加细化的政策支持

针对施肥不合理现象，2005 年农业部启动了全国测土配方施肥行动，在全国范围内重点支持取土化验、田间试验、数据库建设，经过十几年的努力发展，形成了“大配方、小调整”的基本思路。这些更多地考虑氮、磷、钾的配比，针对中微量元素，提出了“因缺补缺”的解决方案，大大提高了中微量元素利用效率，引导了中微量元素使用策略，但是针对中微量元素的具体使用方法却没明确。

2015 年农业部制定《到 2020 年化肥使用量零增长行动方案》，围绕“稳粮增收调结构，提质增效转方式”的总体思路，提出精准施肥、调整化肥使用结构、改进施肥方式、有机肥替代化肥 4 个技术方向，其中调整化肥使用结构具体是指优化氮、磷、钾配比，促进大量元素与中微量元素配合。在全国范围内，划分为东北、黄淮海、长江中下游、华南、西南、西北地区，根据地区特点，对大量元素进行减、控、稳，同时补充硫、钙、镁、锌、铁、锰、硼等中微量元素。这一时期对中微量元素在区域上的使用给出了清晰的描述，但还是仅仅局限于补充的范围，对具体的使用方法没有形成政策支持。

2017 年中央一号文件指出，推进农业供给侧结构性改革，在确保国家粮食安全的基础上，从满足“量”的需求向满足“质”的需求转变，追求农业绿色、生态、可持续发展，把增加绿色优质农产品供给放在突出位置，把提高农业供给体系质量和效率作为主攻方向。反映到农资化肥领域，就是在平衡施肥的基础上，提高肥料利用效率，并且越来越重视中微量元素肥料的使用，提高农产品的品质，满足人民对“质”的需求。未来国家对中微量元素肥料的定位，应该持续聚焦品质型、营养型农业的需求，进一步出台细化的政策支持中微量肥料的发展。

17.2.3.2　中微量元素肥料市场从无序向有序发展需要更加务实和清晰的登记和标准政策支持

截至 2021 年 10 月，我国中量元素肥料登记证有 1752 个，微量元素肥料登记证有 2347 个，并呈现持续发展趋势。但是随着肥料行业的发展，这种严格的产品登记制度和周期还是限制了中微量元素肥料的发展，并且统一的指标并不符合实际土壤和作物的需求。2022 年 5 月 1 日国家出台新的产品登记政策，中微量元素肥料取消“许可”，调整为“备案”，大大方便了中微量元素肥料的推出，并对中微量元素肥料的指标备案采用更加灵活的范围，不再设定统一指标，而是允许更加灵活务实的指标，符合中微量元素肥料的使用原则。

几年前，如果在市场上看到复合肥包装标注中微量元素，第一反应可能是：这是假劣产品！如今，再下这样的结论就会失之轻率。中微量元素在“隐姓埋名”多年之后已大踏步走向前台，最重要的标志是 2022 年制定的复合肥国标对中微量元素“限标令”解禁，目的是要呼应当前中微量元素短缺现象突出和推进平衡施肥的大形势。

17.2.3.3　有利于中微量元素限量标准政策亟待推出

中微量元素添加有利于土壤和人体的健康，但是添加量也不能没有限制，施用过度就会对作物、人畜产生毒害或者污染土壤，治理起来要比大量元素困难很多。特别是一些对动物有害而对植物无效的微量元素应该严格禁止加入肥料中，更不能为此而炒作。行业应该形成自律，齐心协力促进中微量元素肥料的健康发展。

参考文献

[1] 邵建华．我国中微肥生产技术研究进展 [C]．全国第 11 届磷复肥生产技术交流会论文资料集：46-52.
[2] 李药萍，王好斌，许秀成，等．含有丰富中微量元素的矿物肥料在复合肥生产中的应用 [J]．化肥工业，2016，43（3）:91-94.
[3] 秦征，邵建华．中微肥的生产及其应用 [J]．广东微量元素科学，2011,18(2):20-33.
[4] 于洋．新型中微量元素颗粒肥对葡萄产量、品质及土壤质量的影响 [J]．肥料与健康，2021,48(3):47-51.
[5] 梁婷，刘明，李帅，等．均衡施肥对滩涂盐碱农田稻麦轮作系统土壤养分与作物生长和养分吸收的影响 [J]．土壤，2021,53(3):483-490.
[6] 曹殿云，王宏伟，徐晓旭．硫肥用量对玉米氮硫吸收分配和产量的影响 [J]．中国生态农业学报，2017, 25 (9) :1298-1305.
[7] 陈志青，冯源，王锐，等．外源钼对水稻产量形成及氮素利用的影响 [J]．作物学报，2022(9):2325-2338.
[8] 刘佳炜，周航，魏宾纭，等．组配改良剂联合硅肥对 Cd 污染稻田的修复效果 [J]．中国环境科学，2020,40(8),3512-3519.
[9] 符慧娟，李星月，李其勇，等．光合细菌与硅肥对油菜及土壤环境的影响 [J]．西南农业学报，2020,33(6): 1209-1214.
[10] 章艺，史锋，刘鹏，等．土壤中的铁及植物铁胁迫研究进展 [J]．浙江农业学报，2004 (2): 60-64.